I0825262

SAMMLUNG TUSCULUM

CELSUS UND DIE ANTIKE WISSENSCHAFT

Lateinisch-griechisch-deutsch

Herausgegeben und übersetzt
von Werner Albert Golder

DE GRUYTER

ISBN 978-3-11-044165-9
e-ISBN (PDF) 978-3-11-043408-8

Library of Congress Control Number: 2018950332

Bibliografische Information der Deutschen Nationalbibliothek
Die Deutsche Nationalbibliothek verzeichnet diese Publikation in der Deutschen Nationalbibliografie; detaillierte bibliografische Daten sind im Internet über http://dnb.dnb.de abrufbar.

Für Einbandgestaltung verwendete Abbildungen:
Cologny (Genève), Fondation Martin Bodmer, Cod. Bodmer 52: 6v/7r
(www.e-codices.unifr.ch)

Druck und Bindung: Hubert & Co. GmbH & Co. KG, Göttingen

♾ Gedruckt auf säurefreiem Papier
Printed in Germany

www.degruyter.com

Patri Mortuo Sacrum

INHALT

ZUR EINFÜHRUNG

1 Aulus Cornelius Celsus und die römische Wissenschaft

Wichtige Fundstellen

Cassius Dio *Ῥωμαϊκὴ ἱστορία* LIII 30.1–3
Cato *De agri cultura* CXXII
Cicero *De natura deorum* II §§137–138
Galen *De compositione medicamentorum per genera* II 1 K XIII 463
Gellius *Noctes Atticae* X 2, XII 1.6–7, XVI 16
Horaz *Epistulae* I 15.1–5
Isidor von Sevilla *Etymologiae sive Origines* IV 13.1–4
Livius *Ab urbe condita* X 47.6
Ovid *Tristia* IV 10.43–44
Plinius maior *Naturalis Historia* Praefatio 14–15, XX 33, XXIX 5.10–11, 8.22–23,27
Plutarch *Cato maior 23*
Seneca *Epistulae morales* 108.20–22
Silius Italicus *Punica* VI 89–100
Sueton *De viris illustribus – Augusti vita* 59
Varro *Res rusticae* I 12
Vitruv *De architectura* I 2,6

Die literarische und wissenschaftshistorische Kritik des Opus Celsi leidet unter mehreren folgenschweren Einbußen der Überlieferung. Zum einen sind weder die griechische Medizinliteratur des Hellenismus noch die der Enzyklopädie des Celsus vorausgehenden lateinischen Medizinschriften mehr als in Bruchstücken, zum anderen ist von der Enzyklopädie des Celsus selbst nur der medizinische Teil annähernd vollständig erhalten. Die Analyse muss also so fragmentarisch bleiben, wie es die Tradition ist. Freilich hat diese Konstellation Celsus a priori zu einer Lichtgestalt in der medizinischen Geschichtsschreibung der Antike gemacht, obwohl seine wahre Bedeutung vielleicht auf anderen Gebieten lag. Wären

seine *Artes liberales* vollständig überliefert, so hätten die Kommentierung des Texts und die Charakterisierung der im Hintergrund stehenden Persönlichkeit mit Sicherheit eine grundsätzlich andere Richtung genommen. Die so beliebte Frage, ob der Autor als Arzt gearbeitet hat, wäre wahrscheinlich nie oder allenfalls rhetorisch gestellt worden.

Bei Marcus Porcius Cato (234–149 v. Chr.) musste man das Rätsel um den Beruf jedenfalls nicht lösen. Er war vor allem Staatsmann und Redner. Seine gleichwohl umfangreiche literarische Tätigkeit führte auch zu einem mehrteiligen Sammelwerk, von dem nur die der Landwirtschaft gewidmete Partie erhalten ist; die medizinische Abteilung ist verloren. Plinius der Ältere (*Nat. hist.* V 44) hebt die Ausnahmestellung hervor, die sich Cato durch den Ruhm seiner wissenschaftlichen Schriften und die Anweisungen, die er dem römischen Volk zu allen erstrebenswerten Dingen gab, erworben habe. Was in Catos Beitrag zur Medizin stand und vor allem, wie der Grundtenor der Darstellung war, kann man mit einiger Berechtigung aus den heilkundlichen Notizen in der landwirtschaftlichen Schrift schließen. Der Verfasser erwähnt dort eine Reihe von Erfahrungen und Empfehlungen aus der römischen Volks- und Zaubermedizin (*De agri cultura* CXXII). Als Arzt agierte seiner vaterländischen Programmatik zufolge an erster Stelle der Hausvater, und zwar sowohl für die Menschen wie die Tiere (Plinius *Nat. hist.* XX 33). Cato hegte grundsätzliche Zweifel an der Verlässlichkeit der griechischen Wissenschaftshaltung und machte diese Skepsis zu seinem pädagogischen Dogma (Plutarch *Cato maior* 23). Die Unbefangenheit, mit der Celsus an das griechische Erbe herantrat, war Cato völlig fremd, und dies, obwohl er noch im Alter die Sprache seiner intellektuellen Kontrahenten lernte.

Wesentlich weiter gekommen ist Marcus Terentius Varro (116–27 v. Chr.). Auf der emotionalen Ebene hat er zwar nicht mit Cato gebrochen und den Arzt weiterhin als Vater bzw. Hirten angesprochen. In seinem Alterswerk *Disciplinae* wird indes die Medizin im

Anschluss an die Darstellung der sieben klassischen Artes liberales mit einem eigenen Buch berücksichtigt und gewürdigt. Die Wahl dieser Reihenfolge setzte die Anerkennung der hellenistischen Systematisierung der Bildungsinhalte voraus (Isidor von Sevilla *Origines* IV 13.1–4). Varro hat anschließend an ein geschichtsorientiertes Vorwort über eine Reihe von Krankheiten und deren Behandlung referiert und in die Darstellung auch Aspekte der Hygiene eingebracht (*Res rusticae* I 12). Ebenso wie später Celsus ist er dabei gerade im Bereich der Pharmakotherapie weit ins Detail gegangen. Damit war es nur noch eine Frage der Zeit, bis ein Autor den Mut finden sollte, die römische Medizin von ihrem paternalistischen Erbe zu befreien, sie in das den Ideen wie den Personen nach dominierende griechische Erbe einzubinden (Cicero *De natura deorum* II §§ 137–138, Gellius *Noctes Atticae* X 2, Plinius *Nat.hist.* Praefatio 14–15, Seneca *Epist.mor.* 108.20–22) und auf diese Weise umfassend zu aktualisieren, damit einheimischen Ärzten und medizininteressierten Laien eine wissenschaftliche Starthilfe in die Hand zu geben und nicht zuletzt einen Beitrag zur Schließung einer empfindlichen Lücke im praktisch orientierten Wissen der Römer zu leisten (Gellius *Noctes Atticae* XII 1.6–7, XVI 16, Vitruv *De architectura* I 2,6).

Mutmaßliche Gliederung der *Artes liberales* des Aulus Cornelius Celsus

I.	Landwirtschaft (5 Bücher)
II.	Medizin (8 Bücher)
III.	Rhetorik (wahrscheinlich 7 Bücher)
IV.	Philosophie (wohl 6 Bücher)
V.	Militärwesen (Anzahl der Bücher unbekannt)
[VI.	Jurisprudenz (nicht sicher bezeugt; Anzahl der Bücher unbekannt)]

Humanmedizin war im Rom der christlichen Zeitenwende weder eine etablierte Disziplin noch eine beliebte Profession. Aus der Regierungszeit von Kaiser Tiberius (14–37 n. Chr.) sind kaum zehn in der Hauptstadt tätige einheimische Ärzte namentlich bekannt.

Der prominenteste unter ihnen war Cassius, der Leibarzt des Herrschers. Dabei war die Nachfrage nach ärztlichem Rat und geeigneten Rezepten groß (Ovid *Tristia* IV 10.43–44). Nicht nur die Kriege und Seuchen, auch die Zivilisationskrankheiten forderten die Medizin heraus (Livius *Ab urbe condita libri* X 47.6, Silius Italicus *Punica* VI 89–100). Es waren überwiegend griechische Ärzte, die die Versorgung der Bevölkerung übernahmen, und zwar nicht nur über Jahrzehnte, sondern über einige Jahrhunderte hinweg. 219 v. Chr. war mit Archagathos, einem Arzt aus der Peloponnes, der erste griechische Mediziner nach Rom gekommen (Plinius *Nat. hist.* XXX 12). Er wurde zunächst freundlich aufgenommen und konnte in einer Praxis arbeiten, die ihm die Stadt zur Verfügung gestellt hatte, und war bald als fähiger Wundarzt bekannt. Später nannte an ihn jedoch den Henker, weil er es mit dem Brennen und Schneiden zu weit trieb. Brutalität, aufdringliche Werbung und unverhohlene Geldgier machten auch viele andere griechische Ärzte bei den gegenüber Immigranten ohnehin grundsätzlich kritisch eingestellten Römern reichlich unbeliebt (Plinius *Nat. hist.* XXIX 5.10, 8.22–23,27). Spezialisten, die sich wie Asklepiades von Prusa anzupassen verstanden und die ihnen angebotenen beruflichen Möglichkeiten mit Verstand und Herz nutzten, waren dagegen dauerhaft willkommen. Caesar verlieh den in Rom praktizierenden Ärzten das Bürgerrecht (Sueton *Caesar* 42), Augustus entließ Antonius Musa, einen Sklaven, der ihn durch eine Kombination aus Bädern und Getränken geheilt hatte, in die Freiheit und ließ ihm zusätzlich finanzielle Vergünstigungen zukommen (Cassius Dio *Ῥωμαϊκὴ ἱστορία* LIII 30, Galen *De compositione medicamentorum per genera* II 1 K XIII 463, Horaz *Epistulae* I 15.1–5, Sueton *De viris illustribus – Augusti vita* 59).

Es wird allgemein angenommen, dass Celsus seine Enzyklopädie in Rom verfasst hat. Dort standen ihm das entsprechende Quellenmaterial und alle anderen notwendigen Hilfsmittel zur Verfügung, dort konnte er am ehesten damit rechnen, Fachauto-

ren zu treffen und sich mit anderen Gewährsleuten auszutauschen. Ebenso unbestritten ist, dass er das Werk während der ersten vier nachchristlichen Jahrzehnte niedergeschrieben hat; der größte Teil dürfte in der Regierungszeit von Kaiser Tiberius entstanden sein. Konkreter lassen sich die Abfassungszeiträume nicht bestimmen, weil man nicht weiß, ob er die fünf (sechs) Sektionen des Opus in der Reihenfolge, die in der Gliederung fixiert ist, oder in einer anderen bearbeitet hat.

2 *Die Medizin des Aulus Cornelius Celsus*

2.1 Die Lehre

Gliederung des Werkes

Prooemium

Buch I
Kapitel 1–2: Allgemeine Diätlehre für Gesunde
Kapitel 3–10: Allgemeine Diätlehre für Kranke

Buch II
Prooemium
Kapitel 1: Allgemeine Ätiologie
Kapitel 2–3, 7–8: Allgemeine Symptomatologie
Kapitel 4–6: Allgemeine Prognostik
Kapitel 9–17: Allgemeine Therapie
Kapitel 18–33: Spezielle Diätlehre

Buch III
Prooemium
Kapitel 1–2: Allgemeine Krankheitslehre
Kapitel 3–17: Diagnostik und Therapie des Fiebers
Kapitel 18–27: Spezielle Nosologie

Buch IV
Kapitel 1: Topographische Anatomie
Kapitel 2–31: Spezielle Pathologie
Kapitel 32: Rekonvaleszenz

Buch V
Prooemium
Kapitel 1–17: Dermatika
Kapitel 18–19: Umschläge und Pflaster
Kapitel 20–25: Pastillen, Zäpfchen, Salben, Katapotien
Kapitel 26: Traumatologie
Kapitel 27: Vergiftungen
Kapitel 28: Innere Erkrankungen und Erkrankungen der Haut

Buch VI
Kapitel 1–5: Erkrankungen der Haut
Kapitel 6: Erkrankungen der Augen
Kapitel 7–16: Hals-Nasen-Ohren-Erkrankungen, Zahnleiden
Kapitel 17: Nabelbruch
Kapitel 18: Krankheiten der Geschlechtsorgane
Kapitel 19: Geschwüre der Finger

Buch VII
Prooemium
Kapitel 1–6: Traumatologie
Kapitel 7: Chirurgie der Augen
Kapitel 8–13: Chirurgie der Ohren und des Halses
Kapitel 14–17: Viszeralchirurgie
Kapitel 18–27: Urologische Chirurgie
Kapitel 28–30: Genital- und Analchirurgie
Kapitel 31: Chirurgie der Krampfadern
Kapitel 32: Deformation der Finger
Kapitel 33: Chirurgie der Gangrän

Buch VIII
Kapitel 1–2: Allgemeine Osteologie
Kapitel 3–10: Behandlung der Frakturen
Kapitel 11–25: Behandlung der Luxationen

2.1.1 Die Proömien

Fundstellen
Celsus *De medicina* Prooem 1–75; II Prooem 1–2; III Prooem 1;
V Prooem VII Prooem

Das Proömium zum ersten Buch der Medizin ist ein Unikat. Die Vorreden zu den Werken des Celsus über die anderen Künste sind nicht überliefert. Man weiß nicht einmal, ob er mehr als das eine große Vorwort geschrieben hat. Das Proömium zum ersten Buch der Medizin ist aber nicht nur singulär, sondern auch eine literarische Perle. Es gilt uneingeschränkt als intellektuell anspruchsvollste Passage im überlieferten Teil des Opus Celsi und souveräner medizintheoretischer und medizinhistorischer Diskussionsbeitrag, in dem die Disziplin auch als Objekt der Naturphilosophie behandelt wird. Der Prolog hat zwei voneinander unabhängige Funktionen. Er bildet die theoretische Einleitung zu einem der Praxis gewidmeten Werk und er ist die erste auf gründlichem Studium der Primärliteratur beruhende zusammenfassende Darstellung der Medizin griechischen Ursprungs in der lateinischen Literatur; im Griechischen hatte sich Menon mit seiner von Aristoteles angeregten medizinischen Doxographie (Ἰατρικὴ συναγωγή) an dem Sujet versucht. Viele im großen Proömium genannte Autoren, darunter Philoxenos und Serapion, werden später nur selten oder gar nicht mehr genannt. Auch manche medizinhistorischen Termini hat Celsus nur hier verwendet. Diese Beobachtungen unterstreichen die Sonderstellung des Proömiums.

Celsus räumt der Frühgeschichte der Medizin nur wenig Platz ein. In gerade elf Absätzen wird der Leser von der intuitiven Medizin der primitiven Völker über die homerische Kriegschirurgie und die (patho-)physiologisch orientierte Medizin der vorsokratischen Naturphilosophen zu Hippokrates, dem ersten wahren Arzt geführt. Bei aller Bemühung um Wissenschaftlichkeit verschweigt Celsus weder den Zorn der Olympier, der für viele

Krankheiten verantwortlich gemacht wurde, noch den gnädigen Beistand des göttlichen Helfers Aesculapius (Prooem 2). Altrömische Medizingottheiten wie Carna, Beschützerin der wichtigsten Lebensfunktionen, Carmenta und Lucina, Hüterinnen der gebärenden Frauen, und Mefitis, eine Art Umweltheiliger, werden aber nicht genannt.

Für Celsus besteht die Medizin aus drei Disziplinen und drei Schulen. Die Einführung in die Darstellung der drei Disziplinen (Diätetik, Pharmakologie und -therapie, Chirurgie) ist auf die Proömien zu den Büchern III, V und VII verteilt. Das Proömium zu Buch II ist hausärztlich orientiert. Damit ist das Proömium zu Buch I im Wesentlichen eine Auseinandersetzung mit den drei großen zeitgenössischen Schulen (12–26: Dogmatiker, 27–44: Empiriker, 54–73: Methodiker), deren Lehren mit wechselnd engagierter Anspielung auf die sie tragenden Persönlichkeiten in groben Zügen dargestellt und anschließend im Detail kritisch geprüft werden. Die Pneumatiker (54–56) sind nur am Rande erwähnt. Die intellektuelle Auseinandersetzung ist lebendig und auf Ausgleich bedacht, wenn auch durch manche überflüssige Wiederholung retardiert, und wirkt durch den nicht seltenen Einsatz der indirekten Rede abschnittsweise unnötig distanziert. Celsus neigt am ehesten den Empirikern zu, die ihre Aufmerksamkeit auf das spontan Beobachtbare und Kontrollierbare legen. Dass sie deshalb die Vivisektion ablehnen und sich weigern, ihre anatomischen Kenntnisse auf diese Weise zu vertiefen, macht sie für Celsus uneingeschränkt attraktiv. Ja, es scheint, als ob die Haltung zu dieser einen Frage, nämlich ob der Arzt Gesunde opfern dürfe, um sich für die Kranken weiterzubilden, das Gesamturteil des Verfassers über die Schulen, ihre Gründer und Anhänger entscheidend beeinflusst – und dies, obwohl derartige Versuche am Menschen für die Jahrhunderte nach Herophilos und Erasistratos nicht mehr belegt sind und grundsätzlich verpönt waren. Den Dogmatikern, die der Spekulation in Maßen anhängen und für die Suche nach den ver-

borgenen Gründen auch die Vivisektion von Menschen in Kauf nehmen, erklärt Celsus klar seine Gegnerschaft. Den Methodikern gibt er schlechte Zensuren, weil ihre Lehre im Vergleich mit denen der konkurrierenden Schulen noch nicht ausgereift sei und weil er, der die Rolle der Individualfaktoren gar nicht hoch genug veranschlagen will, die starren Schemata der kollektiven Ursachen, der phasenhaften Verläufe und der determinierten Schicksale ablehnt. Bei wichtigen Einzelfragen wie der nach der Behandlung der Fieberkranken verteidigt er jedoch an anderer Stelle den Standpunkt der Methodiker. Freilich ist diese Abweichung nur eine von vielen Unstimmigkeiten beim Vergleich zwischen den Proömien und dem Korpus des Opus. Celsus kommt zu dem ebenso nüchternen wie zutreffenden Schluss, dass die theoretischen Differenzen zwischen den Schulen überwiegend virtuellen Charakter haben, da die Therapie letztlich immer die gleiche sei.

Bei aller anfänglichen und zunächst auch noch wachsenden Bewunderung für das große Proömium stellt man nach Abschluss der Lektüre des ganzen Werkes mit einer gewissen Verstimmung fest, dass es sich dabei nicht um eine harmonische Einleitung bzw. ein theoretisches Komplement, sondern um einen literarischen Fremdkörper handelt, der auch von einem anderen Verfasser als A.C. Celsus stammen könnte.

2.1.2 Anatomie

Wichtige Fundstellen
Celsus *De medicina* IV 1; VII 7,18; VIII 1

Celsus betrachtet die Anatomie – anders als vor ihm Hippokrates und nach ihm Galen – nicht als Grundlagenwissenschaft, sondern als Hilfsdisziplin. Im Gegensatz zu den nosologisch und therapeutisch orientierten Fächern hat er ihr keine geschlossene Darstellung gewidmet. Diese Zurückhaltung ist angesichts des positiven Votums zur Sektion von Toten im Prooemium I überraschend. In

jeweils einem Kapitel zusammenfassend dargestellt werden nur die Eingeweide (IV 1), die Augen (VII 7) und das Skelett (VIII 1). Dabei geht Celsus aristotelischer Tradition folgend von kranial nach kaudal (VII 6.1: *orsus a capite*, VIII 20.3: *ad calcem*, hier allerdings in anderem Zusammenhang) vor.

Die anatomischen Passagen sind trotz ihrer Kürze inhaltlich wertvoll und gut lesbar. Die wenigen Fehler und Missverständnisse, die dem Autor bei der Bearbeitung der überwiegend alexandrinischen Quellen unterlaufen sind, mindern den didaktischen Wert kaum.

2.1.3 Ratschläge für eine gesunde Lebensführung

Wichtige Fundstellen
Celsus *De medicina* I 1–4,8–10; II 1,2,5,16; III 2,18; IV 5,32

Allgemeine Präventionsmaßnahmen und gezielte Prophylaxe waren auch für Celsus ein unverzichtbarer Bestandteil der praktischen Medizin. Der Lektüre des Corpus Hippocraticum hat er diese Anregung entnehmen können, die Anleihen z. B. aus *De diaeta salubri* belegen die Abhängigkeit vom großen griechischen Vorgänger in diesem Bereich. Celsus nahm in seine Verhaltensmaßregeln für Gesunde, die sich auf Buch I konzentrieren, vereinzelt aber auch in anderen Büchern zu finden sind, jedoch nicht nur Ernährungsregeln, sondern auch Ratschläge für das körperliche Training, zur Badekultur, zur Gestaltung des Sexuallebens sowie allgemeine Hinweise zum richtigen Verhalten im Krankheitsfall (z. B. bei Seuchen) auf. Dabei differenziert er jeweils nach körperlicher Konstitution, Lebensalter und Jahreszeit. Auf diese Weise übernimmt er die Rolle des praktischen Arztes, der sich um den Patienten nicht nur in den Leidenszeiten, sondern auch in den vorangehenden und nachfolgenden gesunden Tagen sorgt. Die meisten Empfehlungen und Anweisungen, die Celsus formuliert, haben sich kaum für den kleinen Mann geeignet, sondern waren in erster Linie für die An-

gehörigen der städtischen Oberschicht bestimmt, die mutmaßlich auch seine aufmerksamsten Leser waren. Sie entspringen aber unzweifelhaft der Überzeugung, dass, ebenso wie die pathologische Anatomie und Pathophysiologie nicht zu verstehen sind, ohne die Normalverhältnisse zu kennen, eine Krankheit nicht erfolgreich behandelt werden kann, wenn man nicht weiß, wie Gesundheit in den verschiedenen Situationen des Lebens zustande kommt und wie sie zu erhalten ist.

2.1.4 Allgemeine Krankheitslehre und Diagnostik

Wichtige Fundstellen
Celsus *De medicina* I 9; II 1–8,14; III 1,3,5,6,19–22,24–25; IV 11; V 26–28; VIII 2–3

Ebenso wie man die pathologische nicht ohne die Kenntnis der normalen Anatomie lernen kann, setzt die Beschäftigung mit der organtypischen Nosologie die Vertrautheit mit der allgemeinen Krankheitslehre und Diagnostik voraus. Diesem Grundsatz folgt auch Celsus, wenn er die für die verschiedenen Lebensalter, Konstitutionstypen, Jahreszeiten und Regionen charakteristischen Symptome und Leiden minuziös beschreibt und mit gleicher Ausführlichkeit die Warnsymptome, Früh- und Spätzeichen einer Reihe von Erkrankungen sowie die Zeichen des bevorstehenden Todes schildert. Aber auch prognostisch günstige Phänomene werden genannt. Celsus wird nicht müde zu wiederholen, dass viele Krankheiten sowohl akut als auch chronisch verlaufen und in wechselvoller Weise rezidivieren. Am eindrucksvollsten werden die zahlreichen möglichen Verlaufsvarianten an den Fieberkrankheiten exemplifiziert. Ein unverzichtbarer Bestandteil des diagnostischen Procedere ist dabei die Pulsdiagnostik. Die Tatsache, dass Celsus unter den fünf Grunderscheinungsformen der Humanpathologie an dritter Stelle die Neubildungen nennt, darf nicht darüber hinwegtäuschen, dass eine Tumorlehre in seinem Werk nicht einmal ansatzweise existiert. Der Autor erörtert zwar das Wachstum und

die mögliche Aussaat gewisser Erkrankungen, er verwendet mehrfach die Termini *cancer* und *carcinoma* und vereinzelt auch die Prädikate κακοήθης (V 28CD) und *malignus* (IV 27.1D), aber er ist weit davon entfernt, die für die Humanmedizin so wichtige Sonderstellung der Tumorerkrankungen zu erkennen. Die meisten von Celsus den Krebsen zugerechneten Erkrankungen sind Hauterkankungen und infizierte Wunden; die von Hippokrates erwähnten verborgenen Geschwülste (*Aph.* VI 38: κρυπτοὶ καρκίνοι) waren für ihn kein Thema.

2.1.5 Spezielle Pathologie und Nosologie

Celsus hat die ihm bekannten Krankheiten nicht entsprechend einer systematischen Ordnung beschrieben und insbesondere nicht konsequent nach Organen und Organsystemen differenziert. Diese Einschränkung gilt vor allem für die Innere Medizin und Viszeralchirurgie. Auch die Beschreibungen der nosologischen Entitäten anderer Fachgebiete verteilen sich gewöhnlich auf mehrere Bücher. Nur die Darstellung der Traumatologie konzentriert sich – abgesehen von den im vierten und siebten Buch verstreuten Kapiteln – auf das achte und letzte Buch.

2.1.5.1 Innere Medizin, Dermatologie

Wichtige Fundstellen

Celsus *De medicina* I 9; II 7,8; III 1–25; IV 5,7–8,11–26,28; V 27–28; VI 1–5,11,17–18; VII 6,14,16–27,30,33

Erkrankungen der inneren Organe und der Haut werden in den ersten sieben Büchern besprochen; das dritte und das vierte dominieren dabei. Unter den internistischen Leiden stehen die fieberassoziierten und damit die Infektionserkrankungen an der Spitze. Ihnen folgen die Krankheiten des Magen-Darm-Trakts (einschließlich der Gelbsucht), der Lungen und der Gelenke. Zu den Dermatosen, die Celsus bespricht, gehören Pusteln und Warzen, Flechten,

Karbunkel und andere Geschwülste, Ulzera, die Krätze und die Elephantiasis. Die der Diagnose und Differenzialdiagnose gewidmeten Absätze sind reich an Details, aber dennoch zumeist kürzer als die zugeordnete Darstellung der Therapie. Diese Diskrepanz hat zwei Hauptgründe. Zum einen referiert Celsus eine große Anzahl z. T. hoch spezialisierter Rezepte, zum anderen variiert er die Qualität, Quantität und Sequenz der diätetischen und physiotherapeutischen Maßnahmen in vielfältiger Weise. Wiederholungen mit geänderter Schwerpunktsetzung sind daher häufig und waren trotz der Redundanz wohl auch didaktisch gewollt und angemessen.

2.1.5.2 Allgemeinchirurgie, Urologie

Wichige Fundstellen
Celsus *De medicina* II 7,8,10; IV 27; V 26; VI 17–19; VII 4,5,7,13–33; VIII 3,4

Der Allgemein- und Viszeralchirurgie hat Celsus im Gegensatz zur Traumatologie und Knochenchirurgie kein eigenes Buch gewidmet. Die operativen Interventionen in diesem Bereich werden neben den chirurgischen Aspekten anderer Disziplinen in den Büchern VI und VII beschrieben. Diese Gliederung hat einerseits dem Sujet nicht geschadet und zeigt auf der anderen Seite, dass die römischen Ärzte die Weichteilchirurgie weitgehend unabhängig von der topographischen Anatomie der betroffenen Organe praktizierten. Der Autor stellt die Indikation und Differenzialindikation invasiver Maßnahmen stets kritisch, und zwar sowohl im Hinblick auf ihre pathoanatomische und pathophysiologische Basis als auch die physische und psychische Belastung des Patienten. Die restriktive Grundhaltung gilt sowohl für technisch vergleichsweise einfache und häufig durchgeführte Eingriffe wie Schröpfen und Aderlass als auch für aufwändige, manchmal nur gemeinsam mit Assistenzpersonal durchführbare Eingriffe wie die Reposition von Bauchwandhernien. Manche Themen wie die Fistelchirurgie werden mehrfach und mit unterschiedlicher Gewichtung, d.h. teils

orientierend, teils fachdidaktisch anspruchsvoll dargestellt. Die Begleitumstände ließen nur Eingriffe unter Inspektion und Palpation, d.h. an der Oberfläche oder bis zu einer meist geringen Tiefe bzw. durch die natürlichen Körperöffnungen zu. Daher nimmt die chirurgische Behandlung von Läsionen der Haut und des Unterhautgewebes (z. B. Eiterungen) breiten Raum in der Darstellung ein. Der korrekte, wenn möglich ingeniöse Umgang mit den Instrumenten – Faden und Schere, Sonden und Löffel, Haken und Glüheisen – war Celsus, wie die Detailtreue der Beschreibungen demonstriert, jedenfalls ein besonderes Anliegen bei der Vermittlung des praktischen Wissens. Für eine Reihe von Eingriffen wie die Infibulation oder die Herniotomie gilt er als Erstbeschreiber. Wesentliche Elemente der von Celsus beschriebenen Technik der Bruchoperation finden sich in Darstellungen der gleichen Intervention bei späteren Autoren wieder. Für die urologischen Erkrankungen (Ausnahme: Phimose) gilt diese Feststellung nicht. Dennoch gehören die Beschreibungen der Eingriffe an den Organen des Urogenitaltrakts, vor allem die der Urolithotomie, in *De medicina* zu den Musterleistungen der antiken Medizinliteratur.

2.1.5.3 Wundchirurgie, Traumatologie

Wichtige Fundstellen
Celsus *De medicina* IV 29–31; V 26; VII 1–6,31–33; VIII 2–25

Wundchirurgie und Traumatologie werden entsprechend ihrer großen Bedeutung vor, auf und hinter den Schlachtfeldern und inner- und außerhalb der Schaukampfstätten des alten Rom von Celsus in großer Breite und Tiefe dargestellt. Aus manchen Passagen glaubt man sogar die Stimme eines Gladiatorenarztes wie die Galens heraushören zu können. Insofern nimmt Celsus eine Mittelstellung zwischen seinem koischen Lehrmeister und dem pergamenischen Fachgenie ein. Im Unterschied zu Hippokrates hat er die Darstellung der Kriegs- und Unfallmedizin aber nicht auf ei-

genständige Schriften bzw. Sektionen konzentriert, sondern über mehrere Bücher ungleich verteilt. Freilich wird das achte Buch eindeutig von der traumatologischen Nosographie und Therapeutik dominiert. Dort sind alle wesentlichen Regionen – Schwerpunkt: Schädel und Extremitäten(gelenke) – und Verletzungstypen – Schwerpunkt: Frakturen und Luxationen – berücksichtigt. Am Beispiel der Schulterluxation (VIII 15) lässt sich studieren, wo und wie Hippokrates von Celsus kopiert worden ist und welche Details Celsus besser gekannt hat als sein wichtigster Quellenautor. Die Texte sind über weite Strecken undogmatisch und didaktisch geschickt konzipiert. Die intuitive Art der Präsentation und der Reichtum an Parallelen und Alternativen lassen sich kaum anders als mit einem großen Bestand an Erfahrungen erklären, die der Verfasser zumindest als Beobachter der medizinischen Praxis gemacht hat. Den römischen Wund- und Feldärzten hat der medizinische Teil des Opus Celsi die Lektüre der griechischen Originale im Ausbildung und Praxis weitgehend erspart. Zusätzlich liefert der Verfasser eine ansehnliche chirurgische Werkzeugkunde und benennt und beschreibt rund ein Dutzend Instrumente überhaupt zum ersten Mal.

2.1.5.4 Frauenheilkunde und Geburtshilfe

Wichtige Fundstellen
Celsus *De medicina* II 7.16; IV 27; VII 28–29

Weder die Frauenheilkunde noch die Geburtshilfe werden von Celsus in geschlossener Form abgehandelt. Der Autor gibt nur in Buch IV unter dem Leitbegriff der Hysterie einen knappen Überblick über die Erkrankungen der Gebärmutter und beschreibt im Rahmen der Darstellung der Chirurgie des Beckens (Buch VII) einen Eingriff an den äußeren Geschlechtsteilen. Lediglich ein einziges Kapitel (VII 29) ist ausschließlich der Geburtshilfe gewidmet; darin wird die Bergung der toten Leibesfrucht beschrieben. Aller-

dings steht diese Darstellung den Beschreibungen von Operationen an anderen Organen und in anderen schwierigen Situationen an Detailgenauigkeit nicht nach.

2.1.5.5 Augenheilkunde

Wichtige Fundstellen
Celsus *De medicina* VI 6; VII 7

Die Erkrankungen der Augen und ihrer Anhangsgebilde sowie deren Behandlung werden von Celsus außergewöhnlich kenntnisreich und detailliert beschrieben. Es ist aber weder aus dem Text noch aus den Kenntnissen der Quellenlage abzuleiten, ob die Fülle an Informationen, die zu protokollieren waren, und/oder das besondere Interesse und womöglich eigene Erfahrungen des Verfassers dafür entscheidend waren. Auch die umfangreiche Sekundärliteratur hat diese Frage nicht klären können. Celsus erwähnt in den zwei großen Kapiteln, die der Ophthalmologie gewidmet sind, mehr als 25 nosologische Entitäten, von denen die meisten auch in der modernen Wissenschaft unter dem gleichen oder einem abgleiteten Namen bekannt sind. Die Behandlung war überwiegend konservativ, aber sehr reich an Varianten. Durch die Beschreibung einer großen Zahl von nach dem Namen ihrer Erfinder benannten Kollyrien hat der Verfasser vielen pharmakotherapeutisch orientierten Augenärzten zu dauerhafter Berühmtheit verholfen. Celsus hat sich nicht gescheut, den Ablauf sowie die Vor- und Nachbereitungsphasen von rund 20 operativen Eingriffen sehr genau zu beschreiben, obwohl dabei Wiederholungen nicht zu vermeiden waren. In alter hippokratischer Tradition wird die Ophthalmologie nicht als durch den Organbezug isolierte Disziplin behandelt, sondern an der richtigen Stelle und mit der angemessenen Gewichtung in den Rahmen der Allgemeinmedizin eingeordnet und daher auch die Bedeutung von Beschwerden an den Augen für die Prognose

von Allgemeinerkrankungen, vor allem solchen mit krisenhaftem Verlauf, angemessen berücksichtigt.

2.1.5.6 Hals-Nasen-Ohren- und Zahnheilkunde

Wichtige Fundstellen
Celsus *De medicina* IV 2–10; VI 7–16; VII 8–13; VIII 5–7

Die Beschreibung der Erkrankungen der Halsorgane, der Nase, der Ohren und der Zähne ist weniger ausführlich als die der Augen, obwohl es sich um im Praxisalltag häufige bis sehr häufige Leiden handelte. Das Zahnweh wird von Celsus sogar als Geißel der Menschheit bezeichnet. Die konservativen und operativen Maßnahmen waren aufeinander abgestimmt und wurden, wenn notwendig, kombiniert. Die Darstellung plastisch-chirurgischer Eingriffe an Ohren, Lippen und Nase zeichnet sich durch besondere Detailtreue aus. Für die Anleitung zur Reposition des Unterkiefers hat der Autor großzügig aus Hippokrates (*De articulis, Vectiarius*) geschöpft. Der Dentalchirurg behandelt nach Celsus nicht nur die Zähne, sondern schenkt auch dem Zahnfleisch und dem Kieferknochen seine Aufmerksamkeit. Die Verwendung wertvoller Materialien wie Blei und Gold zur Rettung bedrohter Zähne dürfte – unabhängig von der Indikation – einer wohlhabenden Klientel vorbehalten gewesen sein.

2.1.5.7 Nervenheilkunde

Wichtige Fundstellen
Celsus *De medicina* II 1,7,8; III 18,20,23,26–27,29; IV 2,3,6; V 27 VI; 6,7; VIII 4

Celsus hat der Nervenheilkunde kein abgeschlossenes eigenes Kapitel gewidmet, er erwähnt neurologische und psychiatrische Erkrankungen jedoch häufig und in unterschiedlichem Zusammenhang und unterstreicht auf diese Weise auch die interdisziplinäre Bedeutung des Faches. Die größte Bedeutung für den antiken Arzt

hatten neurologische Symptome und Komplikationen im Rahmen von Verletzungen, bei Fieber und im Verlauf anderer infektiöser Erkrankungen (Tollwut, Wundstarrkrampf). Unter den zentralnervösen Krankheitszeichen haben der Bewusstseinsverlust, das Delir und andere Formen des Irreseins die größte Bedeutung. Die wichtigste eigenständige neurologische Erkrankung ist für Celsus trotz ihrer Therapieresistenz die Epilepsie. Das Kapitel über den Kopfschmerz besticht durch seine präzise Differenzialdiagnose. Im Zusammenhang mit der Darstellung der Apoplexie nähert sich der Autor der Unterscheidung zwischen zentralen und peripheren Nervenläsionen an. Dabei wird auch die Interaktion von Nerv und Muskel im Ansatz korrekt gedeutet. Spezifische Interventionen wie die Verhaltenstherapie bei Irresein oder die Gesprächstherapie bei Melancholie galten nur dann als aussichtsreich, wenn sie mit besonderer menschlicher Zuwendung durchgeführt wurden.

2.1.6 Diät und physikalische Therapie

Wichtige Fundstellen
Celsus *De medicina* I 4,6–9; II 9–30; III 4–17,23; IV 6,26,31; VIII 15

Die richtige Ernährungsweise und die Behandlung von Krankheiten mit sogenannten natürlichen Mitteln sind die beherrschenden, aber keineswegs die einzigen Themen der ersten vier Bücher von *De medicina*. In den Büchern I und II werden im Wesentlichen die Methodik, in den Büchern III und IV die Indikation und die Durchführung der verschiedenen Verfahren in der Praxis beschrieben. Die Breite und Tiefe der Darstellung sind durch die große Bedeutung der konservativen Maßnahmen in der römischen Medizin mehr als gerechtfertigt. Manches von dem, was Celsus über Klima, Jahreszeiten, Alter und Konstitution, über die Auswahl der Nahrungsmittel, Fasten, Brechen und Abführen, über Nachtruhe, aktive und passive Bewegung, Bäder und Massagen mitteilt, ist reine Propädeutik und zudem teilweise wörtlich der griechischen

Quellenliteratur entliehen. Allein der enorme Umfang und die dadurch gebotenen Auswahlmöglichkeiten machten die Informationen jedoch für den Leser wertvoll. Manche Empfehlungen erscheinen entweder theoretisch nicht ausreichend begründet oder in der täglichen Praxis kaum realisierbar, manchmal sind Widersprüche offensichtlich und Auslassungen unübersehbar. Doch diese Passagen bilden vielfach nur die Widersprüche der Überlieferung ab. Außerdem hat Celsus nicht gezögert, dort, wo er es für notwendig hielt, auch Lob und Kritik zu verteilen und Warnungen auszusprechen. Manche wahrhaft küchenlateinische Sentenz ist durch die bei dem Thema naheliegende Adoption volkstümlicher Rezepte und Rezeptideen überzeugend erklärt. Insgesamt präsentiert der Autor eine fortgeschrittene und so tief in die Details führende Lehre von der Kunst der gesunden Lebensweise, dass für die meisten in der Praxis des Arztes und des kooperationswilligen Patienten denkbaren Situationen eine oder mehrere geeignete Diätvorschriften und Anleitungen zu begleitender oder alternierender physikalischer Behandlung angeboten werden. Die Balneotherapie hat sich unter seiner Feder sogar zu einer eigenständigen Subdisziplin innerhalb der Medizinschriftstellerei entwickelt.

2.1.7 Pharmakotherapie

Wichtige Fundstellen
Celsus *De medicina* II 6,9,12,31–33; III 10,23; V 1–25,27–28; VI 6–7,9

Die Pharmakologie bzw. Pharmakotherapie ist im Opus Celsi ebenso ubiquitär wie die Diätlehre; gleichzeitig sind die vielen einzelnen Mitteilungen und Empfehlungen zu beiden Bereichen so stark miteinander verwoben, dass zwischen Heil- und Lebensmitteln mehr als nur gewisse Überschneidungen bestehen. Die Darstellung der Zusammensetzung und Herstellung der Arzneimittel ist dagegen auf die Bücher V und VI begrenzt und zeigt dort einen nahezu lexikalischen Charakter. Celsus präsentiert hunderte von Rezepten

für einfache und zusammengesetzte Medikamente und überliefert unter Berufung auf die – mutmaßlichen – Erfinder vielfach auch ihre Handelsnamen. Die exakten Volumen- und Gewichtsangaben machen die beiden Bücher zu einer echten Pharmakopöe. Rückschlüsse auf die Quellen, die Celsus für seine Medikamentenlehre benutzt hat, lassen sich daraus allerdings trotz der vielen Eigennamen nicht ziehen. Der Verfasser scheut sich nicht, dort, wo er es für angebracht hält, die verschiedenen konkurrierenden Präparate auch zu bewerten, und bezieht in die Vergleichslisten nicht nur Mittel aus den Werkstätten der Spezialisten, sondern auch solche aus den Küchen der Volksmedizin ein. Er beurteilt den zum Teil wunderlichen Rezeptschatz des Aberglaubens bzw. der kleinen Leute ebenso kritisch wie das Arsenal der wissenschaftlichen Medizin. Dass er die magischen und rustikalen Verschreibungen in seinem für Fachleute bestimmten Opus überhaupt erwähnt, hängt gewiss damit zusammen, dass er sich der Bedeutung der Medizin des kleinen Mannes für die Heilkunst im Rom seiner Zeit wohl bewusst war.

Die Pharmaka, die Celsus überliefert hat, wurden überwiegend aus pflanzlichen Grundstoffen zubereitet. Mineralien (Arsen, Eisen, Quecksilber) und Bestandteile tierischen Ursprungs traten dagegen in den Hintergrund. Der pharmakologischen Wirkung nach sind zwölf Hauptgruppen zu unterscheiden: Schmerzmittel, Brechmittel, Abführmittel, harntreibende Mittel, blutstillende Mittel, Ätzmittel, erweichende Mittel, eiterfördernde Mittel, reizlindernde Mittel, Klebemittel sowie heilungs- und wachstumsfördernde Mittel. Regelhaft bzw. primär wurden die Zubereitungen äußerlich angewandt. Daher hatten Pflaster, Umschläge, Salben, Puder und – für die Augen – Kollyrien die größte Bedeutung. Die Applikation mittels Pillen, Mundwasser und Pessaren wird dagegen nur selten beschrieben bzw. ausdrücklich empfohlen.

2.1.8 Außergewöhnliche Fälle

Wichtige Fundstellen
Celsus *De medicina* II 6; III 9,18,22,23; IV 16; V 27–28; VI 4,7; VII 7; VIII 13

Aufsehenerregende Kasuistiken sind in *De medicina* nur vereinzelt zu finden. Celsus hat die Krankheiten, die gegen sie gerichteten Aktionen der Ärzte und die durch das Leiden, die Diagnostik und die Therapie von den Betroffenen geforderten Reaktionen und Leidenszustände aus der Sicht der täglichen Praxis beschrieben. Dabei wird zwischen häufigen und seltenen Erkrankungen und Verläufen sehr wohl differenziert, die für Ärzte vordergründig besonders interessanten Fälle werden aber nicht dramatisiert. Wenn Celsus dann doch den einen oder anderen außergewöhnlichen Kasus vorstellt, handelt es sich zumeist um historische Anekdoten, die der Illustration dienen sollen, aber jede Effekthascherei vermeiden. Die Fälle, die er selbst beobachtet haben könnte oder die sich mutmaßlich zumindest in seiner Nähe ereignet haben, sind in der Minderzahl. Die Prägnanz der von Hippokrates in den Epidemien mitgeteilten Beobachtungen wird in keinem Fall erreicht. Dennoch ist Celsus zumindest mit zwei originellen Beschreibungen, nämlich der einer Pilzerkrankung der Kopfhaut und der der hals-nasen-ohrenärztlichen Variante des sogenannten Pressdruckversuchs, auch in die Abteilung der Erfinder in die Medizingeschichte eingegangen.

2.2 Deutung

2.2.1 Celsus und seine Quellen

Wichtige Fundstellen
Celsus *De medicina* IV 7,26; VII 4–5

Celsus erwähnt in seinem Opus mehr als 70 griechische und römische Ärzte, die die Medizin in mehr als sieben Jahrhunderten auf

den Stand der Entwicklung gebracht hatten, den zu beschreiben er sich anschickte. Aus den Angaben und Hinweisen des Autors und dem Vergleich der Originaltexte mit den entsprechenden Passagen in *De medicina* können viele Quellenschriftsteller und Quellenwerke erschlossen werden. Die Frage, ob Celsus den gewaltigen Stoff ganz allein gesammelt hat oder dabei professionelle Helfer hatte und ob er eine, einige wenige oder eine große Zahl von Vorlagen kompiliert und transkribiert hat, lässt sich damit freilich nicht beantworten. Überschreitet man die Grenzen der Medizin und bezieht man die anderen Sektionen der Schriftstellerei des Celsus in die Analyse mit ein, so ist es nicht abwegig, mit Pazzini (1958) und anderen Quellenforschern anzunehmen, dass er Koordinator, ja Direktor einer auf Enzyklopädien spezialisierten Redaktion war und viele Hilfskräfte für sich arbeiten ließ. Für die Hypothese von Celsus als patronalem Polyhistor bzw. Redakteur einer Fachzeitschrift (Schulze, 1999) gibt es keinen Beweis. Aber ganz zurückweisen lässt sie sich auch nicht.

2.2.2. Celsus und Hippokrates

Wichtige Fundstellen

Celsus *De medicina* Prooem; II Prooem,4,6–7; III 4,9,24; IV 5,23; VI 6,18; VII Prooem,30; VIII 4,8,14,15,20,25

Hippokrates ist in *De medicina* allgegenwärtig, seine Präsenz jedoch alles andere als einheitlich. Buch II allein enthält weit mehr Anleihen aus und Parallelen zum Corpus Hippocraticum als die sieben anderen Bücher zusammen. Die Mehrzahl der Kopien stammt aus einigen wenigen Werken, nämlich den Aphorismen, von denen nahezu jeder zweite teils integral, teils partiell transferiert worden ist, den prognostischen und den orthopädischen Schriften; die anderen Bücher einschließlich der großen theoretischen Arbeiten (*De prisca medicina, De natura hominis)* und der Epidemien hat Celsus weniger beachtet. Manche Passagen sind wörtlich, andere

werden nur dem Sinn nach wiedergegeben. An einigen Stellen hat Celsus mehrere Zitate zum gleichen Thema gruppiert, in anderen Fällen hat er die hippokratische Ressource auf mehrere Stellen verteilt. Immerhin können die Anleihen aus den Werken des Koers als wichtiges Argument dafür gelten, dass Celsus wenigstens einen Teil der Quellenwerke selbst ausgesucht und ausgewertet und nicht nur aus einem einzigen geschöpft bzw. jene übersetzt hat. Dabei mag freilich manche hippokratische Sentenz nicht dem Original entlehnt, sondern dem Autor über spätere, vor allem die alexandrinischen Autoren zur Kenntnis gekommen und damit auf indirektem Wege übernommen worden sein. Damit wäre Celsus von dem immer wieder diskret erhobenen Vorwurf des Plagiats wenigstens teilweise entlastet. Außerdem sind damit manche Fehler und Vereinfachungen, z. B. die bei der Besprechung der Luxationen der Hüfte, einfach und elegant erklärt. Namentlich genannt wird Hippokrates nur in den Proömien und an einigen wenigen anderen Stellen. Er erhält dort klischeehaftes Lob für sein Wissen und sein Schreibtalent und wird wahlweise als ältester oder bedeutendster Gewährsmann der alten griechischen Medizin gepriesen. Die Anerkennung der historischen Autorität des Hippokrates löst bei Celsus jedoch keineswegs Unterwürfigkeit aus. Die Theorie der kritischen Tage wird nicht übernommen, die Säftelehre bleibt fast unbeachtet. Zumeist in Details, aber immerhin in mehreren Fachbereichen vermag er den Koer sogar überzeugend zu korrigieren, was freilich in Anbetracht der Fortschritte, die die Medizin in den vier Jahrhunderten zwischen der Lebenszeit der beiden Autoren gemacht hat, nicht verwundert.

2.2.3. Celsus und andere griechische Ärzte

Nachhippokratische Ärzte, die Celsus gekannt und geschätzt hat, werden sowohl in den Proömien als auch im fortlaufenden Text vielfach genannt. Die Schilderung ihrer Entdeckungen und Lehren

ist freilich unvollständig, ja nicht einmal repräsentativ und führt kaum in die Tiefe. Celsus ging es in diesen Passagen auch weniger darum, besonders gelungene Porträts der Ärzte zu zeichnen, als ihre Bedeutung für den Wettstreit zwischen den großen medizinischen Schulen kenntlich zu machen. Antworten auf und Bemerkungen zu Einzelfragen, seien sie theoretischer Art oder praktischer Natur, hat der Verfasser so ausgewählt, dass sie erkennbar der Sache förderlich waren und die Quellenangabe nur archivarischen Wert hatte. Damit waren sowohl Empfehlungen als auch warnende Hinweise ungeachtet der Person und Persönlichkeit ihrer Urheber wohl legitimiert. Geschickter hätte Celsus seine kritische Autarkie auf diesem Gebiet nicht demonstrieren können. Römische Medizinschriftsteller der nachfolgenden Zeit, von Scribonius Largus (1. Jht. n. Chr.) bis Cassius Felix (5.Jht.n. Chr.), agierten mit Kopien und Kompilationen griechischer Vorlagen weniger differenziert.

2.2.3.1. Celsus und Asklepiades von Prusa

Wichtige Fundstellen

Celsus *De medicina* Prooem; I 3; II 6,12,14,15,17; III 4,6,18,21,24; IV 6,9,11,26; V Prooem; VI 7

Celsus beschränkt sich bei der Darstellung und Charakterisierung des Asklepiades von Prusa auf dessen Tätigkeit als praktischer Arzt und innovativer Therapeut. Dass er auch ein origineller Theoretiker, fruchtbarer Autor und glänzender Redner war und der Etablierung wissenschaftlich fundierter Medizin in Rom diente, kann man aus dem beiläufigen Hinweis (Prooem. I 16) auf das Missverhältnis der Weite der Poren des Organismus im Verhältnis zu den so genannen Urkörperchen als genereller Krankheitsursache nur erahnen. Die Atomistik und Solidarpathologie des Bithyniers, die in diametralem Gegensatz zur hippokratischen Humoraltheorie stand, ist später, wenn auch modifiziert, zur Grundlage der methodischen Lehre geworden. Das Plädoyer des Asklepiades für

sanfte Medizin will Celsus gerne hören. Doch die praktische Erfahrung scheint ihm zu sagen, dass es damit allein nicht immer getan ist. Jedenfalls lebte Asklepiades selbst so, wie er es seinen Patienten empfahl.

2.2.3.2. Celsus und Erasistratos von Keos

Wichtige Fundstellen
Celsus *De medicina* Prooem; III 4,9,10,21; IV 11,18,20,31; V Prooem; VI 7,18

Erasistratos von Keos ist in die Medizingeschichte als Anatom und Begründer der pathologischen Anatomie eingegangen. Er stand sowohl als Theoretiker wie als Praktiker in hohem Ansehen. Selbst Galen (*De optima secta* 28 K I 184) schwankte, ob er ihm oder Hippokrates den Vorzug unter den alten Ärzten geben sollte. Erasistratos hat die motorischen und sensiblen Nerven und ihre Beziehung zum Gehirn beschrieben und die Herzklappen und herznahen Gefäße entdeckt. Von diesen Leistungen berichtet Celsus bei aller grundsätzlichen Sympathie für den großen Grundlagenforscher und Rationalisten unter den hellenistischen Ärzten aber nicht. Auch die Pharmakologie des Erasistratos wird nur gestreift. Dafür greift Celsus pathophysiologische und nosologische Detailfragen auf und wechselt in seinen Kommentaren zwischen zurückhaltender Kritik und begründeter Zustimmung. Wenn Erasistratos aber wie bei der Beurteilung des Zusammenhangs zwischen Fieber und Entzündung nicht recht hat, spricht Celsus (III 10.3) den Irrtum unmissverständlich an.

2.2.3.3. Celsus und Herakleides von Tarent

Wichtige Fundstellen
Celsus *De medicina* Prooem; III 6,15; V 25; VII 7; VIII 20

Herakleides von Tarent gilt als der bedeutendste Vertreter der empirischen Schule in der antiken Medizin. Er hat das gesamte Corpus Hip-

pocraticum kommentiert und viel über Chirurgie, Innere Medizin, Pharmakologie und Kosmetik geschrieben. Galen (*De compositione medicamentorum per genera* VI 9 K XII 989) hat ihn ohne Einschränkungen als den besten Arzt (ἰατρὸς ἄριστος) bezeichnet. Bei Celsus steht er nicht ganz so glänzend da. Im Prooemium wird er nur als einer von mehreren tüchtigen empirischen Ärzten genannt. Und nicht alle Behandlungsanweisungen treffen auf sein volles Verständnis.

2.2.3.4. Celsus und Meges von Sidon

Wichtige Fundstellen
Celsus *De medicina* V 28.7,12; VII Prooem,2,7,14,26; VIII 21

Meges von Sidon war vorwiegend chirurgisch tätig und praktizierte in Rom mit großem Erfolg. Celsus berichtet aber nicht nur von gelungenen Eingriffen und seltenen Befunden, sondern auch von Fehlschlägen wie etwa den Versuchen, verwachsene Augenlider operativ dauerhaft zu trennen. In der Diskussion über die Pathophysiologie des Nabelbruchs wird Meges dem Prädikat, ein überaus gebildeter (*eruditissimus*, VII Pro 3) Arzt zu sein, gerecht.

2.2.3.5. Celsus und Themison von Laodikeia

Wichtige Fundstellen
Celsus *De medicina* Prooem; III 4,17; IV 22; VI 7

Themison von Laodikeia lebte zur Regierungszeit von Kaiser Augustus und war damit noch Zeitgenosse des Celsus. Er war Anhänger des Atomismus und hat die Schule der Methodiker mitbegründet. Von seinen Schriften und Briefen über Fieber und andere akute und chronische Erkrankungen ist nichts im Original erhalten. Unsere Kenntnisse stammen von Nachrichten bei Galen und Pseudo-Galen. Celsus würdigt Themison mehrfach im Proömium und gibt dabei eine kurze Darstellung der berühmten Kommunitätenlehre. Mit der klinischen Lehre des in Rom praktizierenden

gebürtigen Syrers war er ebenso wie mit der anderer Autoritäten nicht immer einverstanden. Die Kritik an den verschiedenen Formen der Fieberdiät wird mit solcher Entschlossenheit vorgetragen und geht so tief ins Detail, dass sie nur von einem praktizierenden Arzt stammen kann, auch wenn der Verfasser die Medizin nicht im Hauptberuf ausgeübt hat. Die von Caelius Aurelianus überlieferten Kommentare Themisons zu Phänomenen wie der Deformierung der Schläfenbeine (σατυρίασις, *Morb.acut.* III 18, 86) oder dem Albtraum (πνιγαλίων, *Morb. chron.* I 3, 54) werden von Celsus allerdings nicht aufgegriffen.

2.2.4. Celsus und römische Quellen

Wichtige Fundstellen
Celsus *De medicina* Prooem; IV 14,21; V 25

Celsus war anspruchsvoll und hat seine Gewährsleute und deren Schriften nach strengen Kriterien ausgesucht. Die griechische Literatur stellte ihn bei der Quellenforschung ausnahmslos vor die Qual der Wahl. Die römische Medizinschriftstellerei hingegen war höchst spärlich und hatte kaum Neuigkeitswert zu bieten. Allein deshalb ist es wenig wahrscheinlich, dass Celsus aus lateinischen Autoren erfolgreich geschöpft hat. Er erwähnt auch nur wenige literarisch aktive römische Ärzte namentlich und bezeichnet keinen einzigen ausdrücklich als Gewährsmann. Dennoch sind Anfang des 20. Jahrhunderts mehrere Arbeiten veröffentlicht worden, die Celsus in direkte und umfassende Abhängigkeit von lateinischen Quellen gebracht haben. Mit inhaltlichen Übereinstimmungen in wenigen, zudem marginalen Passagen sollte die Verflechtung belegt werden. Am bekanntesten wurden die Cassius-Hypothese von *Wellmann* (1913) und die so genannte Aufidius-Hypothese von *Marx* (1915). Diese und alle weiteren Theorien sind kaum ernst genommen bzw. von ihren Urhebern abgeschwächt oder ganz widerrufen worden, weil man überzeugend zeigen konnte, dass die

Kongruenzen am ehesten damit zu erklären wären, dass Celsus und die vermeintlichen lateinischen Vorläufer aus der gleichen wissenschaftshistorischen Quelle geschöpft hatten.

2.2.5. Celsus ipse

Wichtige Fundstellen

Celsus *De medicina* Prooem; I 3,8; II 1,4,6,10,12,14.; III 1,3,4,5,6,8–9,11,18,21,24; IV 7,9,11,26; V 17,18; 19,27–28; VI 6,18; VII Prooem,6,7,12

Der schwerste Vorwurf, den man Celsus bei der Interpretation der Ich-Passagen machen konnte, war der, dass das Pronomen nur geliehen, in Wahrheit also auf den literarischen Vorgänger zu beziehen war, an den er sich angelehnt hatte. Prominente Philologen wie Marx (1915) und Wellmann (1925) haben ohne Bedenken den Akteur der Ich-Sätze mit dem Autor der von ihnen postulierten literarischen Vorlage gleichgesetzt, ja die Ich-Passagen geradezu als Beweis für den geistigen Diebstahl des Celsus gewertet. Dort, wo der Verfasser seine eigene Meinung äußere, so wurde argumentiert, sei in Wahrheit der Widerhall des Originals zu vernehmen. So falsch sich die einfachen Autorenhypothesen erwiesen haben, so dringend gilt es doch zu klären, an welchen Stellen Celsus mit dem Ego sich selbst meint und wann es, in welcher Konstellation auch immer, geliehen ist. Außerdem kann man sich fragen, wann er eine Erfahrung oder subjektive Meinung vermittelt, ohne darauf im Text durch ausdrücklichen Bezug auf die eigene Person hinzuweisen.

In den zahllosen Passagen, für die er wörtlich oder nahezu wörtlich aus dem Corpus Hippocraticum und/oder den Werken der hellenistischen Ärzte geschöpft hat, beschränkte sich die Eigenleistung auf die Sammlung, Sichtung, Auswahl, Übersetzung und Einordnung der Texte. Bei der Masse der Themen, Verfahren und deren Details war dies dennoch keine einfache Aufgabe. Celsus hat sie mit großer Umsicht bewältigt. Die große Zahl der

Kapazitäten in den verschiedenen Disziplinen und das in Jahrhunderten geprägte Autoritätsgefüge innerhalb der Tradition machten den gebotenen Eklektizismus zu einer wahren Herausforderung. Es war nicht zu vermeiden, dass durch äußere Umstände, Unkenntnis und Missverständnisse bedeutende Quellen unberücksichtigt blieben und viele vergleichsweise unwichtige Notizen in den Text aufgenommen wurden. Auch die vereinzelten Widersprüche bei der Darstellung und beim Vergleich der verschiedenen Lehrmeinungen und von deren Repräsentanten haben hier ihren Ursprung. Die sogenannten konservativen Fächer litten darunter bei der Vielzahl der Quellen mehr als die chirurgischen, in denen der Streit der Experten weniger ausgeprägt war. Jedenfalls hat es Celsus verstanden, sowohl listige Kürzungen als auch weitschweifige Ergänzungen zu vermeiden und die Bearbeitung der Quellen konsequent dem Ziel der Darstellung anzupassen. Mit seinem realistischen, sowohl den Ansprüchen des Fachmanns entgegenkommenden als dem gebildeten Laien zugänglichen Stil wird er den verschiedenen Rollen, die er in seinem Werk einnimmt, nämlich denen des Beobachters, des Meinungsträgers, des Widersachers und des Beraters überzeugend gerecht.

Celsus hatte das Ziel, ein umfassendes Lehrbuch der anwendungsorientierten Medizin zu schreiben und auf diese Weise deren Einführung und möglichst weite Verbreitung in seiner Heimat zu fördern. Dazu mussten die alten griechischen Lehren bisweilen an die römische Kultur, Wirtschafts- und Lebenswirklichkeit angepasst werden. Dennoch sollte es ein akademisches Opus und kein Handbuch der Hausmedizin bzw. Ratgeber für den Kampf gegen die Anfechtungen von Leib und Seele im täglichen Leben werden. Die Leserschaft rekrutierte sich daher mutmaßlich aus einem Publikum mit ebenso hoher wie breiter Allgemeinbildung, das sein medizinisches Wissen in Richtung Praxisreife vertiefen wollte. Möglicherweise hat der eine oder andere nach der Lektüre von *De medicina* sogar selbst den Beruf des Arztes angestrebt und ergriffen.

Celsus hat Patienten den eigenen Aussagen zufolge selbst besucht und persönlich über längere Zeit betreut, obwohl die praktische Medizin nicht seine Profession war. Dass er wiederholt detailreiche Anweisungen, z. B. zur Versorgung von Wunden, erteilt, zeugt nicht nur von Expertise, sondern auch von Selbstbewusstsein. Mit wachsender Routine sind dann auch die Zweifel an gewissen Behandlungsoptionen gewachsen. Zugleich ist die kritische Zuversicht, auf der Basis eines selbstständigen Urteils über die theoretischen und praktischen Aspekte des diagnostischen und therapeutischen Repertoires und durch die Wahl des jeweils anspruchsvollsten Mittelwegs das Beste für die Patienten leisten zu können, gereift.

3 Die anderen Künste

3.1 Landwirtschaft

Wichtige Fundstellen

Celsus *De medicina* V 28

Columella *De re rustica* 1.14, 8.4; II 2.14–15, 2.24, 2.25, 9.10–11, 11.6; III 1.8–10, 2.24, 2.25, 2.31, 17.4; IV 1.1, 8.1, 10.1, 28.2; V 6.22; VI 5.5, 12.5, 14.6; VII 2.1–2, 3.11, 4.7–8, 5.14–15; VIII 13.2; IX 2.1, 6.2, 6.4, 7.1–2, 11.5, 14.6, 14.18–19

Gargilius Martialis *De hortis* II 3–4; III 1,8; IV 1,6

Isidor von Sevilla *Etymologiae sive Origines* XVII 1. De auctoribus rerum rusticarum

Pelagonius *De arte veterinaria* 31,185,287

Plinius maior *Naturalis historia* X 150; XIV 33

Ob Zufall oder nicht – das Werk des A.C. Celsus über die Landwirtschaft geht der Darstellung der Medizin innerhalb der Enzyklopädie nicht nur voraus, sondern ist von den Zeitgenossen auch häufiger zitiert worden als jene. Die Hauptrezipienten waren eigenem Bekenntnis zufolge Plinius der Ältere und Columella, der in seinem Werk über die Landwirtschaft mehr als 30 Mal auf Celsus

namentlich hinweist und ihn mehrfach wörtlich zitiert. Außerdem wird die landwirtschafliche Schrift des Celsus von mehreren Autoren des 3. und 4. Jahrhunderts genannt. Der Autor selbst kommt auf sie in *De medicina* nur an einer Stelle (V 28.16C) und auch dort ganz beiläufig zu sprechen. Aus der Mitteilung Plinius' des Älteren (*Nat.hist.* XIV 33), dass Iulius Graecinus für sein eigenes Werk über den Weinbau von Celsus abgeschrieben habe, ist zu folgern, dass die Schrift nicht nach 39 n.Chr. entstanden ist, weil Graecinus in diesem Jahr von Kaiser Caligula hingerichtet wurde. Das Werk hatte fünf Bücher, die nach der Rekonstruktion von *Reitzenstein* (1884) folgende Überschriften getragen haben: 1. *De agrorum cultu* [Ackerbau] 2. *De vitibus et arboribus* [Winzerei und Waldwirtschaft] 3. *De re pecuaria* [Viehzucht] 4. *De villatica pastione* [Hofwirtschaft] 5. *De apibus* [Imkerei]. Celsus hat nach empirischer Manier ähnlich wie bei der Medizin auch für die Darstellung der Landwirtschaft die Lehrmeinungen der Vorgänger (Cato maior, Varro) übernommen, z.T. neu angeordnet und kommentiert. Mehrfach rühmt Columella den Lehrcharakter des Texts und die Detailkenntnisse des Autors, er äußert aber auch vereinzelt Zweifel an der Beobachtungstreue und Verallgemeinerungsfähigkeit der Empfehlungen. Ob Celsus eigene Erfahrungen in der Landwirtschaft hatte und als Bauer, Winzer oder Imker arbeitete, ist eben so wenig zu entscheiden wie die Frage, ob er Kranke behandelt hat.

3.2 Militärwesen

Wichtige Fundstellen

Flavius Vegetius Renatus *Epitoma rei militaris* 1.8
Johannes Saresberiensis *Policraticus* 6.19
Johannes Lydos *Περὶ ἀρχῶν τῆς Ῥωμαίων πολιτείας* I 47.1; III 33.3–4, 34.3–5
Quintilian *Institutio oratoria* XII 11.24

Der Abschnitt der *Artes* des Celsus, der dem Militärwesen gewidmet war, ist nur in zwei Notizen antiker Autoren (*Quintilian*, *F. Vegetius Renatus*) und in dem Vermerk eines mittelalterlichen Gelehrten (*Johannes Saresberiensis* = *John of Salisbury*, um 1115–1180) dokumentiert. Die Angaben lassen darauf schließen, dass sich der Autor dabei wohl recht kurz gefasst hat. Die interessante Frage, wie sich der militärische und der medizinische Teil dem Umfang nach zueinander verhielten, kann nicht beantwortet werden. Dass Celsus außerdem eine Monographie über die Kriegsführung im Kampf gegen die Parther (»Perser«) geschrieben hat, ist wenig wahrscheinlich, weil die entsprechenden militärischen Auseinandersetzungen erst Anfang der siebziger Jahre des ersten Jahrhunderts stattgefunden haben. Man vermutet daher hinter dem von Johannes Lydos genannten »römischen Taktiker Celsus« mit einiger Berechtigung den daran selbst beteiligten Feldherrn Marius Celsus. Allerdings sind Zweifel an dieser These erst jüngst (*Schulze* 2012) neuerlich geäußert worden.

3.3 Rhetorik

Wichtige Fundstellen

Iulius Severanus *Praecepta artis rhetoricae* 3

Juvenal *Saturae* Scholion 6.245

Quintilian *Institutio oratoria* II 15.21,31; III 1.21 5.3 6.13–14,38 7.23,25; IV 1.6,11–12 2.4,9–10; V 10.10; VII 1.10 2.18–20; VIII 3.35,44–45,47; IX 1.17–18 2.22,40, 54,100,102, 104,106 4.132–133,137; X 1.23; XII 11.24

Der der Rhetorik gewidmete Teil der Enzyklopädie des Cornelius Celsus stammt aus den frühen Schaffensjahren. Der Autor hat seinen Erstling einem anspruchsvollen und in der römischen Literatur bereits von mehreren bedeutenden Vorgängern bearbeiteten Sujet gewidmet. Aus dieser Perspektive betrachtet ist der Erfolg der Schrift zumindest beachtenswert. Quintilian nennt den Na-

men des virtuellen Rivalen in seinem großen Werk über die Erziehung zum Redner mehr als zwanzig Mal und zitiert ihn mehrfach wörtlich. Celsus wird sowohl als Redner wie als Autor vorgestellt und sogar in die Nähe von Aristoteles und Cicero gebracht. Die positiven und negativen Anmerkungen Quintilians zu einzelnen Themen und Darstellungen in der Rhetorik des Celsus halten sich in etwa die Waage. Der selbst ernannte Rezensent weist auf Widersprüche in der Argumentation und – wenn auch unbedeutende – historische Irrtümer hin und spricht sich ausdrücklich gegen Celsus' Forderung nach einer konzeptionellen Vereinheitlichung der Vorrede aus, versäumt aber auch nicht, auf dessen überzeugende Ideen und Innovationen hinzuweisen. Man kann aus der Lektüre der Kommentare Quintilians jedenfalls den Eindruck gewinnen, dass Celsus in der Redekunst theoretisch versiert und praktisch erfahren war.

3.4 Philosophie

Wichtige Fundstellen
Augustinus *De haeresibus* praef. 5
Augustinus *Soliloquia* I 12.21
Quintilian *Institutio oratoria* X 1.123–124

Von der Philosophie des Opus Celsi sind im Gegensatz zur Rhetorik keine wörtlichen Zitate erhalten. Die wenigen Informationen sind spärlich und unzuverlässig. Man weiß nur von Augustinus, dass ein gewisser Celsus die Meinungen von nicht weniger als einhundert Philosophen, die christliche Sekten gegründet hatten, in sechs Bänden dargestellt hat. Ob es sich dabei aber um A. Cornelius Celsus handelt, ist in Anbetracht seiner Lebenszeit unwahrscheinlich. Eher hat Augustinus einen anderen philosophischen Autor mit dem Namen Celsus gemeint. Es ist freilich müßig, darüber zu spekulieren, ob es etwa Kelsos von Alexandria (2. Hälfte des

2. Jhts. n. Chr.) oder ein anderer war. Immerhin geht Augustinus in den *Soliloquien* auf eine von Celsus ausgesprochene Lebensweisheit ein, die ebenso gut zu einem Arzt wie zu einem Philosophen passt. Quintilian gibt in einer Notiz zur Philosophie des Celsus eine insgesamt freundliche Bewertung ab und teilt außerdem mit, dass der Autor den Sextiern gefolgt sei. Der Textzusammenhang lässt dabei keine andere Deutung zu als die, dass diese Bemerkung auf die philosophische Orientierung des Celsus zielt. Allerdings wird weder die Schule der Sextier noch ihr bekanntester Vertreter, Sextius Niger, in den erhaltenen Schriften des Celsus erwähnt. Der Stern der Sekte war zur Schaffenszeit des Celsus auch schon im Sinken begriffen (Seneca *Quaestiones naturales* VII 32.2). Die Sextier suchten zwar nicht nur nach einer gemeinsamen philosophischen Orientierung, die sie dann auch in persönlicher Askese und politischer Enthaltsamkeit fanden, sondern hatten auch Interesse an naturwissenschaftlichen Fragestellungen. Sextius Niger verfasste eine z. B. von Plinius und Dioskurides als Quelle benützte Schrift mit dem Titel *Περὶ ὕλης ἰατρικῆς*. Die Sextier waren strenge Vegetarier und verurteilten den Genuß von Fleisch u. a. wegen der damit verbundenen Blutopfer an den Tieren (Seneca *Epistulae morales* 108.17–18). Von diesem Verdikt ist bei Celsus nichts zu finden. Der Rat zum Konsum von Fleisch und Fisch ist vielmehr fester Bestandteil seiner Diätlehre (II 18.6–10).

TEXTE UND ÜBERSETZUNGEN

CXXII. Vinum si voles concinnare, ut alvum bonum faciat

1. Vinum si voles concinnare, ut alvum bonum faciat, secundum vindemiam, ubi vites ablaqueantur, quantum putabis ei rei satis esse vini, tot vites ablaqueato et signato. Earum radices circumsecato et purgato. Veratri atri radices contundito in pila; eas radices dato circum vitem et stercus vetus et cinerem veterem et duas partes terrae circumdato radices vitis. Terram insuper inicito. 2. Hoc vinum seorsum legito. Si voles servare in vetustatem ad alvum movendam, servato; ne commisceas cum cetero vino. De eo vino cyathum sumito et misceto aqua et bibito ante cenam; sine periculo alvum movebit.

I AULUS CORNELIUS CELSUS UND DIE ANTIKE WISSENSCHAFT

Der römische Hausarzt (1)

Cato *De agri cultura* CXXII

Dank seiner rustikalen Empfehlungen zur gesunden Lebensführung ist Cato nicht nur selbst sehr alt geworden, sondern hat auch seiner Familie über lange Zeit das körperliche Wohlbefinden erhalten.

CXXII. Wenn du Wein zum Abführmittel machen willst

1. Wenn du Wein zu einem Abführmittel machen willst, sollst du nach der Lese, wenn die Erde um die Weinstöcke herum bearbeitet wird, so viele Weinstöcke behacken und bezeichnen, wie du für die Produktion von ausreichend viel Wein als nötig ansiehst. Ihre Wurzeln sollst du ringsum beschneiden und reinigen. Dann sollst du Wurzeln der schwarzen Nieswurz im Mörser zerstoßen; diese Wurzeln sollst du rings um einen Weinstock setzen und die Wurzeln des Weinstocks mit altem Dünger, alter Asche und zwei Dritteln Erde umgeben. Darüber sollst du nochmals Erde streuen.
2. Diesen Wein sollst du von den anderen Sorten getrennt lesen. Wenn du ihn lange Zeit zur Förderung des Stuhlgangs aufbewahren willst, dann tu das auch; mische ihn aber nicht mit anderem Wein. Von diesem Wein sollst du einen Becher nehmen, den Inhalt mit Wasser mischen und vor dem Abendessen trinken; sei unbesorgt, er wird den Stuhlgang befördern.

Brassicae laudes longum est exsequi, cum et Chrysippus medicus privatim volumen ei dedicaverit per singula membra hominis digestum et Dieuches, ante omnes autem Pythagoras, et Cato non parcius celebraverit. Cuius sententiam vel eo diligentius persequi par est, ut noscatur, qua medicina usus sit annis DC populus Romanus. In tres species divisere eam Graeci antiquissimi... Cato crispam maxime probat, dein levem grandibus foliis, caule magno. Prodesse tradit capitis doloribus, oculorum caligini scintillationique vel stomacho, praecordiis crudam ex aceto ac melle, coriandro, ruta, menta, laseris radicula sumptam acetabulis duobus matutino; tantamque esse vim, ut qui terat haec, validiorem fieri se sentiat. Ergo vel cum his tritam sorbendam vel ex hoc intinctu sumendam; podagrae autem morbisque articulariis inlini cum ruta et coriandro et salis mica et hordei farina; aqua quoque eius decocta nervos articulosque mire iuvari, si foveantur. Vulnera et recentia et vetera, etiam carcinomata, quae nullis aliis medicamentis sanari possint, foveri prius calida aqua iubet ac bis die tritam imponi; sic etiam fistulas et luxata et tumores, quos evocari quosque discuti opus sit. Insomnia etiam vigiliasque tollere decoctam,

Der römische Hausarzt (2)

Plinius maior *Naturalis historia* XX 33

Auf den Kohl kann man ein langes Loblied singen, weil ihm sowohl der Arzt Chrysippos ein eigenes Werk gewidmet hat, dessen Inhalt der Anordnung der Glieder des Menschen folgt, als auch Dieuches[1], vor allem aber Pythagoras, und weil es auch Cato nicht an Huldigung hat fehlen lassen. Catos Aussagen mit besonderer Sorgfalt darzustellen ist nur recht und billig, weil wir auf diese Weise erfahren, welche Heilmittel das römische Volk seit 600 Jahren verwendet hat. Die ganz alten Griechen haben drei Arten von Kohl unterschieden... Cato bevorzugt den krausen Kohl, schätzt aber auch den glatten mit den großen Blättern und dem großen Stengel. Seinem Bericht zufolge ist er gegen Kopfschmerzen, bei Schwäche und Flimmern der Augen wirksam, tut aber auch dem Magen und den Eingeweiden gut, wenn man zwei Viertelchen[2] roh in Essig und Honig zusammen mit Koriander, Raute, Minze und Laserwurzel am Morgen eingenommen hat. Die Wirkung sei so stark, dass derjenige, der ihn zerreibt, sich kräftiger fühlt. Man solle ihn also zerrieben und mit diesen Zutaten hinunterschlucken oder in diese Brühe eintauchen und dann zu sich nehmen. Wenn er gegen Gicht und Erkrankungen der Gelenke verwendet werde, solle man ihn zusammen mit Raute, Koriander, etwas Salz und Gerstenmehl auftragen. Warme Umschläge mit in Wasser abgekochtem Kohl könnten an den Sehnen und Gelenken wahre Wunder wirken. Sowohl frische als auch alte Wunden, aber auch krebsige Geschwüre, die mit keinem anderen Mittel erfolgreich behandelt werden könnten, so fordert er, solle man zuerst in warmem Wasser baden und dann zwei Mal täglich zerriebenen Kohl auflegen. Ebenso gehe man bei Fisteln, Verrenkungen und Geschwülsten vor, die man aus der Tiefe holen und dann zerteilen müsse. In der abgekochten Form beseitige er auch Schlaflosigkeit und nächtliche Wachphasen, wenn man da-

si ieiuni edant quam plurimam ex oleo et sale; tormina, si decocta iterum decoquatur addito oleo, sale, cumino, polenta; si ita sumatur sine pane, magis profuturam; inter reliqua bilem detrahi per vinum nigrum pota. Quin et urinam eius, qui brassicam esitaverit, adservari iubet, calefactamque nervis remedio esse. Verba ipsius subiciam ad exprimendam sententiam: 'pueros pusillos, si laves ea urina, numqum debiles fieri'. Auribus quoque ex vino sucum brassicae tepidum instilllari suadet idque etiam tarditati audientium prodesse adseverat, et inpetigines eadem sanari sine ulcere.

Ὁ δ' οὐ μόνον ἀπηχθάνετο τοῖς φιλοσοφοῦσιν Ἑλλήνων, ἀλλά καὶ τοὺς ἰατρεύοντας ἐν Ῥώμῃ δι' ὑποψίας εἶχε, καὶ τὸν Ἱπποκράτους λόγον ὡς ἔοικεν ἀκηκόως, ὃν εἶπε τοῦ μεγάλου βασιλέως καλοῦντος αὐτὸν ἐπὶ πολλοῖς τισι ταλάντοις, οὐκ ἄν ποτε βαρβάροις Ἑλλήνων πολεμίοις ἑαυτὸν παρασχεῖν, ἔλεγε κοινὸν ὅρκον εἶναι τοῦτον ἰατρῶν ἁπάντων, καὶ παρεκελεύετο φυλάττεσθαι τῷ παιδὶ πάντας· αὐτῷ δὲ γεγραμμέννον ὑπόμνημα εἶναι, καὶ πρὸς τοῦτο θεραπεύειν καὶ διαιτᾶν τοὺς νοσοῦντας οἴκοι, νῆστιν μὲν οὐδέποτε διατηρῶν οὐδένα, τρέφων δὲ λαχάνοις καὶ σαρκιδίοις νήσσης ἢ

von auf nüchternen Magen möglichst viel mit Öl und Salz zu sich nehme. Ein zweites Mal abgekocht und zusammen mit Öl, Salz, Kümmel und Gerstengraupen helfe er auch bei schneidenden Bauchschmerzen. Ohne Brot eingenommen sei er noch wirksamer. Übrigens führe er auch Galle ab, wenn man ihn mit schwarzem Wein trinke. Cato fordert sogar dazu auf, den Harn von Menschen, die Kohl gegessen haben, zu konservieren, weil er in erwärmtem Zustand gut für die Sehnen sei. Das folgende Zitat soll seine Empfehlung unterstreichen: »Wenn du kleine Jungen mit diesem Urin wäschst, kannst du sicher sein, dass sie nie Schwäche zeigen.« Er rät außerdem dazu, Kohlsaft zu erwärmen und zusammen mit Wein in die Ohren zu träufeln und versichert, diese Zubereitung sei sowohl bei Schwerhörigkeit vorteilhaft einzusetzen als auch bei chronischem Ausschlag, der unter der Behandlung ohne ein Geschwür abheile.

Der römische Hausarzt (3)

Plutarch *Cato maior* 23

Cato empfand nicht nur für die griechischen Philosophen Verachtung, sondern beäugte auch die in Rom praktizierenden griechischen Ärzte argwöhnisch. Offensichtlich in Erinnerung an Hippokrates, der auf eine hochdotierte Berufung durch den Großkönig mit den Worten reagierte, dass er niemals für Barbaren, die Feinde der Griechen, tätig sein werde, sagte er, dass der Eid von allen Ärzten geschworen worden sei, und ermahnte seinen Sohn, sich vor allen in Acht zu nehmen. Er hatte, wie er sagt, selber ein Arzneimittelbuch geschrieben und hielt sich bei der Behandlung und den Diätverordnungen für die Kranken in seinem eigenen Hause auch daran. Zum Fasten riet er zu keinem Zeitpunkt, vielmehr gab er ihnen Gemüse und etwas Fleisch von Enten, Tauben oder Hasen zu essen. Denn diese Speisen hielt er für leicht

φαβὸς ἢ λαγὼ καὶ γὰρ τοῦτον κοῦφον εἶναι καὶ πρόσφορον ἀσθενοῦσι, πλὴν ὅτι πολλὰ συμβαίνει τοῖς φαγοῦσιν ἐνυπνιάζεσθαι τοιαύτῃ δὲ θεραπείᾳ καὶ διαίτῃ χρώμενος ὑγιαίνειν μὲν αὐτός, ὑγιαίνοντας δὲ τοὺς αὐτοῦ διαφυλάττειν.

Advertendum etiam, siqua erunt loca palustria, et propter easdem causas, et quod crescunt animalia quaedam minuta, quae non possunt oculi consequi, et per aera intus in corpus per os ac nares perveniunt atque efficiunt difficilis morbos…

saepe suas volucres legit mihi grandior aevo,
quaeque nocet serpens, quae iuvat herba, Macer.

und den Patienten zuträglich, allerdings mit der Einschränkung, dass die, die sie zu sich nehmen, viele Träume haben. Mit dieser Behandlung und Kost, so ergänzt er, habe er nicht nur sich selbst gesund erhalten, sondern auch den Seinen gesundheitliches Wohlbefinden bewahrt.

Die unsichtbaren Erreger des Fiebers

Varro *Res rusticae* I 12

Eine geniale Voraussage: Aus dem Sumpf mit der Luft in den Organismus.

Man muss auch darauf achten, ob es da womöglich ein paar sumpfige Stellen gibt, und zwar deshalb, weil dort manche Tierchen leben, die man mit den Augen nicht verfolgen kann, die aber mit der Luft durch den Mund und die Nase in den Körper gelangen und zu schweren Krankheiten führen…

Vertrauliche Fortbildung

Ovid *Tristia* IV 10.43–44

Der auch mit Vergil und Tibull befreundete Aemilius Macer hat Ovid immer wieder aus seinen naturwissenschaftlichen Lehrgedichten vorgelesen.

Oft schon hat Macer[1], älter als ich, aus den Vögeln[2] gelesen,
aus den Giftschlangen[3] auch und dem Heilkräuterbuch[4].

Multis rebus laetus annus vix ad solacium unius mali, pestilentiae urentis simul urbem atque agros, suffecit; portentoque iam similes clades erat et libri aditi, quinam finis aut quod remedium eius mali ab dis daretur. Inventum in libris Aesculapium ab Epidauro Romam arcessendum; neque eo anno, quia bello occupati consules erant, quicquam de ea re actum, praeterquam quod unum diem Aesculapio supplicatio habita est.

Ex intestinis autem et alvo secretus a reliquo cibo sucus is, quo alimur, permanat ad iecur per quasdam a medio intestino usque ad portas iecoris – sic enim appellantur – ductas et directas vias, quae pertinent ad iecur eique adhaerent; atque inde aliae pertinentes sunt, per quas cadit cibus a iecore dilapsus. Ab eo cibo cum est secreta bilis eique umores, qui e renibus profunduntur, reliqua se

Erinnerung an 293 vor Christus

Livius *Ab urbe condita* X 47.6

Zur Bekämpfung der damals wütenden Seuche sollten die Konsuln Asklepios von Epidauros nach Rom holen. Aber dafür hatten sie keine Zeit.

Dass das Jahr in vielen Aspekten erfreulich verlaufen war, konnte jedoch kaum über ein großes Übel hinwegtrösten, die Seuche, die sowohl die Stadt als auch das Land heimsuchte. Die Katastrophe brach wie ein Ungeheuer herein und man suchte in den Büchern nach Rat und wollte erfahren, welche Erklärung oder welche Abhilfe die Götter für diesen Unglücksfall bereithielten. Man fand dann in den Büchern die Empfehlung, Asklepios von Epidauros nach Rom zu holen. Weil die Konsuln aber in diesem Jahr damit beschäftigt waren, Krieg zu führen, geschah in dieser Sache nichts, abgesehen davon, dass man einen einzigen Tag der Fürbitte zu Ehren des Asklepios veranstaltete.

Wege und Irrwege des Speisebreis

Cicero *De natura deorum* II §§ 137–138

Vom Standpunkt des nacharistotelischen Philosophen aus sieht der Autor in Bau und Funktion des menschlichen Körpers Vorsorgemaßnahmen der unsterblichen Götter.

Aus den Eingeweiden und dem Darm fließt aber der vom Rest der Speisen getrennte Saft, von dem wir uns ernähren, in Richtung Leber durch bestimmte Kanäle, die vom Gekröse aus geradewegs bis zur so genannten Leberpforte, der sie anliegen und mit der sie verwachsen sind, führen. Von hier gehen weitere Kanäle aus, über die die verdaute Nahrung weiter nach unten transportiert wird. Wenn sich die Galle und die Flüssigkeiten, die aus den Nieren abfließen, davon getrennt haben, verbleibt ein Rest, der sich in

in sanguinem vertunt ad easdemque portas iecoris confluunt, ad quas omnes eius viae pertinent; per quas lapsus cibus in hoc ipso loco in eam venam quae cava appellatur, confunditur perque eam ad cor confectus iam coctusque perlabitur; a corde autem in totum corpus distribuitur per venas admodum multas in omnes partes corporis pertinentes. Quemdmodum autem reliquiae cibi depellantur tum astringentibus se intestinis, tum relaxantibus, haud sane difficile dictu est, sed tamen praetereundum est, ne quod habeat iniucunditatis oratio. Illa potius explicetur incredibilis fabrica naturae: Nam quae spiritu in pulmones anima ducitur, ea calescit primum ipso ab spiritu, deinde contagione pulmonum, ex eaque pars redditur respirando, pars concipitur cordis parte quadam, quam ventriculum cordis appellant, cui similis alter adiunctus est, in quem sanguis a iecore per venam illam cavam influit. Eoque modo ex iis partibus et sanguis per venas in omne corpus diffunditur et spiritus per arterias; utraeque autem crebrae multaeque toto corpore intextae vim quandam incredibilem artificiosi operis divinique testantur.

Quae sit hiems Veliae, quod caelum, Vala, Salerni,
quorum hominum regio et qualis via – nam mihi Baias

Blut verwandelt und an den gleichen Leberpforten zusammenfließt, zu denen alle Blutbahnen führen. Wenn der Speisebrei die Pforten passiert hat, fließt er an gleicher Stelle in der so genannten Hohlvene zusammen und gelangt auf diesem Wege in zersetztem und verdautem Zustand zum Herzen. Von dort wird er durch die zahlreichen Adern, die in alle Teile des Körpers ziehen, überallhin verteilt. Wie aber der Rest der Nahrung durch den Wechsel zwischen Kontraktion und Erschlaffung der Eingweide aus dem Körper entfernt wird, ist zwar leicht zu beschreiben, soll aber an dieser Stelle nicht geschildert werden, um eine unanständige Passage in dieser Darstellung zu vermeiden. Lieber soll folgende unglaubliche Einrichtung der Natur erklärt werden: Die Luft, die beim Atmen in die Lungen gelangt, erwärmt sich zunächst in den oberen Atemwegen und dann im Kontakt mit den Lungen. Von ihr wird ein Teil wieder ausgeatmet, ein anderer aber von dem Teil des Herzens aufgenommen, den man als Herzkammer bezeichnet. Ihr benachbart ist eine zweite ähnlich aussehende Kammer, in die das Blut aus der Leber durch die bereits erwähnte Hohlvene einströmt. So verteilt sich von diesen Stellen aus sowohl das Blut durch die Venen als auch die Atemluft über die Arterien in den ganzen Körper. Sowohl die Blut- als auch die Luftleiter sind zahlreich und an vielen Stellen in den Körper verflochten: Ein Beweis für das geradezu unglaublich große Potenzial dieser kunstvollen und göttlichen Konstruktion.

Antonius Musa: Mit Auszeichnungen überhäuft (1)

Horaz *Epistulae* I 15.1–5

Die Vergünstigungen, die der Kaiser seinem außergewöhnlich erfolgreichen Leibarzt erwies, kamen dem ganzen Berufsstand zugute.

Wie ist der Winter in Velia[1], wie ist das Klima Salernos[2]?
Was für Leute wohnen dort? Wie sind die Wege?

Musa supervacuas Antonius, et tamen illis
me facit invisum, gelida cum perluor unda
per medium frigus …

Medico Antonio Musae, cuius opera ex ancipiti morbo convaluerat, statuam aere conlato iuxta signum Aseculapii statuerunt…

Πολλὰ δὲ φάρμακα γεγράφασιν ἐπιμελῶς ἐν πλείοισι βιβλίοις ὅ τε Μούσας καὶ ὁ Ἀσκληπιάδης καὶ ὁ Κρίτων.

Ὁ δ' Αὔγουστος ἑνδέκατον μετὰ Καλπουρνίου Πίσωνος ἄρξας ἠρρώστησεν αὖθις, ὥστε μηδεμίαν ἐλπίδα σωτηρίας σχεῖν·…καὶ αὐτὸν μηδὲν ἔτι μηδὲ τῶν πάνυ ἀναγκαίων ποιεῖν δυνάμενον Ἀντώνιός τις Μούσας καὶ ψυχρολουσίαις καὶ ψυχροποσίαις ἀνέσωσε· καὶ διὰ τοῦτο καὶ χρήματα παρά τε τοῦ Αὐγούστου καὶ παρὰ τῆς βουλῆς πολλὰ καὶ τὸ χρυσοῖς δακτυλίοις (ἀπελεύθερος γὰρ ἦν) χρῆσθαι τήν τε ἀτέλειαν καὶ ἑαυτῷ καὶ τοῖς ὁμοτέχνοις, οὐχ ὅτι τοῖς τότε οὖσιν, ἀλλὰ καὶ τοῖς ἔπειτα ἐσομένοις, ἔλαβεν.

Baiae[3] sei nichts für mich, lieber Vala[4], sagt mir Antonius Musa. Das kommt aber dort nicht gut an, wenn ich mitten im Winter tief im eisigen Wasser bade …

Antonius Musa: Mit Auszeichnungen überhäuft (2)
Sueton *De viris illustribus* Augusti vita 59

Dem Arzt Antonius Musa, durch dessen Hilfe er von einer gefährlichen Erkrankung genesen war, errichteten sie von gesammeltem Geld neben der Bildsäule des Äskulap ein Standbild…

Antonius Musa: Mit Auszeichnungen überhäuft (3)
Galen *De compositione medicamentorum per genera* II 1 K XIII 463

Viele Heilmittel haben sorgfältig in mehreren Büchern Musa, Asklepiades und Kriton beschrieben.

Antonius Musa: Mit Auszeichnungen überhäuft (4)
Cassius Dio *Ῥωμαϊκὴ ἱστορία* LIII 30.1–3

Während seines elften Konsulats, das er zusammen mit Calpurnius Piso[1] bekleidete, wurde Augustus wieder krank, und zwar so schwer, dass es keine Hoffnung auf Heilung gab…Und gerade zu dem Zeitpunkt, als es bereits so weit gekommen war, dass er sich nicht einmal mehr den wichtigsten Angelegenheiten widmen konnte, erschien ein gewisser Antonius Musa und heilte ihn durch kalte Bäder und mit kalten Getränken. Für diese Leistung wurde er sowohl von Augustus als auch vom Senat mit viel Geld belohnt. Außerdem gestattete man ihm, nach seiner Freilassung goldene Ringe[2] zu tragen, und sicherte ihm selbst und seinen Kollegen Steuerfreiheit zu, und zwar nicht nur in der Gegenwart, sondern auch den Ärzten künftiger Generationen.

... inde aegra reponit
membra toro nec ferre rudis medicamina (quippe
callebat bellis) nunc purgat vulnera lympha,
nunc mulcet sucis. ligat inde ac vellera molli
circumdat tactu et torpentes mitigat artus.
exin crura seni tristem depellere fesso
ore sitim et parca vires accersere mensa.
quae postquam properata, sopor sua munera tandem
applicat et mitem fundit per membra quietem.
necdum exorta dies, Marus instat vulneris aestus
expertis medicare modis gratumque teporem
exutus senium trepida pietate ministrat.

... ut in hominis corpore e cubito, pede, palmo, digito caeterisque partibus symmetros est, sic est in operum perfectionibus, et primum in aedibus factis...

Wundversorgung im Punischen Krieg

Silius Italicus *Punica* VI 89–100

Im sechsten Buch seines Epos blickt der Dichter auf den ersten Punischen Krieg zurück und glorifiziert die Taten des Atilius Regulus.

… bettet sodann die kranken
Glieder auf dem gepolsterten Lager – durchaus erfahren
in der Kriegsheilkunde – , reinigt die Wunden mit Wasser,
streichelt sie mit Säften. Schlingt dann frische Wolle
sanft berührend herum und lockert die starren Gelenke.
Dann kümmert er sich darum, dem Alten den grausamen Durst vom
Munde zu nehmen und die Kräfte zu stärken mit kärglicher Nahrung.
Kaum ist dies eilig getan, schließt endlich seine Dienste
tiefer Schlaf noch an und wiegt die Glieder in Ruhe.
Noch ist der Tag nicht angebrochen, da macht sich Marus[1]
auf, um die Glut der Wunden in trefflicher Weise zu dämpfen,
gar nicht altersmüde, sorgt er gnädig für Kühlung.

Anatomie und Architektur

Vitruv *De architectura* I 2,4

Bauwerke sollten so symmetrisch sein wie der Körper des Menschen.

… wie am Körper des Menschen die Ellenbogen, die Füße, die Handflächen, die Finger und die Zehen und die anderen Glieder symmetrisch ausgebildet sind, so verhält es sich auch bei der Fertigstellung von Gebäuden, und zwar in erster Linie bei den Häusern…

… [Venti enim si] exclusi fuerint, non solum efficient corporibus valentibus locum salubrem, sed etiam, si qui morbi ex aliis vitiis forte nascentur, qui in ceteris salubribus locis habent curationes medicinae contrariae, in his propter exclusiones ventorum temperatura expeditius curabuntur. Vitia autem sunt, quae difficulter curantur in regionibus, quae sunt supra scriptae, haec: gravitudo arteriace, tussis, pleuritis, phthisis, sanguinis eiectio et cetera, quae non detractionibus, sed adiectionibus curantur. Haec ideo difficulter medicantur, primum quod ex frigoribus concipiuntur, deinde, quod defatigatis morbo viribus eorum aër agitatus est, ventorum agitationibus extenuatur unaque a vitiosis corporibus detrahit succum et efficit ea exiliora. Contra vero lenis et crassus aër, qui perflatus non habet neque crebras redundantias, propter immotam stabilitatem adiciendo ad membra torum alit eos et reficit, qui in his sunt impliciti morbis…

Gesunde und ungesunde Luft

Vitruv *De architectura* I 6,3

Die Wahl des Wohnsitzes kann erhebliche Konsequenzen für die Behandlung einer Reihe von häufigen Erkrankungen haben.

... Wenn die Winde nämlich abgehalten werden, schafft man dadurch für die Körper, nicht nur so lange sie kräftig sind, ein gesundes Umfeld, sondern auch gute Voraussetzungen für die Behandlung von Krankheiten, die aus anderen Ursachen entstehen und für die an anderen gesunden Orten eine ganz andere Art der medizinischen Behandlung angebracht ist. Sie werden nämlich dort, gerade weil die Winde verbannt sind, durch die ausgeglichenen klimatischen Verhältnisse leichter geheilt werden. Es gibt aber auch Leiden, die in den eben genannten Gebieten nur schwer zu behandeln sind, nämlich Schwierigkeiten beim Luftholen, Husten, Rippenfellentzündung, Schwindsucht, Blutspucken und andere Krankheiten, die nicht durch Entzugsmaßnahmen, sondern durch die Gabe stärkender Mittel geheilt werden. Ihre Behandlung ist aus zwei Gründen schwierig, erstens weil man sie sich mit der Kälte einfängt, zweitens weil die durch die Krankheit bereits entkräfteten Körper bei regem Luftzug und Verdünnung der Luft durch die Winde geschwächt werden, ihren Saft verlieren und weiter erschlaffen. Dagegen fördert leichte und dicke Luft, in der kein Zug herrscht und keine wiederkehrenden Strömungen, durch ihre unerschütterliche Festigkeit den Ansatz an den Gliedern und die Nahrungsaufnahme und bringt die Kranken wieder auf die Beine...

Haec cum exposuisset Sotion et implesset argumentis suis, 'non credis', inquit, 'animas in alia corpora atque alia discribi et migrationem esse quod dicimus mortem? Non credis in his pecudibus ferisve aut aqua mersis illum quondam hominis animum morari? Non credis nihil perire in hoc mundo, sed mutare regionem?... Si vera sunt ista, abstinuisse animalibus innocentia est, si falsa, frugalitas est. Quod istic credulitatis tuae damnum est? Alimenta tibi leonum et vulturum eripio.'

His ego instinctus abstinere animalibus coepi et anno peracto non tantum facilis erat mihi consuetudo, sed dulcis. Agitatiorem mihi animum esse credebam nec tibi hodie adfirmaverim, an fuerit. Quaeris quomodo desierim? In primum Tiberii Caesaris principatum iuventae tempus inciderat: Alienigena tum sacra movebantur et inter argumenta superstitionis ponebatur quorundam animalium abstinentia. Patre itaque meo rogante, qui non calumniam timebat, sed philosophiam odebat, ad pristinam consuetudinem redii; nec difficulter mihi ut inciperem melius cenare persuasit.

Diät, Philosophie und Politik

Seneca *Epistulae morales* 108.20–22

Der Absender berichtet in einem langen Brief über die praktische Aneignung der Philosophie auch von seiner Entscheidung, sich vegetarisch zu ernähren, und weshalb er einige Zeit später ins Lager der Fleischesser zurückkehrte.

Nachdem Sotion[1] diese Erläuterungen gegeben und mit eigenen Argumenten bereichert hatte, sagte er: »Glaubst du nicht, dass die Seelen immer wieder anderen Körpern zugeteilt werden und der Tod nur eine Art Wanderung ist? Glaubst du nicht, dass im Vieh und in den wilden Tieren oder denen, die im Wasser leben, eine Seele wohnt, die einmal einem Menschen gehört hat? Glaubst du nicht, dass auf dieser Erde nichts vergeht, sondern alles nur seinen Platz wechselt?... Falls es wirklich so ist, beweist du Rechtschaffenheit, wenn du auf tierische Nahrung verzichtest, falls nicht, immerhin noch Genügsamkeit. Welchen Schaden kann deine Leichtgläubigkeit schon anrichten? Ich nehme dir ja nur Löwen und Geier als Nahrungsmittel weg.«

Von diesen Worten begeistert begann ich auf tierische Kost zu verzichten; ein Jahr später hatte ich mich daran nicht nur gewöhnt, sondern fand daran sogar Gefallen. Ich glaubte, geistig lebhafter geworden zu sein, möchte dir aber heute nicht mehr bestätigen, ob es wirklich so war. Du fragst, weshalb ich damit wieder aufgehört habe? Meine Jugend war in die erste Regierungszeit von Kaiser Tiberius gefallen. Damals wurden alle fremden Sitten und Gebräuche verbannt und auch der Verzicht auf den Genuss des Fleischs mancher Tiere galt als Zeichen des Aberglaubens. Auf die Bitte meines Vaters hin, der zwar nicht eine falsche Anklage fürchtete, aber die Philosophie hasste, kehrte ich zu meinen ehemaligen Ernährungsgewohnheiten zurück. Es fiel ihm nicht schwer, mich dafür zu gewinnen, wieder besser zu essen.

Iam omnia attingenda, quae Graeci τῆς ἐγκυκλίου παιδείας vocant, et tamen ignota aut incerta ingeniis facta; alia vero ita multis prodita, ut in fastidium sint adducta. Res ardua vetustis novitatem dare, novis auctoritatem, obsoletis nitorem, obscuris lucem, fastidiis gratiam, dubiis fidem, omnibus vero naturam et naturae sua omnia.

Hi regebant fata, cum repente civitatem Charmis ex eadem Massilia invasit damnatis non solum prioribus medicis, verum et balineis, frigidaque etiam hibernis algoribus lavari persuasit. Mersit aegros in lacus. Videbamus senes consulares usque in ostentationem rigentes, qua de re exstat etiam Annaei Senecae adstipulatio. Nec dubium est omnes istos famam novitate aliqua aucupantes anima statim nostra negotiari. Hinc illae circa aegros miserae

Allgemeinbildung: Lücken und Schwächen

Plinius maior *Naturalis historia* Praefatio 14–15

Je umfassender das Thema, desto größer ist die damit verbundene Herausforderung, alle Details angemessen zu würdigen.

Es mussten schließlich alle Dinge behandelt werden, die die Griechen unter dem Begriff der Wissenschaften zusammenfassen, auch wenn sie unbekannt sind oder selbst bei scharfem Nachdenken unsicher bleiben. Anderes aber ist vielfach bis zum Überdruss erzählt worden. Es ist eine höchst mühevolle Angelegenheit, dem Alten Neuigkeitswert, dem Neuen Bedeutung und dem Alltäglichen Glanz zu verleihen, ins Ungewisse Licht zu bringen, dem Widerwärtigen Anmut und dem Zweifelhaften Glaubwürdigkeit zu verschaffen, dabei allen Dingen ihr Eigenwesen zu belassen und der Natur eine allumfassende Darstellung zu verbürgen.

Wie manche Ärzte mit dem Leben ihrer Patienten Geschäfte machten (1)

Plinius maior *Naturalis Historia* XXIX 5.10–11

... und damit den ganzen Berufsstand in Misskredit brachten.

Diese Männer[1] gaben den Ton an, als völlig unerwartet Charmis aus Massilia in die Stadt eindrang und nicht nur die früheren Ärzte verdammte, sondern auch das Warmbad kritisierte und uns dazu brachte, selbst bei winterlichen Temperaturen in kaltem Wasser zu baden. Er ließ die Kranken sogar in Seen untertauchen. Da sahen wir alt gewordene Konsuln in prahlerischer Pose vor Kälte erstarren. Dazu gibt es auch eine zustimmende Äußerung von Annaeus Seneca. Es ist unstrittig, dass alle diese Ärzte, die mit neuartigen Empfehlungen zu Ruhm gelangen wollen, dabei unmittelbar mit unserem Leben spielen. So erklären sich auch jene kläglichen Wortgefechte an den Betten der Patienten, bei denen

sententiarum concertationes, nullo idem censente, ne videatur accessio alterius. Hinc illa infelicis monumenti inscriptio: Turba se medicorum perisse.

Mutatur ars cottidie totiens interpolis, et ingeniorum Graeciae flatu inpellimur, palamque est, ut quisque inter istos loquendo polleat, imperatorem ilico vitae nostrae necisque fieri, ceu vero non milia gentium sine medicis degant nec tamen sine medicina, sicuti populus Romanus ultra sexcentesimum annum, neque ipse in accipiendis artibus lentus, medicinae vero etiam avidus, donec expertam damnavit.

Notum est ab eodem Charmide unum aegrum e provincialibus CC-M reconductum, Alconti vulnerum medico MMMMM-M damnato ademisse Claudium principem, eidemque in Gallia exulanti et deinde restituto adquisitum non minus intra paucos annos. Et haec personis inputentur. Ne faecem quidem aut inscitiam eius turbae arguamus, ipsorum intemperantiam in morbis, aquarum calidarum deverticulis, imperiosa inedia et ab isdem deficientibus cibo saepius die ingesto, mille praeterea paenitentiae modis,

jeder eine andere Meinung äußert, nur um nicht den Anschein zu erwecken, er pflichte seinem Gegenüber bei. So findet auch jene Inschrift auf dem Grabmal eines Unglücklichen eine schlüssige Erklärung: Ein Heer von Ärzten habe ihn um sein Leben gebracht.

Die Kunst verändert sich täglich im Takt der Neugestaltung. Wir werden vom Wind des griechischen Erfindungsgeistes getrieben. Es ist offenkundig, dass der Wortgewaltigste auf der Stelle der Herr über unser Leben und unseren Tod wird – als ob nicht Tausende von Völkern ohne Ärzte, aber natürlich nicht ohne Medikamente lebten, so wie das römische Volk über mehr als 600 Jahre hinweg. Dabei zeigte es sich keineswegs träge und gleichgültig gegenüber der Rezeption der Künste, der Heilkunde begegnete es sogar erwartungsvoll, ja gierig. Aber nachdem es sie wirklich kennen gelernt hatte, folgte das laute Nein.

Wie die Ärzte mit dem Leben ihrer Patienten Geschäfte machten (2)

Plinius *Naturalis Historia* XXIX 8.22–23, 27

Es ist bekannt, dass der bereits erwähnte Charmis einen Patienten aus der Provinz nur für 200 000 Sesterzen erneut übernahm und dass Kaiser Claudius von dem Wundarzt Alkon[1] zwar eine Strafzahlung von zehn Millionen Sesterzen erhielt, jener aber während der Verbannung in Gallien und nach seiner Rückberufung innerhalb weniger Jahre ebenso viel wieder verdient hat. Solche Dinge kann man selbstverständlich nur einzelnen Personen zur Last legen. Wir wollen auch keineswegs die unterste Schicht bzw. die Unwissenheit dieses Rudels ins Visier nehmen, ihren Mangel an Selbstbeherrschung in der Krankheit, die Abwege bei der Behandlung mit warmen Bädern, die strengen Fastenvorschriften und umgekehrt die oft täglich mehrfache Fütterung von durch das Fasten geschwächten Personen, ebenso wenig wie die tausend Korrektur-

culinarum etiam praeceptis et unguentorum mixturis, quando nullas omisere vitae inlecebras.

Ita est profecto: Lues morum, nec aliunde maior quam e medicina, vatem prorsus cottidie facit Catonem et oraculum: Satis esse ingenia Graecorum inspicere, non perdiscere.

Quid Aristoteles de numero puerperii memoriae mandaverit.

Aristoteles philosophus memoriae tradidit mulierem in Aegypto uno partu quinque pueros enixam eumque esse finem dixit multiiugae hominum partionis neque plures umquam simul genitos compertum, hunc autem esse numerum ait rarissimum. Sed ut divo Augusto imperante, qui temporum eius historiam scripserunt, ancillam Caesaris Augusti in agro Laurente peperisse quinque pueros dicunt eosque pauculos dies vixisse; matrem quoque eorum non multo, postquam peperit, mortuam, monumentumque ei factum iussu Augusti in via Laurentina inque eo scriptum esse numerum puerperii eius, de quo diximus.

vorschläge und die Rezepte für die Küchen und die Salbenapotheken, zumal sie sich selber keine Annehmlichkeit des Lebens haben entgehen lassen.

So ist es wirklich: Die Verderbnis der Sitten, die aus keiner anderen Richtung kommt als von der Medizin, macht den alten Cato jeden Tag aufs neue zum Wahrsager und seine Worte zum Orakelspruch:»Es reiche aus, auf die sinnreichen Einfälle der Griechen einen Blick zu werfen, lernen und durchschauen müsse man sie hingegen nicht.«

Fünflinge am Nil und am Tiber

Gellius *Noctes Atticae* X 2

Antike Berichte über Mehrlingsgeburten sind selten.

Was Aristoteles über Mehrlingsgeburten überliefert hat.

Der Philosoph Aristoteles[1] hat berichtet, dass eine Frau in Ägypten von fünf Kindern auf einmal entbunden worden sei, und hinzugefügt, dass dies bei Menschen die größte Mehrlingsgeburt gewesen sei bzw. er niemals erfahren habe, dass gleichzeitig mehr Kinder zu Welt gekommen seien. Diese Zahl sei eine absolute Rarität. Aber auch unter der Regierung des göttlichen Augustus – so berichten die Geschichtsschreiber seiner Epoche – soll eine Dienerin des Kaisers im Gebiet von Laurentum fünf Knaben das Leben geschenkt haben, die jedoch nur ganz wenige Tage überlebten. Auch die Mutter soll kurz nach der Entbindung gestorben sein. Auf Geheiß des Augustus sei ihr dann an der Straße nach Laurentum ein Denkmal errichtet worden, auf dem die Zahl der von ihr geborenen Kinder stand.

'Quod est enim hoc contra naturam inperfectum atque dimidiatum matris genus peperisse ac statim a sese abiecisse? Aluisse in utero sanguine suo nescio quid, quod non videret, non alere nunc suo lacte, quod videat, iam viventem, iam hominem, iam matris officia inplorantem? An tu quoque' inquit 'puta naturam feminis mammarum ubera quasi quosdam venustiores naevulos non liberum alendorum, sed ornandi pectoris causa dedisse?'

'Agrippas' a partus aegri et inprosperi vitio appellatos; deque his deabus, quae vocantur 'Prorsa' et 'Postverta'.

Quorum in nascendo non caput, sed pedes primi exstiterant, qui partus difficillimus aegerrimusque habetur, 'Agrippae' appellati vocabulo ab aegritudine et pedibus conficto. Esse autem pueros in utero Varro dicit capite infimo nixos, sursum pedibus elatis,

Im Brustton der Überzeugung

Gellius *Noctes Atticae* XII 1.6–7

Der Philosoph Favorinus fragt bei der Begegnung mit einer jungen Mutter, die ihr Kind nicht stillen möchte, nach der Zweckbestimmung der weiblichen Brüste.

»Ist das denn nicht eine gegen die Natur gerichtete, unvollständige, ja sozusagen halbe Art von Mutter, die das Kind nach der Geburt gleich wieder verlässt? Ich verstehe nicht, wie man das in der Gebärmutter verborgene Kind mit seinem Blut ernähren konnte und nun, da man es in den Armen halten und ansehen kann, da es lebt, da es Mensch geworden ist und die Mutter anfleht, nicht mit der eigenen Milch ernähren will? Oder glaubst du auch«, fügte er hinzu, »dass die Natur den Frauen die Mutterbrüste gleichsam als höchlichst liebreizende Fleckchen verliehen hat, nicht um die Kinder zu ernähren, sondern bloß als Zierde für die Brust?«

Agrippa: Der Name verrät ein Geburtshindernis

Gellius *Noctes Atticae* XVI 16

Marcus Terentius Varro wird mit einer Aussage über die verschiedenen Kindslagen zitiert.

Dass der Name »Agrippa« vom Schicksal einer fehlerhaften und ungünstigen Geburt stammt; außerdem über die Göttinnen, die »Prorsa« und »Postverta« heißen.

Kinder, bei deren Geburt nicht zuerst der Kopf, sondern die Füße erscheinen – diese Form der Entbindung gilt als die schwierigste und schmerzhafteste –, sind als »Agrippae« bezeichnet worden; der Name setzt sich aus den Wörtern »Krankheit« und »Füße« zusammen. Varro aber meint, die Tatsache, dass die Kinder in der Gebärmutter mit dem Kopf nach unten und den Füßen nach oben liegen, liege eigentlich gar nicht in der Natur des

non ut hominis natura est, sed ut arboris. Nam pedes cruraque arboris ramos appellat, caput stirpem atque caudicem. 'Quando igitur' inquit 'contra naturam forte conversi in pedes brachiis plerumque diductis retineri solent aegriusque tunc mulieres enituntur, huius periculi deprecandi gratia arae statutae sunt Romae duabus Carmentibus, quarum altera 'Postverta' cognominatast, 'Prorsa' altera a recti perversique partus et potestate et nomine.'

Quaeritur a quibusdam quare inter ceteras liberales disciplinas medicinae ars non contineatur, propterea, quia illae singulares continent causas, ista vero omnium. Nam et grammaticam medicus scire debet… et rhetoricam… et dialecticam… et arithmeticam… et geometriam… porro musica incognita illi non erit,… postremo et astronomiam notam habebit.

Menschen, sondern der des Baumes. Das stimmt, wenn man die Füße und Unterschenkel des Menschen mit den Ästen des Baumes und den Kopf mit dem Wurzelstock und dem Stamm gleichsetzt. »Falls sich also«, sagt er, »die Kinder zufällig widernatürlich auf die Füße gedreht haben und dann gewöhnlich durch die meistens gespreizten Arme zurückgehalten werden, wird auch der Geburtsvorgang erschwert. Um diese Gefahr durch Gebete abzuwenden, sind den beiden so genannten Prophetinnen[1] in Rom Altäre errichtet worden. Die eine von ihnen wird als »Postverta«, die andere auch als »Prorsa« bezeichnet. Die Namen leiten sich von der Möglichkeit und der Bezeichnung für die Geburt in natürlicher und umgekehrter Richtung ab.«

Wo ist der Platz der Medizin unter den freien Künsten?

Isidor von Sevilla *Etymologiae sive Origines* IV 13.1–4

Antwort: Überall, aber ohne Anspruch auf Unabhängigkeit.

Manche stellen die Frage, weshalb nicht auch die Kunst der Medizin zu den freien Wissenschaften gerechnet wird. Die Antwort lautet: Weil die anderen einem jeweils eigenständigen Stoffgebiet gewidmet sind, sie aber die Themen aller umfasst. Denn auch die Sprachwissenschaft muss ein Arzt kennen und die Redekunst und die Gesprächskunst und die Arithmetik und die Geometrie. Außerdem wird ihm die Musik nicht unbekannt bleiben und schließlich wird er sich auch noch mit der Astronomie vertraut machen.

Ut alimenta sanis corporibus agricultura, sic sanitatem aegris medicina promittit. Haec nusquam quidem non est, siquidem etiam imperitissimae gentes herbas aliaque prompta in auxilium vulnerum morborumque noverunt. Verum tamen apud Graecos aliquanto magis quam in ceteris nationibus exculta est, ac ne apud hos quidem a prima origine, sed paucis ante nos saeculis. Utpote cum vetustissimus auctor Aesculapius celebretur, qui quoniam adhuc rudem et vulgarem hanc scientiam paulo subtilius excoluit, in deorum numerum receptus est. Huius deinde duo filii Podalirius et Machaon, bello Troiano ducem Agamemnonem secuti, non mediocrem opem commilitonibus suis attulerunt. Quos tamen

2 DIE MEDIZIN DES AULUS CORNELIUS CELSUS

2.1 Die Lehre

2.1.1 Die Proömien

Medizinhistorie in nuce

Celsus *De medicina* I Prooemium 1–75

In einer monumentalen Vorrede beschreibt der Verfasser die Entwicklung der Heilkunde bei den Griechen und Römern und erläutert dabei gleichzeitig seine persönliche Meinung zu einer wichtigen methodischen Streitfrage.

Wie die Landwirtschaft den Menschen, solange sie gesund sind, die Nahrung sichert, so verspricht ihnen die Medizin für den Fall, dass sie krank werden, Genesung und Heilung. Überall finden sich von ihr zumindest Spuren, denn sogar die ganz primitiven Völker[1] kennen Kräuter und andere geeignete Mittel zur Behandlung von Wunden und Krankheiten. In Griechenland ist die Heilkunde weit mehr gepflegt worden als in den anderen Ländern, aber selbst dort nicht von Anfang an, sondern erst wenige Jahrhunderte früher als bei uns. Als ihr ältester Vertreter wird Asklepios[2] verehrt, der sogar unter die Götter aufgenommen wurde, weil er die damals noch rohe und ungeschliffene Wissenschaft ein wenig verfeinert hatte. Danach haben seine beiden Söhne, Podaleirios und Machaon[3], die unter der Führung Agamemnons in den Trojanischen Krieg gezogen waren, ihren Waffenkameraden nicht unbeträchtliche Hilfe geleistet. Doch hat Homer nichts davon erzählt, dass sie bei der Pest und verschiedenen anderen Arten von Krank-

Homerus non in pestilentia neque in variis generibus morborum aliquid attulisse auxilii, sed vulneribus tantummodo ferro et medicamentis mederi solitos esse proposuit. Ex quo apparet has partes medicinae solas ab his esse tractatas easque esse vetustissimas. Eodem vero auctore disci potest morbos tum ad iram deorum immortalium relatos esse et ab isdem opem posci solitam. Verique simile est inter nulla auxilia adversae valetudinis plerumque tamen eam bonam contigisse ob bonos mores, quos neque desidia neque luxuria vitiarant. [5] Siquidem haec duo corpora prius in Graecia, deinde apud nos afflixerunt ideoque multiplex ista medicina neque olim neque apud alias gentes necessaria, vix aliquos ex nobis ad senectutis principia perducit.

Ergo etiam post eos, de quibus rettuli, nulli clari viri medicinam exercuerunt, donec maiore studio litterarum disciplina agitari coepit. Quae, ut animo praecipue omnium necessaria, sic corpori inimica est. Primoque medendi scientia sapientiae pars habebatur, ut et morborum curatio et rerum naturae contemplatio sub isdem auctoribus nata sit. Scilicet iis hanc maxime requirentibus, qui corporum suorum robora quieta cogitatione nocturnaque vigilia minuerant. Ideoque multos ex sapientiae professoribus peritos eius fuisse accipimus, clarissimos vero ex iis Pythagoram et Empedoclen et Democritum. Huius autem, ut quidam crediderunt, discipulus, Hippocrates Cous, primus ex omnibus memoria dignus, a

heiten Hilfe hätten leisten können, sondern er gibt an, dass sie im Allgemeinen nur Wunden und andere Verletzungen mit Hilfe des Eisens und von Medikamenten geheilt haben. Daraus wird ersichtlich, dass sie sich ausschließlich mit diesen Gebieten der Medizin befasst haben, was bedeutet, dass diese Gebiete auch die ältesten sind. Aus der gleichen Quelle kann man aber auch erfahren, dass damals die Krankheiten auf den Zorn der unsterblichen Götter zurückgeführt wurden und man deshalb von ihnen Hilfe zu fordern pflegte[4]. Wahrscheinlich erlangten die Kranken, obwohl es so gut wie keine Behandlung gab, wegen der tadellosen Lebensführung, die weder Trägheit noch Ausschweifung kannte, dennoch in den meisten Fällen ihre Gesundheit wieder zurück. [5] Diese beiden Laster haben die Menschen zuerst in Griechenland und dann bei uns befallen. Deshalb geleitet die Medizin trotz all ihrer Vielseitigkeit – sie war ja früher nicht notwendig und ist es bei anderen Völkern auch heute noch nicht – nur gerade ein paar von uns an die Schwelle eines hohen Alters.[5]

Auch in der Nachfolge derer, von denen ich berichtet habe, praktizierten so lange keine berühmten Männer[6] in der Medizin, bis die Disziplin durch Zunahme der wissenschaftlichen Studien in Bewegung geraten war. So notwendig wissenschaftliche Arbeit nämlich besonders für den Geist ist, so schädlich ist sie für den Körper[7]. Zuerst galt die Heilkunde als Teil der Philosophie, anders gesagt, die Behandlung von Krankheiten und die Betrachtung der Natur sind von den gleichen Denkern ausgegangen, was nicht weiter verwunderlich ist, weil in erster Linie jene nach medizinischer Behandlung verlangten, die ihre Körperkräfte durch stilles Grübeln und Nachtarbeit geschwächt hatten. Deshalb waren, wie wir wissen, viele Lehrer der Philosophie in der Medizin bewandert. Die berühmtesten unter ihnen waren Pythagoras[8], Empedokles[9] und Demokrit[10]. Demokrits mutmaßlicher Schüler Hippokrates von Kos[11] war der erste prominente Arzt und hat die Wis-

studio sapientiae disciplinam hanc separavit, vir et arte et facundia insignis. Post quem Diocles Carystius, deinde Praxagoras et Chrysippos, tum Herophilus et Erasistratus sic artem hanc exercuerunt, ut etiam in diversas curandi vias processerint.

Isdemque temporibus in tres partes medicina diducta est, ut una esset quae victu, altera quae medicamentis, tertia quae manu mederetur. Primam διαιτητικήν, secundam φαρμακευτικήν, tertiam χειρουργίαν Graeci nominarunt. Eius autem, quae victu morbos curat, longe clarissimi auctores etiam altius quaedam agitare conati, rerum quoque naturae sibi cognitionem vindicarunt, tamquam sine ea trunca et debilis medicina esset. [10] Post quos Serapion, primus omnium nihil hanc rationalem disciplinam pertinere ad medicinam professus, in usu tantum et experimentis eam posuit. Quem Apollonius et Glaucias et aliquanto post Heraclides Tarentinus et aliqui non mediocres viri secuti ex ipsa professione se empiricos appellaverunt. Sic in duas partes ea quoque, quae victu curat, medicina divisa est, aliis rationalem artem, aliis usum tantum sibi vindicantibus, nullo vero quicquam post eos, qui supra comprehensi sunt, agitante, nisi quod acceperat, donec Asclepiades medendi rationem ex magna parte mutavit. Ex cuius successoribus Themison nuper ipse quoque quaedam in senectute deflexit. Et per hos quidem maxime viros salutaris ista nobis professio increvit.

Quoniam autem ex tribus medicinae partibus ut difficillima sic etiam clarissima est ea, quae morbis victu medetur, ante omnia de hac dicendum est. Et quia prima in eo dissensio est, quod alii sibi

senschaft von der Philosophie getrennt[12] – Hippokrates, eine Exzellenz in Fachwissen und Beredsamkeit. Nach ihm haben Diokles von Karystos[13], Praxagoras[14] und Chrysippos[15], später Herophilos[16] und Erasistratos[17] die Wissenschaft in je eigener Art und Weise ausgeübt und verschiedene Wege der Behandlung beschritten.

Zur gleichen Zeit wurde die Heilkunde in drei Disziplinen geteilt, und zwar in der Form, dass die erste mit Diät, die zweite mit Arzneimitteln und die dritte mit der Hand hilft und heilt. Die erste nannten die Griechen Diaitētikḗ, die zweite Pharmakeutikḗ und die dritte Cheirurgía.[18] Die berühmtesten Vertreter der Diätetik haben versucht, eine noch höhere Ebene zu erreichen, und deshalb für sich auch das Wissen um die Natur der Dinge beansprucht, so als ob die Medizin ohne diese Kenntnisse ein schwankender Torso sei. [10] Auf sie folgte Serapion[19], der als erster die Ansicht vertrat, die theoretischen Lehren hätten mit Medizin überhaupt nichts zu tun, und bei seiner Arbeit ausschließlich auf Praxis und Erfahrung setzte. Apollonios[20], Glaukias[21], einige Zeit später der Tarentiner Herakleides[22] und noch einige weitere durchaus anerkennenswerte Männer sind ihm nachgefolgt und haben sich in Anlehnung an die von ihnen vertretene Lehre als Empiriker bezeichnet. Ebenso zerfiel die Diätetik in zwei Lager. Die einen ließen nur die Theorie, die anderen nur die Praxis gelten. Unter ihren Nachfolgern gab es keinen, der sich außerhalb der Tradition bewegte. Erst Asklepiades[23] stellte die meisten Behandlungsverfahren um. Einer seiner Nachfolger, Themison[24], hat kürzlich, obwohl selbst bereits hochbetagt, gewisse Änderungen vorgenommen. Vor allem unter dem Einfluss dieser Männer ist die für uns so segensreiche Wissenschaft groß geworden.

Da aber unter den medizinischen Disziplinen die Therapie sowohl die schwierigste als auch die angesehenste ist, muss man von ihr zuerst sprechen. Und weil hier eine grundsätzliche Kontroverse besteht – die einen erklären ja, ihnen reiche die Vertrautheit mit

experimentorum tantummodo notitiam necessariam esse contendunt, alii nisi corporum rerumque ratione comperta non satis potentem usum esse proponunt, indicandum est, quae maxime ex utraque parte dicantur, quo facilius nostra quoque opinio interponi possit.

Igitur ii, qui rationalem medicinam profitentur, haec necessaria esse proponunt: abditarum et morbos continentium causarum notitiam, deinde evidentium; post haec etiam naturalium actionum, novissime partium interiorum.

Abditas causas vocant, in quibus requiritur, ex quibus principiis nostra corpora sint, quid secundam, quid adversam valetudinem faciat. Neque enim credunt posse eum scire, quomodo morbos curare conveniat, qui unde sint ignoret. Neque esse dubium, quin alia curatione opus sit, si ex quattuor principiis vel superans aliquod vel deficiens adversam valetudinem creat, ut quidam ex sapientiae professoribus dixerunt, alia, si in umidis omne vitium est, ut Herophilo visum est, [15] alia, si in spiritu, ut Hippocrati, alia, si sanguis in eas venas, quae spiritui accommodatae sunt, transfunditur et inflammationem, quam Graeci φλεγμονήν nominant, excitat, eaque inflammatio talem motum efficit, qualis in febre est, ut Erasistrato placuit, alia, si manantia corpuscula per invisibilia foramina subsistendo iter claudunt, ut Asclepiades contendit. Eum vero recte curaturum, quem prima origo causae non fefellerit. Neque vero infitiantur experimenta quoque esse

den Erfahrungstatsachen aus, die anderen verkünden, die Praxis allein sei ungenügend, wenn man das Wesen des menschlichen Körpers und überhaupt der Dinge in der Natur nicht kenne –, müssen zunächst die Hauptargumente beider Seiten vorgetragen werden, damit sich unsere eigene Meinung zwischen den zwei Polen umso leichter ausbilden kann.

Deshalb fordern die Vertreter der theoretisch orientierten Medizin[25] erstens die Kenntnis der verborgenen, das heißt endogenen Krankheitsursachen, zweitens die Kenntnis der offenkundigen äußerlichen Umstände[26], drittens die der natürlichen Verrichtungen des Körpers und schließlich die der inneren Organe.

Von verborgenen Ursachen sprechen sie, wenn die Frage gestellt wird, aus welchen Bausteinen[27] unser Körper besteht, was Gesundheit und was Krankheit schafft. Die Theoretiker glauben nämlich, einer, der nicht wisse, woher die Krankheiten kommen, könne auch nicht wissen, wie er sie zu behandeln habe. Sie haben auch keinen Zweifel daran, dass die Behandlung geändert werden müsse, wenn die Krankheit durch das Überwiegen oder den Mangel eines der vier Elemente hervorgerufen werde, wie einige Philosophen[28] behauptet haben. [15] Wenn, wie Herophilos meint, alle Krankheit von den Säften[29] ausgehe, müsse man anders behandeln als wenn, wie Hippokrates meint, alle Krankheit von der Luft[30] ausgehe. Ebenso habe man eine andere Behandlung zu wählen, wenn sich das Blut in die luftführenden Adern ergießt, eine Entzündung (von den Griechen Phlegmonḗ[31] genannt) hervorruft und diese Entzündung zu der von den Fiebernden bekannten Unruhe führt, wie Erasistratos lehrte. Wieder anders müsse man therapieren, wenn die durch unsichtbare Öffnungen strömenden Teilchen zum Halt kommen und so den Weg versperren, eine Theorie, die Asklepiades[32] vertritt. Wer die Prinzipien der Pathophysiologie genau kenne, der werde, so glauben die Theoretiker, die richtige Behandlungsmethode wählen. Sie bestreiten nicht, dass auch Experi-

necessaria, sed ne ad haec quidem aditum fieri potuisse nisi ab aliqua ratione contendunt. Non enim quidlibet antiquiores viros aegris inculcasse, sed cogitasse quid maxime conveniret, et id usu explorasse, ad quod ante coniectura aliqua duxisset. Neque interesse, an nunc iam pleraque explorata sint, si a consilio tamen coeperunt. Et id quidem in multis ita se habere. Saepe vero etiam nova incidere genera morborum, in quibus nihil adhuc usus ostenderit et ideo necessarium sit animadvertere, unde ea coeperint. Sine quo nemo reperire mortalium possit, cur hoc quam illo potius utatur. Et ob haec quidem in obscuro positas causas persequuntur.

Evidentes vero has appellant, in quibus quaerunt, initium morbi calor attulerit an frigus, fames an satietas, et quae similia sunt. Occursurum enim vitio dicunt eum, qui originem non ignorarit.

Naturales vero corporis actiones appellant, per quas spiritum trahimus et emittimus, cibum potionemque et assumimus et concoquimus, itemque per quas eadem haec in omnes membrorum partes digerentur. Tum requirunt etiam, quare venae nostrae modo summittant se, modo attollant; quae ratio somni, quae vigiliae sit. Sine quorum notitia neminem putant vel occurrere vel mederi morbis inter haec nascentibus posse. [20] Ex quibus quia maxime pertinere ad rem concoctio videtur, huic potissimum insistunt. Et

mente notwendig sind, doch die Vorbedingung dafür sind ihrer Überzeugung nach die theoretischen Kenntnisse. Denn in früheren Zeiten hätten die Heilkundigen den Kranken auch nicht das Erstbeste aufgedrängt, sondern überlegt, was jenen am meisten zuträglich sei, und ihre Hypothesen in der Praxis getestet. Es komme auch nicht darauf an, ob jetzt schon das meiste erforscht worden sei, entscheidend sei vielmehr, dass man von theoretischen Überlegungen ausgegangen sei. So verhalte es sich in vielen Fällen. Oft werde man auch mit neuen Arten von Krankheiten[33] konfrontiert, bei denen die Praxis noch nichts erwiesen habe. Deshalb müsse man zu ergründen suchen, von wo sie ihren Ausgang genommen haben. Ohne diese Kenntnisse könne kein Mensch lernen, weshalb er dieses Mittel eher als jenes verwenden solle. Aus diesem Grunde gehen die Theoretiker den im Dunkeln liegenden Ursachen nach.

Offenkundige Ursachen nennen sie jene, bei deren Erforschung sie erfahren wollen, ob z.B. Hitze oder Kälte und Hunger oder Übersättigung zur Krankheit geführt haben. Denn nur der, so sagen sie, werde dem Leiden mit Erfolg begegnen können, der den Auslöser gut kenne.

Als natürliche Verrichtungen des Körpers bezeichnen sie das Ein- und Ausatmen, die Zufuhr und Verdauung von Speisen und Getränken und deren Verteilung in alle Teile des Körpers. Dann suchen sie auch zu ergründen, warum sich unsere Adern bald heben und bald senken und was der Grund für den Schlaf-/Wachrhythmus sei. Ohne entsprechende Kenntnisse kann ihrer Meinung nach niemand die Krankheiten, die bei den natürlichen Verrichtungen entstehen, bekämpfen, geschweige denn heilen. [20] Weil dabei die Verdauung[34] offensichtlich am wichtigsten ist, investieren sie dort den größten Forschungseifer. Eine Gruppe, die von Erasistratos angeführt wird, behauptet, dass die Speise im Magen zerrieben werde, eine andere, an deren Spitze der Praxagoras-

duce alii Erasistrato teri cibum in ventre contendunt, alii Plistonico Praxagorae discipulo putrescere, alii credunt Hippocrati per calorem cibos concoqui. Acceduntque Asclepadis aemuli, qui omnia ista vana et supervacua esse proponunt: Nihil etiam concoqui, sed crudam materiam, sicut assumpta est, in corpus omne diduci. Et haec quidem inter eos parum constant. Illud vero convenit, alium dandum cibum laborantibus, si hoc, alium, si illud verum est. Nam si teritur intus, eum quaerendum esse, qui facillime teri possit, si putrescit, eum, in quo hoc expeditissimum est, si calor concoquit, eum, qui maxime calorem movet. At nihil ex his esse quaerendum, si nihil concoquitur, ea vero sumenda, quae maxime manent, qualia assumpta sunt. Eademque ratione, cum spiritus gravis est, cum somnus aut vigilia urguet, eum mederi posse arbitrantur, qui prius illa ipsa qualiter eveniant perceperit.

Praeter haec, cum in interioribus partibus et dolores et morborum varia genera nascantur, neminem putant his adhibere posse remedia, qui ipsas ignoret. Ergo necessarium esse incidere corpora mortuorum eorumque viscera atque intestina scrutari. Longeque optime fecisse Herophilum et Erasistratum, qui nocentes homines a regibus ex carcere acceptos vivos inciderint, considerarintque etiamnum spiritu remanente ea, quae natura ante clausisset, eorumque positum, colorem, figuram, magnitudinem, ordinem,

Schüler Pleistonikos[35] steht, postuliert, dass sie verfaule. Wieder andere folgen der Ansicht des Hippokrates, dass die Speisen durch Wärme verdaut werden. Schließlich kommen noch die Anhänger des Askepiades dazu, die all dies für wertlos und überflüssig halten und sagen, es werde ja gar nichts verdaut, sondern die Stoffe würden, so wie man sie zu sich genommen habe, in alle Teile des Körpers verteilt. Zu diesem Thema besteht also unter den Ärzten wenig Einigkeit. Fest steht aber, dass man die Ernährung der Kranken von der Entscheidung für die eine oder die andere Theorie abhängig machen müsse. Denn wenn die Speisen im Inneren zerrieben werden, müsse man jene wählen, die am leichtesten zerrieben werden können, wenn sie in Fäulnis übergehen, jene, bei denen dieser Prozess am leichtesten in Gang komme, und wenn Wärme die Verdauung herbeiführe, jene, bei denen die Wärme die größte Wirkung entfalte. Nichts von all dem brauche man freilich zu suchen, wenn überhaupt keine Verdauung stattfindet, sondern man brauche dann nur das zu nehmen, was am ehesten in dem Zustand bleibt, in dem man es zu sich genommen habe. Aus demselben Grunde sei nur der Arzt fähig, Atemnot, Schlafsucht oder Schlaflosigkeit zu behandeln, der wisse, wie es jeweils zu diesen Symptomen komme.

Weil Schmerzen und andere Krankheitssymptome in den inneren Regionen des Körpers entstehen, glauben sie ferner, dass niemand die richtigen Heilmittel einsetzen könne, der diese Teile nicht kenne. Deshalb halten sie es für erforderlich, Leichen zu öffnen und deren Eingeweide und Gedärme zu untersuchen. Herophilos und Erasistratos hätten hervorragende Arbeit geleistet, indem sie Verbrecher, die sie von den Königen aus dem Gefängnis bekommen hatten, bei lebendigem Leib öffneten und, während die noch atmeten, deren Organe betrachteten, die die Natur vorher unter Verschluss gehalten hatte, deren Lage, Farbe, Gestalt, Größe, Anordnung, Härte, Weichheit, Glätte, die Nachbarschafts-

duritiem, mollitiem, levorem, contactum, processus deinde singulorum et recessus, et sive quid inseritur alteri, sive quid partem alterius in se recipit. [25] Neque enim, cum dolor intus incidit, scire, quid doleat eum, qui, qua parte quodque viscus intestinumve sit, non cognoverit neque curari id, quod aegrum est, posse ab eo, qui quid sit ignoret. Et cum per vulnus alicuius viscera patefacta sunt, eum, qui sanae cuiusque colorem partis ignoret, nescire quid integrum, quid corruptum sit. Ita ne succurrere quidem posse corruptis. Aptiusque extrinsecus imponi remedia compertis interiorum et sedibus et figuris cognitaque eorum magnitudine. Similesque omnia, quae posita sunt, rationes habere. Neque esse crudele, sicut plerique proponunt, hominum nocentium et horum quoque paucorum suppliciis remedia populis innocentibus saeculorum omnium quaeri.

Contra ii, qui se Empiricos ab experientia nominant, evidentes quidem causas ut necessarias amplectuntur. Obscurarum vero causarum et naturalium actionum quaestionem ideo supervacuam esse contendunt, quoniam non comprehensibilis natura sit. Non posse vero comprehendi patere ex eorum, qui de his disputarunt, discordia, cum de ista re neque inter sapientiae professores neque inter ipsos medicos conveniat. Cur enim potius aliquis Hippocrati credat quam Herophilo? Cur huic potius quam Asclepiadi? Si rationes sequi velit, omnium posse videri non improbabiles, si

beziehungen, schließlich die Vorsprünge und Vertiefungen der einzelnen Organe, und darauf achteten, wie sich ein Organ an das andere schmiegt oder das eine einen Teil des benachbarten in sich aufnimmt. [25] Denn wenn im Inneren des Körpers Schmerzen auftreten, könne jener, der nicht gelernt habe, wo die einzelnen inneren Organe ihren Platz haben, nicht wissen, was eigentlich weh tue. Ebenso wenig könnten kranke Teile von dem behandelt werden, der ihre Beschaffenheit und Eigenschaften nicht kenne. Wenn die Eingeweide eines Menschen durch eine Verwundung sichtbar werden, dann könne der, der die Farbe der Organe in ihrem gesunden Zustand nicht kenne, auch nicht wissen, welches unversehrt und welches verletzt sei. Daher sei er auch nicht imstande, die verletzten Organe zu behandeln. Man könne auch Medikamente äußerlich passender anwenden, wenn Lage, Gestalt und Größe der Eingeweide bekannt seien. Für alle genannten Situationen gälten einheitliche Begründungen. Es sei auch nicht grausam, durch die Opferung von – noch dazu – wenigen Verbrechern nach Behandlungsmethoden für alle rechtschaffenen Menschen kommender Zeiten zu suchen. Die von der Mehrheit vertretene gegenteilige Meinung sei verkehrt.

Dagegen erkennen jene, die sich auf Grund ihrer durch Versuche erlangten Erfahrungen Empiriker[36] nennen, die Beschäftigung mit den offenkundigen Ursachen zwar als notwendig an, die Erforschung der verborgenen Ursachen und der natürlichen Verrichtungen aber halten sie für überflüssig, und zwar deshalb, weil die Natur unbegreiflich sei. Dass man sie nicht wirklich begreifen könne, sei aus der Zerstrittenheit derer zu ersehen, die sich damit befasst hätten. Denn in dieser Sache bestehe weder unter Philosophen noch unter Medizinern Einigkeit. Warum sollte man denn dem Hippokrates mehr glauben als dem Herophilos? Warum jenem mehr als dem Asklepiades? Wenn man den theoretischen Begründungen folge, so könnten alle eine gewisse Wahrscheinlichkeit für

curationes, ab omnibus his aegros perductos esse ad sanitatem. Ita neque disputationi neque auctoritati cuiusdam fidem derogari oportuisse. Etiam sapientiae studiosos maximos medicos esse, si ratiocinatio hoc faceret. Nunc illis verba superesse, deesse medendi scientiam. [30] Differre quoque pro natura locorum genera medicinae, et aliud opus esse Romae, aliud in Aegypto, aliud in Gallia. Quod si morbos haec facerent, quae ubique eadem essent, eadem remedia quoque ubique esse debuisse. Saepe etiam causas apparere, ut puta lippitudinis, vulneris, neque ex his patere medicinam. Quod si scientiam hanc non subiciat evidens causa, multo minus eam posse subicere, quae in dubio est.

Cum igitur illa incerta, incomprehensibilis sit, a certis potius et exploratis petendum esse praesidium, id est is, quae experientia in ipsis curationibus docuerit, sicut in ceteris omnibus artibus. Nam ne agricolam quidem aut gubernatorem disputatione, sed usu fieri. Ac nihil istas cogitationes ad medicinam pertinere eo quoque disci, quod, qui diversa de his senserint, ad eandem tamen sanitatem homines perduxerint. Id enim fecisse, quia non ab obscuris causis neque a naturalibus actionibus, quae apud eos diversae erant, sed ab experimentis, prout cuique responderant, medendi vias traxerint.

Ne inter initia quidem ab istis quaestionibus deductam esse medicinam, sed ab experimentis. Aegrorum enim, qui sine medicis

ihre Lehren beanspruchen. Wenn man nach ihren Heilerfolgen urteile, so seien von ihnen allen Kranke geheilt worden. Deshalb habe man weder der Beweisführung noch dem Ansehen irgendeines Arztes das Vertrauen verweigern dürfen. Es wären ja die Philosophen die größten Ärzte, wenn es auf die theoretische Begründung ankäme. An Worten mangele es ihnen tatsächlich nicht[37], die therapeutischen Kenntnisse fehlten ihnen aber. [30] Es gebe auch regionale Unterschiede der medizinischen Behandlung. In Rom seien andere Mittel angebracht als in Ägypten oder Gallien. Wenn daher die Krankheitsursachen überall die gleichen seien, dann hätten auch die Heilmittel überall dieselben sein müssen. Oft seien die Ursachen auch ganz offensichtlich, etwa bei einer Augenentzündung oder einer Wunde, und dennoch lasse sich daraus die richtige Behandlung nicht ohne weiteres ableiten. Wenn aber selbst die Kenntnis einer offenkundigen Ursache dieses Wissen nicht verleihe, könne es eine zweifelhafte noch viel weniger.

Da die Natur also ungewiss, ja unbegreiflich sei, solle man eher bei dem Bekannten und Erforschten Hilfe suchen, d. h. bei dem, was die Erfahrung in der therapeutischen Praxis gelehrt habe – so wie in allen anderen Disziplinen auch. Denn auch Landwirt oder Steuermann[38] werde man nicht durch theoretische Erörterung, sondern durch die praktische Erfahrung. Und dass diese theoretischen Überlegungen gar nicht zur Medizin gehörten, könne man auch daraus ersehen, dass die Ärzte trotz der Meinungsverschiedenheiten ihren Patienten doch zu ein- und derselben Gesundheit verholfen hätten. Dies hätten sie dadurch erreicht, dass sie die Therapieplanung nicht von den verborgenen Ursachen und auch nicht von den natürlichen Verrichtungen abgeleitet haben, über die sie ja verschiedener Meinung waren, sondern von den Versuchen und Erfahrungen, die ein jeder gemacht hatte.

Nicht einmal in ihren Anfängen sei die Heilkunde von solchen theoretischen Untersuchungen abgeleitet worden, sondern sie sei

erant, alios propter aviditatem primis diebus protinus cibum assumpsisse, alios propter fastidium abstinuisse. Levatumque magis eorum morbum esse, qui abstinuerant. Itemque alios in ipsa febre aliquid edisse, alios paulo ante eam, alios post remissionem eius. Optime deinde iis cessisse, qui post finem febris id fecerant. Eademque ratione alios inter principia protinus usos esse cibo pleniore, alios exiguo. Gravioresque eos factos, qui se implerant. [35] Haec similiaque cum cottidie inciderent, diligentes homines notasse quae plerumqe melius responderent, deinde aegrotantibus ea praecipere coepisse. Sic medicinam ortam, subinde aliorum salute, aliorum interitu perniciosa discernentem a salutaribus.

Repertis deinde iam remediis, homines de rationibus eorum disserere coepisse. Nec post rationem medicinam esse inventam, sed post inventam medicinam rationem esse quaesitam. Requirere etiam se, ratio idem doceat, quod experientia an aliud: si idem, supervacuam esse, si aliud, etiam contrariam. Primo tamen remedia exploranda summa cura fuisse. Nunc vero iam explorata esse. Neque aut nova genera morborum reperiri aut novam desiderari medicinam. Quod si iam incidat mali genus aliquod ignotum, non ideo tamen fore medico de rebus cogitandum obscuris, sed

aus der Praxis der Erfahrung entstanden. Ein paar Beispiele: Von den Kranken, die keinen Arzt hatten, hätten manche aus Gier bereits in den ersten Tagen Nahrung zu sich genommen, andere dagegen aus Abneigung gegen das Essen gefastet. Denen, die gefastet hatten, sei es danach besser gegangen. Ebenso hätten einige noch während des Fiebers etwas gegessen, andere kurz davor und wieder andere erst nach dem Abklingen des Fiebers. Am besten sei es den Kranken ergangen, die erst nach der Normalisierung der Körpertemperatur etwas gegessen hatten. Aus dem gleichen Grund hätten einige von Anfang an und ohne Wartezeit reichlich Nahrung zu sich genommen, andere dagegen nur wenig. Prompt habe sich der Zustand bei jenen,die sich vollgestopft hatten, verschlechtert. [35] Da dies und ähnliches jeden Tag vorgekommen sei, hätten aufmerksame Leute darauf geachtet, was in der Mehrzahl der Fälle die bessere Wirkung gezeigt habe, und begonnen, dies den Kranken zu verordnen. So sei die Heilkunde entstanden, indem man also immer wieder aus der Genesung der einen und dem tödlichen Verlauf der Krankheit bei anderen das Verderbliche vom Heilsamen zu unterscheiden lernte[39].

Nachdem die Heilmittel gefunden waren, hätten die Menschen über deren Wirkungsweise zu sprechen begonnen. Nicht auf theoretische Überlegung hin habe man die Medizin erfunden, sondern nach Erfindung der Medizin die theoretische Erklärung gesucht. Man solle sich auch fragen, ob die Theorie dasselbe lehre wie die Erfahrung oder etwas anderes. Wenn dasselbe, sei sie überflüssig, wenn etwas anderes, sogar von Übel. Zunächst sei es ja darauf angekommen, die Heilmittel mit größter Sorgfalt zu erforschen. Nun, da die Forschungen abgeschlossen seien, würden weder neue Krankheiten gefunden noch bedürfe man einer neuen Medizin[40]. Wenn aber eine bis dahin unbekannte Art von Erkrankung auftrete, dann werde der Arzt doch nicht über verborgene Dinge nachdenken, sondern unverzüglich prüfen, welcher bekann-

eum protinus visurum, cui morbo id proximum sit, temptaturumque remedia similia illis, quae vicino malo saepe succurrerint, et per eius similitudines opem reperturum. Neque enim se dicere medicum consilio non egere et irratonale animal hanc artem posse praestare, sed has latentium rerum coniecturas ad rem non pertinere, quia non intersit, quid morbum faciat, sed quid tollat. Neque ad rem pertineat, quomodo, sed quid optime digeratur, sive hac de causa concoctio incidat sive illa, et sive concoctio sit illa sive tantum digestio. Neque quaerendum esse quomodo spiremus, sed quid gravem et tardum spiritum expediat, neque quid venas moveat, sed quid quaeque motus genera significent. Haec autem cognosci experimentis. Et in omnibus eiusmodi cogitationibus in utramque partem disseri posse. Itaque ingenium et facundiam vincere, morbos autem non eloquentia, sed remediis curari. Quae si quis elinguis usu discreta bene norit, hunc aliquanto maiorem medicum futurum, quam si sine usu linguam suam excoluerit.

[40] Atque ea quidem, de quibus est dictum, supervacua esse tantummodo. Id vero, quod restat, etiam crudele, vivorum hominum alvum atque praecordia incidi, et salutis humanae praesidem artem non solum pestem alicui, sed hanc etiam atrocissimam inferre, cum praesertim ex his, quae tanta violentia quaerantur, alia

ten Erkrankung sie am nächsten verwandt sei, und Heilmittel einsetzen, die jenen ähnlich sind, die bei der gleichartigen Erkrankung oft zum Erfolg geführt hätten, und auf Grund dieser Ähnlichkeiten werde er Hilfe finden. Damit soll freilich nicht gesagt sein, dass der Arzt nicht seinen Verstand einzusetzen habe und auch ein unvernünftiges Lebewesen in dieser Kunst etwas leisten könne. Doch diese Mutmaßungen über verborgene Dinge gehörten nicht zur Sache, weil es eben nicht darauf ankomme, was die Krankheit hervorrufe, sondern was sie beseitige. Es komme ja auch nicht darauf an, wie, sondern was am besten verdaut werde, mag die Verdauung nun aus diesem oder jenem Grund zustande kommen und mag es sich um eine echte Verdauung oder nur um eine Verteilung der Nahrung handeln. Man brauche auch nicht zu fragen, wie wir atmen, sondern was erschwerte und verlangsamte Atmung bessere, ebenso auch nicht, was die Adern bewege, sondern was die verschiedenen Formen des Pulses bedeuten. Das aber lerne man aus der Erfahrung. Bei allen derartigen Erörterungen könne man sehr wohl für beide Seiten Partei ergreifen. Aus derartigen Auseinandersetzungen gingen nur der Einfallsreichtum und die Beredsamkeit als Sieger hervor, die Krankheiten aber würden nicht durch eine geschliffene Sprache, sondern durch Arzneien geheilt. Wenn einer zwar nicht zungenfertig sei, aber die Erkenntnisse der Praxis gut kenne, werde er ein bedeutend größerer Arzt sein, als wenn einer keine praktische Arbeit geleistet und stattdessen seine Sprache geschult habe.

[40] Man könne sich damit trösten, dass die bis jetzt besprochenen Dinge nur überflüssig seien. Das Folgende sei aber auch grausam: Dass Ärzte nämlich Bauch- und Brusthöhle lebender Menschen eröffnen und so die Disziplin, die das gesundheitliche Wohl der Menschheit wahren soll, einige nicht nur ins Verderben stürze, sondern dies auch noch in seiner schrecklichsten Form – ganz abgesehen davon, dass ein Teil von dem, was man mit so großer

non possint omnino cognosci, alia possint etiam sine scelere. Nam colorem, levorem, mollitiem, duritiem, similiaque omnia non esse talia inciso corpore, qualia integro fuerint, quia, cum corpora inviolata sint, haec tamen metu, dolore, inedia, cruditate, lassitudine, mille aliis mediocribus affectibus saepe mutentur. Multo magis verisimile esse interiora, quibus maior mollities, lux ipsa nova sit, sub gravissimis vulneribus et ipsa trucidatione mutari. Neque quicquam esse stultius, quam quale quidque vivo homine est, tale existimare esse moriente, immo iam mortuo. Nam uterum quidem, qui minus ad rem pertineat, spirante homine posse diduci. Simul atque vero ferrum ad praecordia accessit et discissum transversum saeptum est, quod membrana quaedam est, quae superiores partes ab inferioribus diducit – διάφραγμα Graeci vocant – hominem animam protinus amittere. Ita mortui demum praecordia et viscus omne in conspectum latrocinantis medici dari necesse est tale, quale mortui sit, non quale vivi fuit. Itaque consequi medicum, ut hominem crudeliter iugulet, non ut sciat, qualia vivi viscera habeamus. Si quid tamen sit, quod adhuc spirante homine conspectu subiciatur, id saepe casum offerre curantibus. Interdum enim gladiatorem in arena vel militem in acie vel viatorem a latronibus exceptum sic vulnerari, ut eius interior aliqua pars aperiatur, et in alio alia. Ita sedem, positum, ordinem, figuram, similiaque alia cognoscere prudentem medium, non cae-

Brutalität zu erforschen trachtet, überhaupt nicht und das übrige auch ohne verbrecherischen Eingriff ans Licht gebracht werden könne. Denn Farbe, Glätte, Weichheit, Härte und andere Eigenschaften der Organe seien am offenen Körper anders als am unversehrten, weil sie, selbst wenn die Körper unverletzt seien, dennoch oft durch Angst, Schmerz, Hunger, Überfüllung des Magens, Erschöpfung und zahllose andere weniger bedeutsame Einflüsse verändert würden. Noch weit wahrscheinlicher sei es, dass sich die inneren Organe, die von Natur aus ziemlich weich und nie dem Tageslicht[41] ausgesetzt seien, infolge der sehr schweren Verletzungen bei dieser Art von Schlächterei verändern. Es gebe nichts Törichteres als anzunehmen, die anatomischen Verhältnisse beim sterbenden oder sogar bereits toten Menschen seien die gleichen wie beim lebenden. Die Bauchhöhle, die für die Integrität des Lebens weniger wichtig sei, könne man zwar eröffnen, ohne dass der Mensch zu atmen aufhöre. Sobald aber das Messer in die Brusthöhle eingedrungen und die Querwand durchtrennt sei – ein häutiges Gebilde, das die Brust- von den Bauchorganen trennt (die Griechen nennen es Diáphragma) – verliere der Mensch sofort das Leben[42]. So kämen dem mörderischen Arzt[43] schließlich Brust- und Bauchorgane eines bereits Toten zu Gesicht und zwar notwendigerweise in dem Zustand, wie man ihn bei Toten antreffe, und nicht so wie bei einem Lebenden. So erreiche der Arzt nur, dass er einen Menschen grausam hinschlachte, er erfahre aber nicht, wie unsere Eingeweide aussehen, solange wir leben. Wenn es aber doch das eine oder andere gebe, das der Betrachtung zugänglich sein sollte, solange der Mensch noch atme, verschaffe oftmals der Zufall den Ärzten die Gelegenheit dazu. Vereinzelt werde nämlich ein Gladiator in der Arena, ein Soldat in der Schlacht oder ein Reisender bei einem Raubüberfall so schwer verletzt, dass innere Organe zu sehen seien. In dieser Situation könne der kluge Arzt Sitz, Lage, Anordnung, Gestalt und ähnliches mehr erken-

dem, sed sanitatem molientem, idque per misericordiam discere, quod alii dira crudelitate cognorint. Ob haec ne mortuorum quidem lacerationem necessariam esse, quae, etsi non crudelis, tamen foeda sit, cum aliter pleraque in mortuis se habeant. Quantum vero in vivis cognosci potest, ipsa curatio ostendat.

[45] Cum haec per multa volumina perque magnae contentionis disputationes a medicis saepe tractata sint atque tractentur, subiciendum est, quae proxima vero videri possint. Ea neque addicta alterutri opinioni sunt, neque ab utraque nimium abhorrentia, sed media quodammodo inter diversas sententias. Quod in plurimis contentionibus deprehendere licet sine ambitione verum scrutantibus, ut in hac ipsa re.

Nam quae demum causae vel secundam valetudinem praestent vel morbos excitent, quo modo spiritus aut cibus vel trahatur vel digeratur, ne sapientiae quidem professores scientia comprehendunt, sed coniectura persequuntur. Cuius autem rei non est certa notitia, eius opinio certum reperire remedium non potest. Verumque est ad ipsam curandi rationem nihil plus conferre quam experientiam. Quamquam igitur multa sint ad ipsas artes proprie non pertinentia, tamen eas adjuvant excitando artificis ingenium. Itaque ista quoque naturae rerum contemplatio, quamvis non faciat medicum, aptiorem tamen medicinae reddit perfectumque. Verique simile est et Hippocratem et Erasistratum et quicumque

nen, und zwar ohne Tötungsabsicht, sondern mit dem Vorsatz zu helfen, und das auf dem Wege der Barmherzigkeit erlernen, was sich andere mit entsetzlicher Grausamkeit angeeignet hätten. Deshalb sei nicht einmal die Sektion von Leichen notwendig – eine, wenn auch nicht grausame, so doch ekelhafte Angelegenheit –, weil sich die Verhältnisse mit dem Tod größtenteils ändern[44] und die Behandlungspraxis zeige, wie viel man bei Lebenden erkennen könne.

[45] Da diese Fragen in vielen dicken Büchern und leidenschaftlichen Diskussionen oft und oft von den Ärzten behandelt worden sind und noch immer behandelt werden, soll nun darauf die Rede kommen, was als das Wahrscheinlichste anzusehen ist. Diese Ansicht ist den beiden Lehrmeinungen weder ganz verbunden noch weicht sie allzu weit von beiden ab, sondern sie nimmt gleichsam die Mitte zwischen den kontroversen Standpunkten ein – eine Lösung, die man bei den meisten intellektuellen Auseinandersetzungen finden kann, wenn man wie auch in dieser Sache unparteiisch nach der Wahrheit sucht.

Denn welche Ursachen letztlich die Gesundheit erhalten oder Krankheiten hervorrufen, wie man atmet, isst und verdaut, das verstehen nicht einmal die Lehrer der Philosophie trotz all ihren Wissens genau, sondern sie stellen darüber nur Mutmaßungen an. Wenn es aber über einen Gegenstand keine sicheren Erkenntnisse[45], sondern nur Vermutungen gibt, so kann man damit kein wirksames Heilmittel finden. Es ist nun einmal so, dass nichts mehr zu einer rational begründeten Therapie führt als die Erfahrung. Obwohl es daher vieles gibt, was zu den Wissenschaften im eigentlichen Sinn gar nicht gehört, trägt es doch zu deren Fortschritt bei, indem es den Geist des Wissenschaftlers anregt. Deshalb macht auch eben die Betrachtung der Dinge in der Natur[46] zwar für sich allein niemand zum Arzt, aber sie verbessert die Eignung und fördert die Vervollkommnung. Wahrscheinlich sind auch Hippo-

alii, non contenti febres et ulcera agitare, rerum quoque naturam aliqua parte scrutati sunt, non ideo quidem medicos fuisse, verum ideo quoque maiores medicos extitisse. Ratione vero opus est ipsi medicinae, etsi non inter obscuras causas neque inter naturales actiones, tamen saepe. Est enim haec ars coniecturalis neque respondet ei plerumqe non solum coniectura, sed etiam experientia et interdum non febris, non cibus, non somnus subsequitur, sicut assuevit.

Rarius sed aliquando morbus quoque ipso novus est. Quem non incidere manifeste falsum est, cum aetate nostra quae ex naturalibus partibus carne prolapsa et haerente intra paucas horas exspiraverit, sic ut nobilissimi medici neque genus mali neque remedium invenerint. [50] Quos ego nihil temptasse iudico, quia nemo in splendida persona periclitari coniectura sua voluerit, ne occidisse, nisi servasset, videretur. Veri tamen simile est potuisse aliquid cogitare, detracta tali verecundia, et fortasse responsurum fuisse id, quod aliquis esset expertus. Ad quod medicinae genus neque semper similitudo aliquid confert, et si quando confert, tamen id ipsum rationale est, inter similia genera et morborum et remediorum cogitare, quo potissimum medicamento sit utendum. Cum igitur talis res incidit, medicus aliquid oportet inveniat, quod non utique fortasse, sed saepius tamen etiam respondeat. Petet autem novum quodque consilium non ab rebus latentibus – istae enim dubiae et incertae sunt – , sed ab iis, quae explorari

krates, Erasistratos und alle anderen, die – unzufrieden damit, Fieber und Geschwüre nur zu behandeln – die Dinge in der Natur unter einem bestimmten Aspekt erforscht haben, nicht deshalb Ärzte geworden, aber gerade deshalb zu ziemlich bedeutenden Ärzten geworden. Auf Theorie aber ist die Medizin angewiesen, wenn auch nicht bei den unbekannten Ursachen und bei den natürlichen Verrichtungen, sonst aber doch oft. Denn sie ist eine Wissenschaft der Hypothesen. In den meisten Fällen entspricht nicht nur die Hypothese, sondern auch die Erfahrung nicht der Erwartung und bisweilen nehmen weder Fieber noch Ernährung noch Schlaf den erwarteten Verlauf.

Es kommt seltener, aber immer wieder vor, dass eine Krankheit, die man beobachtet, neu ist. Die gegenteilige Behauptung ist offensichtlich falsch. Denn noch zu unserer Zeit ist eine Frau binnen weniger Stunden an Vorfall und Gangrän der Geschlechtsteile[47] verstorben, ohne dass die angesehensten Ärzte die Art der Erkrankung erkannten bzw. ein Mittel dagegen fanden. [50] Ich glaube, dass sie gar nicht versucht haben, ihr zu helfen, weil sie prominent war und sich keiner in einem solchen Fall dem Risiko aussetzen wollte, als ihr Mörder zu erscheinen, falls sie durch seinen Vorschlag nicht vor dem Tod bewahrt werde. Dennoch darf man annehmen, dass ihnen die rettende Idee gekommen wäre, wenn sie solche Scheu abgelegt hätten, und dass dieser Therapieversuch vielleicht auch von Erfolg gekrönt gewesen wäre. In solchen Fällen hilft auch die Ähnlichkeit der Erkrankung nicht immer weiter. Und wenn sie doch einen Beitrag leistet, so ist es trotzdem vernünftig, bei der Vielzahl ähnlicher Erkrankungen und Heilmittel herauszufinden, mit welchem Medikament man die größten Aussichten hat. Wenn also ein solcher Fall eintritt, dann muss der Arzt das in Erwägung ziehen, was vielleicht nicht immer, aber doch schon öfters gewirkt hat. Er wird aber die therapeutische Inspiration nicht bei den verborgenen Dingen suchen – denn die

possunt, id est evidentibus causis. Interest enim fatigatio morbum an sitis, an frigus, an calor, an vigilia, an fames fecerit, an cibi vinique abundantia, an intemperantia libidinis. Neque ignorare hunc oportet, quae sit aegri natura, umidum magis an magis siccum corpus eius sit, validi nervi an infirmi, frequens adversa valetudo an rara, eaque, cum est, vehemens esse soleat an levis, brevis an longa. Quod is vitae genus sit secutus, laboriosum an quietum, cum luxu an cum frugalitate. Ex his enim similibusque saepe curandi nova ratio ducenda est.

Quamvis ne haec quidem sic praeteriri debent, quasi nullam controversiam recipiant. Nam et Erasistratus non ex illis causis fieri morbos dixit, quoniam et alii et idem alias post ista non febricitarent. Et quidam medici saeculi nostri sub auctore, ut ipsi videri volunt, Themisone, contendunt nullius causae notitiam quicquam ad curationes pertinere satisque esse quaedam communia morborum intueri. [55] Siquidem horum tria genera esse, unum adstrictum, alterum fluens, tertium mixtum. Nam modo parum excernere aegros, modo nimium, modo alia parte parum, alia nimium. Haec autem genera morborum modo acuta esse, modo longa, et modo increscere, modo consistere, modo minui. Cognito igitur eo, quod ex his est, si corpus adstrictum est, digerendum esse, si profluvio laborat, continendum, si mixtum vitium habet, occurrendum subinde vehementiori malo. Et aliter acutis

sind zweifelhaft und unklar –, sondern bei den erforschbaren, d. h. offenkundigen Ursachen. Es kommt schon darauf an, ob Ermüdung oder Durst, ob Kälte oder Hitze, ob Schlaflosigkeit, ob Hunger die Krankheit verursacht hat oder maßloses Essen und Trinken oder übermäßiger Liebesgenuss. Und der Arzt muss auch wissen, wie die natürliche Konstitution des Kranken[48] ist, ob sein Körper eher saftreich oder eher trocken ist, ob die Sehnen stark oder schwach sind, ob er häufig oder selten krank ist, ob die Krankheiten im Einzelfall schwer oder leicht und kurz oder lang zu verlaufen pflegen und schließlich, welches Leben er geführt hat, ein arbeitsames oder ruhiges, ein üppiges oder kärgliches. Denn aus diesen und ähnlichen Informationen muss oft eine neue Behandlungsart abgeleitet werden.

Freilich darf man auch diese Punkte nicht einfach als unumstritten betrachten. Erasistratos[49] hat ja gesagt, die genannten Noxen seien für die Krankheiten nicht verantwortlich zu machen, weil andere davon kein Fieber[50] bekämen und die selben bei anderer Gelegenheit trotz der gleichen Exposition ebenfalls nicht. Einige zeitgenössische Ärzte[51] behaupten ausdrücklich unter Berufung auf Themison[52], die Kenntnis keiner einzigen Ursache habe Einfluss auf die Therapie. Es genüge vielmehr, gewisse allgemeine Merkmale der Krankheiten zu beachten. [55] Davon gebe es drei Arten, nämlich erstens den Zustand der Verstopfung, zweitens den der flüssigen Absonderung und drittens den Mischzustand[53]. Denn bald schieden die Kranken zu wenig aus, bald zu viel, bald an einer Stelle zu wenig und an anderer zu viel. Diese Arten von Krankheiten seien mal akut, mal chronisch, mal verschlimmerten sie sich, mal veränderten sie sich nicht und mal ließen sie nach. Wenn man dann erkannt habe, welcher von diesen Zuständen vorliege, müsse man abführen, wenn der Körper verstopft sei, wenn er an zu starken Absonderungen leide, müsse man diese beschränken, und wenn der Mischzustand vorliege, müsse man unverzüg-

morbis medendum, aliter vetustis, aliter increscentibus, aliter subsistentibus, aliter iam ad sanitatem inclinatis. Horum observationem medicinam esse. Quam ita finiunt, ut quasi viam quandam, quam μέθοδον nominant, eorumque, quae in morbis communia sunt, contemplatricem esse contendunt. Ac neque rationalibus se neque experimenta tantum spectantibus adnumerari volunt, cum ab illis eo nomine dissentiant, quod in coniectura rerum latentium nolunt esse medicinam. Ab his eo, quod parum artis esse in observatione experimentorum credunt.

Quod ad Erasistratum pertinet, primum ipsa evidentia eius opinioni repugnat, quia raro nisi post horum aliquid morbus venit. Deinde non sequitur, ut, quod alium non afficit aut eundem alias, id ne alteri quidem aut eidem tempore alio noceat. Possunt enim quaedam subesse corpori vel ex infirmitate eius vel ex aliquo affectu, quae vel in alio non sunt, vel in hoc alias non fuerunt eaque per se non tanta, ut concitent morbum, tamen obnoxium magis aliis iniuriis corpus efficiant. Quod si contemplationem rerum naturae, quam temere medici sibi vindicant, satis comprehendisset, etiam illud scisset, nihil omnino ob unam causem fieri, sed id pro causa apprehendi, quod contulisse plurimum videtur. Potest autem id, dum solum est, non movere, quod iunctum aliis maxime moveat. [60] Accedit ad haec, quod ne ipse quidem

lich dem vorherrschenden Übel entgegenwirken. Man müsse die Therapie den wechselnden Bedingungen anpassen, je nachdem, ob die Krankheiten akut oder chronisch verliefen, progredient oder stationär seien oder sich bereits in Rückbildung befänden. Medizin sei nichts anderes als der Respekt vor diesen Faktoren. Sie wird mit einem Weg verglichen, der auch als Methode bezeichnet wird, und sie wird als Beobachterin der den Krankheiten gemeinsamen Merkmale definiert. Die Methodiker wollen weder den Theoretikern noch den Empirikern zugerechnet werden, ersteren nicht, weil sie nicht akzeptieren, dass die Heilkunde auf Vermutungen über verborgene Ursachen beruhe, letzteren nicht, weil sie glauben, die Beobachtung von Erfahrungstatsachen mache nur einen kleinen Teil der Kunst aus.

Was Erasistratos betrifft, so steht bereits der bloße Augenschein in Widerspruch zu seiner Meinung, da eine Krankheit ja nur selten anders als nach einem derartigen Anlass ausbricht. Ferner folgt daraus, dass eine Krankheit jemanden zu einem bestimmten Zeitpunkt nicht befällt, keineswegs, dass er nicht später oder ein anderer davon zu einem beliebigen Zeitpunkt ergriffen wird. Es können nämlich gewisse Bedingungen im Körper vorliegen, sei es infolge von Schwäche oder eines anderen Leidens, die bei einem anderen nicht bestehen oder beim Betroffenen zu einem anderen Zeitpunkt nicht bestanden haben. Diese sind möglicherweise für sich allein nicht so schwer wiegend, dass sie zu Krankheit führen, aber doch so stark, dass sie den Körper für andere Schädigungen anfälliger machen. Wenn Erasistratos aber das Studium der Natur, das die Ärzte so ohne Weiteres für sich beanspruchen, lange und gründlich genug betrieben hätte, wäre ihm klar geworden, dass nichts, aber auch gar nichts lediglich einen einzigen Grund hat, sondern dass man das als Ursache annimmt, was den größten Beitrag zu leisten scheint. Isoliert ist aber auch dieser Faktor nicht wirksam, sondern er entfaltet seine stärkste Kraft erst in Verbin-

Erasistratus, qui transfuso in arterias sanguine febrem fieri dicit idque nimis repleto corpore incidere, repperit, cur ex duobus aeque repletis alter in morbum incideret, alter omni periculo vacaret, quod cottidie fieri apparet. Ex quo disci potest, ut vera sit illa transfusio, tamen illam non per se, cum plenum corpus est, fieri, sed cum horum aliquid accesserit.

Themisonis vero aemuli, si perpetua quae promittunt habent, magis etiam quam ulli rationales sunt. Neque enim, si quis non omnia tenet, quae rationalis alius probat, protinus alio novo nomine artis indiget, si modo, quod primum est, non memoriae soli, sed rationi quoque insistit. Si, vero quod propius est, vix ulla perpetua praecepta medicinalis ars recipit, idem sunt, quod ii, quos experimenta sola sustinent. Eo magis quondam compresserit aliquem morbus an fuderit, quilibet etiam imperitissimus videt. Quid autem compressum corpus resolvat, quid solutum teneat, si a ratione tractum est, rationalis est medicus; si, ut ei, qui se rationalem negat, confiteri necesse est, ab experientia, empiricus. Ita apud eum morbi cognitio extra artem, medicina intra usum est. Neque adiectum quicquam empiricorum professioni, sed demptum est, quoniam illi multa circumspiciunt, hi tantum facillima et

dung mit anderen Ursachen. [60] Dazu kommt noch die Frage, die nicht einmal Erasistratos lösen konnte, der doch behauptet, Fieber entstehe durch das Einströmen von Blut in die Adern, und zwar bei allzu vollem Leib, die Frage nämlich, warum von zwei gleich wohl genährten Körpern der eine erkranke, der andere aber von jeder Gefahr verschont bleibe, was doch offensichtlich jeden Tag vorkomme. Daraus kann man lernen, dass diese Übertragung von Blut, sofern es sie tatsächlich gibt, auch bei einem wohlgenährten Körper nicht ohne einen der genannten Kofaktoren zustande kommt.

Die Anhänger Themisons[54] sind aber, wenn sie sich uneingeschränkt an ihre Versprechungen halten, sogar noch mehr Theoretiker als jene, die sich ausdrücklich so bezeichnen. Denn wenn einer nicht alles und jedes anerkennt, was ein anderer Theoretiker für recht und billig hält, so braucht er deshalb seiner Kunst nicht gleich einen anderen, d. h. neuen Namen zu geben, sofern er – was die Hauptsache ist – nicht nur an der Überlieferung festhält, sondern auch den Verstand gebraucht. Wenn aber, was der Wahrheit näher liegt, die medizinische Wissenschaft kaum irgendwelche allgemein gültigen Vorschriften zulässt, dann sind die Methodiker eins mit denen, die nur die Erfahrungen gelten lassen, und dies umso mehr, als auch der größte Laie sieht, ob die Krankheit den Leib verstopft oder die Ausscheidungen gefördert hat. Wer aus der Theorie ableitet, was einen verstopften Körper öffnet bzw. krankhaft gesteigerte Absonderungen aufhält, der ist ein Theoretiker. Wer diese Kenntnisse aber aus der Erfahrung gewinnt, der ist ein Empiriker. Das muss jeder zugeben, der sich nicht für einen Theoretiker hält. Das Kennenlernen der Krankheit gehört nicht zu seinem Metier. Die Medizin, die er betreibt, beschränkt sich ganz auf die Praxis. Damit ist der Lehre der Empiriker nichts hinzugefügt, sondern im Gegenteil etwas genommen worden. Denn jene nehmen vieles in den Blick, diese

non plus quam vulgaria. [65] Nam et ii, qui pecoribus ac iumentis medentur, cum propria cuiusque ex mutis animalibus nosse non possint, communibus tantummodo insistunt et exterae gentes, cum subtilem medicinae rationem non noverint, communia tantum vident et qui ampla valetudinaria nutriunt, quia singulis summa cura consulere non sustinent, ad communia ista confugiunt. Neque Hercules istud antiqui medici nescierunt, sed his contenti non fuerunt. Ergo etiam vetustissimus auctor Hippocrates dixit mederi oportere et communia et propria intuentem.

Ac ne isti quidem ipsi intra suam professionem consistere ullo modo possunt, siquidem et compressorum et fluentium morborum genera diversa sunt. Faciliusque id in iis, quae fluunt, inspici potest. Aliud est enim sanguinem, aliud bilem, aliud cibum vomere, aliud deiectionibus, aliud torminibus laborare, aliud sudore digeri, aliud tabe consumi. Atque in partes quoque umor erumpit, ut oculos auresque. Quo periculo nullum humanum membrum vacat. Nihil autem horum sic ut aliud curatur.

Ita protinus in his a communi fluentis morbi contemplatione ad propriam medicina descendit. Atque in hac quoque rursus alia proprietatis notitia saepe necessaria est, quia non eadem omnibus etiam in similibus casibus opitulantur. Siquidem certae quaedam res sunt, quae in pluribus ventrem aut adstringunt aut resolvunt.

aber nur das Einfachste, das ganz Gewöhnliche. [65] Auch die, die Schafe und Zugtiere behandeln, stützen sich nur auf das Allgemeine, da sie die besonderen Eigenschaften jedes einzelnen der stummen Lebewesen nicht kennen können. Auch fremde Völker, die die Methoden der exakten Medizin nicht kennen, beachten nur das allgemein Geläufige. Und die Leiter großer Krankenhäuser[55] beschränken sich auf die üblichen Heil- und Pflegemaßnahmen, weil sie sich nicht um jedes Detail mit letzter Sorgfalt kümmern können. Das haben die alten Ärzte wahrlich gewusst, aber sie haben sich damit nicht zufrieden gegeben. Daher hat auch Hippokrates, unser ältester Standesvertreter, gesagt, helfen und heilen müsse man, indem man sowohl das Allgemeine wie das Individuelle berücksichtige[56].

Aber die Methodiker können sich nicht einmal bei den eigenen Lehren auf irgendeine Weise behaupten. Wenn wir nur die verschiedenen Arten von Krankheiten mit verminderter und vermehrter Absonderung betrachten und miteinander vergleichen, so lassen sich bei letzteren die Unterschiede leichter feststellen. Es ist ja doch etwas grundsätzlich anderes, ob man Blut, Galle oder Speise erbricht, ob man an Durchfällen oder an Bauchgrimmen leidet, ob man vor Schweiß zergeht oder von der Auszehrung aufgerieben wird. Auch in einzelne Organe tritt die Flüssigkeit aus, so in die Augen und Ohren. Gegen diese Gefahr ist kein Glied des menschlichen Körpers gefeit. Jeder Fall aber wird anders behandelt.

So geht die Medizin von der allgemeinen Betrachtung der Krankheiten, bei denen der Körper zu viel Flüssigkeit verliert, zur Prüfung der Details über. Auch dabei ist oft eine spezielle Kenntnis der individuellen Eigenschaften notwendig, weil nicht allen mit den gleichen Mitteln geholfen werden kann. Freilich gibt es gewisse zuverlässige Mittel, die bei den meisten, die sie einnehmen, Verstopfung oder Durchfall herbeiführen. Dennoch findet man Personen, die anders als die übrigen reagieren. Bei ihnen also

Inveniuntur tamen, in quibus aliter atque in ceteris idem eveniat. In his ergo communium inspectio contraria est, propriorum tantum salutaris. Et causae quoque aestimatio saepe morbum solvit. Ergo etiam ingeniosissimus saeculi nostri medicus, quem nuper vidimus, Cassius, febricitanti cuidam et magna siti affecto, cum post ebrietatem eum premi coepisse cognosset, aquam frigidam ingessit. Qua ille epota, cum vini vim miscendo fregisset, protinus febrem somno et sudore discussit. [70] Quod auxilium medicus opportune providit non ex eo, quod aut adstrictum corpus erat aut fluebat, sed ex ea causa, quae ante praecesserat. Estque etiam proprium aliquid et loci et temporis istis quoque auctoribus, qui, cum disputant, quemadmodum sanis hominibus agendum sit, praecipiunt, ut gravibus aut locis aut temporibus magis vitetur frigus, aestus, satietas, labor, libido, magisque ut conquiescat isdem locis aut temporibus, si quis gravitatem corporis sensit, ac neque vomitu stomachum neque purgatione alvum sollicitet. Quae vera quidem sunt. A communibus tamen ad quaedam propria descendunt, nisi persuadere nobis volunt sanis quidem considerandum esse, quod caelum, quod tempus anni sit, aegris vero non esse. Quibus tanto magis omnis observatio necessaria est, quanto magis obnoxia offensis infirmitas est. Quin etiam morborum in isdem hominibus aliae atque aliae proprietates sunt. Et qui secundis aliquando frustra curatus est, contrariis saepe

ist die Betrachtung des Allgemeinen von Nachteil, nur die des Besonderen führt zum Behandlungserfolg. Auch die angemessene Würdigung der Ursache führt in einem Krankheitsfall oft zur Lösung. Daher gab Cassius[57], der genialste Arzt unserer Epoche, vor nicht allzu langer Zeit einem Fieberkranken, der an großem Durst litt, kaltes Wasser zu trinken, nachdem er erkannt hatte, dass der Patient nach einem Rausch krank geworden war. Nachdem der ausgetrunken und so den Wein verdünnt und dessen Macht gebrochen hatte, bezwang er anschließend durch Schlaf und Schwitzen auch das Fieber. [70] Die Wirksamkeit der von ihm verordneten Behandlung erschloss der Arzt aber nicht daraus, dass der Körper verstopft war oder zu viel absonderte, sondern aus der Ursache, die unmittelbar vorausgegangen war. Aber auch die oben genannten Ärzte nehmen auf Besonderheiten von Ort und Zeit Rücksicht. Wenn sie davon sprechen, wie sich gesunde Menschen verhalten sollen, klären sie uns darüber auf, dass man in ungesunden Gegenden oder zu ungesunden Zeiten Kälte, Hitze, Sättigung, Anstrengung und den Geschlechtsverkehr eher meiden, dass man in diesen Gegenden und zu diesen Zeiten eher der Ruhe pflegen sollte, wenn man ein körperliches Schweregefühl empfinde, und weder den Magen durch Erbrechen noch den Darm durch Abführen reizen solle. Das ist sicher wahr. Dennoch gehen sie von den allgemeinen zu speziellen Empfehlungen über, sofern sie uns nicht einreden wollen, wir sollten zwar auf Klima und Jahreszeit achten, wenn wir gesund sind, nicht aber dann, wenn wir krank sind. Dabei müssen die Kranken diese Vorschriften umso stärker beachten, als sie ihr Leiden für schädigende Einflüsse empfindlich macht. Ja sogar bei ein und derselben Person gibt es immer wieder neue und andere Eigentümlichkeiten im Verlauf der Krankheiten. Wer einmal mit sonst wirksamen Mitteln erfolglos behandelt worden ist, gewinnt ein anderes Mal durch scheinbar unwirksame die Gesundheit zurück. Die meisten Unterschiede finden sich bei

restituitur. Plurimaque in dando cibo discrimina reperiuntur, ex quibus contentus uno ero. Nam famem facilius adulescens quam puer, facilius in denso caelo quam in tenui, facilius hieme quam aestate, facilius uno cibo quam prandio quoque assuetus, facilius inexercitatus quam exercitatus homo sustinet. Saepe autem in eo magis necessaria cibi festinatio est, qui minus inediam tolerat. Ob quae conicio, eum, qui propria non novit, communia tantum debere intueri eumque, qui nosse proprietates potest, non illas quidem oportere negligere, sed his quoque insistere. Ideoque, cum par scientia sit, utiliorem tamen medicum esse amicum quam extraneum.

Igitur, ut ad propositum meum redeam, rationalem quidem puto medicinam esse debere, instrui vero ab evidentibus causis, obscuris omnibus non ab cogitatione artificis, sed ab ipsa arte reiectis. Incidere autem vivorum corpora et crudele et supervacuum est, mortuorum discentibus necessarium. Nam positum et ordinem nosse debent, quae cadaver melius quam vivus et vulneratus homo repraesentat. [75] Sed et cetera, quae modo in vivis cognosci possunt, in ipsis curationibus vulneratorum paulo tardius sed aliquanto mitius usus ipse monstrabit.

His propositis, primum dicam, quemadmodum sanos agere conveniat, tum ad ea transibo, quae ad morbos curationesque eorum pertinebunt.

den Diätvorschriften. Ich möchte an dieser Stelle nur eine erwähnen. Den Hunger erträgt man im Erwachsenenalter leichter als in der Kindheit[58], man erträgt ihn leichter bei bedecktem als bei heiterem Himmel, man erträgt ihn winters leichter als sommers, leichter, wenn man nur eine Mahlzeit pro Tag und nicht ein zusätzliches Frühstück gewohnt ist, leichter, wenn man im Beruf körperlich nicht gefordert ist, als wenn man körperlich schwer arbeitet[59]. Oft aber ist bei dem, der das Hungern weniger gut verträgt, die Nahrungsaufnahme umso vordringlicher. Daraus schließe ich, dass der, der das Besondere nicht kennt, nur das Allgemeine berücksichtigen sollte, jener dagegen, der das Besondere kennen kann, dies natürlich nicht gering schätzen, aber auch am Allgemeinen festhalten sollte. Und deshalb wird, so lautet meine Folgerung, den gleichen Wissensstand vorausgesetzt, ein befreundeter Arzt nützlicher sein als einer, der dem Kranken fremd ist[60].

Um auf mein Thema zurückzukommen, stelle ich nun fest, dass die Medizin zwar eine theoretische Grundlage haben muss, sich aber von den offenkundigen Ursachen anleiten lassen sollte und ihre Vertreter all die verborgenen Dinge zwar nicht aus dem Denken verbannen, aber doch in der Praxis zurückweisen sollten. Vivisektionen sind grausam und überflüssig, Leichenöffnungen hingegen für die Studierenden unverzichtbar. Denn sie müssen die Lage und Anordnung der Organe kennen lernen. Das Studium der topographischen Anatomie ist aber bei einem Leichnam aufschlussreicher als bei einem Verletzten, der noch am Leben ist. [75] Das andere, was man am lebenden Menschen kennenlernen kann, wird die traumatologische Praxis zeigen, ein wenig langsamer zwar, aber viel schonender.

Nach diesem Vorwort werde ich zunächst beschreiben, wie man sich in gesunden Tagen verhalten soll, und dann zu den einzelnen Krankheiten und deren Behandlung übergehen.

Instantis autem adversae valetudinis signa complura sunt. In quibus explicandis non dubitabo auctoritate antiquorum virorum uti maximeque Hippocratis, cum recentiores medici, quamvis quaedam in curationibus mutarint, tamen haec illos optime praesagisse fateantur. Sed antequam dico, quibus praecedentibus morborum timor subsit, non alienum videtur exponere, quae tempora anni, quae tempestatum genera, quae partes aetatis, qualia corpora maxime tuta vel periculis oportuna sint, quod genus adversae valetudinis in quo timeri maxime possit, non quo non omni tempore, in omni tempestatum genere omnis aetatis, omnis habitus homines per omnia genera morborum et aegrotent et moriantur, sed quo minus… frequentius tamen quaedam eveniant, ideoque utile sit scire unumquemque, quid et quando maxime caveat.

Provisis omnibus, quae pertinent ad universa genera morborum, ad singulorum curationes veniam. Hos autem in duas species

Einführung in die medizinische Epidemiologie

Celsus *De medicina* II Prooemium 1–2

Der Verfasser rät zur Früherkennung von Erkrankungen auf der Basis von Fakten und Zahlen.

Drohende Erkrankungen kündigen sich durch eine Reihe verschiedener Zeichen an. Zu ihrer Erklärung werde ich ohne Bedenken auf das Zeugnis der großen alten Ärzte und hierbei insbesondere das des Hippokrates[1] zurückgreifen, weil selbst die jüngeren Ärzte, obwohl sich in der Therapie manches geändert hat, die hohe Qualität der Prognostik ihrer Vorgänger gerne einräumen. Doch bevor ich darauf zu sprechen komme, welche Symptome drohende Erkrankungen befürchten lassen, lohnt es sich darauf einzugehen, welche Jahreszeiten, welche Art von Klima, welche Lebensalter und welche körperlichen Voraussetzungen den größten Schutz bieten bzw. am gefährlichsten sind und welche Art von Krankheiten bei wem am meisten zu fürchten ist. Selbstverständlich kann der Mensch zu jeder Zeit, bei jeder Witterung, in jedem Alter und bei jeder körperlichen Konstitution von jeder möglichen Erkrankung betroffen werden[2] und daran sterben. Dennoch unterscheiden sich die Krankheiten in ihrer Inzidenz und Prävalenz. Daher ist es für jeden einzelnen von Nutzen zu wissen, wovor und wann er sich am meisten in Acht nehmen sollte.

Auf den Verlauf kommt es an

Celsus *De medicina* III Prooemium 1.1–6

Der Hinweis auf die Unvorhersehbarkeit des Schicksals jedes einzelnen Kranken soll die Ärzte vor ungerechtfertigten Anschuldigungen bewahren.

Nachdem die Darstellung der allgemeinen Nosologie abgeschlossen ist, wende ich mich nun der Therapie der einzelnen Erkran-

Graeci diviserunt, aliosque ex his acutos, alios longos esse dixerunt. Idemque quoniam non semper eodem modo respondebant, eosdem alii inter acutos, alii inter longos rettulerunt; ex quo plura eorum genera esse manifestum est. Quidam enim breves utique sunt, qui cito vel tollunt hominem, vel ipsi cito finiuntur; quidam longi, sub quibus neque sanitas in propinquo neque exitium est; tertiumque genus eorum est, qui modo acuti, modo longi sunt, idque non in febribus tantummodo, in quibus frequentissimum est, sed in aliis quoque fit. Atque etiam praeter hos quartum est, quod neque acutum dici potest, quia non peremit, neque utique longum, quia, si occurritur, facile sanatur. Ego cum de singulis dicam, cuius quisque generis sit indicabo. Dividam autem omnes in eos, qui in totis corporibus consistere videntur, et eos, qui oriuntur in partibus. Incipiam a prioribus, pauca de omnibus praefatus.

In nullo quidem morbo minus fortuna sibi vindicare quam ars potest: ut pote quom repugnante natura nihil medicina proficiat. Magis tamen ignoscendum medico est parum proficienti in acutis morbis quam in longis: hic enim breve spatium est, intra quod, si auxilium non profuit, aeger extinguitur: ibi et deliberationi et

kungen zu. Die Griechen haben die Krankheiten in zwei Kategorien eingeteilt, nämlich in die der akuten und in die der chronischen. Weil aber die Krankheiten unter Behandlung nicht immer den gleichen Verlauf nehmen, wurde ein- und dasselbe Leiden von einem Teil der Ärzte zu den akuten und von dem anderen Teil zu den chronischen Krankheiten gerechnet. So wird augenscheinlich, dass es mehr als zwei Kategorien von Krankheiten gibt. Denn einige nehmen einen kurzen Verlauf, sie raffen den Patienten entweder schnell dahin oder kommen von selbst rasch zum Stillstand. Andere halten lange an, bei ihnen sind weder die Heilung noch das Ende abzusehen. Die dritte Kategorie wird von jenen Krankheiten gebildet, die das eine Mal akut und das andere Mal chronisch verlaufen. Diese Eigenschaft beobachten wir nicht nur bei den Fiebern, wenngleich dort am häufigsten, sondern auch bei anderen Krankheiten. Außerdem gibt es noch eine vierte Kategorie, die man nicht akut nennen kann, weil die Krankheiten nicht tödlich verlaufen, aber auch nicht chronisch, weil sie unter Behandlung rasch vergehen. Ich werde bei der Besprechung jeder einzelnen Krankeit angeben, zu welcher Kategorie sie gehört. Außerdem werde ich alle Krankheiten zusätzlich nach ihrem Sitz klassifizieren, das heißt, ob sie sich im ganzen Körper manifestieren oder nur in gewissen Körperteilen. Ich werde mit den ersteren beginnen, nachdem ich einige wenige Bemerkungen vorausgeschickt habe, die für alle gelten.

Bei keiner Krankheit ist der natürliche Verlauf weniger bedeutungsvoll als die ärztliche Kunst[1]. Anders gesagt: Wenn die Natur Widerstand leistet, nützt auch die Medizin nichts[2]. Man muss daher mit dem Arzt eher Nachsicht haben, wenn er bei akuten Erkrankungen nicht genug helfen kann, als wenn er bei chronischen keinen rechten Erfolg hat. Bei ersteren ist die Zeitspanne ja nur kurz, innerhalb derer der Kranke dahingerafft wird, wenn die Behandlung nichts nützt. Bei den letzteren bleibt hingegen genug

mutationi remediorum tempus patet, adeo ut raro, si inter initia medicus accessit, obsequens aeger sine illius vitio pereat. Longus tamen morbus cum penitus insedit, quod ad difficultatem pertinet, acuto par est. Et acutus quidem quo vetustior est, longus autem quo recentior, eo facilius curatur.

Alterum illud ignorari non oportet, quod non omnibus aegris eadem auxilia conveniunt. Ex quo incidit, ut alia atque alia summi auctores quasi sola vindicarint, prout cuique cesserat. Oportet itaque, ubi aliquid non respondet, non tanti putare auctorem quanti aegrum, et experiri aliud atque aliud, sic tamen ut in acutis morbis cito mutetur quod nihil prodest, in longis, quos tempus ut facit sic etiam solvit, non statim condemnetur, si quid non statim profuit, minus vero removeatur, si quid paulum saltem iuvat, quia profectus tempore expletur.

Dixi de iis malis corporis, quibus victus ratio maxime subvenit: nunc transeundum est ad eam medicinae partem, quae magis

Zeit für Überlegungen und den Wechsel der Medikamente, und zwar so viel, dass der Kranke kaum stirbt, wenn er den Anweisungen folgt und der Arzt frühzeitig hinzugezogen wird und keinen Fehler macht. Wenn aber eine chronische Krankheit tief im Inneren des Körpers steckt, ist sie eben so schwer zu behandeln wie eine akute. Eine akute Krankheit wird umso leichter geheilt, je länger sie schon andauert, eine chronische hingegen, je weniger lang sie besteht.

Einen weiteren Punkt darf man nicht unbeachtet lassen, nämlich den, dass die Mittel nicht für alle Kranken therapeutisch gleich gut geeignet sind. So erklärt sich, dass die höchsten medizinischen Autoritäten bald diese, bald jene Mittel zur einzig wirksamen Therapie erklärt haben, je nachdem, wie sie sich in ihrer Praxis bewährt hatten. Wir müssen also, wenn eine Behandlung nicht anspricht, das Wohlergehen des Kranken über die Reputation des Sachverständigen stellen und immer wieder etwas Neues versuchen. Für die Praxis ergibt sich daraus folgende Konsequenz: Bei akuten Krankheiten werden Mittel, die sich als nutzlos erwiesen haben, rasch ausgetauscht. Bei chronischen Erkrankungen, die ebenso langsam entstehen wie vergehen, braucht man ein Mittel nicht gleich zu verdammen[3], wenn es nicht sofort gewirkt hat, und noch viel weniger soll man es absetzen, wenn es wenigstens ein bisschen nützt, weil die heilende Wirkung mit der Zeit zunimmt.

Vorsicht beim Umgang mit Medikamenten

Celsus *De medicina* V Prooemium 1–3

Aus didaktischen Gründen werden Pharmazeutik und Pharmakologie voneinander getrennt dargestellt.

Bis jetzt habe ich von jenen körperlichen Leiden gesprochen, bei denen die richtige Ernährung am meisten hilft. Jetzt gehe ich zu

medicamentis pugnat. His multum antiqui auctores tribuerunt, et Erasistratus et ii, qui se empiricos nominarunt, praecipue tamen Herophilus deductique ab illo viro, adeo ut nullum morbi genus sine his curarent. Multaque etiam de facultatibus medicamentorum memoriae prodiderunt, qualia sunt vel Zenonis vel Andriae vel Apolloni, qui Mys cognominatus est. Horum autem usum ex magna parte Asclepiades non sine causa sustulit; et cum omnia fere medicamenta stomachum laedant malique suci sint, ad ipsius victus rationem potius omnem curam suam transtulit. Verum ut illud in plerisque morbis utilius est, sic multa admodum corporibus nostris incidere consuerunt, quae sine medicamentis ad sanitatem pervenire non possunt. Illud ante omnia scire convenit, quod omnes medicinae partes ita innexae sunt, ut ex toto separari non possint, sed ab eo nomen trahant, a quo plurimum petunt. Ergo et illa, quae victu curat, aliquando medicamentum adhibet, et illa, quae praecipue medicamentis pugnat, adhibere etiam rationem victus debet, quae multum admodum in omnibus corporis malis proficit.

Sed cum omnia medicamenta proprias facultates habeant, ac simplicia saepe opitulentur, saepe mixta, non alienum videtur ante proponere et nomina et vires et mixturas eorum, qui minor ipsas nobis curationes exsequentibus mora sit.

dem Teil der Medizin über, welcher die Krankheiten in erster Linie mit Medikamenten bekämpft. Ihnen haben die alten Lehrmeister große Bedeutung beigemessen, sowohl Erasistratos als auch jene, die sich Empiriker nannten, ganz besonders aber Herophilos und seine Nachfolger, und zwar in dem Maße, dass sie keine einzige Krankheit behandelt haben, ohne Medikamente einzusetzen. Sie haben auch viel über die Eigenschaften und Wirkungen von Pharmaka veröffentlicht. Erinnert sei nur an Zenon, Andreas oder Apollonios mit dem Beinamen Mys. Dagegen hat Asklepiades den Gebrauch von Medikamenten weitgehend verworfen – und dies nicht ohne Grund. Weil fast alle Arzneimittel den Magen angreifen und einen schlechten Geschmack haben, hat er all seine Aufmerksamkeit der Diätetik gewidmet. Nun ist die richtige Ernährung bei den meisten Krankheiten gewiss von Nutzen. Aber es kommt doch häufig vor, dass Krankheiten in unsere Körper eindringen, die ohne Arzneimittel nicht geheilt werden können. Vor allem aber muss man wissen, dass alle Teile der Medizin so miteinander verflochten sind, dass sie nicht aus dem Ganzen herausgelöst werden können. Jede Disziplin wird nach den Mitteln bzw. Verfahren benannt, die sie in erster Linie einsetzt. Also wird auch bei diätetischer Behandlung ab und zu ein Medikament eingesetzt und umgekehrt kann die Pharmakotherapie nicht auf die begleitende Diät verzichten, die ohnehin bei allen körperlichen Erkrankungen sehr zuträglich ist.

Weil aber alle Arzneimittel ihre spezifischen Eigenschaften haben und allein oder in Kombination ihre Wirkung entfalten, erscheint es zweckmäßig, die Darstellung ihrer Namen, therapeutischen Eigenschaften und möglichen Kombinationen vorzuziehen, damit wir uns damit nicht mehr aufhalten müssen, wenn wir später ihre heilenden Wirkungen im engeren Sinn beschreiben.

Tertiam esse medicinae partem, quae manu curet, et vulgo notum et a me propositum est. Ea non quidem medicamenta atque victus rationem omittit, sed manu tamen plurimum praestat, estque eius effectus inter omnes medicinae partes evidentissimus. Siquidem in morbis, cum multum fortuna conferat, eademque saepe salutaria, saepe vana sint, potest dubitari, secunda valetudo medicinae an corporis an fortunae contigerit. In iis quoque, in quibus medicamentis maxime nitimur, quamvis profectus evidentior est, tamen sanitatem et per haec frustra quaeri et sine his reddi saepe manifestum est. Sicut in oculis quoque deprehendi potest, qui a medicis diu vexati sine his interdum sanescunt. At in ea parte, quae manu curat, evidens omnem profectum, ut aliquid ab aliis adiuvetur, hinc tamen plurimum trahere. Haec autem pars cum sit vetustissima, magis tamen ab illo parente omnis medicinae Hippocrate quam a prioribus exculta est. Deinde posteaquam diducta ab aliis habere professores suos coepit, in Aegypto quoque Philoxeno maxime increvit auctore, qui pluribus voluminibus hanc partem

Chirurgie – Medizin mit zwei rechten Händen

Celsus *De medicina* VII Prooemium 1–5

Der Verfasser rühmt die einzigartige Stellung der Chirurgie und weist gleichzeitig darauf hin, dass sie keine einheitliche Disziplin ist.

Der dritte Teil der Heilkunde ist die Chirurgie. Das ist allgemein bekannt und von mir auch so dargestellt worden[1]. Freilich verzichtet auch sie nicht auf Pharmaka und Diät, aber das meiste leistet sie mit den Händen. Keine andere medizinische Disziplin kann so augenscheinliche Erfolge vorweisen wie die Chirurgie. Auch im Krankheitsfall spielt das Glück eine große Rolle: Die gleichen Mittel können das eine Mal segensreich und das andere Mal nutzlos sein. Man darf also daran zweifeln, ob die Wiederherstellung der Gesundheit den medizinischen Maßnahmen oder den Selbstheilungskräften des Körpers zuzuschreiben ist. Auch bei den Krankheiten, die hauptsächlich medikamentös behandelt werden, kommt es immer wieder vor, dass die Pharmaka keinen Effekt hervorrufen, auch wenn ihr Erfolg sonst ziemlich augenfällig ist, oder dass der Kranke gesund wird, ohne dass sie überhaupt eingesetzt wurden. So kann man auch bei den Augenleiden die Erfahrung machen, dass sie nach langer und qualvoller ärztlicher Behandlung manchmal ohne weitere Intervention vergehen. In der Chirurgie aber liegt es auf der Hand, dass jeder Erfolg, mag er auch durch die anderen Disziplinen gefördert werden, doch zum größten Teil auf den operativen Eingriff an sich zurückzuführen ist. Der chirurgische Teil der Medizin ist zwar der älteste, aber dennoch ist er von Hippokrates, dem Vater der gesamten Heilkunde, weiter vorangebracht worden als von seinen Vorgängern. Nachdem sich die Chirurgie dann später von den anderen Disziplinen getrennt hatte und ihre eigenen Lehrer bekam, machte sie auch in Ägypten Fortschritte, und zwar am stärksten unter dem Einfluss des Philoxenos[2], der

diligentissime comprehendit. Gorgias quoque et Sostratus et Heron et Apollonii duo et Hammonius Alexandrini multique alii celebres viri singuli quaedam reperierunt. Ac Romae quoque non mediocres professores, maximeque nuper Tryphon pater et Euelpistus et, ut scriptis eius intellegi potest, horum eruditissimus Meges quibusdam in melius mutatis aliquantum ei discplinae adiecerunt.

Esse autem chirurgus debet adulescens aut certe adulescentiae propior; manu strenua, stabili, nec umquam intremescente, eaque non minus sinistra quam dextra promptus; acie oculorum acri claraque; animo intrepidus; misericors sic, ut sanari velit eum, quem accepit, non ut clamore eius motus vel magis quam res desiderat properet, vel minus quam necesse est secet; sed perinde faciat omnia, ac si nullus ex vagitibus alterius adfectus oriatur.

Potest autem requiriri, quid huic parti proprie vindicandum sit, quia vulnerum quoque ulcerumque multorum curationes, quas alibi executus sum, chirurgi sibi vindicant. Ego eundem quidem hominem posse omnia ista praestare concipio; atque ubi se diviserunt, eum laudo qui quam plurimum percepit.

Ipse autem huic parti ea reliqui, in quibus vulnus facit medicus, non accipit, et in quibus vulneribus ulceribusque plus

diesen Teil der Medizin in mehreren Bänden sehr sorgfältig und zusammenfassend dargestellt hat. Auch Gorgias[3], Sostratos[4], Heron[5], die beiden Ärzte mit dem Namen Apollonios[6], Ammonius[7], die Alexandriner[8] und viele andere berühmte Männer, jeder einzelne von ihnen fand etwas Neues. Und auch in Rom haben tüchtige Lehrer, insbesondere vor kurzem Tryphon der Vater[9] und Euelpistos[10] und, wie man aus seinen Schriften schließen kann, der kenntnisreichste unter ihnen, nämlich Meges[11], durch die eine oder andere Verbesserung die Chirurgie als Wissenschaft vorangebracht.

Der Chirurg muss ein Mann in den besten Jahren oder zumindest nicht weit davon entfernt sein. Seine Hand muss kräftig und fest sein und darf niemals ins Zittern geraten, und zwar die linke ebenso wie die rechte[12]. Er muss scharfe und leuchtende Augen haben. Nichts darf ihm den Mut nehmen können. Mitgefühl darf er nur in der Weise zeigen, dass es sein fester Wille ist, den zu heilen, den er zur Behandlung angenommen hat, ohne sich durch das Geschrei des Patienten rühren und entweder zu größerer Eile antreiben zu lassen, als es die Umstände erfordern, oder weniger bzw. weniger tief zu schneiden, als es notwendig ist. Er soll also in allen Situationen so handeln, als ob das Wimmern dessen, der unter dem Messer liegt, in ihm keinerlei Mitgefühl hervorrufe.

Man kann sich die Frage stellen, was der Kernbereich der Chirurgie ist, weil die Chirurgen doch auch die Behandlung vieler Wunden und Geschwüre, die ich an anderer Stelle[13] besprochen hatte, für sich in Anspruch nehmen. Meiner Meinung nach können alle diese Leistungen von ein- und demselben Manne erbracht werden. Trennt man aber die verschiedenen Disziplinen der Medizin, so lobe ich den, der sich möglichst viel an Wissen und praktischen Fertigkeiten angeeignet hat.

Ich selbst habe für den folgenden Abschnitt die chirurgischen Erkrankungen vorgesehen, bei denen der Arzt erst eine Wunde

profici manu quam medicamento credo; tum quicquid ad ossa pertinet. Quae deinceps exequi adgrediar, dilatisque in aliud volumen ossibus in hoc cetera explicabo; praepositisque iis, quae in qualibet corporis parte fiunt, ad ea, quae proprias sedes habent, transibo.

Deinde duo itinera incipiunt: alterum asperam arteriam nominant, alterum stomachum. Arteria exterior ad pulmonem, stomachus interior ad ventriculum fertur; illa spiritum, hic cibum recipit. Quibus cum diversae viae sint, qua coeunt exigua in arteria sub ipsis faucibus lingua est; quae, cum spiramus, attollitur, cum cibum potionemque adsumimus, arteriam claudit. Ipsa autem arteria, dura et cartilaginosa, in gutture adsurgit, ceteris partibus residit. Constat ex circulis quibusdam, compositis ad imaginem earum vertebrarum, quae in spina sunt, ita tamen ut ex parte

setzt und sie nicht schon vorfindet, danach die Wunden und Geschwüre, bei denen meiner Ansicht nach die chirurgische Intervention mehr leistet als die Anwendung von Arzneimitteln, und schließlich die gesamte Knochenchirurgie. Ich werde diese drei Bereiche der Reihe nach abhandeln, die beiden ersten im siebten und die Knochen und Gelenke im anschließenden achten Buch. Dabei beginne ich mit den Eingriffen, die potenziell an allen Körperteilen durchgeführt werden können, und werde dann zu jenen Operationen übergehen, die auf bestimmte Regionen beschränkt sind.

2.1.2 Anatomie

Wo sich die Wege trennen: Luft- und Speiseröhre

Celsus *De medicina* IV 1.3

Der Verfasser beschreibt nicht nur die topographische Anatomie, sondern auch die physiologische Funktion des Kehldeckels.

Dann beginnen zwei Gänge: Der eine wird Luftröhre, der andere Speiseröhre genannt. Die Luftröhre ist außen gelegen und führt zur Lunge, die Speiseröhre liegt tiefer und führt zum Magen. Jene nimmt die Atemluft, diese die Nahrung auf. Weil Atemluft und Nahrung also verschiedene Wege nehmen, befindet sich dort, wo sie noch miteinander verbunden sind, im Bereich der Luftröhre am Boden des Schlunds eine Art Zunge[1], die sich hebt, wenn wir atmen, aber senkt und so die Luftröhre verschließt, wenn wir essen und trinken. Die Luftröhre selbst ist hart und knorpelig. An der Kehle tritt sie hervor, im weiteren Verlauf ist sie verdeckt. Sie besteht aus einer Art von Ringen, die wie die Wirbelkörper aufgebaut sind, so dass sie an der Außenseite rau, ihre innere

exteriore aspera, ex interiore stomachi modo levis sit; eaque descendens ad praecordia cum pulmone committitur.

Is spongiosus, ideoque spiritus capax, et a tergo spinae ipsi iunctus, in duas fibras ungulae bubulae modo dividitur. Huic cor adnexum est, natura musculosum, in pectore sub sinistriore mamma situm. Duosque quasi ventriculos habet. At sub corde atque pulmone traversum et valida membrana saeptum est, quod praecordiis uterum diducit. Idque nervosum, multis etiam venis per id discurrentibus. A superiore parte non solum intestina, sed iecur quoque lienemque discernit. Haec viscera proxuma, sed infra tamen posita dextra sinistraque sunt.

Iecur a dextra parte sub praecordiis ab ipso saepto orsum, intrinsecus cavum, extrinsecus gibbum, quod prominens leviter ventriculo

Wand aber so glatt ist wie die der Speiseröhre. Sie senkt sich dann in den Brustkorb und verbindet sich mit den Lungen.

Lageverhältnisse im Thorax: Herz und Lungen

Celsus *De medicina* IV 1.4

Die Lungen sind mit dem Herzen verbunden sind, der Verfasser sagt aber nicht wie.

Die Lunge ist schwammig und kann deshalb Luft aufnehmen. An ihrer Rückfläche ist sie mit der Wirbelsäule verbunden. Sie teilt sich wie der Huf eines Rindes[1] in zwei Lappen. Mit der Lunge ist das Herz verbunden, seiner Beschaffenheit nach ein fleischiges Organ. Es liegt im Thorax unter der linken Brustdrüse und hat zwei kammerartige Hohlräume. Aber unter dem Herzen und der Lunge befindet sich eine aus einer kräftigen Haut gebildete Querwand[2], die den Unterleib von der Brusthöhle trennt. Sie ist sehnig, wird von vielen Adern durchquert und trennt nicht nur die Därme, sondern auch die Leber und die Milz von den kranial benachbarten Regionen ab. Diese beiden Organe sind dem Zwerchfell eng benachbart, liegen aber unterhalb davon auf der rechten bzw. linken Seite.

Lageverhältnisse im Abdomen: Von der Leber bis zum Netz

Celsus *De medicina* IV 1.5–10

Der Verfasser hat richtig erkannt, dass die Nieren von den übrigen Eingeweiden getrennt sind, er spricht ihre retroperitoneale Lage aber nicht explizit an.

Die Leber wird auf der rechten Seite unter dem Brustkorb unmittelbar am Zwerchfell sichtbar, nach innen hin ist sie konkav, nach außen zu konvex. Mit einem vorspringenden Anteil liegt sie locker

insidet et in quattuor fibras dividitur. Ex inferiore vero parte ei fel inhaeret. At lienis sinistra non eidem saepto, sed intestino innexus est. Natura mollis et rarus, longitudinis crassitudinisque modicae, isque paulum costarum regione in uterum excedens ex maxima parte sub his conditur. Atque haec quidem iuncta sunt. Renes vero diversi, qui lumbis summis coxis inhaerent, a parte earum resimi, ab altera rotundi, qui et venosi sunt et ventriculos habent et tunicis super conteguntur.

Ac viscerum quidem hae sedes sunt. Stomachus vero, qui intestinorum principium est, nervosus. A septima spinae vertebra incipit, circa praecordia cum ventriculo committitur. Ventriculus autem, qui receptaculum cibi est, constat ex duobus tergoribus. Isque inter lienem et iecur positus est, utroque ex his paulum super eum ingrediente. Suntque etiam membranulae tenues, per quas inter se tria ista conectuntur, iunguntur ei saepto, quod transversum esse supra posui.

Inde ima ventriculi pars paulum in dexteriorem partem conversa, in summum intestinum coartatur. Hanc iuncturam πυλωρόν Graeci vocant, quoniam portae modo in inferiores partes ea, quae excreturi sumus, emittit.

Ab ea ieiunum intestinum incipit, non ita inplicitum. Cui tale vocabulum est, quia numquam quod accepit, continet, sed protinus in inferiores partes transmittit.

dem Magen an und sie teilt sich in vier Lappen[1]. An ihrer Unterfläche ist die Gallenblase befestigt. Die auf der linken Seite gelegene Milz ist aber nicht mit dem Zwerchfell, sondern mit dem Darm verbunden. Sie ist weich und von lockerer Beschaffenheit, mäßig lang und mäßig dick. Sie ragt aus der Rippenregion ein wenig in die Bauchhöhle, verbirgt sich aber zum größten Teil unter ihnen. Die bisher genannten Organe sind miteinander verbunden. Dagegen sind die Nieren isoliert. Sie befinden sich oberhalb der Hüften, liegen der Lendenregion an und sind auf der Unterseite konkav und der Oberseite konvex. Sie sind auch reich an Adern, haben Hohlräume und ihre Oberfläche wird von Häuten bedeckt.

Nun komme ich auf die topographische Anatomie der Eingeweide zu sprechen. Die Speiseröhre, die den Anfang der Därme bildet, ist sehnig. Sie beginnt in Höhe des siebten Wirbels und verbindet sich auf der anderen Seite des Brustkorbs mit dem Magen. Der Magen aber, der den Behälter für die Nahrung bildet, besteht aus zwei Häuten. Er liegt zwischen Milz und Leber, so dass er von jedem der beiden Organe ein wenig imprimiert wird. Es sind auch zarte Häutchen vorhanden, durch die diese drei Organe untereinander und mit dem Zwerchfell verbunden sind, das – wie erwähnt – quer verläuft[2].

Dann wendet sich der unterste Teil des Magens etwas nach rechts und verengt sich beim Übergang in den Darm. Diese Verbindungsstelle nennen die Griechen Pylōrós[3], weil sie wie ein Tor die Stoffe, die später ausgeschieden werden, in die tieferen Darmabschnitte ausströmen lässt.

An dieser Stelle beginnt der Leerdarm; er besitzt nicht so viele Einfaltungen. Er heißt deshalb so, weil er niemals das behält, was er aufgenommen hat, sondern weil er es rasch in die weiter unten gelegenen Abschnitte befördert.

Inde tenuius intestinum est, in sinus vehementer inplicitum. Orbes vero eius per membranulas singuli cum interioribus conectuntur. Qui in dexteriorem partem conversi et e regione dexterioris coxae finiti, superiores tamen partes magis complent.

Deinde id intestinum cum crassiore altero transverso committitur, quod a dextra parte incipiens, in sinisteriorem pervium et longum est, in dexteriorem non est, ideoque caecum nominatur.

At id, quod pervium est, late fusum atque sinuatum, minusque quam superiora intestina nervosum, ab utraque parte huc atque illuc volutum, magis tamen in sinisteriores inferioresque partes, contingit iecur atque ventriculum. Deinde cum quibusdam membranulis a sinistro rene venientibus iungitur, atque hinc dextra recurvatum in imo derigitur, qua excernit. Ideoque id ibi rectum intestinum nominatur.

Contegit vero universa haec omentum, ex inferiore parte leve et strictum, ex superiore mollius. Cui adeps quoque innascitur, quae sensu, sicut cerebrum quoque et medulla, caret.

Danach ist der Darm dünner und äußerst stark verschlungen. Seine einzelnen Windungen sind aber durch zarte Häute mit den weiter innen gelegenen Anteilen verbunden. Sie wenden sich zur rechten Seite und enden in der Region der rechten Hüfte und füllen dennoch mehr die oberen Abschnitte des Bauchraums.

Sodann verbindet sich dieser Abschnitt des Darms mit einem anderen, der dicker ist und quer verläuft. Er beginnt auf der rechten Seite und ist nach links durchgängig und lang gestreckt, nach rechts dagegen nicht, weshalb dieser Abschnitt Blinddarm genannt wird.

Aber der durchgängige Abschnitt ist weit gestreckt und gewunden, er ist weniger sehnig als die weiter proximal gelegenen Darmabschnitte, er bildet beidseits, jedoch am meisten in den links unten gelegenen Abschnitten Schleifen und berührt die Leber und den Magen. Im weiteren Verlauf verbindet er sich mit mehreren Häutchen, die von der linken Niere kommen, beschreibt dann eine Krümmung nach rechts und richtet sich schließlich nach ganz unten, wo die Ausscheidung stattfindet. Wegen dieses Verlaufs wird der dort gelegene Abschnitt als gerader Darm[4] bezeichnet.

All diese Partien aber bedeckt das Netz, dessen unterer Teil glatt und straff ist, während der obere weichere Beschaffenheit aufweist. In ihm findet sich auch Fett, das ebenso wie das Gehirn und das Mark unempfindlich ist.

... At a renibus singulae venae, colore albae, ad vesicam feruntur; ureteras Graeci vocant, quod per eas inde descendentem urinam in vesicam destillare concipiunt.

Vesica autem in ipso sinu nervosa et duplex, cervice plena atque carnosa, iungitur per venas cum intestino eoque osse, quod pubi subest. Ipsa soluta atque liberior est, aliter in viris atque in feminis posita. Nam in viris iuxta rectum intestinum est, potius in sinistram partem inclinata. In feminis super genitale earum sita est, supraque elapsa ab ipsa vulva sustinetur.

Tum in masculis iter urinae spatiosius et conpressius a cervice huius descendit ad colem. In feminis brevius et plenius super vulvae cervicem se ostendit. Vulva autem in virginibus quidem admodum exigua est. In mulieribus vero, nisi ubi gravidae sunt, non multo maior, quam ut manu conprehendatur. Ea, recta tenuataque cervice, quem canalem vocant, contra mediam alvum orsa, inde paulum ad dexteriorem coxam convertitur. Deinde super rectum intestinum progressa, illis feminae latera sua innectit. Ipsa autem ilia inter coxas et pubem imo ventre posita sunt. A

Anatomie des Urogenitaltakts: Unter Berufung auf die Griechen

Celsus *De medicina* IV 1.10–13

Die Unterschiede zwischen der männlichen und der weiblichen Harnröhre werden überzeugend mit der Lage der Geschlechtsorgane begründet.

… Von beiden Nieren führt je eine weißliche Ader[1] zur Blase hinab. Die Griechen nennen diese Gänge Ourētéres, weil sie der Auffassung sind, dass der Harn auf diesem Wege aus den Nieren abfließt und in die Blase träufelt[2].

Die Blase ist an ihrem Scheitel sehnig und doppelschichtig, am Hals dagegen kräftig und fleischig und durch Adern mit dem Darm und dem Schambein verbunden[3]. Sie ist nicht befestigt und besitzt mehr freie Beweglichkeit und nimmt beim männlichen Geschlecht eine andere Lage ein als beim weiblichen. Bei den Männern nämlich liegt sie dem geraden Darm unmittelbar an und ist dabei ein wenig nach links geneigt. Bei den Frauen ist sie über den inneren Geschlechtsorganen lokalisiert und wird von der Gebärmutter getragen; nur der obere Abschnitt ist frei.

Beim männlichen Geschlecht ist der Weg, den der Urin zurücklegt, länger und enger: Er führt vom Blasenhals bis zum männlichen Glied[4]. Bei den Frauen ist der Weg kürzer und weiter und die Öffnung wird oberhalb des Gebärmutterhalses sichtbar. Aber die Gebärmutter ist wenigstens bei Jungfrauen ziemlich klein. Solange die Frauen nicht schwanger sind, ist sie aber nicht viel größer als das, was man mit der Hand umgreifen kann. Das Organ beginnt kaudal mit einem geraden und gestreckten Hals, dem so genannten Kanal, und befindet sich dabei ventral der Mittellinie des Unterleibs, es wendet sich ein wenig der rechten Hüfte zu, ragt dann über den geraden Darm hinaus und ist seitlich beidseits mit den Darmbeinen verbunden. Die Darmbeine selbst aber liegen zwischen den Hüften und der Schamregion an der tiefsten Stelle

quibus ac pube abdomen sursum versus ad praecordia pervenit. Ab exteriore parte evidenti cute, ab interiore levi membrana inclusum, quae omento iungitur. Peritonaeos autem a Graecis nominatur.

Is igitur summas habet duas tunicas, ex quibus superior a Graecis ceratoides vocatur. Ea, qua parte alba est, satis crassa; pupillae loco extenuatur. Huic inferior adiuncta est, media parte, qua pupilla est, modico foramine concava; circa tenuis, ulterioribus partibus ipsa quoque plenior, quae chorioides a Graecis nominatur. Hae duae tunicae, cum interiora oculi cingant, rursus sub his coeunt, extenuataeque et in unum coactae per foramen, quod inter ossa est, ad membranam cerebri perveniunt eique inhaerescunt. Sub his autem, qua parte pupilla est, locus vacuus est; deinde infra rursus tenuissima tunica, quam Herophilus arachnoidem nominavit. Ea media subsidit... eoque cavo continet quiddam, quod a vitri similitudine hyaloides Graeci vocant. Id neque liquidum neque aridum est, sed quasi concretus umor, ex cuius colore pupillae color vel niger est vel caesius, cum summa tunica tota alba sit: is autem superveniens ab interiore parte membranula... includit.

des Bauchraums. Von ihnen und der Schamregion erstreckt sich der Bauch nach oben bis zur Brusthöhle. Nach außen wird die Bauchhhöhle von der sichtbaren Haut, nach innen wird sie von einer glatten Membran begrenzt, die sich mit dem Netz verbindet und bei den Griechen Peritónaion[5] heißt.

Der wahre Durchblick

Celsus *De medicina* VII 7.13

Die Detailtreue der ophthalmologischen Passagen kündigt sich bereits bei der Darstellung der Anatomie des Auges unübersehbar an.

Das Auge ist also von zwei Hüllen umgeben. Die äußere, von den Griechen Keratoeidḗs[1] genannt, ist da, wo sie weiß und undurchsichtig ist, ziemlich dick, in Höhe der Pupille hingegen dünn. Ihr liegt an der Innenseite eine andere Haut an, die in ihrem mittleren Teil, wo die Pupille ist, ein mäßig großes Loch hat, in der Nachbarschaft davon dünn, in der Peripherie aber wieder kräftiger ist. Sie heißt bei den Griechen Chorioídes[2]. Diese beiden Häute, welche das Innere des Auges umgeben, vereinigen sich dahinter wieder, werden dünner, verwachsen miteinander, gelangen durch eine zwischen den Knochen gelegene Öffnung[3] zur Hirnhaut und heften sich an ihr an. Unter ihnen aber ist dort, wo sich die Papille befindet, ein leerer Raum[4]. Dahinter folgt wieder eine ganz dünne Haut, die Herophilus Arachnoídes[5] genannt hat. Sie ist in der Mitte eingesunken… in dem dadurch gebildeten Hohlraum befindet sich eine Substanz, die die Griechen auf Grund ihrer Ähnlichkeit mit Glas Hyaloeidḗs[6] nennen. Sie ist weder flüssig noch fest, sondern eine Art erstarrter Flüssigkeit. Von ihrer Farbe hängt ab, ob die Pupille schwarz oder blaugrau ist. Die ganze äußere Hülle ist dagegen weiß. Der Glaskörper aber wird von einem dünnen Häutchen eingeschlossen, das sich ihm von innen anlegt. Darüber befindet sich ein Tropfen Flüssigkeit, ähnlich wie Eiweiß, von dem

Super his gutta umoris est, ovi albo similis, a qua videndi facultas proficiscitur: crystalloides a Graecis nominatur.

Venio autem ad ea, quae in naturalibus partibus circa testiculos oriri solent; quae quo facilius explicem, prius ipsius loci natura paucis proponenda est. Igitur testiculi simile quiddam medullis habent. Nam sanguinem non emittunt et omni sensu carent. Dolent autem in ictibus et inflammationibus tunicae, quibus ii continentur. Dependent vero ab inguinibus per singulos nervos, quos cremasteras Graeci vocant, cum quorum utroque binae descendunt et venae et arteriae. Haec autem tunica conteguntur tenui, nervosa, sine sanguine, alba, quae elytroides a Graecis nominatur. Super ea valentior tunica est, quae interiori vehementer ima parte adhaeret; darton Graeci vocant. Multae deinde membranulae venas et arterias eosque nervos conprehendunt atque inter duas quoque tunicas a superioribus partibus leves parvulaeque sunt. Hactenus propria utrique testiculo velamenta et auxilia sunt. Communis deinde utrique omnibusque interioribus sinus est, qui iam conspicitur a nobis. Oscheon Graeci, scrotum nostri vocant…

die Sehfähigkeit ausgeht: Bei den Griechen wird sie Krystalloeidḗs[7] genannt.

Angewandte griechische Anatomie

Celsus *De medicina* VII 18.1–2

Für die Beschreibung des äußeren männlichen Genitale macht der Verfasser besonders viele terminologische Anleihen bei seinen griechischen Lehrern.

Ich komme nun auf die Krankheiten zu sprechen, die sich gewöhnlich an den äußeren Geschlechtsteilen, d. h. in der Hodenregion manifestieren. Um meine Erläuterungen leichter verständlich zu machen, möchte ich vorher die normale Anatomie dieser Region mit wenigen Worten beschreiben. Die Hoden haben also eine gewisse Ähnlichkeit mit dem Markgewebe. Denn aus ihnen blutet es nicht und sie sind vollkommen gefühllos. Schmerzen nach Verletzungen und bei Entzündungen verursachen nur die Hodenhüllen. Jeder Hoden hängt von der Leistengegend herab, und zwar an einem einzelnen Sehnenstrang, den die Griechen als Kremastḗr[1] bezeichnen und der auf beiden Seiten von je zwei Arterien und Venen begleitet wird. Diese anatomischen Strukturen werden von einer dünnen, sehnigen, blutlosen, weißen Haut bedeckt, die bei den Griechen Elytroídes[2] heißt. Außen liegt ihr eine kräftige, im unteren Teil sehr eng benachbarte Haut an; die Griechen bezeichnen sie als Dartós[3]. Die Venen, die Arterien und die erwähnten Sehnen werden ferner von vielen kleinen Membranen zusammengehalten. Und auch zwischen den oberen Partien der beiden Hüllen spannen sich zarte Häutchen aus. Soweit zu den jedem Hoden separat zugeordneten Hüllen und Schutzeinrichtungen. Über all die erwähnten Binnenstrukturen hinaus teilen sich die beiden Hoden einen Sack, der uns ins Auge fällt. Die Griechen nennen ihn Óscheon[4], wir Römer sagen dazu Skrotum…

... Igitur calvaria incipit, ex interiore parte concava, extrinsecus gibba, utrimque levis, et qua cerebri membranam contegit et qua cute capillum gignente contegitur; eaque simplex ab occipitio et temporibus, duplex usque in verticem a fronte. Ossaque eius ab exterioribus partibus dura, ab interioribus, quibus inter se conectuntur, molliora sunt; interque ea venae discurrunt, quas his alimentum subministrare credibile est. Rara autem calvaria solida sine suturis est; locis tamen aestuosis facilius invenitur; et id caput firmissimum atque a dolore tutissimum est. Ex ceteris, quo suturae pauciores sunt, eo capitis valetudo commodior est: neque enim certus earum numerus est, sicut ne locus quidem. Fere tamen duae insuper aures tempora a superiore capitis parte discernunt; tertia ad aures per verticem tendens occipitium a summo capite diducit. Quarta ab eodem vertice per medium caput ad frontem procedit; eaque modo sub imo capillo desinit, modo frontem ipsam secans inter supercilia finit... Ex his ceterae quidem suturae in unguem committuntur: eae vero, quae super aures traversae sunt, totis oris paulatim extenuantur atque ita inferiora ossa superioribus leniter insidunt. Crassissimum vero in capite os post aurem est, qua capillus, ut verisimile est, ob id

Von der Hirnschale und ihren Nähten

Celsus *De medicina* VIII 1.1–4

Bei aller didaktisch gebotenen Tendenz zur Systematisierung versäumt es Celsus nicht, auf die interindividuellen Unterschiede in der Anatomie des Menschen hinzuweisen.

… Es beginnt mit der Hirnschale. Sie ist innen konkav, außen konvex, auf beiden Seiten glatt, also sowohl da, wo sie die Hirnhaut bedeckt, als auch dort, wo sie von der behaarten Kopfhaut überzogen ist, am Hinterkopf und an den Schläfen einschichtig und von der Stirn bis zum Scheitel doppelschichtig[1]. Die knöchernen Anteile des Schädeldaches sind außen hart, innen, wo sie miteinander verbunden sind, hingegen weicher. Zwischen den beiden Lamellen verlaufen Adern, die wahrscheinlich ihrer Ernährung dienen. Selten hat die Hirnschale trotz ihrer Festigkeit keine Nähte. Nur in heißen Gegenden findet man diese Knochenstruktur eher[2]; ein solcher Kopf ist besonders widerstandsfähig und am besten vor Schmerzen gesichert. Bei den anderen ist der Zustand des Kopfes umso förderlicher für die Gesundheit, je weniger Nähte vorhanden sind. Aber weder die Zahl noch die Lokalisation der Nähte sind konstant. Beinahe immer findet man jedoch oberhalb der Ohren zwei Nähte, die die Schläfen von den oberen Teilen des Kopfes trennen[3]. Eine dritte, die über den Scheitel zu den Ohren zieht, trennt den Hinterkopf von der Schädelhöhe[4]. Eine vierte zieht ebenfalls vom Scheitel mitten über den Kopf nach vorne zur Stirn und endet dort entweder am Haaransatz[5] oder, indem sie das Stirnbein an sich zweiteilt, zwischen den Augenbrauen[6]… Von ihnen haben die meisten nicht einmal die Breite eines Haares. Jene aber, die oberhalb der Ohren quer verlaufen, flachen überall an den Rändern nach und nach ab. Daher haften die unteren Knochenanteile nur locker an den darüber gelegenen Partien. Der dickste Abschnitt des Schädelknochens befindet sich hinter den

ipsum non gignitur. Sub iis [quo]que musculis, qui tempora conectunt, os medium in exteriorem partem inclinatum positum est. At facies suturam habet maximam, quae a tempore incipiens per medios oculos naresque transversa pervenit ad alterum tempus. A qua breves duae sub interioribus angulis deorsum spectant; et malae quoque in summa parte singulas transversas suturas habent. A mediisque naribus aut superiorum dentium gingivis per medium palatum una procedit aliaque transversa idem palatum secat. Et suturae quidem in plurimis hae sunt.

Maxilla vero est molle os. Eaque una est, cuius eadem et media et ima pars mentum est, a quo utrimque procedit ad tempora. Solaque ea movetur. Nam malae cum toto osse, quod superiores dentes exigit, immobiles sunt. Verum ipsius maxillae partes extremae quasi bicornes sunt. Alter processus infra latior vertice ipso tenuatur longiusque procedens sub osse iugali subit et super id temporum musculis inligatur. Alter brevior et rotundior et in eo sinu, qui iuxta foramina auris est, cardinis modo fit. Ibique huc et illuc se inclinans maxillae facultatem motus praestat.

Duriores osse dentes sunt, quorum pars maxillae, pars superiori ossi malarum haeret. Ex his quaterni primi, quia secant, tomis a

Ohren[7]. Wahrscheinlich deshalb wachsen dort auch keine Haare. Unterhalb der Muskeln, die die Schläfen bedecken, liegt mittig ein nach außen geneigter Knochen[8]. Die größte Naht hat aber das Gesicht. Sie beginnt an einer Schläfe, zieht quer mitten durch die Augen und die Nase und endet an der anderen Schläfe[9]. Von ihr ziehen zwei kurze Nähte[10] unter den inneren Augenwinkeln nach unten. Auch die Wangen haben in ihrem obersten Segment je eine einzelne Quernaht. Von der Mitte der Nase oder vom Zahnfleisch des Oberkiefers zieht eine weitere Naht durch den Gaumen[11], eine andere durchschneidet den Gaumen der Quere nach[12]. So ist der Verlauf der Nähte zumindest bei den meisten Menschen.

Weicher Kiefer und harte Zähne

Celsus *De medicina* VIII 1.7–9

Auch der gesunde Kiefer ist ein harter Knochen. Im Vergleich mit gesunden Zähnen ist er aber weich und formbar.

Aber der Unterkiefer[1] ist ein weicher Knochen. Er ist nur einfach angelegt. Sein mittlerer und zugleich unterster Teil ist das Kinn, von wo er beidseits zu den Schläfen zieht. Nur der Unterkiefer bewegt sich. Die Wangenknochen und der ganze Knochen, der die oberen Zähne trägt, sind unbeweglich. Die beiden oberen Enden des Unterkiefers laufen in zwei Fortsätze aus. Der eine[2] ist unten eher breit und oben eher schmal, tritt im weiteren Verlauf unter das Jochbein und verbindet sich oberhalb davon mit den Schläfenmuskeln. Der andere[3] ist kürzer, er hat eine eher runde Form und dreht sich in dem Grübchen, das sich neben den äußeren Öffnungen der Ohren befindet, wie eine Kugel. Die entsprechenden Positionswechsel verschaffen dem Unterkiefer seine Bewegungsmöglichkeiten.

Härter als der Knochen sind die Zähne; sie gehören teils dem Unterkiefer, teils dem Wangenknochen an. Die vier vorderen Zäh-

Graecis nominantur. Hi deinde quattuor caninis dentibus ex omni parte cinguntur. Ultra quos utrimque fere maxillares quaterni sunt, praeterquam in iis… Sunt, quibus IV ultimi, qui sero gigni solent, non increverunt. Ex his priores singulis radicibus, maxillares utique binis, quidam etiam ternis quaternisve nituntur. Fereque longior radix breviorem dentem edit. Rectique dentes recta etiam radix, curvi flexa est. Exque eadem radice in pueris novus dens subit, qui multo saepius priorem expellit, interdum tamen supra infrave eum se ostendit.

Caput autem spina excipit. Ea constat ex vertebris quattuor et viginti: septem in cervice sunt, duodecim ad costas, reliquae quinque sunt proximae costis. Eae teretes brevesque; ab utroque latere processus duos exigunt; mediae perforatae, qua spinae medulla cerebro commissa descendit, circa quoque per duos processus tenuibus cavis perviae, per quae membrana cerebri similes membranulae deducuntur; omnesque vertebrae exceptis tribus summis a superiore parte in ipsis processibus paulum desidentis sinus habent; ab inferiore alios deorsum versus proces-

ne werden, weil sie schneiden, von den Griechen Tomeís[4] genannt. Ihnen schließt sich beidseits oben und unten je ein Hundszahn[5] an. Distal befinden sich zu beiden Seiten in der Regel je vier Backenzähne, außer bei jenen…[6]. Bei manchen Menschen sind die vier letzten Zähne, die immer spät zum Vorschein kommen, nicht herausgewachsen. Die vorderen Zähne haben jeweils eine, die Backenzähne jeweils zwei und einige auch drei oder vier Wurzeln. Fast immer gehört zu einer längeren Wurzel ein kürzerer Zahn. Ein gerader Zahn hat auch eine gerade Wurzel, während die Wurzel eines gekrümmten Zahns gebogen ist. Bei den Kindern kommt aus der gleichen Wurzel ein neuer Zahn hervor, der dann den Vorgänger viel später ausfallen lässt, manchmal aber auch ober- oder unterhalb von ihm zum Vorschein kommt.

Funktionelle Anatomie der Halswirbelsäule (1)
Celsus *De medicina* VIII 1.11–14

Inhaltlich lassen sich kaum Unterschiede zwischen den beiden Darstellungen finden, seine Kenntnisse vermitteln kann der Römer aber besser als der kleinasiatische Grieche.

Der Kopf wird von der Wirbelsäule, die aus 24 Wirbeln besteht, getragen[1]. Sieben Wirbel befinden sich am Hals, zwölf an den Rippen und die anderen fünf in unmittelbarer Nachbarschaft der Rippen. Die Halswirbel sind rund und kurz; an jeder Seite ragen zwei Fortsätze[2] hervor. In der Mitte haben die Wirbel eine Öffnung, durch die das mit dem Gehirn verbundene Rückenmark absteigt. Auch zwischen den Querfortsätzen gibt es schmale Öffnungen[3], durch die zarte Ausläufer der Hirnhaut nach lateral ziehen[4]. Bis auf die drei obersten haben alle Wirbel nach kranial gerichtete Fortsätze[5] mit kleinen Vertiefungen; nach unten gerichtete Fortsätze[6] entspringen von der Grundplatte. Der oberste Wirbel stützt also den Kopf unmittelbar, indem er die kurzen Fort-

sus exigunt. Summa igitur protinus caput sustinet, per duos sinus receptis exiguis eius processibus; quo fit, ut caput susum deorsum versum…Tuberi exasperatur secunda, superiori parte…inferiore. Quod ad circuitum pertinet, pars summa angustiore orbe finitur; ita superior ei summae circumdata in latera quoque caput moveri sinit. Tertia eodem modo secundam excipit; ex quo facilis cervici mobilitas est. Ac ne sustineri quidem caput posset, nisi utrimque recti valentesque nervi collum continerent, quos *ΤΕΝΟΝΤΑΣ* Graeci appellant; siquidem horum inter omnes flexus alter semper intentus ultra prolabi superiora non patitur. Iamque vertebra tertia tubercula, quae inferiori inserantur, exigit: ceterae processibus deorsum spectantibus in inferiores insinuantur, ac per sinus, quos utrimque habent, superiores accipiunt, multisque nervis et multa cartilagine continentur. Ac sic, uno flexu modico in promptum dato, ceteris negatis, homo et rectus insistit, et aliquid ad necessaria opera curvatur.

Τῶν κατὰ τὸν αὐχένα σπονδύλων οἱ πρῶτοι μὲν δύο διήρθρωνται πάντῃ· τῶν δὲ ἄλλων τῶν πέντε τὸ πρόσω μέρος ἰσχυρὸς συμφύει δεσμός. οὐ γὰρ δὴ διὰ χόνδρου γε συμφύονται, καθάπερ οἴονταί τινες· ἀλλ' ὁ τὰς τοῦ νωτιαίου δύο μήνιγγας ἔξωθεν περιλαμβάνων χιτών, εἰς τὴν μεταξὺ χώραν αὐτῶν παρεμπίπτων, κοινὸς ἀμφοτέ-

sätze der Schädelbasis in zwei Grübchen[7] fixiert. In diesem Gelenk kann der Kopf gehoben und gesenkt werden[8]. Der zweite Wirbel artikuliert durch einen nach oben gerichteten Höcker[9] mit der Unterseite des ersten. Dem Umfang nach verschmälert sich der zweite Halswirbel nach oben zu erheblich, so dass er dort vom ersten umgeben ist. Dadurch kann der Kopf auch zur Seite bewegt werden. Der dritte Wirbel nimmt den zweiten in derselben Weise auf[10]; so kommt die große Beweglichkeit des Halses zustande. Dennoch könnte der Hals den Kopf nicht tragen, wenn ihn nicht zu beiden Seiten gerade und starke Bänder[11] (griechisch: TÉNŌNTES) stützten. Eines von ihnen ist bei jeder Form der Beugung gespannt und verhindert, dass die darüber gelegenen Abschnitte weiter nach unten sinken. Schon der dritte Halswirbel trägt Höckerchen, die sich in den kaudal anschließenden Wirbel senken. Die folgenden sind über nach unten gerichtete Fortsätze mit den jeweils kaudal anschließenden Wirbeln verbunden und tragen mit Hilfe bilateraler Vertiefungen[12] die jeweils nächsthöheren. Stabilisiert werden sie durch zahlreiche Bänder und viel Knorpel[13]. Und so kann der Mensch mit einer einzigen passenden Beugung, wenn er Bewegungen in andere Richtungen vermeidet, sich sowohl aufrecht hinstellen als auch bücken, wenn es die Aufgaben erfordern.

Funktionelle Anatomie der Halswirbelsäule (2)
Galen *De ossibus ad tirones* VIII K II 756–759

Die ersten beiden Halswirbel stehen vollständig in knöchernem Kontakt. Den ventralen Anteil der fünf anderen Wirbel hält ein kräftiges Band zusammen. Die Wirbel sind nämlich nicht knorpelig miteinander verbunden, wie manche annehmen. Aber die Membran, die die zwei Häute des Rückenmarks von außen umgibt und in den Raum zwischen ihnen einwächst, wird für beide zum gemeinsamen Halteband. So ist die anatomische Situation,

ρων γίνεται δεσμός. οὕτω δὲ καὶ κατὰ πάντας ἔχει τοὺς σπονδύλους πλὴν τῶν πρώτων δυοῖν, ὡς εἰρήσεται.

Διττῶν δὲ οὐσῶν κινήσεων τῆς κεφαλῆς, τῆς μὲν ἐπινευόντων τε καὶ ἀνανευόντων, τῆς δὲ ἐν τῷ περιάγειν ἐφ' ἑκατέρα, τὴν μὲν προτέραν ἡ τοῦ δευτέρου σπονδύλου πυρηνοειδὴς ἀπόφυσις ἐργάζεται μάλιστα, τὴν δὲ ἑτέραν ἡ τοῦ πρώτου πρὸς τὰ κορωνὰ τῆς κεφαλῆς διάρθρωσις. ἀλλ' αὗται μὲν διὰ τῶν πλαγίων γίγνονται μερῶν τοῦ τε πρώτου σπονδύλου καὶ αὐτῆς τῆς κεφαλῆς· ἡ δὲ πυρηνοειδὴς ἀπόφυσις ἀνάντης μέν ἐστιν, ἀπὸ δὲ τῶν προσθίων ἀρχομένη μερῶν τοῦ δευτέρου σπονδύλου συνδεῖται τῇ κεφαλῇ διά τινος εὐρώστου τε ἅμα καὶ στρογγύλου συνδέσμου. καὶ δὴ καὶ χώραν ἐπιτήδειον ὁ πρῶτος σπόνδυλος αὐτῇ παρέχει, καθ' ἣν ἀσφαλῶς στηρίζεται, καί τις ἕτερος ἐγκάρσιος δεσμός, ἐν αὐτῷ τῷ πρώτῳ σπονδύλῳ γενόμενος, ἔσωθεν ἐπιβέβληται κατ' αὐτῆς. ἔνιοι μὲν ταύτην ὀδοντοειδῆ καλοῦσιν ἀπόφυσιν· Ἱπποκράτης δὲ καὶ ὅλον τὸν δεύτερον σπόνδυλον ὀδόντα προσηγόρευσεν ἀπ αὐτῆς. ἔχει δὲ καὶ ἄλλας ὁ πρῶτος σπόνδυλος δύο κοιλότητας ἐπιπολαίας γληνοειδεῖς ἐν τοῖς κάτω μέρεσιν αὐτοῦ, παραπλησίως ταῖς ἄνωθεν. εἰσὶ δὲ εἰκότως αἱ μὲν ἄνωθεν μείζους, ὡς ἂν τῇ κεφαλῇ διαρθρούμεναι, μικρότεραι δὲ αἱ κάτωθεν, αἷς περιβέβληκε τὸν δεύτερον σπόνδυλον. ἔστι δὲ ὁ μὲν πρῶτος εὐρύτατός τε ἅμα καὶ ἰσχνότατος, ὁ δὲ ἐφεξῆς αὐτοῦ στενώτερος μὲν, ἀλλ' ὅμως εὐρωστότερος. οὕτω δὲ καὶ οἱ ἄλλοι πάντες οἱ μετ' αὐτόν. ἐφ' ὅσον γὰρ ὁ νωτιαῖος, εἰς τὰς τῶν νεύρων ἀποφύσεις καταναλισκόμενος, ἰσχνότερος ἑαυτοῦ γίγνεται, ἐπὶ τοσοῦτο καὶ αἱ τῶν κατωτέρω σπονδύλων εὐρύτητες ἐλαττοῦνται· ἑκάστη γὰρ ἴση τῷ πάχει τοῦ περιεχομένου καθ' ἑαυτὴν ὑπάρχει νωτιαίου. τουτὶ μὲν οὖν κοινὸν ἅπασι τοῖς σπονδύλοις ἐστίν, ὥσπερ γε καὶ αἱ εἰς τὸ πλάγιον ἀποφύσεις, ἔτι τε πρὸς ταύταις ἀνάντεις τε καὶ κατάντεις ἀποφύσεις, καθ' ἃς πρὸς ἀλλήλους διαρθροῦνται· τῶν δὲ ἄλλων τὰ μὲν πλεῖστα κοινά, διαφέροντα δὲ ὀλίγα, περὶ ὧν ἐφεξῆς ἐρῶ.

wie noch darzustellen ist, auch bei allen anderen Wirbeln mit Ausnahme der beiden ersten.

Es gibt zwei Arten von Bewegungen des Kopfes, die Senkung und Hebung und die Drehung nach beiden Seiten. Erstere ermöglicht vor allem der kegelförmig zugespitzte Fortsatz des zweiten Wirbels, letztere die gelenkige Verbindung des ersten Wirbels mit der Schädelbasis, und zwar über deren seitliche Anteile. Der kegelförmige Fortsatz ist zwar steil nach oben gerichtet, er geht aber vom vorderen Abschnitt des zweiten Wirbels aus und ist am Kopf durch ein kräftiges rundliches Band befestigt. Der erste Wirbel, in dem er sicher verankert ist, läßt ihm reichlich Platz. Außerdem setzt ein anderes, quer verlaufendes Band[1], das am ersten Wirbel entspringt, an seiner Innenseite an. Manche vergleichen diesen Fortsatz mit einem Zahn. Hippokrates hat den ganzen zweiten Wirbel nach ihm als Zahn bezeichnet[2]. Der erste Wirbel hat in seinen kaudalen Abschnitten zwei weitere ziemlich flache Gelenkpfannen, die so aussehen wie jene in den kranialen Abschnitten. Natürlich sind die oberen größer, weil sie mit dem Kopf in gelenkiger Verbindung stehen, und die unteren, die zum zweiten Wirbel Kontakt haben, kleiner. Der erste Wirbel ist der breiteste und zugleich zarteste, der ihm nächstgelegene schmaler, aber dennoch kräftiger. Diese Aussage gilt auch für alle anderen nachfolgenden Wirbel. In dem Ausmaß, wie das Rückenmark dadurch, dass es sich auf die Nervenäste verteilt, immer dünner wird, nimmt auch die zentrale Öffnung der Wirbel nach unten hin ab. Das Lumen ist nämlich stets so weit wie das von ihm umgebene Rückenmark. Diese anatomische Situation ist bei allen Wirbeln identisch. Und so ist es auch bei den Seitfortsätzen und den nach oben und unten gerichteteten Fortsätzen, über die die Wirbel miteinander gelenkig verbunden sind. Im Übrigen sind die Übereinstimmungen groß und die Unterschiede entsprechend klein. Darauf werde ich jetzt zu sprechen kommen.

Τὴν ὀπίσθιον ἀπόφυσιν, ἣν ἄκανθαν ὀνομάζουσιν, ἅπαντες ἔχουσι πλὴν τοῦ πρώτου σπονδύλου· τούτῳ δὲ ἐν τοῖς ἔμπροσθέν ἐστιν ἀπόφυσις μικρὰ μόνῳ. τῶν δὲ ἄλλων ἁπάντων τὰς πλαγίας ἀποφύσεις ἀεὶ διατετρημένας ἔχουσιν οἱ κατὰ τὸν τράχηλον μόνοι πλὴν τοῦ ἑβδόμου, ὅσπερ δὴ καὶ ἔσχατος αὐτῶν ὑπάρχει· σπανίως δ' ἂν ποθ' εὕροις καὶ τούτῳ διατετρημένας. τὰς δὲ αὐτὰς ἀποφύσεις ἀτρέμα πως δισχιδεῖς οἱ κατὰ τὸν τράχηλον ἔχουσι μόνοι πλὴν τῶν πρώτων δυοῖν· ἁπλαῖ γὰρ τούτοις εἰσί. τῷ δὲ ἕκτῳ διτταὶ σαφῶς εἰσι καὶ μέγισται τῶν ἄλλων ἁπασῶν, ὥσπερ γε καὶ αὐτός ἐστι μέγιστος· καὶ ἡ ἑτέρα δὲ αὐτῶν ἡ ἔνδον ἱκανῶς πλατεῖα. πρόμηκες δὲ ἑκάστου τὸ πρόσθιον μέρος, ᾧ καὶ συμφύονται πρὸς ἀλλήλους, τοῖς ἐν τῷ τραχήλῳ μάλιστά ἐστι πλὴν τοῦ πρώτου. τοῖς δὲ ἐκφυομένοις τοῦ νωτιαίου νεύροις καὶ κατὰ τὰς συμβολὰς τῶν σπονδύλων διεκπίπτουσιν ἑκάτερος τῶν τοῦ τραχήλου σπονδύλων ἴσον πως συντελεῖ τῷ πρώτῳ· τῶν δὲ ἄλλων ἁπάντων ὁ ὑπερκείμενος ἤτοι τὸ πλεῖστον, ἢ τὸ σύμπαν.

... Ima vero spina in coxarum osse desidit, quod transversum longeque valentissimum volvam, vesicam, rectum intestinum tuetur: idque ab exteriore parte gibbum, ad spinam resupinatum, a lateribus [id est ipsis coxis] sinus rotundos habet; a quibus oritur

Einen nach dorsal gerichteten Fortsatz, den man Ákantha[3] nennt, haben mit Ausnahme des ersten alle Wirbel. Einen kleinen nach ventral gerichteten Fortsatz[4] hat nur der erste Wirbel. Querfortsätze, die stets perforiert sind, haben von den anderen Wirbeln nur die im Halsbereich – eine Ausnahme macht nur der siebte und zugleich letzte. Nur im Einzelfall dürften sich auch bei ihm perforierte Querfortsätze finden. Dieselben angedeutet gespaltenen Fortsätze haben nur die Halswirbel. In dieser Beziehung stellen allerdings die beiden ersten, bei denen sie aus einem Stück bestehen, Sonderfälle dar. Der sechste Wirbel hat – so wie er der größte Wirbel ist – einen doppelten und dazu den größten Fortsatz. Der nach innen gerichete ist auch ziemlich breit. Ausgesprochen länglich ist an jedem Wirbel der vordere Teil, also dort, wo sie miteinander verwachsen sind. Auch dieser Befund ist an den Halswirbeln – die beiden ersten wiederum ausgenommen – am stärksten ausgeprägt. Zu den Nerven, die dem Rückenmark entspringen und an der Kontaktstelle zwischen den Wirbeln sichtbar werden, tragen je zwei Halswirbel etwa eben so viel bei wie der erste allein. Von sämtlichen weiteren Wirbelpaaren liefert der jeweils kraniale Wirbel entweder das meiste oder sogar alles.

Wie man am Knochen das Geschlecht erkennen kann

Celsus *De medicina* VIII 1.23

Der praktisch orientierte Arzt beschreibt die normale Anatomie nicht nur unter statischen und topographischen Aspekten, sondern berücksichtigt auch funktionelle Gesichtspunkte.

… Der unterste Wirbel ruht auf den Hüftknochen, die einen queren Verlauf aufweisen, außerordentlich stark sind und Gebärmutter, Harnblase und Enddarm schützen. Sie sind außen konvex, zur Wirbelsäule hin gekrümmt und haben an den Seiten, d. h. in der Hüftregion runde Vertiefungen[1]. Dort entspringt der Knochen, der

os, quod pectinem vocant, idque super intestina sub pube transversum ventrem firmat; rectius in viris, recurvatum magis in exteriora in feminis, ne partum prohibeat.

... Ipsum autem crus est ex ossibus duobus. Etenim per omnia femur umero, crus vero brachio simile est, adeo ut habitus quoque et decor alterius ex altero cognoscatur. Quod ab ossibus incipiens etiam in carne respondet. Verum alterum os ab exteriore parte positum est, quod ipsum quoque sura nominatur. Id brevius supraque tenuius ad ipsos talos intumescit. Alterum a priore parte positum, cui tibiae nomen est, longius et in superiore parte plenius, solum cum femoris inferiore capite committitur sicut cum umero cubitus. Atque ea quoque ossa, infra supraque coniuncta, media ut in bracchio dehiscunt. Excipitur autem crus infra osse transverso talorum idque ipsum super os calcis situm est. Quod quadam parte sinuatur, quadam excessus habet et procedentia ex talo recipit et in sinum eius inseritur. Idque sine medulla durum magisque in posteriorem partem proiectum teretem ibi figuram repraesentat. Cetera pedis ossa ad eorum, quae in manu

Schambein heißt[2]. Er liegt über den Eingeweiden quer unter der Schamregion und verstärkt den Bauch. Bei den Männern verläuft er nahezu gerade, bei den Frauen ist er dagegen nach außen gekrümmt, damit er den Geburtsvorgang nicht behindert.

Kein großer Unterschied zwischen Händen und Füßen

Celsus *De medicina* VIII 1.25–27

Das Interesse des Verfassers an der vergleichenden Anatomie der oberen und unteren Extremitäten war nur flüchtig.

... Der Unterschenkel besteht aus zwei Knochen. Denn der Oberschenkel ähnelt dem Oberarm und der Unterschenkel dem Unterarm in jeder Beziehung, so dass man die Gestalt und das Aussehen des einen am jeweils anderen erkennen kann. Und was für die Knochen gilt, gilt auch für die Weichteile. Der eine der beiden Knochen ist an der Außenseite gelegen; deshalb wird er auch Wadenbein[1] genannt. Er ist kürzer, oben dünner und nimmt in Höhe des Sprungbeins an Breite zu. Der andere Knochen, der als Schienbein bezeichnet wird, befindet sich an der Vorderseite, er ist länger, oben voluminöser und steht nur mit dem unteren Ende des Oberschenkelknochens in gelenkiger Verbindung, ebenso wie der Ellenbogenknochen mit dem Oberarmknochen. Und auch diese beiden Knochen, die unten und oben miteinander verbunden sind, sind genauso wie die am Arm in der Mitte voneinander getrennt. Der Unterschenkel wird an seinem kaudalen Ende vom quer ausgerichteten Sprungbein gestützt, das seinerseits über dem Fersenbein gelegen ist. Letzteres ist an einer Stelle vertieft und weist an einer anderen Stelle Vorsprünge auf, es nimmt die Vorsprünge des Sprungbeins in seine Vertiefungen auf und schmiegt sich seinerseits in dessen Vertiefung. Das Fersenbein enthält kein Mark und ist hart, es erstreckt sich mehr nach dorsal und zeigt dort eine abgerundete Kontur. Die übrigen Knochen des Fußes

sunt, similitudinem structa sunt. Planta palmae, digiti digitis, ungues unguibus respondent.

Sanus homo, qui et bene valet et suae spontis est, nullis obligare se legibus debet, ac neque medico neque iatroalipta egere. Hunc oportet varium habere vitae genus: modo ruri esse, modo in urbe, saepiusque in agro, navigare, venari, quiescere interdum, sed frequentius se exercere. Siquidem ignavia corpus hebetat, labor firmat, illa maturam senectutem, hic longam adulescentiam reddit.

Prodest etiam interdum balineo, interdum aquis frigidis uti, modo ungui, modo id ipsum neglegere, nullum genus cibi fugere, quo populus utatur, interdum in convictu esse, interdum ab eo se retrahere, modo plus iusto, modo non amplius adsumere, bis die potius quam semel cibum capere, et semper quam plurimum, dummodo hunc concoquat. Sed ut huius generis exercitationes cibique necessariae sunt, sic athletici supervacui. Nam et intermissus propter civiles aliquas necessitates ordo exercitationis corpus

sind ähnlich angelegt wie die der Hand. Die Fußsohle entspricht der Handfläche, die Zehen entsprechen den Fingern und die Zehennägel den Fingernägeln.

2.1.3 Ratschläge für eine gesunde Lebensführung

Sportlich, aber nicht athletisch

Celsus *De medicina* I 1.1–3

Wer körperlich aktiv ist und dabei Extreme vermeidet, braucht weder den Arzt noch einen Fitnesstrainer.

Der gesunde Mensch, der sich wohl fühlt und seine eigenen Entscheidungen trifft, sollte sich an keine gesetzlichen Regelungen binden und weder auf einen professionellen Mediziner noch einen Salbenarzt[1] angewiesen sein. Er muss in seiner Lebensweise flexibel sein, mal auf dem Lande leben, dann wieder in der Stadt, aber öfter in ländlicher Umgebung, zur See fahren, auf die Jagd gehen, bisweilen den Müßiggang pflegen, aber häufiger körperlich aktiv sein. Denn Trägheit schwächt den Körper[2], Arbeit stärkt ihn, jene beschleunigt das Altern, diese erhält lange die Jugend.

Es ist auch von Vorteil, im Wechsel Bäder mit warmem und kaltem Wasser zu nehmen, sich einmal zu salben und ein andermal darauf zu verzichten, kein Nahrungsmittel zu verschmähen, das das Volk verwendet, gelegentlich an einem Gastmahl teilzunehmen und sich dann davon wieder fernzuhalten, einmal mehr als gebührlich zu konsumieren und dann wieder nicht, lieber zwei Mal am Tag als nur einmal zu essen und immer so viel wie möglich, wenn man es nur gut verdaut. Doch so notwendig solche körperlichen Aktivitäten und eine derartige Ernährungsweise sind, so überflüssig ist die athletische Lebensweise[3]. Denn zum einen schadet es dem Körper, wenn der Übungsablauf durch so manche

adfligit et ea corpora, quae more eorum repleta sunt, celerrime et senescunt et aegrotant.

At imbecillis, quo in numero magna pars urbanorum omnesque paene cupidi litterarum sunt, observatio maior necessaria est, ut, quod vel corporis vel loci vel studii ratio detrahit, cura restituat. Ex his igitur qui bene concoxit, mane tuto surget, qui parum, quiescere debet, et si mane surgendi necessitas fuit, redormire, qui non concoxit, ex toto conquiescere ac neque labori se neque exercitationi neque negotiis credere. Qui crudum sine praecordiorum dolore ructat, is ex intervallo aquam frigidam bibere et se nihilo minus continuere.

Habitare vero aedificio lucido, perflatum aestivum, hibernum solem habente. Cavere meridianum solem, matutinum et vespertinum frigus, itemque auras fluminum atque stagnorum. Minimeque nubilo caelo soli aperienti se... committere, ne modo frigus, modo calor moveat. Quae res maximae gravidines destillationes-

bürgerlichen Verpflichtungen unterbrochen wird, zum anderen neigen die Leiber, die nach Athletenart gemästet werden, dazu, sehr schnell zu altern und krank zu werden.

Gute Ratschläge für die Privilegierten (1)
Celsus *De medicina* I 2.1–3

Leider teilt Celsus nicht mit, ob er selbst zu den zivilen Angsthasen gehört und die eigenen Ratschläge ernst genommen hat.

Schwächliche Naturen, zu denen ein großer Teil der Stadtbevölkerung und fast alle literarisch Tätigen gehören, bedürfen größerer Aufmerksamkeit, damit die Vor- und Fürsorge das ersetzt, was die körperliche Konstitution, die Wohnsituation und die Art und Weise der Studien entziehen. Für diese Gruppe gilt daher, dass man unbedenklich frühzeitig aufstehen kann, wenn man gut verdaut hat, dass man im Bett bleiben soll, wenn man zu wenig verdaut hat, und dass man sich später noch einmal schlafen legen soll, wenn man frühmorgens aufstehen musste. Wer gar nicht verdaut hat, soll der Ruhe pflegen und weder arbeiten noch körperliche Übungen durchführen noch eine andere geschäftliche Betätigung aufnehmen. Wem das Essen unverdaut aufstößt, ohne dass er dabei Bauchschmerzen bekommt, muss von Zeit zu Zeit kaltes Wasser trinken und sich trotzdem in Selbstbeherrschung üben.

Wer wenig natürliche Widerstandskraft hat, sollte aber in einem lichtdurchfluteten Gebäude wohnen, das im Sommer viel frische Luft und im Winter Sonne hat[1], und die Mittagssonne meiden, freilich auch die morgendliche und abendliche Kälte und ebenso die Ausdünstungen an Flüssen und Sümpfen[2]. Er soll sich auch möglichst nicht bei nebligem Himmel oder bei Sonnenaufgang im Freien bewegen. Sonst wechselt er ständig zwischen Kälte und Wärme[3]. So etwas führt vor allem zu wiederkehrendem Stockschnupfen und Katarrh. Noch mehr muss er auf diese Dinge an

que concitat. Magis vero gravibus locis ista servanda sunt, in quibus etiam pestilentiam faciunt.

Ubi hora quarta vel quinta – neque enim certum dimensumque tempus –, ut dies suasit, in xystum me vel cryptoporticum confero, reliquae meditor et dicto. Vehiculum ascendo. Ibi quoque idem quod ambulans aut iacens. Durat intentio mutatione ipsa refecta. Paulum redormio, dein ambulo, mox orationem Graecam Latinamve clare et intente non tam vocis causa quam stomachi lego; pariter tamen et illa firmatur. Iterum ambulo, ungor, exerceor, lavor.

Cenanti mihi, si cum uxore vel paucis, liber legitur; post cenam comoedia aut lyristes; mox cum meis ambulo, quorum in numero sunt eruditi. Ita variis sermonibus vespera extenditur et quamquam longissimus dies cito conditur.

Ἀλλὰ τότε μὲν ἡ τέχνη σώμασιν ὁμιλοῦσα οὐ θρυπτικοῖς, οὐδὲ ποικίλοις, οὐδὲ ἐκλελυμένοις παντάπασιν, ῥᾳδίως αὐτὰ μετεχειρίζετο…· τελευτῶσα δὲ νῦν, ὑπολισθαινόντων αὐτῇ τῶν σωμάτων

ungesunden Plätzen und Orten achten, wo sie sogar Seuchen hervorrufen.

Gute Ratschläge für die Privilegierten (2)

Plinius minor *Epistulae* IX 36.3–4

Gegen zehn oder elf Uhr – denn die Zeiteinteilung ist nicht starr und streng geregelt –, begebe ich mich je nach der täglichen Wetterlage auf die Terrasse oder in die Wandelhalle, denke über die Zukunft nach und gebe sie zur Niederschrift. Danach besteige ich den Wagen. Dort tue ich dasselbe wie beim Spazierengehen oder in liegender Position. Gerade durch den Wechsel wird die Spannung wiederhergestellt und hält auch an. Dann schlafe ich wieder ein wenig, gehe anschließend spazieren und bald danach lese ich eine griechische oder lateinische Rede, und zwar laut und klar, freilich nicht so sehr der Stimme als des Magens wegen; freilich wird dabei auch die Stimme gestärkt. Dann folgen erneut Spaziergang, Massage, Leibesübungen und Bad.

Beim Essen wird, wenn ich mit meiner Frau oder ein paar Freunden beisammen bin, aus einem Buch vorgelesen. Nach dem Mahl Lust- oder Lautenspiel. Anschließend gehe ich mit meinen Leuten spazieren. Unter ihnen befinden sich gebildete Männer. So läuft der Abend mit allerlei Gesprächen aus und selbst der längste Tag vergeht rasch.

Gute Ratschläge für die Privilegierten (3)

Maximos von Tyros *Dissertationes* / *Διαλέξεις* IV 2a

Aber damals, als die medizinische Kunst auf Körper traf, die nicht verweichlicht, die nicht verkünstelt und die nicht vollkommen erschlafft waren, war die Behandlung noch einfach... Damit ist es nun zu Ende. Da ihr die Körper nach und nach in eine immer

εἰς δίαιταν ποικιλωτέραν καὶ κρᾶσιν πονηράν, ἐξεποικίλθη τε αὐτὴ καὶ μετέβαλλεν ἐκ τῆς πρόσθεν ἁπλότητος εἰς παντοδαπὸν σχῆμα.

Scire autem licet integrum corpus esse, quo die mane urina alba, dein rufa est: illud concoquere, hoc concoxisse significat. Ubi experrectus est aliquis, paulum intermittere, deinde, nisi hiems est, fovere os multa aqua frigida debet. Longis diebus meridiari potius ante cibum, si minus, post eum. Per hiemem potissimum totis noctibus conquiescere, sin lucubrandum est, non post cibum id facere, sed post concoctionem. Quem interdiu vel domestica vel civilia officia tenuerunt, huic tempus aliquod servandum curationi corporis sui est. Prima autem eius curatio exercitatio est, quae semper antecedere cibum debet, in eo, qui minus laboravit et minus concoxit, amplior, in eo, qui fatigatus est et minus concoxit, remissior.

Commode vero exercent clara lectio, arma, pila, cursus, ambulatio, atque haec non utique plana commodior est, siquidem melius ascensus quoque et descensus cum quadam varietate corpus moveat, nisi tamen id perquam imbecillum est. Melior autem est

mannigfaltigere Lebensweise und gefährliche Mischung der Säfte abgleiten, hat auch sie sich gewandelt und ist aus der ehemaligen Schlichtheit in einen Zustand der großen Vielfalt übergegangen.

Unter perfekten Trainingsbedingungen

Celsus *De medicina* I 2.4–7

Laufen in der Ebene tut gut, vor einer Anhöhe sollte man aber nicht Halt machen.

Man muss auch wissen, dass der Körper dann gesund ist, wenn er jeden Tag morgens blass ist und später ein wenig rot wird. Die helle Farbe weist darauf hin, dass die Verdauung in Gang gekommen, die dunkle, dass sie abgeschlossen ist. Nach dem Aufwachen soll man etwas warten und dann, außer im Winter, das Gesicht mit viel kaltem Wasser waschen. An langen Tagen soll man eher vor, an kürzeren eher nach dem Essen der Mittagsruhe pflegen. Im Winter schläft man am besten die ganze Nacht lang. Wenn man aber nachts arbeiten muss, soll man dies nicht nach dem Abendessen, sondern nach dem Abschluss der Verdauung tun. Wer untertags häusliche oder öffentliche Verpflichtungen zu erfüllen hat, muss sich eine gewisse Zeit für die Pflege seines Körpers reservieren. Unter den dazu geeigneten Maßnahmen steht an erster Stelle das körperliche Training, das der Essensaufnahme stets vorauszugehen hat[1], und bei dem, der weniger gearbeitet und gut verdaut hat, intensiver, bei dem, der von der Arbeit müde ist und weniger gut verdaut hat, dagegen etwas lockerer ist.

Angenehme Übungen sind das laute Lesen[2], Waffensport, Ballsport[3], Laufen und Spaziergänge. Letztere bereiten noch mehr Wohlbehagen, wenn sie nicht in der Ebene unternommen werden, weil der Wechsel zwischen Auf- und Abstieg den Körper besser in Schwung bringt, es sei denn, er ist schon sehr geschwächt. Der Spaziergang unter freiem Himmel ist aber besser als der in einer

sub divo quam in porticu, melior, si caput patitur, in sole quam in umbra, melior in umbra quam paries aut viridia efficiunt, quam quae tecto subest, melior recta quam flexuosa. Exercitationis autem plerumque finis esse debet sudor aut certe lassitudo, quae citra fatigationem sit, idque ipsum modo minus, modo magis faciendum est. Ac ne his quidem athletarum exemplo vel certa esse lex vel immodicus labor debet. Exercitationem recte sequitur modo unctio, vel in sole vel ad ignem, modo balineum, sed conclavi quam maxime et alto et lucido et spatioso. Ex his vero neutrum semper fieri oportet, sed saepius alterutrum pro corporis natura. Post haec paulum conquiescere opus est.

Ubi ad cibum ventum est, numquam utilis est nimia satietas, saepe inutilis nimia abstinentia. Si qua intemperantia subest, tutior est in potione quam in esca. Cibus a salsamentis, holeribus similibusque rebus melius incipit. Tum caro adsumenda est, quae assa optima aut elixa est. Condita omnia duabus causis inutilia sunt, quoniam et plus propter dulcetudinem adsumitur, et quod modo par est, tamen aegrius concoquitur. Secunda mensa bono

Säulenhalle. Wenn der Kopf mitmacht, so geht man besser in der Sonne als im Schatten spazieren, und wenn doch im Schatten, dann eher in dem von Wänden oder Grünanlagen als unter dem eines Daches. Besser ist es auch, geradeaus zu laufen als in Serpentinen. In den meisten Fällen sollte man aber das Training beenden, sobald man ins Schwitzen gekommen oder zumindest eine gewisse Erschlaffung, freilich noch nicht körperliche Erschöpfung, eingetreten ist. Mal mehr, mal weniger lautet hier die Devise. Aber anders als bei den Athleten dürfen dabei weder die Regeln ganz fest noch die körperlichen Anstrengungen maßlos sein. Im Anschluss an das Training sind dann eine Salbung, entweder in der Sonne oder am Feuer, oder ein Bad, dies aber in einem möglichst hohen, kahlen und geräumigen Zimmer, das Richtige. Keine der Maßnahmen ist unentbehrlich, sondern öfter wird man in Abhängigkeit von der Natur des Körpers eher die eine oder die andere ergreifen. Im Anschluss soll man dann ein wenig ausruhen.

Exkurs über Vor- und Nachspeisen

Celsus *De medicina* I 2.8–9

Der Verfasser will keine isolierten Ernährungstipps geben, sondern ordnet seine Diätratschläge in ein System von Lebensregeln ein.

Da wir nun beim Essen angekommen sind, gilt es zunächst einmal festzuhalten, dass Übersättigung niemals gut ist, allzu große Enthaltsamkeit aber oft keinen Nutzen bringt[1]. Wenn man aber einmal über die Stränge schlägt, dann ist dies bei den Getränken weniger bedenklich als bei den Speisen[2]. Es ist besser, ein Essen mit gesalzenen Fischen, Gemüse[3] und ähnlichen Sachen zu beginnen. Danach greift man am besten zu gebratenem oder gekochtem Fleisch. Konserven sind aus zwei Gründen nicht zu empfehlen, erstens weil man davon wegen des süßen Geschmacks zu viel konsumiert, und zweitens, weil sie ziemlich schlecht verdaut wer-

stomacho nihil nocet, in imbecillo coacescit. Si quis itaque hoc parum valet, palmulas pomaque et similia melius primo cibo adsumit. Post multas potiones, quae aliquantum sitim excesserunt, nihil edendum est, post satietatem nihil agendum. Ubi expletus est aliquis, facilius concoquit, si, quicquid adsumpsit, potione aquae frigidae includit, tum paulisper invigilat, deinde bene dormit. Si quis interdiu se inplevit, post cibum neque frigori neque aestui neque labori se debet committere. Neque enim tam facile haec inani corpore quam repleto nocent. Si quibus de causis futura inedia est, labor omnis vitandus est.

Atque ideo quoque nimis otiosa vita utilis non est, quia potest incidere laboris necessitas. Si quando tamen insuetus aliquis laboravit, aut si multo plus quam solet etiam si qui adsuevit, huic ieiuno dormiendum est, multo magis etiam, si os amarum est vel oculi caligant aut venter perturbatur. Tum enim non dormiendum tantummodo ieiuno est, sed etiam… in posterum diem permanendum, nisi cito id quies sustulit. Quod si factum est, surgere

den, selbst wenn die Menge angemessen ist. Das Dessert[4] schadet einem gesunden Magen nicht, in einem schwachen Magen bildet es aber Säure. Wenn jemand deshalb damit Schwierigkeiten hat, ist es für ihn besser, Datteln, Obst und ähnliche Sachen zu Beginn der Mahlzeit zu sich zu nehmen. Nach einer großen Zahl von Getränken, die weit über den Durst hinausgegangen ist, darf man nichts essen, und wenn man sich gesättigt hat, soll man nicht arbeiten gehen. Einer, der sich satt gegessen hat, verdaut leichter, wenn er die festen Speisen mit einem Schluck kalten Wassers hinunterspült, danach noch ein Weilchen wach bleibt und dann tief schläft. Jemand, der tagsüber sehr viel gegessen hat, soll sich nach Abschluss der Mahlzeit weder der Kälte noch der Wärme aussetzen noch eine Arbeit aufnehmen. Denn diese Situationen setzen einem leeren Körper nicht so leicht zu wie einem, der prall gefüllt ist. Steht aus welchen Gründen auch immer eine Zeit des Fastens bevor, so ist jede anstrengende Tätigkeit zu vermeiden.

Gefahren der Muße

Celsus *De medicina* I 3.3

Der Verfasser macht sich darüber Gedanken, wie man die vegetativen Herausforderungen der gestörten Trägheit bewältigen kann.

Und deshalb ist auch ein allzu beschauliches Leben nicht vorteilhaft, weil es ja einmal notwendig werden kann, sich unvermittelt an die Arbeit zu machen. Wenn aber jemand ungewohnte körperliche Arbeit geleistet hat oder sich viel mehr angestrengt hat als sonst üblich, soll er mit leerem Magen schlafen gehen, und zwar um so eher, wenn er einen bitteren Geschmack im Munde hat, es ihm dunkel vor den Augen wird oder der Bauch rumort. In diesen Fällen soll man nämlich nicht nur nichts essen und sich zur Ruhe begeben, sondern auch noch den folgenden Tag im Bett verbringen, sofern der Schlaf nicht rasch Wirkung gezeigt hat. Wenn dies

oportet et lente paulatim ambulare. At si somni necessitas non fuit, quia modice magis aliquis laboravit, tamen ingredi aliquid eodem modo debet.

Fatigato cotidianum cubile tutissimum est. Lassat enim quod contra consuetudinem, seu molle seu durum est.

Is vero, qui navigavit et nausea pressus est, si multam bilem evomuit, vel abstinere a cibo debet vel paulum aliquid adsumere. Si pituitam acidam effudit, utique sumere cibum, sed adsueto leviorem. Si sine vomitu nausea fuerit, vel abstinere vel post cibum vomere. Qui vero toto die vel in vehiculo vel in spectaculis sedit, huic nihil currendum, sed lente ambulandum est. Lenta quoque in balineo mora, dein cena exigua prodesse consuerunt…

geschehen ist, soll man sich erheben und einzelne langsame Spaziergänge machen. Aber auch wenn man keine Veranlassung hatte zu schlafen, weil die Arbeit nicht übermäßig anstrengend war, soll man doch einen kurzen Spaziergang unternehmen.

Am besten immer in das gleiche Bett

Celsus *De medicina* I 3.9

Der Leser fragt sich nur, nach welchen Kriterien er seine Schlafstätte aussuchen soll, wenn er auf Reisen ist.

Wer erschöpft ist, dem bietet die alltägliche Lagerstatt die größte Sicherheit. Ein ungewohntes Bett laugt ihn dagegen aus, mag es weich oder hart sein.

Kein Sprint nach dem Spektakel

Celsus *De medicina* I 3.11–12

Der Verfasser scheut vor wohlfeilen Ratschlägen für Müßiggänger nicht zurück.

Wer aber auf dem Meer unterwegs gewesen ist und dabei an Seekrankheit gelitten hat, muss sich, wenn er viel Galle erbrochen hat, entweder der Speisen ganz enthalten oder er darf nur wenig zu sich nehmen. Wenn jemand sauren Schleim von sich gegeben hat, kann er zwar Nahrung zu sich nehmen, aber das Essen sollte leichter sein als gewöhnlich. Wenn jemand übel war, ohne dass er sich erbrochen hat, soll er entweder gar nichts essen oder sich nach der Mahlzeit übergeben. Wer aber den ganzen Tag im Wagen oder auf den Zuschauerbänken sitzt, der darf keinesfalls schnell laufen, sondern muss es langsam angehen lassen. Gewöhnlich sind auch ein ruhiger Aufenthalt im Bad und daran anschließend eine leichte Mahlzeit förderlich…

Ante omnia autem norit quisque naturam sui corporis, quoniam alii graciles, alii obessi sunt, alii calidi, alii frigidi, alii umidi, alii sicci, alios adstricta, alios resoluta alvus exercet. Raro quisquam non aliquam partem corporis imbecillam habet. Tenuis vero homo implere se debet, plenus extenuare, calidus refrigerare, frigidus calefacere, madens siccare, siccus madefacere. Itemque alvum firmare is, cui fusa, solvere is, cui adstricta est. Succurrendumque semper parti maxime laboranti est.

Implet autem corpus modica exercitatio, frequenter quies, unctio et, si post prandium est, balineum. Contracta alvus, modicum frigus hieme, somnus et plenus et non nimis longus, molle cubile, animi securitas, adsumpta per cibos et potiones maxime dulcia et pinguia; cibus et frequenter et quantus plenissimus potest concoqui. Extenuat corpus aqua calida, si quis in ea descendit, magisque si salsa est. Ieiuno balineum, inurens sol ut omnis calor, cura, vigilia. Somnus nimium vel brevis vel longus, per aestatem durum cubile. Cursus, multa ambulatio, omnisque vehemens exercitatio, vomitus, deiectio, acidae res et austerae et

Wie man das Vegetativum in Hochform bringt

Celsus *De medicina* I 3.13–16

Kleine Sensation: Erstmals spricht ein antiker Medizinautor auch psychische und psychosomatische Ursachen der schlanken und der weniger schlanken Linie ausdrücklich an.

Vor allem aber ist es notwendig, dass jeder seine eigene körperliche Konstitution kennt. Von Natur aus sind ja die einen schlank, die anderen beleibt, die einen heiß, die anderen kalt, die einen feucht, die anderen trocken. Die einen sind mehr von Verstopfung, die anderen mehr von Durchfall geplagt. Selten hat jemand nicht irgendwo eine körperliche Schwäche. Es muss also der Magere danach streben zuzunehmen, der Beleibte abzunehmen, der Hitzige sich abzukühlen, der Kalte sich zu erwärmen, der Saftreiche trocken und der Saftarme feucht zu werden. Wer zu Durchfall neigt, muss den Unterleib kräftigen, wer zu Verstopfung neigt, muss ihn lockern. Man muss stets dem Körperteil zu Hilfe kommen, der am meisten leidet.

Zu Übergewicht disponieren mangelhafte körperliche Betätigung, häufigere Ruhepausen, das Salben und das Bad nach dem Frühstück, außerdem Verstopfung, mäßige Kälte im Winter, ausgiebiger ebenso wie nicht allzu langer Schlaf, ein weiches Lager, ein ruhiges Gemüt, die Aufnahme sehr süßer und fetter Stoffe mit den Speisen und Getränken und die Gewohnheit, sowohl häufiger zu essen als auch die maximal verdauliche Menge zu sich zu nehmen[1]. Zu einer schlanken äußeren Erscheinung führt der Aufenthalt in warmem Wasser, besonders wenn es salzhaltig ist, führen Bäder, die man im nüchternen Zustand nimmt, Sonnenbrand, Hitze und auch Sorgen und Schlaflosigkeit in jeder Form, zu kurzer ebenso wie zu langer Schlaf, ein hartes Bett in der Sommerzeit, Laufen, häufige Spaziergänge, jedes anstrengende körperliche Training, Erbrechen, Durchfall, der Genuß saurer und scharfer

semel die adsumptae epulae et vini non praefrigidi ieiuno potio in consuetudinem adducta.

Vomitus utilior est hieme quam aestate. Nam tunc et pituitae plus et capitis gravitas maior subest. Inutilis est gracilibus et inbecillum stomachum habentibus, utilis plenis, biliosis omnibus, si vel nimium se replerunt vel parum concoxerunt. Nam sive plus est quam quod concoqui possit, periclitari ne conrumpatur non oportet. Si vero corruptum est, nihil commodius est quam id, qua via primum expelli potest, eicere. Itaque ubi amari ructus cum dolore et gravitate praecordiorum sunt, ad hunc protinus confugiendum est. Item prodest ei, cui pectus aestuat et frequens saliva vel nausea est aut sonant aures aud madent oculi aut os amarum est. Similiterque ei, qui vel caelum vel locum mutat, isque, quibus, si per plures dies non vomuerunt, dolor praecordia infestat… Qui vomere post cibum volt, si ex facili dicit, aquam tantum tepidam ante debet adsumere, si difficilius, aquae vel salis vel mellis paulum adicere. At qui mane vomiturus est, ante bibere

Speisen, die Beschränkung auf eine Mahlzeit pro Tag und schließlich die Angewohnheit, nicht sehr kalten Wein auf nüchternen Magen zu trinken.

Regelmäßig, aber nicht täglich brechen

Celsus *De medicina* I 3.19–20,22–24

Für den Autor und seine Leser verstand es sich von selbst, dass Erbrechen nicht nur Symptom vieler Erkrankungen, sondern eine nahezu universell anwendbare therapeutische Maßnahme ist.

Erbrechen ist im Winter nützlicher als im Sommer[1]. Denn in den kalten Monaten ist sowohl mehr Schleim als auch ein stärkeres Gefühl der Schwere im Kopf vorhanden. Nachteilig ist das Erbrechen für schlanke Personen[2] und solche mit einem schwachen Magen, zuträglich dagegen für alle untersetzten und galligen Menschen, wenn sie entweder zu viel zu sich genommen oder zu wenig verdaut haben. Denn wenn jemand mehr verzehrt, als verdaut werden kann, sollte er nicht riskieren, dass es verdirbt. Wenn es aber schon verdorben ist, liegt nichts näher als es los zu werden, und zwar auf dem schnellsten Wege. Sobald also kaltes Aufstoßen, Schmerzen und ein Schweregefühl im Brustkorb auftreten, soll man unverzüglich Zuflucht zum Erbrechen nehmen. Ebenso nützlich ist es für jenen, bei dem in der Brust ein Hitzegefühl besteht, dem häufig der Speichel im Mund zusammenläuft oder übel ist, der ein Geräusch in den Ohren hat, dem die Augen triefen oder der einen bitteren Geschmack im Mund[3] verspürt, und in ähnlicher Weise nach einem Klima- oder Wohnortwechsel sowie für den, der von Schmerzen im Brustkorb gequält wird, wenn er sich mehrere Tage lang nicht übergeben hat... Wer nach dem Essen brechen will, der braucht, wenn es ihm leicht fällt, vorher nur lauwarmes Wasser zu trinken. Wenn es ihm Schwierigkeiten bereitet, soll er dem Wasser etwas Salz oder Honig beimengen. Wer

mulsum vel hysopum aut esse radiculam debet, deinde aquam tepidam, ut supra scriptum est, bibere. Cetera, quae antiqui medici praeceperunt, stomachum omnia infestant.

Post vomitum, si stomachus infirmus est, paulum cibi, sed huius idonei, gustandum, et aquae frigidae cyathi tres bibendi sunt, nisi tamen fauces vomitus exasperarint. Qui vomuit, si mane id fecit, ambulare debet, tum ungi, dein cenare, si post cenam, postero die lavari et in balneo sudare. Inde proximus cibus mediocris utilior est isque esse debet cum pane hesterno, vino austero meraco et carne assa cibisque omnibus quam siccissimis. Qui vomere bis in mense vult, melius consulet, si biduo continuarit, quam si post quintum decimum diem vomuerit, nisi haec mora gravitatuem pectori faciet.

Alvum adstringit labor, sedile, creta figularis corpori illita, cibus imminutus, et is ipse semel die adsumptus ab eo, qui bis solet. Exigua potio neque adhibita, nisi cum cibi quis, quantum adsumpturus est, cepit, post cibum quies. Contra solvit aucta ambulatio atque esca potusque, motus, qui post cibum est,

sich aber daran macht, frühmorgens zu erbrechen, soll vorher Hongwein oder Hysop[4] trinken oder eine kleine Wurzel essen und dann, wie vorhin gesagt, lauwarmes Wasser trinken. Alles andere, was die alten Ärzte zu diesem Zweck verordnet haben, schadet dem Magen.

Nach dem Erbrechen soll man, wenn der Magen schwach ist, eine kleine Portion des passenden Gerichts zu sich nehmen und drei Becher kalten Wassers trinken, sofern der Rachen nicht durch das Erbrechen gereizt worden ist. Wer sich am Morgen übergeben hat, soll anschließend spazieren gehen, sich salben und danach zu Mittag essen. Wer sich nach dem Mittagessen übergeben hat, muss am Tag darauf ein Schwitzbad nehmen. Die nächste Mahlzeit sollte dann vorzugsweise bescheiden und auf altbackenes Brot, herben ungemischten Wein, gebratenes Fleisch und überhaupt lauter möglichst trockene Speisen beschränkt sein. Wer zwei Mal im Monat brechen will, ist besser beraten, wenn er es an zwei aufeinander folgenden Tagen tut, als wenn er 14 Tage später zum zweiten Mal erbricht[5], es sei denn, dass ihm diese lange Wartezeit ein Schweregefühl in der Brust verursacht.

Wie man die Verdauung steuert

Celsus *De medicina* I 3.30–31

Körperliche Aktivität ist das beste Abführmittel.

Die Aktivität des Darms wird verringert durch Arbeit, eine Sitzgelegenheit, das Bestreichen des Körpers mit Töpferton[1] und eingeschränkte sowie einmalige anstelle der sonst gewohnten zweimal täglichen Nahrungsaufnahme. Dem gleichen Zweck dient es, wenn man wenig und erst dann trinkt, nachdem die Nahrung in der vorgesehenen Menge zugeführt worden ist, und wenn man nach dem Essen ruht. Befördert wird die Verdauung hingegen durch mehr und längere Spaziergänge, Essen und Trinken, körperliche

subinde potiones cibo immixtae. Illud quoque scire oportet, quod ventrem vomitus solutum comprimit, compressum solvit. Itemque comprimit is vomitus, qui statim post cibum est, solvit is, qui tarde supervenit.

Tempus quoque anni considerare oportet. Hieme plus esse convenit, minus sed meracius bibere, multo pane uti, carne potius elixa, modice holeribus, semel die cibum capere, nisi si nimis venter adstrictus est. Si prandet aliquis, utilius est exiguum aliquid, et ipsum siccum sine carne, sine potione sumere. Eo tempore anni calidis omnibus potius utendum est vel calorem moventibus. Venus tum non aeque perniciosa est. At vere paulum cibo demendum, adiciendum potioni, sed dilutius tamen bibendum est, magis carne utendum, magis holeribus, transeundum paulatim ad assa ab elixis. Venus eo tempore anni tutissima est. Aestate vero et potione et cibo saepius corpus eget; ideo prandere quoque commodum est. Ei tempori aptissima sunt et caro et holus, potio quam dilutissima, ut et sitim tollat nec corpus incendat, frigida

Bewegung nach den Mahlzeiten und auch durch Trinken beim Essen. Man muss auch wissen, dass Erbrechen einen weichen Leib verhärtet und einen verhärteten lockert. In gleicher Weise verhärtet das unmittelbar postprandiale Erbrechen den Leib, während das spätere Erbrechen den Leib öffnet.

Saisonale Ernährungstipps

Celsus *De medicina* I 3.34–39

Der Verfasser schlägt nicht nur vor, was und wie viel man essen und trinken, sondern auch, wann und wie oft man etwas zu sich nehmen soll.

Auch die Jahreszeiten müssen wir beachten[1]. Im Winter soll man mehr essen, dafür weniger, allerdings unvermischten Wein trinken[2]. Man nehme viel Brot zu sich, vornehmlich gesottenes Fleisch und Grünzeug in Maßen, man esse auch nur einmal am Tag, außer wenn der Leib allzu angespannt ist. Wenn jemand frühstücken will, so nützt es ihm mehr, wenn er wenig zu sich nimmt, und auch nur trockene Nahrung ohne Fleisch und ohne Getränke. In dieser Jahreszeit greife man vornehmlich zu Speisen, die warm sind oder warm machen. Der Geschlechtsverkehr ist dann auch nicht gefährlich. Im Frühjahr soll man nur wenig zu sich nehmen, dafür aber mehr trinken. Allerdings sollen die Getränke stärker verdünnt sein. Man soll auch mehr Fleisch und Gemüse essen und nach und nach vom gesottenen zum gebratenen Fleisch übergehen. Der Geschlechtsverkehr ist in dieser Jahreszeit völlig unbedenklich. Im Sommer braucht der Körper öfter Getränke und Speisen. Deshalb ist es auch günstig, regelmäßig zu frühstücken. Die Nahrungsmittel, die zu dieser Jahreszeit am besten passen, sind Fleisch und Gemüse. Die Getränke, die man zu sich nimmt, sollten möglichst stark verdünnt sein, damit sie den Durst löschen, ohne den Körper zu erhitzen. Zu empfeh-

lavatio, caro assa, frigidi cibi vel qui refrigerent. Ut saepius autem cibo utendum, sic exiguo est. Per autumnum propter caeli varietatem periculum maximum est. Itaque neque sine veste neque sine calceamentis prodire oportet, praecipueque diebus frigidioribus, neque sub divo nocte dormire, aut certe bene operiri. Cibo vero iam paulo pleniore uti licet, minus sed meracius bibere. Poma nocere quidam putant, quae inmodice toto die plerumque sic adsumuntur, ne quid ex densiore cibo remittatur. Ita non haec sed consummatio omnium nocet; ex quibus in nullo tamen minus quam in his noxae est. Sed his uti non saepius quam alio cibo convenit...

Proximum est, ut de iis dicam, qui partes aliquas corporis inbecillas habent. Cui caput infirmum est, is, si bene concoxit, leniter perfricare id mane manibus suis debet, numquam id, si fieri potest, veste velare, ad cutem tonderi. Utileque lunam vitare, maximeque ante ipsum lunae solisque concursum, sed nusquam post cibum. Si cui capilli sunt, cotidie pectere, multum ambulare,

len sind außerdem kalte Waschungen, gebratenes Fleisch und kalte oder kühlende Speisen. Da man aber öfter isst, sollten die Portionen entsprechend kleiner sein. Den Herbst hindurch ist wegen der Unbeständigkeit des Wetters die Gefahr am größten. Deshalb darf man weder unbekleidet noch ohne Schuhwerk ausgehen, und zwar vor allem an kälteren Tagen, noch nachts unter freiem Himmel schlafen, oder man muss sich dann wenigstens gut zudecken. Man darf zwar nun schon etwas mehr essen, sollte aber weniger, freilich auch weniger stark verdünnten Wein trinken. Obst sei schädlich, so glauben einige, wenn es im Übermaß und den ganzen Tag lang verzehrt wird und ohne dass man dafür weniger feste Speisen zu sich nimmt. Deshalb schaden meiner Ansicht nach nicht die Früchte, sondern die Lebensmittel insgesamt, die man zu sich nimmt. Unabhängig davon ist kein einziges der anderen Lebensmittel weniger schädlich als Obst. Andererseits soll man es auch nicht öfter zu sich nehmen als jene…

Den Kopf waschen – aber richtig

Celsus *De medicina* I 4

Maßnahmen der täglichen Körperpflege können auch einen therapeutischen Aspekt haben.

Als nächstes muss ich auf jene zu sprechen kommen, die an einem Körperteil ein Gebrechen haben. Wessen Kopf geschwächt ist, der soll ihn, sobald er gut verdaut hat, frühmorgens mit den eigenen Händen massieren, sofern möglich, niemals mit einem Kleidungsstück verhüllen und kahl rasieren lassen. Nützlich ist es auch, den Mondschein zu meiden, und zwar vor allem, bevor sich Sonne und Mond treffen. Keinesfalls sollte er aber nach einer Mahlzeit irgendwohin gehen. Hat einer noch Haare, so soll er sie jeden Tag kämmen, er soll außerdem viel spazieren gehen, aber wenn mög-

sed, si licet, neque sub tecto neque in sole, ubique autem vitare solis ardorem, maximeque post cibum et vinum; potius ungui quam lavari, numquam ad flammam ungui, interdum ad prunam. Si in balineum venit, sub veste primum paulum in tepidario insudare, ibi ungui, tum transire in caldarium. Ubi sudavit, in solium non descendere, sed multa calida aqua per caput se totum perfundere, tum tepida, deinde frigida, diutiusque ea caput quam ceteras partes perfundere, deinde id aliquamdiu perfricare, novissime detergere et unguere. Capiti nihil aeque prodest atque aqua frigida. Itaque is, cui hoc infirmum est, per aestatem id bene largo canali cotidie debet aliquamdiu subicere. Semper autem, etiamsi sine balineo unctus est neque totum corpus refrigerare sustinet, caput tamen aqua frigida perfundere. Sed cum ceteras partes adtingi nolit, demittere id, ne ad cervices aqua descendat, defluentem subinde manibus regerere.

Est etiam observatio necessaria, qua quis in pestilentia utatur adhuc integer, cum tamen securus esse non possit. Tum igitur

lich, weder unter einem Dach noch in der Sonne. Auf jeden Fall soll er die pralle Sonne meiden, und zwar vor allem nach dem Essen und nach dem Genuss von Wein. Er soll sich auch eher salben als baden, ersteres freilich niemals am Feuer und nur manchmal bei glühender Kohle. Wenn er in die Badeanstalt kommt, soll er als erstes noch voll angezogen im Warmbad ein wenig schwitzen und sich dann dort salben lassen. Dann wechselt er in das heiße Bad. Sobald er hier ins Schwitzen gekommen ist, soll er nicht in die Badewanne steigen, sondern er lasse viel Wasser vom Kopf herab über den ganzen Körper laufen, zuerst warmes, dann lauwarmes und anschließend kaltes. Der Kopf soll dabei aber länger als die übrigen Körperteile benetzt werden. Anschließend wird er dann eine Zeitlang gerieben und zuletzt abgetrocknet und gesalbt. Nichts bekommt dem Kopf besser als kaltes Wasser. Deshalb müssen alle, die an einer Kopfkrankheit leiden, ihn im Sommer jeden Tag eine Weile unter ein kräftig sprudelndes Wasserrohr halten. Immer aber muss der Patient, auch wenn er ohne Bad gesalbt worden ist und die Abkühlung am ganzen Körper nicht erträgt, wenigstens den Kopf mit kaltem Wasser übergießen. Wenn er aber vermeiden will, dass die anderen Körperteile nass werden, soll er den Kopf senken, damit das Wasser nicht den Hals herunterläuft. Und damit das ablaufende Wasser nicht in die Augen und an andere Körperteile gerät und dort Schaden anrichtet, muss man es immer wieder mit den Händen zum Kopf zurückbringen.

Kein Mittagsschlaf bei Seuchengefahr

Celsus *De medicina* I 10

Prophylaktische Maßnahmen gegen ansteckende Krankheiten sind zwar allgemein als nützlich anerkannt, im Einzelfall aber unzuverlässig.

Wer noch gesund ist, muss bei einer Seuche unbedingt darauf achten, welche Verhaltensmaßregeln er zu beachten hat, obwohl

oportet peregrinari, navigare, ubi id non licet, gestari, ambulare sub diu ante aestum leniter eodemque modo ungui; et, ut supra comprensum est, vitare fatigationem, cruditatem, frigus, calorem, libidinem, multoque magis se continere, si qua gravitas in corpore est. Tum neque mane surgendum neque pedibus nudis ambulandum est, minime post cibum aut balineum; neque ieiuno neque cenato vomendum est, neque movenda alvus; atque etiam, si per se mota est, conprimenda est. Abstinendum potius, si plenius corpus est, itemque vitandum balneum, sudor, somnus meridianus, utique si cibus quoque antecessit. Qui tamen semel die tum commodius adsumitur, insuper etiam modicus, ne cruditatem moveat. Alternis diebus in vicem modo aqua modo vinum bibendum est. Quibus servatis ex reliqua victus consuetudine quam minimum mutari debet. Cum vero haec in omni pestilentia facienda sint, tum in ea maxime, quam austri excitarint. Atque etiam peregrinantibus eadem necessaria sunt, ubi gravi tempore anni discesserunt ex suis sedibus, vel ubi in graves regiones venerunt. Ac si cetera res aliqua prohibebit, utique retineri debebit a vino ad aquam, ab hac ad vinum qui supra positus est transitus.

ihm Sicherheit dadurch keineswegs garantiert ist. Deshalb soll er dann auf Reisen gehen, eine Seefahrt antreten und, wenn dies nicht möglich ist, sich zu Pferd oder im Wagen Bewegung verschaffen, tagsüber vor der großen Hitze lockere Spaziergänge unternehmen und sich leicht salben. Außerdem muss er, wie vorhin skizziert, Übermüdung, einen verdorbenen Magen, Kälte, Hitze, Ausschweifungen meiden und sich noch viel mehr beherrschen, wenn er sich körperlich schlapp fühlt. Er darf dann weder früh aufstehen noch mit nackten Füßen spazieren gehen, vor allem nicht nach dem Essen oder einem Bad. Er darf sich weder in nüchternem Zustand noch bei vollem Magen erbrechen bzw. den Darm entleeren. Wenn der Durchfall von sich aus droht, muss er ihn unterdrücken. Zurückhaltung ist umso mehr angezeigt, wenn der Körper allzu voll ist. Ebenso sind Bäder, Schwitzen und Mittagsschlaf zu vermeiden, jedenfalls wenn man vorher auch gegessen hat. Daher ist es zweckmäßig, pro Tag nur einmal Nahrung zu sich zu nehmen, und auch dann nur in Maßen, um sich den Magen nicht zu verderben. Man soll auch im Wechsel an einem Tag Wasser und am anderen Wein trinken. Wenn man sich an diese Ratschläge hält, braucht man an den sonstigen Lebensgewohnheiten kaum etwas zu ändern. Diese Sicherheitsvorkehrungen sind bei Seuchen aller Art zu treffen, vor allem aber bei denen, die durch Südwinde[1] hervorgerufen werden. Dieselben Vorsichtsmaßnahmen müssen auch Auswanderer treffen, wenn sie ihren Wohnsitz zu einer widrigen Jahreszeit verlassen haben oder sobald sie in widrigen Gegenden angekommen sind. Und wenn man die übrigen Empfehlungen aus welchem Grund auch immer nicht befolgen kann, so soll man wenigstens am Wechsel zwischen Wein und Wasser in der oben dargestellten Weise festhalten.

Igitur saluberrimum ver est, proxime deinde ab hoc hiemps, periculosior quam salubrior aestas, autumnus longe periculosissimus. Ex tempestastibus vero optimae aequales sunt, sive frigidae sive calidae, pessimae, quae maxime variant. Quo fit, ut autumnus plurimos opprimat. Nam fere meridianis temporibus calor, nocturnis atque matutinis simulque etiam vespertinis frigus est. Corpus ergo, et aestate et subinde meridianis caloribus relaxatum, subito frigore excipitur. Sed ut eo tempore id maxime fit, sic, quandocumque evenit, noxium est.

Ubi aequalitas autem est, tamen saluberrimi sunt sereni dies, meliores pluvii quam tantum nebulosi nubilive, optimi hieme qui omni vento vacant, aestate quibus favonii perflant. Si genus aliud ventorum est, salubriores septentrionales quam subsolani vel austri sunt, sic tamen haec, ut interdum regionum sorte mutentur. Nam fere ventus ubique a mediterraneis regionibus veniens salubris, a mari gravis est. Neque solum in bono tempestatium habitu certior valetudo est, sed priores morbi quoque, si inciderunt, leviores sunt et promptius finiuntur. Pessimum aegro caelum est, quod aegrum

Jahreszeiten und Lebensalter

Celsus *De medicina* II 1.1–11,13–16

Mit gleichermaßen bewundernswerter Naivität und Akribie schildert der Verfasser den Einfluss von Naturphänomenen auf das Gesund- und Kranksein.

Der Gesundheit am meisten zuträglich ist der Frühling, unmittelbar gefolgt vom Winter. Mehr Risiken als gesundheitliche Vorteile birgt der Sommer, weitaus am gefährlichsten aber ist der Herbst[1]. Egal ob kalt oder warm, am besten ist die gleichmäßige, am schlechtesten eine höchst unbeständige Witterung. Daher fordert auch der Herbst die meisten Opfer[2]. Denn gewöhnlich ist es in dieser Jahreszeit gegen Mittag warm, in der Nacht, morgens und ebenso abends hingegen ist es kalt. Der Körper, der in der Hitze des Sommers und danach in der Mittagswärme entspannt ist, wird also von plötzlicher Kälte erfasst. Aber so wie dies im Herbst am häufigsten vorkommt, so schädlich ist es in jedem Einzelfall.

Wo aber eine gleichmäßige Witterung besteht, dienen doch die heiteren Tage der Gesundheit am meisten. Regnerische Tage sind besser als neblige oder wolkenreiche. Im Winter sind die besten Tage jene, an denen gar kein Wind weht, im Sommer jene, an denen der Wind von Westen kommt. Unter den anderen Winden sind die aus nördlicher Richtung besser als die aus östlichen und westlichen Richtungen, jedoch unter der Einschränkung, dass sich ihr Charakter manchmal mit der Ursprungsregion ändert. Denn fast überall ist der Wind, der aus Binnenregionen kommt, der Gesundheit förderlich, der Wind, der vom Meer kommt, aber ungesund. Bei guten Witterungsbedingungen sind nicht nur Gesundheit und Wohlbefinden weniger gefährdet, sondern es verlaufen auch bereits bestehende Erkrankungen weniger schwer und bilden sich rascher zurück[3]. Am schädlichsten ist für den Patienten der Himmel, unter dem er krank geworden ist, so dass in dieser Situ-

fecit, adeo ut in id quoque genus, quod natura peius est, in hoc statu salubris mutatio sit.

At aetas media tutissima est, quae neque iuventae calore, neque senectutis frigore infestatur. Longis morbis senectus, acutis adulescentia magis patet. Corpus autem habilissimum quadratum est, neque gracile neque obesum. Nam longa statura, ut in iuventa decora est, sic matura senectute conficitur, gracile corpus infirmum, obesum hebes est.

Vere tamen maxime, quae cum umoris motu novantur, in metu esse consuerunt. Ergo tum lippitudines, pustulae, profusio sanguinis, abscessus corporis, quae ἀποστήματα Graeci nominant, bilis atra, quam μελαγχολίαν appellant, insania, morbus comitialis, angina, gravidines, destillationes oriri solent. I quoque morbi, qui in articulis nervisque modo urguent modo quiescunt, tum maxime et inchoantur et repetunt.

At aestas non quidem vacat plerisque his morbis, sed adicit febres vel continuas vel ardentis vel tertianas, vomitus, alvi deiectiones, auricularum dolores, ulcera oris, cancros et in ceteris quidem partibus, sed maxime obscenis, et quicquid sudore hominem resolvit.

Vix quicquam ex his in autumum non incidit. Sed oriuntur quoque eo tempore febres incertae, lienis dolor, aqua inter cutem, tabes, quam Graeci φθίσιν nominant, urinae difficultas, quam στραγγουρίαν appellant, tenuioris intestini morbus, quem ileon

ation eine Veränderung vorteilhaft sein kann, selbst wenn sie in ein Klima führt, das an sich noch weniger zuträglich ist.

Das mittlere Lebensalter birgt die wenigsten Gefahren, weil es weder durch die Hitze der Jugend noch durch die Kälte des Alters gefährdet ist. Das Alter wird mehr von chronischen, die Jugend mehr von akuten Krankheiten bedroht. Der ideale Körper ist mittelgroß und kräftig, weder zu dünn noch zu dick. Denn hochgewachsene Menschen, so nett sie in der Jugend anzusehen sind, neigen zu frühzeitigem Altern[4]. Der zarte Körper ist schwach und der fette träge.

Im Frühjahr sind dennoch gewöhnlich solche Krankheiten am meisten zu fürchten, die mit der Bewegung der Körpersäfte rezidivieren. Die üblichen Folgen sind dann Augenentzündungen, Pusteln, Blutungen, Eiterungen am ganzen Körper, die die Griechen Apostḗmata nennen, schwarze Galle, die sie als Melancholía bezeichnen, Wahnsinn, die Anfallskrankheit, Halsentzündungen, Stockschnupfen und Katarrhe. Auch die Krankheiten, die in den Sehnen und Gelenken mal mehr, mal weniger spürbar sind, beginnen und rezidivieren ganz überwiegend im Frühjahr.

Allerdings ist man auch im Sommer vor der Mehrzahl dieser Erkrankungen nicht gefeit. Aber dann kommen noch Fiebererkrankungen (Dauerfieber, Brennfieber, Dreitagefieber) hinzu, Erbrechen, Durchfälle, Ohrenschmerzen, Geschwüre in der Mundhöhle, Krebsgeschwüre an allen Körperteilen, vor allem aber an den Geschlechtsorganen, sowie Krankheiten, die den Menschen durch starke Schweißneigung mitnehmen[5].

Kaum eine dieser Krankheiten kommt nicht auch im Herbst vor. Aber es entwickeln sich in dieser Zeit auch Wechselfieber, Schmerzen an der Milz, Hautödeme, Auszehrung, die die Griechen Phthísis nennen, Beschwerden beim Wasserlassen, die als Strangūría[6] bezeichnet werden, eine Erkrankung des Dünndarms, die man Íleon nennt, eine Glätte der Eingeweide, die als Lientería

nominant, levitas intestinorum, qui lienteria vocatur, coxae dolores, morbi comitiales. Idemque tempus ex diutinis malis fatigatos, et ab aestate tantum proxima pressos interemit, et alios novis morbis conficit. Et quosdam longissimis inplicat, maximeque quartanis, quae per hiemem quoque exerceant. Nec aliud magis tempus pestilentiae patet, cuiuscumque ea generis est, quamvis variis rationibus nocet.

Hiemps autem capitis dolores, tussim et quicquid in faucibus in lateribus in visceribus mali contrahitur, incitat.

Ex tempestatibus aquilo tussim movet, fauces exasperat, ventrem adstringit, urinam supprimit, horrores excitat, item dolores lateris et pectoris. Sanum tamen corpus spissat et mobilius atque expeditius excitat. Auster aures hebetat, sensum tardat, capitis dolores movet, alvum solvit, totum corpus efficit hebes, umidum, languidum. Ceteri venti, quo vel huic vel illi propiores sunt, eo magis vicinos his illisve affectus faciunt. Denique omnis calor iecur et lienem inflat, mentem hebetat, ut anima deficiat, ut sanguis prorumpat, efficit…

Neque solum interest, quales dies sint, sed etiam, quales ante praecesserint. Si hiemps sicca septentrionales ventos habuit, ver autem austros et pluvias exhibet, fere subeunt lippitudines, tormina, febres maximeque in mollioribus corporibus, ideoque

bezeichnet wird, außerdem Hüftschmerzen und epileptische Anfälle. So bringt diese Jahreszeit auch jene um, die bereits durch langanhaltende Krankheiten geschwächt sind und denen der eben vergangene Sommer gesundheitlich zugesetzt hat. Andere Personen reibt sie durch neue Krankheiten auf. Manche verwickelt sie in äußerst langwierige Fieberkrankheiten, vornehmlich Viertagefieber, die dann auch den Winter hindurch nicht nachlassen. Keine andere Jahreszeit fördert den Ausbruch von Seuchen aller Art mehr als der Herbst. Dabei richtet er doch ohnehin schon so viele gesundheitliche Schäden an.

Der Winter aber bringt Kopfschmerzen, Husten und alle anderen Leiden des Rachens, der Flanken und der Eingeweide mit sich.

Jetzt komme ich auf die verschiedenen Windrichtungen zu sprechen. Der Nordwind erregt Husten[7], er macht den Rachen rau, er verschließt den Bauch, er unterdrückt den Urin, er erzeugt immer wieder Schüttelfrost, desgleichen Schmerzen in den Flanken und in der Brust. Einen gesunden Körper schottet er hingegen gleichsam ab und macht ihn beweglicher und schlagkräftiger[8]. Der Südwind schwächt die Ohren, er verlangsamt die Empfindungen, er ruft Kopfschmerzen hervor, er bringt die Verdauung in Gang, er macht den ganzen Körper träge, saftreich und schlaff[9]. Die gesundheitlichen Auswirkungen der anders orientierten Winde sind denen der beiden eben genannten um so ähnlicher, je näher sich die Richtungen kommen. Schließlich lässt jedes heiße Wetter Leber und Milz anschwellen und die Sinne abstumpfen und führt zu Ohnmacht und Blutungen…

Und es kommt nicht nur darauf an, wie das Wetter jeweils gerade ist, sondern auch, wie es an den vorhergehenden Tagen war. Wenn der Winter trocken war und die Nordwinde geweht haben, das Frühjahr dagegen Südwinde und Regen gebracht hat, so stellen sich regelmäßig Augenentzündungen, schneidende Bauchschmerzen und Fieber ein, und zwar besonders dann, wenn die

praecipue in muliebribus. Si vero austri pluviaeque hiemen occuparunt, ver autem frigidum et siccum est, gravidae quidem feminae, quibus tum adest partus, abortu periclitantur, eae vero, quae gignunt, inbecillos vixque vitales edunt. Ceteros lippitudo arida et, si seniores sunt, gravedines atque destillationes male habent. At si a prima hieme austri ad ultimum ver continuarint, laterum dolores et insania febricitantium, quam phrenesin appellant, celerrime rapiunt. Ubi vero calor a primo vere orsus aestatem quoque similem exhibet, necesse est multum sudorem in febribus subsequi. At si sicca aestas aquilones habuit, autumno vero imbres austrique sunt, tota hieme, quae proxima est, tussis, destillatio, raucitas, in quibusdam etiam tabes oritur. Sin autem autumnus quoque aeque siccus iisdem aquilonibus perflatur, omnibus quidem mollioribus corporibus, inter quae muliebria esse proposui, secunda valetudo contingit. Durioribus vero instare possunt et aridae lippitudines, et febres partim acutae partim longae, et ii morbi, qui ex atra bile nascuntur.

Körper schlaff sind, und aus eben diesem Grund vornehmlich bei Frauen. Wenn dagegen Südwinde und Regengüsse den Winter beherrscht haben, das Frühjahr aber kalt und trocken ist, so laufen Schwangere Gefahr, das Kind kurz vor der Entbindung zu verlieren. Die Frauen, die dennoch entbunden werden, bringen schwache, kaum lebensfähige Säuglinge zur Welt. Andere leiden unter trockener Augenentzündung und, wenn sie schon älter sind, unter Stockschnupfen und Katarrh. Aber wenn von Beginn des Winters bis zum Ende des Frühjahrs ständig die Südwinde geweht haben, dann fordern Schmerzen in den Flanken und Fieberdelirien, die man Phrénēsis nennt, sehr rasch ihre Opfer. Wenn aber vom ersten Frühlingstag an Hitze herrscht und in ähnlicher Weise den Sommer über anhält[10], dann werden die Fieberattacken unweigerlich von Schweißausbrüchen begleitet. Wenn der Sommer trocken war und Nordwinde geweht haben, im Herbst aber dann Regen und südliche Winde vorherrschen, so treten den ganzen folgenden Winter lang Husten, Katarrh, Heiserkeit und bei manchen auch Auszehrung auf. Wenn aber der Herbst ebenfalls trocken war und dieselben Nordwinde geweht haben, so können sich die Menschen mit zartem Körperbau – unter ihnen, wie vorhin angedeutet, die Frauen – einer guten Gesundheit erfreuen. Den Menschen mit kräftigerem Körperbau aber können trockene Augenentzündungen, teils akute, teils auch langanhaltende Fieber und die Krankheiten bevorstehen, die durch die schwarze Galle hervorgerufen werden.

Ante adversam autem valetudinem, ut supra dixi, quaedam notae oriuntur, quarum omnium commune est aliter se corpus habere atque consuevit, neque in peius tantum, sed etiam in melius. Ergo si plenior aliquis et speciosior et coloratior factus est, suspecta habere bona sua debet. Quae quia neque in eodem habitu subsistere neque ultra progredi possunt, fere retro quasi ruina quadam revolvuntur. Peius tamen signum est, ubi aliquis contra consuetudinem emacuit et colorem decoremque amisit, quoniam in iis, quae superant, est quod morbus demat, in iis, quae desunt, non est quod ipsum morbum ferat. Praeter haec protinus timeri debet, si graviora membra sunt, si crebra ulcera oriuntur, si corpus supra consuetudinem incaluit, si gravior somnus pressit, si tumultuosa somnia fuerunt, si saepius expergiscitur aliquis quam adsuevit, deinde iterum soporatur, si corpus dormientis circa partes aliquas contra consuetudinem insudat maximeque si circa pectus aut cervices aut crura vel genua vel coxas. Item si marcet animus, si loqui et moveri piget, si corpus torpet, si dolor praecordiorum est aut totius pectoris aut, qui in plurimis evenit, capitis, si

An der Schnittstelle von Diagnose und Prognose

Celsus *De medicina* II 2

Wenn der Arzt gewissenhaft und erfahren ist, kann er aus seinen klinischen Beobachtungen von Anfang an den Verlauf der Erkrankung ziemlich genau vorhersagen.

Der Ausbruch einer Krankheit kündigt sich, wie oben bereits gesagt, durch gewisse Zeichen an, deren gemeinsames Merkmal es ist, dass das körperliche Befinden anders ist als sonst, und zwar nicht immer nur schlechter, sondern paradoxerweise manchmal auch scheinbar besser. Wenn jemand an Gewicht zunimmt, besser aussieht und eine gesündere Hautfarbe hat als sonst, muss ihm diese an sich günstige Entwicklung dennoch zu denken geben. Weil sie nämlich weder anhalten noch weiter voranschreiten kann, vollzieht sie nahezu ausnahmslos eine gleichsam sturzartige Wendung[1]. Ein noch schlechteres Zeichen ist es aber, wenn jemand ungewöhnlich mager geworden ist und seine Farbe und das gute Aussehen verloren hat, weil eine Krankheit bei denen, die sich in gutem Ernährungszustand befinden, etwas vorfindet, wovon sie zehren kann, den Mageren aber die entsprechenden Abwehrkräfte fehlen. Außerdem sollte man sofort Verdacht schöpfen, wenn die Glieder schwerer werden, wenn sich zahlreiche Geschwüre bilden, wenn sich der Körper außergewöhnlich erwärmt hat, wenn ein größeres Schlafbedürfnis als sonst besteht, wenn es zu unruhigen Träumen gekommen ist, wenn einer öfter als sonst aufwacht und dann wieder einschläft, wenn der Körper im Schlaf an mehreren Stellen ungewöhnlich viel Schweiß absondert, und zwar vor allem an der Brust, am Hals, an den Unterschenkeln, den Knie oder den Hüften. Ein ebenso schlechtes Zeichen ist es, wenn der Geist ermattet, jemand nur noch widerstrebend spricht und sich bewegt, wenn der Körper erstarrt, wenn die Brusthöhle oder der ganze Thorax oder, wie bei der Mehrzahl, der Kopf schmerzt, wenn der

salivae plenum os est, si oculi cum dolore vertuntur, si tempora adstricta sunt, si membra inhorrescunt, si spiritus gravior est, si circa frontem intentae venae moventur, si frequentes oscitationes, si genua quasi fatigata sunt totumve corpus lassitudinem sentit. Ex quibus saepe plura, numquam non aliqua febrem antecedunt. In primis tamen illud considerandum est, num cui saepius horum aliquid eveniat neque ideo corporis ulla difficultas subsequatur. Sunt einm quaedam proprietates hominum, sine quarum notitia non facile quicquam in futurum praesagiri potest. Facile itaque securus est in iis aliquis, quae saepe sine periculo evasit. Ille sollicitari debet, cui haec nova sunt aut qui ista numquam sine custodia sui tuta habuit.

Post haec indicia votum est longum morbum fieri. Sic enim necesse est, nisi occidit. Neque vitae alia spes in magnis malis est, quam ut impetum morbi trahendo aliquis effugiat porrigaturque in id tempus, quod curationi locum praestet. Protinus tamen signa quaedam sunt, ex quibus colligere possimus morbum, etsi non interemit, longius tamen tempus habiturum: Ubi frigidus sudor

Mund voller Speichel ist, wenn die Augen nur unter Schmerzen bewegt werden können, wenn sich die Schläfen zusammengezogen haben, wenn die Glieder zittern, wenn das Atmen schwer fällt[2], wenn die Stirnvenen angespannt sind und pulsieren, wenn der Patient häufig gähnt, wenn die Knie gleichsam ermüdet sind oder am ganzen Körper das Gefühl der Ermattung besteht. Von diesen Symptomen gehen oftmals mehrere, stets jedoch einige dem Fieber voraus. Essenziell ist es jedoch, darauf zu achten, ob jemand zwar öfters unter derartigen Symptomen leidet, sich daraus aber bisher keine körperlichen Beschwerden entwickelt haben. Menschen verfügen nämlich über manche Eigenschaften, ohne deren Kenntnis es nicht leicht ist, für die Zukunft Vorhersagen zu machen. Es kann sich also jemand trotz solcher Symptome ohne Bedenken sicher fühlen, wenn er sie schon des Öfteren gefahrlos überstanden hat. Dagegen muss sich jener Sorgen machen, für den diese Zeichen neu sind oder der sie niemals heil überstanden hat, ohne sich sehr in Acht zu nehmen.

Akut, chronisch oder uneinheitlich (1)
Celsus *De medicina* II 5

Das Wissen über den mutmaßlichen Verlauf einer Erkrankung ist ein wichtiges Bindeglied zwischen Diagnose und Therapie.

Wenn solch bedrohliche Symptome bestehen, muss man sich wünschen, dass die Krankheit chronisch verläuft. Sonst ist der Tod unausweichlich und es bleibt bei schweren Leiden keine andere Hoffnung für das Leben des Betroffenen, als die Aggressivität der Krankheit durch palliative Maßnahmen abzuschwächen und ihm dadurch die bis zu einer möglichen Heilung notwendige Zeit zu verschaffen. Außerdem gibt es aber einige Zeichen, aus denen wir schließen können, dass eine Krankheit zwar nicht mit dem Tode enden, aber doch einen ziemlich protrahierten Verlauf nehmen

inter febres non acutas circa caput tantum aut cervices oritur, aut ubi febre non quiescente corpus insudat, aut ubi corpus modo frigidum modo calidum est et color alius ex alio fit, aut ubi, quod inter febres aliqua parte abscessit, ad sanitatem non pervenit, aut ubi aeger pro spatio parum emacrescit, item si urina modo pura et liquida est, modo habet quaedem subsidentia, aut si levia atque alba rubrave sunt, quae in ea subsidunt, aut si quasdam quasi miculas repraesentat, aut si bullulas excitat.

Protinus autem inter initia scire facile est, quis acutus morbus, quis longus sit, non in iis solis, in quibus semper ita se habet, sed in iis quoque, in quibus variat. Nam ubi sine intermissionibus accessiones et dolores graves urgent, acutus est morbus. Ubi lenti dolores lentaeve febres sunt et spatia inter accessiones porrigunt, accedunt ea signa, quae priore volumine exposita sunt, longum hunc futurum esse manifestum est. Videndum etiam est, morbus an increscat, an consistat, an minuatur, quia quaedam remedia increscentibus morbis, plura inclinatis conveniunt. Eaque, quae descrescentibus apta sunt, ubi acutus increscens urget, in remissionibus potius experienda sunt. Increscit autem morbus, dum

wird. Dazu gehören kalter Schweiß ausschließlich an Kopf und Hals bei nicht akuten Fiebern[1], Schwitzen am ganzen Körper bei nicht nachlassendem Fieber, Wechsel von Temperatur und Hautfarbe am ganzen Körper[2], nicht abheilende Abszesse in den fieberhaften Perioden[3] oder der im Vergleich mit der Dauer der Krankheit gering ausgeprägte Gewichtsverlust[4]. Prognostisch ungünstig ist es auch, wenn der Urin bald klar und rein ist und dann wieder einen Bodensatz aufweist, oder wenn der Bodensatz glatt und weiß oder rot ist, oder wenn er krümelartige Körner[5] enthält oder wenn aus ihm Bläschen aufsteigen[6].

Akut, chronisch oder uneinheitlich (2)
Celsus *De medicina* III 2.1–4

Man kann aber beim Ausbruch einer Krankheit leicht feststellen, ob sie akut oder chronisch verläuft, und zwar nicht nur bei jenen, die einen einheitlichen Verlauf nehmen, sondern auch bei denen, deren Verlauf variabel ist. Denn wenn Anfälle und heftige Schmerzen dem Betroffenen ohne Unterbrechungen zusetzen, ist die Krankheit akut. Wenn dagegen schleichende Schmerzen und schleichendes Fieber bestehen, die Anfälle zeitlich deutlich voneinander getrennt sind und die im vorangehenden Buch erörterten Symptome hinzukommen, liegt es auf der Hand, dass die Krankheit einen langen Verlauf nehmen wird. Man muss auch darauf achten, ob die Krankheit zunimmt, stillsteht oder sich zurückbildet, weil man gewisse Heilmittel geben kann, wenn sich die Leiden verschlimmern, die Mehrzahl aber nur in der Rückbildungsphase der Erkrankungen. Jene Heilmittel, die sich für die Behandlung rückläufiger Affektionen eignen, sollte man, wenn eine akute und progrediente Erkrankung besteht, eher in den Remissionsphasen einsetzen. Eine Krankheit schreitet aber fort, wenn die Schmerzen und Attacken heftiger werden und sowohl

graviores dolores accessionesque veniunt, eaeque et ante, quam proximae, revertuntur et postea desinunt. Atque in longis quoque morbis etiam tales notas non habentibus scire licet increscere, si somnus incertus est, si deterior concoctio, si foediores deiectiones, si tardior sensus, si pigrior mens, si percurrit corpus frigus aut calor, si id magis pallet. Ea vero, quae contraria his sunt, decedentis eius notae sunt. Praeter haec in acutis morbis serius aeger alendus est, nec nisi iam iis inclinatis, ut primo dempta materia impetum frangat, in longis maturius, ut sustinere spatium affectari mali possit. Ac si quando is non in toto corpore, sed in parte est, magis tamen ad rem pertinet vim totius corporis moliri quam proprie partis aegrae sanitatem. Multum etiam interest, ab initio quis recte curatus sit an perperam, quia curatio minus iis prodest, in quibus assidue frustra fuit. Si qui temere habitus adhuc integris viribus vivit, admota curatione momento restituitur.

früher als beim vorhergehenden Mal zurückkehren als auch später nachlassen. Und auch bei chronischen Krankheiten ohne solche besonderen Merkmale erkennt man die Verschlimmerung, wenn sich der Schlaf nicht mehr zuverlässig einstellt, wenn sich die Verdauung verschlechtert, wenn die Ausscheidungen übler riechen, wenn das Empfindungsvermögen erschlafft, wenn der Geist abstumpft, wenn Kälte oder Hitze den Körper erschauern lassen und sich die Blässe über ihn ausbreitet. Die jeweils gegensätzlichen Symptome weisen auf die Rückbildung der Krankheit hin. Außerdem muss man akut erkrankten Patienten später, aber nur, wenn sie schon auf dem Wege der Besserung sind, zu essen geben, damit zunächst der Nahrungsentzug die Wucht der Krankheit bricht. Bei chronisch Kranken soll man den Zeitpunkt früher wählen, damit sie die ihnen bevorstehende Krankheitsspanne durchhalten können. Und wenn die Krankheit einmal nicht den ganzen Körper, sondern nur einen Teil ergreift, so trägt es doch mehr zur Sache bei, die Kräfte des ganzen Körpers zu stärken, als nur die Gesundung des kranken Körperteils zu fördern. Es ist auch von entscheidender Bedeutung, ob einer von Anfang an richtig oder falsch behandelt wird, weil die Behandlung jenen weniger nützt, bei denen sie über lange Zeit erfolglos angewandt wurde. Wenn einer trotz ungeeigneter Behandlung noch bei vollen Kräften ist, wird er durch zweckmäßige therapeutische Maßnahmen in kürzester Zeit wieder gesund.

Abstinentiae vero duo genera sunt, alterum ubi nihil adsumit aeger, alterum ubi non nisi quod oportet. Initia morborum primum famem sitemque desiderant, ipsi deinde morbi moderationem, ut neque aliud quam expedit neque eius ipsius nimium sumatur. Neque enim convenit iuxta inediam protinus satietatem esse. Quod si sanis quoque corporibus inutile est, ubi aliqua necessitas famem fecit, quanto inutilius est etiam in corpore aegro? Neque ulla res magis adiuvat laborantem quam tempestiva abstinentia. Intemperantes homines apud nos ipsi cibi... tempora curantibus dantur. Rursus alii tempora medicis pro dono remittunt, sibi ipsis modum vindicant. Liberaliter agere se credunt, qui cetera illorum arbitrio relinquant, in genere cibi liberi sunt. Quasi quaeratur quid medico liceat, non quid aegro salutare sit, cui vehementer nocet, quotiens in eius, quod adsumitur, vel tempore vel modo vel genere peccatur.

Fasten: Eine wohl überlegte Entscheidung

Celsus *De medicina* II 16

Der Verfasser weiß um das bisweilen spannungsreiche Verhältnis zwischen Arzt und Patient bei der Entscheidung über eine diätetische Behandlung.

Es gibt zwei Arten des Fastens. Im ersten Fall nimmt der Patient gar nichts zu sich, im zweiten Fall nur das, was er braucht. Wenn die Krankheit beginnt, ist die vollständige Enthaltung von Speisen und Getränken angezeigt. Im weiteren Verlauf ist Mäßigung geboten, d. h. man soll nur Speisen zu sich nehmen, die die Genesung fördern, und auch davon nicht zu viel. Denn es ist nicht bekömmlich, sich gleich nach dem Fasten satt zu essen[2]. Was schon für Gesunde nicht gut ist, die aus welchem Grunde auch immer gezwungen sind zu fasten, das bringt doch wohl erst recht den Kranken keinen Nutzen? Nichts bekommt dem Leidenden mehr als das Fasten zur rechten Zeit[3]. Manche unserer Mitbürger, die Maß und Ziel verloren haben, bestimmen nicht nur die Menge dessen, was sie essen, sondern auch den Zeitpunkt[1] dafür selbst und lassen sich nichts von den Ärzten sagen. Andere wieder überlassen den Ärzten großzügig die Bestimmung der Essenszeiten, beanspruchen aber für sich die Entscheidung darüber, wie viel sie essen. Wieder andere glauben, sich anständig zu verhalten, wenn sie nur die Auswahl des Essens selbst treffen und alle anderen Entscheidungen dem Urteil der Ärzte überlassen. Dadurch könnte der Eindruck aufkommen, es sei die Frage zu klären, was dem Arzt zustehe, und gehe nicht darum, was dem Patienten förderlich ist. Jeder Fehler, der bei der Wahl des Zeitpunkts der Nahrungsaufnahme, der Menge und der Art der Speisen gemacht wird, richtet schweren Schaden an.

… omnium optima sunt quies et abstinentia.

… Confert etiam aliquid ad somnum silanus iuxta cadens, vel gestatio post cibum et noctu, maximeque suspensi lecti motus…

Neque alienum est, si neque sanguis ante missus est neque mens constat neque somnus accedit, occipitio inciso cucurbitulam admovere, quae, quia levat morbum, potest etiam somnum facere.

Cum facias peiora senex vacuumque cerebro

Gesundheitsregel Nummer Eins

Celsus *De medicina* III 2.5

Wer sich daran hält, kann sogar schwere Erkrankungen abwenden.

… in allen Fällen sind Ruhe und Enthaltsamkeit das Beste.

Springbrunnen oder Hängematte

Celsus *De medicina* III 18.15

Vielleicht verbergen sich hinter den originellen Vorschlägen eigene Erfahrungen aus schlaflosen Nächten.

… Auch das Geräusch eines Springbrunnens, der in der Nähe plätschert, kann dazu beitragen, dass man einschläft, außerdem Spazierfahrten nach dem Essen oder im Laufe der Nacht und vor allem die Bewegungen einer Hängematte…

Schröpfkopf am Hinterhaupt (1)

Celsus *De medicina* III 18.16

Als ob man den Wahnsinn aus dem Kopf absaugen könnte.

Für den Fall, dass kein Aderlass durchgeführt worden ist, der Kranke die Fassung verloren hat und keinen Schlaf findet, ist es nicht abwegig, das Hinterhaupt zu inzidieren und dort einen Schröpfkopf aufzusetzen. Das Gerät bessert die Krankheit und kann so Schlaf herbeiführen.

Schröpfkopf am Hinterhaupt (2)

Juvenal *Saturae* XIV 57–58

Weil Du, Alter, noch Schlimmeres tust und dieser Dein Schädel,

iam pridem caput hoc ventosa cucurbita quaerat?

Ubi aliquid eiusmodi sensimus, protinus abstinere a sole, balneo, vino, venere debemus.

Balnea, vina, venus corrumpunt corpora nostra.
Sed vitam faciunt balnea, vina, venus.

Οἶνος καὶ τὰ λοετρὰ καὶ ἡ περὶ Κύπριν ἐρωὴ
ὀξυτέρην πέμπει τὴν ὁδὸν εἰς Ἀίδην.

Ex quocumque autem morbo quis invalescit, si tarde confirmatur, vigilare prima luce debet, nihilo minus in lecto conquiescere, circa

längst schon ohne Hirn und Verstand, vom Schröpfkopf begehrt wird?

Leben spendend und lebensbedrohlich zugleich (1)

Celsus *De medicina* IV 5.3

Drei der schönsten Dinge des Lebens bestimmen auch seinen Anfang und sein Ende.

Sobald wir so etwas[1] spüren, müssen wir auf der Stelle die Sonne meiden und uns des Bads, des Weins und des Beischlafs enthalten.

Leben spendend und lebensbedrohlich zugleich (2)

Corpus Inscriptionum Latinarum [CIL] VI.15258 (Rom)

Bäder, Weine, die Liebe verderben unsere Leiber.
Aber aus ihnen geht unser Leben hervor.

Leben spendend und lebensbedrohlich zugleich (3)

Anthologia Graeca X 112[1]

Wein und die Bäder und die gierigen Sinne und Lüste der Kypris
machen ihn kürzer, den Weg in den Hades hinab.

Wie man wieder auf die Beine kommt

Celsus *De medicina* IV 32

Der Verfasser formuliert Handlungsanweisungen für eine erfolgreiche Rekonvaleszenz und die Rückkehr in den Arbeitsalltag.

Welche Krankheit auch immer es war, von der sich jemand erholt, so muss er, wenn die Kräfte langsam zurückkehren, doch bereits beim ersten Tageslicht wach sein, dann aber trotzdem weiter in

tertiam horam leviter unctis manibus corpus permulcere. Deinde delectationis causa, quantum iuvat, ambulare, circumcisa omni negotiosa actione, tum gestari diu, multa frictione uti, loca, caelum, cibos sape mutare. Ubi triduo quadriduove vinum bibit, uno aut etiam altero die interponere aquam. Per haec enim fiet, ne in vitia tabem inferentia incidat et ut mature vires suas recipiat. Cum ex toto vero convaluerit, periculose vitae genus subito mutabit et inordinate aget. Paulatim ergo debebit omissis his legibus eo transire, ut arbitrio suo vivat.

Quod ad aetates vero pertinet, pueri proximique his vere optime valent, et aestate prima tutissimi sunt, senes aestate et autumni prima parte, iuvenes hieme quique inter iuventam senectutemque sunt. Inimicior senibus hiemps, aestas adulescentibus est. Tum si qua inbecillitas oritur, proximum est, ut infantes tenerosque adhuc

seinem Bett ruhen und um die dritte Stunde den Körper mit Salbe in den Händen sanft massieren. Später soll er die geschäftlichen Dinge hintanstellen und, so es ihm gut tut, einen Vergnügungsspaziergang unternehmen. Danach heißt es für ihn lange Zeit, sich tragen und fahren und häufig einreiben zu lassen und schließlich den Aufenthaltsort, das Klima und die Ernährung häufig zu verändern. Hat er drei oder vier Tage lang Wein getrunken, dann muss so einer auch einen oder zwei Wassertage einlegen. So wird es ihm nämlich gelingen, nicht in den elenden Zustand zu verfallen, der in der Auszehrung endet, sondern frühzeitig seine Kräfte wiederzuerlangen. Wenn er sich aber dann vollständig erholt hat, bleiben dennoch jede plötzliche Veränderung der Lebensweise und jede Nachlässigkeit mit Gefahren verbunden. Nur ganz allmählich darf er also die Vorschriften und Verschreibungen aufgeben und zu einer nach eigenem Ermessen gestalteten Lebensweise übergehen.[1]

2.1.4 Allgemeine Krankheitslehre und Diagnostik

Die Geißeln der Jugend

Celsus *De medicina* II 1.17–21

Die beklemmende Aufzählung weist auf die hohe Morbidität und Mortalität von Kindern und Jugendlichen in der Antike hin.

Wenn wir auf die verschiedenen Lebensalter zu sprechen kommen, so kann man sagen, dass es Kindern und Jugendlichen im Frühling am besten geht und dass sie zu Sommerbeginn gar nichts zu befürchten haben. Die älteren Leute fühlen sich am besten im Sommer und zu Beginn des Herbstes, die jungen Erwachsenen und die mittleren Jahrgänge dagegen im Winter. Für die ältere Generation ist der Winter, für die Heranwachsenden dagegen der

pueros serpentia ulcera oris, quae ἄφθας Graeci nominant, vomitus, nocturnae vigiliae, aurium umor, circa umbilicum inflammationes exerceant. Propriae etiam dentientium gingivarum exulcerationes, febriculae, interdum nervorum distentiones, alvi deiectiones. Maximeque caninis dentibus orientibus male habent. Quae pericula plenissimi cuiusque sunt, et cui maxime venter adstrictus est. At ubi aetas paulum processit, glandulae, et vertebrarum, quae in spina sunt, aliquae inclinationes, struma, verrucarum quaedam genera dolentia (ἀκροχορδόνας Graeci appellant) et plura alia tubercula oriuntur. Incipiente vero iam pube, et ex iisdem multa, et longae febres, sanguinis ex naribus cursus. Maximeque omnis pueritia, primum circa quadragesimum diem, deinde septimo mense, tum septimo anno, postea circa pubertatem periclitatur. Si qua etiam genera morborum in infantem inciderunt ac neque pubertate neque primis coitibus neque in femina primis menstruis finita sunt, fere longa sunt. Saepius tamen morbi pueriles, qui diutius manserunt, terminantur. Adulescentia morbis acutis item comitialibus tabique maxime obiecta est. Fereque iuvenes sunt, qui sanguinem expuunt. Post hanc aetatem laterum et pulmonis dolores, lethargus, cholera, insania, sanguinis per quaedam velut ora venarum (αἱμοῤῥοΐδας Graeci appellant) profusio.

Sommer ungünstiger[1]. Wenn dann eine entsprechende Schwächung des Gesundheitszustands eintritt, so ist es ganz offensichtlich, dass Säuglinge und Kleinkinder von wandernden Geschwüren der Mundregion, die die Griechen als Áphthai bezeichnen, Erbrechen, Schlaflosigkeit, Ausfluss an den Ohren und Entzündungen der Nabelregion heimgesucht werden[2]. Für zahnende Kinder typisch sind Vereiterungen des Zahnfleischs, leichtes Fieber, manchmal auch klonische Krämpfe und Durchfall, besonders wenn die Eckzähne gerade durchbrechen. Diese Gefahren sind am größten bei wohl genährten und stark verstopften Kindern[3]. Sind die Kinder etwas älter, entwickeln sich Schwellungen der Mandeln[4], Formveränderungen der Wirbel, ein dicker Hals und verschiedene schmerzhafte Arten von Warzen[5] (Akrochordónai heißen sie bei den Griechen) sowie mehrere andere kleine Geschwülste. Mit Eintritt der Pubertät aber manifestieren sich neben vielen der genannten Krankheiten lang anhaltendes Fieber und Nasenbluten. Krisenhaft gefährdet sind die Kinder erstmals um den 40. Lebenstag, danach im siebten Monat, später im siebten Jahr und schließlich um die Zeit der Pubertät. Krankheiten, die im Kindesalter ausgebrochen und weder mit der Pubertät noch mit dem ersten Geschlechtsverkehr noch beim weiblichen Geschlecht mit der Menarche abgeklungen sind, nehmen gewöhnlich einen chronischen Verlauf[6]. Öfter aber enden bis dahin chronisch verlaufende Kinderkrankheiten zu den erwähnten Terminen. Das frühe Erwachsenenalter ist von akuten Erkrankungen und Anfallsleiden gleichermaßen und von der Auszehrung am stärksten bedroht. Es sind fast nur junge Leute, die Blut spucken[7]. Wenn diese Lebenszeit überschritten ist, entwickeln sich Schmerzen in den Flanken und in der Lunge, Schlafsucht, Brechdurchfall, das Irresein und man beobachtet den Austritt von Blut aus bestimmten Öffnungen der Adern (die Griechen sagen dazu Haimorrhoídes).

In senectute spiritus et urinae difficultates, gravedo, articulorum et renum dolores, nervorum resolutiones, malus corporis habitus (καχεξίαν Graeci appellant), nocturnae vigiliae, vitia longiora aurium, oculorum, etiam narium, praecipueque soluta alvus, et, quae secuntur hanc, tormina vel levitas intestinorum ceteraque ventris fusi mala. Prater haec graciles tabes, deiectiones, destillationes, item viscerum et laterum dolores fatigant. Obesi plerumque acutis morbis et difficultate spirandi strangulantur subitoque saepe moriuntur. Quod in corpore tenuiore vix evenit.

Contra gravis morbi periculum est, ubi supinus aeger iacet porrectis manibus et cruribus, ubi residere volt in ipso acuti morbu impetu pracipueque pulmonibus laborantibus, ubi nocturna vigilia premitur, etiamsi interdiu somnus accedit. Ex quo tamen peior est, qui inter quartam horam et noctem est quam qui

Alterskrankheiten

Celsus *De medicina* II 1.22–23

Der Verfasser sagt übergewichtigen Senioren ein meist rasches Lebensende voraus.

Im höheren Alter drohen Atem- und Miktionsbeschwerden[1], hartnäckiger Schnupfen, Gelenk- und Nierenschmerzen, Bewegungsunfähigkeit, körperlicher Verfall (von den Griechen als Kachexía bezeichnet), nächtliche Wachphasen, langwierige Leiden der Ohren, Augen und auch der Nase, besonders aber Unterleibsschwäche und in deren Folge Koliken, Durchfall und die anderen Symptome des Grundleidens. Bei schlanken älteren Personen kommt es außerdem zu Auszehrung, flüssigen Ausscheidungen, Katarrhen und ebenso zu Schmerzen in den Eingeweiden und Flanken. Wohlgenährte Menschen in fortgeschrittenem Lebenalter werden meistens von akuten Krankheiten und Atembeschwerden ergriffen und sterben oft eines plötzlichen Todes. Bei einem schlanken Körper kommt so etwas kaum vor.[2]

Das ganze Elend am Krankenbett

Celsus *De medicina* II 4.1–5

In einer von gewaltiger Empathie geprägten Passage werden die Warn- und Leitsymptome jener Krankheiten beschrieben, die keine Hoffnungen mehr zulassen.

Dagegen droht eine schwere Erkrankung, wenn der Patient mit ausgestreckten Armen und Beinen auf dem Rücken liegt, wenn er sich bei Ausbruch einer akuten Krankheit, vor allem einer der Lungen, aufrichten möchte, wenn er nachts von Schlaflosigkeit heimgesucht wird, auch wenn er tagsüber Schlaf gefunden hat. Dabei ist der Schlaf, der zwischen der vierten Stunde und der folgenden Nacht eintritt, schädlicher als der vom frühen Morgen

matutino tempore ad quartam. Pessimum tamen est, si somnus neque noctu neque interdiu accedit. Id enim fere sine continuo dolore esse non potest. Neque vero signum bonum est etiam somno ultra debitum urgueri peiusque, quo magis se sopor interdiu noctuque continuat. Mali etiam morbi testimonium est vehementer et crebro spirare, a sexto die coepisse inhorrescere, pus expuere, vix excreare, dolorem habere continuum, difficulter morbum ferre, iactare bracchia et crura, sine voluntate lacrimare, habere umorem glutinosum dentibus inhaerentem, cutem circa umbilicum et pubem macram, praecordia inflammata, dolentia, dura, tumida, intenta magisque si haec dextra parte quam sinistra sunt. Periculosissimum tamen est, si venae quoque ibi vehementer agitantur. Mali etiam morbi signum est nimis celeriter emacrescere, caput et pedes manusque calidas habere ventre et lateribus frigentibus aut frigidas extremas partes acuto morbo urguente aut post sudorem inhorrescere aut post vomitum singultum esse vel rubere oculos aut post cupiditatem cibi postve longas febres hunc fastidire aut multum sudare, maximeque frigido sudore, aut habere sudores non per totum corpus aequales, quique febrem non finiant, et febres eas, quae cotidie tempore eodem revertantur, quaeve semper pares accessiones habeant neque tertio quoque die leventur quaeque continent, ut per accessiones increscant, tantum per decessiones molliantur neque umquam integrum corpus dimittant.

bis zur vierten Stunde[1]. Am schlimmsten ist es jedoch, wenn sich Schlaf weder nachts noch tagsüber einstellt; denn dieser Zustand rührt fast immer von andauernden Schmerzen. Es ist aber ebenfalls kein gutes Zeichen, wenn man vom Schlaf übermäßig bedrängt wird, und die Prognose ist umso schlechter, je länger das Schlafbedürfnis bei Tag und bei Nacht anhält. Zeichen einer ernsten Erkrankung ist es auch, wenn der Patient heftig und häufig Atem holt, vom sechsten Tag an Schüttelfrost entwickelt hat[2], Eiter spuckt, kaum abhusten kann, anhaltende Schmerzen hat, die Krankheit nur schwer erträgt, Arme und Beine hin- und herwirft, unwillkürlich in Tränen ausbricht, wenn zähe Flüssigkeit an den Zähnen klebt[3], die Haut am Nabel und in der Schamgegend erschlafft, die Eingeweide sich entzünden, schmerzhaft, hart, geschwollen und gespannt sind, und zwar vor allem dann, wenn die rechte Seite mehr als die linke betroffen ist[4]. Am gefährlichsten ist es jedoch, wenn dort auch die Adern heftig pulsieren. Zeichen einer schweren Krankeit ist es auch, wenn jemand allzu rasch an Gewicht verliert, wenn er einen heißen Kopf und warme Füße und Hände hat, während der Bauch und die Flanken kalt sind, oder wenn bei einer bevorstehenden akuten Krankheit die Extremitäten kalt sind oder wenn nach dem Schwitzen Schüttelfrost oder nach dem Erbrechen Schluckauf einsetzt oder die Augen rot werden[5] oder wenn sich nach großem Appetit oder langem Fieber Ekel vor dem Essen entwickelt oder wenn der Patient viel schwitzt, und zwar vor allem, wenn der Schweiß kalt ist, oder der Schweiß nicht gleichmäßig über den ganzen Körper verteilt ist[6] und das Fieber nicht beendet, und wenn er eines der Fieber hat, die Tag für Tag zur gleichen Zeit wiederkehren oder immer denselben Anstieg zeigen und nicht am dritten Tag nachlassen, und so verlaufen, dass sie anfallsartig zunehmen, jeweils nur etwas zurückgehen und der Körper im Verlauf niemals zu seiner normalen Temperatur zurückkehrt.

... Neque ignoro quosdam dicere omne auxilium necessarium esse increscentibus morbis, non cum iam per se finiuntur. Quod non ita si habet. Potest enim morbus, etiam qui per se finem habiturus est, celerius tamen adhibito auxilio pelli. Quod duabus de causis necessarium est, et ut quam primum bona valetudo contingat et ne morbus, qui remanet, iterum, quamvis levi de causa, exasperetur. Potest morbus minus gravis esse quam fuerit neque ideo tamen solvi, sed reliquis quibusdam inhaerere, quas admotum aliquod auxilium discutit.

Atque haec quidem sanis facienda sunt tantum cum causa metuentibus. Sequitur vero curatio febrium quod et in toto corpore et vulgare maxime morbi genus est. Ex his una cotidiana, altera tertiana, altera quartana est. Interdum etiam longiore

Weiterbehandeln – auch wenn es dem Patienten besser geht

Celsus *De medicina* II 14.5–6

Wer eine Therapie konsequent durchführt, verhindert Frührezidive.

... Ich weiß sehr wohl, dass manche Ärzte sagen, medizinische Hilfe sei nur dann in vollem Umfang notwendig, solange die Symptome einer Krankheit zunehmen, jedoch nicht mehr, wenn sie von selbst zurückgehen. Doch diese Behauptung ist falsch. Eine Krankheit kann nämlich, auch wenn sie spontan ausheilt, durch den Einsatz eines geigneten Mittels schneller beendet werden. Die kontinuierliche Behandlung ist aus folgenden zwei Gründen erforderlich. Erstens wird dadurch die volle Gesundheit so rasch wie möglich wiederhergestellt, zweitens wird verhindert, dass mögliche Residuen der Krankheit erneut, wenn auch aus unbedeutender Ursache, zu einer Zustandsverschlechterung führen. Es kann nämlich eine Krankheit weniger schwer verlaufen als initial und dennoch nicht ausheilen, sondern in Spuren fortbestehen, die durch die Anwendung eines bestimmten Mittels beseitigt werden.

Fieber: Das Kardinalsymptom

Celsus *De medicina* III 3

Der Verfasser hält zwar grundsätzlich an der traditionellen Klassifizierung des Fiebers fest, ist aber im Praxisalltag zahlreichen Ausnahmen von der Regel begegnet.

All diese Maßnahmen sollten ergriffen werden, wenn man gesund ist und berechtigte Angst hat. Jetzt aber folgt die Behandlung der Fieber, jener Krankheit, die sowohl den ganzen Körper ergreift als auch unter allen die bei weitem häufigste ist.[1] Man unterscheidet drei Formen: Das eintägige Fieber, das Dreitagefieber und das Viertagefieber. Manchmal kehrt das Fieber auch in größeren Intervallen zurück.[2] Aber das ist selten. Für die eben genannten

circuitu quaedam redeunt, sed id raro fit. In prioribus et morbi sunt et medicina.

Et quartanae quidem simpliciores sunt. Incipiunt fere ab horrore, deinde calor erumpit, finitaque febre biduum integrum est. Ita quarto die revertitur.

Tertianarum vero duo genera sunt. Alterum eodem modo, quo quartana, et incipiens et desinens, illo tantum interposito discrimine, quod unum diem praestat integrum, tertio redit. Alterum longe perniciosius, quod tertio quidem die revertitur, ex quadraginta autem et octo horis fere triginta et sex per accessionem occupat (interdum etiam vel minus vel plus), neque ex toto in remissione desistit, sed tantum levius est. Id genus plerique medici ἡμιτριταῖον appellant.

Cottidianae vero variae sunt et multiplices. Aliae enim protinus a calore incipiunt, aliae a frigore, aliae ab horrore. Frigus voco, ubi extremae partes membrorum inalgescunt, horrorem, ubi corpus totum intremit. Rursus aliae sic desinunt, ut ex toto sequatur integritas, aliae sic, ut aliquantum quidem minuatur ex febre, nihilo minus tamen quaedam reliquiae remaneant, donec altera accessio accedat. Ac saepe aliae vix quicquam aut nihil remittant, sed continuent. Deinde aliae fervorem ingentem habent, aliae tolerabilem. Aliae cotidie pares sunt, aliae inpares, atque invicem altero die lenior, altero vehementior. Aliae tempore eodem postridie revertuntur, aliae vel serius vel celerius. Aliae diem noctemque accessione et decessione implent, aliae minus, aliae

Formen des Fiebers gilt, dass sie sowohl Krankheiten darstellen als auch Heilmittel sind.[3]

Die Viertagefieber sind jedenfalls die einfacheren. Sie beginnen fast immer mit Schüttelfrost, danach steigt die Temperatur an und wenn das Fieber vorbei ist, geht es dem Patienten zwei Tage lang gut. Am vierten Tag kehrt es dann wieder.

Vom Dreitagefieber gibt es aber zwei Arten. Die eine beginnt und endet in gleicher Weise wie das Viertagefieber, nur mit dem Unterschied, dass das Fieber nur einen Tag wegbleibt und am dritten zurückkehrt. Die andere ist weitaus gefährlicher. Das Fieber kommt zwar auch erst am dritten Tage wieder zurück, es hält aber 36 der 48 Stunden an, manchmal auch etwas länger oder kürzer, und geht nie ganz, sondern immer nur etwas zurück. Diesen Fiebertyp nennen die meisten Ärzte Hēmitritaîon.[4]

Die eintägigen Fieber sind hingegen zahlreich und vielfältig. Sie können mit Hitze, mit Kälte oder mit Schüttelfrost beginnen. Dabei verstehe ich unter Kälte das Auftreten von Schmerzen an den Finger- und Zehenspitzen und unter Schüttelfrost das Zittern am ganzen Körper. Manche Fieber enden so, dass sich die Temperatur nach dem Überschreiten des Gipfels vollständig normalisiert, andere damit, dass sie nur etwas zurückgeht, also ein Rest der erhöhten Temperatur bestehen bleibt, bis der nächste Anfall kommt. Und andere lassen nur wenig oder gar nicht nach, sondern halten unverändert an. Weiterhin führen manche zu ungeheurer Hitze, bei anderen bleibt sie dagegen erträglich. Bei einigen ist die Temperatur den ganzen Tag über gleichmäßig erhöht, bei anderen schwankt die Temperatur im Tagesverlauf, und zwar abwechselnd einmal mehr und einmal weniger. Manche kehren am Folgetag zur gleichen Zeit wieder, andere dagegen später oder früher. Manche füllen mit dem Ansteigen und Fallen der Temperatur den ganzen Tag und die ganze Nacht aus, andere weniger und wieder andere mehr als 24 Stunden. Manche führen zu Schweißausbrüchen,

plus. Aliae cum decedunt, sudorem movent, aliae non movent. Atque alias per sudorem ad integritatem venitur, alias tantum corpus imbecillius redditur. At accessiones etiam modo singulae singulis diebus fiunt, modo binae pluresve concurrunt. Ex quo saepe evenit, ut cotidie plures accessiones remissionesque sint, sic tamen, ut unaquaeque alicui priori respondeat. Interdum vero accessiones quoque confunduntur, sic ut notari neque tempora earum neque spatia possint. Neque verum est, quod dicitur a quibusdam, nullam febrem inordinatam esse, nisi aut ex vomica aut ex inflammatione aut ex ulcere. Facilior enim semper curatio foret, si hoc verum esset. Sed quod evidentes causae faciunt, facere etiam abditae possunt. Neque de re, sed de verbo controversiam movent, qui, cum aliter aliterque in eodem morbo febres accedunt, non easdem inordinate redire, sed alias aliasque subinde oriri dicunt. Quod tamen ad curandi rationem nihil pertineret, etiamsi vere diceretur. Tempora quoque remissionum modo liberalia, modo vix ulla sunt.

Sed cum tempora cibo potionique febris et remissionis ratio det, non est expeditissimum scire, quando aeger febricitet, quando

wenn die Temperatur fällt, andere dagegen nicht. Das eine Mal kommt der Fieberkranke durch den Schweißausbruch wieder zu Kräften, das andere Mal wird der Körper dadurch noch weiter geschwächt. Es kommt auch vor, dass die Anfälle einmal, zwei Mal oder mehrmals am Tag wiederkehren. Dabei ergibt sich oft die Situation, dass sich an jedem Tag mehrere Anfälle und Remissionen abwechseln, jedoch in der Weise, dass jeder Anfall bzw. jede Remission einem bzw. einer ihrer Vorgänger entsprechen. Gelegentlich gehen die Anfälle aber auch so ineinander über, dass man weder den Zeitpunkt des Eintritts noch die Intervalle genau feststellen kann. Es stimmt auch nicht, wie einige behaupten, dass kein Fieber ohne feste Ordnung sei, mit Ausnahme jener, die durch Abszesse, Entzündungen oder Geschwüre entstehen. Wenn das wahr wäre, so gelänge die Heilung von Mal zu Mal leichter. Indessen vermögen versteckte Ursachen das gleiche zu bewirken wie solche, die auf der Hand liegen. Nicht über die Sache selbst, sondern nur über ein Wort streiten jene, die behaupten, wenn bei der gleichen Erkrankung die Fieber in wechselnder Form aufträten, so sei dies nicht eine ungeordnete Abfolge ein und desselben Fiebertyps, sondern es manifestierten sich immer wieder neue Arten von Fieber. Aber selbst wenn sie recht hätten, würde die Behandlungsmethode dadurch nicht beeinflusst. Schließlich sind auch die Remissionsphasen bald zahlreich, bald kaum noch vorhanden.

Propädeutik der Pulsdiagnostik

Celsus *De medicina* III 6.5–8

Allein die Aufregung und Beklommenheit vor dem Kontakt mit dem Arzt lassen das Herz schneller schlagen.

Höhe und Verlauf des Fiebers entscheiden darüber, wann man Speisen und Getränke geben kann. Es ist aber nicht so einfach zu

melior sit, quando deficiat; sine quibus dispensari illa non possunt. Venis enim maxime credimus, fallacissimae rei, quia saepe istae leniores celerioresve sunt et aetate et sexu et corporum natura. Et plerumque satis sano corpore, si stomachus infirmus est, nonnumquam etiam incipiente febre, subeunt et quiescunt, ut inbecillus is videri possit, cui facile laturo gravis instat accessio. Contra saepe eas concitare solet balneum et exercitatio et metus et ira et quilibet alius animi adfectus, adeo ut, cum primum medicus venit, sollicitudo aegri dubitantis, quomodo illi se habere videatur, eas moveat. Ob quam causam periti medici est non protinus ut venit adprehendere manu brachium, sed primum desidere hilari vultu percontarique, quemadmodum se habeat, et si quis eius metus est, eum probabili sermone lenire, tum deinde eius corpori manum admovere. Quas venas autem conspectus medici movet, quam facile mille res turbant. Altera res est, cui credimus, calor, aeque fallax; nam hic quoque excitatur aestu, labore, somno, metu, sollicitudine. Intueri quidem etiam ista oportet, sed eis non omnia credere. Ac protinus quidem scire est, non febricitare eum, cuius venae naturaliter ordinatae sunt, teporque talis est, qualis esse sani solet. Non protinus autem sub calore motuque febrem esse concipere, sed ita: Si summa quoque arida inaequaliter cutis est, si

erkennen, wann der Patient fiebert, wann es ihm besser geht und wann schlechter; ohne diese Kenntnisse kann man den Zeitpunkt der Nahrungsaufnahme nicht festlegen. Dem Puls vertrauen wir ja sehr, aber er ist höchst trügerisch, weil er in Abhängigkeit von Alter, Geschlecht und körperlicher Konstitution mal langsamer und dann wieder schneller ist. Auch wenn der übrige Körper gesund ist, wird der Puls im Verlauf der meisten Magenkrankheiten und manchmal auch bei einsetzendem Fieber flach und ruhig, so dass ein solcher Patient geschwächt wirkt, obwohl er eine bevorstehende schwere Attacke leicht ertragen wird. Dagegen pflegt sich der Puls oft durch Bäder, körperliche Übungen, Angst, Zorn und alle anderen Emotionen zu beschleunigen, und zwar so sehr, dass dieser Effekt bereits beim ersten Besuch des Arztes durch die Erregung und den Zweifel des Patienten, welchen Eindruck jener von ihm gewinnen werde, eintritt. Deshalb greift ein erfahrener Arzt auch nicht gleich nach seinem Eintreffen mit der Hand an den Arm des Patienten, sondern er macht zuerst ein freundliches Gesicht, er setzt sich neben ihn, er erkundigt sich nach dem Befinden, er beruhigt ihn, wenn er ängstlich wirkt, durch freundliches Zureden und tastet erst dann den Puls. Wenn aber schon der Anblick des Arztes den Puls zur Wallung bringt, wie leicht vermögen dies dann noch tausend andere Dinge. Auch ein anderer diagnostischer Parameter, auf den wir uns verlassen, nämlich die Körperwärme, ist trügerisch – kann sie doch durch Hitze, Anstrengung, Schlaf, Angst und Sorgen erhöht werden. Man muss also durchaus auf diese Erscheinungen achten, darf sich aber auf sie nicht ganz verlassen. Aber es steht fest, dass bei dem kein Fieber besteht, dessen Puls im Normbereich liegt und dessen Körperwärme der eines Gesunden entspricht. Keineswegs darf man aber auch hinter erhöhter Körpertemperatur und beschleunigtem Puls in allen Fällen Fieber als Ursache vermuten, sondern dies nur dann tun, wenn auch die Hautoberfläche ungleichmäßig

calor et in fronte est et ex imis praecordiis oritur, si spiritus ex naribus cum fervore prorumpit, si color aut rubore aut pallore novo mutatus est, si oculi graves et aut persicci aut subumidi sunt, si sudor, cum sit, inaequalis est, si venae non aequalibus intervallis moventur. Ob quam causam medicus neque in tenebris neque a capite aegri debet residere, sed inlustri loco adversus, ut omnes notas ex voltu quoque cubantis percipiat.

Diutius saepe et periculosius tabes eos male habet, quos invasit. Atque huius quoque plures species sunt. Una est, qua corpus non alitur, et naturaliter semper aliquid decedentibus, nullis vero in eorum locum subeuntibus, summa macies oritur, et nisi occurritur, tollit: ἀτροφίαν Graeci vocant. Ea duabus fere de causis incidere consuevit: aut enim nimio timore aliquis minus, aut aviditate nimia plus quam debet adsumit: ita quod vel deest infirmat, vel quod superat corrumpitur. Altera species est quam Graeci καχεξίαν appellant, ubi malus corporis habitus est, ideoque omnia alimenta corrumpuntur. Quod fere fit, quom longo morbo

ausgetrocknet ist, wenn sowohl die Stirn brennt als auch Hitze tief in der Brust entsteht, wenn die Luft, die aus der Nase austritt, glühend heiß ist, wenn die Hautfarbe zwischen Röte und unerwarteter Blässe gewechselt hat, wenn die Augen schwer und entweder sehr trocken oder etwas feucht sind, wenn der Schweiß, so vorhanden, ungleichmäßig verteilt und der Puls unregelmäßig ist. Aus diesem Grund darf der Arzt weder im Dunkeln noch am Kopf des Patienten stehen, sondern er muss ihm an einem hellen Ort gegenübersitzen, damit er alle Zeichen im Gesicht des Patienten erkennt, auch wenn der im Bett liegt.

Über den körperlichen Verfall (1)
Celsus *De medicina* III 22.1–3

Die Trennschärfe der Bezeichnungen, die die griechische und römische Medizin dem Verfall der physischen Kräfte gegeben hat, ist heute weitgehend verloren gegangen.

Langwieriger und gefährlicher ist der Verlauf häufig bei denen, die von der Auszehrung befallen sind. Auch von dieser Krankheit gibt es mehrere Formen. Die erste Form ist die, bei der der Körper keine Nahrung erhält und, da immer Stoffe auf natürlichem Weg verloren gehen, dafür aber kein Ersatz zugeführt wird, äußerste Magerkeit entsteht. Wenn hier nicht eingegriffen wird, ist der Tod unabwendbar. Die Griechen sprechen dann von Atrophía[1]. Für sie gibt es gewöhnlich zwei Ursachen: Entweder nimmt jemand aus zu großer Furcht zu wenig oder aus zu großer Gier mehr zu sich, als ihm bekömmlich ist. So wird der Körper entweder durch den Mangel geschwächt oder durch den Überfluss zugrunde gerichtet. Die zweite Art der Auszehrung ist jene, die von den Griechen als Kachexía[2] bezeichnet wird. Dabei befindet sich der Körper in einem so schlechten Zustand, dass alle Nährstoffe in Verderbnis übergehen. Fast immer sind in diesen Fällen die Körper der Men-

vitiata corpora, etiamsi illo vacant, refectionem tamen non accipiunt; aut cum malis medicamentis corpus adfectum est; aut cum diu necessaria defuerunt; aut cum inusitatos aut inutiles cibos aliquis adsumpsit, aliquidve simile incidit. Hic praeter tabem illud quoque nonnumquam accidere solet, ut per adsiduas pustulas aut ulcera summa cutis exasperetur vel aliquae corporis partes intumescant. Tertia est longeque periculosissima species, quam Graeci phthisin nominarunt. Oritur fere a capite. Inde in pulmonem destilllat. Huic exulceratio accedit. Ex hac febricula levis fit, quae etiam cum quievit, tamen repetit. Frequens tussis est, pus excreatur, interdum cruentum aliquid. Quidquid excreatum est, si in ignem impositum est, mali odoris est. Itaque qui de morbo dubitant, hac nota utuntur.

...ER(GASILUS). Ego, qui tuo maerore maceror,
macesco, consenesco et tabesco miser;
ossa atque pellis sum miser – macritudine;
neque umquam quicquam me iuvat quod edo domi.

schen durch eine seit langem bestehende Krankheit geschwächt und erholen sich auch dann nicht, wenn sie davon befreit werden. Der Organismus kann jedoch auch durch schlechte Medikamente angegriffen sein oder es können über lange Zeit die zum Leben notwendigen Voraussetzungen nicht erfüllt gewesen sein oder jemand hat ungewohnte oder schädliche Speisen zu sich genommen. Es gibt aber auch noch andere Gründe. Die Auszehrung ist bei dieser Krankheit das eine. Manchmal kommt es außerdem dazu, dass die Hautoberfläche durch hartnäckige Pusteln oder Geschwüre entstellt wird oder manche Körperteile anschwellen. Die dritte und bei weitem gefährlichste Form der Auszehrung haben die Griechen als Phthísis[3] bezeichnet. Sie geht gewöhnlich vom Kopf aus und wandert von dort nach unten in die Lunge. Danach kommt es zur Eiterung und im Anschluss daran entwickelt sich leichtes undulierendes Fieber. Dabei ist Husten häufig, es wird Eiter ausgespuckt, der manchmal blutig tingiert ist. Das Sputum entwickelt, wenn es ins Feuer geworfen wird, einen üblen Geruch[4]. Diese Beobachtung nutzt man als Erkennungsmerkmal, wenn Zweifel an der Diagnose der Krankheit bestehen.

Über den körperlichen Verfall (2)
Plautus *Captivi* 133–136

…ER(GASILUS)[1]. Ich, der ich mich an Deinem Kummer zermürbe,
mager und alt werde und mich verzehre, ich Armer;
Nur Haut und Knochen bin ich Armer noch – durch die Krankheit;
Nichts schmeckt mir mehr, was ich zu Hause esse.

Magis terreri potest aliquis, cum sanguinem expuit. Sed id modo minus, modo plus periculi habet. Exit modo ex gingivis, modo ex ore et quidem ex hoc interdum etiam copiose, sed sine tussi, sine ulcere, sine gingivarum ullo vitio, ita ut nihil excreetur. Verum ut ex naribus aliquando, sic ex ore prorumpit. Atque interdum sanguis profluit, interdum simile aquae quiddam, in qua caro recens lota est. Nonnumquam autem is a summis faucibus fertur, modo exulcerata ea parte, modo non exulcerata, sed aut ore venae alicuius adaperto, aut tuberculis quibusdam natis, exque his sanguine erumpente. Quod ubi incidit, neque laedit potio aut cibus neque quicquam ut ex ulcere excreatur. Aliquando vero gutture et arteriis exulceratis frequens tussis sanguinem quoque extundit. Interdum etiam fieri solet, ut aut ex pulmone aut ex pectore aut ex latere aut ex iocinere feratur. Saepe feminae, quibus sanguis per menstrua non respondit, hunc expuunt.

Auctoresque medici sunt vel exesa parte aliqua sanguinem exire, vel rupta, vel ore alicuius venae patefacto. Primam διάβρωσιν, secundam ῥῆξιν [σχασμόν], tertiam ἀναστόμωσιν appellant. Ultima minime nocet, prima gravissime. Ac saepe quidem evenit,

Blutungen und ihre Quellen

Celsus *De medicina* IV 11.1–4

Der Verfasser versucht, den verschiedenen Ursachen der Hämorrhagien eine prognostische Bedeutung zuzuordnen.

Größeren Schrecken kann jemand bekommen, wenn er Blut spuckt.[1] Allerdings bedeutet dieses Symptom mal weniger und mal mehr Gefahr. Denn das Blut kommt aus dem Zahnfleisch oder aus dem Mund, und zwar von dort manchmal reichlich, allerdings ohne dass Husten, ein Geschwür oder irgendeine Läsion des Zahnfleischs bestehen, so dass nur Blut und sonst nichts ausgespuckt wird. Aber so wie das Blut manchmal aus der Nase kommt, so quillt es auch aus dem Mund hervor. Und manchmal tritt wirklich Blut aus, manchmal nur eine Flüssigkeit, die wie Wasser aussieht, in dem man frisches Fleisch gewaschen hat. Gelegentlich aber blutet es vom Rachendach, unabhängig davon, ob sich dort ein Geschwür befindet oder nicht. Es kann sich aber auch die Mündung einer Ader geöffnet haben oder es können einige Knötchen entstanden sein, aus denen es dann blutet. In diesem Fall richtet weder Trinken noch Essen Schaden an noch wird etwas sezerniert, das aussieht, als ob es aus einem Geschwür stammt. Wenn aber in einem anderen Fall die Kehle oder die Luftröhre geschwürig zerfallen, führt häufiger Husten ebenfalls zu Blutspucken. Manchmal stammt das Blut auch aus der Lunge, aus der Brust, von den Flanken oder aus der Leber. Oft scheiden Frauen, deren Regelblutung ausbleibt, das Blut mit dem Speichel aus.

Nach der Einschätzung der Mediziner tritt das Blut entweder aus einem zerfressenen Körperteil oder aus einem zerrissenen Organ oder aus der geöffneten Mündung einer Ader aus. Die erste Form nennt man Diábrōsis[2], die zweite Rhḗxis (Schasmós)[3] und die dritte Anastómōsis [4]. Letztere führt zu den geringsten, erstere zu den schwersten Schäden. Oft kommt es vor, dass der Blutung

uti sanguinem pus sequatur. Interdum autem qui sanguinem ipsum suppressit, satis ad valetudinem profuit. Sed si secuta ulcera sunt, si pus, si tussis est, prout sedes ipsa est, ita varia et periculosa genera morborum sunt. Si vero sanguis tantum fluit, expeditius et remedium et finis est. Neque ignorari oportet eis, quibus fluere sanguis solet aut quibus dolet spina coxaeve aut post cursum vehementem vel ambulationem, dum febris absit, non esse inutile sanguinis mediocre profluvium, idque per urinam redditum quoque ipsam lassitudinem solvere. Ac ne in eo quidem terribile esse, qui ex superiore loco decidit, si tamen in eius urina nihil novavit. Neque vomitum huius adferre periculum, etiam cum repetit, si ante confirmare et implere corpus licuit et ex toto nullum nocere, qui in corpore robusto neque nimius est neque tussim aut calorem movet.

Cum facultates medicamentorum proposuerim, genera, in quibus noxa corpori est, proponam. Ea quinque sunt: cum quid extrinsecus laesit, ut in vulneribus, cum quid intra se ipsum corruptum est, ut in cancro, cum quid innatum est, ut in vesica calculus, cum

eine Eiterung folgt.[5] Manchmal reicht es aus, nur die Blutung zu stillen, um wieder gesund zu werden. Wenn sich aber Geschwüre ausgebildet haben, wenn Eiter und wenn Husten dazukommen, so entstehen je nachdem, wo diese Symptome lokalisiert sind, verschiedene und gefährliche Formen von Erkrankungen. Wenn aber nur Blut geflossen ist, sind sowohl die Behandlung als auch der Ausgang eine ziemlich abgemachte Sache. Man darf auch nicht verkennen, dass jenen, die leicht bluten oder denen die Wirbelsäule oder die Hüften nach einem anstrengenden Lauf oder Spaziergang weh tun, mäßiger Blutverlust nicht schadet, solange dabei kein Fieber besteht.[6] Ebenso kann die Ausscheidung des Blutes mit dem Urin die Mattigkeit an sich beheben. Nicht einmal bei jemand, der von oben heruntergefallen ist, sollte dieses Symptom Angst und Schrecken erzeugen, wenn nur am Urin selbst keine Veränderung eingetreten ist. Auch wenn ein solcher Patient selbst zum wiederholten Male erbricht, so geht davon keine Gefahr aus, falls er seinen Körper vorher stärken und sättigen konnte. Ganz und gar unschädlich ist das Bluterbrechen für einen Menschen mit kräftigem Körperbau, wenn es nicht zu stark ist und weder Husten noch Überwärmung auslöst.

Als da wären fünf

Celsus *De medicina* V 26.1A

Der Verfasser geht das Wagnis ein, die Humanpathologie auf fünf Grundphänomene zu verteilen.

Nachdem ich die Eigenschaften der Arzneimittel geschildert habe, werde ich die Konstellationen aufzählen, die dem Körper Schaden zufügen. Es sind fünf an der Zahl:

- Äußere Verletzungen, z.B. Wunden
- Schädigungen innerer Organe, z.B. bei Krebs
- Neubildungen, z.B. Blasensteine

quid increvit, ut vena, quae intumescens in varicem convertitur, cum quid deest, ut cum curta pars aliqua est.

In his autem ante omnia scire medicus debet, quae insanabilia sint, quae difficilem curationem haebant, quae promptiorem. Est enim prudentis hominis primum eum, qui servari non potest, non adtingere, nec subire speciem… eius, ut occisi, quem sors ipsius interemit. Deinde ubi gravis metus sine certa tamen desperatione est, indicare necessariis periclitantis in difficili spem esse, ne, si victa ars malo fuerit, vel ignorasse vel fefellisse videatur. Sed ut haec prudenti viro conveniunt, sic rursus histrionis est parvam rem adtollere, quo plus praestitisse videatur. Obligarique aecum est confessione promptae rei, quo curiosius etiam circumspiciat, ne, quod per se exiguum est, maius curantis neglegentia fiat.

Servari non potest, cui basis cerebri, cui cor, cui stomachus, cui iocineris portae, cui in spina medulla percussa est, cuique aut

- Vergrößerung eines Körperteils, z.B. einer Vene, die sich durch Schwellung in eine Krampfader verwandelt
- Fehlen eines Körperteils, z.B. durch Verstümmelung.

In diesen Situationen war man im alten Rom als Arzt machtlos

Celsus *De medicina* V 26.1C–2

Dem inhaltlichen Zusammenhang nach gelten die von Celsus genannten Kriterien der infausten Prognose in erster Linie für Gladiatoren- und Kriegsverletzungen.

Was Wunden betrifft, so muss der Arzt zuallererst klären, welche unheilbar sind, welche schwer und welche leichter zu behandeln sind. Denn es liegt in der Verantwortung eines klugen Mannes, einen Patienten, der nicht gerettet werden kann, gar nicht erst anzufassen und so den Eindruck zu vermeiden, er sei an dessen Tod schuld, obwohl ihn doch die Krankheit schicksalhaft dahingerafft hat[1]. Außerdem muss der Arzt, wenn zwar Anlass zu großer Sorge besteht, die Lage aber nicht ganz verzweifelt ist, den Angehörigen des Schwerkranken mitteilen, dass kaum Hoffnung bestehe, damit er nicht später, wenn er mit seiner Kunst der Krankheit unterlegen ist, für einen Ignoranten oder Betrüger gehalten wird. Dieses Verhalten zeichnet einen klugen Arzt aus. Für einen Scharlatan ist es hingegen typisch, eine Banalität aufzubauschen, um nachher den Eindruck zu erwecken, eine besondere Leistung erbracht zu haben. Recht und billig ist es hingegen, wenn der Arzt mit der Aussage, dass die Sache rasch und leicht zu beheben sei, die Ankündigung verbindet, umso größere Sorgfalt walten zu lassen, damit nicht aus einer an sich unbedeutenden Angelegenheit durch die Nachlässigkeit des Arztes ein größeres Problem wird.

Rettungslos verloren ist einer, bei dem die Schädelbasis, bei dem das Herz, bei dem die Speiseröhre, bei dem die Leberpforte, bei dem das Rückenmark durchbohrt ist, bei dem entweder der

pulmo medius aut ieiunum aut tenuius intestinum aut ventriculus aut renes vulnerati sunt, cuive circa fauces grandes venae vel arteriae praecisae sunt.

His cognitis etiamnum quaedam alia noscenda ad omnia vulnera ulceraque, de quibus dicturi sumus, pertinentia. Ex his autem exit sanguis, sanies, pus. Sanguis omnibus notus est. Sanies est tenuior hoc, varie crassa et glutinosa et colorata. Pus crassissimum albidissimumque, glutinosius et sanguine et sanie. Exit autem sanguis ex vulnere recenti aut iam sanescente, sanies inter utrumque tempus, pus ex ulcere iam ad sanitatem spectante. Rursus et sanies et pus quasdam species Graecis nominibus distinctas habent. Est enim quaedam sanies, quae vel hidros vel melitera nominatur, est pus, quod elaeodes appellatur.

Hidros tenuis, subalbidus ex malo ulcere exit maximeque ubi nervo laeso inflammatio secuta est. Melitera crassior et glutinosior, subalbida mellique albo subsimilis. Fertur haec quoque ex malis ulceribus, ubi nervi circa articulos laesi sunt et inter haec loca maxime ex genibus. Elaeodes tenue, subalbidum, quasi unctum, colore atque pinguitudine oleo albo non dissimile; apparet in

mittlere Teil der Lungen oder der Nüchterndarm oder der Dünndarm oder der Magen oder die Nieren verletzt sind oder bei dem die großen Adern und Venen der Halsregion durchschnitten sind.[2]

Blut, Wundjauche und Eiter

Celsus *De medicina* V 26.20

Die Analyse der Wundsekrete erlaubt differenzierte prognostische Aussagen über die Heilungsaussichten.

Auch wenn die spezifischen Krankheitszeichen nun bekannt sind, muss man noch einige weitere Phänomene kennen lernen, die allen Wunden und Geschwüren gemeinsam sind und auf die wir jetzt zu sprechen kommen. Aus den Läsionen entleeren sich Blut, Wundjauche und Eiter. Blut ist allen bekannt. Die Wundjauche ist dünnflüssiger als Blut, ihre Festigkeit, Klebrigkeit und Farbe wechseln. Der Eiter ist am dicksten und am weißlichsten und klebriger als Blut und Wundjauche. Blut entströmt einer frischen oder bereits heilenden Wunde, Wundjauche wird zwischenzeitlich abgesondert, Eiter fließt aus einem Geschwür, das der Heilung entgegengeht. Von der Wundjauche und dem Eiter gibt es verschiedene Arten, die im Griechischen terminologisch differenziert werden. So gibt es eine Art der Wundjauche, die wahlweise als Hidrṓs[1] oder Melitērá[2] bezeichnet wird, und eine Form des Eiters, die Elaiṓdēs[3] heißt.

Hidrṓs ist dünn, weißlich und ergießt sich aus bösartigen Geschwüren, und zwar vor allem dort, wo es nach der Verletzung einer Sehne zu einer Entzündung gekommen ist. Melitērá ist dicker und klebriger, weißlich, fast so wie weißer Honig. Auch sie wird von bösartigen Geschwüren in der Umgebung periartikulärer Sehnenverletzungen, und zwar vor allem an den Knien sezerniert. Elaiṓdēs ist dünn, weißlich, eine Art fettreicher Salbe, der Farbe und Konsistenz nach weißem Öl nicht unähnlich; man beobachtet

magnis ulceribus sanescentibus. Malus autem est sanguis nimium aut tenuis aut crassus, colore vel lividus vel niger aut pituita mixtus aut varius. Optimus calidus, ruber, modice crassus, non glutinosus. Itaque protinus eius vulneris expedita magis curatio est, ex quo sanguis bonus fluxit. Itemque postea spes in iis maior est, ex quibus melioris generis quaeque proveniunt. Sanies igitur mala est multa, nimis tenuis, livida aut pallida aut nigra aut glutinosa aut mali odoris aut quae ipsum ulcus et iunctam ei cutem erodit. Melior est non multa, modice crassa, subrubicunda aut subalbida. Hidros autem peior est multus, crassus, sublividus aut subpallidus, glutinosus, acer, calidus, mali odoris. Tolerabilior est subalbidus, qui cetera omnia contraria prioribus habet. Melitera autem mala est multa et percrassa, melior, quae tenuior et minus copiosa est. Pus inter haec optimum est, sed id quoque peius est multum, tenue, dilutum magisque si ab initio tale est itemque si colore sero simile, si pallidum, si lividum, si faeculentum est, praeter haec, si male olet, nisi tamen locus hunc odorem excitat. Melius est, quo minus est, quo crassius, quo albidius itemque, si leve est, si nihil olet, si aequale est. Modo tamen convenire et magnitudini vulneris et tempori debet. Nam plus ex maiore, plus nondum solutis inflammationibus naturaliter fertur.

es in großen heilenden Geschwüren. Schlecht ist Blut, wenn es entweder zu dünn oder zu dick ist, wenn es blaue oder schwarze Färbung hat, mit Schleim vermischt ist oder die Eigenschaften wechseln. Das beste ist das warme, rote, mäßig dicke und nicht klebrige Blut. Folglich verläuft die Heilung einer Wunde, aus der gutes Blut geflossen ist, auch schneller. Ebenso darf man im Verlauf bei den Wunden größere Hoffnung haben, aus denen Sekrete von besserer Qualität hervortreten. Schlecht ist Wundjauche dann, wenn sie in großen Mengen fließt, zu dünn ist, bläulich, blass, schwarz oder klebrig ist oder übel riecht oder das Geschwür selbst und die angrenzende Haut angreift. Besser ist sie dann, wenn nicht viel davon abgesondert wird, wenn sie mäßig dick und rötlich oder weißlich ist. Hidrṓs ist schlechter, wenn er reichlich fließt, dick, bläulich oder blässlich, klebrig, scharf und heiß ist und übel riecht. Weniger bedrohlich ist die Variante, die von weißlicher Farbe ist und im Vergleich mit den eben erwähnten Typen sonst jeweils die gegenteiligen Eigenschaften aufweist. Melitērá ist schlecht, wenn sie in großer Menge sezerniert wird und sehr dick ist, hingegen besser bei flüssiger Konsistenz und geringerem Volumen. Unter den genannten Absonderungen ist der Eiter die beste. Aber auch er ist schlechter, wenn er in großer Menge fließt, dünn und hell ist, und zwar besonders dann, wenn er diese Eigenschaften von Anfang an besitzt, außerdem wenn er farblich der Molke ähnelt, wenn er blass, bläulich oder hefeähnlich ist, außerdem wenn er übel riecht, es sei denn, der Ursprungsort produziert diesen Geruch. Besser ist Eiter, je weniger davon abgesondert wird, je dicker und je heller er ist, ebenso wenn er glatt ist, nicht riecht und einheitliche Beschaffenheit aufweist. Das Volumen und die Charakeristika müssen aber zur Größe und zum Alter der Wunde im richtigen Verhältnis stehen. Denn natürlich fördern eine größere Wunde und eine Wunde, in der die Entzündung noch fortbesteht, mehr Eiter. Auch Elaiṓdēs ist schlimmer, wenn es in großer

Elaeodes quoque peius est multum et parum pingue. Quo minus eius, quoque id ipsum pinguius, eo melius est.

… interdum enim vetustas ulcus occupat, induciturque ei callus, et circum orae crassae livent; post quae quicquid medicamentorum ingeritur, parum proficit; quod fere neglegenter curato ulceri supervenit. Interdum vel ex nimia inflammatione, vel ob aestus inmodicos, vel ob nimia frigora, vel quia nimis vulnus adstrictum est, vel quia corpus aut senile aut mali habitus est, cancer occupat. Id genus a Graecis diductum in species est, nostris vocabulis non est.

Omnis autem cancer non solum id corrumpit, quod occupavit, sed etiam serpit; deinde aliis aliisque signis discernitur. Nam modo super inflammationem rubor ulcus ambit, isque cum dolore procedit (erysipelas Graeci nominant); modo ulcus nigrum est, quia caro eius corrupta est, idque vehementius etiam putrescendo intenditur, ubi vulnus umidum est et ex nigro ulcere umor pallidus fertur malique odoris est carunculae corruptae: interdum etiam nervi ac membranae resolvuntur, specillumque demissum

Menge fließt und wenig Fett enthält. Je weniger und je fettreicher es ist, desto besser ist es.

Geschwüre, Geschwülste und ihre Aussaat

Celsus *De medicina* V 26.31A–C

Der Verfasser beschreibt das Phänomen der Metastasierung, gibt ihm aber noch keinen einheitlichen Namen.

... Manchmal, wenn ein Geschwür sehr lange besteht, bildet sich in seiner Umgebung eine Schwiele, die Ränder werden dick und verfärben sich blau. In diesen Fällen nützen Medikamente – gleich welcher Art – nur wenig. Meist handelt es sich um Geschwüre, die man nachlässig behandelt hat. Manchmal entwickelt sich der Krebs aber auch aus einer heftigen Entzündung oder wegen übermäßiger Hitze oder starker Kälte oder weil die Wunde zu stark abgeschnürt war oder weil der Kranke alt ist oder sich in einem schlechten Allgemeinzustand befindet. Diese Krankheitsform ist von den Griechen in mehrere Arten eingeteilt worden, denen man auch unterschiedliche Bezeichnungen gegeben hat. In unserer Sprache fehlen die entsprechenden Termini.

Jede Form des Krebses zerstört aber nicht nur den Ort, den er besetzt hat, sondern er breitet sich aus und gibt sich dann an ganz verschiedenen Zeichen zu erkennen. Denn bald umgibt – jenseits des entzündeten Bereichs – eine gerötete Zone das Geschwür, die sich weiter ausbreitet und dabei Schmerzen hervorruft (die Griechen sprechen von Erysípelas[1]). Bald ist das Geschwür schwarz, weil das Fleisch in Verwesung übergegangen ist. Und dieser Prozess wird auch dort durch Fäulnis verstärkt, wo die Wunde feucht ist, aus dem schwarzen Geschwür blasses übelriechendes Sekret ausströmt und die fleischigen Wucherungen bereits zerfallen sind. Manchmal werden sogar die Sehnen und die Häute aufgelöst. Führt man an diesen Stellen eine Sonde ein, so weicht sie zur Seite

descendit aut in latus aut deorsum, eoque vitio nonnumquam os quoque adificitur; modo oritur ea, quam Graeci gangraenam appellant…

Dixi de iis vulneribus, quae maxime per tela inferuntur. Sequitur, ut de iis dicam, quae morsu fiunt, interdum hominis, interdum simiae, saepe canis, nonnumquam ferorum animalium aut serpentium. Omnis autem fere morsus habet quoddam virus…

Non idem periculum carcinoma adfert, nisi imprudentia curantis agitatum est. Id vitium fit maxime in superioribus partibus, circa faciem, nares, aures, labra, mammas feminarum. Et in iecore autem aut splene hoc nascitur. Circa locum aliqua quasi puncta sentiuntur; isque immobilis, inaequalis tumet, interdium etiam torpet. Circa eum inflatae venae quasi recurvantur, haeque pallent

ab oder dringt weit in die Tiefe ein. Es kommt auch vor, dass durch diesen Krankheitsprozeß der Knochen[2] angegriffen wird. Schließlich kann sich jener Zustand entwickeln, den die Griechen Gángrēna[3] nennen.

Jeder Biss hat ein gewisses Gift

Celsus *De medicina* V 27.1

In dieser Hinsicht soll zwischen Mensch und Tier kein Unterschied bestehen.

Nach der Besprechung der Wunden, die überwiegend durch Geschosse hervorgerufen werden, folgt nun jene der Bisswunden. Gebissen werden kann man vom Menschen[1], vom Affen, oft vom Hund[2] und manchmal von wilden Tieren oder Schlangen. So gut wie jeder Biss hat ein gewisses Gift…

Tumor: Wachstum und Rezidiv

Celsus *De medicina* V 28.2A–D

Die klinische Unterscheidung zwischen semimalignen und malignen Läsionen gelang dem Arzt in der Antike nur durch die Verlaufsbeobachtung.

Nicht so groß ist die Gefahr, die vom Karzinom[1] ausgeht, sofern die Situation nicht durch die Unvorsicht des Therapeuten verschärft wird. Dieses Leiden entsteht an den oberen Körperpartien, nämlich am Gesicht, an der Nase, den Ohren, den Lippen und den Brüsten der Frauen; es tritt aber auch an Leber und Milz auf. Zunächst fühlt man an der befallenen Stelle gleichsam einige Stiche. Die Läsion selbst ist unbeweglich, schwillt ungleichmäßig an und wird bisweilen auch unempfindlich. In der Umgebung sind die Adern angeschwollen und verlaufen geschlängelt, sie sind

aut livent, nonnumquam etiam in quibusdam delitescunt; tactusque is locus aliis dolorem adfert, in aliis sensum non habet. Et nonnumquam sine ulcere durior aut mollior est quam esse naturaliter debet, nonnumquam isdem omnibus ulcus accedit. Interdumque nullam habet proprietatem, interdum simile is est, quae vocant Graeci condylomata, aspritudine quadam et magnitudine; colorque eius ruber est aut lenticulae similis. Neque tuto feritur. Nam protinus aut resolutio nervorum aut distentio insequitur. Saepe homo ictus ommutescit atque eius anima deficit; quibusdam etiam, si id ipsum pressum est, quae circa sunt, intenduntur et intumescunt. Ob quae pessimum id genus est. Fereque primum id fit, quod cacoethes a Graecis nominatur, deinde ex eo id carcinoma, quod sine ulcere est, deinde ulcus, ex eo thymium. Tolli nihil nisi cacoethes potest. Reliqua curationibus inritantur; et quo maior vis adhibita est, eo magis. Quidam usi sunt medicamentis adurentibus, quidam ferro adusserunt, quidam scalpello exciderunt. Neque ulla unquam medicina profecit, sed adusta protinus concitata sunt et increverunt, donec occiderent. Excisa, etiam post inductam cicatricem, tamen reverterunt et causam mortis adtulerunt. Cum interim plerique nullam vim adhibendo, qua tollere id malum temptent, sed imponendo tantum lenia medicamenta, quae quasi blandiantur, quominus ad ultimam senectutem perveniant, non prohibentur. Discernere

blass oder bläulich, manchmal auch bei einigen gar nicht zu sehen. Wenn man die Stelle berührt, empfinden die einen Schmerz, die anderen haben keine Empfindung. Gelegentlich ist sie härter oder weicher als normal, auch wenn kein Geschwür vorhanden ist. Manchmal bildet sich das Geschwür erst zum Schluss aus. In einem Fall hat es keine besonderen Eigenschaften, im anderen Fall ähnelt es durch seine raue Oberfläche und seine Größe den Läsionen, die von den Griechen Kondylṓmata genannt werden. Die Farbe ist rot oder ähnlich wie die einer Linse. Man kann sie nicht gefahrlos entfernen[2]. Denn Lähmungen oder Krämpfe sind die unmittelbare Folge. Oft verliert der Patient durch den Eingriff die Sprache und auch das Bewusstsein. Bei manchen gerät auch durch den Druck auf die Stelle die Umgebung in Spannung und schwillt an. Deshalb haben wir es hier mit dem schlimmsten Fall zu tun. Beinahe immer entsteht zuerst die Form, die von den Griechen kakoḗthes[3] genannt wird. Daraus entwickelt sich dann ein Karzinom zunächst noch ohne Geschwür, in der Folge das Geschwür und schließlich das vollständig offene Krebsgeschwür. Geheilt werden kann nur der als bösartig bezeichnete Befund. Die anderen werden durch die Behandlungen nur verschlechtert, und zwar umso mehr, je stärkere Mittel man einsetzt. Manche Ärzte haben ätzende Medikamente benutzt, andere das Glüheisen, wieder andere haben die Geschwulst mit dem Skalpell ausgeschnitten. Kein Behandlungsversuch hat je Nutzen gebracht, sondern nach dem Brennen sind die Geschwüre nur noch schneller gewachsen, bis sie schließlich zum Tode führten. Nach der operativen Entfernung sind sie, auch wenn sich eine Narbe gebildet hatte, zurückgekehrt und haben ursächlich den Tod herbeigeführt. Dagegen erreichen die meisten ohne weiteres ein sehr hohes Alter, wenn man bei den Versuchen, das Übel abzuwenden, keine Gewalt anwendet, sondern nur milde Mittel auflegt, die den Kranken gleichsam schmeicheln. Niemand kann aber die bösartige Läsion, die auf

autem cacoethes, quod curationem recipit, a carcinomate, quod non recipit, nemo statim potest sed tempore et experimento.

Si cui vero dolore nervi solent, quod in podagra cheiragrave esse consuevit, huic, quantum fieri potest, exercendum id est, quod adfectum est, obiciendumque labori et frigori, nisi cum dolor increvit. Sub divo quies optima est. Venus semper inimica est. Concoctio, sicut in omnibus corporis adfectibus, necessaria. Cruditas enim id maxime laedit, et quotiens offensum corpus est, vitiosa pars maxime sentit.

… Calor autem articulorum prout in pedibus manibusve aut alia qualibet parte sic est, ut eo loco nervi contrahantur, aut si id membrum ex levi causa fatigatum aeque frigido calidoque offendi-

Behandlung reagiert, von dem Karzinom, das nicht anspricht, unmittelbar unterscheiden, sondern er ist dazu auf den zeitlichen Verlauf und die entsprechenden Behandlungsversuche angewiesen.

2.1.5 Spezielle Pathologe und Nosologie

2.1.5.1 Innere Medizin, Dermatologie

Gicht: Eine Erkrankung der Sehnen? (1)
Celsus *De medicina* I 9.1–2

Die widersprüchlichen Aussagen der antiken Fachschriftsteller belegen, dass man sich nicht sicher war, ob die Gicht eine artikuläre oder eine extraartikuläre Erkrankung ist.

Wenn aber jemand häufig Schmerzen an den Sehnen hat, wie zum Beispiel bei der Gicht der Füße und Hände, muss er die betroffenen Regionen so intensiv wie möglich bewegen und sowohl Anstrengungen als auch der kalten Luft aussetzen, aber nur, wenn der Schmerz dadurch nicht verstärkt wird. Am besten ist die Ruhe unter freiem Himmel. Der Liebesvollzug wirkt sich in jedem Fall ungünstig aus. Eine gute Verdauung ist ebenso wie bei allen anderen somatischen Affektionen unerlässlich. Denn ein verdorbener Magen belastet den Körper schwer und, sooft der Körper angegriffen wird, bekommt es die erkrankte Region am meisten zu spüren.

Gicht: Eine Erkrankung der Sehnen? (2)
Celsus *De medicina* II 7.6

… Wenn sich aber an den Füßen oder an den Händen oder an einer anderen Stelle die Gelenke so erhitzen, dass sich dadurch dort die Sehnen zusammenziehen, oder wenn diese Extremität nach einer Anstrengung aus nichtigem Grund von Kälte und Wärme

tur, podagram cheiragramve, vel eius articuli, in quo id sentitur, morbum futurum esse denuntiat.

Articulorum vero vitia, ut podagrae cheragraeque, si iuvenes temptarunt neque callum induxerunt, solvi possunt. Maximeque torminibus leniuntur et quocumque modo venter fluit.

Περὶ δὲ τῶν ποδαγρώντων τάδε· ὅσοι μὲν γέροντες ἢ περὶ τοῖσιν ἄρθροισιν ἐπιπωρώματα ἔχουσιν ἢ τρόπον ἀταλαίπωρον ζῶσι κοιλίας ξηρὰς ἔχοντες, οὗτοι μὲν πάντες ἀδύνατοι ὑγιέες γίνεσθαι ἀνθρωπίνῃ τέχνῃ, ὅσον ἐγὼ οἶδα· ἰῶνται δὲ τούτους ἄριστα μὲν δυσεντερίαι, ἢν ἐπιγένωνται, ἀτὰρ καὶ ἄλλαι ἐκτήξιες ὠφελέουσι κάρτα αἱ ἐς τὰ κάτω χώρια ῥέπουσαι. Ὅστις δὲ νέος ἐστὶ καὶ ἀμφὶ τοῖσιν ἄρθροισιν οὔπω ἐπιπωρώματα ἔχει καὶ τὸν τρόπον ἐστὶν ἐπιμελής τε καὶ φιλόπονος καὶ κοιλίας ἀγαθὰς ἔχων ὑπακούειν πρὸς τὰ ἐπιτηδεύματα, οὗτος δὴ ἰατροῦ γνώμην ἔχοντος ἐπιτυχὼν ὑγιὴς ἂν γένοιτο.

gleichermaßen angegriffen wird, so ist dies als Hinweis darauf zu werten, dass sich an den Füßen, an den Händen oder in dem empfindlichen Gelenk eine Gicht entwickeln wird.

Gicht: Eine Erkrankung der Sehnen? (3)
Celsus *De medicina* II 8.10

Krankheiten der Gelenke aber, beispielsweise die Gicht der Füße und Hände, können geheilt werden, wenn sie in jungen Jahren auftreten und noch nicht zu Schwielen geführt haben. Die entsprechenden Symptome bilden sich bei der Ruhr und bei Durchfallerkrankungen aller Art weitgehend zurück.

Gicht: Eine Erkrankung der Sehnen? (4)
Hippokrates *Praesagia* II 8

Und nun zur Fußgicht. Alle Bejahrten, die Gichtknoten an den Gelenken oder einen schlaffen Unterleib haben und unvernünftig leben, sie alle können nicht gesund werden durch eine Intervention von Seiten des Menschen, jedenfalls so weit ich informiert bin. Zu ihrer Heilung tragen am besten interkurrente Durchfallerkrankungen bei, aber auch andere zur Abmagerung führende Krankheiten sind sehr nützlich. Der junge Mann dagegen, der noch keine Gichtknoten an den Gelenken hat, eine vernünftige Lebensweise pflegt, sich regelmäßig körperlich betätigt und eine gute und anpassungsfähige Verdauung hat, sollte genesen, wenn er auf einen Arzt trifft, der von der Sache etwas versteht.

… οἱ δὲ ποδαγρικοὶ κατὰ πᾶν τὸ νευρῶδες γένος ἀσθενεῖς εἰσὶ… τὰ δὲ λιθίδια ὑπὸ τῶν παχέων τε καὶ γλισχρῶν χυμῶν γίνεσθαι οὐδένα λανθάνει. χρόνῳ δὲ καὶ σκληρίας καὶ τόφους ποιοῦσι. τῶν δ' ὀστέων ἡ φύσις οὖσα καθ' ἑαυτὴν σκληρά τε καὶ ἀκαμπὴς δεῖται πολλῶν διαρθρώσεων πρὸς τὴν κίνησιν, ἅπερ ἴδια τῆς ἀρθρίτιδος ἀγγεῖα νομίζεται. γήϊνα γὰρ τὰ ὀστᾶ χυμόν τινα χρῄζουσι, ἀλλὰ γλισχρόν τε καὶ παχὺν πρὸς τὸ οἷον δροσίζεσθαι. εἰ δὲ καὶ χυμός τις παρὰ φύσιν προσελθῇ, γίνονται πρὸς τὴν κίνησιν ἐπιτήδεια. οἷς συμπτώμασιν εὐάλωτοί εἰσιν οἱ ποδαγρικοὶ διὰ τὰς πολλὰς τῶν ποδῶν.

Περὶ ἀρθρίτιδος καὶ ἰσχιάδος. Ξυνὸς μὲν ἁπάντων τῶν ἄρθρων πόνος ἡ ἀρθρῖτις· ἀλλὰ ποδῶν μὲν ποδάγρην καλέομεν, ἰσχίων δὲ ἰσχιάδα, χειρῶν δὲ χειράγρην·… ἀρχὴ δὲ νεῦρα, τὰ δεσμὰ τῶν ἄρθρων, καὶ ὁκόσα ἐξ ὀστέων πέφυκε καὶ ἐν ὀστέοισι ἐμφύνει… τοῦ ποδὸς τὸν μέγαν δάκτυλον ἀλγέει, αὖθις τὴν ἐπιπρόσω πτέρνην, ᾗ πότι στηριζόμεθα·… τισὶ μὲν ὦν ἐς ποδῶν ἄρθρα μίμνει μέσφι θανάτου, τισὶ δὲ νέμεται ἐς τὴν τοῦ παντὸς σκήνεος

Gicht: Eine Erkrankung der Sehnen? (5)

Galen *In Hippocratis epidemiarum librum secundum commentarius* III 22 K XVIIA 431–432

... Die Sehnen der Gichtkranken sind von Natur aus alle schwach... Niemand bleibt verborgen, dass sich bei ihnen aus den eingedickten und klebrigen Körpersäften kleine Steine bilden. Mit der Zeit entstehen auch Verhärtungen und Tophi. Die Skelettelemente der Gichtkranken sind anlagebedingt trocken und steif. Um sie in Bewegung zu bringen, sind viele gelenkige Verbindungen erforderlich, die als die wahren Höhlen der Gelenkentzündung gelten. Denn die erdharten Knochen brauchen etwas Flüssigkeit, die freilich klebrig und zäh sein muss, damit sie irgendwie befeuchtet werden. Wenn also so ein Saft widernatürlich dazukommt, gewinnen sie die Fähigkeit sich zu bewegen. Mit diesen Behinderungen haben die Gichtkranken wegen der vielen Bewegungen der Füße zu kämpfen.

Gicht: Eine Erkrankung der Sehnen? (6)

Aretaios von Kappadokien *De causis et signis chronicorum morborum* IV 12

Über die Gelenkentzündung und den Hüftschmerz. Der gemeinsame Begriff für die schmerzhaften Erkrankungen der Gelenke ist Arthritis. Wenn aber die Füße betroffen sind, sagen wir Podagra, wenn die Hüften, Ischias, und wenn die Hände, dann Cheiragra... Der Ursprung sind die Sehnen, die Bänder der Gelenke, sowie alles, was aus den Knochen herauswächst und in ihnen verankert ist... Die große Zehe schmerzt, außerdem der vordere Abschnitt der Ferse, auf die wir uns stützen... Bei den einen bleibt der Schmerz an den Füßen bestehen, bis sie sterben, bei anderen verteilt er sich über den ganzen Körper. In vielen Fällen hat er von den Füßen auf die Hände übergegriffen. Denn das Ausbreitungs-

περίοδον· τὰ πολλὰ δὲ ἀπὸ τῶν ποδῶν ἐς χεῖρας ἤϊξε. οὐ γὰρ μεγάλα τὰ ὅρια τῇ νούσῳ χειρῶν τε καὶ ποδῶν, ὅτι ἄμφω ὁμοφυέα, ἰσχνὰ καὶ ἄσαρκα καὶ ἐγγυτάτω τοῦ ἔξω ψύχεος, ἀποτάτω δὲ τοῦ εἴσω θάλπεος·… ξυνεχὴς μὲν ὦν ποδάγρη οὐ ῥηϊδίως γίγνεται, διαλείπει δὲ ἔσθ' ὅκη χρόνον μακρόν· λεπτὴ γάρ· καὶ Ὀλυμπίασι ἐνίκησε ποδαγρὸς ἐπ' ἀνέσει δρόμον…

In pulmonis morbo si sputo ipso levatur dolor, quamvis id purulentum est, tamen aeger facile spirat, facile excreat, morbum ipsum non difficulter fert, potest ei secunda valetudo contingere. Neque inter initia terreri convenit, si protinus sputum mixtum est rufo quodam et sanguine, dummodo statim edatur.

gebiet für die Krankheit an den Händen und an den Füßen ist begrenzt, weil die beiden Körperteile in etwa gleich aufgebaut sind, weil sie schmächtig sind und fleischlos und ganz nahe der äußeren Kälte, aber ganz weit weg von der inneren Wärme. Es kommt nicht leicht so weit, dass die Podagra ununterbrochen anhält. Vielmehr lässt sie bisweilen für kurze Zeit nach. Denn sie ist sozusagen ein Leichtgewicht. Auch bei den Olympischen Spielen trug einer, der an der Fußgicht litt, in einer krankheitsfreien Phase im Laufen den Sieg davon…

Blutiges Sputum sofort abhusten

Celsus *De medicina* II 8.2

Ein und daselbe Symptom kann gleichzeitig Beunruhigung hervorrufen und Linderung verschaffen.

Erkrankungen der Lunge können ausheilen, wenn der Schmerz durch den Auswurf gelindert wird und der Patient, auch wenn das Sputum eitrig ist, dennoch wieder gut Luft bekommt, ohne Schwierigkeiten abhustet und unter der Krankheit selbst weniger schwer leidet[1]. Man darf sich auch gleich zu Beginn nicht in Angst und Schrecken versetzen lassen, wenn der Auswurf zunächst mit roten Beimengungen und Blut vermischt ist. Allerdings sollte der Patient in diesem Fall unverzüglich abhusten[2].

At in tabe eius, qui salvus futurus est, sputum esse debet album, aequale totum, eiusdemque coloris, sine pituita. Eique etiam simile esse oportet, si quid in nares a capite destillat. Longe optimum est febrem omnino non esse. Secundum est tantulam esse, ut neque cibum impediat neque crebram sitim faciat. Alvus in hac valetudine ea tuta est, quae cotidie, quae coacta, quae convenientia iis, quae assumuntur, reddit. Corpus id, quod minime tenue maximeque lati pectoris atque saetosi est, cuiusque cartilago exigua et carnosa est. Super tabem si mulieri suppressa quoque menstrua fuerunt, et circa pectus atque scapulas dolor mansit subitoque sanguis erupit, levari morbus solet. Nam et tussis minuitur et sitis atque febricula desinunt. Sed iisdem fere, nisi redit sanguis, vomica erumpit. Quae quo cruentior, eo melior est.

Tiefer Einblick in die Auszehrung der Lungen (1)

Celsus *De medicina* II 8.6–7

Die Schwindsucht geht zwar von den Atmungsorganen aus, entwickelt sich aber in den meisten Fällen zu einer systemischen Erkrankung.

Sichere Zeichen für die Genesung des Patienten von der Schwindsucht sind die weiße Farbe des Auswurfs, die gleichmäßige Konsistenz, die Einheitlichkeit der Farbe und und das Fehlen von Schleim[1]. Absonderungen, die vom Kopf in die Nase abtropfen, müssen ähnlich aussehen. Bei weitem am besten ist es, wenn überhaupt kein Fieber besteht. Günstig ist es aber auch, wenn die Temperatur allenfalls so hoch ist, dass sie weder den Appetit nimmt noch häufigen Durst auslöst[2]. Der Stuhlgang ist bei dieser Erkrankung als gefahrlos einzuschätzen, wenn er täglich in Gang kommt, wenn er geformt ist und wenn seine Zusammensetzung der der aufgenommenen Speisen entspricht. Gute Heilungschancen verspricht auch ein Körper, der alles andere als zart ist und eine ausgesprochen breite und behaarte Brust hat, deren Rippenknorpel klein und fleischig sind[3]. Wenn bei einer schwindsüchtigen Frau auch die Menstruation ausgeblieben ist und sich in der Gegend der Brust und der Schulterblätter dauerhafter Schmerz eingestellt hat, dann aber plötzlich die Regelblutung eingesetzt hat, schwächt sich die Erkrankung gewöhnlich ab. Denn dann geht auch der Husten zurück und Durst und Fieber hören auf. Wenn die Regelblutung aber nicht zurückkehrt, bildet sich bei diesen Patientinnen fast immer eine Eiterbeule aus. Je mehr Blut sie enthält, desto beser ist es.

At in tabe sputum mixtum, purulentum, febris assidua, quae et cibi tempora eripit et siti affligit, in corpore tenui subesse periculum testantur. Si quis etiam in eo morbo diutius traxit, ubi capilli fluunt, ubi urina quaedam araneis similia subsidentia ostendit, atque in iis odor foedus est, maximeque ubi post haec orta deiectio est, protinus moritur, utique si tempus autumni est, quo fere qui cetera parte anni traxerunt, resolvuntur. Item pus expuisse in hoc morbo, deinde ex toto spuere desisse mortiferum est. Solent etiam in adulescentibus ex eo morbo vomicae fistulaeque oriri, quae non facile sanescunt, nisi si multa signa bonae valetudinis subsecuta sunt. Ex reliquis vero minime facile sanantur virgines aut eae mulieres, quibus super tabem menstrua suppressa sunt. Cui vero sano subitus dolor capitis ortus est, dein somnus oppressit, sic ut stertat neque expergiscatur, intra septimum diem pereundum est, magis si cum alvus cita non antecesserit, si palpebrae dormientis non coeunt, si album oculorum apparet. Quos tamen ita mors sequitur, si id malum non est febre discussum.

Tiefer Einblick in die Auszehrung der Lungen (2)

Celsus *De medicina* II 8.24–25

Mit Eiter und anderen Stoffen gemischter Auswurf und anhaltendes Fieber, das dem Patienten nicht einmal die Zeit zum Essen lässt und starken Durst auslöst, weisen bei zartem Körperbau darauf hin, dass die Schwindsucht das Leben unmittelbar bedroht. Auch wenn einer schon länger mit der Krankheit gerungen hat, so steht ihm der Tod dann unmittelbar bevor, wenn die Haare ausfallen[1], wenn der Urin spinnwebenartige Ablagerungen[2] enthält, von denen übler Geruch ausströmt, und vor allem, wenn es daran anschließend zu Durchfall kommt. Gerade in den Herbstmonaten[3] ist es so, dass fast alle sterben, die bis dahin durchgehalten haben. Ebenso endet die Krankheit mit dem Tode, wenn man zunächst reichlich Eiter abgehustet hat und dann gar nichts mehr davon produziert[4]. Auch bei jungen Leuten entstehen im Verlauf der Erkrankung Geschwüre und Fisteln[5]. Sie heilen nicht leicht ab, es sei denn, dass sich anschließend viele Anzeichen für die Rückkehr zur Gesundheit einstellen. Unter den anderen, die an Schwindsucht leiden, werden Jungfrauen oder solche Frauen, bei denen neben der Grundkrankheit noch Amenorrhö besteht, nur unter den größten Schwierigkeiten geheilt. Wer aber aus voller Gesundheit heraus plötzlich Kopfschmerz empfindet, danach in Schlaf verfällt, so dass er schnarcht und nicht mehr aufwacht, wird innerhalb von sieben Tagen sterben[6], und zwar umso wahrscheinlicher, wenn sich ohne vorangehenden Durchfall die Lider im Schlaf nicht schließen und das Weiße in den Augen sichtbar wird[7]. Auf diese Symptome folgt jedoch nur dann der Tod, wenn nicht Fieber die Krankheit vorher zurückgedrängt hat.

A compagine corporis ad viscera transeundum est, et imprimis ad pulmonem veniendum. Ex quo vehemens et acutus morbus oritur, quem peripleumoniacon Graeci vocant. Eius haec conditio est: Pulmo totus adficitur. Hunc casum eius subsequitur tussis bilem vel pus trahens, praecordiorum totiusque pectoris gravitas, spiritus difficultas, magnae febres, continua vigilia, cibi fastidium, tabes. Id genus morbi plus periculi quam doloris habet.

Desiderat quoque propriam animadversationem in febribus pestilentiae casus. In hac utile minime est aut fame aut medicamentis uti aut ducere alvum. Si vires sinunt, sanguinem mittere optimum est, praecipueque si cum dolore febris est. Si id parum tutum est, ubi febris aut tenuata est aut levata est, vomitu pectus purgare. Sed in hoc maturius quam in aliis morbis ducere in balineum opus est, vinum calidum et meracius dare, et omnia glutinosa, inter quae carnem quoque generis eiusdem. Nam quo celerius eiusmodi tempestates corripiunt, eo maturius auxilia

Tiefer Einblick in die Auszehrung der Lungen (3)

Celsus *De medicina* IV 14.1

Wir müssen jetzt vom äußeren Gefüge des Körpers zu den Eingeweiden übergehen und hier vor allem zur Lunge kommen. Von dort nimmt eine heftige und akute Erkrankung ihren Ausgang, die bei den Griechen Peripleumoniakón[1] heißt. Für sie ist charakteristisch, dass die gesamte Lunge betroffen ist. So stellen sich der Reihe nach folgende Symptome ein: Husten mit galligem oder eitrigem Auswurf, präkordiales und thorakales Schweregefühl, Atemnot, hohes Fieber, anhaltende Schlaflosigkeit, Ekel vor dem Essen und körperlicher Verfall. Diese Art von Krankheit ist mehr gefährlich als schmerzhaft[2].

Seuchenfieber: Pädiatrische Aspekte

Celsus *De medicina* III 7.1

Der Verfasser proklamiert für Kinder eine prinzipiell andere therapeutische Strategie als für erwachsene Patienten.

Unter den verschiedenen Arten von Fiebern verdienen jene, die im Zusammenhang mit Seuchen auftreten, besondere Beachtung. In dieser Situation sind Fasten, medikamentöse Behandlung oder Klistiere von sehr begrenztem Nutzen. Wenn es die Körperkräfte erlauben, ist der Aderlass das beste Mittel, vor allem dann, wenn zum Fieber Schmerzen treten. Falls der Aderlass aber mit zu großen Sicherheitsrisiken verbunden ist, muss man die Brust durch Erbrechen reinigen, sobald das Fieber sich abgeschwächt hat oder abgeklungen ist. Man bringt die Patienten bei dieser Krankheit schneller als bei anderen ins Bad, gibt heißen und unvermischten Wein zu trinken und dazu klebrige Speisen, darunter auch Fleisch von eben dieser Beschaffenheit. Denn je schneller solche Stürme einen Kranken ergreifen, umso früher muss Hilfe geleistet werden,

etiam cum quadam temeritate rapienda sunt. Quod si puer est qui laborat, neque tantum robur eius est, ut ei sanguis mitti possit, siti ei utendum est, ducenda alvus vel aqua vel tisanae cremore, tum denique is levibus cibis nutriendus. Et ex toto non sic pueri ut viri curare debent. Ergo, ut in alio quoque genere morborum, parcius in his agendum est. Non facile sanguinem mittere, non facile ducere alvum, non cruciare vigilia fameque aut nimia siti, non vino curare satis convenit. Vomitus post febrem eliciendus est, deinde dandus cibus ex levissimis, tum is dormiat. Posteroque die, si febris manet, abstineatur, tertio ad simile cibum redeat. Dandaque opera est, quantum fieri potest, ut inter opportunam abstinentiam cibosque opportunos, omissis ceteris, nutriatur.

His morbis praecipue contrarium est id genus, quod cardiacum a Graecis nominatur, quamvis saepe ad eum phrenetici transeunt. Siquidem mens in illis labat, in hoc constat. Id autem nihil aliud est quam nimia imbecillitas corporis, quod stomacho languente immodico sudore digeritur. Licetque protinus scire id esse, ubi venarum exigui imbecillique pulsus sunt, sudor autem et supra

auch wenn man dabei geradezu draufgängerisch vorgeht. Wenn aber ein Kind an der Krankheit leidet und seine Widerstandskraft nicht groß genug ist für einen Aderlass, so lasse man es dürsten, reinige den Darm mit viel Wasser oder Gerstenschleim und gebe dann leichte Kost. Ganz grundsätzlich dürfen Kinder nicht so behandelt werden wie erwachsene Männer. Wie bei allen anderen Krankheiten auch soll man daher recht schonend vorgehen. Es ist folglich nicht angebracht, sie einfach zur Ader zu lassen, einfach so ihren Darm zu entleeren und sie mit Wachbleiben, Hunger oder allzu großem Durst zu peinigen. Wein ist überhaupt keine therapeutische Option. Nach dem Fieber sollen die Patienten erbrechen, dann Nahrung aus sehr leichten Bestandteilen bekommen und anschließend zu Bett gebracht werden. Wenn das Fieber am nächsten Tag noch anhält, ist Fasten geboten. Am dritten Tag darf der Patient dann wieder ähnlich leichte Kost zu sich nehmen. Man muss alle erdenkliche Mühe darauf verwenden, dass sich die Diät zwischen gebotener Enthaltung und Aufnahme der geeigneten Nahrung bewegt und auf alles übrige verzichtet wird.

Eine Kardiopathie, die nicht vom Herzen ausgeht

Celsus *De medicina* III 19.1

Die Unschärfe anatomischer Begriffen führt zu Konfusion bei der Benennung von Krankheiten.

Das genaue Gegenteil der verschiedenen Formen des Irreseins ist die Krankheit, die von den Griechen als Cardíacum[1] bezeichnet wird, obgleich die Phrenitis häufig in sie übergeht[2]. Doch während bei den Phrenitikern die Denkkraft nachlässt, bleibt sie bei dieser Krankheit erhalten. Es handelt sich also um nichts anderes als eine außerordentliche Schwächung des Körpers, hervorgerufen durch die Erschlaffung des Magens und übermäßige Absonderung von Schweiß. Man erkennt den Beginn der

consuetudinem et modo et tempore ex toto thorace et cervicibus atque etiam capite prorumpit, pedibus tantummodo et cruribus siccioribus atque frigentibus. Acutique id morbi genus est.

… Longus vero fieri potest eorum, quos aqua inter cutem male habet, nisi primis diebus discussus est. Hydropa Graeci vocant. Atque eius tres species sunt. Nam modo ventre vehementer intento creber intus ex motu spiritus sonus est; modo corpus inaequale est tumoribus aliter aliterque per totum id orientibus; modo intus in unum aqua contrahitur et moto corpore ita movetur, ut impetus eius conspici possit. Primum τυμπανείτην, secundum λευκοφλεγματίαν vel ὑπὸ σάρκα, tertium ἀσκείτην Graeci nominarunt. Communis tamen omnium est umoris nimia abundantia, ob quam ne ulcera quidem in his aegris facile sanescunt. Saepe vero hoc malum per se incipit, saepe alteri vetusto morbo maximeque quartanae supervenit…

Krankheit sofort daran, dass die Venenpulse klein und schwach sind und dass am Brustkorb, am Hals und auch am Kopf ungewöhnlich starker und lang anhaltender Schweiß ausbricht. Nur die Füße und die Unterschenkel sind trockener und kalt. Und dieses Krankheitsbild stellt sich akut ein.

Differenzialdiagnose der Wassersucht

Celsus *De medicina* III 21.1–2

Der Verfasser folgt dem Vorschlag der Griechen und teilt die Überwässerung nach dem makromorphologischen Aspekt der Betroffenen in drei Gruppen ein.

... Eine chronische Erkankung kann sich bei denen entwickeln, die zu viel Wasser unter der Haut haben, wenn man diesen Zustand nicht in den ersten Tagen beseitigt. Hýdrōps nennen die Griechen die Krankheit. Es gibt drei Arten davon. Bei der ersten ist der Leib heftig gespannt und es tritt im Inneren häufig ein Geräusch auf, das durch die Bewegungen der Luft entsteht. Bei der nächsten bekommt der ganze Körper durch Anschwellungen, die sich an allen möglichen Stellen entwickeln, eine höckrige Oberfläche. Bei der dritten sammelt sich das Wasser im Inneren und folgt den Bewegungen des Körpers so, dass man die Strömung sehen kann. Die erste Form haben die Griechen Tympanítis, die zweite haben sie Leukophlegmatía oder Hypósarka und die dritte Askítēs genannt. Ihnen gemeinsam ist der große Überschuss an Flüssigkeit, der bei diesen Kranken auch dazu führt, dass Geschwüre kaum heilen. Oft entsteht die Erkrankung ganz von sich aus, oft pfropft sie sich aber auch einem chronischen Leiden, vor allem dem Viertagefieber auf...

Ignotus autem paene in Italia, frequentissimus in quibusdam regionibus is morbus est, quem ἐλεφαντίασιν Graeci vocant. Isque longis adnumeratur. Quo totum corpus afficitur, ita ut ossa quoque vitiari dicantur. Summa pars corporis crebras maculas crebrosque tumores habet. Rubor harum paulatim in atrum colorem convertitur. Summa cutis inaequaliter crassa, tenuis, dura mollisque, quasi squamis quibusdam exasperatur. Corpus emacrescit. Os, surae, pedes intumescent. Ubi vetus morbus est, digiti in manibus pedibusque sub tumore conduntur. Febricula oritur, quae facile tot malis obrutum hominem consumit.

Diximus elephantiasim ante Pompei Magni aetatem non accidisse in Italia, et ipsam a facie saepius incipientem, in nare prima veluti lenticula, mox inarescente per totum corpus, maculosa variis coloribus et inaequali cute, alibi crassa, alibi tenui, dura alibi ceu scabie aspera, ad postremum vero nigrescente et ad ossa carnes

Elephantiasis: Unverwechselbare Vergangenheit (1)

Celsus *De medicina* III 25.1–2

Drei Autoren beschreiben ein Leiden, das so charakteristische Symptome hervorruft, dass man sich immer daran erinnern wird, auch wenn es nicht (mehr) endemisch ist.

In Italien fast unbekannt[1], in anderen Regionen[2] dagegen überaus häufig ist jene Krankheit, die die Griechen als Elephantíasis[3] bezeichnen. Sie wird den chronischen Erkrankungen zugerechnet. Die Elephantiasis zieht den ganzen Körper in Mitleidenschaft; daher sind angeblich auch die Knochen betroffen. Die Körperoberfläche zeigt zahlreiche Flecken und Erhabenheiten. Ihre Farbe ist zuerst rot und wechselt nach und nach ins Schwarze. Die oberste Schicht der Haut ist an manchen Stellen dick und an anderen dünn, an manchen Stellen hart und an anderen weich; sie wird gleichsam durch Schuppen aufgeraut. Dabei magert der Körper ab, während das Gesicht, die Waden und die Füße anschwellen. Wenn die Krankheit schon lange andauert, verlieren die Finger und Zehen unter der Schwellung ihre natürliche Form. Auch wenn die Körpertemperatur nur leicht ansteigt, kann das Fieber dem von so vielen Übeln heimgesuchten Kranken den Todesstoß geben.

Elephantiasis: Unverwechselbare Vergangenheit (2)

Plinius *Naturalis historia* XXVI 7–8

Wie bereits gesagt[1], ist die Elephantiasis vor der Lebenszeit Pompejus des Großen[2] in Italien nicht beobachtet worden. Auch sie beginnt recht häufig im Gesicht, nämlich an der Nase in Form einer kleinen Linse. Dann wird die Haut am ganzen Körper trocken, sie bekommt verschiedenartige Flecken und eine unregelmäßige Oberfläche, weil sie an der einen Stelle dick, an der anderen dünn und wieder anderswo hart oder rau wie bei der Krätze ist.

adprimente, intumescentibus digitis in pedibus manibusque. Aegypti peculiare hoc malum et, cum in reges incidisset, populis funebre, quippe in balineis solia temperabantur humano sanguine ad medicinam eam. Et hic quidem morbus celeriter in Italia restinctus est…

Καὶ γὰρ οὖν ὁ ἐλέφας ὀνομαζόμενος καὶ ἡ φθόη φανερῶς ἐξαλλάττουσι τὴν μορφήν. σιμοῦται μὲν γὰρ ἡ ῥίς, καὶ τὰ χείλη παχέα καὶ ἀπεξυσμένα τὰ ὦτα φαίνεται, καὶ τὸ σύμπαν ὅμοιοι τοῖς σατύροις[1] οἱ ἐλεφαντιῶντες γίγνονται… τραχύνεται δὴ τὰ πρότερον λεῖα, καὶ λεῖα γίγνεται τὰ πρότερον τραχέα… καὶ μάλιστα ἐν ὀστοῖς ἐναργῶς φαίνεται ταῦτα γιγνόμενα…

Aliud autem quamvis non multum distans malum gravedo est. Haec nares claudit, vocem obtundit, tussim siccam movet. Sub eadem salsa est saliva, sonant aures, venae moventur in capite, turbida urina est. Haec omnia κόρυζας Hippocrates nominat.

Schließlich aber wird sie schwarz und drückt das Fleisch an die Knochen. Gleichzeitig schwellen die Zehen und Finger an. Das Leiden ist in Ägypten endemisch und wurde, nachdem es die Könige befallen hatte, auch dem gemeinen Volk zum Verderben, weil man in den Bädern die Wannen aus therapeutischen Gründen mit menschlichem Blut anwärmte. Die Krankheit ist freilich in Italien rasch verschwunden…

Elephantiasis: Unverwechselbare Vergangenheit (3)

Galen *De causis morborum* VII K VII 29–30,33

Denn sowohl die sogenannte Elephantiasis als auch die Schwindsucht verändern das äußere Erscheinungsbild des Menschen ganz offensichtlich. Die Nase plattet sich nämlich ab, die Lippen schwellen an und die Ohren erscheinen verschmälert. Alles in allem sehen die Menschen, die an Elephantiasis leiden, in etwa so aus wie die Satyrn[1]… Organe, die normalerweise glatt sind, bekommen eine raue Oberfläche, umgekehrt glätten sich Organe, die bis dahin rau waren… Und besonders an den Knochen werden diese Phänomene deutlich sichbar…

Stockschnupfen: Der Speichel schmeckt salzig

Celsus *De medicina* IV 5.2,8–9

Auch die vermeintlich harmlosen Erkältungskrankheiten sollten nicht auf die leichte Schulter genommen werden.

Ein anderes nicht sehr verschiedenartiges Leiden ist aber der Stockschnupfen[1]. Dabei ist die Nase verstopft, die Stimme heiser und es besteht trockener Husten. Außerdem ist der Speichel salzig, die Ohren klingen, die Adern am Kopf pulsieren und der Harn ist trüb. Diese Kombination von Symptomen nennt Hippokrates Kóryzai[2]. Wie ich jetzt sehe, haben die Griechen diesen Begriff für

Nunc video apud Graecos in gravedine hoc nomen servari, destillationem κατασταγμόν appellari. Haec autem et brevia et, si neglecta sunt, longa esse consuerunt. Nihil pestiferum est, nisi quod pulmonem exulceravit.

In gravedine autem primo die quiescere, neque esse neque bibere, caput velare, fauces lana circumdare, postero die surgere, abstinere a potione, aut si res cogerit, non ultra heminam aquae adsumere, tertio die panis non tam multum ex parte interiore cum pisciculo vel levi carne sumere, aquam bibere. Si quis sibi temperare non potuerit quominus pleniore victu utatur, vomere. Ubi in balneum ventum est, multa calida aqua caput et os fovere usque ad sudorem, tum ad vinum redire. Post quae vix fieri potest, ut idem incommodum maneat. Sed si manserit, utendum erit cibis frigidis, aridis, levibus, umore quam minimo, servatis frictionibus exercitationibusque, quae in omni tali genere valetudinis necessariae sunt.

Stomachus lateribus cingitur atque in his quoque vehementes dolores esse consuerunt. Et initium vel ex frigore vel ex ictu vel ex

den Stockschnupfen beibehalten, während der feuchte Schnupfen Katastagmós[3] heißt. Diese Erkrankungen sind gewöhnlich von kurzer Dauer, können aber auch chronisch werden, wenn man sie vernachlässigt. Es geht von ihnen keine Gefahr aus, außer wenn sich in den Lungen ein Geschwür bildet.

Wer den Stockschnupfen bekommt, muss am ersten Tag ruhen und darf weder essen noch trinken, er soll das Haupt verhüllen und einen Wollschal um den Hals wickeln. Am nächsten Tag muss er dann aufstehen, er darf nichts trinken oder höchstens ein Glas Wasser. Am dritten Tag darf er etwas Brot essen, und zwar ein Stück aus dem Inneren des Laibs, einen kleinen Fisch oder leicht verdauliches Fleisch zu sich nehmen und Wasser trinken. Falls sich jemand nicht beherrschen konnte und mehr gegessen hat, muss er danach erbrechen. Ist er dann im Bad angekommen, soll er den Kopf und das Gesicht mit viel warmem Wasser zum Glühen bringen, bis ihm der Schweiß ausbricht. Dann kann er zum Wein zurückkehren. Wenn man sich an diese Anweisungen hält, kommt es kaum noch vor, dass der unangenehme Zustand fortbesteht. Ist dies aber der Fall, soll man kalte, trockene und leichte Speisen zu sich nehmen, so wenig wie möglich trinken und die Reibungen und körperlichen Übungen beibehalten, die bei allen Erkrankungen dieser Art angezeigt sind.

Zwischen Seitenstechen und Rippenfellentzündung

Celsus *De medicina* IV 13.1–2

Dem Verfasser genügt ein einziger Absatz, um die Differenzialdiagnose thorakaler Flankenschmerzen stichhaltig zu kommentieren.

Der Magen wird von den Flanken eingeschlossen. Auch dort sind heftige Schmerzen eine regelhafte Erscheinung. Sie entstehen durch Kälte, einen Schlag, Überanstrengung beim Laufen oder im Rahmen einer Krankheit. Manchmal beschränkt sich die Erkran-

nimio cursu vel ex morbo est. Sed interdum omne malum intra dolorem est isque modo tarde, modo celeriter solvitur. Interdum ad perniciem quoque procedit oriturque acutus morbus, qui pleuriticus a Graecis nominatur. Huic dolori lateris febris et tussis accedit. Et per hanc excreatur, si tolerabilis morbus est, pituita, si gravis, sanguis. Interdum etiam sicca tussis est, quae nihil emolitur, idque primo vitio gravius, secundo tolerabilius est.

A visceribus ad intestina veniendum est, quae sunt et acutis et longis morbis obnoxia. Primoque facienda mentio est cholera, quia commune id stomachi atque intestinorum vitium videri potest. Nam simul et deiectio et vomitus est, praeterque haec inflatio est. Intestina torquentur, bilis supra infraque erumpit, primum aquae similis, deinde ut in ea recens caro lota esse videatur, interdum alba, nonnumquam nigra vel varia. Ergo eo nomine morbum hunc choleram Graeci nominarunt. Praeter ea vero, quae supra comprehensa sunt, saepe etiam crura manusque contrahuntur, urget sitis, anima deficit. Quibus concurrentibus

kung auf die Schmerzen und bildet sich bald langsam, bald aber auch rasch zurück. Gelegentlich aber nimmt sie einen verhängnisvollen Verlauf und es entsteht eine schwere Krankheit, die die Griechen als Pleuritikós[1] bezeichnen. Dann treten zu den Flankenschmerzen Fieber und Husten hinzu und der Patient sondert dabei, wenn die Krankheit einen erträglichen Verlauf nimmt, Schleim, wenn der Verlauf hingegen schwer ist, Blut ab. Manchmal ist der Husten auch trocken und führt keinen Schleim mit sich. Dieser Zustand ist bedenklicher als der erstgenannte, bei dem Schleim abgehustet wird[2], aber weniger bedrohlich als der zuletzt erwähnte, bei dem Bluthusten besteht.

Cholera: Durchfall, galliges Erbrechen und Blähungen

Celsus *De medicina* IV 18.1–2

Der Verfasser beschreibt den Prototyp der Magen-Darm-Erkrankungen seiner Zeit.

Von den Eingeweiden kommen wir nun zu den Därmen. Sie sind sowohl von akuten als auch von chronischen Erkrankungen bedroht. An erster Stelle ist hier die Cholera[1] zu erwähnen, weil man sie als eine gemeinsame Erkrankung von Magen und Därmen betrachten kann[2]. Der Kranke entleert sich ja nach unten wie nach oben und ist außerdem gebläht. Seine Därme schmerzen und auch die Galle bricht er nach oben und unten aus. Zunächst ähnelt sie klarem Wasser, dann sieht sie wie Wasser aus, in das frisches Fleisch eingetaucht worden ist, manchmal ist sie auch ganz weiß oder schwarz oder andersfarbig. Deshalb haben sie die Griechen auch in Anlehnung an die Bezeichnung für die Galle als Choléra bezeichnet. Außer den eben genannten Symptomen treten oft auch Verkrampfungen in den Unterschenkeln und Händen auf. Dazu kommen quälender Durst und Ohnmacht. Wenn diese Krankheitszeichen zusammenkommen, ist der plötzliche Tod der

non mirum est, si subito quis moritur. Neque tamen ulli morbo minore momento succurritur.

... In ipsius vero ventriculi porta consistit is, qui... et longus esse consuevit. Coeliacus a Graecis nominatur. Sub hoc venter indurescit dolorque eius est. Alvus nihil reddit ac ne spiritum quidem transmittit. Extremae partes frigescunt, difficulter spiritus redditur.

Nonnumquam autem lumbrici quoque occupant alvum hique modo ex inferioribus partibus, modo foedius ore redduntur. Atque interdum latos eos, qui peiores sunt, interdum teretes videmur. – Si lati sunt, aqua potui dari debet, in qua lupinum aut cortex mori decoctus sit aut cui adiectum sit contritum vel hysopum vel piperis acetabulum vel scamoniae paulum. Vel etiam pridie, cum multum alium ederit, vomat, posteroque die mali Punici tenues

Betroffenen keine Überraschung. Und doch kann man bei keiner anderen Krankheit in kürzerer Zeit wirksame Hilfe leisten.

Morbus coeliacus: Aber die Symptome passen nicht zur Zöliakie
Celsus *De medicina* IV 19.1

Ein Beispiel aus der Gastroenterologie zeigt, wie vorsichtig man mit retrospektiven Diagnosen sein muss, auch wenn die Korrelation buchstäblich auf der Zunge liegt.

... Unmittelbar am Ausgang des Magens hat jene Erkrankung ihren Sitz, die auch gewöhnlich chronisch verläuft. Bei den Griechen heißt sie Koiliakḗ. Dabei wird der Leib hart und schmerzt, es geht kein Stuhlgang ab, ja nicht einmal Darmgas. Die Extremitäten erkalten und das Atmen fällt schwer[1].

Würmer im Darm: Die platten sind ekliger
Celsus *De medicina* IV 24

Die intestinalen Helminthosen wurden artspezifisch und multimodal behandelt.

Manchmal besiedeln aber auch Würmer den Darmkanal und werden bald durch den After, bald, was ekelhafter ist, durch den Mund ausgeschieden. Wir beobachten dabei sowohl Plattwürmer – sie sind gefährlicher – als auch Rundwürmer. – Wenn es sich um Platt- oder Bandwürmer handelt, muss man Wasser zu trinken geben, in dem Wolfsbohnen oder Maulbeerrinde abgekocht worden ist oder dem man zerriebenen Hysop oder eine Schale Pfeffer oder etwas Purgierkraut zugesetzt hat. Als Alternative bietet sich an, dass der Patient am Vortag viel Knoblauch isst und dann erbricht. Am nächsten Tag nimmt man dann so viele zarte Wurzeln des Granatapfelbaums, wie eine Hand fassen kann, zerquetscht sie

radiculas colligat, quantum manu comprehendet. Eas contusas in aquae tribus sextariis decoquat, donec tertia pars supersit. Huc adiciat nitri paulum et ieiunus bibat. Interpositis deinde tribus horis duas potiones sumat; at aquae... vel muriae durae sit adiecta. Tum desidat subiecta calida aqua in pelve. Si vero teretes sunt, qui pueros maxime exercent, et eadem dari possunt et quaedam leviora, ut contritum semen urticae aut brassicae aut cumini cum aqua vel menta cum eadem vel absinthum decoctum vel hysopum ex aqua mulsa vel nasturcii semen cum aceto contritum. Edisse etiam et lupinum et alium prodest vel in alvum oleum subter dedisse.

Ab his, quae extrinsecus incidunt, ad ea veniendum est, quae interius corrupta aliqua corporum parte nascuntur. Ex quibus non aliud carbunculo peius est. Eius hae notae sunt. Rubor est, superque eum non nimium pusulae eminent, maxime nigrae, interdum sublividae aut pallidae. In his sanies esse videtur. Infra color niger est. Ipsum corpus aridum et durius quam naturaliter oportet circaque quasi crusta est, eaque inflammatione cingitur.

und kocht sie in 1,6 Liter Wasser so lange auf, bis die Flüssigkeit auf ein Drittel eingedampft ist. Dann setzt man noch etwas mineralisches Laugensalz zu und gibt sie auf nüchternen Magen zu trinken. Drei Stunden später soll der Patient noch einmal die doppelte Menge dieses Getränks zu sich nehmen. Man vergesse aber nicht, vorher Wasser oder starke Salzbrühe beizumischen. Dann soll er sich auf einem Becken mit warmem Wasser zum Stuhlgang niederlassen. Wenn es sich um Rund- oder Spulwürmer handelt, die vor allem den Kindern zusetzen, soll man die gleichen oder mildere Mittel geben, z.B. den zerriebenen Samen der Nessel, des Kohls oder des Kümmels mit etwas Wasser oder Minze ebenfalls mit etwas Wasser oder eine Abkochung von Wermut oder Hysop mit Wassermet oder in Essig zerriebenen Kressesamen. Nützlich ist es auch, wenn man Wolfsbohnen oder Knoblauch gegessen oder einen Einlauf mit Öl durchgeführt hat.

Der Karbunkel: Mehr als eine Hautkrankheit (1)

Celsus *De medicina* V 28.1

Auch wenn der Verfasser mutmaßlich nur Bücherwissen wiedergibt, ist sein Bericht kaum weniger prägnant als die Schilderungen Galens, der in seiner Heimat Massenerkrankungen beobachtet hat.

Von den Krankheiten, die durch äußere Ursachen hervorgerufen werden, müssen wir nun zu jenen kommen, die im Inneren entstehen, also wenn ein Körperteil zugrunde gegangen ist. Keine von ihnen ist schlimmer als der Karbunkel. Die Symptome sind folgende: Zunächst kommt es zur Rötung. In dem geröteten Bezirk befinden sich mäßig erhabene Pusteln, die meisten von schwarzer Farbe, manche auch bläulich oder blass. In ihnen scheint sich dünnflüssiger blutiger Eiter zu befinden. Darunter ist die Farbe schwarz. Das erkrankte Gewebe ist trocken und härter als im gesunden Zustand. Außen befindet sich eine Art Rinde,

Neque in eo loco levari cutis potest, sed inferiori carni quasi affixa est. Somnus urguet, nonnumquam horror aut febris oritur, aut utrumque. Idque vitium subteractis quasi quibusdam radicibus serpit, interdum celerius, interdum tardius. Supra quoque procedens inalbescit, dein lividum fit, circumque exiguae pustulae oriuntur. Et si circa stomachum faucesve incidit, subito spiritum saepe elidit. – Nihil melius est quam protinus adurere. Neque id grave est. Nam non sentit, quoniam ea caro mortua est. Finisque adurendi est, dum ex omni parte sensus doloris est. Tum deinde vulnus sicut cetera adusta curandum est. Sequitur enim sub medicamentis erodentibus crusta undique a vive carne diducta, quae trahit secum quicquid corruptum erat. Purusque iam sinus curari potest implentibus. At si in summa cute vitium est, possunt succurrere quaedam vel exedentia tantum vel etiam adurentia. Vis pro magnitudine adhibenda est. Quodcumque vero medicamentum impositum est, si satis proficiet, protinus a vivo corruptam partem resolvit. Certaque esse fiducia potest fore, ut undique vitiosa caro excidat, qua exest. Si id non fit, medicamentum malo vincitur, utique ad ustionem properandum est. Sed in eiusmodi casu abstinendum a cibo, a vino est. Aquam liberaliter bibere expedit. Magisque ea servanda sunt, si febricula quoque accessit.

daran schließt sich eine Entzündungszone an. An dieser Stelle kann man die Haut nicht anheben, sondern sie klebt gleichsam am darunter liegenden Fleisch. Den Kranken befällt Schlaf, manchmal kommen auch Schüttelfrost oder Fieber oder sogar beides hinzu. Die Läsion breitet sich aus, als ob sie mit Wurzeln verankert sei, mal langsamer, mal schneller. Wenn sie sich an der Oberfläche ausbreitet, wird sie zuerst weiß, dann blau und ringsum schießen kleine Pusteln hervor. Und wenn der Karbunkel am Magen oder am Schlund lokalisiert ist, führt er oft zu plötzlicher Atemnot. – Nichts ist besser, als umgehend das Brenneisen anzulegen. Das ist auch nicht weiter schlimm. Der Patient spürt ja nichts davon, weil das Fleisch abgestorben ist. Man hört mit dem Brennen auf, wenn an allen Stellen Schmerzen spürbar werden. Dann muss das Geschwür so wie andere Brandwunden behandelt werden. Unter den ätzenden Mitteln bildet sich eine Kruste, die sich allseits vom vitalen Gewebe ablöst und dabei alle abgestorbenen Teile mitnimmt. So gereinigt kann die Vertiefung mit Füllmitteln geheilt werden. Wenn die Läsion auf der Oberfläche der Haut lokalisiert ist, können manche Mittel hilfreich sein, die nur schwach ätzen oder auch eine Verbrennung herbeiführen. Die Stärke des Mittels muss deren Ausdehnung angepasst werden. Wenn das Medikament, das auf die Haut aufgetragen wird, ausreichend Wirkung zeigt, löst es rasch den abgestorbenen vom noch vitalen Abschnitt. Man kann sich sicher sein und darauf vertrauen, dass sich die Nekrose dann überall ablöst. Wenn sich dieser Effekt nicht einstellt und das Mittel von der Krankheit besiegt wird, muss man jedenfalls rasch zum Brenneisen greifen. Dann soll sich der Patient auch sowohl der Speisen als des Weins enthalten. Dagegen ist es ihm zuträglich, wenn er reichlich Wasser trinkt. Diese Verordnungen sind umso mehr zu beachten, wenn noch leichtes Fieber dazu gekommen ist.

Πολλῶν γοῦν ἐψιλώθη μόρια τοῦ δέρματος, τινῶν δὲ καὶ τῆς σαρκὸς αὐτῆς ἐκ τῶν ἐπιδημησάντων ἀνθράκων ἐν πολλαῖς τῶν ἐν Ἀσία πόλεων.

Ἔστι γε μὴν καὶ ἄλλο πάθος ὑπὸ χυμοῦ παχέος τε καὶ ζέοντος γινόμενον. ἄρχεται δὲ τὰ πολλὰ μὲν ἀπὸ φλυκταίνης, ἐνίοτε δὲ καὶ χωρὶς ταύτης. Ἀλλὰ κνᾶταί γε πάντως ἐν ἀρχῇ τὸ μόριον· εἶτ' ἀνίσταται φλύκταινά τις, ἧς ῥηγνυμένης ἕλκος ἐσχαρῶδες γίνεται. πολλάκις δὲ οὐ μία φλύκταινα γεννᾶται κνησαμένων, ἀλλὰ πολλαὶ μικραὶ καθάπερ τινὲς κέγχροι καταπυκνοῦσαι τὸ μέρος· ὧν ἐκρηγνυμένων ὁμοίως ἐσχαρῶδες ἕλκος γεννᾶται. κατὰ δὲ τοὺς ἐπιδημήσαντας ἄνθρακας ἐν Ἀσία καὶ χωρὶς φλυκταινῶν ἐνίοις εὐθέως ἀπεδάρη τὸ δέρμα. ἅπασιν οὖν, ὡς ἔφην, ἕλκος ἐσχαρῶδες γίνεται, ποτὲ μὲν τεφρώδους ἐσχάρας, ποτὲ δὲ μελαίνης. ἥ τε πέριξ ἅπασα αὐτοῖς σάρξ εἰς ἐσχάτην ἀφικνεῖται φλόγωσιν· οὐ μὴν τῇ χρόᾳ γ' ἔοικεν ἐρυσιπελάτι, ἀλλ' ἔτι καὶ τῆς φλεγμονῆς ἐπ' αὐτῷ γίνεται τὸ χρῶμα μελάντερον, ὡς εἰ καὶ μίξαις ἐρυθρῷ πλέονι τοῦ μέλανος ἔλαττον. Ὅτι δὲ πυρέττουσιν οἱ οὕτως ἔχοντες ἐξ ἀνάγκης οὐδὲν ἧττον, ἀλλ' ἔτι καὶ μᾶλλον ἐκείνων οἷς ἐρυσιπελατώδης ἐστίν ἡ φλεγμονή, πρόδηλον παντί.

Der Karbunkel: Mehr als eine Hautkrankheit (2)

Galen *De anatomicis administrationibus* I 2 K II 224

Viele verloren also Teile der Haut, einige auch Stücke vom fleischigen Weichgewebe, als sich die Karbunkel in vielen Städten Kleinasiens seuchenartig ausbreiteten.

Der Karbunkel: Mehr als eine Hautkrankheit (3)

Galen *De methodo medendi* XIV 10 K X 979–980

Es gibt aber auch noch eine andere Krankheit, die aus eingedicktem und siedend heißem Saft entsteht. Meistens geht sie aus einer Brandblase[1] hervor, manchmal aber auch ohne diese. Anfangs juckt der befallene Körperteil in ganzer Länge. Dann schießt eine Pustel auf, die platzt und in ein verkrustetes Geschwür übergeht. Oft entsteht nicht nur eine Pustel in dem juckenden Bereich, sondern es entstehen viele kleine, die wie Hirsekörner das Organ übersäen und deren Ruptur ebenfalls ein verkrustetes Geschwür hervorruft. Bei den Karbunkelepidemien in Asien hat sich auch in manchen Fällen abgesehen von den Pusteln die Haut sofort abgelöst. Alle aber, wie bereits gesagt, bekommen Geschwüre mit aschgrauer oder schwarzer Kruste. Die umgebenden Weichteile gehen zur Gänze in den Zustand hochakuter Entzündung[2] über. Der Farbe nach sieht sie nicht wie eine Wundrose aus, sondern sie erscheint sogar noch dunkler als eine Phlegmone[3], so als ob man einen Überschuß Rot mit ein wenig Schwarz mischt. Dass Patienten in diesem Zustand zwingend nicht weniger, sondern noch viel mehr fiebern als jene, deren Entzündung den Charakter von Erysipelas[4] hat, leuchtet jedem ein.

Est etiam ulcus, quod θηρίωμα Graeci vocant. Id et per se nascitur et interdum ulceri ex alia causa facto supervenit. Color est vel lividus vel niger, odor foedus, multus et muccis similis umor. Ipsum ulcus neque tactum neque medicamentum sentit. Prurigine tantum movetur. At circa dolor est et inflammatio. Interdum etiam febris oritur, nonnumquam ex ulcere sanguis erumpit. Atque id quoque malum serpit. Quae omnia saepe intenduntur fitque ex his ulcus, quod phagedainam Graeci vocant, quia celeriter serpendo penetrandoque usque ossa corpus vorat. Id ulcus inaequale est, caeno simile. Inestque multus umor glutinosus. Odor intolerabilis maiorque quam pro modo ulceris inflammatio. Utrumque, sicut omnis cancer, fit maxime in senibus vel iis, quorum corpora mali habitus sunt.

Τινὲς δ' οὐχ ἁπλῶς τὸ κακόηθες ἅπαν ἡγοῦνται λέγειν αὐτὸν θηριῶδες, ἀλλ' ἔνιοι μὲν τὴν φθίσιν, ἐπειδὴ γρυπουμένων τῶν ὀνύχων, θηρίοις κατά γε τοῦτο ἐοικότες φαίνονται. τινὲς δὲ

Das Geschwür, das sich wie eine Schlange ausbreitet (1)

Celsus *De medicina* V 28.3A–B

Wenn menschliche Leiden tierischen Charakter annehmen.

Es gibt auch ein Geschwür, das die Griechen als Theríōma[1] bezeichnen. Die Krankheit entsteht sowohl ohne erkennbare Ursache als auch manchmal als Komplikation eines aus anderem Grund entstandenen Geschwürs. Seine Farbe ist entweder bläulich oder schwarz, sein Geruch unangenehm, außerdem sondert es viel schleimartige Flüssigkeit ab. Das Geschwür selbst reagiert sowohl auf Berührung als auf Medikamente nicht. Nur durch Jucken kann man es reizen. Aber die Umgebung ist schmerzhaft und entzündet. Manchmal kommt es auch zu Fieber und gelegentlich blutet es nach außen. Auch dieses Leiden breitet sich wie eine Schlange aus. Häufig verstärken sich alle diese Erscheinungen und es entsteht daraus ein Geschwür, das die Griechen Phagédaina[2] nennen, weil es durch seine schnelle Wendung und Ausbreitung den Körper bis zu den Knochen auffrisst. Das Geschwür hat eine raue Oberfläche, sieht schmutzig aus, enthält viel klebrige Flüssigkeit, strömt einen unerträglichen Gestank aus und die Entzündung ist für ein Geschwür unverhältnismäßig stark ausgeprägt. Diese beiden Varianten des Ulkus entstehen wie jede Form von Krebs in erster Linie bei alten oder körperlich geschwächten Menschen.

Das Geschwür, das sich wie eine Schlange ausbreitet (2)

Galen *In Hippocratis epidemiarum librum sextum commentarius* II 27 K XVII A 948

Manche glauben, man solle nicht einfach alles Bösartige tierisch nennen, einige Schwindsüchtige sehen aber wirklich wie Tiere aus, wenn ihre Nägel krumm geworden sind. Manche bezeichnen auch

θηρίωμα καλεῖσθαί φασιν ἰδίως τὸ ἐν τῷ πνεύμονι ἕλκος, ἔνιοι δ' ὅταν ἐπὶ τὸ στόμα τῆς γαστρὸς ἀνέλθωσιν ἕλμινθες, ἐρεθίζειν αὐτάς φασι βῆχας, μήτε λόγῳ τοῦτο ἀποδεῖξαι δυνάμενοι, μήτε τῇ πείρᾳ. τὸ κακόηθες οὖν ἄμεινον ἀκούειν θηριῶδες, ἐάν τε ἀπὸ κεφαλῆς καταφερομένου ῥεύματος βήττωσιν, ἐάν τε ἐφ' ἕλκει τῶν κατά τι τῶν ἀναπνευστικῶν, ἢ τοῖς κατὰ ταῦτα γινομένοις ἀποστήμασιν, ἐάν τε ἐπὶ τοῖς καλουμένοις ἐμπυήμασιν. ἕτεραι δὲ τούτων εἰσὶν αἱ κακόηθες οὐκ ἔχουσαι...

Sacer quoque ignis malis ulceribus adnumerari debet. Eius duae species sunt. Alterum est subrubicundum aut mixtum rubore atque pallore exasperatumque per pusulas continuas, quarum nulla alteri maior est, sed plurimae perexiguae. In his semper fere pus et saepe rubor cum calore est. Serpitque id nonnumquam sanescente eo, quod primum vitiatum est, nonnumquam etiam exulcerato, ubi ruptis pusulis ulcus continuatur umorque exit, qui esse inter saniem et pus videri potest. Fit maxime in pectore aut lateribus aut eminentibus partibus, praecipueque in plantis. Alterum autem est in summae cutis exulceratione, sed sine altitudine, latum, sublividum, inaequaliter tamen. Mediumque

speziell Geschwüre in der Lunge als Theríōma[1], wogegen andere sagen, Würmer, die bis zum Eingang des Magens aufgestiegen seien, würden Husten auslösen, obwohl sie diesen Zusammenhang weder rational noch empirisch belegen können. Das Bösartige ist dann vorteilhaft als tierisch zu bezeichnen, wenn die Patienten husten, weil die Strömung vom Kopf abwärts fließt, weil eines der Atmungsorgane geschwürig wird oder sich dort ein Abszess oder sogar ein Empyem ausbildet. Die anderen Formen des Hustens haben keinen bösartigen Charakter…

Heiliges Feuer: Hohe Rezidivrate

Celsus: *De medicina* V 28.4A–C

Mit geringen Änderungen könnte die Beschreibung der Merkmale einer Geschwürserkrankung durch den antiken Autor sogar in ein modernes Lehrbuch der Dermatologie übernommen werden.

Auch das heilige Feuer[1] muß zu den bösartigen Geschwüren gerechnet werden. Es gibt zwei Arten davon: Bei der einen ist das Geschwür rötlich oder wechselweise rot und weiß und völlig aufgeraut durch dicht beieinander stehende Pusteln, die alle gleich groß, aber überwiegend winzig klein sind. In ihnen befindet sich fast immer Eiter und oft sind Rötung und Erwärmung vorhanden. Die Krankheit breitet sich schleichend aus. Dabei heilt die Primärläsion manchmal ab, manchmal exulzeriert sie auch, sobald mit dem Aufbrechen der Pusteln ein zusammenhängender Krater entsteht und Flüssigkeit austritt, die sowohl nach Wundsekret wie nach Eiter aussieht. Diese Form manifestiert sich vornehmlich an der Brust, an den Flanken und an vorspringenden Stellen, vor allem an den Fußsohlen. Die andere Art des heiligen Fiebers ist durch ein oberflächliches Hautgeschwür charakterisiert, das nicht in die Tiefe wächst und dafür mehr in die Breite und bläulich erscheint, insgesamt jedoch recht inhomogen wirkt. Das Zentrum

sanescit extremis procedentibus. Ac saepe id, quod iam sanum videbatur, iterum exulceratur. At circa proxima cutis, quae vitium receptura est, tumidior et durior est coloremque habet ex rubro subnigrum. Atque hoc quoque malo fere corpora seniora temptantur aut quae mali habitus sunt, sed in cruribus maxime. – Omnis autem sacer ignis, ut minimum periculum habet ex iis, quae serpunt, sic prope difficillime tollitur. Medicamentum eius fortuitum est uno die febris, quae umorem noxium absumat. Pus quo crassius et albidius est, eo periculi minus est. Prodest etiam infra os vulnerum laedi, quo plus puris exeat et id, quod ibi corruptum corpus est, extrahatur…

Chironeum autem ulcus appellatur, quod et magnum est et habet oras duras, callosas, tumentes. Exit sanies non multa, sed tenuis. Odor malus neque in ulcere neque in eius umore est. Nulla inflammatio, dolor modicus est. Nihil serpit, ideoque nullum periculum affert, sed non facile sanescit. Interdum tenuis cicatrix inducitur, deinde iterum rumpitur ulcusque renovatur. Fit

heilt ab, während die äußeren Anteile sich ausbreiten. Und oft exulzerieren die Anteile, die zunächst geheilt erscheinen, von neuem. In der Nachbarschaft ist die Haut, die als nächste von der Krankheit betroffen sein wird, etwas geschwollen und härter als normal und zeigt eine Farbe, die vom Roten ins annähernd Schwarze übergeht. Und auch von diesem Leiden sind überwiegend ältere Personen betroffen oder solche in schlechtem Allgemeinzustand. Die häufigste Lokalisation sind aber die Unterschenkel. – Das heilige Feuer, gleich welcher Form, ist zwar unter den sich schleichend ausbreitenden Geschwürskrankheiten die am wenigsten gefährliche, gleichzeitig aber ist seine Behandlung beinahe immer mit den größten Schwierigkeiten verbunden. Ein eher zufälliges Mittel ist das Eintagefieber, durch das die schädlichen Säfte aufgesaugt werden. Vom Eiter geht umso weniger Gefahr aus, je dicker und weißlicher er ist. Nützlich ist es auch, unterhalb der Öffnung der Wunden einzuschneiden, damit mehr Eiter abfließt und das durch die Krankheit geschädigte Gewebe abgestoßen wird…

Unsterblich und doch unheilbar
Celsus *De medicina* V 28.5

Die kurze, aber prägnante Passage legt die Identifizierung des Chironischen Geschwürs mit dem Ulcus cruris venosum nahe.

Für das Chironische Geschwür[1] sind jedoch erstens seine große Ausdehnung und zweitens die harten, schwieligen und aufgeworfenen Ränder kennzeichnend. Es sondert nicht viel, aber dünnflüssige Wundjauche ab. Weder das Geschwür selbst noch seine Absonderungen haben einen schlechten Geruch. Es besteht keine Entzündung und die Schmerzen sind nur mäßig ausgeprägt. Es findet auch keine schleichende Ausbreitung statt. Daher besteht keine Gefahr. Doch die Heilungsaussichten sind nicht gut. Manchmal bildet sich eine dünne Narbe, dann bricht die Stelle

maxime in pedibus et cruribus. Super id imponi debet, quod et lene aliquid et vehemens et reprimens habeat.

Sunt vero quaedam verrucis similia, quorum diversa nomina ut vitia sunt. Acrochordona vocant, ubi sub cute coit aliquid durius et interdum paulo asperius, coloris eiusdem, infra tenue, ad cutem latius. Idque modicum est, quia raro fabae magnitudinem excedit. Vix unum tantum eodem tempore nascitur, sed fere plura, maximeque in pueris. Eaque nonnumquam subito desinunt, nonnumqum mediocrem inflammationem excitant, sub qua etiam in pus convertuntur.

At thymion nominatur, quod super corpus quasi verrucula eminet, ad cutem tenue, supra latius, subdurum et in summo perasperum. Idque summum colorem floris thymi repraesentat, unde ei nomen est, ibique facile finditur et cruentatur. Nonnumquam aliquantum sanguinis fundit fereque circa magnitudinem fabae Aegyptiae est, raro maius, interdum perexiguum. Modo unum autem, modo plura nascuntur, vel in palmis vel inferioribus pedum partibus. Pessima tamen in obscenis sunt maximeque ibi sanguinem fundunt.

wieder auf und es entsteht ein neues Geschwür. Am stärksten betroffen sind die Füße und Unterschenkel. Man muss ein Mittel auflegen, das sowohl schwach als auch stark wirksame und zusätzlich hemmende Stoffe enthält.

Sieht aus wie eine Warze, aber…
Celsus *De medicina* V 28.14A–C

Der Verfasser beschreibt die Erkennungsmerkmale verruköser Läsionen und scheut dabei vor Wiederholungen nicht zurück.

Es gibt aber manche warzenähnliche Läsionen, deren Bezeichnungen so verschieden sind wie ihr Charakter. Akrochordón[1] heißt bei den Griechen eine Geschwulst, die sich unter der Haut bildet, etwas härter und manchmal etwas rauer ist, aber die gleiche Farbe besitzt. An der Basis ist sie dünn, im Niveau der Haut aber breiter. Sie ist nur mäßig groß, jedenfalls selten größer als eine Bohne. Selten auch ist es nur eine einzige, meistens sind es mehrere, die sich zur gleichen Zeit bilden, und zwar vor allem im Kindesalter. Sie können plötzlich und von selbst vergehen, aber auch zu einer mäßig ausgeprägten Entzündung führen und dadurch vereitern.

Als Thýmion[2] wird eine Geschwulst bezeichnet, die wie eine Warze aus der Körperoberfläche hervorragt, an der Haut dünn, nach oben zu breiter, mäßig hart und an der Spitze sehr rau ist. Die Spitze hat die gleiche Farbe wie Thymian; daher kommt auch der Name. Die Läsion reißt leicht ein und blutet dann, manchmal sogar ziemlich stark. Im Allgemeinen erreicht sie die Größe einer ägyptischen Bohne[3], größer wird sie nur selten. Auch ganz kleine Formen kommen vor. Bald ist es nur eine, bald sind es mehrere und zwar entweder an den Handflächen oder den Fußsohlen. Am schlimmsten sind die an den Genitalien – die bluten auch am heftigsten.

Myrmecia autem vocantur humiliora thymio durioraque, quae radices altius exigunt maioremque dolorem movent. Infra lata, super autem tenuia, minus sanguinis mittunt, magnitudine vix umquam lupini modum excedunt. Nascuntur ea quoque aut in palmis aut inferioribus pedum partibus.

Clavus autem nonnumquam quidem alibi, sed in pedibus tamen maxime nascitur, praecipue ex contuso, quamvis interdum aliter. Dolorem, etiamsi non alias, tamen ingredienti movet.

At pusulae maxime vernis temporibus oriuntur. Earum plura genera sunt. Nam modo circa totum corpus partemve aspritudo quaedam fit, similis iis pusulis, quae ex urtica vel sudore oriuntur; exanthemata Graeci vocant. Eaque modo rubent, modo colorem cutis non excedunt. Nonnumquam plures similes varis oriuntur, nonnumquam maiores pusulae lividae aut pallidae aut nigrae, aut aliter naturali colore mutato. Subestque his umor. Ubi eae ruptae sunt, infra quasi exulcerata caro apparet. Phlyctaenae Graece nominantur. Fiunt vel ex frigore vel ex igne vel ex medicamentis. Phlyzacion autem paulo durior pusula est, subalbida, acuta, ex qua ipsa quod exprimitur umidum est. At ex pusulis vero nonnumquam etiam ulcuscula fiunt aut aridiora aut umidiora, et modo

Als Myrmḗkía werden warzenähnliche Läsionen bezeichnet, die flacher[4] und härter sind als das Thýmion, tiefere Wurzeln haben und stärkeren Schmerz hervorrufen. Sie sind unten breit, oben schmal und bluten weniger. Die Myrmēkía werden kaum jemals größer als eine Wolfsbohne und werden ebenfalls an den Handflächen und Fußsohlen beobachtet.

Die meisten Hühneraugen[5] entwickeln sich zwar an den Füßen, vor allem nach Quetschungen, aber bei anderen Ursachen sind sie auch an anderen Stellen zu finden. Schmerzen bereiten sie nur beim Laufen.

Juckreiz und Pusteln

Celsus *De medicina* V 28.15A–C

Der Verfasser erfüllt alte Krankheitsnamen mit einer einprägsamen Beschreibung der Symptome und liefert dazu die Differenzialdiagnose.

Pusteln bilden sich aber meistens in den Frühjahrsmonaten. Es gibt mehrere Arten davon. Denn manchmal entsteht am ganzen Körper oder auch nur an einem Teil von ihm eine Rauigkeit der Hautoberfläche, die den Pusteln ähnelt, die durch Nesseln oder Schweiß entstehen. Die Griechen bezeichnen diese Effloreszenzen als Exanthḗmata[1]. Mal sind sie rötlich, mal haben sie die gleiche Farbe wie normale Haut. Manchmal sind es ziemlich viele Pusteln, die wie Knöspchen aussehen, manchmal auch nur wenige und dafür größere, deren Farbe blau, blass, schwarz oder sonstwie unnatürlich ist. Darunter ist es feucht. Wenn sie geplatzt sind, kommt unter ihnen gleichsam vereitertes Gewebe zum Vorschein. Die Griechen sagen dazu Phlýktaina[2]. Sie entstehen unter der Einwirkung von Kälte, Feuer oder Arzneimitteln. Das Phlyzákion[3] dagegen ist eine etwas härtere, weißliche und spitze Pustel. Wenn man sie ausdrückt, entleert sich Flüssigkeit. Aus den Pusteln können aber auch eher trockene oder eher feuchte kleine Geschwüre

tantum cum prurigine, modo etiam cum inflammatione aut dolore. Exitque aut pus aut sanies aut utrumque. Maximeque id evenit in aetate puerili, raro in medio corpore, saepe in eminentibus partibus. Pessima pusula est, quae epinyctis vocatur. Ea colore vel sublivida vel nigra vel alba esse consuevit. Circa hanc autem vehemens inflammatio est. Et cum adaperta est, reperitur intus exulceratio mucosa, colori umori suo similis. Dolor ex ea supra magnitudinem eius est; neque enim ea faba maior est. Atque haec quoque oritur in eminentibus partibus et fere noctu; unde nomen quoque a Graecis ei impositum est.

Scabies vero durior. Cutis rubicunda, ex qua pusulae oriuntur, quaedam umidiores, quaedam sicciores. Exit ex quibusdam sanies, fitque ex his continuata exulceratio pruriens; serpitque in quibusdam cito. Atque in aliis quidem ex toto desinit, in aliis vero certo tempore anni revertitur. Quo asperior est quoque prurit magis, eo difficilius tollitur. Itaque eam, quae talis est, agrian [id est feram] Graeci appellant.

entstehen, die bald nur mit Juckreiz, manchmal aber auch mit Entzündung oder Schmerz verbunden sind und aus denen sich Eiter oder Jauche oder beides entleeren. Dieses Phänomen beobachtet man am häufigsten im Kindesalter, selten am Körperstamm, hingegen häufig an den Extremitäten. Die bösartigste Form der Pustel ist jene, die Epinýktis[4] heißt. Gewöhnlich hat sie eine bläuliche, schwarze oder weiße Farbe. Die Umgebung ist freilich heftig entzündet. Wenn sich die Pustel geöffnet hat, findet man im Inneren eine schleimige Vereiterung, die eine ähnliche Farbe hat wie die Flüssigkeit, die sie absondert. Der Schmerz, den sie verursacht, ist stärker, als es ihre Größe vermuten lässt. Sie ist ja nicht größer als eine Bohne. Und sie bildet sich an den vorstehenden Körperteilen aus und in der Regel bei Nacht. Deshalb haben ihr die Griechen auch diesen Namen gegeben.

Die milde und die wilde Krätze

Celsus *De medicina* V 28.16A

Eine Dermatose, die in Dichtung und Drama eingegangen ist.

Die Krätze stellt aber eine größere Bedrohung dar. Die Haut ist gerötet, es schießen Pusteln auf, manche von ihnen enthalten etwas Flüssigkeit, andere sind ziemlich trocken. Aus einigen tritt Wundjauche aus, sie wandeln sich in eine persistierende juckende Verschwärung um. In manchen Fällen breitet sich die Läsion schnell aus. Und trotzdem kommt es vor, dass sie bei einigen dauerhaft verschwindet, bei anderen hingegen zu einer bestimmten Zeit des Jahres rezidiviert. Je rauer die Haut und je stärker der Juckreiz ist, desto schwieriger ist es, die Krankheit abzuschütteln. Diese Unterform wird deshalb von den Griechen als »wilde Krätze«[1] bezeichnet.

Vitiligo quoque quamvis per se nullum periculum adfert, tamen et foeda est et ex malo corporis habitu fit. Eius tres species sunt. Alphos vocatur, ubi color albus est, fere subasper, et non continuus, ut quaedam quasi guttae dispersae esse videantur. Interdum etiam latius et cum quibusdam intermissionibus serpit. Melas colore ab hoc differt, quia niger est et umbrae similis; cetera eadem sunt. Leuce habet quiddam simile alpho, sed magis albida est et altius descendit in eaque albi pili sunt et lanugini similes.

Omnia haec serpunt, sed in aliis celerius, in aliis tardius. Alphos et melas in quibusdam variis temporibus et oriunter et desinunt. Leuce quem occupavit, non facile dimittit. Priora curationem non difficillimam recipiunt, ultimum vix umquam sanescit, Ac si quid ei vitio demptum est, tamen non ex toto sanus color redditur. Utrum autem aliquid horum sanabile sit an non sit, experimento facile colligitur. Incidi enim cutis debet aut acu pungi. Si sanguis exit, quod fere fit in duobus prioribus, remedio locus est, si umor albidus, sanari non potest. Itaque ab hoc

Drei Arten von Flechten

Celsus *De medicina* V 28.19

Ein Schnitt oder ein Stich in die Haut entscheidet darüber, ob die Behandlung Sinn macht.

Obwohl die Flechte[1] an sich keine Gefahr darstellt, verunstaltet sie doch die Betroffenen und entwickelt sich aus einem schlechten körperlichen Allgemeinzustand heraus. Drei Arten sind zu unterscheiden. Bei der Alphós[2] genannten Form ist die Haut weiß, meist etwas rau, aber nicht überall, sondern nur so wie in der Form einiger versprengter Tropfen. Manchmal ist der Befall der Haut auch weiter ausgedehnt, von dem Fortschreiten der Erkrankung bleiben aber manche Stellen verschont. Die Mélas[3] genannte Form unterscheidet sich von der an erster Stelle erwähnten durch ihre schwarze, schattenähnliche Farbe. Sonst gibt es kaum Unterschiede. Die als Leukḗ bezeichnete Form hat gewisse Ähnlichkeiten mit dem Alphós, doch ist die weiße Farbe heller und bis tiefer unter die Haut zu verfolgen. Die Haare werden bei ihr weiß und flaumig.

All diese Varianten der Erkrankung nehmen einen schleichenden Verlauf, der allerdings nicht einheitlich ist. Alphós und Mélas treten zu gewissen jeweils verschiedenen Zeiten auf, Leukḗ lässt die Betroffenen nicht so ohne weiteres wieder los. Die Behandlung der beiden erstgenannten Formen ist nicht sehr schwierig, die letztere heilt fast nie. Auch wenn eine gewisse Besserung eingetreten ist, gewinnt die erkrankte Stelle dennoch die gesunde Farbe nicht ganz zurück. Ob aber eine der Formen heilbar ist oder nicht, kann man experimentell leicht erkennen. Man muss dazu nämlich nur die Haut einschneiden oder mit einer Nadel punktieren. Tritt dann Blut aus, was bei den ersten beiden Formen nahezu immer der Fall ist, kommt eine Behandlung infrage; wenn die sich ergießende Flüssigkeit weiß ist, kann man keine Heilung erzielen

quidem abstinendum est. Super id vero, quod curationem recipit, inponenda lenticula mixta cum sulpure et ture, sic ut ea contrita ex aceto sint. Aliud ad idem, quod ad Irenaeum auctorem refertur: Alcyonium, nitrum, cuminum, fici folia arida paribus portionibus contunduntur adiecto aceto. His in sole vitiligo perunguitur, deinde non ita multo post, ne nimis erodatur, eluitur. Proprie quidam Myrone auctore eos, quos alphos vocari dixi, hoc medicamento perungunt:

sulpuris P. * =–
aluminis scissilis P. * =
nitri P. * ==

Murti aridae contritae acetabulum miscent. Deinde in balneo super vitiliginem inspergunt farinam ex faba, tum haec inducunt. Ii vero, quos melanas vocari dixi, curantur, cum simul contrita sunt alcyoneum, tus, hordeum, faba. Eaque sine oleo in balineo ante sudorem insperguntur. Tum genus id vitiliginis defricatur.

Paene ineptiae sunt curare varos et lenticulas et ephelidas, sed eripi tamen feminis cura cultus sui non potest. Ex his autem, quas

und sollte daher auch von allen derartigen Versuchen Abstand nehmen. Auf die Läsionen, die einer Behandlung zugänglich sind, legt man eine Mischung aus Linsenmehl, Schwefel und Weihrauch, die jeweils in Essig zerrieben werden. Demselben Zweck dient ein anderes, dem Irenaeus[4] zugeschriebenes Mittel. Um es zuzubereiten, zerreibt man Meerschaum, mineralisches Laugensalz, Kümmel und trockene Feigenblätter zu gleichen Teilen und setzt Essig hinzu. Damit bestreicht man die Flechten unter Sonneneinstrahlung, entfernt das Mittel aber bereits wenig später, damit die Haut nicht zu stark gereizt wird. Speziell für die Behandlung der Alphós genannten Formen wenden manche eine Salbe an, die Myron[5] als erster beschrieben hat:

1,1 Gramm Schwefel
0,7 Gramm Spaltalaun
1,4 Gramm mineralisches Laugensalz

Diesen Zutaten mischt man eine Schale trockener geriebener Myrtenbeeren bei. Später im Bade streut man auf die Flechte Bohnenmehl und trägt dann dieses Mittel auf. Die Mélas genannten Formen werden so behandelt, dass man Meerschaum, Weihrauch, Gerste und Bohnen zerreibt, diese Mischung ohne Ölzusatz im Bade aufträgt, und zwar, bevor es zum Schweißausbruch kommt, und durch Reiben tiefer in die Flechte einbringt.

Im Grenzbereich zwischen Kosmetik und Dermatologie

Celsus *De medicina* VI 5

Auch für die Behandlung bloßer Schönheitsfehler werden raffinierte Arzneimittelmischungen präsentiert.

Es ist ziemlich albern, Finnen[1], Sommersprossen und Epheliden[2] zu behandeln, aber man kann ja den Frauen die Pflege des äußeren Erscheinungsbilds nicht streitig machen. Von den eben ge-

supra posui, vari lenticulaeque vulgo notae sunt. Quamvis rarior ea species est, quam semion Graeci vocant, cum sit ea lenticula rubicundior et inaequalior. Ephelis vero a plerisque ignoratur, quae nihil est nisi asperitas quaedam et durities mali coloris. Cetera non nisi in facie, lenticula etiam in alia parte nonnumquam nasci solet. De qua per se scribere alio loco visum operae pretium non est. – Sed vari commodissime tolluntur inposita resina, cui non minus quam ipsa est aluminis scissilis, et paulum mellis adiectum est. Lenticulam tollunt galbanum et nitrum, cum pares portiones habent contritaque ex aceto sunt, donec ad mellis crassitudinem venerint. His corpus inlinendum et interpositis pluribus horis mane eluendum est oleoque leviter unguendum. Ephelidem tollit resina, cui tertia pars salis fossilis et paulum mellis adiectum est. Ad omnia ista vero atque etiam ad colorandas cicatrices potest ea compositio, quae ad Tryphonem patrem auctorem refertur. In ea pares portiones sunt myrobalami magmatis, cretae Cimoliae subcaeruleae, nucum amararum, farinae hordei atque ervi, struthi albi, sertulae Campanae seminis. Quae omnia contrita melle quam amarissimo coguntur, inlitumque id vespere mane eluitur.

nannten Hauterscheinungen sind die Finnen und die Sommersprossen allgemein bekannt. Allerdings ist jene Art von Sommersprossen, die die Griechen Sēmeīon[3] nennen, seltener; ihre Rotfärbung ist nämlich ausgeprägter und ihre Oberfläche ungleichmäßiger. Die Éphēlis ist dagegen den meisten unbekannt; sie ist nichts anderes als eine raue und harte Stelle von hässlicher Färbung. Finnen und Epheliden kommen nur im Gesicht vor, Sommersprossen manchmal auch an anderen Stellen. Über sie gesondert an anderer Stelle zu schreiben schien mir nicht der Mühe wert zu sein. – Aber die Finnen beseitigt man auf bequemste Weise, wenn man Harz auflegt, dem die gleiche Menge faserigen Alauns[4] und etwas Honig beigemengt worden sind. Sommersprossen verschwinden, wenn man Mutterharz[5] und mineralisches Laugensalz[6] zu gleichen Teilen nimmt und diese Mischung in Essig zerreibt, bis sie die Konsistenz von Honig angenommen hat. Damit werden die erkrankten Körperteile bestrichen, dann nach Verlauf mehrerer Stunden am nächsten Morgen abgewaschen und zart mit Öl eingerieben. Die Éphēlis[7] schafft man mit Hilfe von Harz weg, dem zu einem Drittel Steinsalz und etwas Honig beigemischt worden sind. Gegen all jene Hauterscheinungen gleichermaßen wirksam ist ein zusammengesetztes Heilmittel, dessen Erfinder Tryphon der Vater[8] sein soll. Außerdem kann man damit den Narben die natürliche Farbe zurückgeben. In der tryphonischen Arznei sind der Bodensatz von arabischer Behennuß[9], bläuliche Tonerde aus Kimolos[10], Bittermandeln, Gersten- und Ervenmehl[11], weißes Seifenkraut[12] und Samen des Steinklees[13] zu gleichen Teilen gemischt. Alle diese Zutaten werden zerrieben, mit möglichst bitterem Honig vermischt, abends aufgetragen und am folgenden Morgen abgewaschen.

Verum ea longe periculosissima sunt ulcera, quae aphthas Graeci appellant, sed in pueris. Hos enim saepe consumunt, in viris et mulieribus idem periculum non est. Haec ulcera a gingivis incipiunt, deinde palatum totumque os occupant, tum ad uvam faucesque descendunt, quibus obsessis non facile fit, ut puer convalescat. Ac miserius etiam est, si lactens adhuc infans est, quo minus imperari remedium aliquid potest. Sed inprimis nutrix cogenda est exerceri et ambulationibus et iis operibus, quae superiores partes movent, mittenda in balineum et iubenda ibi calida aqua mammas perfundere, tum alenda cibis lenibus et iis, quo non facile corrumpuntur. Potione, si febricitat puer, aquae, si sine febre est, vini diluti. Ac si alvus nutricis substitit, ducenda est. Si pituita eius in os coit, vomere debet.

Aeolidos Canace iacet hoc tumulata sepulcro,
ultima cui parvae septima venit hiems.
Ah scelus, ah facinus! Properas qui flere, viator,
non licet hic vitae de brevitate queri.

Mundfäule kann kleine Kinder das Leben kosten (1)

Celsus *De medicina* VI 11.3–4

Wenn die kleinen Patienten noch gestillt werden, müssen die Ammen peinlich genau auf Hygiene achten.

Bei weitem am gefährlichsten sind aber die Geschwüre, die die Griechen Áphthai[1] nennen – freilich nur bei Kindern. Bei ihnen führen sie nämlich oft zum Tode, bei Erwachsenen beiderlei Geschlechts besteht keine derartige Gefahr. Diese Geschwüre gehen vom Zahnfleisch aus, befallen dann den Gaumen und den ganzen Mund und dringen schließlich nach unten zum Zäpfchen und in den Schlund vor. Wenn es so weit gekommen ist, wird ein Kind nicht so leicht wieder gesund. Noch schlimmer ist es, wenn ein Säugling erkrankt, weil man ihm kaum das geeignete Medikament verordnen kann. Man muss in solchen Fällen vor allem die Amme dazu bringen, dass sie viel spazieren geht und solche Arbeiten ausführt, die den Oberkörper in Bewegung bringen. Man soll sie auch ins Bad schicken und ihr auftragen, die Brüste dort mit warmem Wasser zu benetzen. Außerdem soll man ihr milde Speisen zu essen geben und solche, die nicht leicht verderben. Wenn das Kind Fieber hat, soll sie Wasser, wenn es fieberfrei ist, soll sie verdünnten Wein trinken. Falls die Amme Verstopfung hat, muss man abführende Maßnahmen ergreifen, und wenn sich bei ihr ein Schleimpfropf im Mund bildet, muss sie ihn ausspucken.

Mundfäule kann Kinder das Leben kosten (2)

Martial *Epigrammata* XI 91.1–8

Aeolis' Tochter Kanake liegt hier im Grabe bestattet,
der siebte Winter war für die Kleine der letzte.
Welch Verbrechen, welch Schicksal! Eilig weinender Wanderer,
nein, du darfst hier nicht die Kürze des Lebens beklagen.

tristius est leto leti genus. Horrida vultus
apstulit et tenero sedit in ore lues,
ipsaque crudeles ederunt oscula morbi
nec data sunt nigris tota labella rogis

… reliqua certas sedes habent, de quibus dicam orsus a capite. In hoc multa variaque tubercula oriuntur: ganglia, meliceridas, atheromata nominant aliisque etiamnum vocabulis quaedam alii discernunt, quibus ego steatomata quoque adiciam. Quae quamvis et in cervice et in alis et in lateribus oriri solent, per se tamen non posui, cum omnia ista mediocres differentias habeant ac neque periculo terreant neque diverso genere curentur. Omina vero ista et ex parvulo incipiunt et diu paulatimque increscunt et tunica sua includuntur. Quaedam ex his dura ac renitentia, quaedam mollia cedentiaque sunt, quaedam spatio nudantur, quaedam tecta capillo suo permanent. Fereque sine dolore sunt. Quid intus habeant, ut coniectura praesagiri potest, sic ex toto cognosci, nisi cum eiecta sunt, non potest. Maxime tamen in iis, quae renituntur aut lapillis quaedam similia aut concreti confersique pili reperiun-

Trauriger als der Tod ist die Art, wie man stirbt. Entsetzlich
entstellte die Seuche ihr Antlitz, ihr zartes Gesicht.
Die grausame Krankheit[1] verschlang sogar den kleinen Mund,
nicht mal ein Streifen der Lippen kam auf den schwarzen Holzstoß

Geschwülste der Kopfschwarte: Differenzialdiagnostische Erwägungen

Celsus *De medicina* VII 6.1–3

Zu einer sicheren Aussage gelangt man erst nach dem operativen Eingriff und der akribischen Analyse der Inhaltsbestandteile.

... Für die übrigen Läsionen gibt es Prädilektionsstellen. Auf sie möchte ich nun zu sprechen kommen und dabei am Kopf beginnen. Dort werden viele verschiedene höckerartige Geschwülste beobachtet, die Gánglia[1], Melikērídes[2] oder Athērṓmata[3] heißen. Davon grenzen andere Ärzte noch weitere Arten ab und haben dafür auch andere Bezeichnungen gefunden. Ich persönlich möchte an dieser Stelle noch die Steatṓmata[4] hinzufügen. Die kommen zwar auch am Hals, in den Achseln und an den Flanken vor. Dennoch habe ich sie nicht gesondert dargestellt, weil sich sämtliche Formen nur unerheblich voneinander unterscheiden, von ihnen keine Gefahr ausgeht und sie auch nicht unterschiedlich behandelt werden. Alle diese Geschwülste sind anfangs von geringer Größe, sie wachsen langsam, d. h. über lange Zeiträume hinweg und umgeben sich mit einer Kapsel. Einige sind hart und fest, andere dagegen weich und verformbar, manche führen zu örtlichem Haarausfall, während andere vom natürlichen Haarwuchs bedeckt bleiben. Zu Schmerzen führen sie fast nie. Ihren Inhalt kann man nur erahnen. Gewissheit darüber bekommt der Untersucher erst nach der Enukleation. Meistens finden sich in den Geschwülsten, die eine widerstandsfähige Natur haben, so etwas wie kleine Steine oder ein Büschel von Haaren. Die weichen Ge-

tur. In iis vero, quae cedunt, aut melli simile aliquid aut tenui pulticulae aut quasi rassae cartilagini aut carni hebeti et cruentae, quibus ali alique colores esse consuerunt. Fereque ganglia renituntur. Atheromati subest quasi tenuis pulticula, meliceridi liquidior umor ideoque pressus circumfluit, steatomati pingue quiddam. Idque latissime patere consuevit resolvitque totam cutem superpositam sic, ut ea labet, cum in ceteris sit adstrictior…

… Quidam autem sub umbilico, fere quattuor interpositis digitis, in sinistra parte, quidam ipso umbilico perforato id facere consuerunt. Quidam cute primum adusta, deinde interiore abdomine inciso, quia, quod per ignem divisum est, minus celeriter coit. Ferramentum autem demittitur, magna cura habita, ne qua vena incidatur. Id tale esse debet, ut fere tertiam digiti partem latitudo mucronis impleat. Demittendumque ita est, ut membranam quoque transeat, qua caro ab interiore parte finitur. Eo tum plumbea aut aenea fistula coicienda est, vel recurvatis in exteriorem partem labris vel in media circumsurgente quadam mora, ne tota intus delabi possit. Huius ea pars, quae intrat, paulo longior

schwülste dieser Art enthalten dagegen Stoffe, die entweder dem Honig ähnlich sind oder einem dünnflüssigen Brei oder geriebenem Knorpel oder abgestorbenem blutigem Fleische. Die Farbe der Stoffe ist aber völlig uneinheitlich. Ganglien sind gewöhnlich fest, dem Atherom liegt eine dünnbreiige Masse zugrunde, der Inhalt der Melikēris ist recht dünnflüssig und lässt sich daher durch Druck hin- und herbewegen. Das Steátōma schließlich enthält einen fettähnlichen Grundstoff. Es erreicht gewöhnlich auch die größte Ausdehnung und lässt die Hautoberfläche so stark erschlaffen, dass sie zu schlottern beginnt. Bei den anderen Geschwülsten liegt sie dagegen enger an…

Aszitespunktion: Methodische Feinheiten

Celsus *De medicina* VII 15.1–2

Über den Zugangsweg ist man sich weitgehend einig, doch die Häufigkeit der notwendigen Wiederholungen ist umstritten.

… Manche aber pflegen die Bauchwand auf der linken Seite etwa vier Finger unterhalb des Nabels zu perforieren, andere verschaffen sich dadurch routinemäßig den Zugang zur Bauchhöhle, dass sie den Nabel selbst durchbohren[1]. Eine dritte Gruppe von Ärzten brennt zuerst die Haut und schneidet dann in den Bauch ein, weil sich Öffnungen, die durch Brennen geschaffen worden sind, weniger schnell wieder schließen. Wenn man das Instrument einbringt, muss man große Vorsicht walten lassen, damit man die Adern nicht verletzt. Es muss so konstruiert sein, dass die Spitze etwa ein Drittel so breit ist wie ein Finger. Man muss das Instrument so einführen, dass es auch die Membran durchdringt, die das Fleisch von der Bauchhöhle trennt. Dann legt man ein Röhrchen aus Blei oder Erz ein, das entweder Ränder hat, die nach außen aufgeworfen sind, oder das in der Mitte einen Wulst besitzt, damit es nicht ganz in die Bauchhöhle hineinrutschen kann. Der

esse debet quam quae extra, ut ultra ulteriorem membranam procedat. Per hanc effundundus umor est. Atqui ubi maior pars eius evocata est, cludenda demissio linteolo fistula est et in vulnere, si ustum non est, relinquenda. Deinde per insequentes dies circa singulas heminas emittendum, donec nullum aquae vestigium appareat. Quidam tamen etiam non usta cute protinus fistulam recipiunt et super vulnus spongiam expressam deligant. Deinde postero die rursus fistulam demittunt (quod recens vulnus paulum diductum patitur), ut, si quid umoris superest, emittatur. Idque bis ita fecisse contenti sunt.

Calculosi vero his indiciis cognoscuntur: Difficulter urina redditur paulatimque. Interdum etiam sine voluntate destillat. Eadem harenosa est. Nonnumquam sanguis aut cruentum aut purulentum aliquid cum ea excernitur. Eamque quidam promptius recti, quidam resupinati, maximeque ii, qui grandes calculos habent, quidam etiam inclinati reddunt colemque extendendo dolorem levant. Gravitatis quoque cuiusdam in ea parte sensus est. Atque

Teil des Röhrchens, der ins Innere vordringt, muss etwas länger sein als der äußere, damit er über die tiefere Membran vorragt. Über dieses Röhrchen lässt man die Flüssigkeit ab. Sobald der größere Teil abgeflossen ist, soll man ein Leinentüchlein hineinstecken, das Röhrchen damit verschließen und in der Wunde belassen, sofern sie nicht eingebrannt ist. In den nächsten Tagen lasse man jeweils etwa einen Viertelliter[2] ab, bis kein Tropfen des Wassers mehr übrig ist. Manche nehmen, auch wenn die Haut nicht gebrannt wurde, das Röhrchen dennoch sogleich wieder heraus und legen auf die Wunde einen ausgedrückten Schwamm. Am nächsten Tag führen sie das Röhrchen dann wieder ein – eine frische Wunde lässt dies durchaus zu, wenn man sie ein wenig spreizt –, um auf diese Weise mögliche Restflüssigkeit zu entfernen. Sie begnügen sich dann auch damit, diese Technik zwei Mal anzuwenden.

2.1.5.2 Allgemeinchirurgie, Urologie

Wie Steinträger mit ihren Schmerzen umgehen
Celsus *De medicina* II 7.14–15

Manchmal reicht ein einziger aufmerkamer Blick, um zu erkennen, wie Männer und Frauen unter Harnsteinen leiden.

Steinträger erkennt man an folgenden Zeichen: Der Urin wird unter Schwierigkeiten und nur zögerlich entleert. Manchmal geht er auch unwillkürlich ab. Er enthält sandartige Elemente, manchmal werden mit dem Urin auch blutige oder eitrige Bestandteile ausgeschieden. Die einen können den Urin besser im Stehen, die anderen können ihn besser in Rückenlage lassen, vor allem jene, die große Konkremente haben. Wieder anderen gelingt die Miktion auch dann, wenn sie sich nach vorne beugen. Dabei lindern sie die Schmerzen durch Streckung des Glieds. In dieser Region besteht auch ein gewisses Schweregefühl, das sich beim Laufen und wäh-

ea cursu omnique motu augentur. Quidam etiam, cum torquentur, pedes inter se, subinde mutatis vicibus, inplicant. Feminae vero oras naturalium suorum manibus admotis scabere coguntur; nonnumquam, si digitum admoverunt, ubi vesicae cervicem is urguet, calculum sentiunt.

... Si in iocinere vomica est et ex ea fertur pus purum et album, salus facilis est. Id enim malum in tunica est. Ex suppurationibus vero eae tolerabiles sunt, quae in exteriorem partem feruntur et acuuntur. At ex iis, quae intus procedunt, eae leviores, quae contra se cutem non adficiunt, eamque et sine dolore esse et eiusdem coloris, cuius reliquae partes sunt, sinunt esse. Pus quoque, quacumque parte erumpit, si est leve, album, unius coloris, sine ullo metu est, et quo effuso febris protinus conquievit desieruntque urguere cibi fastidium et potionis desiderium. Si quando etiam suppuratio descendit in crura sputumque eiusdem factum pro rufo purulentum est, periculi minus est.

rend jeder anderen Bewegung verstärkt. Manche Patienten kreuzen auch während der Schmerzattacken ihre Füße und wechseln anschließend die Position. Frauen sind aber gezwungen, die äußeren Geschlechtsteile mit den Händen zu reiben. Dabei bekommen sie den Stein manchmal sogar zu fühlen, wenn sie nämlich einen Finger dorthin bringen, wo er an den Blasenhals stößt.

Innere und äußere Eiterungen

Celsus *De medicina* II 8.3–4

Auf die Kapsel und die Farbe der Beulen kommt es an.

… Wenn die Eiterbeule in der Leber lokalisiert ist und sich daraus reiner und weißer Eiter entleert, ist die Behandlung einfach. Denn dieser Krankheitsherd ist abgekapselt[1]. Von den eitrigen Geschwüren sind jene behandelbar, die nach außen gerichtet sind. Aber von denen, die sich nach innen entwickeln, sind jene weniger gefährlich, die die Haut auf der Gegenseite nicht angreifen, so dass sie auch nicht schmerzt und die gleiche Farbe hat wie die anderen Abschnitte. Wenn der Eiter, an welcher Stelle er auch austritt, glatt und homogen weiß[2] ist, braucht man keine Bedenken zu haben. Entwarnung ist auch angesagt, wenn nach dem Erguss des Eiters das Fieber abklingt und die Abneigung gegen Speisen und der Durst verschwinden[3]. Wenn die Eiterung sich nach unten in die Beine ausbreitet und der vormals rote Auswurf eitrig wird, ist die Gefahr geringer[4].

Mittere autem sanguinem cum sit expeditissimum usum habenti, tum ignaro difficillimum est. Iuncta enim est venae arteria, his nervi. Ita, si nervum scalpellus attingit, sequitur nervorum distentio eaque hominem crudeliter consumit. At arteria incisa neque coit neque sanescit. Interdum etiam, ut sanguis vehementer erumpat, efficit.

Ipsius quoque venae, si forte praecisa est, capita comprimuntur neque sanguinem emittunt. At si timide scalpellus demittitur, summam cutem lacerat neque venam incidit; nonnumquam etiam ea latet neque facile reperitur. Ita multae res id difficile inscio faciunt, quo perito facillimum est. Incidenda ad medium vena est. Ex qua cum sanguis erumpit, colorem eius habitumque oportet attendere. Nam si is crassus et niger est, vitiosus est ideoque utiliter effunditur. Si rubet et perlucet, integer est. Eaque missio sanguinis adeo non prodest, ut etiam noceat. Protinusque is supprimendus est. Sed id evenire non potest sub eo medico, qui scit, ex quali corpore sanguis mittendus sit. Illud magis fieri solet, ut aeque niger adsidue ac primo die profluat. Quod quamvis ita est, tamen si iam satis fluxit, supprimendus est semperque ante

Wenn sich das Gefäß verbirgt…

Celsus *De medicina* II 10.15–19

Aber die Suche nach der geeigneten Punktionsstelle ist nur der erste Schritt auf dem Weg zum sicheren Aderlass.

So einfach der Aderlass für den ist, der damit sehr viel Erfahrung hat, so erheblich sind die Schwierigkeiten für den darin Ungeübten. Denn Vene, Arterie und Nerv liegen nahe beisammen[1]. Wenn also das Messer einem Nerven nahe kommt, setzen Krämpfe ein, die den Betroffenen auf grausame Weise umbringen. Wird dagegen eine Arterie angeschnitten, so schließt sie sich weder noch heilt die Verletzung aus. Manchmal kommt es dadurch sogar zu einem ausgeprägten Blutverlust.

Wenn indes zufällig eine Vene durchschnitten wird, so werden die beiden Enden zusammengedrückt und es ergießt sich aus ihnen kein Blut. Wenn man aber das Skalpell zu vorsichtig in die Tiefe vorschiebt, so wird nur die Haut verletzt, jedoch nicht die Vene getroffen. Manchmal verbirgt sich das Gefäß auch und ist nicht leicht zu finden. So erschweren dem Unkundigen eine Reihe von Umständen diesen Eingriff, der dem Erfahrenen keinerlei Schwierigkeiten bereitet. Die Vene muss bis zur Mitte eingeschnitten werden. Sobald Blut austritt, hat man auf dessen Farbe und Konsistenz zu achten. Wenn es dick und schwarz ist, ist es nicht gesund. Vom Aderlass kann man deshalb einen Nutzen erwarten. Wenn es rot und durchsichtig ist, ist es gesund. In diesem Fall nützt der Aderlass nicht nur nichts, sondern er würde sogar schaden. Folglich muss man ihn auf der Stelle abbrechen. Einem Arzt, der weiß, wie der Körper beschaffen sein muss, den man zur Ader lässt, kann das nicht passieren. Hingegen kommt es häufiger vor, dass alles am ersten Tag abgelassene Blut gleichmäßig schwarz ist. Trotzdem muss man aber den Aderlass dann beenden, wenn schon genug abgeflossen ist. Ausnahmslos ist er auch abzubrechen, bevor

finis faciendus est, quam anima deficiat, deligandumque brachium superinposito expresso ex aqua frigida penicillo et postero die averso medio digito vena ferienda, ut recens coitus eius resolvatur iterumque sanguinem fundat. Sive autem primo sive secundo die sanguis, qui crassus et niger initio fluxerat, et rubere et perlucere coepit, satis materiae detractum est atque quod superest sincerum est. Ideoque protinus brachium deligandum habendumque ita est, donec valens cicatricula sit. Quae celerrime in vena confirmatur.

Vesica autem variis et interdum acutis, interdum longis morbis obnoxia est. Communis omnium est urinae difficultas. Discrimina tamen in hac ipsa non sunt mediocria. Unum genus est quo subinde urinae desiderium est, sed paulum eius emittitur. Totius tamen diei noctisque spatio plus quam sat est redditur. Id cum inveteraverit, tabe quadam hominem consumit. Huic accedit ipsius naturalis dolor maximeque urina et incipiente desinente. Nonnumquam vero idem dolor etiam ventrem imum coxasque etiam latera complectitur. Solent enim vesicae vitiis affici renes sicut illorum magis haec quoque afficitur.

der Patient ohnmächtig wird. Nach dem Eingriff wird ein in kaltes Wasser getauchtes und dann ausgedrücktes Bäuschchen auf die Wunde gelegt und anschließend der Arm verbunden. Am folgenden Tag muss man nur mit dem abgespreizten Mittelfinger die Vene anstoßen – und schon löst sich der noch frische Verschluss und Blut tritt erneut aus. Wenn nun aber, gleich ob am ersten oder am zweiten Tag, das austretende anfangs dicke und schwarze Blut rot und hell zu werden begonnen hat, ist dies ein Zeichen dafür, dass ausreichend viel krankmachener Stoff entzogen wurde und das verbliebene Blut unverdorben ist. Deshalb soll man dann den Arm sofort verbinden und den Verband belassen, bis die kleine Narbe kräftig genug geworden ist. In einer Vene tritt diese Konsolidierung am schnellsten ein.

Akute und chronische Blasenleiden

Celsus *De medicina* IV 27.1D[1]

Schlimm genug, dass die Harnblase selbst so starke Schmerzen bereiten kann – doch auch die Nachbarorgane leiden mit und tun weh.

Die Harnblase ist aber von verschiedenen manchmal akuten, manchmal chronischen Krankheiten bedroht. Allen gemeinsam ist die Dysurie. Es gibt jedoch dabei einige nicht ganz geringe Unterschiede. In einem Fall besteht zwar häufiger Harndrang, es geht aber jeweils nur wenig Urin ab. Trotzdem entleert sich im Verlauf des Tages und der Nacht mehr als genug. Wenn dieser Zustand chronisch geworden ist, führt er zu Siechtum und rafft den Kranken dahin. Dazu kommt der organtypische Schmerz, der jeweils bei Beginn und am Ende der Miktion am stärksten ausgeprägt ist. Manchmal aber ergreift der gleiche Schmerz auch den Unterleib, die Hüften und die Flanken. Im Allgemeinen werden nämlich die Nieren durch die Leiden der Harnblase in Mitleidenschaft gezogen; umgekehrt ist der Zusammenhang noch stärker ausgeprägt.

Alius morbus est tormento crudelior, ubi urina vix et non nisi magna vi exprimitur. Sed hoc ipso cruciat quod urina continetur. Accedit calor quidam ruborque et circa pubem cum dolore tumor atque durities, nonnumquam vomitus. Interdum etiam tenuis urina in ipsa crura destillat. Saepe quod descendit purulentum est. Quae omnia quibusdam ulceribus natis oriri videntur. Interdum autem aeque ulceribus ceterisque isdem obstantibus, urina tenuis est et aut nigra aut pallida aut cruenta simulque quaedam concreta prorumpunt.

Ac si scabies vesicam occupavit, multa et mali odoris urina est eaque bullat et quaedam muccis furfuribusque similia ostendit. Subestque ut in prioribus, iunctarum quoque partium dolor simulque naturalis ipsius maxime dum urina descendit.

Quibus exploratis, ubi aliquis ictus est, qui servari potest, protinus prospicienda duo sunt, ne sanguis profusio neve inflammatio interemat. Si profusionem timemus, quod ex sede vulneris et ex magnitudine eius et ex impetu ruentis sanguinis intellegi potest, siccis linamentis vulnus inplendum est supraque imponenda

Eine andere Krankheit ist sogar noch grausamer, als wenn man gefoltert wird. Dabei geht kaum Urin ab und wenn, dann nur unter großer Anstrengung. Aber genau dadurch wird die Krankheit eben so quälend, weil der Urin zurückgehalten wird. Hinzu kommen Überwärmung und Rötung und in der Umgebung der Schamregion eine schmerzhafte Schwellung und Verhärtung; manche Patienten müssen sich auch übergeben. In bestimmten Fällen tröpfelt heller Urin auch genau bis auf die Unterschenkel. Oft ist Eiter dabei. Alle diese Absonderungen scheinen von bestimmten Geschwüren zu kommen, die sich gebildet haben. Manchmal aber ist der Urin unabhängig davon, ob Geschwüre oder andere ähnliche Hindernisse vorhanden sind, dünn und entweder dunkel oder hell oder blutig und es fallen dann einige Gerinnsel heraus.

Und wenn der Aussatz die Blase befallen hat, fließt reichlich übel riechender Urin ab, der Blasen wirft und schleim- bzw. kleieartige Bestandteile enthält. Daneben bestehen wie bei den zuvor erwähnten Krankheiten Schmerzen in den benachbarten Regionen und zugleich in der Blase selbst, und zwar besonders während der Miktion.

Schwere Blutung: An zwei Stellen unterbinden

Celsus *De medicina* V 26.21

Erst wenn alle konservativen Möglichkeiten der Blutstillung ausgeschöpft sind, soll man operieren, aber dann couragiert.

Nachdem man diese Befunde bei einem Verletzten, der gerettet werden kann, erhoben hat, muss man sogleich für zwei Dinge sorgen, nämlich dass er weder verblutet noch ihn eine Entzündung dahinrafft. Wenn wir starken Blutverlust fürchten, der aus der Lage und Größe der Wunde und der Intensität des Blutflusses abgeschätzt werden kann, so füllt man die Wunde zunächst mit trockener gezupfter Leinwand, legt in kaltem Wasser ausgedrückte

spongia ex aqua frigida expressa ac manu super conprimenda. Si parum sic sanguis conquiescit, saepius linamenta mutanda sunt et, si sicca parum valent, aceto madefacienda sunt. Id vehemens ad sanguinem subprimendum est. Ideoque quidam id volneri infundunt. Sed alius rursus metus subest, ne nimis valenter ibi retenta materia magnam inflammationem postea moveat. Quae res efficit, ut neque rodentibus medicamentis neque adurentibus et ob id ipsum inducentibus crustam sit utendum, quamvis pleraque ex his sanguinem supprimunt. Sed, si semel ad ea decurritur, iis potius, quae mitius idem efficiunt.

Quod si illa quoque profluvio vincuntur, venae quae sanguinem fundunt adprehendendae circaque id quod ictum est, duobus locis deligandae intercidendaeque sunt, ut et in se ipsae coeant, et nihilo minus ora praeclusa habeant. Ubi ne id quidem res patitur, possunt ferro candenti aduri. Sed etiam satis multo sanguine effuso ex eo loco, quo neque nervus neque musculus est, ut puta in fronte vel superiore capitis parte, commodissimum tamen est cucurbitulam admovere a diversa parte, ut illuc sanguinis cursus revocetur.

Schwämme darauf und drückt sie zusätzlich mit der Hand auf. Sollte die Blutung unter diesen Maßnahmen zu wenig nachlassen, wechselt man die gezupfte Leinwand mehrfach. Und wenn die trockene gezupfte Leinwand zu wenig Effekt zeigt, so befeuchte man sie mit Essig. Denn Essig ist ein wirksames blutstillendes Mittel. Manche gießen ihn deshalb sogar regelrecht in die Wunde hinein. Andererseits hat man dann aber zu fürchten, dass die Retention des Blutes zu ausgeprägt ist und dort später zu einer Entzündung führt. Aus diesem Grund soll man in derartigen Situationen weder ätzende noch brennende und damit die Verschorfung fördernde Medikamente verwenden, wenngleich die meisten von ihnen die Blutung zum Stillstand bringen. Sieht man sich aber doch einmal dazu veranlasst, soll man jene nehmen, die denselben Effekt auf mildere Weise herbeiführen.

Wenn aber auch jene Mittel dem ausströmenden Blut nicht Einhalt gebieten, muss man die Adern, aus denen das Blut hervorquillt, fassen und an zwei Stellen beidseits des Ortes der Verletzung unterbinden und dann in der Mitte durchschneiden, so dass sie sich sowohl selbst retrahieren als auch ihre Öffnungen trotzdem verschlossen sind. Wenn die Situation auch dies nicht zulässt, kann man die Gefäßöffnungen mit einem Glüheisen brennen. Wenn sich aber schon viel Blut aus so einer Stelle ergossen hat, wo weder Sehnen noch Muskeln sind, z.B. an der Stirn oder am Scheitel, empfiehlt es sich an der gegenüberliegenden Seite einen Schröpfkopf aufzusetzen, um die Strömung des Blutes in diese Richtung umzuleiten.

Adversus fistulas quoque, si altius penetrant, ut ad ultimas demitti collyrium non possit, si tortuosae sunt, si multiplices, maius in manu quam in medicamentis praesidium est. Minusque operae est, si sub cute transversae feruntur, quam si rectae intus tendant. – Igitur si sub cute transversa fistula est, demitti specillum debet supraque ea incidi. Si flexus reperiuntur, hi quoque simul specillo et ferro persequendi; item faciendum, si plures se quasi ramuli ostendunt. Ubi ad finis fistulae ventum est, excidendus ex ea totus callus est superque fibulae dandae et medicamentum, quo glutinetur. At si recta subter tendit, ubi, quo maxime ferat, specillo exploratum est, excidi is sinus debet. Dein fibula oris cutis inicienda est et aeque glutinantia medicamenta superdanda sunt aut, si corruptius ulcus est, quod interdum osse vitiato fit, ubi id quoque curatum est, pus moventia.

Propädeutik der Fistelchirurgie

Celsus *De medicina* VII 4.1

Der Entscheidung zwischen medikamentöser und chirurgischer Behandlung geht die instrumentelle Diagnostik voraus.

Wenn Fisteln so weit nach unten reichen, dass man das Kollýrium[1] nicht an ihrem tiefsten Punkt deponieren kann, oder wenn sie stark gewunden oder weit verzweigt sind, dann ist der chirurgische Eingriff der medikamentösen Behandlung überlegen. Wenn die Fisteln schräg unter der Haut verlaufen, ist die Operation weniger mühevoll, als wenn sie senkrecht absteigen. – Deshalb muss man bei einem schrägen subkutanen Verlauf vorher eine Sonde in die Fistel einbringen und anschließend ihr entlang einschneiden. Gewundene Fisteln geht man mit Sonde und Messer gleichzeitig an. Ebenso verfährt man, wenn sich im Verlauf der Fistel mehrere Verästelungen zeigen. Sobald man am tiefsten Punkt der Fistel angekommen ist, werden alle verhärteten Stellen aus ihr entfernt. Dann verschließt man die Wunde mit Knopfnähten und einem Mittel, das zur Verklebung führt. Bei senkrecht nach unten gerichteten Fisteln ermittelt man zunächst mit Hilfe der Sonde die Hauptverlaufsrichtung und nimmt dann den inneren Anteil heraus. Auch dann werden die Hautränder durch Knopfnähte vereinigt und Wundklebemittel aufgetragen. Wenn aber das Geschwür bereits weitgehend zerfallen ist, ein Zustand, der manchmal durch den gleichzeitigen Befall des Knochens herbeigeführt wird, behandelt man zunächst die ossäre Läsion und nimmt dann Medikamente dazu, die den Eiter ableiten.

Neque alia ratio extrahendi est, ubi ab ea parte, qua venit, evelli magis placuit. Nam ampliato magis vulnere aut harundo, si inest, evellenda est, aut si ea non est, ferrum ipsum. Quod si spicula apparuerunt eaque brevia et tenuia sunt, forfice ibi comminui debent vacuumque ab his telum educi. Si ea maiora valentioraque sunt, fissis scriptoris calamis contegenda ac ne quid lacerent, sic evellenda sunt. In sagittis quidem haec observatio est.

… Plurimi tamen ex laborantibus reperiuntur, quos superiores venae exerceant; ideoque pluribus etiam opitulari licet. Idque non in Graecia tantummodo, sed in aliis quoque gentibus celebre est, adeo ut nulla medicinae pars magis per nationes quoque exposita sit. Reperti in Graecia sunt, qui novem lineis cutem capitis inciderent: Duabus in occipitio rectis, una super eas transversa, deinde duabus super aures, una inter eas item transversa, tribus inter

Chirurgische Werkzeugkunde für Fortgeschrittene (1)
Celsus *De medicina* VII 5.2C

Celsus kennt sowohl die Konstruktion als auch die Anwendungsweise einer großen Zahl von Gerätschaften der operativ tätigen Ärzte und fügt deren griechische Bezeichnungen pflichtschuldig in den Text ein.

Der Pfeil wird in gleicher Technik geborgen, wenn man ihn lieber von der Seite, auf der er eingedrungen ist, entfernen möchte. Sobald die Wunde erweitert worden ist, zieht man nämlich den Schaft, so er noch am Pfeil steckt, heraus oder, wenn er fehlt, das Geschoß selbst. Mit Widerhaken gehe man in folgender Weise um: Wenn sie kurz und dünn sind, soll man sie mit der Zange direkt am Schaft abbrechen und dann das von ihnen befreite Geschoß herausholen. Wenn sie für diese Technik zu groß und zu stark sind, soll man sie mit gespaltenen Schreibrohren abdecken und so vorsichtig herausziehen, dass die Weichteile nicht zerrissen werden. Soweit zu den Regeln, die für die Bergung von Pfeilen gelten.

Chirurgische Werkzeugkunde für Fortgeschrittene (2)
Celsus *De medicina* VII 7.15D–E

… Den meisten Patienten, die an Schleimfluss der Augen leiden, machen die oberflächlich gelegenen Venen zu schaffen; deshalb kann man auch der Mehrheit helfen. Diese Erkrankung kommt nicht nur in Griechenland, sondern auch bei anderen Völkern so häufig vor, dass weltweit keine Sparte der Medizin weiter entwickelt ist als diese. Manche griechischen Ärzte setzten neun Einschnitte in die Kopfhaut, und zwar zwei gerade am Hinterhaupt, einen quer dazu verlaufenden, zwei über den Ohren, einen quer zwischen jenen und abschließend drei gerade zwischen dem Scheitel und der Stirn. Andere führten diese Schnitte in gerader

verticem et frontem rectis. Reperti sunt, qui a capite recte eas lineas ad tempora deducerent cognitisque ex motu maxillarum musculorum initiis leviter super eos cutem inciderent diductisque per retusos hamos oris insererent linamenta, ut neque inter se cutis antiqui fines committerentur et in medio caro incresceret, quae venas, ex quibus umor ad oculos transiret, adstringeret.

Si quando etiam in pueris ante alter dens nascitur quam prior excidat, is qui cadere debuit, circumpurgandus et evellendus est. Is, qui natus est, in locum prioris cotidie digito adurgendus, donec ad iustam magnitudinem perveniat. Quotienscumque dente exempto radix relicta est, protinus ea quoque ad id facta forfice, quam rizagran Graeci vocant, eximenda est.

Sed primo rectus scalpellus quam levissima manu teneri debet, donec scrotum ipsum diducat. Tum inclinandus mucro est, ut transversa membrana secet, quae infra summam mediamque tunicam sunt. Ac si vitium in proximo est, mediam tunicam attingi non oportet. Si sub illa quoque conditur, etiam illa

Richtung vom Scheitel bis zu den Schläfen, ritzten aber dabei die Haut an jenen Stellen, wo, wie man aus den Kaubewegungen geschlossen hatte, Muskeln entspringen, nur ein bißchen ein. Dann zogen sie die Wundränder mit stumpfen Haken auseinander und brachten Leinentupfer ein, damit sich einerseits die alten Hautränder nicht wieder vereinigten und andererseits Granulationsgewebe bildete, das die Gefäße, aus denen die Flüssigkeit in die Augen gelangt, zusammenzog.

Chirurgische Werkzeugkunde für Fortgeschrittene (3)

Celsus *De medicina* VII 12.1F

Wenn Kinder einen neuen Zahn bekommen, bevor der alte ausgefallen ist, so muss man rings um den, der schon hätte ausfallen müssen, das Gewebe reinigen und ihn dann herausziehen. Der neue Zahn muss täglich mit dem Finger in Richtung auf die Stelle des Vorgängers gedrückt werden, bis er die richtige Position erreicht. Wenn aber nach der Extraktion des Zahns die Wurzel zurückgebieben ist, soll man sie unverzüglich mit einer speziell dafür gefertigten Zange, die die Griechen Rhizágra[1] nennen, herausnehmen.

Chirurgische Werkzeugkunde für Fortgeschrittene (4)

Celsus *De medicina* VII 19.6–7

Aber zuerst muss das Skalpell möglichst locker in der Hand gehalten und senkrecht zur Hautoberfläche eingeführt werden, bis man den Hodensack eröffnet hat. Dann soll man die Spitze neigen, so dass sie die quer verlaufenden Häutchen[1] spaltet, die sich zwischen der äußeren und der mittleren Hodenhülle befinden. Wenn die kranke Stelle an der Oberfläche gelegen ist, darf man die mittlere Hülle nicht anrühren. Verbirgt sie sich hingegen unter

incidenda est, sicut tertia quoque, si illa vitium tegit. Ubicumque autem repertum est malum, ministrum ab inferiore parte exprimere moderate scrotum oportet, medicum digito manubriolove scalpelli deductam inferiore parte tunicam extra conlocare, deinde eam ferramento, quod a similitudine corvum vocant, incidere sic, ut intrare duo digiti, index et medius, possint.

... Proprie vero quaedam ad feminas pertinent, ut in primis quod earum naturalia nonumquam inter se glutinatis oris concubitum non admittunt. Idque interdum evenit protinus in utero matris; interdum exulceratione in his partibus facta et per malam curationem hic oris sanescendo iunctis. Si ex utero est, membrana ori volvae opposita est, si ex ulcere, caro idem replevit. – Oportet autem membranam duabus lineis inter se transversis incidere ad similitudinem litterae X, magna cura habita, ne urinae iter violetur, deinde undique eam membranam excidere. At si caro increvit, necessarium est recta linea patefacere, tum ab ora vel volsella vel hamo adprensa tamquam habenulam excidere et intus implicitum in longitudinem linamentum (lemniscum Graeci

ihr, muss man sie einschneiden, ebenso wie die dritte Hülle, sofern sich die Läsion darunter befindet. Wo immer die Erkrankung aber lokalisiert ist, in jedem Fall muss ein Assistent den Hodensack vorsichtig nach oben drücken. Der Operateur trennt dann mit dem Finger oder dem Griff des Messers die von der Unterlage abgetrennte Hodenhülle, stülpt sie nach außen und inzidiert mit einem Instrument aus Eisen, das wegen der äußeren Ähnlichkeit Rabenschnabel[2] genannt wird, so weit, dass er zwei Finger, nämlich den zweiten und den dritten, einführen kann.

Chirurgische Werkzeugkunde für Fortgeschrittene (5)

Celsus *De medicina* VII 28.2

... Beim weiblichen Geschlecht gibt es aber noch einige Besonderheiten. An erster Stelle ist hier die Situation zu nennen, bei der die äußeren Geschlechtsteile manchmal den Beischlaf nicht zulassen, weil ihre Ränder miteinander verwachsen sind. Diese Fehlbildung entsteht manchmal schon im Mutterleib, manchmal aber auch durch ein eitriges Geschwür in dieser Region und, wenn die Behandlung schlecht ist, durch Verwachsung der Ränder während des Heilungsprozesses. Ist der Zustand angeboren, verschließt ein Häutchen den Zugang zur Gebärmutter, ist er durch ein Geschwür zustande gekommen, dann füllt eine fleischige Wucherung die Öffnung aus. – Das Häutchen wird in Form von zwei sich kreuzenden Linien – ganz so wie beim Buchstaben X[1] – eingeschnitten. Dabei muss man sorgfältig darauf achten, dass die Harnröhre nicht verletzt wird, und anschließend schneidet man das Häutchen allseits heraus. Die weichgewebliche Masse muss man hingegen mit einem geraden Schnitt eröffnen. Dann fasst man sie am Rand mit einer Wundzange oder einem Haken und schneidet gleichsam einen feinen Streifen ab. Anschließend werden in Längsrichtung eingefaltete gezupfte Leinwand (bei den

vocant) in aceto tinctum demittere supraque sucidam lanam aceto madentem deligare…

Exciditur vero os duobus modis: Si parvulum est, quod laesum est, modiolo, quam χοινεικίδα Graeci vocant, si spatiosius, terebris. Utriusque rationem proponam.

Modiolos ferramentum concavum, teres est, imis oris serratum, per quod medium clavus ipse quoque interiore orbe cinctus demittitur. Terebrarum autem duo genera sunt: Alterum simile ei, quo fabri utuntur, alterum capituli longioris, quod ab acuto mucrone incipit, dein subito latius fit atque iterum ab alio principio paulo minus quam aequaliter sursum procedit. Si vitium in angusto est, quod conprehendere modiolus possit, ille potius aptatur. Et, si caries subest, medius clavus in foramen demittitur, si negrities, angulo scalpri sinus exiguus fit, qui clavom recipiat, ut eo insistente circumactus modiolus delabi non possit. Deinde is habena quasi terebra convertitur. Estque quidam premendi modus, ut et foretur et circumagatur, quia, si leviter inprimitur, parum proficit, si graviter, non movetur.

Griechen Lēmnískos[2] genannt), die man vorher in Essig getaucht hat, aufgelegt und daran frisch geschorene essigtriefende Wolle befestigt…

Chirurgische Werkzeugkunde für Fortgeschrittene (6)

Celsus *De medicina* VIII 3.1–2

Der Knochen wird auf zwei verschiedene Arten herausgeschnitten: Wenn die verletzte Stelle umschrieben ist, nimmt man den Krontrepan, den die Griechen Choineikís[1] nennen, wenn sie ausgedehnter ist, den Bohrer. Wie man mit den beiden Geräten umgeht, will ich nun ausführen.

Der Krontrepan ist ein hohles, rundes, am Unterrand mit Sägezähnen bestücktes Gerät aus Eisen, durch dessen Mitte ein Nagel verläuft, der innerhalb des Geräts selbst von einer Scheibe umgeben ist. Bei den Bohrern unterscheidet man zwei Arten. Die eine ähnelt jener, mit der die Handwerker arbeiten, die andere hat ein längeres Köpfchen, das an der Spitze scharf ist, sich dann plötzlich verbreitert und am anderen Ende in eine weniger lange Spitze ausläuft. Wenn das Leiden, das es zu behandeln gilt, auf eine Größe beschränkt ist, die der Trepan umfassen kann, so greift man eher zu ihm. Wenn es aber darunter fault, so schlägt man den Nagel, der sich in der Mitte des Trepans befindet, in eines der dadurch entstandenen Löcher. Wenn der Knochen bereits schwarz und zerfallen ist, dann bohrt man mit der Spitze eines Meißels ein kleines Loch, das den Nagel aufnehmen und verankern soll, damit der Trepan beim Rotieren nicht abgleiten kann. Dann wird er wie ein Bohrer mit einem Riemen gedreht. Der Druck ist jedoch so zu wählen, dass man sowohl tief genug bohrt als auch locker drehen kann. Denn wenn wenig Druck ausgeübt wird, dringt man nicht tief genug ein, wenn der Druck jedoch stark ist, so lässt sich das Instrument nicht bewegen.

Factis foraminibus, eodem modo media saepta, sed multo circumspectius, excidenda sunt, ne forte angulus scalpri eandem membranam violet, donec fiat aditus, per quem membranae custos inmittatur. Meningophylaca Graeci vocant. Lammina aenea est, prima paulum resima, ab exteriore parte levis. Quae demissa sic, ut exterior pars eius cerebro propior sit, subinde ei subicitur, quod scalpro discutiendum est. Ac, si excipit eius angulum, ultra transire non patitur. Eoque et audacius et tutius scalprum malleolo medicus subinde ferit, donec undique excisum os eadem lammina levatur tollique sine ulla noxa cerebri potest. Ubi totum os eiectum est, circumradendae levandaeque orae sunt et, si quid scobis membranae insedit, colligendum. Ubi superiore parte sublata relicta inferior est, non orae tantum, sed os quoque totum levandum est, ut sine noxa postea cutis increscat, quae aspero osse nascens protinus non sanitatem, sed novos dolores movet.

Chirurgische Werkzeugkunde für Fortgeschrittene (7)

Celsus *De medicina* VIII 3.8–9

Wenn die Bohrlöcher gesetzt sind, muss man in gleicher Technik die knöchernen Brücken zwischen ihnen exzidieren. Hierbei ist jedoch noch viel mehr Vorsicht angezeigt, damit nicht die Spitze des Meißels die Hirnhaut verletzt, bevor ein ausreichend großer Zugang geschaffen ist, um den Hirnhautschirm – die Griechen bezeichnen ihn als Mēningophýlax[1] – einzubringen. Dabei handelt es sich um eine an den Rändern etwas aufgeworfene Bronzeplatte mit glatter Außenseite. Man bringt sie so ein, dass die Außenfläche dem Gehirn zugewandt ist, und platziert sie unter den Knochenfragmenten, die man dann mit dem Meißel zu zerschlagen hat. Wenn die Spitze des Meißels auf die Platte trifft, so wird dadurch verhindert, dass er tiefer eindringt. Außerdem kann der Arzt den Meißel mit dem Hammer sowohl beherzter als auch mit größerer Sicherheit in die Tiefe treiben, bis der Knochen allseits ausgeschnitten ist, mit derselben Platte angehoben wird und, ohne das Gehirn irgendwie zu verletzen, entfernt werden kann. Sobald der Knochen ganz herausgenommen ist, müssen die Ränder des Loches ringsum abgeschabt und geglättet und Knochenspäne, die auf der Hirnhaut liegen, entfernt werden. Hat man von einem Knochen nur die oberen Teile entfernt und die unteren stehen lassen, so muss man nicht nur die Ränder, sondern auch noch den gesamten erhaltenen Knochen glätten, damit die Haut später darüberwachsen kann, ohne alteriert zu werden. Wenn sich Haut nämlich über einem rauen Knochen bildet, bedeutet dies erstens verzögerte Heilung und zweitens neue Schmerzen.

Deinde in eo, quod desedit, iuxta rimam, quam fecimus, foramina addenda sunt. Si in angusto noxa est, duo, si latius patet, tria. Saeptaque eorum excidenda. Et tum scalper utrimque ad rimam agendus sic, ut lunatum sinum faciat imaque pars eius intus ad fracturam, cornua ad os integrum spectent. Dein, si qua labant et ex facili removeri possunt, forfice ad id facta colligenda sunt maximeque ea, quae acuta membranam infestent.

At in cervice inter cutem et asperam arteriam tumor increscit: bronchocelen Graeci vocant. Quo modo caro hebes, modo umor aliquis melli aquaeve similis includitur, interdum minutis ossibus pili immixti. Ex quibus quicquid est, tunica continetur. – Potest autem adurentibus medicamentis curari, quibus summa cutis cum subiecta tunica exestur. Quo facto, sive umor est, profluit, sive quid densius, digitis educitur. Tum ulcus sub linamentis sanescit.

Chirurgische Werkzeugkunde für Fortgeschrittene (8)
Celsus *De medicina* VIII 4.16

Dann muss man neben dem von uns geschaffenen Spalt in das dislozierte Fragment des knöchernen Schädels Löcher bohren, und zwar zwei, wenn die verletzte Stelle klein, und drei, wenn sie ausgedehnter ist, und die Knochenbrücken zwischen ihnen herausschneiden. Anschließend wird der Meißel beidseits an den erwähnten Spalt herangeführt, so dass eine halbmondförmige Öffnung entsteht, deren Konvexität nach innen in Richtung auf die Fraktur und deren Hörner zum gesunden Knochen hin gerichtet sind. Wenn dann noch lose Fragmente vorhanden sind, die leicht entfernt werden können, fasse man sie mit einer eigens zu diesem Zweck konstruierten Zange, und zwar vor allem jene, die spitz sind und die Hirnhaut gefährden.

Struma: Ein Schnitt und eine Naht
Celsus *De medicina* VII 13

Der Verfasser informiert mit großer Souveränität über die Pathomorphologie und Differenzialtherapie der vergrößerten Schilddrüse.

Am Hals aber entwickelt sich zwischen der Haut und der Luftröhre eine Geschwulst, die bei den Griechen Bronchokélē[1] genannt wird. Sie enthält bald wildes Fleisch, bald eine honigartige oder wasserähnliche Flüssigkeit, manchmal auch Haare und winzig kleine Knöchelchen und ist unabhängig vom Inhalt von einer Kapsel umgeben. – Man kann sie mit ätzenden Mitteln behandeln, unter deren Wirkung die Haut und die darunter gelegene Kapsel zerstört werden. Wenn dieser Vorgang abgeschlossen ist, läuft der flüssige Inhalt aus und die festeren Bestandteile werden mit den Fingern entfernt. Der Geschwürskrater heilt dann unter Watteauflagen aus. Aber die Behandlung mit dem Skalpell

Sed scalpelli curatio brevior est. Medio tumore una linea inciditur usque ad tunicam. Deinde vitiosus sinus ab integro corpore separatur digito, totusque cum velamento suo eximitur. Tum aceto, cui vel salem vel nitrum aliquis adiecit, eluitur, oraeque una sutura iunguntur. Ceteraque eadem, quae in aliis suturis superiniciuntur leviterque inde, ne fauces urgeatque, deligatur. Si quando autem tunica eximi non potuerit, intus inspergenda adurentia. Linamentis is curandum est et ceteris pus moventibus.

Ubi intestinum prolapsum est, tumor neque durus neque mollis est, omni frigore minuitur. Non solum sub omni calore, sed etiam retento spiritu crescit. Sonat interdum, atque ubi resupinatus est aliquis, delapso intestino ipse desidit. Ubi vero omentum est, cetera similia sunt. Tumor mollior et, ab ima parte latus, extenuatus in vertice est. Si quis adprehendit, elabitur. Ubi utrumque est, indicia quoque mixta sunt et inter utrumque mollites. At caro durior est semperque etiam resupinato corpore tumet prementique non cedit, prioribus facile cedentibus. Si vitiosa est, easdem notas

dauert weniger lange. Man öffnet die Geschwulst in der Mitte mit einem einzigen Schnitt bis zur Kapsel. Anschließend wird das kranke Gewebe mit dem Finger von den gesunden benachbarten Organen getrennt und zusammen mit der umhüllenden Kapsel im Ganzen entfernt[2]. Dann spült man die Wunde mit Essig, dem etwas Salz oder Soda beigemischt wurde, und vereinigt die Wundränder mit einer einzigen Naht. Nachher legt man die gleichen Abdeckungen auf wie bei anderen Nähten und macht einen Verband, der jedoch nicht so fest sein darf, dass er den Hals abschnürt. Wenn es aber einmal nicht gelungen ist, die Kapsel zu entfernen, so streue man Ätzmittel ein und setze die Behandlung mit Watte und anderen den Eiter hervortreibenden Mitteln fort.

Herniotomie: Am Prinzip hat sich bis heute nichts geändert

Celsus *De medicina* VII 14.2–7

Aber welche Variante man wählt, hängt vom Inhalt des Bruchsacks ab.

Wenn Darm prolabiert, entsteht eine Schwellung, die weder als hart noch als weich zu bezeichnen ist. Sie schrumpft unter jeder Art der Einwirkung von Kälte und wächst nicht nur durch Wärme, sondern auch durch das Anhalten des Atems. Manchmal hört man dort ein Geräusch und wenn sich der Patient zurücklehnt, fällt der Darm nach hinten und damit verschwindet die Schwellung. Der Netzvorfall führt zu sonst ähnlichen Veränderungen. Die Schwellung ist allerdings weicher und ganz unten breit und an der Spitze schmal. Greift man nach ihr, so verschwindet sie. Wenn der Bruch sowohl Darm als auch Netz enthält, sind die Kennzeichen, insbesondere auch die Konsistenz, gemischt. Fleischiges Gewebe ist jedoch härter. Die Schwellung bleibt auch in Retroflexionshaltung des Patienten bestehen und weicht im Gegensatz zu den vorhin beschriebenen Auftreibungen unter Druck nicht zurück. Wenn die Wucherung entartet ist, bietet sie die von mir als

habet, quas in carcinomate exposui. Umor autem si premitur, circumfluit. At spiritus pressus cedit, sed protinus redit, resupinato quoque corpore tumorem in eadem figura tenet.

Ex his id, quod ex spiritu vitium est, medicinam non admittit. Caro quoque carcinomati similis cum periculo tractatur; itaque omittenda est. Sana excidi debet idque vulnus linamentis curari. Umorem quidem vel inciso summo tumore effundunt et vulnus iisdem linamentis curant. In reliquis variae sententiae sunt. Ac resupinandum quidem corpus esse res ipsa testatur, ut in uterum sive intestinum sive omentum est, delabatur. Sinus vero umbilici tum vacus a quibusdam duabus regulis exceptus est vehementerque earum capitibus deligatis ibi emortus. A quibusdam, ad imum acu traiecta duo lina ducente, deinde utriusque lini duobus capitibus diversae partes adstrictae, quod in uva quoque oculi fit. Nam sic id, quod supra vinculum est, moritur. Adiecerunt quidam, ut antequam vincirent, summum una linea inciderent exciderentque. Quo facilius digito demisso quod illuc inrupisset depellerunt. Tum deinde vinxerunt. Sed abunde est iubere spiritum continere, ut tumor quantus maximus esse potest, se

charakteristisch für das Krebsgeschwür beschriebenen Merkmale. Wenn in der Geschwulst Flüssigkeit vorhanden ist, schwappt sie unter Druck hin und her. Luft dagegen weicht zunächst vor dem Druck, kehrt aber sofort wieder zurück, wenn der Druck nachlässt, und erhält der Schwellung auch in Rückenlage ihr Aussehen.

Unter den erwähnten Formen ist jene, für die eine Luftansammlung verantwortlich ist, einer Therapie nicht zugänglich. Auch die Behandlung der krebsartigen Wucherungen ist gefährlich; deshalb soll man auf eine Operation verzichten. Wenn die Schwellung nicht entartet ist, muss sie entfernt und die so entstandene Wunde mit gezupfter Leinwand behandelt werden. Um Flüssigkeit abzulassen, inzidiert man die Schwellung zum Beispiel an ihrem höchsten Punkt und versorgt auch diese Wunde mit gezupfter Leinwand. Was die Behandlung der restlichen Formen betrifft, so gehen die Meinungen auseinander. Allgemein verlangt die Situation aber danach, dass der Patient in Rückenlage gebracht wird, damit das prolabierte Gewebe, sei es Darm oder Netz, in die Bauchhöhle zurückgleitet. Manche Ärzte aber klemmen den auf diese Weise entleerten Bruchsack zwischen zwei Stäbchen, binden sie an den Enden zusammen und lassen den Bruchsack so absterben. Andere durchstechen ihn an seiner Basis mit einer Nadel, in die zwei Fäden eingeführt worden sind, und zerlegen ihn so wie bei der chirurgischen Behandlung des Staphyloms in zwei Teile, indem sie an den Enden der zwei Fäden kräftig ziehen. Auf diese Weise stirbt der oberhalb der Einschnürung gelegene Anteil ab. Einige Ärzte haben außerdem angegeben, man solle vor dem Abschnüren an der Stelle, die am weitesten vorspringt, eine umschriebene In- und Exzision machen, damit man leichter einen Finger einführen und mit ihm die prolabierten Anteile reponieren könne. Erst dann haben sie die Fäden zusammengezogen. Es reicht aber aus, wenn man man den Patienten auffordert, die Luft anzuhalten, damit die Schwellung in ihrem größtmöglichen Volu-

ostendat. Tum imam basem eius atramento notare, resupinatoque homine digitus tumorem eum premere, ut, si quid delapsum non est, manu cogatur. Post haec umbilicum adtrahere et, qua nota atramenti est, lino vehementer adstringere. Deinde partem superiorem aut medicamentis aut ferro adurere, donec emoriatur, atque ut cetera usta ulcus nutrire…

Infibulare quoque adulescentulos, interdum vocis, interdum valetudinis causa, quidam consueverunt. Eius haec ratio est: Cutis, quae super glandem est, extenditur notaturque utrimque a lateribus atramento, qua perforetur; deinde remittitur. Si super glandem notae revertuntur, nimis adprehensum est et ultra notari debet. Si glans ab iis libera est, is locus idoneus fibulae est. Tum qua notae sunt, cutis acu filum ducente transuitur eiusque fili capita inter se deligantur cotidieque id movetur, donec circa foramina cicatriculae fiant. Ubi eae confirmatae sunt, exempto filo

men sichtbar wird. Dann wird die tiefste Stelle mit Tinte gekennzeichnet, der Patient in Rückenlage gebracht und die Schwellung mit dem Finger komprimiert, um möglicherweise noch nicht zurückgefallene Anteile mit der Hand in die physiologische Position zu bringen. Anschließend zieht man am Nabel und schnürt ihn an der durch die Tinte bezeichneten Stelle mit einem Faden kraftvoll ab. Schließlich legt man auf die oberhalb der Abschnürung gelegenen Partien Ätzmittel auf oder man brennt sie mit dem Glüheisen, bis sie abgestorben sind. Dann wird die offene Stelle eben so wie andere gebrannte Wunden weiterbehandelt…

Infibulation: Zumeist überflüssig

Celsus *De medicina* VII 25.3

Der Autor beschreibt einen Eingriff, von dem er selbst wenig hält.

Manche Ärzte führen auch regelmäßig bei jungen Männern die Infibulation durch, sei es zur Erhaltung der Stimme oder zur Erhaltung der Gesundheit. Der Eingriff läuft folgendermaßen ab: Zuerst wird die Vorhaut nach vorne gezogen und dann markiert man auf beiden Seiten mit Tinte die Stellen, wo sie perforiert werden soll. Anschließend lässt man sie wieder los. Wenn sich die Markierungspunkte über die Eichel zurückziehen, hat man zuviel von der Vorhaut erfasst und muss die Zeichen weiter nach vorne setzen. Wenn die Eichel nicht von den Markierungen bedeckt wird, dann ist die Stelle für die Heftnadel geeignet. Man durchbohrt dann die Haut an den bezeichneten Stellen mit einer Nadel, in die ein Faden eingeführt worden ist, und verknüpft die Enden des Fadens miteinander. Der Faden wird täglich bewegt, so dass sich rund um die Perforationen kleine Narben bilden. Wenn die sich verfestigt haben, entfernt man den Faden und setzt die Heftnadel ein. Je leichter sie ist, umso wirkungsvoller ist sie auch. Aber dieser

fibula additur. Quae quo levior, eo melior est. Sed hoc quidem saepius inter supervacua quam inter necessaria est.

Res vero interdum cogit emoliri manu urinam, cum illa non redditur, aut quia senectute iter eius conlapsum est aut quia calculus vel concretum aliquid ex sanguine intus se opposuit. At mediocris quoque inflammatio saepe eam reddi naturaliter prohibet. Idque non in viris tantummodo, sed in feminis quoque interdum necessarium est. Ergo aeneae fistulae fiunt, quae ut omni corpore, ampliori minorique, sufficiant, ad mares tres, ad feminas duae medico habendae sunt. Ex virilibus maxima decem et quinque est digitorum, media duodecim, minima novem, ex muliebribus maior novem, minor sex. Incurvas vero esse eas paulum, sed magis viriles oportet, levisque admodum ac neque nimis plenas neque nimis tenues. Homo tum resupinus eo modo, quo in curatione ani figuratur, super subsellium aut lectum conlocandus est. Medicus autem a dextro latere sinistra quidem manu colem masculi continere, dextra vero fistula demittere in iter urinae debet. Atque ubi ad cervicem vesicae ventum est, simul cum cole fistulam inclinatam in ipsam vesicam conpellere eamque

Eingriff wird häufiger überflüssiger- als notwendigerweise durchgeführt.

Blasenkatheter: Form unterschiedlich, Material einheitlich

Celsus *De medicina* VII 26.1

Der Arzt sollte stets eine größere Zahl der röhrenfömigen Instrumente vorrätig halten.

Die Umstände zwingen aber manchmal dazu, den Urin mit manueller Hilfe abzulassen, wenn er nicht von selbst ausgeschieden werden kann, sei es weil der Abflussweg im Alter verengt ist oder weil ein Stein oder ein Blutgerinnsel innen feststecken. Aber auch eine mäßige Entzündung verhindert oft die natürliche Miktion. Der erwähnte Eingriff ist nicht nur bei Männern, sondern manchmal auch bei Fraun notwendig. Dazu werden Röhrchen aus Bronze hergestellt. Damit sie für alle in passender Größe zur Verfügung stehen, muss sie der Arzt für Männer in drei und für Frauen in zwei verschiedenen Größen vorrätig halten. Der größte Männerkatheter ist 15, der mittlere zwölf und der kleinste neun Fingerbreiten lang, unter den Frauenkathetern hat der größere die Länge von neun und der kleinere die Länge von sechs Fingerbreiten. Die Katheter[1], und zwar vor allem jene für die Männer, sollen etwas gekrümmt und möglichst glatt sein und außerdem weder zu dick noch zu dünn. Der Patient wird dann rücklings in der gleichen Weise, wie für die Eingriffe am After beschrieben wurde, auf einer Bank oder einem Bett gelagert. Der Arzt soll aber rechts vom Patienten stehen, mit der linken Hand das männliche Glied ergreifen und mit der rechten den Katheter in die Harnröhre einbringen. Sobald er am Blasenhals angekommen ist, muss er den Katheter zusammen mit dem Glied senken und dann in das Blasenlumen vorschieben. Nach dem Ablassen des Urins wird das Instrument herausgezogen. Die weibliche Harnröhre ist kürzer

urina reddita recipere. Femina brevius urinae iter et rectius habet, quod mammulae simile inter imas oras super naturale positum non minus saepe auxilio eget, aliquanto minus difficultatis exhibet. Nonnumquam etiam prolapsus in ipsam fistulam calculus, quia subinde ea extenuatur, non longe ab exitu inhaerescit. Eum, si fieri potest, oportet evellere vel oriculario specillo vel eo ferramento, quo in sectione calculus protrahitur. Si id fieri non potuit, cutis extrema quam plurimum adtrahenda et condita glande lino vincienda est. Deinde a latere recta plaga coles incidendus et calculus eximendus est, tum cutis remittenda. Sic enim fit, ut incisum colem integra pars cutis contegat et urina naturaliter profluat.

... homo praevalens et peritus in sedili alto considit. Supinumque eum et aversum, super genua sua coxis eius conlocatis, conprehendit. Reductisque eius cruribus ipsum quoque iubet, manibus ad suos poplites datis, eos quam maxime possit adtrahere, simulque ipse sic eos continet. Quod si robustius corpus eius est, qui

und verläuft mehr gestreckt, ihre Mündung liegt einer kleinen Brust ähnlich zwischen den kleinen Schamlippen über den äußeren Schamteilen. Die Urethra bedarf nicht weniger häufig der ärztlichen Intervention, der Eingriff ist aber mit deutlich weniger Schwierigkeiten verbunden. Manchmal gelangt auch ein Stein direkt in die Harnröhre und bleibt, weil sie im Verlauf enger wird, unweit der Mündung stecken. So ein Konkrement muss man, wenn es sich machen lässt, entweder mit einer Ohrensonde oder mit dem Instrument herausholen, mit dem man ihn beim Steinschnitt birgt. Wenn dieses Manöver misslingt, muss man die Vorhaut möglichst weit nach vorn ziehen und, wenn die Eichel von ihr bedeckt ist, mit einem Faden zusammenbinden. Danach wird das Glied lateral mit einem geraden Schnitt eröffnet und der Stein herausgenommen. Anschließend lässt man die Haut wieder zurückgleiten. So kommt es dazu, dass das Glied an der Inzisionsstelle von einem intakten Stück Haut bedeckt ist und der Urin auf natürlichem Wege abfließt.

Große urologische Operationslehre
Celsus *De medicina* VII 26.2C–F,G–L

Patient, Assistenten und Arzt müssen gewissenhaft und geduldig zusammenarbeiten, damit auch sperrige Blasensteine geborgen werden können.

… Ein kräftiger und sachkundiger Mann nimmt auf einem hohen Stuhl Platz und hält den Patienten, der sich nach rückwärts lehnt, das Gesicht von ihm abwendet und dessen Hüften auf seinen Knien liegen, fest. Wenn der Patient seine Beine angezogen und seine Hände in die Kniekehlen des Mannes gelegt hat, wird er aufgefordert, sie möglichst nahe an sich heranzuziehen. Gleichzeitig sichert der Mann diese Position. Wenn aber ein etwas kräftiger gebauter Patient zu behandeln ist, so nehmen zusätzlich zwei

curatur, duobus sedilibus iunctis duo valentes insidunt, quorum et sedilia et interiora crura inter se deligantur, ne diduci possint. Tum is super duorum genua eodem modo collocatur. Atque alter, prout consedit, sinistrum crus eius, alter dextrum, simulque ipse poplites suos adtrahit. Sive autem unus, sive duo continent, super umeros eius suis pectoribus incumbunt. Ex quibus evenit, ut inter ilia sinus super pubem sine ullis rugis sit extentus et in angustum conpulsa vesica ex facili calculus capi possit. Praeter haec etiamnum a lateribus duo valentes obiciantur, qui circumstantes labare vel unum vel duos, qui puerum continent, non sinunt. Medicus deinde, diligenter unguibus circumcisis, unctaque sinistra manu duos eius digitos, indicem et medium, leniter prius unum, deinde alterum in anum eius demittit. Dextraeque digitos super imum abdomen leviter inponit, ne, si utrimque digiti circa calculum vehementer concurrerint, vesicam laedant. Neque vero festinantur in hac re, ut in plerisque, agendum est, sed ita, ut quam maxime id tuto fiat. Nam laesa vesica nervorum distensiones cum periculo mortis excitat. Ac primum circa cervicem quaeritur calculus, ubi repertus minore negotio expellitur…

… Si vero aut ibi non fuit aut recessit retro, digiti ad ultimam vesicam dantur paulatimque dextra quoque manus eius ultra

starke Männer auf zwei miteinander verbundenen Stühlen Platz. Sowohl die Sitzgelegenheiten als auch die sich berührenden Beine der Helfer werden zusammengebunden, damit sie nicht auseinandergezogen werden können. Dann wird der Patient in der beschriebenen Weise auf beide Knie gelegt. Je nachdem auf welcher Seite die Helfer sitzen, zieht der eine am linken und der andere am rechten Bein des Kranken und jener hilft dabei mit, indem er selbst die Knie beugt. Gleichgültig ob einer den Kranken festhält oder ob es zwei sind, immer müssen sie mit der Brust auf seinen Schultern liegen. Auf diese Weise erreicht man, dass die suprapubische Vertiefung zwischen den beiden Weichen so stark angespannt wird, dass die Haut keine Falten bildet und der Stein mühelos gefasst werden kann, weil die Blase eingezwängt ist. Außerdem soll man dann auch noch auf beiden Seiten zwei weitere kräftige Männer postieren, die aus dieser Position heraus verhindern sollen, dass sich ein oder beide Kollegen, die den Knaben festhalten, bewegen. Dann führt der Arzt, nachdem er sich sorgfältig die Nägel geschnitten und die linke Hand gesalbt hat, zwei Finger, nämlich den Zeige- und den Mittelfinger, nacheinander vorsichtig in den After des Kranken ein. Gleichzeitig legt er die Finger der rechten Hand sanft auf die tiefste Stelle des Unterleibs, um zu verhindern, dass die Blase beschädigt wird, wenn die Finger von beiden Seiten in Höhe des Steins heftig aufeinander treffen. Eben so wie in den meisten anderen Situationen soll man sich aber auch bei diesem Manöver Zeit lassen und auf größtmögliche Sicherheit achten. Denn eine Verletzung der Harnblase führt zu Krämpfen und damit zu Todesgefahr. Zuerst sucht man den Stein in der Region des Blasenhalses. Wenn er sich dort befindet, lässt er sich ohne große Mühe entfernen…

… Findet man aber den Stein dort nicht oder ist er nach dorsal ausgewichen, werden die Finger der linken Hand ans andere Ende der Blase gelegt und ganz allmählich folgt ihr von der gegenüber-

translata subsequitur. Atque ubi repertus calculus, qui necesse est in manus incidat, eo curiosius deducitur, quo minor leviorque est, ne effugiat. Id est ne saepius agitanda vesica sit. Ergo ultra calculum dextra semper manus eius se opponit, sinistrae digiti deorsum eum conpellunt, donec ad cervicem pervenitur. In quam, si oblongus est, sic compellendus est, ut pronus exeat, si planus, sic ut transversus sit, si quadratus, ut duobus angulis sedeat, si altera parte plenior, sic ut prius ea, quae tenuior est, evadat. In rotundo nihil interesse ex ipsa figura patet, nisi si levior altera parte est, ut ea antecedat.

Cum iam eo venit, tum incidi super vesicae cervicem iuxta anum cutis plaga lunata usque ad cervicem vesicae debet, cornibus ad coxas spectantibus. Paulum deinde infra ea parte, qua resima plaga est, etiamnum sub cute altera transversa plaga facienda est, qua cervix aperiatur, donec urinae iter pateat sic, ut plaga paulo maior quam calculus sit. Nam qui metu fistulae, quam illo loco rhyada Graeci vocant, parum patefaciunt, maiore eodem periculo revolvuntur, quia calculus iter, cum vi promitur, facit, nisi accipit. Idque etiam perniciosius est, si figura quoque calculi vel aspritudo aliquid eo contulit. Ex quo et sanguinis profusio et distentio nervorum fieri potest. Quae si quis evasit, multo tamen patentiorem fistulam habiturus est rupta cervice, quam habuisset incisa.

liegenden Seite auch die rechte Hand. Sobald man den Stein, der einem ja zwangsläufig in die Hände fällt, gefunden hat, bewegt man ihn nach unten, und zwar um so bedächtiger, je kleiner und glatter er ist, damit er nicht entschlüpft und damit die Blase nicht öfter als notwendig gereizt werden muss. Die rechte Hand des Operateurs liegt also immer oberhalb des Steins, die Finger der linken Hand befördern ihn hingegen nach unten, bis er am Hals ankommt. Handelt es sich um einen länglichen Stein, muss man ihn so platzieren, dass seine Schmalseite zuerst austritt, wenn er flach ist, so, dass er die Querlage einnimmt, wenn er viereckig ist, so, dass er auf zwei Ecken liegt, und wenn er an einem Ende dicker als am anderen ist, so, dass das dünnere vorangeht. Bei einem runden Stein ist die Konfiguration prinzipiell ohne Bedeutung; wenn eine Seite allerdings glatter ist als die andere, soll diese vorangehen.

Wenn der Stein nun dort angekommen ist, muss die Haut über dem Blasenhals neben dem After halbmondförmig bis zum Blasenhals durchtrennt werden. Die Schnittenden sollen zur Seite, also hüftwärts gerichtet sein. Etwas weiter kaudal, an der Stelle, wo der Schnitt am stärksten aufwärts gerichtet ist, setzt man dann subkutan einen zweiten, dazu senkrechten Schnitt, durch den der Blasenhals eröffnet wird, bis die Harnhöre so weit klafft, dass die Wunde etwas größer ist als der Stein. Denn wer aus Furcht vor der Entwicklung einer Fistel, die die Griechen an jener Stelle Rhyás[1] nennen, die Öffnung zu klein wählt, gerät in die gleiche, nur in diesem Fall noch stärker ausgeprägte Gefahr, da der Stein, wenn man ihn gewaltsam herausholt, sich selbst den Weg bahnt, den man ihm nicht bietet. Die Form oder Rauigkeit des Steins kann diese Situation auch noch gefährlicher machen, als sie ohnehin schon ist. Sowohl Blutungen als auch Krämpfe sind potenzielle Folgen. Und auch wenn er diesen Komplikationen entgeht, wird der Patient nach einer Ruptur des Blasenhalses eine viel weitere

Cum vero ea patefacta est, in conspectum calculus venit. In cuius colore nullum discrimen est. Ipse si exiguus est, digitis ab altera parte propelli, ab altera protrahi potest. Si maior, iniciendus a superiore ei parte uncus est eius rei causa factus. Is est ad extremum tenuis, in semicirculi speciem retusae latitudinis, ab exteriore parte levis, qua corpore iungitur, ab interiore asper, qua calculum adtingit isque longior potius esse debet. Nam brevis extrahendi vim non habet. Ubi iniectus est, in utrumque latus inclinandus est, ut appareat calculus, si teneatur, quia, si adprehensus est, ille simul inclinatur. Idque eo nomine opus est, ne, cum adduci uncus coeperit, calculus intus effugiat, hic in oram vulneris incidat eamque convulneret. In qua re quod periculum esset, iam supra posui. Ubi satis teneri calculum patet, eodem paene momento triplex motus adhibendus est: In utrumque latus, deinde extra, sic tamen id leniter ut fiat paulumque primo calculus adtrahatur. Quo facto, attollendus uncus extremus est, uti intus magis maneat faciliusque illum producat. Quod si quando a superiore parte calculus parum commode conprehendetur, a latere erit adprehendendus. Haec est simplicissima curatio.

Fistelöffnung haben, als er sie nach einer lege artis ausgeführten Inzision bekommen hätte. Sobald also der Blasenhals offen ist, bekommt man den Stein zu Gesicht. Welche Farbe er hat, ist ohne Bedeutung. Wenn er klein ist, kann man ihn mit den Fingern von der einen Seite vorschieben und auf der anderen Seite hervorziehen. Wenn er größer ist, so lege man von oben einen für diesen Zweck bestimmten Haken an. Ein solches Instrument ist an den Enden dünn, in der Breite halbmondförmig, an der Außenseite, wo es mit dem Körper in Berührung kommt, glatt und an der Innenseite, wo es auf den Stein trifft, rau. Dieser Haken soll auch eher zu lang als zu kurz sein, weil die Extraktion nicht mit ausreichender Kraft durchgeführt werden kann, wenn er zu kurz ist. Nach dem Einführen wird der Haken nach beiden Seiten gewendet, damit man sehen kann, ob der Stein festgehalten wird. Wenn er vom Haken erfasst ist, bewegt er sich nämlich zeitgleich. Dieses Vorgehen soll verhindern, dass der Stein, wenn man am Haken zu ziehen begonnen hat, nach innen entschlüpft und dann der Haken an den Wundrand stößt und ihn stark verletzt. Das damit verbundene Risiko habe ich vorhin beschrieben. Sobald der Stein offensichtlich ausreichend gut fixiert ist, muss man mit dem Haken nahezu simultan drei Bewegungen ausführen, nämlich nach links, nach rechts und dann nach außen, letztere aber so vorsichtig, dass der Stein zuerst nur ein wenig angezogen wird. Danach muss man das äußere Ende des Hakens aufrichten, damit er innen besser verankert ist und den Stein leichter herausbefördert. Wenn man aber den Stein einmal von oben nicht bequem genug zu fassen bekommt, soll man ihn von lateral ergreifen. Dies ist die einfachste Behandlungsmethode.

Ab his ad crura proximus transitus est, in quibus orti varices non difficili ratione tolluntur. Huc autem et earum venularum, quae in capite nocent, et eorum varicum, qui in ventre sunt, curationem distuli, quoniam ubique eadem est. – Igitur vena omnis, quae noxia est, aut adusta tabescit aut manu eximitur. Si recta est, si quamvis transversa tamen simplex, si modica est, ea melius aduritur. Si curva est et velut in orbes quosdam implicatur pluresque inter se involvuntur, utilius eximere est. Adurendi ratio haec est: Cutis superinciditur. Tum patefacta vena tenui et retuso ferramento candente modice premitur, vitaturque, ne plagae ipsius orae adurantur, quas reducere hamulis facile est. Id interpositis fere quaternis digitis per totum varicem fit. Et tum superimponitur medicamentum, quo adusta sanantur. At exciditur hoc modo: Cute eadem ratione super venam incisa, hamulo orae excipiuntur. Scalpelloque undique corpore vena deducitur. Caveturque, ne inter haec ne ipsa laedatur. Eique retusus hamulus subicitur. Interpositoque eodem fere spatio, quod supra positum est, in

Wie man Krampfadern brennt und schneidet

Celsus *De medicina* VII 31

Für die Art der Behandlung ist nicht die Lokalisation, sondern der makroskopische Aspekt der Läsionen entscheidend.

Als nächstes kommen wir zu den Beinen. Die Krampfadern, die sich dort gebildet haben, werden nach einem Konzept behandelt, das nicht schwer zu verstehen ist. Ich habe die Schilderung der Behandlung von Krampfadern, die an Kopf und Bauch lokalisiert sind, auch bis zu diesem Kapitel zurückgestellt, weil sie in allen Regionen die gleiche ist. – Man bringt nämlich jede Vene, die Beschwerden bereitet, durch Verätzung zum Verschwinden oder man entfernt sie chirurgisch. In gerader Richtung verlaufende, schräg verlaufende, aber sonst unauffällige sowie mittelgroße Krampfadern werden vorzugsweise verätzt, geschlängelte, gleichsam kreisförmig verlaufende und mehrfach ineinander verschlungene Krampfadern nimmt man besser heraus. Bei der Verätzung geht man so vor: Zunächst wird die Haut eingeschnitten. Dann drückt man mit einem dünnen stumpfen Glüheisen mäßig stark auf die frei liegende Vene. Dabei dürfen die Wundränder nicht verletzt werden. Man kann sie ja leicht mit Häkchen zurückschieben. Diesen Eingriff wiederholt man im Abstand von jeweils etwa vier Fingern entlang des gesamten Verlaufs der Krampfader. Schließlich legt man ein Mittel auf, das die verätzten Stellen abheilen lässt. Bei der Ausschneidung geht man so vor: Sobald die über der Vene liegende Haut in identischer Weise eingeschnitten worden ist, drängt man zunächst die Wundränder mit einem Haken auseinander. Hierauf schält man die Vene auf ganzer Länge mit dem Skalpell aus ihrem Bett heraus und achtet dabei darauf, dass sie selbst nicht verletzt wird. Dann bringt man unter die Vene ein stumpfes Häkchen ein. Diesen Eingriff wiederholt man in etwa dem gleichen Abstand, wie er oben beschrieben ist, im gesamten

eadem vena idem fit. Quae quo tendat, facile hamulo extento cognoscitur. Ubi iam idem, quacumque varices sunt, factum est, uno loco adducta per hamulum vena praeciditur, deinde qua proximus hamus est, adtrahitur ibique crure liberato plagarum orae committuntur et super emplastrum glutinans inicitur.

Sanguine autem vel subpresso, si nimius erumpit, vel exhausto, si per se parum fluxit, longe optimum est vulnus glutinari. Potest autem id, quod vel in cute vel etiam in carne est, si nihil ei praeterea mali accedit. Potest caro alia parte dependens, alia inhaerens, si tamen etiamnum integra est et coniunctione corporis fovetur.

In iis vero, quae glutinantur, duplex curatio est. Nam si plaga in molli parte est, sui debet, maximeque si discissa auris ima est vel imus nasus vel frons vel bucca vel palpebra vel labrum vel circa guttur cutis vel venter. Si vero in carne vulnus est hiatque neque in unum orae facile adtrahuntur, sutura quidem aliena est. Inponendae vero fibulae sunt (ancteras Graeci nominant), quae oras,

Verlauf der Vene. Ihre Richtung ist ja beim Anziehen des Häkchens jeweils leicht zu erkennen. Ist dies in allen Abschnitten, die durch Krampfadern erweitert sind, geschehen, so hebt man die Vene an einer Stelle mit dem Häkchen an und macht den ersten Schnitt. Danach hebt man den nächsten Haken an und schneidet die Vene auch dort ab. Und wenn dann das Bein in ganzer Länge von Krampfadern befreit ist, so vereinigt man die Wundränder und legt ein Pflaster auf, das die Verklebung fördert.

2.1.5.3 Wundchirurgie, Traumatologie

Details der Wundversorgung

Celsus *De medicina* V 26.23

Der Verfasser diskutiert ausführlich die Differenzialindikation zwischen der fortlaufenden Naht und den Knopfnähten.

Wenn eine heftige Blutung zum Stehen gebracht wurde oder eine schwächere von selbst versiegt ist, verschließt man am besten die Wunde. Dies ist in jedem Fall möglich, mag die Wunde im Niveau der Haut oder tief im Muskelfleisch liegen, wenn keine weitere Läsion besteht, und zwar auch dann, wenn das Muskelfleisch an einer Stelle herabhängt und an einer anderen festsitzt, solange es nur noch nicht abgestorben und mit dem Körper, der es ernährt, verbunden ist.

Zur Vereinigung der Wundränder gibt es zwei Behandlungstechniken. Denn wenn sich die verletzte Stelle in den Weichteilen befindet, muss man nähen, und zwar vor allem dann, wenn der unterste Teil des Ohres oder der Nase, die Stirn, die Wange, das Lid, die Lippe, die Haut am Hals oder die Bauchwand aufgerissen sind. Wenn die Wunde aber im Muskelfleisch steckt, wenn sie klafft und die Wundränder nicht leicht vereinigt werden können, dann verbietet sich die fortlaufende Naht. In dieser Situation muss man vielmehr Knopfnähte setzen (die Griechen nennen sie Ank-

paululum tamen, contrahunt, quo minus lata postea cicatrix sit. Ex his autem colligi potest id quoque, quod alia parte dependens alia inhaerebit, si alienatum adhuc non est, suturam an fibulam postulet. Ex quibus neutra ante debet imponi, quam intus volnus purgatum est, ne quid ibi concreti sanguinis relinquatur. Id enim et in pus vertitur et inflammationem movet et glutinari volnus prohibet. Ne linamentum quidem, quod subprimendi sanguinis causa inditum est, ibi relinquendum est; nam id quoque inflammat. Conprehendi vero sutura vel fibula non cutem tantum, sed etiam aliquid ex carne, ubi suberit haec, oportebit, quo valentius haereat neque cutem abrumpat. Utraque optima est ex acia molli non nimis torta, quo mitius corpori insidat, utraque neque nimis rara neque nimis crebra inicienda est. Si nimis rara est, non continet. Si nimis crebra est, vehementer adficit, quia quo saepius acus corpus transuit quoque plura loca iniectum vinculum mordet, eo maiores inflammationes oriuntur magisque aestate. Neutra etiam vim ullam desiderat, sed eatenus utilis est, qua cutis ducentem quasi sua sponte subsequitur. Fere tamen fibulae latius vulnus esse patiuntur, sutura oras iungit, quae ne ipsae quidem inter se contingere ex toto debent, ut, si quid intus umoris

tếres[1]), die die Ränder der Wunde zusammenziehen, jedoch nur ein wenig, damit die Narbe dann nachher weniger breit ist. Daraus kann man aber schließen, dass Weichteile, die an einer Stelle abgerissen sind und an einer anderen noch haften, solange sie noch nicht abgestorben sind, mit einer fortlaufenden bzw. einer Knopfnaht zu versorgen sind. Man darf aber beide Verfahren erst dann anwenden, wenn das Wundinnere gereinigt ist, damit dort kein geronnenes Blut verbleibt. Das geronnene Blut geht nämlich in Eiter über, es fördert die Entzündung und es verhindert den Verschluss der Wunde. Nicht einmal der Verband aus Leinen, den man zur Blutstillung aufgebracht hat, darf dort zurückbleiben; denn auch er wirkt entzündungfördernd. Sowohl die fortlaufende Naht als auch die Knopfnähte müssen nicht nur die Haut, sondern auch Anteile der Muskulatur, soweit vorhanden, erfassen, damit sie um so fester halten und die Haut nicht zerreißen. Beide Nähte macht man am besten mit einem weichen, nicht allzu stark gedrehten Faden, damit sie den Körper weniger reizen. Außerdem darf man beide Nähte weder in zu großen noch in zu kleinen Abständen setzen. Wenn die Abstände zu groß sind, halten sie nicht, wenn sie zu klein sind, führen sie zu einer heftigen Reizung. Denn je öfter die Nadel die Körperoberfläche durchdrungen hat und je mehr Stellen der eingebrachte Faden reizt, desto stärkere Entzündungsreaktionen werden hervorgerufen, und zwar vor allem im Sommer. Keines der beiden Verfahren erfordert irgendeine Kraftanwendung, beide tragen vielmehr dazu bei, dass die Haut der Zugkraft der Naht gleichsam freiwillig folgt. Fast ausnahmslos lassen Knopfnähte die Wunde etwas weiter offen stehen, während die fortlaufende Naht die Wundränder vereinigt. Diese sollen sich aber nicht in ihrer ganzen Länge berühren, damit Flüssigkeit, die sich innen gebildet hat, an einer Stelle abfließen kann. Selbst wenn eine Wunde mit keinem der beiden Verfahren

concreverit, sit qua emanet. Si quod vulnus neutrum horum recipit, id tamen purgari debet.

Deinde omni vulneri primo inponenda est spongia ex aceto expressa. Si sustinere aliquis aceti vim non potest, vino utendum est. Levis plaga iuvatur etiam, si ex aqua frigida expressa spongia inponitur. Sed ea quocumque modo inposita est, dum madet, prodest. Itaque ut inarescat, non est committendum.

Licetque sine peregrinis et conquisitis et compositis medicamentis vulnus curare. Sed si quis huic parum confidit, imponere medicamentum debet, quod sine sebo compositum sit ex iis, quae cruentibus vulneribus apta esse proposui. Maximeque, si caro est, barbarum, si nervi vel cartilago vel aliquid ex eminentibus, quales aures vel labra sunt, Polyidi sphragidem. Alexandrinum quoque viride nervis idoneum est eminentibusque partibus ea, quam Graeci rhaptusam vocant. Solet etiam colliso corpore exigua parte findi cutis. Quod ubi incidit, non alienum est scalpello latius aperire, nisi musculi nervique iuxta sunt. Quos incidi non expedit. Ubi satis diductum est, medicamentum imponendum est. At si id, quod collisum est, quamvis parum diductum est, latius tamen aperiri propter nervos aut musculos non licet, adhibenda sunt ea, quae umorem leniter extrahant, praecipueque ex his id, quod rhypodes vocari proposui. Non alienum est etiam, ubicumque vulnus grave est, imposito quo id iuvetur, insuper circumdare

verschlossen werden kann, muss man sie doch wenigstens reinigen.

Anschließend muss man auf jede Wunde zunächst in Essig getränkte und ausgedrückte Schwämme auflegen. Wenn jemand den Essig wegen der Schärfe nicht verträgt, soll man Wein verwenden. Leichte Verwundungen kann man auch mit Schwämmen behandeln, die in kaltem Wasser ausgedrückt worden sind. Diese Schwämme nützen aber unabhängig davon, wie man sie angefeuchtet hat, nur dann, wenn sie nass sind. Deshalb darf man nicht zulassen, dass sie austrocknen.

Man kann eine Wunde ohne ausländische, ausgesuchte oder zusammengesetzte Mittel heilen. Wer diesem Vorschlag aber misstraut, sollte ein Mittel auflegen, das keinen Talg enthält und aus den Stoffen zusammengesetzt ist, die ich vorhin für die Behandlung blutender Wunden empfohlen habe, nämlich bei Fleischwunden an erster Stelle Barbarum[2] und bei Verletzungen von Sehnen, Knorpel oder an vorspringenden Körperteilen wie den Ohren oder Lippen die Sphragís des Polyidas[3]. Für Sehnenverletzungen eignet sich auch das grüne Alexandriner Pflaster[4] und für Verletzungen vorspringender Körperteile das Pflaster, das die Griechen Rháptousa[5] nennen. Bei Körperverletzungen kommt es auch zu umschriebenen Einrissen der Haut. In einem solchen Fall ist es durchaus angebracht, die Wunde mit dem Messer zu erweitern, außer wenn Muskeln und Sehnen in der Nähe verlaufen. Denn diese zu inzidieren ist nicht ratsam. Hat man die wunde Stelle weit genug geöffnet, so soll man ein geeignetes Mittel aufbringen. Wenn die verletzte Stelle zu wenig weit offen ist, es sich aber wegen der Sehnen oder Muskeln verbietet, sie zu erweitern, muss man Mittel auflegen, die die Flüssigkeit sanft herausziehen, und darunter vorzugsweise das Pflaster, das ich mit der Bezeichnung Rhypṓdēs[6] vorgestellt habe. Es ist auch durchaus zweckmäßig, bei schweren Verletzungen auf die unten gelegene Schicht der Heil-

lanam sucidam ex aceto et olio vel cataplasma, si mollis is locus est, quod leniter reprimat, si nervosus aut musculosus, quod emolliat.

Gangraenam vero, si nondum plane tenet, sed adhuc incipit, curare non difficillimum est, utique in corpore iuvenili et magis etiam, si musculi integri sunt, si nervi vel laesi non sunt vel leviter adfecti sunt neque ullus magnus articulus nudatus est aut carnis in eo loco paulum est ideoque non multum, quod putresceret, fuit consistitque eo loco vitium, quod maxime fieri in digito potest… Solent vero nonnumquam nihil omnia auxilia proficere ac nihilo minus serpere is cancer. Inter quae, miserum sed unicum auxilium est, ut cetera pars corporis tuta sit, membrum, quod paulatim emoritur, abscidere.

Gangraenam inter ungues alasque aut inguina nasci et, si quando medicamenta vincantur, membrum praecidi oportere alio loco mihi dictum est. Sed id quoque cum periculo summo fit. Nam

mittel zusätzlich Wolle zu legen, die mit Essig und Öl angefeuchtet worden ist, oder auch einen Breiumschlag, der vorsichtig zerteilend wirkt, wenn die betroffene Stelle weich ist, und der erweichend wirkt, wenn sich dort Sehnen oder Muskeln befinden.

Manchmal die letzte und einzige therapeutische Alternative (1)
Celsus *De medicina* V 26.34A,D

Wenn die Nekrose zu weit fortgeschritten ist, muss man trotz der mit dem Eingriff verbundenen Risiken amputieren.

Wenn der Gewebstod noch nicht sehr ausgedehnt ist, sondern sich in einem frühen Stadium befindet, ist die Behandlung nicht besonders schwierig, jedenfalls bei Jugendlichen und besonders dann, wenn die Muskulatur intakt ist, die Sehnen nicht oder nur leicht angegriffen sind, kein großes Gelenk eröffnet ist oder wenn sich an der betroffenen Stelle nur wenig Weichgewebe befindet und daher auch nicht viel verfaulen kann oder wenn sich das Leiden auf diese eine Stelle beschränkt. Dieser Zustand tritt am häufigsten an den Fingern und Zehen ein… Es kommt aber manchmal vor, dass alle Mittel nichts helfen und sich das Geschwür den Behandlungsversuchen zum Trotz ausbreitet. Dann besteht die zwar beklagenswerte, aber dennoch einzige Chance, den restlichen Körper zu schützen, darin, das Glied, das langsam abstirbt[1], zu amputieren.

Manchmal die letzte und einzige therapeutische Alternative (2)
Celsus *De medicina* VII 33

Bereits an anderer Stelle habe ich gesagt, dass der Gewebstod zwischen den Nägeln, in den Achseln oder in den Leisten auftreten kann und dann, wenn Medikamente keine Wirkung mehr zeigen, das betroffene Glied abgenommen werden muss. Aber auch

saepe in ipso opere vel profusione sanguinis vel animae defectione moriuntur. Verum hic quoque nihil interest, an satis tutum praesidium sit, quod unicum est. Igitur inter sanam vitiatamque partem incidenda scalpello caro usque ad os est sic, ut neque contra ipsum articulum id fiat et potius ex sana parte aliquid excidatur quam ex aegra relinquatur. Ubi ad os ventum est, reducenda ab eo sana caro et circa os subsecanda est, ut ea quoque parte aliquid os nudetur. Deinde id serula praecidendum est quam proxime sanae carni etiam inhaerenti. Ac tum frons ossis, quem serrula exasperavit, levandus est supraque inducenda cutis, quae sub eiusmodi curatione laxanda est, ut quam maxime undique os contegat...

At si digiti vel in utero protinus, vel propter communem exulcerationem postea cohaeserunt, scalpello diducuntur. Dein separatim uterque non pingui emplastro circumdatur atque ita per se uterque sanescit. Si vero fuit ulcus in digito posteaque male

diese Maßnahme ist höchst gefährlich. Oft sterben die Patienten nämlich während des Eingriffs am Blutverlust oder an den Folgen einer Ohnmacht. In dieser Situation kommt es aber auch gar nicht darauf an, ob die Intervention ausreichend sicher ist. Denn es gibt zu ihr keine Alternative. Man muss also das Fleisch an der Grenze zwischen den gesunden und den kranken Anteilen mit dem chirurgischen Messer bis zum Knochen einschneiden und dabei darauf achten, dass man sich nicht gerade in der Nähe zu einem Gelenk befindet und eher etwas mehr von den gesunden Partien wegschneidet als von den kranken belässt. Am Knochen angekommen, löst man das gesunde Weichgewebe von ihm ab und schneidet es von unten rings um den Knochen ab, so dass er an dieser Stelle partiell frei liegt. Dann trennt man ihn mit einer kleinen Säge ab, und zwar so nahe wie möglich an dem gesunden, noch am Knochen hängenden Weichgewebe. Danach muss man den Knochenstumpf, der durch die kleine Säge etwas rau geworden ist, glätten und die Haut darüberziehen. Dazu muss sie bei einem derartigen Eingriff so stark gedehnt werden, dass sie den Knochen allseits möglichst vollständig bedeckt…

Syndaktylie: Angeboren oder erworben

Celsus *De medicina* VII 32

Die chirurgische Korrektur verwachsener Finger stößt bei den Sehnen an ihre Grenzen.

Wenn aber die Finger, sei es bereits vor der Geburt in utero, sei es wegen einer generalisierten Vereiterung später miteinander verwachsen, werden sie mit einem Skalpell voneinander getrennt. Dann wickelt man jeden einzeln in ein Pflaster, das kein Fett enthält, und so heilt jeder für sich ab. Wenn aber an dem Finger ein Geschwür bestanden hat und sich eine üble Narbe ausbildet, die den Finger erneut in eine krumme Haltung bringt, soll man es

inducta cicatrix curvum eum reddidit, primum malagma temptandum est. Deinde, si id nihil prodest (quod et in veteri cicatrice et ubi nervi laesi sunt evenire consuevit) videre oportet, nervine id vitium an cutis sit. Si nervi est, attingi non debet. Neque enim sanabile est. Si cutis, tota cicatrice excidenda, quae fere callosa extendi digitum minus patiebatur. Tum rectus sic ad novam cicatricem perducendus est.

Omne autem os, ubi iniuria accessit, aut vitiatur aut finditur aut frangitur aut foratur aut conliditur aut loco movetur. Id quod vitiatum est, primo fere pingue fit, deinde vel nigrum vel cariosum. Quae supernatis gravibus ulceribus aut fistulis hisque vel longa vetustate vel etiam cancro occupatis eveniunt…

zuerst mit einem erweichenden Umschlag versuchen. Dann, also wenn dieser nichts nützt (wie bei einer alten Narbe und nach Sehnenverletzungen nicht anders zu erwarten), muss man sein Augenmerk darauf richten, ob die Fehlstellung durch die Sehne oder die Haut hervorgerufen wird. Wenn es an der Sehne liegt, soll man den Finger nicht anrühren. Denn diese Situation ist unheilbar. Wenn es an der Haut liegt, muss man die gesamte Narbe herausschneiden, die durch Ihre Festigkeit die Streckung des Fingers behindert hat. Wenn der Finger auf diese Weise wieder gerade ausgestreckt ist, muss man neuerlich die Vernarbung herbeiführen.

ABC der knöchernen Verletzungsfolgen

Celsus *De medicina* VIII 2.1

Die strukturellen Schäden am Knochen können bis zur Entartung führen.

Verletzungen können an jedem einzelnen Knochen zu verschiedenen Folgen führen. Entweder erkrankt er oder er wird gespalten oder er bricht oder er wird durchbohrt oder er wird zerquetscht oder er wird verrenkt. Der erkrankte Knochen verfettet in der Regel zunächst, dann wird er entweder schwarz oder oder morsch. Zu dieser Entwicklung kommt es, wenn sich zusätzlich tiefe Geschwüre oder Fisteln entwickeln und diese entweder lange bestehen bleiben oder krebsig entartet sind…

At si latius vitium est quam ut illo conprehendatur, terebra res agenda est. Ea foramen fit in ipso fine vitiosi ossis atque integri, deinde alterum non ita longe tertiumque, donec totus is locus, qui excidendus est, his cavis cinctus sit. Atque ibi quoque quatenus terebra agenda sit, scobis significat. Tum excissorius scalper ab altero foramine ad alterum malleolo adactus id, quod inter utrumque medium est, excidit. Ac sic ambitus similis ei fit, qui in angustiorem orbem modiolo inprimitur. Utro modo vero id circumductum est, idem excissorius scalper in osse corrupto planissumam quamque testam laesit, donec integrum os relinquatur. Vix umquam nigrities, interdum caries per totum os perrumpit maximeque ubi vitiata calvaria est. Id quoque signi specillo significatur, quod depressum in id foramen, quod infra solidam sedem habet, et ob id renitens aliquid invenit et madens exit. Si pervium invenit, altius descendens inter os et membranam nihil oppositum invenit educiturque siccum – non quo non subsit aliqua vitiosa sanies, sed quoniam ibi ut in latiore sede diffusa sit…

Wie gut ist der Schädelknochen erhalten?

Celsus *De medicina* VIII 3.3–6

Der Sondentest liefert entscheidende Informationen.

Wenn die erkrankte Stelle mehr Raum einnimmt, als man mit dem Trepan erfassen kann, sollte man auf den Bohrer übergehen. Man schafft damit am Übergang zwischen dem gesunden und dem kranken Knochenabschnitt ein Loch. Dann macht man nicht weit davon entfernt ein zweites und ein drittes, bis der gesamte Bereich, der entfernt werden soll, von solchen Löchern eingerahmt wird. Und wie tief man mit dem Bohrer eingehen soll, erkennt man am Bohrstaub. Anschließend treibt man einen Schneidemeißel mit dem Hammer von einem Loch zum anderen und trennt so den dazwischen befindlichen Knochen ab. So werden die Randkonturen denen ähnlich, die man in geringerer Ausdehnung mit dem Trepan erzeugt. Unabhängig davon, mit welcher der beiden Methoden man den Umfang der Läsion gekennzeichnet hat, wird der zerstörte Knochen mit ein- und demselben Schneidemeißel in möglichst dünnen Scheiben abgetragen, bis nur noch gesunder Knochen übrig ist. Die schwarze Knochenkrankheit zerstört kaum jemals die gesamte ossäre Substanz, wohl aber schafft dies bisweilen die Knochenfäulnis, und zwar besonders wenn die Schädelkalotte betroffen ist. Den Beweis dafür liefert auch ein Test mit der Sonde: Bringt man sie nämlich in ein Loch ein, das einen festen Boden hat, dann stößt sie auf Widerstand und wird feucht, wenn man sie herauszieht. Wenn sie aber freie Bahn hat, dringt sie tiefer zwischen den Knochen und die Hirnhaut ein, sie trifft auf keinen Widerstand und wird trocken herausgezogen, und zwar nicht deshalb, weil dort keine krankmachende Wundjauche vorhanden, sondern weil die Flüssigkeit dort über eine größere Fläche verteilt ist.

Igitur ubi ea percussa, protinus requirendum est, num bilem homo is vomuerit, num oculi eius occaecati sunt, num obmutuerit, num per nares auresve sanguis ei fluxerit, num conciderit, num sine sensu quasi dormiens iacuerit. Haec enim non nisi osse fracto eveniunt. Atque ubi inciderunt, scire licet necessariam, sed difficilem curationem esse. Si vero etiam torpor accessit, si mens non constat, si nervorum vel resolutio vel distentio secuta est, verisimile est etiam cerebri membranam esse violatam; eoque in angusto magis spes est. At si nihil horum secutum est, potest etiam dubitari, an os fractum sit. Et protinus considerandum est, lapide an ligno an ferro an alio telo percussus sit et hoc ipso levi an aspero, mediocri an vastiore, vehementer an leviter, quia quo mitior ictus fuit, eo facilius os ei restitisse credibile est…

Wie schwer ist das Schädel-Hirn-Trauma?
Celsus *De medicina* VIII 4.1–2

Anamnese und Klinik lassen das Ergebnis der instrumentellen Untersuchung in vielen Fällen richtig vorhersagen.

Wenn jemand einen Schlag auf den Kopf bekommen hat, muss man sogleich in Erfahrung zu bringen versuchen, ob er Galle erbrochen hat, ob es ihm vor den Augen dunkel wurde, ob er die Sprache verloren hat, ob er aus der Nase oder den Ohren geblutet hat, ob er gestürzt ist, ob er das Bewusstsein verloren und am Boden gelegen hat, als ob er schliefe. Alle diese Symptome treten nämlich nur nach einer Schädelfraktur auf. Wenn dieser Fall eingetreten ist, muss man sich klar werden, dass die Behandlung notwendig, aber schwierig ist. Wenn aber auch noch Erstarrung eingetreten ist, wenn der Geist verworren ist, wenn es anschließend zu Lähmungen oder Krämpfen kommt, ist wahrscheinlich auch die Hirnhaut verletzt worden. Dann sinkt die Hoffnung auf einen Tiefpunkt. Sind solche Folgeerscheinungen ausgeblieben, kann man bezweifeln, ob der Knochen gebrochen ist. In diesem Fall gilt es außerdem zu berücksichtigen, ob der Patient von einem Stein, einem Stück Holz, einem Schwert oder einer anderen Waffe getroffen worden ist und ob das Angriffsinstrument glatt oder rau, mittelgroß oder riesenhaft war und ob der Hieb heftig oder nur schwach war. Es ist ja umso wahrscheinlicher, dass der Knochen der Attacke erfolgreich widerstanden hat, je schwächer die Gewalteinwirkung war…

Similes rursus ex magna parte casus curationesque sunt umeri et femoris, communia etiam quaedam umeris, bracchiis, feminibus, cruribus, digitis, siquidem ea minime periculose media franguntur. Quo propior fractura capiti vel superiori vel inferori est, eo peior est. Nam et maiores dolores adfert et difficilius curatur. Ea maxime tolerabilis est simplex transversa; peior, ubi multa fragmenta atque ubi obliqua, pessimum, ubi eadem acuta sunt. Nonnumquam autem fracta in his ossa in suis sedibus remanent. Multo saepius excidunt aliudque super aliud effertur. Idque ante omnia considerari debet et sunt notae certae. Si suis sedibus sunt, mota resonant punctionisque sensum repraesentant; tactu inaequalia sunt. Si vero non adversa, sed obliqua iunguntur, quod fit ubi loco suo non sunt, membrum id altero iam erit brevius et musculi eius tument. – Ergo si hoc deprensum est, protinus id membrum oportet extendere. Nam nervi musculique intenti per ossa contrahuntur neque in suum locum veniunt, nisi illos per vim

Kräftige Männer und jede Menge Binden

Celsus *De medicina* VIII 10.1A–H

Die Versorgung der knöchernen Extremitätenverletzungen wird vom Frakturtyp entscheidend beeinflusst.

Die Verletzungen der Oberarme und Oberschenkel und deren Behandlung ähneln sich in vielfacher Hinsicht. Die Ober- und Unterarme, die Ober- und Unterschenkel und auch die Finger und Zehen, sie alle haben eine Reihe von Gemeinsamkeiten. In jedem Fall geht von den Brüchen in Schaftmitte die geringste Gefahr aus. Je näher die Fraktur dem proximalen oder distalen Ende liegt, desto schlechter steht es. Sie verursacht dann nämlich stärkere Schmerzen und auch die Behandlung ist schwieriger. Am ehesten zu ertragen ist die einfache Querfraktur; schlimmer ist es, wenn eine Mehrfragmentfraktur besteht oder wenn die Fragmente verschoben sind, und am schlimmsten, wenn die Bruchstücke spitz und scharf sind. Manchmal verbleiben die Fragmente an den Extremitäten in der angestammten anatomischen Position, viel öfter verschieben sie sich aber und eines liegt über dem anderen. Was genau passiert ist, gilt es rasch zu klären. Und die Erkennungsmerkmale sind eindeutig. Wenn die Fragmente an ihrem Platz geblieben sind, entsteht ein Geräusch, wenn man sie gegeneinander bewegt, und der Patient empfindet ein stechendes Gefühl. Beim Tasten erscheinen sie uneben. Wenn sich aber die Bruchenden nicht gerade, sondern schräg gegenüberstehen – eine typische Folge der Dislokation –, so verkürzt sich der Extremitätenabschnitt im Vergleich mit dem der Gegenseite und seine Muskeln schwellen an. – Wenn man sich über die Lage der Fragmente klar geworden ist, muss man den Extremitätenabschnitt unverzüglich in Streckstellung bringen. Denn die Sehnen und Muskeln, die durch den Knochen in Spannung gehalten werden, ziehen sich zusammen und gelangen nur dann wieder in die richtige Position,

aliquis intendit. Rursus, si primis diebus id omissum est, inflammatio oritur, sub qua et difficile et periculose vis nervis adhibetur. Nam distentio nervorum vel cancer sequitur vel certe, ut mitissime agatur, pus. Itaque si antea reposita ossa non sunt, postea reponenda sunt. Intendere autem digitum vel aliud quodque membrum, si adhuc tenerum est, etiam unus homo potest, cum alteram partem dextra, alteram sinistra prendit. Valentius membrum duobus eget, qui in diversa contendant. Si firmiores nervi sunt, ut in viris robustis maximeque eorum feminibus et cruribus evenit, habenis quoque vel linteis fasceis utrimque capita articulorum deliganda et per plures in diversa ducenda sunt. Ubi paulo longius quam naturaliter esse debet membrum vis fecit, tum demum ossa manibus in suam sedem compellenda sunt indiciumque ossis repositi est dolor sublatus et membrum alteri parti aequatum… involvendum duplicibus triplicibusve pannis et in vino et oleo tinctis, quos linteos esse commodius est.

Fere vero fasceis sex opus est. Prima brevissima adhibenda, quae circa fracturam ter voluta, sursum versum feratur et quasi in cocleam serpat; satisque est eam ter hoc quoque modo circuire. Altera dimidio longior eaque, si qua parte os eminet, ab ea, si

wenn sie jemand gewaltsam dehnt. Außerdem kommt es, wenn man dies nicht in den ersten Tagen gemacht hat, zu einer Entzündung, durch die es schwierig und obendrein gefährlich wird, die Sehnen gewaltsam zu dehnen. Die Folgen sind nämlich Krämpfe[1] oder ein Geschwür oder im günstigsten Fall zumindest eine Eiterung. Hat man die Knochen also nicht vor Eintritt der Entzündung reponiert, so muss man es tun, wenn sie abgeklungen ist. Einen Finger oder einen Zehen oder einen anderen Extremitätenabschnitt, der noch nicht verhärtet ist, zu strecken, das schafft einer allein, wenn er das eine Fragment mit der rechten und das andere mit der linken Hand nimmt. Zur Behandlung eines kräftigeren Extremitätenabschnitts sind zwei Leute erforderlich, die in entgegengesetzter Richtung ziehen.[2] Wenn die Sehnen stärker sind, wie dies bei Männern mit kräftigem Körperbau und vor allem in deren Ober- und Unterschenkelbereich vorkommt, muss man die Gelenkköpfe proximal und distal mit Riemen oder Leinenbinden fixieren und dann von mehreren Personen auseinanderziehen lassen. Wenn der Extremitätenabschnitt unter der Einwirkung dieser Kräfte etwas länger geworden ist als er im natürlichen Zustand zu sein hat, dann soll man die Bruchstücke schließlich mit den Händen in die ursprüngliche Position bringen. Zeichen der gelungenen Reposition sind das Sistieren der Schmerzen und die Wiederherstellung der Längengleichheit des betroffenen und des anderen Extremitätabschnitts. Anschließend soll man das betroffene Glied mit zwei oder drei Lagen in Wein und Öl getauchter Tücher hüllen, die am besten aus Leinen sind.

Gewöhnlich braucht man aber sechs Binden. Als erste nimmt man eine ganz kurze, die drei Mal um die Bruchstelle und dann wie in Schneckenwindungen nach oben gewickelt wird. Drei Spiralen solcher Art sind ausreichend. Die zweite Binde ist um die Hälfte länger als die erste. Wenn der Knochen an einer Stelle vorsteht, muss man sie dort, wenn er ganz gleichmäßig und eben

totum aequale est, undelibet super fracturam debet incipere priori adversa deorsumque tendere atque iterum de fractura reversa in superiore parte ultra priorem fasciam desinere. Super has iniciendum latiore linteo ceratum est, quod eas contineat. Ac si qua parte os eminet, triplex ea pannus obiciendus eodem vino et oleo madens. Haec tertia fascia comprehendenda sunt quartaque sic, ut semper insequens priori adversa sit et tertia tantum inferiore parte, tres in superiore finiantur.

Atque satius est saepius circuire quam adstringi. Siquidem id, quod adstrictum est, alienatur et cancro oportunum est. Articulum autem quam minime vincire opus est, sed si iuxta hunc os fractum est, necesse est. Deligatum vero membrum in diem tertium continendum est eaque vinctura talis esse debet, ut primo die nihil offenderit, non tamen laxa visa sit, secundo laxior, tertio iam paene resoluta. Ergo tum rursum id membrum deligandum adiciendaque prioribus quinta fascia est. Iterumque quinto die resolvendum est et sex fasceis involvendum sic, ut tertia et quinta infra, ceterae supra finiantur…

ist, an irgendeinem Punkt oberhalb der Bruchstelle zu wickeln beginnen, dann in Gegenrichtung zur ersten nach unten und nochmals über die Bruchstelle hinweg zurück nach oben führen und oberhalb der ersten Binde enden lassen. Über diese beiden Binden soll man mit Hilfe eines ziemlich weit ausgespannten Leinentuchs Wachssalbe streichen, um sie zu fixieren. Und wenn der Knochen an irgendeiner Stelle hervorsteht, soll man dort drei Schichten eines ebenfalls in Wein und Öl getränkten Tuchs auflegen. Diese beiden Binden werden von der dritten und vierten umhüllt und zwar so, dass die Richtung, in der sie gewickelt werden, alterniert und nur die dritte unterhalb, die drei anderen aber oberhalb der Bruchstelle enden.

Es ist besser, mehrere Schleifen zu machen als zu stark anzuziehen. Denn die abgeschnürten Teile sterben ab und neigen dazu, in ein Geschwür überzugehen. Ein Gelenk soll man aber so sanft wie möglich wickeln. Nur wenn der unmittelbar angrenzende Knochen gebrochen ist, muss man fest anziehen. Der betroffene Extremitätenabschnitt sollte bis zum dritten Tag fixiert bleiben. Der Verband muss so beschaffen sein, dass er am ersten Tag keine Beschwerden verursacht, aber doch nicht zu locker erscheint, sich am zweiten zu lockern beginnt und sich dann am dritten beinahe ganz gelöst hat. Danach soll der erkrankte Extremitätenabschnitt erneut eingebunden und den ersten vier eine fünfte Binde hinzugefügt werden. Am fünften Tag soll man den Verband erneut öffnen und dann sechs Binden anlegen und zwar so, dass die dritte und fünfte unterhalb und die übrigen oberhalb der Bruchstelle auslaufen…

... Siquidem umerus fractus non sic ut membrum aliud intenditur, sed homo conlocatur alto sedili, medicus autem humiliore adversus. Una fascia bracchium amplexa ex cervice ipsius, qui laesus est, id sustineat, altera ab altera parte super caput data ibi accipit nodum, tertia vincto imo umero deorsum demittitur, ibi quoque capitibus eius inter se vinctis. Deinde ab occipitio ipsius minister sub ea fascea, quam secundo loco posui, porrecto, si dexter umerus ducendus est dextro, si sinister sinistro brachio demissum inter femina eius, qui curatur, baculum tenet. Medicus super eam fasceam, de qua tertio loco dixi, plantam inicit dextram si sinister, sinistram si dexter umerus curatur simulque alteram fasciam minister attollit, alteram premit medicus. Quo fit ut leniter umerus extendatur. Fasceis vero, si medium aut imum os fractum est, brevioribus opus est, si summum, longioribus, ut ab eo sub altera quoque ala per pectus et scapulas porrigantur. Quae... Protinus vero bracchium, cum deligatur, sic inclinandum est idque efficit, cum ante fascias quoque sic figurandum sit, ne postea suspensum aliter atque cum deligabatur, umerum inclinet. Bracchioque suspenso ipse quoque umerus ad latus leniter deligan-

Schlingen und Schienen

Celsus *De medicina* VIII 10.2

Wie man im Zweierteam den gebrochenen Oberarm versorgt.

... Wenn der Humerus gebrochen ist, wird er nicht so wie andere Extremitätenknochen eingerichtet. Vielmehr setzt man den Patienten auf einen hohen Stuhl[1] und der Arzt nimmt ihm gegenüber auf einem niedrigeren Platz. Der Unterarm wird mit einer um den Hals gebundenen Schlinge fixiert. Eine zweite wird von der Achsel aus über den Kopf geschlungen und dort verknotet. Eine dritte, mit der man das distale Ende des Oberarms erfasst, wird nach unten geführt und dort ebenfalls an den Enden verknotet. Dann stellt sich ein Gehilfe hinter den Patienten, streckt seinen Arm – und zwar den rechten, wenn der rechte, und den linken, wenn der linke Humerus eingerichtet werden soll – durch die an zweiter Stelle genannte Schlinge und ergreift und hält dann einen Stab, den man zwischen die Oberschenkel des Patienten gesteckt hat. Der Arzt setzt in die an dritter Stelle genannte Schlinge seinen Fuß, und zwar den rechten, wenn der linke, und den linken, wenn der rechte Humerus behandelt wird. Anschließend zieht der Gehilfe an der einen Binde an und gleichzeitig drückt der Arzt die andere nach unten. So wird der Humerus vorsichtig extendiert. Die Schlingen können, wenn der Humerus im mittleren oder distalen Drittel gebrochen ist, kürzer sein. Wenn er im oberen Drittel gebrochen ist, sollten sie länger sein, damit sie von dort auch unter der anderen Achsel über die Brust und die Schultern reichen. Soviel zum Verlauf der Schlingen... Man muss aber den Unterarm beim Bandagieren von Anfang an in eine derartige Beugestellung bringen, und zwar unbedingt vor dem Anlegen der Schlingen. So erreicht man, dass sich die Bruchenden des Humerus später nach Fertigstellung des Verbands nicht gegeneinander verschieben. Wenn der Unterarm in der Schlinge steckt, wird auch

dus est. Per quae fit, ut minime moveatur ideoque ossa sic se habeant, ut aliquis composuit.

Cum ad ferulas ventum est, extrinsecus esse earum longissimae debent, a lacerto breviores, sub ala brevissimae. Saepiusque eae resolvendae sunt, ubi in vicinia cubiti umerus fractus est, ne ibi nervi rigescant et inutile bracchium efficiant. Quotiens solutae sunt, fractura manu continenda, cubitus aqua calida fovendus est et mollii cerato perfricandus. Ferulaeque vel omnino non inponendae contra eminentia cubiti vel aliquanto breviores sunt.

Si quando vero ossa non confervuerunt, quia saepe solutum, saepe motum, in aperto deinde curatio est. Possunt enim coire… Si vetustas occupavit, membrum extendendum est, ut aliquid laedatur. Ossa inter se manu dividenda, ut concurrendo exasperentur, ut, si quid pingue est, eradatur totumque id quasi recens fiat, magna tamen cura habita, ne nervi musculive laedantur. Tum vino fovendum est, in quo malicorium decoctum sit inponendumque

der Oberarm selbst vorsichtig an der Seite festgebunden. So erreicht man, dass er sich kaum bewegt und die Knochen daher in der Position bleiben, in die man sie gebracht hat.

Wenn es dann so weit ist, dass man Schienen verwenden muss, sollen die längsten an der Außenseite, kürzere an den Oberarmmuskeln und die kürzesten unter der Achsel angelegt werden. Und man muss sie häufiger abnehmen, wenn der Humerus in der Nähe des Ellenbogens gebrochen ist, damit die Sehnen in dieser Region nicht versteifen[2] und den Unterarm gebrauchsunfähig werden lassen. Jedes Mal wenn die Schienen entfernt worden sind, soll man den Bruch mit den Händen fixieren, den Ellenbogen in warmes Wasser tauchen und mit weicher Wachssalbe einreiben. An den knöchernen Vorsprüngen des Ellenbogens sollten entweder gar keine oder nur relativ kurze Schienen angelegt werden.

Brechen und Erbrechen

Celsus *De medicina* VIII 10.7L–O

Was der Arzt tun kann, wenn der Knochen nicht oder in Fehlstellung verheilt ist – und was der Patient tun kann.

Wenn aber die Knochen nicht zusammengeheilt sind, weil sie, wie so oft, nicht fixiert waren oder auch einmal bewegt wurden, liegt es auf der Hand, wie man sich therapeutisch zu verhalten hat. Denn sie können auch nachträglich noch zusammenwachsen… Wenn der Zustand schon lange besteht, muss man das betroffene Glied strecken, damit die ursprüngliche posttraumatische Situation bis zu einem bestimmten Umfang wiederhergestellt wird. Die Fragmente müssen manuell voneinander getrennt werden, so dass sie aneinander stoßen und aufgeraut werden. So erreicht man, dass potenziell vorhandenes Fettgewebe abgekratzt wird und die Ausgangslage gleichsam zurückkehrt. Dabei ist jedoch sehr darauf zu achten, dass weder Sehnen noch Muskeln verletzt werden. Dann

id ipsum corium ovi albo mixtum. Tertio die resolvendum fovendumque aqua, in qua verbenae, de quibus supra dixi, decoctae sint. Quinto die idem faciendum ferulaeque circumdandae…

Solent tamen interdum transversa inter se ossa confervere eoque et brevius membrum et indecorum fit. Et si capita acutiora sunt, adsidue punctiones sentiuntur. Ob quam causam frangi rursus ossa et derigi debent. Id hoc modo fit. Calida aqua multa membrum id fovetur et ex cerato liquido perfricatur intenditurque. Et inter haec medicus pertractans ossa, ut adhuc tenero callo, manibus ea diducit compellitque id, quod eminet, in suam sedem. Et, si parum valuit, ab ea parte, in quam os se inclinat, ei involutam lana regulam obicit. Atque ita deligando adsuescere iterum vetustae sedi cogit. Nonnumquam autem recte quidem ossa coierunt, superincrevit vero nimius callus ideoque locus is intimuit. Quod ubi incidit, diu leviterque id membrum perfricandum est ex oleo et sale et nitro multumque aqua calida salsa fovendum et inponendum malagma, quod digerat, adstrictiusque alligandum. Holeribusque et praeterea vomitu utendum, per quae cum carne callus quoque extenuatur. Confertque aliquid eo sinapi

soll man mit Wein, in dem Granatapfelschale abgekocht worden ist, wärmen und zusätzlich eine Schicht mit Eiweiß auflegen. Am dritten Tag muss man wechseln und das betroffene Glied mit warmem Wasser, in dem die vorhin erwähnten Früchte abgekocht worden sind, spülen. Weitere zwei Tage später soll man die Aktion wiederholen und dann ringsum Schienen anlegen...

Es kommt jedoch manchmal vor, dass die Knochen miteinander in Fehlstellung verwachsen. Dadurch verkürzt sich das betroffene Glied und wird unansehnlich. Und wenn die Bruchenden außerdem recht spitz sind, verspürt der Patient einen stechenden Dauerschmerz. Deshalb muss man die Knochen erneut brechen und dann in die korrekte Position bringen. Dabei geht man folgendermaßen vor: Das betroffene Glied wird zunächst mt viel warmem Wasser übergossen, dann mit flüssigem Wachs eingerieben und schließlich gedehnt. Währenddessen palpiert der Arzt die Knochen gründlich, dann trennt er sie, soweit der Kallus noch schmal ist, manuell voneinander und bringt die vorspringenden Teile schließlich in die richtige Position. Wenn er nicht genug Kraft dazu hat, legt er auf der Seite, nach der sich der Knochen neigt, eine in Wolle gewickelte gerade Schiene auf, bindet sie fest und zwingt durch diese Fixation die Bruchstücke, nach und nach in die alte Lage zurückzukehren. Gelegentlich sind die Knochen zwar wieder richtig zusammengewachsen, aber es hat sich dabei zuviel Kallus und damit eine Schwellung an der Bruchstelle gebildet. In dieser Situation muss man das betroffene Glied lange und vorsichtig mit Öl, Salz und Soda einreiben und großzügig mit warmem Salzwassser pflegen. Außerdem soll man einen Umschlag anlegen, der reinigende Wirkung hat und den Verband ziemlich fest ziehen. Der Patient bekommt Gemüse zu essen und soll außerdem zum Erbrechen angehalten werden. Dadurch werden sowohl die Weichteile als auch der Kallus dünner. Ebenso ist es förderlich, wenn man eine Mischung aus etwas Senf und Feigen

quod cum ficu in alterum par membrum inpositum... donec id paulum erodat eoque evocet materiam. Ubi his tumor extenuatus est, rursus ad ordinem vitae revertendum est.

Umerus autem modo in alam excidit, modo in partem priorem. Si in alam delapsus est, cubitus recedit a latere. Rursum iuxta eiusdem partis aurem cum umero porrigi non potest longiusque altero id brachium est. At si in priorem partem, summum quidem brachium extenditur, minus tamen quam naturaliter. Difficiliusque in priorem partem quam in posteriorem cubitus porrigitur.

Igitur si in alam umerus excidit et vel puerile adhuc est corpus vel molle, certe inbecillius nervis intentum est, satis est conlocare id in sedili. Et ex duobus ministris alteri imperare, ut caput lati scapularum ossis leniter redducat, alteri ut brachium extendat. Ipsum posteriore parte residentem † renum sub ala eius † coire simulque et illa os... et altera manu brachium eius ad latus impellere. At si vastius corpus nervive robustiores sunt, necessaria est spatula lignea et quae crassitudinem duorum digitorum habet,

auf das korrepondierende Glied der Gegenseite auflegt…, bis es zu einer gewissen Reizung kommt und die kranken Stoffe dorthin geleitet werden. Sobald die Schwellung durch diese Maßnahmen zurückgegangen ist, soll der Patient wieder zu seinem gewohnten Leben zurückkehren.

Verrenkungen auf der Hühnerleiter

Celsus *De medicina* VIII 15

Der Verfasser erweitert die Beschreibung der Schulterluxation bei Hippokrates um eine Reihe wesentlicher Details.

Der Oberarmkopf kann sowohl in die Achselhöhle als auch nach vorne luxieren.[1] Wenn er in die Achselhöhle verlagert ist, steht der Ellenbogen vom Körper seitlich ab und kann nicht zusammen mit dem Oberarm bis in Höhe des gleichseitigen Ohres angehoben werden.[2] Außerdem ist der Unterarm der kranken Seite länger als der kontralaterale. Bei einer vorderen Luxation kann der proximale Abschnitt des Unterarms zwar gestreckt werden, jedoch nicht in vollem Umfang. Und es ist auch schwieriger, den Ellenbogen nach vorne auszustrecken als nach hinten.

Wenn der Oberarm also in die Achselhöhle luxiert und der Patient noch jung und der Körper biegsam ist oder zumindest die Sehnen nicht allzu stark gespannt sind, reicht es aus, den Patienten auf einen Stuhl zu setzen und zwei Assistenten zu engagieren, von denen der eine den Kopf des Schulterblatts sanft nach rückwärts bringen und der andere den Unterarm strecken soll. Der Arzt muss hinter dem Patienten Platz nehmen, eine Hand in die Achselhöhle legen und damit den Gelenkkopf nach oben bringen, gleichzeitig aber mit der anderen Hand den Unterarm des Patienten zur Seite drücken. Wenn der Patient aber einen kräftigeren Körperbau hat und seine Sehnen stärker sind, braucht man eine Holzschiene, die zwei Finger dick und so lang ist, dass sie von der

longitudine ab ala usque ad digitos pervenit. In qua summa capitulum est rotundum, leniter cavum, ut recipere particulam aliquam ex capite umeri possit. In ea bina foramina tribus locis sunt inter se spatio distantibus, in quae lora mollia coiciuntur. Eaque spata fascia involuta, quo minus tactu laedat, ad alam brachio derigitur sic, ut caput eius summae alae subiciatur. Deinde loris suis ad brachium deligatur, uno loco paulum infra umeri caput, altero paulum supra cubitum, tertio citra manum. Cui rei protinus intervalla II VI quoque foraminum aptata sunt. Sic brachium deligatum super scalae gallinariae gradum traicitur, ita altae, ut consistere homo ipse non possit simulque in alteram partem corpus demittitur, in alteram brachium intenditur. Eoque fit, ut capite ligni caput umeri inpulsum in suam sedem modo cum sono, modo sine hoc compellatur. Multas alias esse rationes scire facile est uno Hippocrate lecto, sed non alia magis usu conprobata est.

At si in partem priorem umerus excidit, supinus homo collocandus est fasciaque aut habena media ala circumdanda est capitaque eius post caput hominis ministro tradenda, brachium alteri. Praecipiendumque, ut ille habenam, hic brachium extendat. Deinde medicus caput quidem hominis sinistra debet repellere,

Achsel bis zu den Fingern reicht. An ihrem oberen Ende ist sie abgerundet und etwas ausgehöhlt, so dass ein kleiner Teil des Oberarmkopfes darin Platz hat. Das Instrument trägt an drei voneinander jeweils durch einen bestimmten Abstand getrennten Stellen je zwei Perforationen, durch die weiche Riemen gezogen werden. Man hüllt es dann in eine Binde, damit es bei der Berührung mit der Haut weniger Verletzungen auslöst, und bringt es so zwischen Unterarm und Achsel an, dass das obere Ende in der Tiefe der Achselhöhle liegt. Dann befestigt man es mit den Riemen am Arm, und zwar an drei Stellen, erstens etwas unterhalb des Humeruskopfes, zweitens etwas oberhalb des Ellenbogens und drittens am Handgelenk. Genau zu diesem Zweck hat man die sechs Löcher in den entsprechenden Abständen gebohrt. Den so fixierten Arm legt man über die Sprosse einer Hühnerleiter[3], die so hoch ist, dass der Patient nicht auf dem Boden Fuß fassen kann. Und während nun der Körper des Patienten zur einen Seite herunterhängt, zieht man auf der anderen Seite am Unterarm kräftig an. So wird der Kopf des Oberarms durch das proximale Ende der Holzschiene in die angestammte Position zurückgebracht, und zwar bald mit, bald ohne schnappendes Geräusch. Wenn man noch die vielen anderen Repositionsverfahren kennen lernen will, braucht man nur Hippokrates zu lesen. Kein anderes hat sich aber in der Praxis besser bewährt.

Wenn der Humeruskopf nach vorne luxiert ist, soll man den Patienten in Rückenlage bringen, die Achsel mit dem Mittelstück einer Binde oder eines Riemens gürten und beide Enden einem Assistenten geben, der hinter dem Kopf des Patienten steht. Ein anderer soll den Unterarm halten. Es gilt die Anweisung, dass der eine am Riemen und der andere am Unterarm zieht. Die Aufgabe des Arztes ist es dann, den Oberarmkopf mit der linken Hand zurückzudrücken und zugleich mit der rechten den Ellenbogen mit dem Oberarm anzuheben und auf diese Weise den Knochen in die

dextra vero cubitum cum umero attollere et os in suam sedem compellere. Faciliusque id in hoc casu quam in priore revertitur.

Reposito umero lana alae subicienda est. Si interiore parte os fuit, ut ei opponatur, si in priore, ut tamen commodius deligetur. Tum fascia primum sub ala obvoluta caput eius debet conprehendere, deinde per pectus ad alteram alam ab eaque ad scapulas rursusque ad eiusdem umeri caput tendere saepiusque eadem ratione circumagi, donec bene id teneat. Vinctus hac ratione umerus commodius continetur, si adductus ad latus sic quoque fascia deligatur.

Femur in omnes quattuor partes promovetur, saepissime in interiorem, deinde in exteriorem, raro admodum in priorem aut posteriorem.

Si in interiorem partem prolapsum est, crus longius altero et vatium est; extra enim pes ultimus spectat.

Si in exteriorem, brevius varumque fit et pes intus inclinatur. Calx ingressu terram non contingit, sed planta ima. Meliusque id

ursprüngliche Stellung zu bringen. Die Reposition gelingt in diesem Fall leichter als bei der vorhin beschriebenen Ausgangssituation.

Wenn der Humerus erfolgreich reponiert ist, lege man Wolle in die Achselhöhle. Sie soll, wenn der Knochen zur Innenseite hin verrenkt war, die Reluxation verhindern und wenn nach vorne, die Anlage des Verbands erleichtern. Anschließend muss man mit einer Binde von der eingehüllten Achsel aus zuerst den Humeruskopf erfassen, sie dann über die Brust zur anderen Achselhöhle und von dort weiter zu den Schulterblättern ziehen und schließlich wieder zum Humeruskopf der erkrankten Seite zurückführen. Man soll diese Wickelungen so oft in der gleichen Art und Weise wiederholen, bis der Verband fest sitzt. Noch besser kann man die Position des so fixierten Humerus sichern, wenn er zusätzlich seitlich am Körper mit einer Binde befestigt wird.

Die Behandlung der Hüftluxation ist ein hartes Stück Arbeit

Celsus *De medicina* VIII 20.2–3,5–8

Trotz technischer Hilfsmittel wird die Intervention nur dann erfolgreich sein, wenn der Arzt und die Assistenten ein eingespieltes Team bilden.

Der Oberschenkel verrenkt sich in alle vier Richtungen, und zwar am häufigsten nach innen, weniger häufig nach außen und nur ziemlich selten nach vorne oder hinten.

Wenn er nach innen verrenkt ist, ist das kranke Bein länger als das andere und bildet die Form eines X. Denn die Fußspitze steht nach außen.

Wenn er nach außen verrenkt ist, ist das kranke Bein kürzer und bildet die Form eines O. Denn die Fußspitze steht nach innen. Wenn der Patient läuft, berührt er den Boden nicht mit der Ferse, sondern mit dem Ballen. Das Bein stützt den Körper in

crus superiusque corpus quam in priore casu fert minusque baculo eget.

Si in priorem, crus extensum est inclinarique non potest; alteri cruri ad calcem par est, sed ima planta minus in priorem partem inclinatur dolorque in hoc casu praecipuus est et maxime urina supprimitur. Ubi cum dolore inflammatio quievit, commode ingrediuntur totusque eorum pes incedit.

Si in posteriorem, extendi non potest crus breviusque est. Ubi constitit, calx his quoque terram non contingit.

Cum ibi valentissimi nervi musculique sint, si suum robur habent, vix admittere, si non habent, postea non continere. Temptandum igitur est. Et si tenerum membrum est, satis est habena altera ab inguine, altera a genu intendi, si validius, melius adducent, qui easdem habenas ad bacula valida deligarint. Cumque eorum fustium imas partes oppositae morae obiecerint, superiores ad se utraque manu traxerint. Etiamnum valentius intenditur membrum super scamnum, cui ab utraque parte axes sunt, ad quos habenae illae deligantur. Qui, ut in torcularibus conversi, rumpere quoque, si quis perseveraverit, non solum extendere nervos et musculos possunt. Collocandus autem homo super id scamnum est aut pronus aut supinus aut in latus sic, ut

diesem Falle besser als im zuerst genannten und ist weniger auf eine Gehstütze angewiesen.

Wenn er nach vorne verrenkt ist, ist das Bein in Streckstellung fixiert und kann nicht gebeugt werden. Das kranke Bein ist dem anderen bis in Höhe der Ferse gleich. Nur der Ballen ist weniger nach vorne geneigt. In dieser Situation sind die Schmerzen besonders ausgeprägt und meistens besteht Harnverhalt. Sobald die Schmerzen aufgehört haben und die Entzündung zur Ruhe gekommen ist, können die Patienten wieder gut laufen und der Fuß berührt ebenfalls zur Gänze den Boden.

Wenn er nach hinten verrenkt ist, kann das Bein nicht gestreckt werden und ist kürzer als das gegenseitige. Wenn sich die Patienten aufrichten und hinstellen, berührt wiederum die Ferse den Boden nicht.

Die Sehnen und Muskeln des Oberschenkels sind sehr stark und lassen, wenn sie ihre Kraft behalten haben, die Einrenkung des luxierten Oberschenkelkopfes kaum zu. Und wenn sie ihre Kraft verloren haben, können sie ihn nach der Reposition nicht festhalten. Der Versuch ist daher lohnend. Wenn die Extremität zart ist, genügt es, wenn man einen Riemen an der Leiste und einen zweiten am Knie festmacht und in entgegengesetzter Richtung an ihnen zieht. Wenn die Extremität ziemlich kräftig ist, können die Assistenten besser ziehen, wenn sie an die Riemen kräftige Stöcke binden, deren untere Enden gegen einen festen Gegenstand pressen und die oberen Enden mit beiden Händen zu sich heranziehen. Noch wirksamer wird die Extremität in die Länge gezogen, wenn man eine Bank[1] benützt, an deren Schmalseiten rohe Bretter mit Halterungen für die Riemen angebracht sind. Wenn man daran wie bei einer Weinpresse dreht, so kann man die Sehnen und Muskeln nicht nur dehnen, sondern, wenn man es lange genug macht, sogar zerreißen. Zu lagern ist der Patient auf dieser Bank entweder auf dem Bauch oder auf dem Rücken oder

semper ea pars superior sit, in quam os prolapsum est, et ea inferior, a qua recessit. Nervis extensis, si in priorem partem os venit, rotundum aliquid super inguen ponendum subitoque super id genu adducendum est eodem modo eademque de causa, qua idem in brachio fit. Protinusque, si complicari femur potest, intus est. In ceteris vero casibus, ubi ossa per vim paulum inter se recesserunt, medicus debet id, quod eminet, retro cogere, minister contra inde coxam propellere. Reposito osse, nihil aliud novi curatio requirit, quam ut diutius is in lecto detineatur, ne, si motum adhuc nervis laxioribus femur fuerit, rursus erumpat.

… Mulieri gravidae sine modo fusa alvus excutere partum potest. Eidem si lac ex mammis profluit, inbecillum est quod intus gerit. Durae mammae sanum illud esse testantur.

auch auf der Seite, und zwar so, dass stets der Abschnitt, in dessen Richtung der Knochen luxiert ist, oben und der andere, von dem er abgewichen ist, unten zu liegen kommt. Wenn der Knochen nach Streckung der Sehnen nach vorne kommt, soll man einen rundlichen Gegenstand in die Leiste legen und das Knie über ihn ruckhaft an den Körper heranziehen, in der gleichen Weise und aus dem gleichen Grund wie bei der Verrenkung des Oberarms. Sobald der Patient die Hüfte beugen kann, steckt der Kopf wieder in der Pfanne. In den übrigen Fällen aber, wenn also die Knochen unter Zug nur wenig auseinandergewichen sind, muss der Arzt die vorspringenden Teile mit Gewalt nach hinten drücken, während der Assistent die Hüfte nach vorne schiebt. Nach geglückter Reposition sind keine weiteren Behandlungsmaßnahmen erforderlich. Der Patient soll nur für längere Zeit im Bett liegen bleiben, damit der Hüftkopf bei Bewegungen des Oberschenkels nicht erneut luxiert, solange die Sehnen noch ziemlich schlaff sind.

2.1.5.4 Frauenheilkunde und Geburtshilfe

Wenn Milch fließt, ist der Fötus krank
Celsus *De medicina* II 7.16

Einfache klinische Beobachtungen verraten viel über den Zustand des Ungeborenen.

… In der Schwangerschaft kann außergewöhnlich starker Durchfall zum Verlust des Ungeborenen führen[1]. Auch wenn Milch aus den Brüsten fließt, ist die Leibesfrucht kraftlos. Dagegen sind feste Brüste ein Zeichen dafür, dass sie gesund ist[2].

Ex vulva quoque feminis vehemens malum nascitur proximeque ab stomacho vel adficitur haec vel corpus adficit. Interdum etiam sic exanimat, ut tamquam comitiali morbo prosternat. Distat tamen hic casus eo, quod neque oculi vertuntur nec spumae profluunt nec nervi distenduntur. Sopor tantum est. Idque quibusdam feminis crebro revertens perpetuum est.

Ἐπὶ τῆς ὑστερικῆς πνιγὸς συμβαίνει ἀναισθησία καὶ ἀκνησία καὶ σφυγμὸς ἀμυδρὸς καὶ μικρὸς καὶ παντελὴς ἀσφυξία. ἐπ' ἐνίων δὲ ἡ μὲν αἴσθησις καὶ ἡ κίνησις πάρεστι καὶ ὁ λογισμός, μόλις δὲ ἀναπνέουσιν. ἔνιαι δὲ καὶ ἄφωνοι τυγχάνουσιν, ἕτεραι δὲ συνέλκονται τὰ κῶλα…

Hysterie: Frauenleiden und Nervenkrankheit (1)
Celsus *De medicina* IV 27.1A

Der klinische Zusammenhang ist offensichtlich. Eine schlüssige pathophysiologische Erklärung für die Assoziation fehlt jedoch.

Die Gebärmutter ist beim weiblichen Geschlecht der Ursprungsort eines schweren Leidens. Sie erkrankt nach dem Magen am häufigsten und zieht den ganzen Körper in Mitleidenschaft. Bisweilen raubt sie der Frau so die Besinnung, dass sie wie bei der Epilepsie zu Boden stürzt. Im Unterschied dazu werden aber weder die Augen verdreht noch tritt Schaum vor den Mund noch kommt es zu klonischen Krämpfen. Es tritt nur Schlafstarre ein. Bei manchen Frauen rezidiviert der Zustand häufig und hält dauerhaft an.

Hysterie: Frauenleiden und Nervenkrankheit (2)
Galen *De compositione medicamentorum secundum locos* X 10 K XIII 319

Wenn die Gebärmutter erstickt, kommt es zum Verlust der Sensibilität und Motorik, zur Abschwächung und Verlangsamung des Pulses und schließlich zur vollständigen Pulslosigkeit. Bei manchen bleiben zwar die Sensibilität und die Motorik erhalten, ebenso das Bewusstsein, doch atmen sie kaum noch. Manche verlieren ihre Stimme, andere krümmen die Gelenke…

… Sed alia quoque utilia sunt, ut ea, quae feminis subiciuntur; pessos Graeci vocant. Eorum haec proprietas est: Medicamenta composita molli lana excipiuntur eaque lana naturalibus conditur.

Si non comprehendit, adeps leonina ex rosa mollienda est.

… Proprie vero quaedam ad feminas pertinent, ut in primis quod earum naturalia nonnumquam inter se glutinatis oris concubitum non admittunt. Idque interdum evenit protinus in utero matris, interdum exulceratione in his partibus facta et per malam curationem hic oris sanescendo iunctis. Si ex utero est, membrana ori volvae opposita est, si ex ulcere, caro idem replevit.

Mutterringe aus Wolle (1)
Celsus *De medicina* V 21.1A

So konnten Mischungen von Arzneimitteln schonend appliziert werden.

… Aber es gibt auch noch andere nützliche Mischungen von Arzneimitteln, z.B. jene, die man Frauen von unten verabreicht; von den Griechen werden sie als Pessoí[1] bezeichnet. Dabei werden die zusammengesetzten Mittel auf weiche Wolle aufgetragen, die man dann in die Geschlechtsteile einlegt.

Mutterringe aus Wolle (2)
Celsus *De medicina* V 21.7

Wenn die Frau nicht empfängt, soll man Löwenfett mit Rosenöl erweichen und diese Mischung einbringen.

Handikap der geschlechtsreifen Frau
Celsus *De medicina* VII 28.1A

Verwachsungen, die den Beischlaf behindern, können sowohl angeboren als auch erworben sein.

… Es gibt aber einige Beeinträchtigungen, von denen nur die Frauen betroffen sind, darunter vornehmlich die Verwachsung der Ränder des Scheideneingangs, die manchmal den Geschlechtsverkehr unmöglich macht. Dieser Zustand entwickelt sich teils bereits im Mutterleib, teils aber auch infolge von Geschwüren in dieser Region und dadurch, dass die Ränder der Öffnung bei schlechter Behandlung während der Heilung miteinander verwachsen. Wenn der Zustand angeboren ist, behindert ein Häutchen den Zugang zum inneren Genitale, wenn er sich aus einem Geschwür entwickelt hat, verschließt fleischiges Gewebe die Öffnung.

Ubi concepit autem aliqua, si iam prope maturus partus intus emortus est neque excidere per se potest, adhibenda curatio est, quae numerari inter difficillima potest. Nam et summam prudentiam moderationemque desiderat et maximum periculum adfert. Sed ante omnia vulvae natura mirabilis cum in multis tum in hac re quoque facile cognoscitur. – Oportet autem ante omnia resupinam mulierem transverso lecto sic collocare, ut feminibus eius ipsius ilia conprimantur. Quo fit, ut et imus venter in conspectu medici sit et infans ad os volvae conpellatur. Quae emortuo partu id conprimit, ex intervallo vero paulum dehiscere… Hac occasione usus medicus unctae manus indicem digitum primum debet inserere atque ibi continere, donec iterum ad os aperiatur rursusque alterum digitum demittere debebit et per easdem occasiones alios, donec tota esse intus manus possit. Ad cuius rei facultatem multum confert et magnitudo volvae et vis nervorum eius et corporis totius habitus et mentis etiam robur, cum praesertim intus nonnumquam etiam duae manus dari debeant.

Pertinet etiam ad rem quam caldissimum esse imum ventrem et extrema corporis nequedum inflammationem coepisse, sed

Herausforderungen im Entbindungsraum (1)

Celsus *De medicina* VII 29.1–10

Der Verfasser lässt kein Detail aus, wenn er die Manipulationen bei der Bergung der toten Leibesfrucht beschreibt.

Wenn die fast reife Frucht einer Schwangeren im Mutterleib abgestorben ist und nicht von selbst ausgestoßen werden kann, muss man einen Eingriff durchführen, der zu den besonders schwierigen gerechnet werden kann. Er verlangt nämlich höchste Aufmerksamkeit und Konzentration und ist auch sehr risikoreich. Vor allem aber lernt man in dieser Situation wie bei vielen anderen Gelegenheiten auch die wunderbare natürliche Beschaffenheit der Gebärmutter ohne weiteres kennen. – Zunächst sollte man aber die Frau in einem Bett auf dem Rücken und quer zu dessen Längsachse lagern, und zwar so, dass ihr Unterleib von den Oberschenkeln komprimiert wird. Dadurch gelangt der unterste Bauchabschnitt in das Blickfeld des Arztes und das Kind wird zum Muttermund verlagert. Nach dem Tod des ungeborenen Kindes verschließt sich die Gebärmutter zunächst; nach gewisser Zeit steht sie dann aber ein wenig offen… Diese Gelegenheit nutzt der Arzt, er bestreicht die Hand mit einer Salbe und führt zunächst den Zeigefinger ein, um ihn dort solange zu belassen, bis sich der Muttermund erneut öffnet. Dann muss er einen zweiten Finger einführen und bei jeder zusätzlichen Öffnung einen weiteren, bis die ganze Hand innen Platz finden kann. Zum Erfolg dieser Operation tragen auch die Größe der Gebärmutter, die Kraft ihrer Sehnen, der allgemeine körperliche Zustand und auch die seelische Widerstandskraft der Frau bei, besonders dann, wenn gelegentlich sogar beide Hände eingeführt werden müssen.

Es trägt auch zum Erfolg des Eingriffs bei, wenn der Unterleib und die Extremitäten möglichst warm gehalten werden, es noch nicht zu einer Entzündung gekommen ist und die Behandlung so

recenti re protinus adhiberi medicinam. Nam si corpus iam intimuit, neque demitti manus neque educi infans nisi aegerrime potest sequiturque saepe cum vomitu, cum tremore mortifera nervorum distentio.

Verum intus emortuo corpori manus iniecta protinus habitum eius sentit. Nam aut in caput aut in pedes conversum est aut transversum iacet. Fere tamen sic, ut vel manus eius vel pes in propinquo sit. Medici vero propositum est, ut eum manu derigat vel in caput vel etiam in pedes, si forte aliter conpositus est. Ac si nihil aliud est, manus vel pes adprehensus corpus rectius reddit. Nam manus in caput, pes in pedes eum convertet. Tum si caput proximum est, demitti debet uncus undique levis, acuminis brevis, qui vel oculo vel auri vel ori, interdum etiam fronti recte inicitur. Deinde ad tractus infantem educit. Neque tamen quolibet is tempori extrahi debet. Nam si conpresso volvae ore id temptatum est, non emittente eo infans abrumpitur et unci acumen in ipsum os volvae delabitur. Sequiturque nervorum distentio et ingens periculum mortis. Igitur conpressa volva conquiescere, hiante leniter trahere oportet et per has occasiones paulatim eum educere. Trahere autem dextra manus uncum, sinistra intus posita infantem ipsum simulque eum dirigere debet. Solet etiam evenire, ut is infans umore distendatur, exque eo profluat foedi odoris sanies.

früh wie möglich durchgeführt wird. Denn wenn der Körper bereits angeschwollen ist, kann man weder die Hände einführen noch das Kind anders als unter den größten Schwierigkeiten herausziehen. Oft folgen dann begleitet von Erbrechen und Zittern Krämpfe, die zum Tode führen.

Aber wenn die Hand den toten Körper im Inneren zu fassen bekommen hat, so fühlt man auch sogleich, wie er gelegen ist. Denn entweder ist er auf den Kopf oder die Füße gekehrt oder er nimmt eine quere Position ein. Meistens ist es jedoch so, dass sich entweder eine Hand oder ein Fuß nahe dem Muttermund befinden. Es liegt nun am Arzt, den Fetus mit der Hand entweder in Kopf- oder auch in Fußlage zu bringen, wenn er gerade eine andere Position einnimmt. Falls kein sonstiges Hindernis besteht, bringt man den Körper durch Ergreifen der Hand oder des Fußes in eine vorwiegend gestreckte Position. Denn das Ziehen an der Hand führt zur Wendung auf den Kopf und das Ziehen am Fuß zur Wendung auf die Füße. Wenn der Kopf voran geht, muss man einen Haken einführen, der allseits glatt ist und eine kurze Spitze hat, und ihn in einem Auge oder einem Ohr oder dem Mund, manchmal auch direkt in der Stirn fixieren; wenn man daran zieht, wird das Kind herausbefördert. Man kann das Ungeborene jedoch nicht zu jedem beliebigen Zeitpunkt bergen. Denn wenn man den Versuch dazu bei geschlossenem Muttermund gemacht hat, so löst sich das Kind, weil es nicht durchkommt, vom Haken und die Spitze des Hakens dringt unmittelbar in den Muttermund ein. Klonische Krämpfe und Todesgefahr sind die Folgen. Deshalb soll man, wenn der Muttermund geschlossen ist, eine Wartepause einlegen, wenn er sich dann öffnet, sanft anziehen und so das Kind schrittweise allmählich bergen. Dabei zieht die rechte Hand den Haken, während die in die Tiefe eingeführte linke Hand am Kind selbst zieht und zugleich den Haken lenkt. Es kommt auch nicht selten vor, dass so ein totes Kind von Flüssigkeit aufgetrie-

Quod si tale est, indice digito corpus illud forandum est, ut effuso umore extenuetur. Tum id leniter per ipsas manus recipiendum est. Nam uncus iniectus facile hebeti corpusculo labitur…

In pedes quoque conversus infans non difficulter extrahitur; quibus adprehensis per ipsas manus commode educitur. Si vero transversus est neque derigi potuit, uncus alae iniciendus paulumque adtrahendus est. Sub quo fere cervix replicatur retroque caput ad relicum corpus spectat. Remedio est cervix praecisa, ut separatim utraque pars auferatur. Id unco fit, quo prioris similis in interiorem partem per totam aciem exacuitur. Tum id agendum est, ut ante caput, deinde reliqua pars auferatur, quia fere maiore parte extracta caput in vacuam volvam prolabitur extrahique sine summo periculo non potest. Si tamen id incidit, super ventrem mulieris panniculo iniecto, valens homo non inperitus a sinistro latere eius debet adsistere et super imum ventrem eius duas manus inponere alteraque alteram premere. Quo fit, ut illud caput ad os volvae conpellatur…

At si pes alter iuxta repertus est, alter retro cum corpore est, quicquid protractum, paulatim abscidendum est. Et si clunes os

ben ist und dass ihm übel riechende Wundjauche entströmt. In diesem Fall muss man den Kindeskörper mit dem Zeigefinger durchbohren, damit er durch den Abstrom der Flüssigkeit an Umfang verliert. Dann wird er vorsichtig mit den Händen geborgen. Denn der eingeführte Haken gleitet leicht von dem geschwächten kleinen Körper ab…

Auch aus der Fußlage kann ein Kind ohne Schwierigkeiten geboren werden. Man ergreift die Füße nämlich einfach mit den Händen und zieht es so bequem heraus. Wenn sich das Kind aber in einer queren Lage befindet und nicht in gerade Richtung gebracht werden konnte, muss man den Haken in die Achselhöhle einlegen und daran ein wenig ziehen. Durch dieses Manöver wird der Hals fast immer zurückgebogen und der Kopf nach hinten dem Körperstamm zugewendet. Es bleibt dann nichts anderes übrig, als den Hals zu durchschneiden und die zwei Teile getrennt herauszuholen. Dazu dient ein Haken, der ähnlich geformt ist wie der zuerst verwendete, dessen Innenseite aber in ganzer Länge äußerst scharf ist. Danach geht man so vor, dass zuerst der Kopf und dann der restliche Körper entfernt werden, weil der Kopf, wenn man in umgekehrter Reihenfolge vorgeht und zuerst den größeren Teil birgt, fast immer in die leere Gebärmutter zurückgleitet und von dort nur unter größtem Risiko hervorgezogen werden kann. Wenn es dennoch dazu kommt, legt man zunächst über den Bauch der Frau ein gefaltetes Tuch. Ein kräftiger Mann, der solche Situationen bereits aus Erfahrung kennt, soll dann von der linken Seite an die Frau herantreten, beide Hände auf deren Unterleib legen und mit der einen auf die andere drücken. So gelingt es, dass sich gerade eben der Kopf dem Muttermund annähert…

Wenn sich indes nur einer der Füße in der Nähe des Muttermunds befindet und der andere hinten am Rumpf, so muss man von dem, was zum Vorschein kommt, einen Teil nach dem anderen abschneiden. Und wenn es soweit gekommen ist, dass die Ge-

vulvae urguere coeperunt, iterum retro repellendae sunt conquisitusque pes eius adducendus. Aliaeque etiamnum difficultates faciunt, ut, qui solidus non exit, concisus eximi debeat.

Quotiens autem infans protractus est, tradendus ministro est, ut is eum supinis manibus sustineat. Medicus deinde sinistra manu leniter trahere umbilicum debet ita, ne abrumpat. Dextra eum sequi usque ad eas, quas secundas vocant (quod velamentum infantis intus fuit), iisque ultimis adprehensis venulas membranulasque omnes eadem ratione manu deducere a volva totumque illud extrahere et si quid intus praeterea concreti sanguinis remanet. Tum conpressis in unum feminibus, illa conclavi collocanda est modicum calorem sine ullo perflatu habente. Super imum ventrem eius inponenda lana sucida in aceto et rosa tincta...

Ἢν δὲ τὸ ἔμβρυον ἔνδον μένῃ τετελευτηκὸς καὶ μὴ δύνηται μήτε αὐτόματον μήτε διὰ φαρμάκων ἐκπεσεῖν κατὰ φύσιν, χρίσας τὴν χεῖρα κηρωτῇ, ἥτις ὀλισθητικὴ μάλιστα, ἔπειτα ἐνείρας ἐς τὴν μήτρην, διελεῖν τοὺς ὤμους ἀπὸ τοῦ τραχήλου, ἐπειράσαντα τῷ μεγάλῳ δακτύλῳ· ἔχειν δὲ χρὴ πρὸς τὰ τοιαῦτα καὶ ὄνυχα ἐπὶ τοῦ μεγάλου δακτύλου· διελόντα δὲ ἐξενεγκεῖν τὰς χεῖρας· ἔπειτα

säßbacken den Muttermund versperren, so muss man sie wieder zurückdrängen, nach dem Fuß suchen und an ihm ziehen. Und es gibt auch noch ganz andere Schwierigkeiten, die dazu zwingen, den Fetus vor der Bergung zu zerteilen, weil er sonst nicht den Weg nach außen findet.

Sobald aber das tote Kind geborgen ist, soll man es einem Gehilfen übergeben, der es in die auf den Rücken gedrehten Hände nimmt. Der Arzt zieht dann mit der linken Hand so sanft an der Nabelschnur, dass sie nicht abreisst, und folgt mit der rechten der Nabelschnur bis zur so genannten Nachgeburt[1], also der Hülle, die das Kind im Mutterleib bedeckt hat. Sobald er die Nachgeburt ergriffen hat, muss er in identischer Technik alle kleinen Adern und Häutchen mit der Hand von der Gebärmutter abziehen und dann das ganze Konglomerat einschließlich möglicher im Inneren befindlicher Blutgerinnsel herausziehen. Dann bringe man die Frau mit fest aneinandergepressten Oberschenkeln in ein Zimmer, in dem es einigermaßen warm ist und nicht zieht. Schließlich lege man über ihren Unterleib frisch geschorene und in Essig und Rosenöl getränkte Wolle...

Herausforderungen im Entbindungsraum (2)
Hippokrates *De superfetatione* 7

Wenn der Embryo nach dem Absterben im Körper bleibt und weder selbständig noch unter dem Einfluss von Medikamenten auf natürlichem Wege ausgestoßen werden kann, soll man die Hand mit einer Salbe bestreichen, die sie besonders schlüpfrig macht, sie dann in die Gebärmutter einführen und dadurch, dass man mit dem Daumen nachdrückt, die Schultern vom Hals trennen. Zu diesem Zweck wird eine so genannte Kralle am Daumen getragen. Dann zerstückelt man die Arme und holt sie heraus. Anschließend führt man abermals die Hand ein, schlitzt den Bauch auf und holt

πάλιν ἐνείραντα τὴν κοιλίην ἀνασχίσαι καὶ ἀνασχίσαντα ἡσυχῇ ἐξελεῖν τὰ ἐντοσθίδια, ἔπειτα ἐξελόντα ξυντρῖψαι τὰ πλευρία, ὅκως ξυμπεσὸν τὸ σωμάτιον εὐσταλέστερον γένηται καὶ ῥᾷον ἐξίῃ, μὴ ὀγκῶδες ἐόν.

... Ingentibus vero et variis casibus oculi nostri patent. Qui cum magnam partem ad vitae simul et usum et dulcedinem conferant, summa cura tuendi sunt. Protinus autem orta lippitudine quaedam notae sunt, ex quibus quid eventurum sit colligere possumus. Nam si simul et lacrima et tumor et crassa pituita coeperint, si ea pituita lacrimae mixta est, si ea lacrima calida non est, pituita vero alba et mollis, tumor non durus, longae valetudinis metus non est. At si lacrima multa et calida, pituitae paulum, tumor modicus est idque in uno oculo est, longum id, sed sine periculo futurum est. Idque lippitudinis genus minime cum dolore est, sed vix ante vicensimum diem tollitur, nonnumquam per duos menses durat. Quandoque finitur, pituita alba et mollis incipit esse lacrimaeque miscetur. At si simul ea utrumque oculum invaserunt, potest esse brevior, sed periculum ulcerum est. Pituita

nun nach und nach die Eingeweide heraus. Schließlich werden noch die Rippen an den Seiten zerschmettert, damit der kleine Körper in sich zusammenfällt, dadurch besser zu manipulieren ist und leichter abgeht, weil er nicht mehr so viel Volumen hat.

2.1.5.5 Augenheilkunde

Leitsymptome in der Augenheilkunde
Celsus *De medicina* VI 6.1.A–D

Aus der Intensität und Dauer von Tränen- und Schleimfluss, Schwellung und Schmerzen lässt sich der kurz- und mittelfristige Verlauf der Krankheit abschätzen.

... Schweren und ganz verschiedenen Erkrankungen sind aber unsere Augen ausgesetzt. Da sie sowohl zur Lebensgestaltung als auch zur Lebensfreude viel beitragen, müssen sie mit aller nur erdenklichen Sorgfalt gepflegt werden. Bereits unmittelbar nach dem Ausbruch einer Augenentzündung[1] gibt es gewisse Zeichen, aus denen wir den weiteren Verlauf ablesen können. Denn wenn Tränenfluss, Schwellung und dicker Schleim gleichzeitig als Erstsymptome aufgetreten sind, wenn dieser Schleim mit den Tränen gemischt ist, wenn die Tränen nicht heiß sind, der Schleim aber weiß und weich und die Schwellung nicht hart ist, so braucht man keine langanhaltende Erkrankung zu befürchten. Wenn die Tränen aber strömen und heiß sind, die Schleimabsonderung gering und die Schwellung nur mäßig ausgeprägt sind und außerdem nur ein Auge befallen ist, so wird die Krankheit zwar lange anhalten, aber keine Gefahr darstellen. Diese Art der Augenentzündung ist am wenigsten schmerzhaft, doch endet sie kaum vor dem 20. Tag, manchmal hält sie sogar zwei Monate an[2]. Wenn sie sich dem Ende zuneigt, wird der Schleim weiß und weich und mischt sich mit den Tränen. Wenn aber beide Augen gleichzeitig erkranken, kann der Verlauf kürzer sein. Dann besteht freilich die Gefahr,

autem sicca et arida dolorem quidem movet, sed maturius desinit, nisi quid exulceravit. Tumor magnus si sine dolore est et siccus, sine ullo periculo est. Si siccus quidem, sed cum dolore est, fere exulcerat et nonnumquam ex eo casu fit, ut palpebra cum oculo glutinetur. Eiusdem exulcerationis timor in palpebris pupillisve est, ubi super magnum dolorem lacrimae salsae calidaeque eunt, aut etiam, si tumore in finito diu lacrima cum pituita profluit. Peius etiamnum est, ubi pituita pallida aut livida est, lacrima calida et multa profluit, caput calet, a temporibus ad oculos dolor pervenit, nocturna vigilia urget, siquidem sub his oculus plerumque rumpitur votumque est, ut tantum exulceretur. Intus ruptum oculum febricula iuvat. Si foras iam ruptus procedit, sine auxilio est. Si de nigro aliquid albidum factum est, diu manet. At si asperum et crassum est, etiam post curationem vestigium aliquid relinquit.

Euelpides autem, qui aetate nostra maximus fuit ocularius medicus, utebatur eo, quod ipse conposuerat. Trygodes nominabat:

castorei P. * ==
lyci, nardi, papaveris lacrimae, singulorum P. * I

dass sich Geschwüre bilden. Trockener und zäher Schleim führt zwar zu Schmerzen, er versiegt aber auch rascher, sofern sich kein Geschwür gebildet hat. Eine ausgedehnte Schwellung, die keine Schmerzen verursacht und trocken bleibt, birgt keinerlei Gefahr. Wenn sie zwar trocken, aber schmerzhaft ist, so exulzeriert sie fast immer und manchmal verwächst in der Folge das Augenlid mit dem Augapfel. Ähnliche Geschwüre muss man an den Lidern und den Pupillen[3] fürchten, wenn über die starken Schmerzen hinaus salzige und heiße Tränen fließen oder auch, wenn nach Rückbildung der Schwellung lange Zeit Tränen und Schleim strömen. Und noch schlimmer ist es, wenn der Schleim blass oder bläulich ist, viele heiße Tränen fließen, der Kopf heiß ist, der Schmerz von den Schläfen zu den Augen zieht und der Patient nachts wach liegt. Unter diesen Umständen kommt es gewöhnlich zur Ruptur des Auges. Man wünscht deshalb, dass sich lediglich ein Geschwür ausbildet. Wenn das Auge nach innen eingerissen ist, hilft leichtes Fieber. Wenn das Auge aber bereits nach außen durchgebrochen ist, gibt es keine Hilfe. Wenn die dunklen Partien des Auges[4] teilweise weiß geworden sind, bleibt dieser Zustand lange erhalten; sind sie aber rau und verdickt, bleiben auch nach der Heilung bestimmte Spuren zurück.

Der berühmte Euelpides und sein halbes Dutzend Kollyrien (1)
Celsus *De medicina* VI 6.8A

Der Ruhm des Ophthalmologen Euelpides geht ausschließlich auf die Mitteilungen seines zeitgenössischen römischen Bewunderers zurück.

Euelpides aber, der der größte Augenarzt unserer Zeit gewesen ist, benutzt jenes Kollyrium[1], das er selbst zusammengestellt hatte und das er Trygṓdes[2] nannte. Es besteht aus:

1,4 Gramm Bibergeil
Je 4,3 Gramm Lycium[3], Baldrian und Mohnsafttränen

croci, murrae, aloes, singulorum P. * IIII
aeris combusti P. * VIIII
cadmiae et stibis, singulorum P. * XII
acaciae suci P. * XXXVI
cummis tantundem.

Ad idem Euelpidis, quo memigmenon nominabat. In eo papaveris lacrimae et alibi piperis singulae unicae sunt, cummis libra P., aeris combusti P. * I S.

Id quoque Euelpidis, quod pyrron[a] appellabat, huc utile est:

croci P. * I
papaveris lacrimae, cummis, singulorum P. * II
aeris combusti et eloti, murrae, singulorum P. * IIII
piperis albi P. * VI.
Sed ante leni, tum hoc inunguendum est.

Id quoque eiusdem, quod sphaerion nominabat, eodem valet:

lapidis haematitis eloti P. * I =

Je 17,2 Gramm Safran, Myrrhe und Aloe
38,7 Gramm gebranntem Kupfer
Je 51,6 Gramm Zinkerz und Grauspießglanz
155 Gramm Akaziensaft
und eben so viel Gummi.

Der berühmte Euelpides und sein halbes Dutzend Kollyrien (2)
Celsus *De medicina* VI 6.17

Demselben Zweck dient das Kollyrium des Euelpides, das er Memigménon[1] nannte. Es besteht aus je 30 Gramm Mohnsafttränen und weißem Pfeffer sowie einem Pfund[2] Gummi und 6.4 Gramm gebranntem Kupfer.

Der berühmte Euelpides und sein halbes Dutzend Kollyrien (3)
Celsus *De medicina* VI 6.20

Auch jenes Kollyrium des Euelpides, das er als das Pyrrhón[1] bezeichnete, ist bei diesen Indikationen von Nutzen. Es besteht aus:
4,3 Gramm Safran
Je 8,6 Gramm Mohnsafttränen und Gummi
Je 17,2 Gramm gebranntem / gewaschenem[2] Kupfer und Myrrhe
25,8 Gramm weißem Pfeffer.
Bevor man dieses Mittel anwendet, muss man aber eine milde Salbe auftragen.

Der berühmte Euelpides und sein halbes Dutzend Kollyrien (4)
Celsus *De medicina* VI 6.21

Die gleiche Wirkung entfaltet auch folgendes Mittel, das Euelpides entwickelte und Sphaírion nannte. Es besteht aus:
5,0 Gramm gewaschenem Blutstein

piperis grana sex
cadmiae elotae, murrae, papaveris lacrimae, singulorum P. * II
croci P. * IIII
cummis P. * VIII.

Quae cum vino Aminaeo conterantur.

Vel Euelpidis pyxinum, quod ex his constat:

salis fossilis P. * IIII
Hammoniaci thymiamatis P. * VIII
cerussae P. * XV
piperis albi, croci Siculi, singulorum P. * XXXII
cummis P. * XIII
cadmiae elotae P. * VIIII...

Nullum tamen melius est quam Euelpidis, quod basilicon nominabat. Habet

papaveris lacrimae, cerussae, lapidis Assii, singulorum P. * II
cummis P. * III
piperis albi P. * IIII
croci P. * VI
psorici P. * XIII.

Nulla autem per se materia est, quae psoricum nominetur, sed chalcitidis aliquid et cadmiae dimidio plus ex aceto simul

Sechs Körnern Pfeffer
Je 8,6 Gramm gewaschenem Zinkerz, Myrrhe und Mohnsafttränen
17,2 Gramm Safran
34,4 Gramm Gummi.

Diese Bestandteile werden in aminäischem[2] Wein zerrieben.

Der berühmte Euelpides und sein halbes Dutzend Kollyrien (5)

Celsus *De medicina* VI 6.25C

Oder man wendet das Pýxinon[1] des Euelpides an, das folgendermaßen zusammengesetzt ist:

17,2 Gramm Steinsalz
34,4 Gramm Ammoniakgummi zum Räuchern
64,5 Gramm Mohnsafttränen
Je 137,6 Gramm weißer Pfeffer und sizilischer Safran
55,9 Gramm Gummi
38,7 Gramm gewaschenes Zinkerz.

Der berühmte Euelpides und sein halbes Dutzend Kollyrien (6)

Celsus *De medicina* VI 6.31A

Kein Mittel aber ist besser als jenes des Euelpides, das er Basilikón[1] nannte. Es enthält:

Je 8,6 Gramm Mohnsafttränen, Bleiweiß und Stein aus Assos
12,9 Gramm Gummi
17,2 Gramm weißen Pfeffer
25,8 Gramm Safran
55,9 Gramm Psoricum[2].

Es gibt aber keine eigene Substanz, die Psōrikón heißt, sondern zu ihrer Herstellung nimmt man etwas Chalkitis sowie um die Hälfte mehr Zinkerz, zerreibt beides gleichzeitig in Essig, schüttet das Ge-

conterunturidque in vas fictile additum et contectum ficulneis foliis sub terra reponitur sublatumque post dies viginti rursus teritur. Et sic appellatur…

Quo gravior vero quaeque inflammatio est, eo magis leniri medicamentum debet adiecto vel albo ovi vel muliebri lacte. At si neque medicus neque medicamentum praesto est, saepius utrumlibet horum in oculos penicillo ad id ipsum facto infusum id malum lenit. Ubi vero aliquis relevatus est iamque cursus pituitae constitit, reliquias fortasse leniores futuras discutiunt balneum et vinum. Igitur lavari debet leviter ante oleo perfricatus diutiusque in cruribus et feminibus multaque calida aqua fovere oculos, deinde per caput prius calida, deinde egelida perfundi, a balineo cavere, ne quo frigore afflatuve laedatur. Post haec cibo paulo pleniore quam ex eorum dierum consuetudine uti vitatis tamen omnibus pituitam extenuantibus. Vinum bibere lene, subausterum, modice vetus neque effuse neque timide, ut neque cruditas ex eo et tamen somnus fiat lenianturque intus latentia acria.

misch in ein Tongefäß, bedeckt es mit Feigenblättern und versenkt es in der Erde. Zwanzig Tage später holt man das Gefäß wieder heraus und reibt die Masse erneut. Das so hergestellte Mittel heißt dann Psōrikón.

Güsse von innen und von außen

Celsus *De medicina* VI 6.8B–C

Wein und Bäder sind auch in der Ophthalmologie indiziert – wenn man sich an die Durchführungsbestimmungen hält.

Je schwerer die Entzündung ist, desto mehr muss die Wirkung des Medikaments abgeschwächt werden, z.B. durch Zusatz von Eiweiß oder Frauenmilch. Wenn aber weder das Mittel noch ein Arzt verfügbar sind, so gelingt es dennoch öfters, die Krankheit zurückzudrängen, wenn man eine der genannten Beigaben, also Eiweiß oder Frauenmilch, mit einem speziell dafür geformten Pinsel in die Augen tropft. Sobald aber beim Patienten Besserung eingetreten und die Schleimsekretion versiegt ist, werden die möglichen, weniger schwer wiegenden restlichen Symptome mit Bädern und Wein vertrieben. Deshalb soll der Patient, bevor er sich wäscht, sanft mit Öl eingerieben werden, und zwar besonders lange an den Unter- und Oberschenkeln, dann seine Augen mit viel warmem Wasser begießen, sich anschließend zuerst heißes und dann lauwarmes Wasser über den Kopf schütten lassen und nach dem Bade darauf achten, dass er nicht der Kälte oder Zugluft ausgesetzt ist. Dann soll er etwas üppiger als an den vorangehenden behandlungsintensiven Tagen speisen, aber auf jeden Fall alles vermeiden, was den Schleim verdünnt. Er sollte leichten, etwas herben, mäßig alten Wein trinken, und zwar weder maßlos noch verzagt, damit hierdurch einerseits der Magen nicht überfüllt, andererseits doch Schlaf herbeigeführt wird und die im Inneren des Körpers verborgenen scharfen Flüssigkeiten abgeschwächt werden.

Evenit etiam, ut oculi vel ambo vel singuli minores fiant quam esse naturaliter debeant. Idque et acer pituitae cursus in lippitudine efficit et continuati fletus et ictus parum bene curati. – In his quoque iisdem lenibus medicamentis ex muliebri lacte utendum est. Cibis vero is, qui maxime corpus alere et inplere consuerunt. Vitandaque omni modo causa, quae lacrimas excitet, curaque domesticorum, quorum etiam, si quid tale incidit, eius notitiae subtrahendum. Atque acria quoque medicamenta et acres cibi non alio magis nomine his nocent, quam quod lacrimas movent.

Caligare vero oculi nonnumquam ex lippitudine, nonnumquam etiam sine hac propter senectutem inbecillitatemve aliam consuerunt. Si ex reliquis lippitudinis id vitium est, adiuvat collyrium, quod Asclepios nominatur, adiuvat id, quod ex croci magmate fit.

Wenn die Augen schrumpfen, ist jede Träne eine Träne zuviel

Celsus *De medicina* VI 6.14

Deshalb soll man den Betroffenen auch schlechte Nachrichten aus dem häuslichen Bereich verschweigen.

Es kommt auch vor, dass einer oder beide Augäpfel kleiner werden, als sie von Natur aus sein sollten. Ursachen dafür sind die Sekretion scharfen Schleims im Rahmen einer Augenentzündung, ständiges Weinen und ungenügend behandelte Verletzungen. – Bei diesem Leiden soll man die eben erwähnten Medikamente nach Mischung mit Frauenmilch anwenden, solche Speisen zu essen geben, die den Körper am nachhaltigsten nähren und stark machen, und auf jeden Fall alles vermeiden, was zu Tränenausbrüchen führt, einschließlich der Sorgen um die häuslichen Angelegenheiten. Und wenn sich in diesem Bereich etwas Beunruhigendes ereignet hat, soll man es ihm verschweigen. Sowohl die scharfen Arzneimittel als auch die scharfen Speisen schaden bei dieser Klientel durch keinen anderen Effekt mehr als durch die Anregung der Tränensekretion.

Wie man Alterssehschwäche behandeln kann (1)

Celsus *De medicina* VI 6.32

Der Verfasser empfiehlt der Seniorenklientel sowohl einfache als auch zusammengesetzte Medikamente – aber jeweils nur solche mit den besten Ingredienzien.

Manchmal verlieren die Augen infolge einer Entzündung, manchmal aber auch ohne eine derartige Vorerkrankung durch das zunehmende Alter oder ein körperliches Gebrechen ihre Sehkraft. Wenn die Folgen einer Augenentzündung dafür verantwortlich sind, helfen das Asklēpiós[1] genannte Kollyrium und eine andere Augensalbe, die aus dem Bodensatz der Safransalbe hergestellt wird.

At si ex senectute aliave inbecillitate id est, recte inungui potest et melle quam optumo et cypro et oleo vetere. Commodissimum tamen est balsami partem unam et olei veteris aut cypri partes duas, mellis quam acerrimi partes tres miscere…

Suffusio quoque, quam Graeci hypochysin nominant, interdum oculi potentiae, qua cernit, se opponit. Quod si inveteravit, manu curandum est. Inter initia nonnumquam certis observationibus discutietur. Sanguinem ex fronte vel naribus mittere, in temporibus venas adurere, gargarizando pituitam evocare, subfumigare, oculos acribus medicamentis inunguere expedit. Victus optimus est, qui pituitam extenuat.

Igitur vel ex morbo vel ex ictu concrescit umor sub duabus tunicis, qua locum esse vacuum proposui. Isque paulatim indurescens interiori potentiae se opponit. Vitiique eius plures species sunt,

Wie man Alterssehschwäche behandeln kann (2)

Celsus *De medicina* VI 6.34

Aber wenn die Sehkraft aufgrund fortschreitenden Alters oder eines körperlichen Gebrechens schwindet, tut man gut daran, die Augen mit dem allerbesten Honig oder zyprischem Öl oder altem Olivenöl zu bestreichen. Am besten jedoch eignet sich eine Mischung aus einem Teil Balsam, zwei Teilen altem Olivenöl oder zyprischem Öl und drei Teilen möglichst bitteren Honigs…

Grauer Star: Konservative und operative Behandlung (1)

Celsus *De medicina* VI 6.35

Der Arzt soll unspezifischen Behandlungsmaßnahmen eine Chance geben, bevor er zur Nadel greift.

Auch der graue Star, den die Griechen Hypóchysis[1] nennen, schwächt manchmal die Sehkraft des Auges. Wenn er schon lange besteht, muss man ihn chirurgisch behandeln. In frühen Stadien gelingt es manchmal, ihn durch Einhaltung gewisser Vorschriften zu zerlegen. So ist es zuträglich, an der Stirn oder der Nase zur Ader zu lassen, die Adern an den Schläfen zu brennen, durch Gurgeln Schleim auszutreiben, von unten zu räuchern und die Augen mit scharfen Mitteln zu salben. Die Diät ist die beste, die den Schleim verdünnt.

Grauer Star: Konservative und operative Behandlung (2)

Celsus *De medicina* VII 7.14

So kann sich also sowohl auf dem Boden einer Krankheit als auch durch eine Verletzung unter den beiden Häuten, also dort, wo ich einen leeren Raum postuliert habe, Flüssigkeit bilden. Dadurch, dass sie allmählich erstarrt, behindert sie die Sehfähigkeit des Au-

quaedam sanabiles, quaedam quae curationem non admittunt. Nam si exigua suffusio est, si immobilis, colorem vero habet marinae aquae vel ferri nitentis et a latere sensum aliquem fulgoris relinquit, spes superest. Si magna est, si nigra pars oculi, amissa naturali figura, in aliam vertit, si suffusioni color caeruleus est aut auri similis, si labat et hac atque illac movetur, vix umquam succurritur. Fere vero peior est, quom ex graviore morbo, maioribus capitis doloribus vel ictu vehementiore orta est. Neque idonea curationi senilis aetas est, quae sine eo vitio tamen aciem hebetem habet, at ne puerilis quidem, sed inter haec media. Oculus quoque curationi neque exiguus neque concavus satis oportunus est. Atque ipsius suffusionis quaedam maturitas est. Expectandum igitur est, donec iam non fluere, sed duritie quadam concrevisse videatur.

Ante curationem autem modico uti cibo, bibere aquam triduo debet, pridie ab omnibus abstinere. Post haec in adverso collocandus est, luco lucido, lumine adverso, sic ut contra medicus paulo altius. A posteriore parte caput eius, qui curabitur, minister contineat, ut inmobile id praestet. Nam levi motu eripi acies in perpetuum potest. Quin etiam ipse oculus, qui curabitur, inmobilior faciendus est, super alterum lana inposita deligata. Curari vero

ges im Inneren. Von diesem Leiden gibt es mehrere Formen. Einige sind heilbar, andere trotzen den Behandlungsversuchen. Denn wenn der Star klein und unbeweglich ist, die Farbe von Meerwasser oder glänzendem Eisen hat und das Sehvermögen für von der Seite einfallende Lichtblitze in gewisser Weise erhalten ist, besteht noch Hoffnung. Wenn er aber groß ist, wenn der schwarze Teil des Auges seine natürliche Gestalt verloren und eine andere angenommen hat, wenn der Star schwarzblau ist oder eine Farbe ähnlich wie Gold hat, wenn er ins Sinken gerät und sich hin- und herbewegt, so kann man kaum je wirklich helfen. Fast immer ist die Situation dann aber besonders bedrohlich, wenn sie aus einer schweren Krankheit oder stärkeren Kopfschmerzen hervorgegangen oder nach einem besonders heftigen Schlag entstanden ist. Auch hohes Alter fördert die Behandlung nicht gerade, weil die Sehschärfe dann bereits ohne dieses Leiden nachgelassen hat. Aber auch für Kinder sind die Chancen nicht die besten, sondern eher für die mittleren Jahrgänge. Kleine und tiefliegende Augen eignen sich grundsätzlich nicht besonders gut für die Behandlung. Beim Star ist auch eine gewisse Reifeentwicklung zu beobachten. Man sollte deshalb so lange warten, bis man den Eindruck gewinnt, dass er nicht mehr flüssig, sondern verhärtet und erstarrt ist.

Vor dem Eingriff soll der Patient drei Tage lang beim Essen Maß halten und nur Wasser trinken; am Vortag muss er dann nüchtern bleiben. Danach wird er in einen hellen Raum gesetzt und sein Gesicht dem Licht zugekehrt. Der Arzt nimmt ihm gegenüber auf einem etwas höheren Stuhl Platz. Von hinten fixiert dann ein Helfer den Kopf des Patienten, so dass er immobilisiert wird. Denn schon durch eine leichte Bewegung kann die Sehkraft für immer zerstört werden. Damit das Auge, das behandelt werden soll, weniger bewegt werden kann, bedeckt man das andere mit Wolle und klebt sie fest. Das linke Auge muss mit der rechten und das rechte mit der linken Hand operiert werden. Man nehme

sinister oculus dextra manu, dexter sinistra debet. Tum acus admovenda est, sic acuta, ut foret, non nimium tenuis eaque demittenda sed recta est per summas duas tunicas medio loco inter oculi nigrum et angulum tempori propiorem, e regione mediae suffusionis sic, ne qua vena laedatur. Neque tamen timide demittenda est, quia inani loco excipitur. Ad quem cum ventum est, ne mediocriter quidem peritus falli potest, quia prementi nihil renititur. Ubi eo ventum est, inclinanda acus ad ipsam suffusionem leviterque ibi verti et paulatim eam deducere infra regionem pupillae debet. Ubi deinde eam transit, vehementius inprimi, ut inferiori parti insidat. Si haesit, curatio expleta est, si subinde redit, eadem acu concidenda et in plures partes dissipanda est, quae singulae et facilius conduntur et minus late officiunt. Postea educenda recta acus est…

… τὰ δὲ ὑποχύματα κατάγομεν, παρακεντοῦντες περὶ τὴν ἶριν, ἐκ τοῦ πρὸς τῷ μικρῷ κανθῷ μέρους μέχρι κενεμβατήσει καὶ παρακεντήσει· εἶτα πλαγιάζοντες ἐπὶ τὴν ἶριν τῷ ἄκρῳ αὐτοῦ τὸ συνεστὸς κατὰ τὴν κόρην ὑγρὸν κατάγομεν ξύοντες καὶ σφίγγοντες, ὥστε μὴ ἀναβλέψαι…

dann eine Nadel, die so scharf ist, dass sie weit genug eindringen kann, zu dünn darf sie freilich nicht sein. Man setzt sie senkrecht an den beiden äußersten Häuten an und durchbohrt diese in der Mitte zwischen dem Schwarzen des Auges und dem schläfennahen Winkel, d. h. in der Höhe, die dem Zentrum des Stars entspricht. Dabei darf keine Blutader getroffen und verletzt werden. Beim Vorschieben der Nadel braucht man nicht ängstlich zu sein, weil sie ja in einen Hohlraum gelangt. Dass sie dort angekommen ist, kann nicht einmal einem mittelmäßig erfahrenen Operateur entgehen, weil der Widerstand gegen den Druck aufhört. Wenn man also so weit vorgedrungen ist, wird die Nadel auf den Star selbst gerichtet, dort ein wenig gedreht und der Star dann langsam unter die Pupillenregion luxiert. Sobald er daran vorbeigeglitten ist, muss man ziemlich kräftig drücken, damit er auch dort unten verbleibt. Wenn er feststeckt, ist die Behandlung abgeschlossen. Sollte er wieder in die ursprüngliche Lage zurückkehren, muss man ihn mit der gleichen Nadel zerschneiden und in mehrere Teile zerlegen, die dann einzeln leichter verschoben werden können und das Sehen weniger behindern. Schließlich wird die Nadel wieder in gerader Richtung herausgezogen…

Grauer Star: Konservative und operative Behandlung (3)
Galen *Introductio* XIX K XIV 784

… Die Stare entfernen wir, indem wir in der Umgebung der Iris einstechen, ausgehend von der Region am kleinen Augenwinkel, bis die Nadel in den Hohlraum eindringt und den Star trifft. Dann richten wir die Nadel schräg seitlich mit der Spitze gegen die Iris und entfernen die an der Pupille gesammelte Flüssigkeit durch Kratzen. Dabei wird der Patient festgebunden, damit er nicht nach oben sieht…[1]

... Extrinsecus vero interdum sic ictus oculum laedit, ut sanguis in eo suffundatur. – Nihil commodius est quam sanguine vel columbae vel palumbi vel hirundinis iniungere. Neque id sine causa fit, cum horum acies extrinsecus laesa interposito tempore in anticum statum redeat, celerrime hirundinis. Unde etiam fabulae locus factus est, per parentes id herba restitui, quod per se sanescit. Eorumque ergo sanguis nostros quoque oculos ab externo casu commodissime tuetur, hoc ordine, ut sit hirundinis optimus, deinde palumbi, minime efficax columbae et illi ipsi et nobis...

Unguis vero, quod pterygion Graeci vocant, est membranula nervosa oriens ab angulo, quae nonnumquam ad pupillam quoque pervenit eique officit. Saepius a narium, interdum etiam a temporum parte nascitur. Hunc recentem non difficile est discutere

Äußere Gewalt: Blut gegen Blutungen

Celsus *De medicina* VI 6.39A–B

Eine wohl aus der Volksmedizin übernommene bescheidene therapeutische Maßnahme soll beim Menschen ebenso wirksam sein wie bei Schwalben und Tauben.

… Manchmal verletzt aber auch eine äußere Gewalt das Auge so stark, dass es von Blut unterlaufen wird. – Nichts ist in dieser Situation besser als das Bestreichen des Auges mit dem Blut einer Haustaube, einer Ringeltaube oder einer Schwalbe. Dies geschieht auch nicht ohne Grund, weil die Augen der Tiere nach äußeren Verletzungen eine gewisse Zeit später wieder in den ursprünglichen Zustand zurückkehren, und zwar am schnellsten die der Schwalbe. So ist auch das Märchen[1] entstanden, dass die Eltern bei ihrem Nachwuchs das mit pflanzlicher Hilfe heilen, was tatsächlich von selbst heilt. Das Blut dieser Vögel schützt also auch unsere Augen zuverlässig vor den Folgen der Einwirkung äußerer Gewalt, und zwar ist dabei das Blut der Schwalbe am wirksamsten, gefolgt von dem der Ringeltaube. Am wenigsten wirksam ist das Blut der Haustaube, und zwar sowohl für die Tiere selbst als auch für uns…

Abtragung des Flügelfells: Ein elektiver Eingriff

Celsus *De medicina* VII 7.4

Bei schwierigen Operationen ist die Terminfrage nicht nur ein organisatorisches Problem.

Das Flügelfell, das die Griechen Pterýgion nennen, ist ein sehniges Häutchen, das von einem Winkel des Auges ausgeht und manchmal bis zur Pupille reicht und sie verlegt. Meistens entspringt es vom inneren, nur manchmal auch vom äußeren Augenwinkel. Besteht es noch nicht lange, so hat man keine Schwierigkeiten

medicamentis, quibus cicatrices in oculis extenuantur. Si inveteravit iamque ei crassitudo quoque accessit, excidi debet.

Post abstinentiam vero unius diei vel adversus in sedili contra medicum is homo collocandus est vel sic aversus, ut in gremium eius caput resupinus effundat. Quidam, si in sinistro oculo vitium est, adversum, si in dextro, resupinum collocari volunt. Alteram autem palpebram a ministro deduci oportet, alteram a medico, sed ab hoc, si ille adversus est, inferiorem, si supinus, superiorem. Tum idem medicus hamulum acutum, paululum mucrone intus recurvato, subicere extremo ungui debet eumque infigere atque eam quoque palpebram tradere alteri. Ipse hamulo adprehenso levare unguem eumque acu traicere linum trahente, deinde acum ponere, lini duo capita adprehendere et per ea erecto ungue, si qua parte oculo inhaeret, manubriolo scalpelli deducere, donec ad angulum veniat, deinde invicem modo remittere, modo adtrahere, ut sic et initium eius et finis anguli reperiatur. Duplex enim periculum est, ne vel ex ungue aliquid relinquatur, quod exulceratum vix ullam recipiat curationem, vel ex angulo quoque caruncula abscidatur, quae, si vehementius unguis ducitur, sequitur ideoque decipit. Abscisa patefit foramen, per quod postea semper umor descendit. Rhyada Graeci vocant. Verus ergo anguli

damit, es durch solche Mittel aufzulösen, mit denen sonst Narben an den Augen verkleinert werden. Ist es aber schon alt und kommt noch eine Verdickung hinzu, so muss man es operativ entfernen.

Nachdem er einen Tag gefastet hat, wird der Patient entweder dem Arzt direkt gegenüber in einen Stuhl gesetzt oder er wendet sich dabei so von ihm ab, dass er in Rückenlage kommt und den Kopf in den Schoß des Arztes legt. Manche bestehen darauf, dass Patienten, deren linkes Auge betroffen ist, ihnen gegenübersitzen, und die anderen, deren rechtes Auge betroffen ist, auf dem Rücken gelagert werden. Das eine Augenlid wird von einem Gehilfen, das andere vom Arzt zurückgezogen. Wenn ihm der Patient gegenübersitzt, zieht der Arzt das untere, wenn der Patient auf dem Rücken liegt, zieht er das obere Lid hoch. Dann muss der Operateur ein scharfes Häkchen, dessen Spitze etwas nach innen gekrümmt ist, unter dem äußersten Rand des Flügelfells einsetzen und dort befestigen, das Augenlid, das er bisher selbst fixiert hat, seinem Gehilfen zum Halten geben, mit dem Häkchen, das er in der Hand hat, das Flügelfell anheben und es mit einer Nadel durchstechen, in die ein Faden eingeführt worden ist. Dann lege er die Nadel ab, ergreife die beiden Enden des Fadens, hebe mit ihnen das Flügelfell an und trenne es dort, wo es am Auge hängt, mit dem Stiel eines Messers ab, bis er an den inneren Augenwinkel kommt. Nun soll er den Faden abwechselnd locker lassen und anziehen, um auf diese Weise die Grenze zwischen dem Ansatz des Flügelfells und dem Ende des Augenwinkels zu finden. Dabei besteht eine doppelte Gefahr. Entweder bleibt nämlich ein Teil des Flügelfells zurück, das geschwürig vereitert und kaum erfolgreich behandelt werden kann, oder aus dem Augenwinkel wird die Tränenkarunkel herausgeschnitten, die dann, wenn man am Flügelfell zu heftig zieht, unbemerkt nachfolgt. Wenn man sie abgeschnitten hat, klafft ein Loch, durch das später stetig Tränenflüssigkeit abtropft. Die Griechen sprechen dabei von Rhyás[1]. Man

finis utique noscendus est. Qui ubi satis constitit, non nimium adducto ungue scalpellus adhibendus est, deinde excidenda ea membranula, ne quid ex angulo laedatur…

Sed ea curatio vere esse debet aut certe ante hiemem. De qua re ad plura loca pertinente semel dixisse satis erit. Nam duo genera curationum sunt: Alia, in quibus eligere tempus non licet, sed utendum est eo, quod incidit, sicut in vulneribus, alia, in quibus nullus dies urguet, et expectare tutissimum est, sicut evenit in iis, quae et tarde crescunt et dolore non cruciant. In his ver expectandum est aut, si quid magis pressit, melior tamen autumnus est quam aestas aut hiemps atque is ipse medius, iam fractis aestibus, nondum ortis frigoribus. Quo magis autem necessaria pars erit, quae tractabitur, hoc quoque maiori periculo subiecta est. Et saepe, quo maior plaga facienda, eo magis haec temporis ratio servabitur.

Pili vero, qui in palpebris sunt, duabus de causis oculum inritare consuerunt. Nam modo palpebrae superioris summa cutis

muss deshalb die wahre Grenze des Augenwinkels genau kennen. Wenn man sich darüber ausreichend klar geworden ist, so ziehe man das Flügelfell nicht zu stark heran, setze das Messer an und schneide das Häutchen heraus, ohne den Augenwinkel an irgendeiner Stelle zu verletzen…

Diese Operation muss aber im Frühjahr oder wenigstens vor Wintereinbruch durchgeführt werden. Die Frage der zeitlichen Planung von Operationen stellt sich in mehreren Bereichen. Sie einmal angesprochen zu haben, wird also ausreichen. Es gibt nämlich zwei Arten von Operationen. Bei der einen kann man sich den Zeitpunkt nicht aussuchen, sondern man muss den Eingriff sofort nach dem dafür ursächlichen Ereignis, etwa nach Verletzungen, durchführen. Bei der anderen ist es, da die Zeit nicht drängt, am sichersten, den richtigen Zeitpunkt abzuwarten, wie etwa bei langsam fortschreitenden und nicht schmerzhaften Erkrankungen. In solchen Fällen warte man bis zum Frühjahr oder ziehe, wenn die Zeit doch etwas drängt, den Herbst auf jeden Fall dem Sommer oder dem Winter vor, und dabei wähle man bevorzugt die Herbstmitte, wenn die Hitze zwar gebrochen, aber die Kälte noch nicht eingebrochen ist. Je weniger entbehrlich aber der Körperteil ist, der operiert werden muss, desto größer ist auch die Gefahr, der er dabei ausgesetzt ist. Oft wird man sich umso mehr Gedanken über die saisonale Planung machen, je größer mutmaßlich das Operationstrauma sein wird.

Lästige Wimpern
Celsus VII 7.8A–D

Der Langzeiterfolg der operativen Behandlung wird sehr zurückhaltend beurteilt.

Die Wimpern können das Auge aus zweierlei Gründen reizen. Im ersten Fall erschlafft die Haut an der Vorderseite des Oberlids und

relaxatur et procidit. Quo fit, ut eius pili ad ipsum oculum convertantur, quia non simul cartilago quoque se remisit. Modo sub ordine naturali pilorum alius ordo subcrescit, qui protinus intus ad oculum tendit. – Curationes hae sunt. Si pili nati sunt, qui non debuerunt, tenuis acus ferrea ad similitudinem hastae lata in ignem coicienda est. Deinde candens, sublata palpebra sic, ut eius perniciosi pili in conspectum curantis veniant, sub ipsis pilorum radicibus ab angulo inmittenda est, ut ea tertiam partem palpebrae transuat. Deinde iterum tertioque usque ad alterum angulum. Quo fit, ut omnes pilorum radices adustae emoriantur. Tum superimponendum medicamentum est, quod inflammationem prohibeat atque ubi crustae exciderunt, ad cicatricem perducendum. Facillime autem id genus sanescit. Quidam aiunt acu transui iuxta pilos in exteriorem partem palpebrae oportere eamque transmitti duplicem capillum muliebrem ducentem. Atque ubi acus transit, in ipsius capilli sinum, qua duplicatur, pilum esse coiciendum et per eum in superiorem palpebrae partem adtrahendum. Ibique corpori adglutinandum et imponendum medicamentum, quo foramen glutinetur. Sic enim fore, ut is pilus in exteriorem partem postea spectet. Id primum fieri non potest, nisi in pilo longiore, cum fere breves eo loco nascantur. Deinde si plures pili sunt, necesse est longum tormentum totiens acus traiecta magnamque inflammationem moveat. Novissime cum umor

sinkt herab. Dadurch wenden sich auch die Wimpern dem Auge selbst zu, weil der Knorpel nicht zugleich nachgegeben hat. Im zweiten Fall wächst unter der natürlichen Reihe der Wimpern eine zweite Reihe hervor, die geradewegs dem Augeninneren zugewandt ist. – Folgende Behandlungsmöglichkeiten bieten sich an.[1] Sind Haare da gewachsen, wo sie nicht hingehören, soll man eine dünne Nadel aus Eisen, die der Breite nach so aussieht wie ein Spatel, ins Feuer legen. Wenn sie dann glüht, hebt der Arzt das Augenlid so an, dass er die gefährlichen Haare gut sehen kann, und führt sie vom Augenwinkel unmittelbar an die Wurzeln der Haare heran, so dass sie ein Drittel des Lids perforiert. Diese Aktion wird zwei Mal wiederholt, bis man am anderen Augenwinkel angekommen ist. Auf diese Weise werden alle Haarwurzeln verbrannt und sterben ab. Anschließend soll man ein Mittel auflegen, das die Entzündung unterdrückt und, sobald die Schorfkrusten abgefallen sind, die Vernarbung fördert. Diese Form der Erkrankung heilt sehr leicht. Manche sagen noch, man müsse das Augenlid in der Nachbarschaft der Haare von innen nach außen mit einer Nadel, in die ein doppelt gekrümmtes Frauenhaar eingelegt ist, durchbohren und sie dann in ganzer Länge durchziehen. Dort wo die Nadel ausgetreten ist, soll man dann in die Schlinge des gefalteten Haares ein fehlgewachsenes Haar stecken, es damit auf die Vorderseite des Lids ziehen und unmittelbar dort festkleben. Außerdem soll man ein Mittel auftragen, das den Stichkanal verklebt. So schaffe man es, dass die in die falsche Richtung gewachsenen Haare auch später nach außen stehen. Diese Technik kann man aber nur bei längeren Haaren anwenden. Gewöhnlich sind aber fast alle Haare in dieser Region ausgesprochen kurz. Wenn mehr Haare auf diese Weise behandelt werden müssen, ist es außerdem nicht zu vermeiden, dass die wiederholte Passage der Nadel für den Patienten eine lange Marter bedeutet und zu einer schweren Entzündung führt. Schließlich kann man, da sich im-

aliquis ibi subsit, oculo et ante per pilos et tum per palpebrae foramina adfecto vix fieri potest, ut gluten, quo vinctus est pilus, non resolvatur. Eoque fit, ut is eo, unde vi abductus est, redeat...

... In ipso autem oculo nonnumquam summa attollitur tunica, sive ruptis intus membranis aliquibus sive laxatis, et similis figura acino fit; unde id staphyloma Graeci vocant. – Curatio duplex est. Altera: Ad ipsas radices per medium transuere acu duo lina ducente, deinde alterius lini duo capita ex superiore parte, alterius ex inferiore astringere inter se. Quae paulatim secando id excidunt. Altera: In summa parte eius ad lenticulae magnitudinem excidere, deinde spodium aut cadmiam infriare. Utrolibet autem facto, album ovi lana excipiendum et inponendum. Posteaque vapore aquae calidae fovendus oculus et lenibus medicamentis inunguendus est.

mer etwas Flüssigkeit absetzt, wenn das Auge zuerst durch die Haare und dann durch die Löcher im Lid angegriffen wird, kaum vermeiden, dass sich der Klebstoff, der das Haar in der angestrebten Position fixiert hat, auflöst. In der Folge kehrt es dann dorthin zurück, von wo man es mit Gewalt entfernt hat...

Staphylom: Der Trick mit dem doppelten Faden

Celsus *De medicina* VII 7.11

Der Verfasser beschreibt sowohl eine technisch anspruchsvolle operative Intervention als auch den chirurgischen Standardeingriff.

... Am Augapfel selbst hebt sich manchmal die äußerste Hautschicht ab, weil die inneren Membranen rupturiert oder teilweise erschlafft sind. Auf diese Weise entsteht ein Gebilde, das wie eine Weinbeere aussieht. Daher wird sie auch von den Griechen als Staphýlōma[1] bezeichnet. – Es gibt zwei Arten der Behandlung. Entweder sticht man mitten durch die Anheftungsstelle der Läsion mit einer Nadel, die zwei Fäden führt, und schnürt die Enden des einen Fadens am oberen und die Enden des anderen Fadens am unteren Pol zusammen; so schneiden die Fäden das Staphylom durch und trennen es ab. Oder man schneidet an der Spitze ein Stück von der Größe einer Linse ab und streut Bröckel von Metallasche[2] oder Galmei[3] hinein. Im Anschluss an jeden der beiden Eingriffe legt man mit Eiweiß getränkte Wolle auf. Später wird das Auge mit heißem Wasserdampf gewärmt und mit sanften Arzneimitteln gesalbt.

De pituitae quoque tenuis cursu, qui oculos infestat, quatenus medicamentis agendum est, iam explicui. Nunc ad ea veniam, quae curationem manu postulant. Animadvertimus autem quibusdam numquam siccescere oculos, sed semper umori tenui madere. Quae res aspritudinem continuat, ex levibus momentis inflammationes et lippitudines excitat, totam denique vitam hominis infestat. Idque in quibusdam nulla ope adiuvari potest, in quibusdam sanabile est. Quod primum [discrimen est] nosse oportet, ut alteris succurratur, alteris manus non iniciatur. Ac primum supervacua curatio est in iis, qui ab infantibus id vitium habent, quia necessario mansurum est usque mortis diem. Deinde non necessaria etiam in iis, quibus non multa, sed acris pituita est, siquidem manu nihil adiuvantur. Medicamentis et victus ratione, quae crassiorem pituitam reddit, ad sanitatem perveniunt. Lata etiam capita vix medicinae patent. Tum interest venae pituitam mittant, quae inter calvariam et cutem sunt, an quae inter membranam cerebri et calvariam. Superiores fere per tempora oculos rigant, inferiores per eas membranas, quae ab oculis ad

Wann soll man feuchte Augen operieren?

Celsus *De medicina* VII 7.15A–D

Der Verfasser macht die Indikation zum chirurgischen Eingriff vom Ergebnis eines pathophysiologisch orientierten Tests abhängig.

Von den Möglichkeiten einer medikamentösen Behandlung der Sekretion dünnen Schleims, der die Augen angreift, war bereits die Rede. Jetzt komme ich zu den Fällen, die eine chirurgische Behandlung erfordern. Wir haben festgestellt, dass die Augen bei manchen Patienten niemals trocken werden, sondern immer mit einer dünnen Flüssigkeit benetzt sind. Dieser Zustand unterhält die Rauheit, fördert die Entwicklung von Entzündungen und Augentriefen schon bei unbedeutenden Anlässen und bedroht schließlich das ganze Leben des Menschen. Bei manchen ist dieses Leiden auf keine Weise in den Griff zu bekommen, bei anderen kann es geheilt werden. Diese Differenzierung muss man am Anfang treffen, um zu entscheiden, bei wem man interveniert und von wem man die Hände lässt. Grundsätzlich ist eine Operation bei denen überflüssig, die dieses Leiden seit ihrer Kindheit haben. Denn es wird unabwendbar bis zum Tag ihres Todes bestehen bleiben. Außerdem ist sie bei den Patienten nicht notwendig, die zwar nicht viel, aber dafür scharfen Schleim absondern; sie profitieren nämlich von einem operativen Eingriff nicht. Vielmehr werden sie durch Medikamente und eine Diät, die den Schleim eindickt, wieder gesund. Auch große eckige Köpfe sind kaum für die Behandlung geeignet. Außerdem kommt es darauf an, ob die Adern, die zwischen der Schädeldecke und der Kopfhaut verlaufen, den Schleim absondern oder jene, die zwischen der Hirnhaut und der Schädeldecke verlaufen. Im Allgemeinen befeuchten die oberflächlich gelegenen Gefäße die Augen von den Schläfen her und die tiefer gelegenen auf dem Wege über die Häute, die von den Augen zum Gehirn ziehen. Man kann das Verfahren nur an

cerebrum tendunt. Potest autem adhiberi remedium iis, quae supra os fluunt, non potest iis, quae sub osse. Ac ne iis quidem succurritur, quibus pituita utrimque descendit, quia levata altera parte nihilo minus altera infestat. Quid sit autem, hac ratione cognoscitur. Raso capite ante ea medicamenta, quibus in lippitudine pituita suspenditur, a superciliis usque ad verticem inlini debent. Si sicci oculi esse coeperunt, apparet per eas venas, quae sub cute sunt, inrigari. Si nihilo minus madent, manifestum est sub osse descendere. Si est umor, sed levior, duplex vitium est…

Ubi vero vermes orti sunt, si iuxta sunt, protrahendi oriculario specillo sunt, si longius, medicamentis enecandi, cavendumque ne postea nascantur. Ad utrumque proficit album veratrum cum aceto contritum. Elui quoque aurem oportet vino, in quo marru-

den Gefäßen anwenden, die oberhalb des Knochens verlaufen, hingegen nicht bei denen, die unter dem Knochen liegen. Aber auch jenen ist nicht zu helfen, bei denen der Schleim auf beiden Seiten abfließt. Denn wenn man den Schleimfluß auf der einen Seite gestoppt hat, droht immer noch Gefahr von der anderen Seite. Die Situation wird auf folgende Weise geklärt. Zuerst schert man den Kopf kahl. Dann muss man die Mittel, durch die der Schleimfluss bei der Augenentzündung unterbrochen wird, von den Augenbrauen bis zum Scheitel auftragen. Wenn die Augen danach allmählich trocken werden, so ist klar, dass sie von den unter der Haut verlaufenden Blutadern befeuchtet werden. Wenn sie dagegen feucht bleiben, so liegt es auf der Hand, dass die unter dem Knochen gelegenen Blutadern für die Sekretion verantwortlich sind. Wenn die Flüssigkeit weiterhin, wenn auch in geringerer Menge vorhanden ist, hat das Übel eine doppelte Quelle…

2.1.5.6 Hals-Nasen-Ohren- und Zahnheilkunde

Ohrwürmer: Mechanisch und chemisch entfernen

Celsus *De medicina* VI 7.5

Auch harmlose, wiewohl unangenehme Erkrankungen bedürfen bisweilen einer aufeinander methodisch und zeitlich abgestimmten Kombinationstherapie.

Wenn aber Würmer gewachsen sind, soll man sie, falls sie nahe der äußeren Öffnung des Ohres liegen, mit der Ohrsonde entfernen. Wenn sie sich tiefer im Gehörgang befinden, soll man sie mit Arzneimitteln abtöten und darauf achten, dass sie nicht wieder nachwachsen. Beide Zwecke erfüllt die mit Essig zerriebene weiße Nieswurz. Man sollte das Ohr auch mit Wein spülen, in dem weißer Andorn[1] ausgekocht worden ist. Würmer, die unter dieser Behandlung absterben, werden in den oberflächennahen Abschnitt

bium decoctum sit. Emortui sub his vermes in primam partem auris provocabuntur, unde educi facillime possunt.

Interdum vero in naribus etiam carunculae quaedam similes muliebribus mammis nascuntur eaeque imis partibus, quae carnosissimae sunt, inhaerent. Has curare oportet medicamentis adurentibus, sub quibus ex toto consumuntur. Polypus vero est caruncula modo alba modo subrubra, quae narium ossi inhaeret ac modo ad labra tendens narem implet, modo retro per id foramen, quo spiritus a naribus ad fauces descendit, adeo increscit, uti post uvam conspici possit. Strangulatque hominem, maxime austro aut euro flante. Fereque mollis est, raro dura eaque magis spiritum impedit et nares dilatat. Quae fere carcinodes est. Itaque attingi non debet. Illud aliud genus fere quidem ferro curatur, interdum tamen inarescit, si addita in narem per linamentum aut penicillum ea compositio est, quae habet:

mini Sinopici, chalcitidis, calcis, sandaracae, singulorum P. * I
stramenti sutori P. * II

des Ohres ausgetrieben, wo man sie dann sehr leicht herausholen kann.

Brustwarzen im Gesicht

Celsus *De medicina* VI 8.2

Nasenpolypen können so groß werden, dass der Tod durch Ersticken droht.

In der Nase kommen aber auch Wucherungen vor, die den Brustwarzen ähneln und ganz in der Tiefe, da wo die Nase am fleischreichsten ist, ihren Sitz haben. Sie müssen mit ätzenden Mitteln behandelt werden, unter deren Einfluss sie vollkommen verschwinden. Polypen[1] sind ebenfalls fleischige Wucherungen, teils von weißer, teils von rötlicher Farbe, die mit dem Nasenknochen fest verwachsen sind. Sie können sich sowohl zu den Lippen hin ausdehnen und die Nase ausfüllen als auch dorsal durch die Öffnung, durch die die Luft von der Nase in den Rachen gelangt, wachsen und so gross werden, dass man sie hinter dem Gaumenzäpfchen sehen kann. In dieser Lokalisation führen sie zu Erstickungsanfällen, vor allem bei Süd- oder Südostwind. Meistens sind diese Wucherungen weich; nur selten sind sie hart. Die zweite Variante behindert die Atmung stärker und dehnt die Nase. Diese Form ähnelt häufig einem Krebs. Deshalb soll man sie nicht anfassen. Die andere Variante behandelt man gewöhnlich mit dem Glüheisen. Bisweilen trocknet sie aber auch ein, wenn man mittels Tupfer oder Pinsel ein Medikament in die Nase einbringt, das folgendermaßen zusammengesetzt ist:

Je 4,3 Gramm sinopischer Zinnober[2], Chalkitis, Kalkstein und Sandarach[3] sowie

8,6 Gramm Schusterschwärze.

In dentium autem dolore, qui ipse quoque maximis tormentis adnumerari potest, vinum ex toto circumcidendum est…

Si vero exesus est dens, festinare ad eximendum eum, nisi res coegit, non est necesse. Sed tum omnibus fomentis, quae supra posita sunt, adiciendae quaedam valentiores conpositiones sunt, quae dolorem levant, qualis Herae est… aut Menemachi, maxime ad maxillares dentes… Quod si dolor eximi eum cogit, et piperis semen cortice liberatum et eodem modo baca hederae coniecta in id foramen dentem findit isque per testas excidet. Et plani piscis, quam pastinacam nostri, trygona Graeci vocant, aculeus torretur, deinde conteritur resinaque excipitur, quae denti circumdata hunc solvit. Et alumen scissile et… in foramen coniectum dentem citat.

Zahnweh: Marter der Menschheit

Celsus *De medicina* VI 9.1

Der Autor setzt den Verzicht auf Wein an die Spitze der Maßnahmen zur Behandlung von Zahnschmerzen, ohne allerdings dafür eine Begründung zu geben.

Bei Zahnschmerzen aber, die an sich bereits zu den größten Martern gerechnet werden können, muss der Genuss von Wein vollständig vermieden werden...

Nicht jeder hohle Zahn muss fallen

Celsus *De medicina* VI 9.5–6

Solange die Ruine nicht weh tut, braucht man sie auch nicht sofort zu entfernen.

Wenn der Zahn aber hohl ist, muss man sich nicht beeilen ihn herauszunehmen, sofern es nicht zwingend erforderlich ist. Vielmehr soll man in dieser Situation zusätzlich zu den oben genannten Umschlägen einige stärker wirksame zusammengesetzte Heilmittel geben, die den Schmerz lindern, z.B. das Mittel des Heras[1]... oder das des Menemachos[2], das sich besonders für die Backenzähne eignet... Wenn der Schmerz keine andere Wahl lässt, als den Zahn zu ziehen, legt man sowohl von der Rinde befreites Pfefferkorn als auch eine geschälte Efeubeere in das Loch. Dadurch wird der Zahn gespalten und fällt dann stückweise heraus. Geeignet ist auch der Stachel eines Plattfisches, den wir Pastinaca[3], die Griechen aber Trygṓn[4] nennen. Man röstet und zerreibt ihn und vermischt das Pulver mit Harz. Wenn man es in der Umgebung des Zahns aufgebracht hat, bringt es ihn zur Auflösung. Auch Spaltalaun lockert den Zahn..., und zwar wenn man damit das Loch direkt füllt. Zweckmäßiger ist es aber, den Alaun in etwas Wolle zu wickeln und in dieser Form in den Zahn

Sed id tamen involutum in lanula demitti commodius est, quia sic dente servato dolorem levat. Haec medicis accepta sunt.

Verum ut oculi multiplicem curationem etiam manus exigunt, sic in auribus admodum pauca sunt, quae in hac medicinae parte tractentur. Solet tamen evenire, vel a primo die protinus vel postea facta exulceratione, dein per cicatricem aure repleta, ut foramen in ea nullum sit ideoque audiendi usu careat. Quod ubi incidit, specillo temptandum est, altene id repletum an in summo tantum glutinatum sit. Nam si alte est, prementi non cedit, si in summo, specillum protinus recipit. Illud attingi non oportet, ne sine effectus spe distentio oriatur nervorum et ex ea mortis periculum sit. Hoc facile curatur. Nam quo cavom esse debet, vel medicamentum aliquod imponendum est ex adurentibus vel candenti ferro aperiendum vel etiam scalpello incidendum. Cumque id patefactum et iam ulcus purum est, coicienda eo pinna est, inlita medicamento cicatricem inducente circaque idem medicamentum dandum, ut cutis circa pinnam sanescat. Quo fit, ut ea remota postea facultas audiendi sit. At ubi aures, in viro puta, perforatae

einzubringen, weil so der Schmerz gelindert wird und der Zahn erhalten bleibt. Soweit die schulmedizinischen Maßnahmen.

Wenn Piercing krank macht

Celsus *De medicina* VII 8

Chirurgische Eingriffe am Ohrläppchen sind aussichtsreich. In der Tiefe des Gehörgangs tut sich der Operateur hingegen schwer.

Während aber die Augen in vielfältiger Weise, darunter auch chirurgisch behandelt werden müssen, gibt es an den Ohren nur wenige Leiden, die einer Operation zugänglich sind. Dennoch sind der Verschluss des Gehörgangs und die dadurch bedingte Taubheit gar nicht so selten, und zwar entweder von Geburt an oder zu einem späteren Zeitpunkt aufgrund einer Vereiterung und des narbenbedingten Verschlusses. In diesem Fall muss man mit Hilfe einer Sonde zu klären versuchen, ob der Gehörgang bis auf den Grund gefüllt oder nur oberflächlich verklebt ist. Denn wenn er in der Tiefe verschlossen ist, weicht das Gewebe dem Druck nicht, wenn er aber nur außen verklebt ist, lässt er die Sonde sofort eindringen. Von der erstgenannten Form sollte man die Finger lassen, damit man nicht, zumal keine Aussicht auf Erfolg besteht, obendrein Krämpfe auslöst und den Patienten dadurch in Lebensgefahr bringt. Die andere Form ist hingegen leicht zu behandeln. Man muss nur da, wo eigentlich ein Hohlraum sein sollte, entweder eines von den ätzenden Mitteln auflegen oder mit dem Glüheisen eine Öffnung schaffen oder mit dem Messer einschneiden. Sobald der Zugang geschaffen und das Geschwür gesäubert ist, soll man dort eine Feder einlegen, die mit einem Mittel überzogen worden ist, das die Narbenbildung fördert, und in der Umgebung dasselbe Medikament auftragen, damit auch die Haut rings um die Feder heilt. Auf diese Weise erlangt der Kranke nach Entfernung der Feder die Hörfähigkeit. Wenn aber die

sunt et offendunt, traicere id cavum celeriter candente acu satis est, ut leviter eius orae ulcerentur, aut etiam adurente medicamento idem exulcerare, postea deinde inponere id, quod purget, tum quod eo loco repleat et cicatricem inducat. Quod si magnum id foramen est, sicut solet esse in iis, qui maiora pondera auribus gesserunt, incidere quod superest ad extremum oportet, supra deinde oras scalpello exulcerare et postea suere ac medicamentum, quo glutinetur, inponere. Tertium est, si quid ibi curti est, sarcire…

Curta igitur in his tribus… ac si qua parva sunt, curari possunt. Si qua maiora sunt, aut non recipiunt curationem aut ita per hanc ipsam deformantur, ut minus indecora ante fuerint. Atque in aure quidem et naribus deformitas sola timeri potest. In labris vero, si nimium contracta sunt, usui quoque necessario iactura fit, quia minus facile et cibus adsumitur et sermo explicatur. Neque enim creatur ibi corpus, sed ex vicino adducitur. Quod in levi mutatione et nihil eripere et fallere oculum potest, in magna non potest.

Ohrläppchen z.B. beim Mann durchbohrt sind und ihm dieser Zustand lästig wird, genügt es, dieses Loch schnell mit einer glühenden Nadel zu durchstoßen, damit die Ränder etwas angefrischt werden. Ein ätzendes Mittel hat die gleiche Wirkung. Anschließend legt man ein Reinigungs- und danach solche Mittel auf, die den Defekt ausfüllen und die Vernarbung fördern. Wenn das Loch im Ohrläppchen jedoch groß ist, so groß wie im allgemeinen bei jenen, die schwere Gehänge an den Ohren getragen haben, soll man die Gewebebrücke durchtrennen, die Ränder mit einem Messer anfrischen, sie anschließend zusammennähen und ein Medikament auftragen, das die Verklebung fördert. An dritter Stelle folgen die Ersatzoperationen, die zur Behandlung von Verstümmelungen durchgeführt werden...

Aus der Frühzeit der plastischen Chirurgie im HNO-Bereich
Celsus *De medicina* VII 9.1–4

Der Verfasser beschreibt mit verblüffender Detailtreue den Entspannungsschnitt zur Deckung von Defekten an Ohren, Nase und Lippen.

Substanzdefekte in diesen drei Regionen des Körpers können, wenn sie einigermaßen umschrieben sind, geheilt werden. Sind sie aber ausgedehnt, so können sie entweder überhaupt nicht behandelt werden oder sie werden gerade durch den Eingriff zusätzlich so entstellt, dass sie nachher noch häßlicher aussehen. An den Ohren und an der Nase hat man nur die äußerliche Entstellung zu fürchten. Wenn jedoch die Lippen zu stark zusammengezogen sind, entsteht unweigerlich auch ein Funktionsverlust, weil sowohl das Essen als auch das Reden schwerer fallen. Denn dort wird Gewebe nicht geschaffen, sondern durch Zug aus der Nachbarschaft gewonnen. Bei geringen Verschiebungen erleidet die Umgebung kaum einen Verlust und das Auge kann getäuscht werden, bei ausgedehnten Verschiebungen ist dies aber nicht mehr möglich.

Neque senile autem corpus neque quod mali habitus est neque in quo difficulter ulcera sanescunt, huic medicinae idoneum est, quia nusquam celerius cancer occupat aut difficilius tollitur. Ratio curationis eiusmodi est: Id, quod curtum est, in quadratum derigere, ab interioribus eius angulis lineas transversas incidere, quae citeriorem partem ab ulteriore ex toto deducant, deinde ea, quae sic resolvimus, in unum adducere. Si non satis iunguntur, ultra lineas, quas ante fecimus, alias duas lunatas et ad plagas conversas immittere, quibus summa tantum cutis diducatur. Sic enim fit, ut facilius quod adducitur sequi possit. Quod non est cogendum, sed ita adducendum, ut ex facili subsequatur et dimissum non multum recedat. Interdum tamen ab altera parte cutis...aut omnino adducta deformem, quem reliquit, locum reddit. Eiusmodi loci altera pars incidenda, altera intacta habenda est. Ergo neque ex imis auribus neque ex medio naso imisve narum partibus neque ex angulis labrorum quicquam adtrahere temptabimus. Utrimque autem petemus, si quid summis auribus, si quid imis, si quid aut medio naso aut mediis naribus aut mediis labris deerit. Quae tamen interdum etiam duobus locis curta esse consuerunt. Sed eadem ratio curandi est...

Weder der Körper eines alten Menschen noch ein Körper in schlechtem Allgemeinzustand noch einer, in dem Geschwüre nur schwer heilen, eignet sich für diese Art der Behandlung, weil nirgends schneller der Krebs um sich greift und weil er nirgends unter größeren Schwierigkeiten entfernt werden kann. Die entsprechende Operation wird folgendermaßen durchgeführt. Zunächst bringt man den Substanzverlust in eine quadratische Form. Dann setzt man ausgehend vom inneren Rand der vier Ecken quer verlaufende Schnitte, die den kranken inneren vom gesunden äußeren Teil vollständig trennen. Dann versucht man, die auf diese Weise voneinander gelösten äußeren Teile zu vereinigen. Wenn sie sich nicht ausreichend annähern lassen, soll man jenseits der zunächst gesetzten Schnitte zwei weitere sichelförmige und nach innen konvexe Schnitte machen, die nur die oberste Schicht der Haut durchtrennen. So können die beiden Hautlappen dem Zug besser folgen. Dabei darf man keine Gewalt anwenden, sondern man muss an den Teilen so ziehen, dass sie locker nachfolgen und, wenn man sie loslässt, kaum zurückweichen. Bisweilen hinterlässt das Manöver an der Haut auf der Seite, von der man sie zum Teil oder zur Gänze herangezogen hat, eine umschriebene Verwerfung. Dann darf man an dieser Stelle nur einseitig inzidieren; die andere Seite lässt man unberührt. Wir dürfen aber nicht den Versuch machen, von den Ohrläppchen, den mittleren und unteren Partien der Nase und den Mundwinkeln durch Zug Gewebe zu gewinnen. Hingegen werden wir alles daran setzen, von beiden Seiten Ersatzmaterial zu erhalten, wenn der Defekt sich ganz oben oder ganz unten an den Ohren, in der Mitte der Nase bzw. der Nasenscheidewand oder in der Mitte der Lippen befindet. Manchmal kommen derartige Substanzdefekte auch an zwei verschiedenen Stellen vor; an der Operationstechnik ändert diese Situation aber nichts.

Id autem vitium, quod ozaena Graece vocatur, si medicamentis non cederet, quemadmodum manu curandum esset, apud magnos chirurgos non repperi. Credo quia res raro ad sanitatem satis proficit, cum aliquid in ipsa curatione tormenti habeat. Apud quosdam tamen positum est vel fictilem fistulam vel enodem scriptorium calamum in narem esse coiciendum, donec susum ad os perveniat, tum per id tenue ferramentum candens dandum esse ad ipsum os, deinde adustum locum purgandum esse aerugine et melle. Ubi purus est, Lycio ad sanitatem perducendum. Vel narem incidendam esse ab ima parte ad os, ut et conspici locus possit, et facilius candens ferramentum admoveri, tum sui narem debere et adustum quidem ulcus eadem ratione curari, suturam vel inlini vel spuma argenti vel alio glutinante.

In ore quoque quaedam manu curantur. Ubi in primis dentes nonnumquam moventur, modo propter radicum inbecillitatem,

Die Stinknase ist von den Chirurgen vernachlässigt worden

Celsus *De medicina* VII 11

Die Argumente für und gegen den operativen Eingriff wiegen annähernd gleich schwer.

Wie man aber jenes Leiden, das die Griechen Ózaina[1] nennen, chirurgisch behandeln kann, wenn Medikamente[2] nicht ausreichen, darüber habe ich in den Schriften der großen Chirurgen nichts gefunden. Ich erkläre diese Zurückhaltung damit, dass eine Operation selten zu vollständiger Heilung führt, der Eingriff aber mit nicht geringen Schmerzen verbunden ist. Bei einigen Ärzten ist dennoch zu lesen, dass man ein Röhrchen aus Tonerde oder ein glattes Schreibrohr einführt, bis es oben am Knochen anstößt, danach durch diesen Kanal ein dünnes glühendes Eisen ebenfalls bis zum Knochen vorführen, den Knochen brennen und die verkohlte Stelle mit Grünspan und Honig reinigen soll. Sobald die Region sauber ist, versucht man sie mit Lycium[3] zur Heilung zu bringen. Eine andere Möglichkeit besteht darin, die Nase von unten bis auf den Knochen einzuschneiden, so dass man die erkrankte Stelle betrachten und das Glüheisen leichter ansetzen kann, dann den Schnitt an der Nase zu nähen, das gebrannte Geschwür in der gleichen Weise zu behandeln und schließlich die Naht mit Bleiglätte oder einem anderen granulationsfördernden Mittel zu bestreichen.

Zähne, Zahnfleisch, Knochen und – Gold

Celsus *De medicina* VII 12.1A–E

Zähne soll man in gerader Richtung ziehen, sonst kann der Kiefer brechen.

Auch einige Erkrankungen der Mundhöhle werden chirurgisch behandelt. In dieser Region geht es vor allem um die Zähne, und

modo propter gingivarum arescentium vitium. – Oportet in utrolibet candens ferramentum gingivis admoveri, ut attingat leviter, non insidat. Adustae gingivae melle inlinendae et mulso eluendae sunt. Ut pura ulcera esse coeperunt, arida medicamenta infrianda sunt ex iis, quae reprimunt. Si vero dens dolores movet eximique eum, quia medicamenta nihil adiuvant, placuerit, circumradi debet, ut gingivae ab eo resolvantur. Tum is concutiendus est. Eaque facienda, donec bene moveatur. Nam dens haerens cum summo periculo evellitur ac nonnumquam maxilla loco movetur. Idque etiam maiore periculo in superioribus dentibus fit, quia potest tempora oculosve concutere. Tum, si fieri potest, manu, si minus, forfice dens excipiendus est. Ac si excessus est, ante vel linamento vel bene adcommodato plumbo replendus est, ne sub forfice confringatur. Recta vero forfex ducenda est, ne inflexis radicibus os rarum, cui dens inhaeret, parte aliqua frangat. Neque ideo nullum eius rei periculum est utique in dentibus brevibus, qui fere longiores radices non habent. Saepe enim forfex cum dentem conprehendere non possit aut frustra conprehendat, os gingivae prehendit et frangit. Protinus autem ubi plus sanguinis profluit, scire licet, aliquid ex osse fractum esse. Ergo specillo coquirenda est testa, quae recessit, et volsella protrahenda est. Si

zwar deren Lockerung, für die bald eine Schwäche der Wurzeln, bald eine Erkrankung des vertrocknenden Zahnfleischs verantwortlich ist. – In beiden Fällen muss man ein Glüheisen an das Zahnfleisch anlegen, doch berühre man es nur sanft und drücke nicht zu stark auf. Die angebrannten Stellen am Zahnfleisch werden mit Honig bestrichen und dann mit Weinmet gespült. Wenn die Geschwüre sich langsam zu reinigen beginnen, streut man Trockensubstanzen aus der Gruppe der zerteilenden Mittel auf. Wenn aber ein Zahn Schmerzen verursacht und es nahe liegt, ihn herauszunehmen, weil die verwendeten Mittel nicht helfen, soll man zirkulär inzidieren und das Zahnfleisch von ihm ablösen. Dann muss man kräftig an ihm rütteln und so lange damit fortfahren, bis er gut beweglich wird. Denn ein festsitzender Zahn wird nur unter größten Gefahren entfernt; manchmal luxiert dabei auch der Kiefer. An den Oberkieferzähnen ist diese Gefahr sogar noch größer, weil dabei die Schläfen und die Augen erschüttert werden können. Sobald dann der Zahn locker ist, muss man ihn, wenn möglich, mit den Fingern, wenn es so nicht geht, mit der Zange[1] herausziehen. Und wenn er ausgehöhlt ist, muss man ihn vorher mit einem Leinenverband oder einem angepassten Stückchen Blei füllen, damit er nicht unter dem Druck der Zange bricht. Der Zahn soll mit der Zange senkrecht herausgezogen werden, damit der verdünnte Knochen, in dem der Zahn steckt, nicht durch gekrümmte Wurzeln an einer Stelle gebrochen wird. Diese Komplikation droht immer, besonders aber bei kurzen Zähnen, die gewöhnlich keine längeren Wurzeln haben. Oft nämlich erfasst die Zange den Zahn nicht oder nicht ausreichend und ergreift und bricht stattdessen den Kieferknochen. Jede ungewöhnlich starke Blutung ist als Hinweis darauf zu werten, dass der Kiefer an einer Stelle gebrochen ist. In dieser Situation muss man mit einer Sonde nach dem Fragment suchen, das sich abgelöst hat, und es mit der Wundzange bergen. Sollte dies nicht gelingen, inzidiert

non sequitur, incidi gingiva debet, donec labans ossis testa recipiatur. Quod si factum statim non est, indurescit extrinsecus maxilla, ut is hiare non possit. Sed inponendum calidum ex farina et fico cataplasma est, donec ibi pus moveatur. Tum incidi gingiva debet. Pus quoque multum profluens ossis fracti nota est. Itaque etiam tum id extrahi convenit. Nonnumquam etiam eo laeso fistula fit, quae eradi debet.

Dens autem scaber, qua parte niger, radendus inlinendusque rosae flore contrito, cui gallae quarta pars et altera murrae sit adiecta. Continendumque ore crebro vinum meracum. Atque in eo casu velandum caput, ambulatione multa, frictione capitis, cibo non acri utendum. At si ex ictu vel alio casu aliquid labant dentes, auro cum iis, qui bene haerent, vinciendi sunt continendaque ore reprimentia, ut vinum, in quo malicorium decoctum aut in quo galla candens coniecta sit.

Uva si cum inflammatione descendit dolorique est et subrubicundi coloris, praecidi sine periculo non potest. Solet enim multum

man das Zahnfleisch, bis sich das Stück Knochen lockert und entfernt werden kann. Wird dieser Eingriff nicht augenblicklich durchgeführt, verhärten die der Außenseite des Kiefers anliegenden Weichteile, so dass der Patient den Mund nicht mehr öffnen kann. Dann muss man einen warmen Breiumschlag aus Mehl und Feigen auflegen, bis der Eiter dort abfließt. Es folgt die obligatorische Inzision des Zahnfleischs. Reichliche Eiterabsonderung ist auch ein Zeichen des Knochenbruchs. Daher werden auch in dieser Situation die Fragmente entfernt. Manchmal entstehen auch in der Folge der Knochenverletzungen Fisteln, die man dann auskratzen muss.

Raue Zähne müssen an den Stellen, wo sie schwarz sind, abgeschabt und mit einer Mischung aus zerriebenen Rosenblüten und je einem Viertel Galläpfel und Myrrhe bestrichen werden. Der Patient soll außerdem häufig unvermischten Wein im Mund behalten. Außerdem empfiehlt sich in diesem Fall, den Kopf zu verhüllen, viel spazieren zu gehen, den Kopf massieren zu lassen und scharfes Essen zu meiden. Falls sich die Zähne aber infolge eines Hiebs oder aus einem anderen Grund gelockert haben, muss man sie an denen, die noch festen Halt haben, mit einem Golddraht fixieren.[2] Auch danach soll man noch möglichst lange zusammenziehende Mittel im Mund halten, beispielsweise Wein, in dem Granatapfelschale abgekocht worden ist oder in den man glühende Galläpfel geworfen hat.

Auf die Pinzette kommt es an

Celsus *De medicina* VII 12.3

Vom Gaumenzäpfchen soll man nur soviel abtragen, bis es wieder seine natürliche Länge erreicht hat.

Wenn das Gaumenzäpfchen aufgrund einer Entzündung herunterhängt, schmerzt und rötlich gefärbt ist, kann es nicht gefahrlos

sanguinem effundere. Itaque melius est is uti, quae alias proposita sunt. Si vero inflammatio quidem nulla est, nihilo minus autem ultra iustum modum a pituita deducta sit, et est tenuis, acuta, alba, praecidi debet, itemque si ima livida et crassa, summa tenuis est. Neque quicquam commodius est quam volsella prehendere, sub eaque quod volumus excidere. Neque enim ullum periculum est, ne plus minusve praecidatur, cum liceat tantum infra volsellam relinquere, quantum utile esse manifestum est, idque praecidere, quo longior uva est quam esse naturaliter debet…

Maxilla in priorem partem propellitur, sed modo altera parte, modo utraque. Si altera, in contrariam partem ipsa mentumque inclinatur; dentes paribus non respondent, sed sub is, qui secant, canini sunt. At si utraque, totum mentum in exteriorem partem promovetur; inferioresque dentes longius quam superiores excedunt intentique super musculi apparent. – Primo quoque tempore autem homo in sedili conlocandus est sic, ut minister a posteriore parte caput eius contineat vel sic, ut iuxta parietem is sedeat, subiecto inter parietem et caput eius scorteo pulvino duro,

abgeschnitten werden. Es blutet dann nämlich ungewöhnlich heftig. Deshalb ist es besser, die an anderer Stelle[1] vorgeschlagenen Maßnahmen zu ergreifen. Wenn das Zäpfchen zwar nicht entzündet ist, aber doch unter dem Druck des Schleims unnatürlich weit herabhängt, und auch dann, wenn es dünn, spitz und weiß ist, sollte man es abschneiden. Man sollte auch dann davor nicht zurückschrecken, wenn es unten bläulich und dick, oben hingegen dünn ist[2]. Am bequemsten ist es, wenn man es mit einer kleinen Zange fasst und unterhalb davon so viel wegnimmt, wie man will. Es besteht nämlich keine Gefahr, dass man zu viel oder zu wenig wegschneidet, weil man unter der Zange nur so viel stehen lassen muss, wie offenkundig nützlich ist, und nur so viel wegnehmen muss, wie das Zäpfchen über die natürliche Länge hinausragt...

Wie man den Unterkiefer wieder einrenkt
Celsus *De medicina* VIII 12

Nur wenn der Arzt die notwendigen Manipulationen nahezu simultan ausführt, kann der Eingriff gelingen.

Der Unterkiefer luxiert immer nach vorn, bald einseitig, bald beidseitig. Bei der einseitigen Luxation weichen der Kiefer und das Kinn zur jeweils anderen Seite ab. Die beiden Zahnreihen kongruieren nicht mehr, sondern die Eckzähne des Unterkiefers stehen unter den Schneidezähnen des Oberkiefers. Bei der beidseitigen Luxation wird das ganze Kinn nach vorn verschoben, die Unterkieferzähne stehen weiter vor als die Oberkieferzähne[1] und die darüber liegenden Muskeln erscheinen gespannt. – In dieser Situation muss der Patient zuerst auf einen Stuhl gesetzt werden, und zwar so, dass bei ihm entweder ein Gehilfe von hinten den Kopf fixiert, oder so, dass er in unmittelbarer Nähe einer Wand zu sitzen kommt. Dann schiebt man zwischen die Wand und den Hinterkopf des Patienten ein hartes Lederkissen[2] und lässt einen

eoque caput eius per ministrum urgeatur, quo sit immobilius. Tum medici digiti pollices linteolis vel fasceis, ne delabantur, involuti in os eius coiciendi, ceteri extrinsecus admovendi sunt. Ubi vehementer maxilla adprehensa est, si una parte procidit, concutiendum mentum et ad guttur adducendum est. Tum simul et caput adprehendenum et excitato mento maxilla in suam sedem conpellenda et os eius conprimendum est sic, ut omnia paene uno momento fiant. Sin utraque parte prolapsa est, eadem omnia eadem facienda, sed aequaliter retro maxilla agenda est. Reposito osse, si cum dolore oculorum et cervicis iste casus incidit, ex brachio sanguis mittendus est. Cum omnibus vero, quorum ossa mota sunt, primo liquidior cibus conveniat, tum his praecipue, adeo ut sermo quoque frequenti motu oris per nervos laedat.

Frigus modo nervorum distentionem, modo rigorem infert. Illud spasmos, hoc tetanos Graece nominatur. Nigritiem in ulceribus, horrores in febribus excitat. In siccitatibus acutae febres, lippitudines, tormina, urinae difficultas, articulorum dolores oriuntur. Per

Gehilfen den Kopf des Patienten dagegendrücken, um ihn zu fixieren. Dann wickelt der Arzt seine beiden Daumen in Leinenläppchen oder -binden ein, damit sie nicht abrutschen, und steckt sie in den Mund des Patienten. Die anderen Finger werden außen angelegt. Wenn man den Kiefer fest im Griff hat, muss man bei der einseitigen Luxation das Kinn anstoßen und in Richtung Kehle ziehen. Dann werden gleichzeitig der Kopf gefasst, das Kinn gehoben, der Unterkiefer in die richtige Position gebracht und der Mund des Patienten geschlossen. Alle diese Handgriffe sollten nahezu simultan[3] durchgeführt werden. Bei der bilateralen Luxation werden dieselben Maßnahmen ergriffen, der Unterkiefer aber beidseits gleichmäßig zurückgesetzt.[4] Wenn ein Patient nach der Reposition Schmerzen in den Augen und im Nacken verspürt, muss man ihn am Arm zur Ader lassen. Wie nun nach Verrenkungen der Knochen ausnahmslos vornehmlich flüssige Speisen gereicht werden sollen, so gilt diese Forderung erst recht für Kieferluxationen, weil allein das Sprechen durch die häufigen Bewegungen des Mundes mithilfe der Sehnen Schaden anrichtet.

2.1.5.7 Nervenheilkunde

Starrkrampf (1)
Celsus *De medicina* II 1.12

Die Beschreibung des Tetanus, die der Autor über mehrere Bücher seines Werkes verteilt hat, wird in allen Aspekten von den Ansichten des Hippokrates dominiert.

Kälte führt bald zu klonischen Krämpfen, bald zur Erstarrung der Sehnen. Ersteren Zustand nennen die Griechen Spasmós[1], letzteren Tétanos. Kälte führt auch dazu, dass Geschwüre schwarz aussehen und Fieberkranke Schüttelfrost bekommen. Bei Trockenheit entstehen akutes Fieber, Augenentzündungen, Koliken, Dysurie und Gelenkschmerzen. Regnerisches Wetter führt zu lang anhal-

imbres longae febres, alvi detectiones, angina, cancri, morbi comitiales, resolutio nervorum (paralysin Graeci nominant).

A capite transitus ad cervicem est, quae gravibus admodum morbis obnoxia est. Neque tamen alius importunior acutiorque morbus est, quam is, qui quodam rigore nervorum modo caput scapulis, modo mentum pectori adnectit, modo rectam et immobilem cervicem intendit. Primum Graeci ὀπισθότονον, insequentem ἐμπροσθότονον, ultimum τέτανον appellant, quamvis minus subtiliter quidam indiscretis his nominibus utuntur. Ea saepe intra quartum diem tollunt. Si hunc evaserunt, sine periculo sunt…

Spem vero certam faciunt membrana mobilis ac sui coloris, caro increscens rubicunda, facilis motus maxillae atque cervicis. Mala signa sunt membrana immobilis, nigra vel livida vel aliter coloris corrupti, dementia, acris vomitus, nervorum vel resolutio vel distentio, caro livida, maxillarum rigor atque cervicis. Cetera, quae

tendem Fieber, wiederholtem Durchfall, Halsentzündung, Krebsgeschwüren, epileptischen Anfällen und Erschlaffuung der Sehnen. Diesen Zustand nennen die Griechen Parálysis[2].

Starrkrampf (2)

Celsus *De medicina* IV 6.1–2

Vom Kopf gehen wir zum Hals über, eine Region, die für schwere Erkrankungen anfällig ist. Doch ist kein anderes Leiden bedrückender und heftiger als jenes, in dessen Verlauf durch eine gewisse Erstarrung der Sehnen bald der Kopf an die Schulterblätter, bald das Kinn an die Brust herangezogen wird, bald der Hals in gestreckter Position versteift und unbeweglich wird. Die erste Form nennen die Griechen Opisthótonos[1], die zweite Emprosthótonos[2] und die letzte Tétanos. Manche Ärzte nehmen es freilich nicht so genau und verwenden diese Bezeichnungen unterschiedslos. Diese Symptome führen oft binnen vier Tagen zum Tod. Wenn der Patient den vierten Tag überstanden hat, ist er außer Gefahr…

Starrkrampf (3)

Celsus *De medicina* VIII 4.20–21

Berechtigte Aussicht auf Genesung besteht, wenn die Hirnhaut beweglich ist und ihre natürliche Farbe behält, das Narbengewebe rötlich ist und der Unterkiefer und der Hals locker und beweglich sind. Schlechte Vorzeichen sind dagegen, wenn die Hirnhaut unbeweglich ist, schwarz oder bläulich wird oder ihre Farbe sonst unnatürlich ist, außerdem der Verlust der Eigenkontrolle, saures Erbrechen, die Lähmung bzw. Verkrampfung der Sehnen, die bläuliche Färbung der Weichteile und die Versteifung von Kauorganen und Hals. Was den Schlaf, den Appetit, das Fieber und die

ad somnum, cibi desiderium, febrem, puris colorem attinent, eadem, quae in ceteris vulneribus vel salutaria vel mortifera sunt.

Ὁκόσοι ὑπὸ τετάνου ἁλίσκονται, ἐν τέσσαρσιν ἡμέρῃσιν ἀπόλλυνται· ἢν δὲ ταύτας διαφύγωσιν, ὑγιέες γίνονται.

At si a prima hieme austri ad ultimum ver continuarint, laterum dolores et insania febricitantium, quam phrenesin appellant, celerrime rapiunt. Ubi vero calor a primo vere orsus aestatem quoque similem exhibet, necesse est multum sudorem in febribus subsequi. At si sicca aestas aquilones habuit, autumno vero imbres austrique sunt, tota hieme, quae proxima est, tussis, destillatio, raucitas, in quibusdam etiam tabes oritur.

Farbe des Eiters angeht, so kündigen bei dieser Erkrankung die gleichen Zeichen wie bei den übrigen Verletzungen die Genesung oder den Tod an.

Starrkrampf (4)
Hippokrates *Aphorismi* V 6

All jene, die an Starrkrampf erkranken, sterben binnen vier Tagen. Wenn sie jedoch diese vier Tage überleben, werden sie gesund.

Wahn und Delir (1)
Celsus *De medicina* II 1.15

Je mehr sich die Beziehung zwischen Fieber und Irresein verliert, umso schwieriger wird die psychiatrische Differenzialdiagnose.

Wenn aber vom Beginn des Winters bis zum Ende des Frühlings Südwinde angehalten haben, so raffen Flankenschmerzen und das als Phrenîtis[1] bezeichnete Fieberdelir die Kranken sehr schnell dahin. Wo jedoch bereits zu Beginn des Frühlings die Hitze ausbricht und den Sommer über anhält[2], da bleibt es nicht aus, dass die Fieber mit starkem Schwitzen einhergehen. Wenn aber im Sommer Trockenheit geherrscht hat und die Winde von Norden geweht haben, im Herbst dagegen Regen fällt und die Winde von Süden kommen, grassieren den ganzen folgenden Winter Husten, Schnupfen, Heiserkeit und bei manchen wird auch Auszehrung sichtbar.[3]

… Supersunt vero alii corporis affectus, qui huic superveniunt, ex quibus eos, qui certis partibus assignari non possunt, protinus iungam.

Incipiam ab insania, primamque huius ipsius partem aggrediar, quae et acuta et in febre est: φρένησιν Graeci appellant. Illud ante omnia scire oportet, interdum in accessione aegros desipere et loqui aliena. Quod non quidem leve est neque incidere potest nisi in febre vehementi. Non tamen aeque pestiferum est. Nam plerumque breve esse consuevit levatoque accessionis impetu protinus mens redit. Neque id genus morbi remedium aliud desiderat, quam quod in curanda febre praeceptum est. Phrenesis vero tum demum est, cum continua dementia esse incipit, cum aeger, quamvis adhuc sapiat, tamen quasdam vanas imagines accipit. Perfecta est, ubi mens illis imaginibus addicta est. Eius autem plura genera sunt, siquidem ex phreneticis alii tristes sunt, alii hilares, alii facilius continentur et intra verba desipiunt, alii consurgunt et violenter quaedam manu faciunt. Atque ex his ipsis alii nihil nisi impetu peccant, alii etiam artes adhibent summamque speciem sanitatis in captandis malorum operum occasionibus praebent, sed exitu deprenduntur. – Ex his autem eos, qui intra verba desipiunt, aut leviter etiam manu peccant, onerare asperioribus coercitionibus supervacuum est. Eos, qui violentius se gerunt,

Wahn und Delir (2)

Celsus *De medicina* III 18.1–4,17

… Es sind aber noch weitere mit Fieber verbundene körperliche Zustände zu besprechen. Von ihnen werde ich gleich anschließend jene behandeln, die nicht bestimmten Körperteilen zugeordnet werden können.

Beginnen werde ich mit dem Irresein und bei seiner wichtigsten Verlaufsform ansetzen, die plötzlich einsetzt und von Fieber begleitet wird. Die Griechen nennen sie Phrenîtis. Vor allem muss man aber wissen, dass die Patienten im Anfall manchmal die Vernunft verlieren und Unsinn reden[1]. Obwohl dies keinesfalls leicht zu nehmen ist und auch nur bei heftigem Fieber vorkommt, ist es dennoch nicht immer gleich gefährlich. Meistens nämlich ist dieser Zustand flüchtig und nach dem Abklingen des Fieberanfalls kehrt die Vernunft rasch wieder zurück. Diese Form der Erkrankung erfordert auch keine anderen Behandlungsmaßnahmen als die, die zur Behandlung des Fiebers vorgeschrieben sind. Phrenesis ist erst dann vohanden, wenn das Irresein nach und nach zum Dauerzustand wird, wenn der Patient, obgleich noch bei Verstand, dennoch bestimmte Wahnvorstellungen hat. Vollständig ausgeprägt ist sie dann, wenn der Geist von jenen Trugbildern vollständig beherrscht wird. Es gibt davon aber mehrere Arten. Denn unter den Phrenetikern sind manche traurig, andere heiter, einige lassen sich leichter bändigen und reden nur Unsinn daher, andere springen auf und werden handgreiflich. Von den zuletzt Genannten werden einige nur durch ihre Gewalttätigkeit auffällig, andere dagegen lassen sich Tricks einfallen und erwecken den Eindruck bester Gesundheit, während sie gleichzeitig nach Möglichkeiten suchen, Böses zu tun. Doch das Ergebnis entlarvt sie. – Bei denen, die nur Unsinn daherreden oder auch etwas handgreiflich werden, ist es nicht notwendig, härtere Gegenmittel einzusetzen. Jene aber, die mehr Gewalt anwenden, muss man anbinden und ruhig stel-

vincire convenit, ne vel sibi vel alteri noceant. Neque credendum est, si vinctus aliqui, dum levari vinculis cupit, quamvis prudenter et miserabiliter loquitur, quoniam is dolus insanientis est… Alterum insaniae genus est, quod spatium longius recipit, quia fere sine febre incipit, leves deinde febriculas excitat. Consistit in tristitia, quam videtur bilis atra contrahere.

Suffusae quoque sanguine mulieris mammae furorem venturum esse testantur.

Γυναιξὶν ὁκόσῃσιν ἐς τοὺς τιτθοὺς αἷμα συστρέφεται, μανίην σημαίνει.

Item morbus comitialis ante pubertatem ortus non aegre finitur. Et in quo ab una parte corporis venientis accessionis sensus incipit,

len, damit sie sich und anderen nichts antun. Man soll auch einem Gefesselten, der von seinen Fesseln befreit werden möchte, keinen Glauben schenken, mag er noch so kluge und mitleidheischende Worte finden. Das ist nur eine List der Irren… Es gibt eine zweite Form des Irreseins, die länger anhält, weil sie gewöhnlich ohne Fieber beginnt und erst später leicht erhöhte Temperatur verursacht. Sie manifestiert sich durch Traurigkeit, die anscheinend durch die schwarze Galle hervorgerufen wird[2].

Brust und Hirn (1)

Celsus *De medicina* II 7.27

Zu der wortwörtlichen Übersetzung eines hippokratischen Aphorismus hätte man sich wenigstens einen kurzen Kommentar des Verfassers erwartet.

Auch die von Blut unterlaufenen weiblichen Brüste weisen auf eine bevorstehende Raserei hin.

Brust und Hirn (2)

Hippokrates *Aphorismen* V 40

Wenn sich Blut in den weiblichen Brüsten sammelt, so ist dies ein Zeichen für Raserei.[1]

Anfallsleiden: Im Alter ist die Schulmedizin machtlos (1)

Celsus *De medicina* II 8.11

Erwachsenen Epileptikern kann man keine andere Hoffnung als die auf Spontanheilung ihrer Erkrankung machen.

Epileptische Anfälle, die erstmals vor der Pubertät auftreten, lassen sich ebenfalls ohne große Mühe beherrschen. Was den Körperteil

optimum est a manibus pedibusve initium fieri, deinde a lateribus. Pessimum inter haec a capite.

Morbus quoque comitialis post annum XXV ortus aegre curatur, multoque aegrius is, qui post XL annum coepit, adeo ut in ea aetate aliquid in natura spei, vix quicquam in medicina sit. In eodem morbo si simul totum corpus afficitur, neque ante in partibus aliquis venientis mali sensus est, sed homo improviso concidit, cuiuscumque is aetatis est, vix sanescit. Si vero aut mens laesa est aut nervorum facta resolutio, medicinae locus non est.

Inter notissimos morbos est etiam is, qui comitialis vel maior nominatur. Homo subito coincidit, ex ore spumae moventur, deinde interposito tempore ad se redit et per se ipse consurgit. Id genus saepius viros quam feminas occupat. Ac solet quidem etiam longum esse usque mortis diem et vitae non periculosum. Interdum tamen cum recens est, hominem consumit. Et saepe

anbetrifft, an dem der Patient ein Vorgefühl des drohenden Anfalls verspüren kann, so ist es am besten, wenn die Hände oder die Füße, weniger gut, wenn die Flanken betroffen sind, und am schlechtesten, wenn es am Kopf passiert.

Anfallsleiden: Im Alter ist die Schulmedizin machtlos (2)
Celsus *De medicina* II 8.29

Anfallserkrankungen, die nach dem 25. Lebensjahr einsetzen[1], sind schwer heilbar, und noch weitaus therapieresistenter sind jene, die sich nach dem 40. Lebensjahr manifestieren. In diesem Lebensalter kann man nur auf eine Spontanheilung hoffen, jedoch kaum auf Hilfe aus der Medizin. Wenn bei der Anfallskrankheit der ganze Körper auf einmal ergriffen wird und an den einzelnen Teilen kein Vorgefühl für das kommende Unheil besteht, wenn also der Mensch unvermittelt zusammenbricht, wird er unabhängig von seinem Alter kaum je gesund. Falls aber auch das Bewußtsein gestört ist oder Lähmungen auftreten, kann die Medizin gar nichts ausrichten.

Anfallsleiden: Im Alter ist die Schulmedizin machtlos (3)
Celsus *De medicina* III 23.1–2

Zu den bekanntesten Krankheiten gehört auch die, welche man als Komitialkrankheit[1] oder ziemlich schwere[2] Krankheit bezeichnet. Dabei bricht der Kranke plötzlich zusammen. Schaum tritt aus seinem Mund. Einige Zeit später kommt er wieder zu sich und steht aus eigener Kraft auf. Dieses Leiden befällt Männer häufiger als Frauen. Gewöhnlich verläuft die Krankheit chronisch und bleibt bis zum Todestag bestehen, allerdings ohne das Leben an sich zu gefährden. Gelegentlich rafft sie den Menschen aber dahin, auch wenn sie noch nicht lange besteht. Vielfach bringt sie,

eum, si remedia non sustulerunt, in pueris veneris, in puellis menstruorum initium tollit. Modo cum distentione autem nervorum prolabitur aliquis, modo sine illa. Quidam hos quoque isdem quibus lethargicos excitare conantur. Quod admodum supervacuum est, et quia ne lethargicus quidem his sanatur, et quia, cum possit ille numquam expergisci atque ita fame interire, hic ad se utique revertitur. Ubi concidit aliquis, si nulla nervorum distentio accessit, utique sanguis mitti non debet. Si accessit, non utique mittendus est, nisi aliqua quoque hortantur.

Ac ne resolutio quidem oculorum, quam paralysin Graeci nominant, alio victus modo vel aliis medicamentis curanda est. Exposuisse tantum genus vitii satis est. Igitur interdum evenit, modo in altero oculo, modo in utroque, aut ex ictu aliquo aut ex morbo comitiali aut ex distentione nervorum, qua vehementer ipse oculus concussus est, ut is neque quoquam intendi possit neque omnino consistat, sed huc illucve sine ratione moveatur. Ideoque ne conspectum quidem rerum praestat.

wenn Heilmittel keinen günstigen Effekt gezeigt haben, bei den Jungen der Eintritt in die Pubertät und bei den Mädchen die Menarche zum Stillstand. Der Patient stürzt bald mit und bald ohne klonische Krämpfe zu Boden. Manche versuchen die Epileptiker mit den gleichen Mitteln auf die Beine zu bringen wie die Lethargiker. Das ist aber ganz und gar überflüssig, und zwar sowohl deshalb, weil damit nicht einmal der Schlafsüchtige geheilt wird, aber auch deswegen, weil der Fallsüchtige immer wieder von selbst zu sich kommt, während der Schlafsüchtige sich nie wieder erheben und so an Hunger sterben kann. Wenn jemand zusammenbricht, ohne dass Krämpfe hinzugetreten sind, darf man ihn nicht zur Ader lassen. Wenn er gekrampft hat, so entziehe man ihm nur dann Blut, wenn andere Gründe dazu Anlass geben.

Anfallsleiden: Im Alter ist die Schulmedizin machtlos (4)
Celsus *De medicina* VI 6.36

Auch die Lähmung der Augen, die die Griechen als Parálysis bezeichnen, soll mit der gleichen Diät und den gleichen Heilmitteln behandelt werden. Es reicht deshalb aus, Art und Charakter der Erkrankung zu skizzieren. Mal ist nur ein, mal sind beide Augen betroffen. Mögliche Ursachen sind ein Stoß, die Fallsucht oder klonische Krämpfe, durch die das Auge selbst heftig in Mitleidenschaft gezogen wird, so dass es der Patient weder auf einen Punkt ausrichten noch überhaupt still halten kann. Das Auge bewegt sich nämlich ohne willkürliche Beeinflussung mal da hin und mal dort hin. Daher ist es dem Patienten nicht einmal möglich, die Dinge einfach nur zu betrachten.

Aliud viti genus est, ubi aures intra se ipsas sonant. Atque hoc quoque fit, ne externum sonum accipiant. Levissimum est, ubi id ex gravidine est, peius, ubi ex morbis capitisve longis doloribus incidit, pessimum, ubi magnis morbis venientibus maximeque comitiali praevenit.

Adversus autem omnium sic insanientium animos gerere se pro cuiusque natura necessarium est. Quorundam enim vani metus levandi sunt, sicut in homine praedivite famem timente incidit, cui subinde falsae hereditates nuntiabantur. Quorundam audacia coercenda est, sicut in iis fit, in quibus continendis plagae quoque adhibentur. Quorundam etiam intempestivus risus obiurgatione et minis finiendus. Quorundam discutiendae tristes cogitationes, ad quod symphoniae et cymbala strepitusque proficiunt. Saepius tamen adsentiendum quam repugnandum et paulatim et non

Anfallsleiden: Im Alter ist die Schulmedizin machtlos (5)

Celsus *De medicina* VI 7.8A

Eine andere Krankheit wird dadurch manifest, dass die Ohren innerlich widerhallen und deshalb von außen kommende Geräusche nicht wahrgenommen werden. Weitgehend harmlos ist dieser Zustand, wenn er bei einem Schnupfen auftritt. Bedrohlicher ist es, wenn ihm eine andere Krankheit oder chronische Kopfschmerzen vorausgehen. Am schlimmsten ist es, wenn er das Prodromalsymptom schwerer Erkrankungen und hier insbesondere der Fallsucht ist.

Irresein: Ansätze der Verhaltenstherapie

Celsus *De medicina* III 18.10–12

Der Verfasser berichtet ebenso vertraulich wie überzeugend von Gesprächen und gemeinsamen Unternehmungen mit Geisteskranken.

Man muss aber bei der Konfrontation mit den Gemütern all jener Kranken, die an dieser Form des Irreseins leiden, jeden individuell seiner Natur nach behandeln. Bei den einen hat man eingebildete Ängste zu beseitigen, so wie es bei einem steinreichen Mann geschehen ist, der fürchtete, er werde verhungern, und dem von Zeit zu Zeit Falschmeldungen über neue Erbschaften zugetragen wurden. Bei anderen hat man die Tollkühnheit zu bändigen, so dass man nicht darum herumkommt, selbst handgreiflich zu werden, um sie im Zaum zu halten. Bei anderen muss man unangemessenes Gelächter durch Tadel und Drohungen beenden. Einigen muss man traurige Gedanken austreiben. Dazu eignen sich harmonische Musik, Schläge auf das Schallbecken und lautes Getöse. Trotzdem soll man dem Patienten häufiger beipflichten als ihm widersprechen und versuchen, seinen Sinn nach und nach und ohne, dass er es merkt, von den getanen törichten Äußerungen zurück zu dem

evidenter ab iis, quae stulte dicentur, ad meliora mens eius adducenda. Interdum etiam elicienda ipsius intentio ut fit in hominibus studiosis litterarum, quibus liber legitur aut recte, si delectantur, aut perperam, si id ipsum eos offendit. Emendando enim convertere animum incipiunt. Quin etiam recitare, si qua meminerunt, cogendi sunt. Ad cibum quoque quosdam non desiderantes reduxerunt ii, qui inter epulantes eos conlocarunt.

Praeter haec servanda alvus est quam tenerrima, removendi terrores et potius bona spes offerenda, quaerenda delectatio ex fabulis ludisque, maxime quibus capi sanus adsuerat, laudanda, si qua sunt, ipsius opera et ante oculos eius ponenda, leviter obiurganda vana tristitia, subinde admonendus, in iis ipsis rebus, quae sollicitant, cur potius laetitiae quam sollicitudines causa sit. Si febris quoque accessit, sicut aliae febres curanda est.

zu bringen, was gut und löblich ist. Bisweilen muss man auch die Aufmerksamkeit des Patienten zu gewinnen suchen. Bei gelehrten Männern beispielsweise geschieht dies dadurch, dass man ihnen ein Buch vorliest, was die richtige Entscheidung ist, wenn sie daran Vergnügen finden, oder die falsche, wenn es sie unangenehm berührt. Denn durch die Verbesserungsvorschläge, die sie vorbringen, fangen sie an ihre Einstellung zu ändern. Man soll sie auch dazu anhalten vorzutragen, an was sie sich so erinnern. Einige, die sogar die Nahrungsaufnahme verweigert hatten, wurden erfolgreich an den Essenstisch zurückgebracht, indem sie auf Veranlassung der behandelnden Ärzte an einem Gastmahl teilnahmen.

Gut zureden und Hoffnung machen

Celsus *De medicina* III 18.18

Der Melancholiker soll an die eigenen Leistungen erinnert und auf die schönen Seiten des Lebens eingestimmt werden.

Außerdem muss man dafür sorgen, dass der Bauch des Patienten so weich wie möglich ist, alles von ihm ferngehalten wird, was ihm Schrecken einjagen könnte, und man ihm vielmehr gute Hoffnung macht, will sagen, dass man ihm durch Erzählungen angenehme Unterhaltung bietet oder durch Spiele, besonders solche, die ihn faszinierten, als er noch gesund war, dass man seine Werke, so es denn welche gibt, lobt und preist und ihm präsentiert, dass man seine Traurigkeit elegant als unberechtigt tadelt und dass man dann freundlich belehrt, weshalb in den Dingen, die ihm Kummer bereiten, eher ein Grund zur Freude als zu Besorgnis steckt. Wenn außerdem Fieber besteht, muss man es in der gleichen Weise behandeln wie andere Fieberzustände.

Alter quoque morbus est aliter phrenetico contrarius. In eo difficilior somnus, prompta ad omnem audaciam mens est; in hoc marcor et inexpugnabilis paene dormiendi necessitas. Lethargum Graeci nominarunt. Atque id quoque genus acutum est, et nisi succurritur, celeriter iugulat. – Hos aegros quidam subinde excitare nitentur admotis iis, per quae sternutamenta evocentur, et iis, quae odore foedo movent, qualis est pix cruda, lana sucida, piper, veratrum, castoreum, acetum, alium, cepa. Iuxta etiam galbanum incendunt aut pilos aut cornu cervinum; si id non est, quodlibet aliud. Haec enim cum comburuntur, odorem foedum movent. Tharrias vero quidam accessionis id malum esse dixit, levarique, cum ea decessit; itaque eos, qui subinde excitant, sine usu male habere. Interest autem, in decessione expergiscatur aeger, an aut febris non levetur aut levata quoque ea somnus urgeat. Nam si expergiscitur, adhibere eum sopito supervacuum est. Neque enim vigilando melior fit, sed per se, si melior est, vigilat. Si vero continens ei somnus est, utique excitandus est, sed iis

Schonungslos gegen die Schlafsucht

Celsus *De medicina* III 20.1–3

Ganz im Gegensatz zu dem Eindruck, den der Name erweckt, galt der Lethargos als hochgefährliche Krankheit, die der Arzt entschlossen behandeln musste.

Es gibt noch eine andere Krankheit, die das Gegenteil des Irreseins ist, freilich in anderer Weise. Beim Irresein ist es ziemlich schwer, Schlaf zu finden, und innerlich ist man zu jedem Wagnis bereit. Für die andere Krankheit sind hingegen Schlaffheit und ein nahezu unüberwindliches Bedürfnis nach Schlaf charakteristisch. Die Griechen haben sie Lḗthargos[1] genannt. Auch dies ist eine akute Krankheit und sie führt schnell zum Tode, wenn nicht Hilfe geleistet wird. – Einige Ärzte pflegen daher solche Patienten von Zeit zu Zeit aus diesem Zustand zu erwecken, und zwar mit Mitteln, die Niesen hervorrufen, und anderen Mitteln, die durch ihren üblen Geruch zu Reizungen führen, beispielsweise rohes Pech, nicht entfettete Wolle, Pfeffer, Nieswurz, Bibergeil, Essig, Knoblauch und Zwiebeln. Manche zünden auch unmittelbar neben dem Kranken Räucherharz, Haare oder Hirschhorn oder, was sonst gerade an Material verfügbar ist, an. Die Verbrennung dieser Stoffe erzeugt nämlich einen unangenehmen Geruch. Ein gewisser Tharrias[2] hat aber gesagt, die Schlafsucht sei ein mit Anfällen assoziiertes Leiden und weiche, wenn jene abgeklungen seien. Daher sei das wiederholte Wecken nur eine nutzlose Belästigung. Es kommt aber darauf an, ob der Patient aufwacht, wenn das Fieber weicht, oder ob er mit und ohne Rückgang des Fiebers vom Schlaf überwältigt wird. Denn wenn er aufwacht, ist es überflüssig, ihn wie einen Schläfrigen zu behandeln. Sein Befinden verbessert sich ja durch den Wachzustand nicht, sondern der Patient bleibt von selbst wach, wenn sich die Krankheit bessert. Wenn der Schlaf aber anhält, dann muss man den Betroffenen auf jeden Fall

temporibus, quibus febris levissima est, ut et excernat aliquid et sumat. Excitat autem validissime repente aqua frigida infusa. Post remissionem itaque perunctum multo oleo corpus tribus aut quattuor amphoris totum per caput perfundendum est...

Attonitos quoque raro videmus, quorum et corpus et mens stupet. Fit interdum ictu fulminis, interdum morbo. Ἀποπληξίαι hunc Graeci appellant. – His sanguis mittendus est, veratro quoque albo vel alvi ductione utendum. Tunc adhibendae frictiones et ex media materia minime pingues cibi, quidam etiam acres. A vino abstinendum.

At resolutio nervorum frequens ubique morbus est. Interdum tota corpora, interdum partes infestat. Veteres auctores illud ἀποπληξίαν, hoc παράλυσιν nominarunt. Nunc utrumque παράλυσιν appellari video. Solent autem, qui per omnia membra vehementer resoluti sunt, celeriter rapi. Ac si correpti non sunt,

wecken, und zwar am besten zu der Zeit, in der das Fieber am geringsten ist, damit sowohl die Ausscheidungen als auch die Nahrungsaufnahme wieder in Gang kommen. Ganz hervorragend wirksam ist eine unerwartete Dusche mit kaltem Wasser. Deshalb muss man nach der Erholung den Körper mit viel Öl einreiben und ihn dann vom Kopf bis zu den Füßen mit drei oder vier Krügen Wasser übergießen…

Apoplexie: Notfalls mit dem Bett herumtragen (1)
Celsus *De medicina* III 26–27.1A–C

Die Behandlungsvorschläge, die der Verfasser für Schlaganfallpatienten macht, waren und sind weitaus praxisnäher als die des großen Koers.

Menschen, die vom Schlag getroffen worden sind und die weder körperliche noch geistige Empfindungen haben, sehen wir auch nur gelegentlich. Dieser Zustand ist manchmal durch einen Blitzschlag bedingt, manchmal aber auch durch eine Krankheit, die die Griechen Apoplēxía nennen. – Diese Kranken muss man zur Ader lassen und mit weißer Nieswurz oder Einläufen dafür sorgen, dass sie reichlich abführen. Anschließend werden Einreibungen durchgeführt. Man wähle Speisen von mittlerem Nährwert, aber möglichst geringem Fettgehalt. Auch einige sauere dürfen darunter sein. Wein sollen die Patienten nicht trinken.

Andererseits ist die Erschlaffung der Nerven eine überall häufig vorkommende Erkrankung. Sie betrifft bald den ganzen Körper, bald einzelne Körperteile. Die erstere Form haben die alten Fachschriftsteller Apoplēxía, die letztere Parálysis genannt. Jetzt werden beide Zustände, wie ich sehe, als Parálysis bezeichnet. Jene Patienten aber, die an allen Gliedern ausgeprägte Lähmungen aufweisen, werden gewöhnlich rasch vom Tod dahingerafft.[1] Wenn sie dieses Schicksal nicht erleiden, leben sie zwar noch eine gewisse Zeit, ihre Gesundheit erlangen sie aber selten vollständig zurück. Meis-

diutius quidem vivunt, sed raro tamen ad sanitatem perveniunt. Plerumque miserum spiritum trahunt, memoria quoque amissa. In partibus vero numquem acutus, saepe longus, fere sanabilis morbus est. Si omnia membra vehementer resoluta sunt, sanguinis detractio vel occidit vel liberat. Aliud curationis genus vix umquam sanitatem restituit, saepe mortem tantum differt, vitam interim infestat. Post sanguinis missionem si non redit et motus et mens, nihil spei superest. Si redit, sanitas quoque prospicitur. At ubi pars resoluta est, pro vi et mali et corporis vel sanguis mittendus vel alvus ducenda est. Cetera eadem in utroque casu facienda sunt. Siquidem vitare praecipue convenit frigus. Paulatimque ad exercitationes revertendum est, sic ut ingrediatur ipse protinus, si potest. Si id crurum imbecillitas prohibet, vel gestetur vel motu lecti concutiatur. Tum id membrum, quod deficit, si potest, per se, si minus, per alium moveatur et vi quadam ad consuetudinem suam redeat.

Ἑτέρη νοῦσος· ἢν βλητὸς γένηται, ἀλγέει τὸ πρόσθεν τῆς κεφαλῆς, καὶ τοῖσιν ὀφθαλμοῖσιν οὐ δύναται ὁρᾶν, ἀλλὰ κῶμά μεν ἔχει, καὶ αἱ φλέβες ἐν τοῖσι κροτάφοισι σφύζουσι καὶ πυρετὸς βληχρὸς ἔχει

tens führen sie ein elendes Leben, nachdem sie auch noch das Gedächtnis verloren haben. Sind nur einzelne Körperteile betroffen, dann verläuft die Krankheit niemals akut, oft chronisch und gewöhnlich ist sie heilbar. Wenn alle Glieder weitgehend gelähmt sind, führt der Aderlass entweder zum Tod oder zur Heilung. Andere Behandlungsmaßnahmen führen fast nie zur Wiederherstellung der Gesundheit, oft verzögern sie nur den Tod, manchmal sind sie lebensgefährlich. Wenn nach dem Entzug des Blutes weder die Beweglichkeit noch das Bewußtsein zurückkehren, besteht keine Hoffnung mehr, wenn doch, kann auch mit Heilung gerechnet werden. Wenn aber ein Teil des Körpers gelähmt ist, muss man je nach dem Verhältnis zwischen der Aggressivität der Krankheit und der Widerstandskraft des Körpers entweder zur Ader lassen oder den Darm entleeren. Die folgenden therapeutischen Empfehlungen gelten für beide Fälle gleichermaßen. So ist es besonders förderlich, wenn der Patient die Kälte meidet und allmählich zu eigener Aktivität zurückkehrt, d. h. vor allem wieder selbst zu laufen beginnt, so er dazu in der Lage ist. Wenn die Schwäche der Beine dies nicht erlaubt, soll man ihn herumtragen oder das Bett, in dem er liegt, verschieben und ihn so in Bewegung versetzen. Anschließend soll das gelähmte Glied, wenn möglich, aus eigener Kraft, wenn dies nicht gelingt, von jemand anders bewegt werden und so durch eine gewisse Krafteinwirkung in den gewohnten Funktionszustand gebracht werden.

Apoplexie: Notfalls mit dem Bett herumtragen (2)
Hippokrates *De morbis* II 25

Eine andere Krankheit: Wenn einer vom Schlag getroffen wird, tut ihm die Stirn weh und er sieht nichts mehr. Er fällt in Bewusstlosigkeit, die Adern an den Schläfen pulsieren, schleichendes Fieber setzt ein und der ganze Körper ist extrem geschwächt.[1] In

καὶ τοῦ σώματος παντὸς ἀκρησίη καὶ μινύθη. Ὅταν οὕτως ἔχῃ, καίειν αὐτὸν θερμῷ πολλῷ καὶ χλιάσματα πρὸς τὴν κεφαλὴν προςτιθέναι· ἐκ δὲ τῆς πυρίης ἐς τὰς ῥῖνας σμύρναν καὶ ἄνθος χαλκοῦ· ῥοφάνειν δὲ τὸν χυλὸν τῆς πτισάνης καὶ πίνειν ὕδωρ. Καὶ ἢν μὲν ταῦτα ποιέοντι ῥᾴων γένηται· εἰ δὲ μὴ, ταύτῃ γὰρ μόνη ἐλπίς, σχίσαι αὐτοῦ τὸ βρέγμα καὶ ἐπὴν ἀποῤῥυῇ τὸ αἷμα, συνθεὶς τὰ χείλεα, ἰῆσθαι καὶ καταδῆσαι· ἢν δὲ μὴ σχίσῃς, ἀποθνήσκει ὀκτωκαιδεκαταῖος ἢ εἰκοσταῖος ὡς τὰ πολλά.

In capite autem interdum acutus et pestifer morbus est, quem κεφαλαίαν Graeci vocant. Cuius notae sunt horror calidus, nervorum resolutio, oculorum caligo, mentis alienatio, vomitus, sic ut vox supprimatur, vel sanguinis ex naribus cursus, sic ut corpus frigescat, anima deficiat. Praeter haec dolor intolerabilis, maxime circa tempora vel occipitium. Interdum autem in capite longa inbecillitas, sed neque gravis neque periculosa, per hominis aetatem est. Interdum gravior dolor, sed brevis neque tamen mortiferus, qui vel vino vel cruditate vel frigore vel igne aut sole contrahitur. Hique omnes dolores modo in febre, modo sine hac

dieser Situation muss man ein sehr heißes Brenneisen verwenden, feuchte und wärmende Mittel auf den Kopf legen und Myrrhe und Kupferschmelze von einem Feuerstein aus in die Nase einbringen. Der Patient muss den Saft der Gerste schlucken und Wasser trinken. Alle diese Maßnahmen tragen zur Erleichterung bei. Wenn der Erfolg ausbleibt, gibt es nur noch eine Hoffnung, nämlich den vorderen Teil des Schädels zu spalten und, wenn das Blut hervorschießt, die Wundränder aneinanderzulegen und zur Behandlung zusammenzunähen. Wenn man die Kraniotomie nicht durchführt, sterben die meisten am 18. oder 20. Tag.

Differenzialdiagnose des Kopfschmerzes

Celsus *De medicina* IV 2.2–4

Der Verfasser beschreibt eine Reihe von Sensationen und Symptomen am Hirn- und Gesichtsschädel, gibt aber nur wenigen einen eigenen Namen.

Der Kopf ist manchmal Sitz einer akuten und unheilvollen Erkrankung, die die Griechen Kephalaía[1] nennen. Ihre Symptome sind Schüttelfrost, Lähmungen, Schwarzwerden vor den Augen, geistige Verwirrung, Erbrechen, das so stark ist, dass auch die Stimme versagt, oder so starkes Nasenbluten, dass der Körper kalt wird und das Bewusstsein verloren geht. Außerdem kommt es zu unerträglichen Schmerzen, vor allem an den Schläfen und am Hinterhaupt. Manchmal stellt sich auch am Kopf ein Schwächezustand ein, der zwar weder belastend noch gefährlich ist, den Menschen aber das ganze weitere Leben verfolgt. Manchmal verstärkt sich der Schmerz, jedoch nur für kurze Zeit und in nicht lebensbedrohlicher Weise. Zuviel Wein, Verdauungsstörungen, Kälte, Feuerhitze oder starke Sonneneinstrahlung sind die Ursache dafür. Alle diese Schmerzen werden bald von Fieber begleitet, bald ist die Körpertemperatur dabei normal, bald sind sie am ganzen

sunt, modo in toto capite, modo in parte, interdum sic ut oris quoque proximam partem excrucient. Praeter haec etiamnum invenitur genus, quod potest longum esse. Ubi umor cutem inflat, eaque intumescit et prementi digito cedit, ὑδροκέφαλον Graeci appellant.

Circa faciem vero morbus innascitur, quem Graeci κυνικὸν σπασμόν nominant. Isque cum acuta fere febre oritur. Os cum motu quodam pervertitur ideoque nihil aliud est quam distentio oris. Accedit crebra coloris in facie totoque in corpore mutatio. Somnus in promptu est.

Quidem post rabiosi canis morsum protinus in balineum mittunt ibique patiuntur desudare, dum vires corporis sinunt, ulcere adaperto, quo magis ex eo quoque virus distillet; deinde multo

Kopf lokalisiert, bald nur an einem Teil von ihm, bald an einer Stelle, von der auch die angrenzenden Anteile des Gesichts in Mitleidenschaft gezogen werden. Daneben gibt es auch noch eine potenziell chronische Form von Kopfschmerzen. Dabei dringt Flüssigkeit in die Haut ein, so dass diese anschwillt und vor dem Druck des Fingers ausweicht. Hydroképhalon[2] sagen die Griechen dazu.

Einseitige Gesichtslähmung: Kynisch, aber nicht zynisch

Celsus *De medicina* IV 3

Die vom Verfasser geschilderten Symptome lassen primär an die Fazialisparese denken, sind dafür aber nicht ganz typisch.

In der Gesichtsregion[1] tritt aber eine Erkrankung auf, die von den Griechen als Kynikós Spasmós[2] bezeichnet wird. Sie ist gewöhnlich mit akutem Fieber verbunden. Der Mund verzieht sich dabei in eine gewisse Richtung; es handelt sich also um nichts anderes als um eine Verzerrung des Gesichts. Dazu kommen noch häufiger Wechsel der Farbe sowohl im Gesicht als auch am ganzen Körper und ein ständiges Schlafbedürfnis.

Tollwut: Trotz Wasserscheu in den Weiher

Celsus *De medicina* V 27.2B–D

Für die verzweifelte Situation, in die jeder einzelne Fall von Rabies den Arzt der Antike brachte, empfiehlt der Autor, das Leitsymptom des Patienten zum roten Faden der Behandlung zu machen.

Manche schicken die Patienten, die von einem tollwütigen Hund gebissen worden sind, geradewegs in ein Bad und lassen sie dort abschwitzen, solange es die Körperkräfte zulassen, und zwar mit aufgedeckter Wunde, damit das Gift um so besser ausgespült wird.

meracoque vino accipiunt, quod omnibus venenis contrarium est. Idque cum ita per triduum factum est, tutus esse homo a periculo videtur.

Solet autem ex eo vulnere, ubi parum occursum est, aquae timor nasci (hydrophobas Graeci appellant), miserrimum genus morbi, in quo simul aeger et siti et aquae metu cruciatur; quo oppressis in angusto spes est. Sed unicum tamen remedium est, neque opinantem in piscinam non ante ei provisam proicere. Et si natandi scientiam non habet, modo mersum bibere pati, modo attollere. Si habet, interdum deprimere, ut invitus quoque aqua satietur. Sic enim simul et sitis et aquae metus tollitur. Sed aliud periculum excipit, ne infirmum corpus in aqua frigida vexatum nervorum distentio absumat. Id ne incidat, a piscina protinus in oleum calidum demittendus est. Antidotum autem praecipue id, quod primo loco posui, ubi id non est, aliud, si nondum aeger aquam horret, potui ex aqua dandum est. Et si amaritudine offendit, mel adiciendum est. Si iam is morbus occupavit, per catapotia sumi potest.

Danach lassen sie viel ungemischten Wein, der eine Waffe gegen alle Gifte ist, in die Wunde einbringen. Wenn der Patient drei Tage lang so behandelt worden ist, darf man annehmen, dass er außer Gefahr ist.

Gewöhnlich entwickelt sich aber aus einer solchen Wunde, wenn man zuwenig dagegen getan hat, eine Scheu vor Wasser (die Griechen nennen einen solchen Patienten Hydrophóbas[1]), ein höchst grausames Krankheitsbild, denn der Patient wird gleichzeitig von Durst und Angst vor dem Wasser gequält. Für die davon Betroffenen besteht nur geringe Hoffnung. Es gibt nur eine einzige Rettungsmaßnahme. Man muss den Kranken in einen Weiher werfen und zwar ohne dass er es ahnt und ohne dass er die Wasserstelle kennt. Wenn er nicht schwimmen kann, soll man ihn jeweils für kurze Zeit untertauchen und Wasser schlucken lassen und dann wieder herausziehen. Kann er jedoch schwimmen, so soll man ihn zwischendurch unter das Wasser drücken, damit er auch ungewollt reichlich davon schluckt. Auf diese Weise werden ihm der Durst und die Wasserscheu gleichzeitig genommen. Doch droht hierbei die andere Gefahr, dass der geschwächte und durch das kalte Wasser geplagte Körper von klonischen Krämpfen dahingerafft wird. Um dies zu vermeiden, muss man den Patienten aus dem Wasser ziehen und umgehend in ein warmes Ölbad stecken. Als Gegengift soll er das von mir an erster Stelle genannte[2] und, sofern dies nicht verfügbar ist, ein anderes nehmen. Wenn der Patient das Wasser noch nicht scheut, soll man ihn das Gegengift mit Wasser einnehmen lassen, wenn er es wegen des bitteren Geschmacks ablehnt, soll man Honig hinzugeben, wenn sich aber die Abneigung gegen das Wasser bereits ausgebildet hat, soll man ihn das Gegengift in Form von Pillen einnehmen lassen.

Quem vero frequenter cita alvus exercet, huic opus est pila similibusque superiores partes exercere, dum ieiunus est, ambulare, vitare solem, continua balinea, ungi citra sudorem, non uti cibis variis, minimeque iurulentis, aut leguminibus holeribusque, iisque, quae celeriter descendunt, omnia denique fugere, quae tarde concocuntur. Venatio durique pisces et ex domesticis animalibus assa caro maxime iuvant. Numquam vinum salsum bibere expedit, ne tenue quidam aut dulce, sed austerum et plenius neque id ipsum pervetus. Si mulso uti volet, id ex decocto melle faciendum est. Si frigidae potiones ventrem eius non turbant, his utendum potissimum est. Si quid offensae in cena sensit, vomere debet idque postero quoque die facere, tertio modici ponderis panem ex vino esse, adiecta uva ex olla vel ex defruto similibusque aliis, deinde ad consuetudinem redire. Semper autem post cibum

2.1.6 Diätetik und physikalische Therapie

Was man bei Durchfall essen soll (1)

Celsus *De medicina* I 6

Die Diätanweisungen, die der Verfasser gegen häufige Darmentleerung erteilt, sind nicht einheitlich. Vielleicht liegt es daran, dass er verschiedene Quellen benutzt hat.

Wer aber häufig von Durchfall geplagt wird, der soll die oberen Partien des Körpers durch Ballspiel oder ähnliche Aktivitäten in Bewegung bringen, in nüchternem Zustand spazierengehen, die Sonneneinstrahlung vermeiden ebenso wie ständiges Baden, sich nur so lange salben lassen, bis er zu schwitzen beginnt, nicht verschiedenartige Speisen zu sich nehmen, vor allem auf solche verzichten, die in einer Brühe schwimmen, außerdem auf Hülsenfrüchte, Gemüse und die Nahrungsmittel, die den Darm rasch passieren, und schließlich alles meiden, was langsam verdaut wird. Wild, harte Fische und Braten mit dem Fleisch von Haustieren sind am besten bekömmlich. Niemals darf man bei Durchfall gesalzenen Wein[1], sei er auch noch so leicht, oder Süßwein trinken, besser greift man zu einem eher herben und schweren Tropfen, der aber wiederum nicht allzu alt sein sollte. Wenn jemand Honigwein trinken will, sollte er ihn aus gekochtem Honig zubereiten. Wenn kalte Getränke keine Störungen im Bauch hervorrufen, soll man sie so reichlich wie möglich konsumieren. Wenn der Kranke beim Essen bemerkt, dass ihm etwas nicht zuträglich ist, soll er sich sofort und noch einmal am nächsten Tag übergeben, am dritten Tag dann ein mittelgroßes Stück Brot in Wein tauchen und essen und Trauben dazunehmen, die in einem Topf, in eingekochtem Most oder in ähnlicher Weise aufbewahrt werden. Anschließend kann er zu den alten Essensgewohnheiten zurückkehren. Es ist aber stets zu empfehlen, sich nach dem Essen hinzule-

conquiescere ac neque intendere animum neque ambulatione quamvis levi dimoveri.

Levior etiam, dum recens, deiectio est, ubi et liquida alvus et saepius quam ex consuetudine fertur. Atque interdum tolerabilis dolor est, interdum gravissimus. Idque peius est. Sed uno die fluere alvum saepe pro valetudine est atque etiam pluribus, dum febris absit et intra septimum diem id conquiescat. Purgatur enim corpus et, quod intus laesurum erat, utiliter effunditur. Verum spatium periculosum est. Interdum enim tormina ac febriculas excitat viresque consumit. – Primo die quiescere satis est neque impetum ventris prohibere. Si per se desiit, balneo uti, paulum cibi capere. Si mansit, abstinere non solum a cibo, sed etiam a potione. Postero die si nihilo minus liquida alvus est, aeque conquiescere, paulum adstringentis cibi sumere. Tertio die in balneum ire, vehementer omnia praeter ventrem perfricare, ad ignem lumbos scapulasque admovere, cibis uti, sed ventrem contrahentibus, vino non multo meraco. Si postero quoque die fluet, plus edisse, sed vomere et, ex toto donec quiescat, contra siti,

gen und den Geist nicht anzustrengen und selbst auf ganz leichte Spaziergänge zu verzichten.

Was man bei Durchfall essen soll (2)
Celsus *De medicina* IV 26.1–3

Eine weniger schwere Krankheit ist, wenigstens wenn sie noch nicht lange besteht, der Durchfall. Dabei ist der Stuhlgang flüssiger und geht häufiger als sonst ab und es bestehen Schmerzen, die erträglich, aber auch sehr heftig sein können[1]. Letzteres ist schlimmer. Durchfall, der nur einen Tag lang anhält, ist der Gesundheit oft zuträglich, ja selbst mehrtägiger Durchfall schadet ihr nicht, solange nur kein Fieber dabei ist und binnen einer Woche Ruhe herrscht. Auf diese Weise wird der Körper nämlich gereinigt und mögliche krankheitserregende Stoffe werden zum Vorteil des Patienten ausgeschieden. Aber wenn der Durchfall anhält, wird es gefährlich. Manchmal nämlich führt er zu Ruhr und Fieberzuständen und raubt dem Patienten die Kräfte. – Am ersten Tage reicht es aus, wenn der Kranke ruht und seinen Ausscheidungen freien Lauf lässt. Wenn der Durchfall dann von selbst aufgehört hat, soll er ins Bad gehen und ein klein wenig Essen zu sich nehmen. Andernfalls darf er nicht nur nichts essen, sondern er soll auch nichts trinken. Wenn der Stuhlgang trotzdem am nächsten Tag noch füssig ist, soll der Patient ebenfalls ruhen, jedoch eine kleine Menge stopfender Speisen zu sich nehmen. Am dritten Tag soll er ins Bad gehen, alle Körperteile, nicht nur den Bauch kräftig frottieren, die Lendengegend und die Schultern am Feuer wärmen und nur solche Speisen zu sich nehmen, die den Bauch abdichten, sowie etwas unvermischten Wein. Hält der Durchfall trotzdem am nächsten Tag noch an, so darf er mehr essen, muss aber anschließend erbrechen und bis der Darm vollständig zur Ruhe gekommen ist, sich auf Dürsten, Hungern und

fame, vomitu niti. Vix enim fieri potest, ut post hanc animadversionem alvus non contrahatur. Alia via est, ubi velis subprimere, cenare, deinde vomere, postero die in lecto conquiescere, vespere ungi, sed leniter. Deinde panis circa selibram ex vino Aminaeo mero sumere, tum assum aliquid maximeque avem et postea vinum idem bibere aqua pluviali mixtum idque usque quintum diem facere, iterumque vomere…

At si laxius intestinum dolere consuevit, quod colum nominant, cum id nihil nisi genus inflationis sit, id agendum est, ut concoquat aliquis, ut lectione aliisque generibus exerceatur, utatur balineo calido, cibis quoque et potionibus calidis, denique omni modo frigus vitet, item dulcia omnia leguminaque et quicquid inflare consuevit.

Erbrechen verlassen. Es kommt nämlich so gut wie nicht vor, dass der Darm sich nicht schließt, wenn man diese Regeln beachtet hat. Ein anderer Weg, den Durchfall zu stoppen, ist die Kombination aus einem reichlichen Mittagessen und anschließendem Erbrechen. Am Tag danach bleibt man dann im Bett liegen und lässt sich gegen Abend sanft salben. Dann nimmt man etwa ein halbes Pfund in unvermischten aminäischem[2] Wein getauchtes Brot zu sich, später isst man etwas Gebratenes, am besten Geflügel und trinkt dann wieder denselben, aber diesmal mit Regenwasser gemischten Wein. So geht es weiter bis zum fünften Tag, an dem man sich dann zum zweiten Mal übergibt.

Flatulenz: Laut lesen und warm baden

Celsus *De medicina* I 7

Auch wenn es nur ein Einzelsymptom ist, verlangen Blähungen nach einer konzertierten therapeutischen Aktion.

Aber wenn der schlaffere Abschnitt des Darms, den man Kōlon[1] nennt, regelmäßig schmerzt, soll man, da es sich hierbei um nichts anderes als um Blähungen handelt, darauf achten, dass der Betroffene gut verdaut, dass er sich bei lautem Lesen und auf andere Art und Weise körperlich betätigt, ein warmes Bad nimmt, warme Speisen und Getränke bekommt und schließlich in jedem Fall die Kälte meidet und ebenso den Genuß von Süßigkeiten, Hülsenfrüchten und allen anderen Nahrungsmitteln, die Blähungen verursachen.

Si quis vero stomacho laborat, legere clare debet et post lectionem ambulare, tum pila et armis aliove quo genere, quo superior pars movetur, exerceri, non aquam, sed vinum calidum bibere ieiunus, cibum bis die adsumere, sic tamen ut facile concoquat, uti vino tenui et austero, et si post cibum, frigidis potius potionibus. Stomachum autem infirmum indicant pallor, macies, praecordiorum dolor, nausea et nolentium vomitus, ieiuno dolor capitis; quae in quo non sunt, is firmi stomachi est. Neque credendum utique nostris est, qui cum in adversa valetudine vinum aut frigidam aquam concupiverunt, deliciarum patrocinium in accusationem non merentis stomachi habent. At qui tarde concocunt et quorum ideo praecordia inflantur, quive propter ardorem aliquem noctu sitire consuerunt, ante quam conquiescant duos tresve cyathos per tenuem fistulam bibant. Prodest etiam adversus tardam concoctionem clare legere, deinde ambulare, tum vel ungui vel lavari, assidue vinum frigidum bibere et post cibum magnam potionem, sed, ut supra dixi, per siphonem; deinde omnes potiones aqua frigida includere. Cui vero cibus acescit, is ante eum bibere aquam egelidam debet et vomere. At si cui ex hoc

Magenleiden: Den Wein mit dem Strohhalm trinken

Celsus *De medicina* I 8

Es kommt nicht nur auf die Sorte an, sondern auch darauf, wann und wie man den gegorenen Traubensaft zu sich nimmt.

Wenn aber jemand am Magen leidet, dann soll er laut lesen und nach der Lektüre spazieren gehen, dann mit dem Ball, mit Waffen oder Gegenständen anderer Art, die die oberen Partien des Körpers beanspruchen, trainieren, nicht Wasser, sondern warmen Wein in nüchternem Zustand trinken, zwei Mal pro Tag Nahrung zu sich nehmen, aber solche, die er leicht verdaut, zum Trinken leichten und dunklen Wein bevorzugen und, wenn nach dem Essen, eher kalte Getränke. Auf einen kranken Magen weisen Blässe, Magerkeit, Oberbauchschmerzen, Übelkeit, unfreiwilliges Erbrechen und Kopfschmerz im Nüchternzustand hin. Wer diese Symptome nicht aufweist, der hat einen starken Magen. Immerhin darf man jenen Landsleuten nicht glauben, die, nachdem sie bei schlechter Gesundheit nach Wein oder kaltem Wasser verlangt haben, zur Verteidigung ihrer Gelüste den Magen verantwortlich machen, obwohl er nichts dafür kann. Jene aber, die langsam verdauen und deren Bauch sich deshalb aufbläht, oder auch jene, die wegen eines brennenden Gefühls nachts regelmäßig Durst bekommen, sollen, bevor sie sich zur Ruhe begeben, zwei oder drei Becher mit einem dünnen Strohhalm trinken. Gegen langsame Verdauung nützt es auch, laut zu lesen, danach einen Spaziergang zu machen, sich dann zu salben oder zu baden, fortwährend kalten Wein zu trinken und zwar nach dem Essen einen besonders großen Schluck, doch, wie schon gesagt, mit einem Strohhalm, und danach jede Flüssigkeitszufuhr mit einem Schluck kalten Wassers zu beenden. Bei wem aber die Speisen im Magen sauer werden, der muss zuvor lauwarmes Wasser trinken und sich dann

frequens deiectio incidit, quotiens alvus ei constiterit, frigida potione potissimum utatur.

Frigus inimicum est seni, tenui, vulneri, praecordiis, intestinis, vesicae, auribus, coxis, scapulis, naturalibus, ossibus, dentibus, nervis, vulvae, cerebro. Idem summam cutem facit pallidam, aridam, duram, nigram. Ex hoc horrores tremoresque nascuntur. At prodest iuvenibus et omnibus plenis. Erectiorque mens est et melius concoquitur, ubi frigus quidem est. Sed cavetur. Aqua vero frigida infusa, praeterquam capiti, etiam stomacho prodest, etiam articulis doloribusque, qui sunt sine ulceribus, item rubicundis nimis hominibus, si dolore vacant. Calor autem adiuvat omnia, quae frigus infestat, item lippientis, si nec dolor nec lacrimae sunt, nervos quoque, qui contrahuntur, praecipueque ea ulcera, quae ex frigore sunt. Idem corporis colorem bonum facit, urinam movet. Si nimius est, corpus effeminat, nervos emollit, stomachum soluit. Minime vero frigus et calor tuta sunt, ubi subita insuetis sunt: nam frigus lateris dolores aliaque vitia, frigida aqua strumas

übergeben. Wer jedoch davon häufig Durchfall bekommt, nehme nach jedem Stuhlgang am besten ein kaltes Getränk zu sich.

Hydrotherapie nach Maß

Celsus *De medicina* I 9.3–6

Kalte Güsse und heiße Bäder sind nur dann therapeutisch unbedenklich, wenn man an solche Anwendungen gewohnt ist.

Kälte ist ungünstig im hohen Alter, bei zartem Körperbau, nach Verletzungen, für die Brustorgane und Eingeweide, für die Blase, die Ohren, die Hüften, die Schultern und den Rücken, die Geschlechtsteile, die Knochen, die Zähne, die Sehnen, die Gebärmutter und das Gehirn[1]. Außerdem lässt sie die Oberfläche der Haut blass, trocken, hart und schwarz werden[2]. So entstehen Schüttelfrost und Zittern. Auf junge Leute und die Übergewichtigen wirkt sie vorteilhaft. Der Geist ist wacher und die Verdauung besser, sobald es kalt geworden ist. Trotzdem muss man aufpassen. Ein Guss wirklich kalten Wassers tut nicht nur dem Kopf, sondern auch dem Magen gut, außerdem schmerzhaften Gelenken, solange sich daran keine Geschwüre befinden, und Menschen mit hochrotem Gesicht, wenn sie keine Schmerzen haben. Wärme hilft dagegen immer dann, wenn Kälte Schaden anrichtet, und zwar gleichermaßen bei triefenden Augen, wenn weder Schmerzen noch Tränenfluss bestehen, und Sehnenkontrakturen, vor allem aber bei den Geschwüren, die durch Kälte entstanden sind. Wärme macht auch eine gute Hautfarbe und treibt den Urin. Zu viel Wärme verweichlicht jedoch den Körper, lässt die Sehnen erschlaffen und macht den Magen schwach. Keinesfalls aber sind Kälte und Wärme ungefährlich, sobald sie unvermittelt auf Personen einwirken, die daran nicht gewöhnt sind. Denn die Kälte erzeugt Flankenschmerz und andere Übel, kaltes Wasser lässt die Drüsen anschwellen. Zu viel Wärme behindert die Verdauung, nimmt den

excitat. Calor concoctionem prohibet, somnum aufert, sudorem digerit, obnoxium morbis pestilentibus corpus efficit.

At vomitus ut in secunda quoque valetudine saepe necessarius biliosis est, sic etiam in iis morbis, quos bilis concitavit. Ergo omnibus, qui ante febres horrore et tremore vexantur, omnibus, qui cholera laborant, omnibus etiam cum quadam hilaritate insanientibus et comitiali quoque morbo oppressis necessarius est. Sed si acutus morbus est, sicut in cholera, si febris est, ut inter horrores, asperioribus medicamentis opus non est, sicut in deiectionibus quoque supra dictum est. Satisque est ea vomitus causa sumi, quae sanis quoque sumenda esse proponi. At ubi longi valentesque morbi sine febre sunt, ut comitialis, ut insania, veratro quoque albo utendum est. Id neque hieme neque aestate recte datur, optime vere, tolerabiliter autumno. Quisquis daturus erit, id agere ante debebit, ut accepturi corpus umidius sit. Illud scire oportet, omne eiusmodi medicamentum, quod potui datur, non semper aegris prodesse, semper sanis nocere.

Schlaf, schwächt durch Absonderung von Schweiß und macht den Körper für ansteckende Krankheiten empfänglich.

Erbrechen – ja, aber erst nach Vorbereitung

Celsus *De medicina* II 13

Nicht alle Brechmittel, die man Gesunden gibt, eignen sich auch für Kranke.

Aber ähnlich wie das Erbrechen für gallige Naturen oft selbst an gesunden Tagen notwendig ist, erfordern es auch die gallebedingten Krankheiten. Daher bietet es sich für alle an, die vor den Fieberattacken von Schüttelfrost und Zittern gequält werden, für alle, die an Brechdurchfall leiden, für alle, die an heiterem Irresein leiden, und auch jene, die von der Anfallskrankheit betroffen sind. Wenn die Krankheit aber akut ausbricht, so wie beim Brechdurchfall, wenn Fieber besteht, wie zwischen den Schüttelfrostanfällen, sind die stärker wirksamen Medikamente, wie vorhin im Kapitel über das Purgieren ausgeführt, nicht notwendig. Es reicht dann aus, wenn man, um Brechreiz zu erregen, die Mittel nimmt, die ich Gesunden für diesen Zweck vorgeschlagen habe. Solange jedoch chronische schwerwiegende Erkrankungen wie Epilepsie und Irresein ohne Fieber verlaufen, soll man auch die weiße Nieswurz nehmen. Das Problem ist nur, dass sich weder Winter noch Sommer für die Gabe der Nieswurz wirklich eignen, dafür sehr gut der Frühling und mit Einschränkungen der Herbst. Wer sie verabreichen will, muss vorher alles daran setzen, dass der Körper des Empfängers möglichst feucht ist.[1] Außerdem ist zu bedenken, dass jedes dieser Medikamente, das man zu trinken gibt, den Kranken nicht immer hilft, den Gesunden aber immer schadet.[2]

Sudor etiam duobus modis elicitur, aut sicco calore aut balneo. Siccus calor est et harenae calidae et Laconici et clibani et quarundam naturalium sudationum, ubi terra profusus calidus vapor aedificio includitur, sicut super Baias in murtetis habemus.

Cum de iis dictum sit, quae detrahendo iuvant, ad ea veniendum est, quae alunt, id est, cibum et potionem. Haec autem, non omnium tantum morborum, sed etiam secundae valetudinis communia praesidia sunt. Pertinetque ad rem omnium proprietates nosse, primum ut sani sciant, quomodo his utantur, deinde ut exsequentibus nobis morborum curationes (III, IV) liceat species rerum, quae adsumendas erunt, subicere neque necesse sit subinde singulas eas nominare.

Scire igitur oportet omnia legumina, quaeque ex frumentis panificia sunt, generis valentissimi esse (valentissimum voco, in quo plurimum alimenti est), item omne animal quadrupes domi

Ordentlich schwitzen in Kampanien

Celsus *De medicina* II 17.1

Der Verfasser lässt es sich nicht nehmen, für die Fumarolen auf den heimischen phlegräischen Feldern versteckte Werbung zu treiben.

Schweiß wird auf zweierlei Weise hervorgerufen, entweder durch trockene Hitze oder durch Bäder. Trocken ist die Hitze, die der heiße Sand ausstrahlt und auch das Lakonium[1] oder die Wärmepfanne[2] oder manche natürliche Schwitzplätze, wo sich der aus der Erde aufsteigende heiße Dampf in einem Gebäude sammelt, beispielsweise bei uns in den Myrtenhainen oberhalb von Baiae[3].

Stichwort: Mittlerer Nährwert

Celsus *De medicina* II 18.1–10

Der Text gibt einen wahrhaft umfassenden Überblick über die roborierenden Eigenschaften der pflanzlichen und tierischen Nahrungsmittel.

Nachdem von den Dingen die Rede war, die dadurch hilfreich sind, dass sie etwas entziehen, sollten wir nun zu jenen kommen, die uns nähren, also zu den Speisen und Getränken. Sie stellen nicht nur ein generelles Hilfsmittel in jedem Krankheitsfall dar, sondern dienen auch der Erhaltung der Gesundheit. Voraussetzung ist, dass man die Eigenschaften der Nahrungsmittel kennt, damit zum einen die Gesunden wissen, wie sie sie verwenden sollen, und damit ich bei der anschließenden Besprechung der verschiedenen Krankheiten (siehe Buch III und IV) die übergeordnete Art der Nahrungsmittel, die genommen werden müssen, angeben kann und nicht immer wieder jedes einzelne nennen muss.

Man muss also wissen, dass alle Hülsenfrüchte und alles, was aus Getreide gebacken worden ist, einen sehr hohen Nährwert haben (als sehr nahrhaft bezeichne ich ein Lebensmittel, das sehr viele Aufbaustoffe enthält). Dieselbe Aussage gilt für alle vierfüßi-

natum, omnem grandem feram, quales sunt caprea, cervus, aper, onager, omnem grandem avem, quales sunt anser et pavo et grus, omnes beluas marinas, ex quibus cetus est quaeque his pares sunt, item mel et caseum. Quo minus mirum est opus pistorium valentissimum esse, quod ex frumento, adipe, melle, caseo constat.

In media vero materia numerari ex holeribus debere ea, quorum radices vel bulbos adsumimus, ex quadrupedibus leporem, aves omnes a minimis ad phoenicopterum, item pisces omnes, qui salem non patiuntur solidive saliuntur. Inbecillissimam vero materiam esse omnem caulem holeris et quicquid in caule nascitur, qualis est cucurbita et cucumis et capparis, omnia poma, oleas, cochleas itemque conculia.

Sed quamvis haec ita discreta sunt, tamen etiam quae sub eadem specie sunt, magna discrimina recipiunt aliaque res alia vel valentior est vel infirmior. Siquidem plus alimenti est in pane quam in ullo alio, firmius est triticum quam milium, id ipsum quam hordeum. Et ex tritico firmissima siligo, deinde simila, deinde cui nihil demptum est, quem αὐτόπυρον Graeci vocant. Infirmior est ex polline, infirmissimus cibarius panis.

Ex leguminibus vero valentior faba vel lenticula quam pisum. Ex holeribus valentior rapa napique et omnes bulbi, in quibus cepam quoque et alium numero, quam pastinaca vel quae specialiter radicula appellatur. Item firmior brassica et beta et porrum quam lactuca vel cucurbita vel asparagus. At ex fructibus surculo-

gen Haustiere, das Großwild wie Reh, Hirsch, Wildschwein und Wildesel, alle großen Vögel wie die Gans, den Pfau und den Kranich, alle großen Meerestiere wie den Wal und die ihm ähnlichen Arten sowie für Honig und Käse. Deshalb ist es auch nicht verwunderlich, dass Backwerk sehr nahrhaft ist, weil es aus Getreide, Fett, Honig und Käse besteht.

Zu den Speisen mit mittlerem Nährwert gehören die Gemüse, deren Wurzeln und Zwiebeln wir zu uns nehmen, unter den Vierfüßlern der Hase, ferner alle Vögel, und zwar von den kleinsten bis zum Flamingo[1], desgleichen alle Fische, die das Einsalzen nicht vertragen oder unbearbeitet eingesalzen werden. Als Lebensmittel mit dem geringsten Nährwert gelten alle Stängel von Gemüsen und was an Stängeln wächst, so etwa der Kürbis, die Gurke und die Kaper, ferner alle Sorten von Obst, Oliven, Schnecken und auch kleine Muscheln.

Trotz der Einteilung in diese verschiedenen Klassen bestehen zwischen den Nahrungsmitteln, die ein- und derselben Klasse angehören, große Unterschiede, d. h. dass das eine kräftiger bzw. schwächer als das andere ist. Brot enthält jedenfalls grundsätzlich mehr Nährstoffe als jedes andere Nahrungsmittel; dennoch ist Weizen nährstoffreicher als Hirse und diese wiederum nährstoffreicher als Gerste. Unter den Weizenprodukten ist das feine Mehl am nahrhaftesten, gefolgt vom ganz feinen Mehl und dem Mehl, dem man nichts entzogen hat und das die Griechen Autópyros[2] nennen. Weniger nahrhaft ist Brot aus Staubmehl und am wenigsten das grobe Gerstenbrot.

Unter den Hülsenfrüchten ist aber die Bohne oder Linse kräftiger als die Erbse. Unter den Gemüsen sind die Rübe, die Steckrüben und alle Gartengewächse, zu denen ich auch Zwiebeln und Knoblauch rechne, nahrhafter als Pastinak oder die Pflanze, die als Rettich bezeichnet wird. Ebenso sind Kohl, Mangold und Lauch kräftiger als Kopfsalat, Kürbis oder Spargel. Und unter den an

rum valentiores uvae, ficus, nuces, palmulae quam quae poma proprie nominantur. Atque ex his ipsis firmiora quae sucosa quam quae fragilia sunt.

Itemque ex iis avibus, quae in media specie sunt, valentior ea, quae pedibus quam quae volatu magis nititur. Et ex iis, quae volatu fidunt, firmiores quae grandiores aves quam quae minutae sunt, ut ficedula et turdus. Atque eae quoque, quae in aqua degunt, leviorem cibum praestant quam quae natandi scientiam non habent.

Inter domesticas vero quadrupedes levissima suilla est, gravissima bubula. Itemque ex feris, quo maius quodque animal, eo robustior ex eo cibus est. Pisciumque eorum, qui ex media materia sunt, quibus maxime utimur, tamen gravissimi sunt, ex quibus salsamenta quoque fieri possunt, qualis lacertus est, deinde ii, qui, quamvis teniores, tamen duri sunt, ut aurata, corvus, sparus, oculata, tunc plani, post quos etiamnum leviores lupi mullique et post hoc omnes saxatiles.

Neque vero in generibus rerum tantummodo discrimen est, sed etiam in ipsis. Quod et aetate fit et membro et solo et caelo et habitu. Nam quadrupes omne animal, si lactens est, minus alimenti praestat itemque quo tenerior pullis cohortalis est. In piscibus quoque media aetas, quae non summam magnitudinem implevit. Deinde ex eodem sue ungulae, rostrum, aures, cerebel-

Sträuchern wachsenden Früchten sind Trauben, Feigen, Nüsse und Datteln stärker als das, was als Obst im engeren Sinne bezeichnet wird. Von den letzteren wiederum sind die saftreichen kräftiger als die trockenen.

Ebenso ist unter den Vögeln, die der mittleren Kategorie angehören, jener nahrhafter, der mehr die Füße als die Flügel benutzt, und von denen, die sich auf ihre Flügel verlassen, die größeren nahrhafter als die ganz kleinen, beispielsweise die Feigendrossel und die gemeine Drossel. Und die Vögel, die sich im Wasser aufhalten, stellen eine leichtere Kost dar als die, die nicht schwimmen können.

Unter den vierfüßigen Haustieren hat das Schwein das Fleisch mit dem geringsten und das Rind das mit dem höchsten Nährwert. Auch beim Wild sind die Gerichte, die man aus ihrem Fleisch zubereitet, umso kräftiger, je größer das Tier ist. Die Fische, die wir im Haushalt am meisten verwenden, haben einen mittleren Nährwert. Die nährstoffreichsten aber sind jene, die auch mariniert werden können wie etwa die Makrele. Es folgen jene, die, wenngleich zart, so doch hart sind, z.B. die Goldforelle, die Seeschwalbe, der Goldbrassen, der Brandbrassen und dann in absteigender Reihenfolge die platten Fische, die gemeinen Seebarsche und Meerbarben und alle Arten von Felsenfischen.

Es gibt aber nicht nur Unterschiede zwischen den verschiedenen Klassen von Nahrungsmitteln, sondern auch innerhalb derselben Klasse, und zwar je nach Alter, Körperteil, Boden, Klima und Qualität. Denn das Fleisch eines jeden vierfüßigen Tieres ist weniger nahrhaft, wenn es gerade säugt, ebenso wie das der Hofhühner, je zarter sie sind, und der Fische, die mittleres Alter haben und noch nicht ganz ausgewachsen sind. Auch bei ein- und demselben Schwein sind die Klauen, der Rüssel, die Ohren und das Kleinhirn weniger nahrhaft als die übrigen Teile. Bei einem Lamm oder einem jungen Ziegenbock enthalten die Füßchen und der

lum, ex agno haedove cum petiolis totum caput aliquanto quam cetera membra leviora sunt, adeo ut in media materia poni possint. Ex avibus colla alaeve recte infirmis adnumerantur. Quod ad solum vero pertinet, frumentum quoque valentius est collinum quam campestre. Levior piscis inter saxa editus quam in harena, levior in harena quam in limo. Quo fit, ut ex stagno vel lacu vel flumine eadem genera graviora sint leviorque, qui in alto quam qui in vado vixit. Omne etiam ferum animal domestico levius et quodcumque umido caelo quam quod sicco natum est. Deinde etiam omnia pinguia quam macra, recentia quam salsa, nova quam vetusta plus alimenti habent. Tum res eadem magis alit iurulenta quam assa, magis assa quam elixa. Ovum durum valentissimae materiae est, molle vel sorbile imbecillissimae. Cumque panificia omnia firmissima sint, elota tamen quaedam genera frumenti, ut halica, oryza, tisana vel ex isdem facta sorbitio aut pulticula, et aqua quoque madens panis inbecilissimis adnumerari potest.

ganze Kopf um einiges weniger an Nährstoffen als die übrigen Teile, so dass man sie insgesamt zur Kost von durchschnittlichem Nährwert rechnen kann. Bei den Vögeln zählen der Hals und die Flügel unbestritten zu den weniger nahrhaften Körperteilen. Was die Böden angeht, so ist das Getreide, das auf Hügeln wächst, auch an Nährstoffen reicher als jenes, das in der Ebene angebaut worden ist. Der Fisch, der in felsigem Gewässer lebt, ist weniger nahrhaft als der, der auf sandigem Grund lebt und letzterer wiederum weniger nahrhaft als einer aus Schlammwasser. So kommt es dazu, dass Fische aus stehenden Gewässern, aus Seen oder Flüssen besonders nahrhaft sind und ein Fisch, der sich in tiefem Wasser aufhält, weniger Nährstoffe enthält als einer, der in seichtem Wasser schwimmt. Das Fleisch der wild bzw. unter einem feuchten Himmel lebenden Tiere ist ebenfalls weniger nährstoffreich als das der Haustiere bzw. derer, die aus einer trockenen Gegend stammen. Schließlich hat alles fette, unbearbeitete und junge Fleisch größeren Nährwert als magere, gesalzene und alte Stücke. Ein- und dasselbe Stück Fleisch ist, wenn man es in eine Brühe legt, nahrhafter als wenn man es brät, und im gebratenen Zustand wiederum nahrhafter als im gekochten. Harte Eier haben einen sehr hohen Nährwert, jener der weichen und rohen Eier ist dagegen minimal. Obgleich alle Backwaren sehr kräftig sind, können doch manche enthülste Getreidesorten wie Spaltgraupen, Reis, Gerstengraupen oder die daraus zubereiteten Suppen und Breie ebenso wie in Wasser eingelegtes Brot zu den Speisen mit dem geringsten Nährwert gerechnet werden.

… Aqua levissima pluvialis est, deinde fontana, tum ex flumine, tum ex puteo, post haec ex nive aut glacie. Gravior his ex lacu, gravissima ex palude. Facilis etiam et necessaria cognitio est naturam eius requirentibus. Nam levis pondere apparet et ex is, quae pondere pares sunt, eo melior quaeque est, quo celerius et calfit et frigescit, quoque celerius in ea legumina percoquuntur.

Stomacho autem aptissima sunt, quaecumque austera sunt, etiam quae acida sunt quaeque contacta sale modice sunt, item panis sine fermento et elota halica vel oriza vel tisana, omnis avis, omnis venatio atque utraque vel assa vel elixa. Ex domesticis animalibus bubula. Si quid ex ceteris sumitur, macrum potius quam pingue, ex sue ungulae, rostra, aures, volvae sterilesque, ex holeribus intubus, lactuca, pastinaca, cucurbita elixa, siser, ex pomis cerasium, morum, sorbum, pirum fragile, quale Crustuminium

Wasser ist nicht gleich Wasser

Celsus *De medicina* II 18.12

Je näher das Wasser dem Erdreich kommt, umso schwerer wird es.

… Das leichteste Wasser ist das Regenwasser, gefolgt vom Quellwasser, vom Flusswasser, vom Brunnenwasser und schließlich vom Schnee- und Eiswasser. Schwerer als die genannten Sorten ist das Wasser aus einem See oder Teich, am schwersten das Sumpfwasser. Man muss die Natur des Wassers erforschen und für jene, die sich an diese Aufgabe machen, ist es auch nicht schwierig. Ob das Wasser leicht ist, zeigt sich am Gewicht. Von den Sorten, die das gleiche Gewicht haben, ist jene, die sich am schnellsten erhitzt und wieder abkühlt[1] und in der Hülsenfrüchte am schnellsten weich gekocht werden, besser als die anderen.

Gut für den Magen

Celsus *De medicina* II 24

Die Liste der Speisen und Getränke, die dem oberen Verdauungstrakt bekömmlich sind, ist schier endlos. Celsus verzichtet dabei auch nicht auf regionale Empfehlungen.

Für den Magen sehr bekömmlich sind alle herben, sauren und mittelstark gesalzenen Speisen, desgleichen ungesäuertes Brot, Spaltgraupen, Reis und Gerstengrütze, weiterhin alle Vögel und alles Jagdwild, und zwar beide sowohl in gebratenem als auch in gekochtem Zustand, vom Fleisch der Haustiere das Rindfleisch, vom Fleisch der übrigen Tiere eher die mageren als die fetten Anteile, vom Schwein die Klauen, die Rüssel, die Ohren und die leeren Gebärmütter, von den Gemüsen Endivien, Kopfsalat, Pastinak, gekochter Kürbis, Rapunzeln, vom Obst sind es Kirschen, Maulbeeren, Arlesbeeren, die trockenen Birnen, z.B. jene aus Crustumerium[1] oder die nävianischen[2], ebenso Birnen, die gelagert

vel Nevianum est. Item pira, quae reponuntur, Tarentina atque Signina, malum orbiculatum aut Scandianum vel Amerinum vel Cotoneum vel Punicum, uvae ex olla, molle ovum, palmulae, nuclei pinei, oleae albae ex dura muria, eaedem aceto intinctae vel nigrae, quae in arbore bene permaturuerunt, vel quae in passo defrutove servatae sunt, vinum austerum, licet etiam asperum sit, item resinatum, duri ex media materia pisces, ostrea, pectines, murices, purpurae, cocleae, cibi potionesque vel frigidae vel ferventes, apsinthium.

Inflant autem omnia fere legumina, omnia pinguia, omnia dulcia, omnia iurulenta, mustum atque etiam id vinum, cui nihil adhuc aetatis accessit, ex holeribus alium, cepa, brassica omnesque radices, excepto sisere et pastinaca, bulbi, ficus etiam aridae, sed magis virides, uvae recentes, nuces omnes, exceptis nucleis pineis, lac omnisque caseus, quicquid deinde subcrudum aliquis adsumpsit. Minima inflatio fit ex venatione, aucupio, piscibus, pomis, oleis conchyliisve, ovis vel mollibus vel sorbilibus, vino vetere. Feniculum vero et anetum inflationes etiam levant.

werden wie die aus Tarent oder Signa, ferner Rundäpfel[3], skandianische[4] und amerinische[5] Äpfel oder auch Quitten und Granatäpfel, sowie in einem Topf konservierte Trauben, ferner weiche Eier, Datteln, Pinienkerne, weiße Oliven, die in starke Salzbrühe oder Essig eingelegt worden sind, oder schwarze Oliven, die am Baume ausgereift sind, oder solche, die in Schaumwein oder Most aufbewahrt worden sind, ein herber Wein, mag er auch einen scharfen Geschmack haben, ebenso geharzter Wein, schließlich feste Fische von mittlerem Nährwert, Austern, Kammmuscheln, Purpurschnecken ohne und mit stacheliger Schale, Weinbergschnecken, kalte oder warme Speisen und Getränke und auch Wermut.

Ernährungsberatung – Stichwort: Flatulenz
Celsus *De medicina* II 26

Der Verfasser klassifiziert wichtige Nahrungsmittel nach ihrem Risiko für postprandiale Blähungen.

Zu Blähungen führen nahezu alle Hülsenfrüchte, alles Fette, alles Süße, alles, was in einer Brühe schwimmt, Most und auch jener Wein, der noch nicht lange genug gelagert wurde, beim Gemüse Knoblauch, Zwiebeln, Kohl, alle Wurzeln mit Ausnahme von Rapunzel und Pastinak, ferner knollige Wurzeln, trockene, aber mehr noch die frischen Feigen, frische Trauben, alle Arten von Nüssen mit Ausnahme der Pinienkerne, Milch, alle Käsesorten und schließlich alles, was jemand in nur halb gekochtem Zustand verspeist hat. Am wenigsten blähend wirken Wildbret, gefangene Vögel, Fische, Obst, Oliven oder Muscheln, sowohl weich gekochte als auch rohe Eier und alter Wein. Fenchel aber und auch Dill beseitigen die Blähungen.

Refert enim qualis morbus est, quale corpus, quale caelum, quae aetas, quod tempus anni. Minimeque in rebus inter se multum differentibus perpetuum esse praeceptum temporis potest. Ex morbo, qui plus virium aufert, celerius cibus dandus est itemque eo caelo, quo magis digerit. Ob quam causam in Africa nulla die aeger abstineri recte videtur.

... At si continuatur febris neque levior umquam fit et dari cibum necesse est, quando dari debeat, magna dissensio est. Quidam, quia fere remissius matutinum tempus aegris est, tum putant dandum. Quod si respondet, non quia mane est, sed quia remissior aeger est, dari debet. Si vero ne tum quidem ulla requies aegris est, hoc ipso peius id tempus est, quod, cum sua natura melius esse debeat, morbi vitio non est. Simulque insequitur tempus meridianum, a quo cum omnis aeger fere peior fiat, timeri

Fastenverbot in Afrika

Celsus *De medicina* III 4.8

Die römische Diätlehre ist auf die Regionen südlich des Mittelmeeres nicht ohne weiteres übertragbar.

Es kommt auf die Art der Krankheit, den Zustand des Körpers, das Klima, das Lebensalter und die Jahreszeit an. Da die Bedingungen so unterschiedlich sind, können die zeitlichen Empfehlungen auf gar keinen Fall einheitlich sein. Bei einer Krankheit, die wirklich an die Substanz geht, muss man das Essen schneller geben, ebenso dann, wenn ein kräftezehrendes Klima herrscht. Daher scheint es richtig zu sein, dass in Afrika die Kranken keinen einzigen Tag fasten.

Wann soll man den Fieberkranken zu essen geben? (1)

Celsus *De medicina* III 5.4–6

Der Verfasser zieht alle Register der individualisierten Behandlung, favorisiert aber persönlich das Mitternachtsmahl.

... Bei anhaltendem und niemals nachlassendem Fieber müssen die Patienten etwas zu essen bekommen. Es herrscht nur keine Einigkeit darüber, zu welcher Uhrzeit man servieren soll. Einige glauben, man solle die Speisen am Morgen geben, weil sich die Patienten zu dieser Zeit gewöhnlich in der Remission befinden. Wenn der Patient darauf gut anspricht, soll man ihm dann durchaus zu essen geben, aber nicht deshalb, weil es früh am Morgen ist, sondern weil er sich eben in der Remission befindet. Wenn aber die Patienten nicht einmal dann etwas erholt sind, so eignet sich dieser Zeitpunkt für die Nahrungsaufnahme trotz der natürlichen Vorteile eben gerade deshalb weniger gut, weil die Belastung durch die Krankheit so groß ist. Zugleich rückt die Mittagszeit heran, zu der sich der Zustand eines jeden Kranken gewöhnlich

potest, ne illa magis etiam quam ex consuetudine urgeatur. Igitur alii vespere tali aegro cibum dant. Sed cum eo tempore fere pessimi sunt, qui aegrotant, verendum est, ne, si quid tunc moverimus, fiat aliquid asperius. Ob haec ad mediam noctem decurro, id est, finito iam gravissimo tempore eodemque longissimo distante, secuturis vero antelucanis horis, quibus omnes fere maxime dormiunt, deinde matutino tempore, quod natura sua levissimum est…

Horror autem eas fere febres antecedit, quae certum habent circuitum et ex toto remittuntur. Ideoque tutissimae sunt maximeque curationes admittunt. Nam ubi incerta tempora sunt, neque alvi ductio neque balineum neque vinum neque medicamentum aliud recte datur. Incertum est enim, quando febris ventura sit. Ita fieri potest, ut, si subito venerit, summa in eo pernicies sit, quod auxilii causa sit inventum. Nihilque aliud fieri potest, quam ut primis diebus bene abstineatur aeger, deinde sub decessu febris eius, quae gravissima est, cibum sumat. At ubi certus circumitus est, facilius illa omnia temptantur, quia magis proponere nobis accessionum et decessionum vices possumus. In his autem, cum inveteraverunt, utilis fames non est. Primis tantummodo diebus ea

verschlechtert, so dass zu fürchten ist, dass er dadurch auch mehr als sonst belastet wird. Deshalb geben andere Ärzte solchen Kranken das Essen dann abends. Da es denen aber zu diesem Zeitpunkt fast immer am schlechtesten geht, muss man befürchten, dass sich der Zustand weiter verschlimmert, wenn wir aktiv werden. Deshalb verschiebe ich das Essensangebot auf Mitternacht, d. h. bis zu dem Zeitpunkt, an dem die schlimmste Phase vorbei und der zeitliche Abstand zur nächsten Krise am längsten ist. Es folgen ja auch noch die zweite Hälfte der Nacht, die Stunden, in denen fast alle ganz tief schlafen, und die Zeit vor Tagesanbruch, die ihrer Natur nach für die Patienten am besten erträglich ist...

Wann soll man den Fieberkranken zu essen geben? (2)
Celsus *De medicina* III 12

Aber gewöhnlich geht jenen Fiebern, die einen bestimmten Rhythmus haben und sich ganz zurückbilden, Schüttelfrost voraus. Deshalb sind sie auch die am wenigsten gefährlichen und sprechen am besten auf die Behandlung an. Denn wenn nicht bekannt ist, wann es zum nächsten Anfall kommt, ist weder für ein Klistier noch für ein Bad noch für Wein und andere Arzneimittel der richtige Zeitpunkt der Anwendung bekannt. Es ist ja unsicher, wann das Fieber zurückkehren wird. So kann bei einem plötzlichen Rückfall die Standardbehandlung mit einem sehr hohen Risiko verbunden sein. Es bleibt daher nichts anderes übrig, als dass der Patient in den ersten Tagen streng fastet und dann, wenn der heftigste Fieberanfall abklingt, Nahrung zu sich nimmt. Wenn aber das Fieber einem bestimmten periodischen Verlauf folgt, so ist es leichter, alle Behandlungsmöglichkeiten auszuschöpfen, weil wir den Wechsel zwischen Anstieg und Rückgang besser absehen können. Dagegen hilft bei den chronischen Fiebern das Fasten gar nichts. Nur in den ersten Tagen soll man darauf setzen. Dann teilt

pugnandum est. Deinde dividenda curatio est et ante horror, tum febris discutienda. Igitur cum primum aliquis inhorruit et ex horrore incaluit, dare oportet ei potui tepidam aquam subsalsam et vomere eum cogere. Nam fere talis horror ab iis oritur, quae biliosa in stomacho resederunt. Idem faciendum est, si proximo quoque circuitu aeque accessit. Saepe enim sic discutitur iamque, quod genus febris sit, scire licet. Itaque sub expectatione proximae accessionis, quae instare tertia potest, deducendus in balineum est dandaque opera, ut per tempus horroris in solio sit. Si ibi quoque senserit, nihilo minus idem sub expectatione quartae accessionis faciat. Siquidem eo quoque modo saepe id discutitur.

Si ne balneum quidem profuit, ante accessionem alium edat aut bibat aquam calidam cum pipere, siquidem ea quoque adsumpta calorem movent, qui horrorem non admittit. Deinde eodem modo, quo in frigore praeceptum est, antequam inhorrescere possit, operiatur fomentisque, sed protinus validioribus, totum corpus circumdet maximeque involutis extinctis testis et titionibus. Si nihilo minus horror perruperit, multo oleo calefacto inter ipsa vestimenta perfundatur, cui aeque ex calfacientibus aliquid sit adiectum. Adhibeaturque frictio, quantum is sustinere poterit, maximeque in manibus et cruribus; et spiritum ipse contineat. Neque desistendum est, etiamsi horret. Saepe enim pertinacia iuvantis malum corporis vincit. Si quid evomuit, danda

man die Behandlung auf und bekämpft zuerst das Fieber und dann den Schüttelfrost. Wenn also jemand Schüttelfrost bekommen hat und danach glüht, soll man ihm lauwarmes, etwas gesalzenes Wasser geben und ihn dadurch zum Brechen bringen. Denn diese Art von Schüttelfrost entsteht gewöhnlich durch die Ansammlung galliger Stoffe im Magen. Es bietet sich an, diese Therapie zu wiederholen, wenn bei der folgenden Periode erneut Schüttelfrost auftritt. Auf diese Weise wird er nämlich oft kuriert und man weiß dann, von welcher Art das Fieber ist. Erwartet man einen neuerlichen Anfall, der bereits am dritten Tag kommen kann, so bringt man den Patienten in ein Bad und achtet darauf, dass er in der Wanne sitzen bleibt, solange der Schüttelfrost anhält. Wenn das Kältegefühl auch dort anhält, behalte man die Behandlungtaktik auch in der Erwartung des vierten Anfalls bei. Der Schüttelfrost lässt jedenfalls unter diesem Therapieregime oft nach.

Wenn auch das Baden nicht geholfen hat, soll der Patient vor einem weiteren Anfall Knoblauch essen oder warmes Wasser mit Pfeffer trinken. Denn auch der Genuss dieser Mittel erzeugt Hitze, die Schüttelfrost gar nicht erst aufkommen lässt. Danach soll der Patient, bevor er einen Schauer empfinden kann, nach der vorhin für das Frostgefühl beschriebenen Art zugedeckt werden und den ganzen Körper in möglichst stark wärmende Umschläge hüllen, am besten in solche, in die ausgelöschte Ziegel und Feuerbrände eingewickelt worden sind. Wenn der Patient dennoch von Schüttelfrost erfasst wird, muss man ihn unter der Kleidung mit viel erwärmtem Öl, zu dem man auch noch einen beliebigen erwärmenden Stoff gegeben hat, benetzen. Anschließend reibt man ihn ein, solange er es aushält, und zwar besonders an den Händen und Beinen; dabei soll er den Atem anhalten. Diese Anwendung wird fortgesetzt, auch wenn der Patient weiter Schüttelfrost hat. Denn oft besiegt die Ausdauer des Helfers das körperliche Gebrechen. Wenn sich der Patient übergeben hat, soll man ihm lauwarmes

aqua tepida iterumque vomere cogendus est. Utendumque eisdem est, donec horror finiatur. Sed praeter haec ducenda alvus est, si tardius horror quiescit, siquidem id quoque exonerato corpori prodest. Ultimaque post haec auxilia sunt gestatio et fricatio. Cibus autem in eiusmodi morbis maxime dandus est, qui mollem alvum praestet, caro glutinosa. Vinum, cum dabitur, austerum.

... cibum post diem tertium, simul transit hora, qua concidit, dare. Neque sorbitiones autem his aliique molles et faciles cibi neque caro, minimeque suilla, convenit, sed media materia. Nam et viribus opus est et cruditates cavendae sunt. Cum quibus fugere oportet solem, balneum, ignem omniaque calfacientia, item frigus, vinum, venerem, loci praecipitis conspectum omniumque terrentium, vomitum, lassitudines, sollicitudines, negotia omnia.

Wasser zu trinken geben und nochmals brechen lassen. Diese Maßnahmen sind fortzusetzen, bis der Schüttelfrost vorbei ist. Falls sich die Besserung nur mit Verzögerung einstellt, muss man zusätzlich Klistiere durchführen. Selbst wenn der Körper bereits entleert ist, profitiert der Patient davon. Als letzte Hilfsmöglichkeiten verbleiben passive Bewegungen und Reibungen. Bei diesen Krankheiten werden vornehmlich Speisen gegeben, die den Stuhlgang erweichen, also z.B. zähes Fleisch. Wenn man Wein gibt, soll es ein herber Tropfen sein.

Freudloses Dasein nach dem Krampfanfall
Celsus *De medicina* III 23.3

Für eine möglichst erfolgreiche Rezidivprophylaxe müssen die Patienten starke Einschränkungen im täglichen Leben auf sich nehmen.

… Zu essen darf man wieder nach drei Tagen geben, und zwar von genau der gleichen Stunde an, zu der sich der Anfall ereignete. Bekömmlich sind ihnen aber weder Suppen noch Fleisch, am wenigsten Schweinefleisch, sondern mittelstarke Speisen. Denn einerseits soll der Patient zu Kräften kommen, andererseits darf der Magen nicht überlastet werden. Man sollte die Betroffenen also dazu bringen, die Sonnenstrahlung zu vermeiden, außerdem das Baden, das Feuer und alle anderen ewärmenden Mittel, aber auch Kälte, Wein, Geschlechtsverkehr, den Anblick abschüssiger Stellen und sonstiger Dinge, die Schrecken einflößen, schließlich das Erbrechen, die Erschöpfung, Kummer und Sorgen und jegliche geschäftliche Aktivität.

… Si vero etiam medicamentis utendum, aptissimum est id, quod ex pomis fit. Vindemiae tempore in grande vas coicienda sunt pira atque mala silvestria, Si ea non sunt, pira Tarentina viridia vel Signina, mala Scandiana vel Amerina, myrapia. Hisque adicienda sunt Cotonea et cum ipsis corticibus suis Punica, sorba, et, quibus magis utimur, et torminalia, sic ut haec tertiam ollae partem teneant. Tum deinde ea musto implenda est coquendumque id, donec omnia, quae indita sunt, liquata in unitatem quandam coeant. Id gustu non insuave est et, quandocumque opus est, adsumptum, leniter sine ulla stomachi noxa ventrem tenet. Duo aut tria coclearia uno die sumpsisse satis est. Alterum valentius genus est: Murtae bacas legere, ex his vinum exprimere, id decoquere, ut decima pars remaneat, eiusque cyathum sorbere. Tertium, quod quandocumque fieri potest: Malum Punicum excavare exemptisque omnibus seminibus membranas, quae inter ea fuerunt, iterum coicere. Tum infundere cruda ova rudiculaque miscere, dein malum ipsum super prunam imponere, quod, dum umor intus est, non aduritur. Ubi siccum esse coepit, removere oportet extractumque cocleari, quod intus est esse. Aliquibus

Durchfall: Arzneimittel aus dem Früchtekorb

Celsus *De medicina* IV 26.5–8

Wenn der flüssige Stuhlgang auch nach Tagen nicht zum Stillstand kommt, soll man zu Medikamenten greifen, die aus Obst hergestellt werden.

... Wenn man aber Medikamente einsetzen muss, sind die am besten geeignet, die aus Obst gewonnen werden. Zur Erntezeit sollte man dann wilde Birnen und Äpfel in ein großes Gefäß legen. Als Alternative bieten sich grüne Birnen aus Tarent[1] oder Signa[2], skandianische oder amerinische[2] Äpfel und Duftbirnen an. Dazu gibt man Quitten und Granatäpfel mitsamt den Schalen, Arlesbeeren[3] und, weil sie sich noch besser eignen, auch so genannte Ruhrbirnen. Mit den Früchten sollte der Topf zu einem Drittel gefüllt werden. Dann gießt man Most nach und bringt dieses Gemisch zum Kochen, bis alle Zutaten verflüssigt sind und ein annähernd einheitliches Gemisch ergeben. Dieses Getränk schmeckt nicht schlecht und hält, zum richtigen Zeitpunkt genossen, auf milde Weise und ohne Schaden für den Magen den Durchfall an. Zwei oder drei Löffel davon pro Tag sind genug. Ein anderes Mittel ist stärker wirksam: Man sammelt dafür Beeren des Myrtenbaums, presst Wein aus ihnen heraus und kocht ihn so lange ein, bis davon nur noch ein Zehntel des ursprünglichen Volumens übrig ist. Davon nimmt man einen kleinen Becher zu sich. Ein drittes Mittel kann jederzeit auf folgende Weise hergestellt werden: Man höhlt einen Granatapfel aus und entfernt alle Kerne, setzt aber die inneren Fruchthäutchen wieder an ihren Platz zurück. Dann schlägt man rohe Eier ein, rührt sie mit dem Stöckchen und legt anschließend den Apfel selbst auf glühende Kohle, was dazu führt, dass er nicht anbrennt, solange im Inneren noch Flüssigkeit vorhanden ist. Wenn er zu trocknen begonnen hat, entfernt man ihn und holt den Inhalt mit dem Löffel heraus.

adiectis maius momentum habet. Itaque etiam in piperatum coicitur misceturque cum sale et pipere. Est quid ex his edendum est. Pulticula etiam, cum qua paulum ex favo vetere coctum sit, et lenticula cum malicorio cocta rubique cacumina in aqua decocta et ex oleo atque aceto adsumpta efficacia sunt atque ea aqua, in qua vel palmulae vel malum Cotoneum vel arida sorba vel rubi decocti sunt, potata…

In manibus pedibusque articulorum vitia frequentiora longioraque sunt, quae in podagris cheragrisve esse consuerunt. Ea raro vel castratos vel pueros ante feminae coitum vel mulieres, nisi quibus menstrua suppressa sunt, temptant. – Ubi sentire coeperunt, sanguis mittendus est; id enim inter initia statim factum saepe annuam, nonnumquam perpetuam valetudinem tutam praestat. Quidam etiam, cum asinino lacte poto sese eluissent, in perpetuum hoc malum evaserunt. Quidam, cum toto anno a vino, mulso, venere sibi temperassent, securitatem totius vitae consecuti sunt. Idque utique post primum dolorem servandum est, etiamsi quievit. Quod si iam consuetudo eius facta est, potest quidem

Mit einigen Zusätzen lässt sich die Wirksamkeit noch verstärken. So legt man ihn auch in Pfefferbrühe, mischt ihn mit Salz und Pfeffer und isst ihn dann. Ebenfalls wirksam sind eine kleine Menge dicken Breis, mit dem zusammen ein Stück alte Honigwabe gekocht wurde, mit Granatapfelschale gekochte Linsen sowie in Wasser abgekochte und mit Öl und Essig genossene Spitzen von Zweigen der Brombeerstaude. Schließlich hilft es auch, wenn man Wasser getrunken hat, in dem entweder Datteln oder Quitten oder trockene Arlesbeeren oder Brombeeren abgekocht worden sind...

Therapie der Gicht: Eselsmilch, Meerwasser und Schweinefett (1)

Celsus *De medicina* IV 31

Trotz der Vielfalt der Möglichkeiten scheinen bei der Behandlung von Erkrankungen der Gelenke und Weichteile vor allem Erfahrung und Zufall den Erfolg bestimmt zu haben.

An den Händen und Füßen sind Gelenkleiden häufiger und verlaufen eher chronisch.[1] Ein typisches Beispiel dafür sind Patienten mit Fuß- und Handgicht. Jedoch sind sie bei entmannten Personen[2], jungen Männern vor dem ersten Beischlaf[3] oder Frauen mit Ausnahme jener, bei denen die Monatsblutung unterdrückt ist, selten.[4] – Sobald die Beschwerden einsetzen, muss man zur Ader lassen. Wenn dies nämlich gleich zu Beginn geschieht, ist oft für ein Jahr, manchmal sogar dauerhaft vollständige Genesung gesichert. Einige sind auch, nachdem sie Eselsmilch getrunken und danach abgeführt hatten, diesem Leiden auf Dauer entronnen. Andere konnten sich ihr ganzes Leben lang vor den Folgen der Krankheit schützen, nachdem sie ein Jahr lang auf Wein, Met und Liebesgenuss verzichtet hatten. Diesen Hinweis sollte man besonders nach der ersten Attacke beachten, auch wenn der Schmerz schon wieder nachgelassen haben sollte. Bei chronisch

aliquis esse securior iis temporibus, quibus dolor se remisit. Maiorem vero curam adhibere debet iis, quibus id revertitur. Quod fere vere autumnove fieri solet. Cum vero dolor urget, mane gestari debet, deinde ferri in ambulationem, ibi se dimovere, et, si podagra est, interpositis temporibus exiguis invicem modo sedere, modo ingredi, tum, antequam cibum capiat, sine balneo loco calido leviter perfricari, sudare, perfundi aqua egelida, deinde cibum sumere ex media materia, interpositis rebus urinam moventibus, quotiensque plenior est, vomere. Ubi dolor vehemens urget, interest sine tumore is sit, an tumor cum calore, an tumores iam etiam obcalluerint. Nam si tumor nullus est, calidis fomentis opus est. Aquam marinam vel muriam duram fervefacere oportet, deinde in pelvem coicere, et, cum iam homo pati potest, pedes demittere superque pallam dare et vestimento tegere. Paulatim deinde iuxta labrum ipsum ex eadem aqua leviter infundere, ne calor intus destituat, ac deinde noctu cataplasmata calfacientia imponere maximeque ibisci radicem ex vino coctam.

Si vero tumor calorque est, utiliora sunt refrigerantia, recteque in aqua quam frigidissima articuli continentur, sed neque cotidie neque diu, ne nervi indurescant. Imponendum vero est cataplasma, quod refrigeret, neque tamen in hoc ipso diu perma-

rezidivierenden Beschwerden kann man sich in den Phasen der Schmerzfreiheit etwas sicherer fühlen, muss aber dafür umso mehr aufpassen, wenn die Beschwerden zurückkehren, also gewöhnlich im Frühjahr und im Herbst.[5] Wenn es der Schmerz erfordert, muss man sich allmorgendlich passiven Übungen unterziehen, sich danach zu einem Promenadeweg[6] bringen lassen und dort Bewegung verschaffen. Wenn der Patient an Fußgicht leidet, soll er häufig und in kurzen Abständen zwischen sitzender Haltung und Fortbewegung wechseln, sich dann vor der Nahrungsaufnahme ohne Bad an einem warmen Ort sanft einreiben lassen, schwitzen, sich mit lauwarmem Wasser übergießen lassen, anschließend Speisen von mittlerem Nährwert, denen harntreibende Stoffe beigegeben worden sind, zu sich nehmen und sich übergeben, wenn der Bauch zu voll ist. Bei heftigen Schmerzen kommt es darauf an, ob dabei keine begleitende Schwellung oder eine Schwellung mit begleitender Überwärmung besteht oder die Schwellungen bereits verhärtet sind. Denn wenn keine Schwellung besteht, sind warme Umschläge unverzichtbar. Man soll dazu Meerwasser oder starke Salzbrühe erhitzen und dann in ein Becken gießen und lässt die Füße eintauchen, so wie es der Patient gerade eben ertragen kann, legt einen Frauenmantel darüber und dann noch eine Decke. Dann gießt man nach und nach mit aller Vorsicht Wasser über den Rand des Behälters hinzu, damit die Hitze im Inneren nicht abnimmt, und später lässt man über Nacht wärmende Breiumschläge auflegen und ganz besonders in Wein gekochte Eibischwurzeln.

Wenn aber Schwellung und Überwärmung bestehen, sind kühlende Umschläge nützlicher. Es ist vollkommen richtig, wenn man die Kranken die Gelenke in möglichst kaltes Wasser tauchen lässt[7]. Freilich soll dies weder jeden Tag noch für lange Zeit geschehen, damit die Sehnen nicht verhärten. Man muss einen Umschlag auflegen, der Kühlung bringt, soll die Behandlung aber zeitlich

nendum, sed ad ea transeundum, quae sic reprimunt, ut emolliant. Si maior est dolor, papaveris cortices in vino coquendi miscendique cum cerato sunt, quod ex rosa factum sit, vel cerae et adipis suillae tantundem una liquandum, deinde his vinum miscendum. Atque ubi quod ex eo impositum est incaluit, detrahendum et subinde aliud inponendum est. Si vero tumores etiam obcalluerunt et dolent, levat spongia inposita, quae subinde ex oleo et aceto vel aqua frigida exprimitur, aut pari portione inter se mixta pix, cera, alumen. Sunt etiam plura idonea manibus pedibusque malagmata. Quod si nihil superinponi dolor patitur, id, quod sine tumore est, fovere oportet spongia, quae in aquam calidam demittatur, in qua vel papaveris cortices vel cucumeris silvestris radix decocta sit. Tum inducere articulis crocum cum suco papaveris et ovillo lacte. At si tumor est, foveri quidem debet aqua egelida, in qua lentiscus aliave verbena ex reprimentibus decocta sit, induci vero medicamentum ex nucibus amaris cum aceto tritis aut cerussa, cui contritae herbae muralis sucus sit adiectus. Lapis etiam, qui carnem edit, quem σαρκοφάγον Graeci vocant, excisus sic ut pedes capiat, demissos eos, cum dolent, retentosque ibi levare consuevit. Ex quo in Asia lapidi Assio gratia est. Ubi dolor et inflammatio se remiserunt, quod intra dies

nicht zu lang ausdehnen, sondern auf Umschläge übergehen, die so stark hemmen, dass sie gleichzeitig auch erweichend wirken. Wenn der Schmerz stärker ist, so kocht man Stücke von Mohnrinde in Wein und mischt sie mit aus Rosenöl zubereiteter Wachspomade. Man kann auch Wachs und Schweinefett zu gleichen Teilen zergehen lassen und ihnen dann Wein beimischen. Sobald sich das, was man davon aufgelegt hat, erhitzt, entfernt man es und und greift zu einer frischen Portion. Wenn aber die Schwellungen bereits hart geworden sind und Schmerzen verursachen, so ist dann Linderung zu erwarten, wenn man einen Schwamm auflegt, der anschließend in Öl, Essig oder kaltes Wasser getaucht und wieder ausgedrückt wird, oder eine Mischung aus je einem Drittel Pech, Wachs und Alaun. Außerdem gibt es mehrere Umschläge, die sich für die Behandlung der Hände und Füße eignen. Wenn der Schmerz es nicht zulässt, dass etwas von oben aufgelegt wird, soll man die nicht geschwollenen Teile mit einem Schwamm pflegen, der in warmes Wasser getaucht wird, in dem entweder Mohnrinden oder Wurzeln der Waldgurke[8] abgekocht worden sind. Danach soll man die Gelenke in Mohnsaft und Schafsmilch tauchen. Besteht indes eine Anschwellung, soll man sie in lauwarmem Wasser baden, in dem Mastix oder andere Pflanzen mit konstringierender Wirkung abgekocht worden sind, danach ein Mittel aus mit Essig zerriebenen bitteren Mandeln auftragen oder Bleiweiß, dem man den Saft zerriebenen Mauerkrauts beigegeben hat. Man kennt auch einen Stein, der das Fleisch zernagt – die Griechen nennen ihn Sarkophágos[9]. Man höhlt ihn so aus, dass die Füße hineinpassen, und immobilisiert sie dort, wenn sie schmerzen. In dieser Position lassen die Beschwerden am Fuß gewöhnlich nach. Aus demselben Grund erfreut sich in Asien der Stein von Assos[10] großer Beliebtheit. Sobald der Schmerz und die Entzündung nachgelassen haben, ein Effekt, der innerhalb von vierzig Tagen eintritt[11], wenn der Kranke nichts

quadraginta fit, nisi vitium hominis accessit, modicis exercitationibus, abstinentia, unctionibus lenibus utendum est, sic ut etiam tum acopo vel liquido cerato cyprino articuli perfricentur.

Equitare podagricis quoque alienum est. Quibus vero articulorum dolor certis temporibus revertitur, hos ante et curioso victu cavere oportet, ne inutilis materia corpori supersit, et crebriore vomitu. Et si quis ex corpore metus, vel alvi ductione uti vel lacte purgari. Quod Erasistratus in podagricis expulit, ne in inferiores partes factus cursus pedes repleret, cum evidens sit omni purgatione non superiora tantummodo, sed etiam inferiora exinaniri.

… Celsus et podagris, quae sine tumore sint, radicem eius in vino decoctam inponi iubet.

falsch gemacht hat, sollte man zu maßvoller körperlicher Aktivität, Fasten und sanften Einreibungen übergehen, bei denen die Gelenke mit einer schmerzlindernden Salbe oder flüssiger Wachssalbe und Zyprusöl[12] intensiv behandelt werden.

Reiten ist für Menschen, die an der Fußgicht leiden, nicht zuträglich. Wenn aber die Gelenkschmerzen zu bestimmten Zeitpunkten wiederkehren, so soll man vor diesen Attacken strenge Diät einhalten, damit sich im Körper nicht unverwertbare Nahrungsstoffe anhäufen. Mit dem gleichen Ziel führt man auch häufiger Erbrechen herbei. Und wenn sich die Patienten davor wegen ihres körperlichen Zustands fürchten, sollen sie die Entleerung des Darms mit Klistieren befördern oder sich mit Milch reinigen. Erasistratos hat sich dagegen ausgesprochen, Patienten mt Fußgicht so zu behandeln, weil er verhindern wollte, dass der nach den unteren Körperteilen gerichtete Fluss der Säfte zur Überfüllung der Füße führt, obwohl es doch offensichtlich ist, dass jede Art von innerer Reinigung nicht nur die oberen, sondern auch die unteren Körperteile entleert.

Therapie der Gicht: Eselsmilch, Meerwasser und Schweinefett (2)

Plinius *Naturalis historia* XX 29

... Celsus lässt Gichtkranken, bei denen keine Schwellung besteht, in Wein abgekochte Eibischwurzel auflegen.

Neque is servari potest, qui epoto veratro exceptus distentione nervorum est…

Deiectionem autem antiqui variis medicamentis crebraque alvi ductione in omnibus paene morbis moliebantur. Dabantque aut nigrum veratrum aut filiculam aut squamam aeris, quam λεπίδα χαλκοῦ Graeci vocant, aut lactucae marinae lac, cuius gutta pani adiecta abunde purgat, aut lac vel asisinum aut bubulum vel caprinum eique salis paulum adiciebant decoquebantque id et sublatis is, quae coierant, quod quasi serum supererat, bibere cogebant. Sed medicamenta stomachum fere laedunt. Alvus si vehementius fluit aut saepius ducitur, hominem infirmat. Ergo numquam in adversa valetudine medicamentum eius rei causa recte datur, nisi ubi is morbus sine febre est, ut cum veratrum nigrum aut atra bile vexatis aut cum tristitia insanientibus aut iis, quorum nervi parte aliqua resoluti sunt, datur…

2.1.7 Pharmakotherapie

Nieswurz: Wirksam, aber nicht konkurrenzlos – und gefährlich (1)
Celsus *De medicina* II 6.7

Wer zu viel davon einnimmt, kann Krämpfe bekommen und daran sterben.

Auch den kann man nicht retten, der, nachdem er einen Becher Nieswurz ausgetrunken hat, von klonischen Krämpfen erfasst wird…[1]

Nieswurz: Wirksam, aber nicht konkurrenzlos – und gefährlich (2)
Celsus *De medicina* II 12.1A–B

Die Entleerung des Darms haben aber die alten Ärzte mit verschiedenen Medikamenten und durch häufig wiederholte Einläufe bei nahezu allen Krankheiten angestrebt. Sie gaben entweder schwarze Nieswurz oder Engelfüß[1] oder Kupferschlag, den die Griechen lepís chalkoū[2] nennen, oder den Saft der Baumwolfsmilch[3] – davon genügt ein Tropfen, mit Brot gereicht, um kräftig abzuführen – oder Esels- oder Kuhmilch oder auch Ziegenmilch, der sie etwas Salz beifügten. Darauf kochte man sie ein, entfernte die Gerinnsel und gab das, was als Molke übrig war, zu trinken. Doch fast alle Abführmittel greifen den Magen an. Zu heftige oder zu häufige Abführmaßnahmen schwächen den Patienten. Daher wird im Krankheitsfall ein derartiges Mittel niemals gerechtfertigt zu diesem Zweck eingesetzt, solange das Fieber nicht zurückgegangen ist. Ein Beipiel ist die schwarze Nieswurz, die man denen gibt, die an der schwarzen Galle leiden oder an einer Kombination aus Traurigkeit und Irresein oder an einer partiellen Lähmung…

Si per haec morbus finitus non fuerit, confugiendum erit ad album veratrum, ac ter quoque aut quater eo utendum non ita multis interpositis diebus, sic tamen ne iterum umquam sumat, nisi conciderit.

Omne vero auxilium corporis aut demit aliquam materiam aut adicit aut evocat aut reprimit aut refrigerat aut calefacit simulque aut durat aut mollit. Quaedam non uno modo tantum, sed etiam duobus inter se non contrariis adiuvant. Demitur materia sanguinis detractione, cucurbitula, deiectione, vomitu, frictione, gestatione omnique exercitatione corporis, abstinentia, sudore…

Considerandum est etiam, febresne solae sint, an alia quoque his mala accedant, id est, num caput doleat, num lingua aspera, num praecordia intenta sint.

Nieswurz: Wirksam, aber nicht konkurrenzlos – und gefährlich (3)

Celsus *De medicina* III 23.5

Wenn die Krankheit durch diese Maßnahmen nicht geheilt worden ist, wird man zur weißen Nieswurz Zuflucht nehmen, sie auch drei oder vier Mal geben und dazwischen nicht viele Tage vergehen lassen. Der Patient soll das Mittel aber nur dann erneut einnehmen, wenn er einen Anfall erlitten hat.

Das therapeutische Axiom

Celsus *De medicina* II 9.2

Auch wenn der Verfasser wiederholt, was vor ihm bereits Hippokrates formuliert hat, bereichert er die medizinische Literatur Roms.

Jedes am Körper angewandte Heilmittel hat eine bestimmte Funktion: Es kann die stoffliche Masse vermindern oder vermehren[1], es kann sie hervorholen oder zurückdrängen, es kann abkühlen oder erwärmen und zugleich härter machen oder erweichen. Manche Mittel besitzen nicht nur einen, sondern zwei miteinander vereinbare Wirkmechanismen. Vermindert wird die Körpermasse durch Aderlass, Schröpfköpfe, abführende Maßnahmen, Erbrechen, Massagen, passive Bewegungen und körperliche Aktivitäten aller Art, Fasten und Schwitzen…

Was zu tun ist, wenn man Fieber und Kopfschmerzen hat

Celsus *De medicina* III 10.2

Oft führt schon die rein äußerliche Behandlung zum Erfolg – oder auch ein besonderer Geruch.

Man muss auch darauf achten, ob der Patient nur Fieber hat oder ob daneben noch andere Beschwerden bestehen, d. h. ob der Kopf schmerzt, ob die Zunge rau ist und ob die Brust angespannt ist.

Si capitis dolores sint, rosam cum aceto miscere oportet et in id ingerere, deinde habere duo pittacia, quae frontis latitudinem longitudinem aequent, ex his invicem alterum in aceto et rosa habere, alterum in fronte, auf intinctam iisdem lanam sucidam inponere. Si acetum offendit, pura rosa utendum est, si rosa ipsa laedit, oleo acerbo. Si ista parum iuvant, teri potest vel iris arida vel nuces amarae vel quaelibet herba ex refrigerantibus. Quorum quidlibet ex aceto inpositum dolorem minuit, sed magis aliud in alio. Iuvat etiam panis cum papavere iniectus vel cum rosa, cerussa spumave argenti. Olfacere quoque vel serpullum vel anethum non alienum est.

Malagmata vero atque emplastra pastillique, quod trochiscos Graeci vocant, cum plurima eadem habeant, differunt eo, quod malagmata maxime ex odoribus eorumque etiam surculis, emplastra pastillique magis ex quibusdam metallicis fiunt. Deinde malagmata contusa abunde mollescunt. Nam super integram cutem iniciuntur. Laboriose vero conteruntur ea, ex quibus emplastra pastillique fiunt, ne laedant vulnera, cum imposita sunt.

Bei Kopfschmerzen soll man Rosenöl mit Essig mischen und dann über den Kopf schütten. Als nächstes nimmt man zwei Stückchen Leinwand, die so breit und lang sind wie die Stirn und abwechselnd in eine Mischung aus Essig und Rosenöl eingetaucht oder auf die Stirn gelegt werden. Stattdessen kann man auch frisch geschorene Wolle auflegen, die in die gleiche Mischung getaucht worden ist. Wenn der Essig nicht vertragen wird, ersetzt man ihn durch reines Rosenöl. Wenn auch das Rosenöl nachteilig wirkt, nehme man herbes Olivenöl. Wenn diese Mittel nicht wirksam genug sind, kann man trockene Iriswurzel, bittere Mandeln oder eines der kühlenden Kräuter zerreiben. Alle diese Mittel lindern, wenn man sie vorher in Essig eingelegt hat, die Schmerzen, das eine mehr in diesem, das andere mehr in jenem Fall. Hilfreich ist auch Brot mit einer Prise Pfeffer oder einem Schuss Rosenöl, Bleiweiß oder Bleiglätte. Auch der Geruch von Feldthymian oder Dill ist nicht abträglich.

Umschläge, Pflaster und Pillen

Celsus *De medicina* V 17.2

Die Differenzialindikation wird entscheidend vom Zustand der Haut bestimmt.

Umschläge[1], Pflaster[2] und Pillen, die die Griechen Trochískoi[3] nennen, weisen zwar sehr viele Gemeinsamkeiten auf, dennoch gibt es einige Unterschiede. So werden Umschläge meistens aus wohlriechenden Essenzen und den Schösslingen, aus denen sie stammen, zubereitet, Pflaster und Pillen aber mehr aus metallischen Substanzen. Außerdem verlieren Umschläge ihre Härte und werden weich, wenn man die Substanzen nur kräftig zerstößt; sie gelangen ja auf unverletzte Haut. Hingegen werden die Grundstoffe, aus denen man Pflaster und Pillen macht, unter großem Aufwand zerrieben, damit sie die Wunden, denen sie aufliegen, nicht reizen.

Inter emplastrum autem et pastillum hoc interest, quod emplastrum utique liquati aliquid accipit, in pastillo tantum arida medicamenta aliquo umore iunguntur. Tum emplastrum hoc modo fit: Arida medicamenta per se teruntur, deinde mixtis iis instillatur aut acetum aut si quis alius non pinguis umor accessurus est, et ea rursus ex eo teruntur. Ea vero, quae liquari possunt, ad ignem simul liquantur et, si quid olei misceri debet, tum infunditur. Interdum etiam aridum aliquod ex oleo prius coquitur. Ubi facta sunt, quae separatim fieri debuerunt, in unum omnia miscentur. At pastilli haec ratio est: Arida medicamenta contrita umore non pingui, ut vino vel aceto, coguntur et rursus coacta inarescunt atque, ubi utendum est, eiusdem generis umore diluuntur. Tum emplastrum imponitur, pastillus inlinitur auf alicui molliori, ut cerato, miscetur.

Ad dolores articulorum Sosagorae: Plumbi combusti, papaveris lacrimae, corticis hyoscyami, styracis, peucedani, sebi, resinae, cerae, pares portiones.

Zwischen Pflaster und Pille besteht folgender Unterschied. Das Pflaster enthält in jedem Fall einen Stoff, der zum Schmelzen gebracht worden ist, für die Pille werden nur trockene Zusatzstoffe durch etwas Flüssigkeit miteinander vermischt. Pflaster stellt man folgendermaßen her. Die trockenen Bestandteile werden – jeder für sich – zerrieben, gemischt und dann mit Essig oder einer anderen nicht fetthaltigen Flüssigkeit tropfenweise versetzt und damit dann nochmals gerieben. Die Ingredienzien aber, die verflüssigt werden können, bringt man zur gleichen Zeit am Feuer zum Schmelzen und, falls etwas Öl zugesetzt werden muss, tut man dies anschließend. Manchmal wird vorher auch ein trockener Zusatzstoff mit Öl gekocht. Wenn diese einzelnen Schritte der Zubereitung getan sind, wird alles zusammengemischt. Die Pillen schließlich werden folgendermaßen hergestellt. Man versetzt zunächst die trockenen zerriebenen Inhaltsstoffe mit einer nicht fetthaltigen Flüssigkeit wie Wein oder Essig. Diese Mischung bringt man dann wieder zum Trocknen. Vor Gebrauch lässt man sie in einer gleichartigen Flüssigkeit zergehen. Das Pflaster wird also aufgelegt, die Pille aber entweder in ihrem Grundzustand durch Streichen aufgetragen oder vorher mit einer Substanz, die weicher ist als sie, z.B. mit Wachssalbe gemischt.

Einfaches Kompositum eines unbekannten Arztes

Celsus *De medicina* V 18.29

Von Sosagoras ist außer dem Rezept für das gelenkspezifische Analgetikum nichts überliefert.

Bei Gelenkschmerzen wendet man das Mittel des Sosagoras an. Es besteht aus gebranntem Blei, Mohnsafttränen, Bilsenkrautrinde, Storax, Saufenchel, Talg, Harz und Wachs, zu jeweils gleichen Teilen.

Ex emplastris autem nulla maiorem usum praestant quam quae cruentis protinus vulneribus iniciuntur. Enhaema Graeci vocant. Haec enim reprimunt inflammationem, nisi magna vis eam concitat, atque illius quoque impetum minuunt. Tum glutinant vulnera, quae id patiuntur, cicatricem isdem inducunt. Constant autem ex medicamentis non pinguibus ideoque alipene nominantur. Optimum ex his est quod barbarum vocatur…

τὰ μὲν δι' ἀσφάλτου σκευαζόμενα, καὶ καλοῦσιν οὐκ' οἶδ' ὅπως αὐτὰ βαρβάρους ἐμπλάστρους.

Puri autem movendo non aliud melius quam quod expeditissimum est: Tetrapharmacon a Graecis nominatur. Habet pares portiones cerae, picis, resinae, sebi taurini, si id non est, vitulini.

Alterum ad idem enneapharmacum nominatur, quod magis purgat. Constat ex novem rebus: Cera, melle, sebo, resina, murra,

Barbarische Pflaster (1)

Celsus *De medicina* V 19.1A–B

Wie sich das Etikett erklärt, ist umstritten – aber an der Wirksamkeit der so bezeichneten Medikamente gibt es nicht den geringsten Zweifel.

Keine Art von Pflastern leistet bessere Dienste als jene, die man im Akutfall auf blutende Wunden legt. Die Griechen nennen sie Énhaema[1]. Sie unterdrücken nämlich die Entzündung, es sei denn ihr liegt eine schwer wiegende Ursache zugrunde, und mindern die Wucht der Attacke. Außerdem bringen sie die Wunden, soweit überhaupt möglich, zum Verkleben und leiten deren Vernarbung ein. Diese Pflaster bestehen aber aus Arzneistoffen, die nicht fett sind. Deshalb heißen sie auch Alípaina[2]. Das beste von ihnen ist das Pflaster mit der Bezeichnung Bárbaron…

Barbarische Pflaster (2)

Galen *Ad Glauconem de methodo medendi* II 10 K XI 126

Einige werden aus Erdpech hergestellt. Man bezeichnet sie, ich weiß nicht weshalb, als barbarische Pflaster.

Vier oder neun Zutaten

Celsus *De medicina* V 19.9–10

Offenbar waren manche Arzneien in Rom nur unter ihrer ursprünglichen griechischen Bezeichnung bekannt.

Zur Ableitung des Eiters eignet sich nichts besser als das sehr leicht herstellbare Pflaster, das die Griechen Tetraphármakon[1] nennen. Es besteht aus gleichen Teilen von Wachs, Pech, Harz- und Stier- bzw., wenn der nicht verfügbar ist, Kälbertalg.

Ein anderes für diesen Zweck geeignetes Pflaster heißt Enneaphármakon[2]. Seine reinigende Wirkung ist noch stärker. Es be-

rosa, medulla vel cervina vel vitulina vel bubula, oesypo, buturo. Quorum ipsorum quoque pondera paria miscentur.

Catapotia quoque multa sunt variisque de causis fiunt. Anodyna vocant, quae somno dolorem levant. Quibus uti, nisi nimia necessitas urget, alienum est. Sunt enim ex vehementibus medicamentis et stomacho alienis.

Si tantum mali est, ut somnum diu prohibeat, eorum aliquod dandum est, quae anodyna Graeci appellant. Satisque puero quod ervi, viro quod fabae magnitudinem impleat. In ipsum vero oculum primo die, nisi modica inflammatio est, nihil recte coicitur. Saepe enim potius concitatur eo pituita quam minuitur. A secundo die gravi quoque lippitudini per indita medicamenta

steht aus folgenden neun Zutaten: Wachs, Honig, Talg, Harz, Myrrhe, Rosenöl, Mark von Hirschen, Kälbern oder Rindern, schweißigem Schmutz ungewaschener Schafwolle und Butter. Diese Ausgangsstoffe werden zu gleichen Gewichtsanteilen miteinander vermischt.

Hypnotikum bzw. Analgetikum (1)

Celsus *De medicina* V 25.1

Bestimmte Schlafmittel sollten wegen ihrer unerwünschten Wirkungen nur als letzte Waffe im Kampf gegen Schmerzen eingesetzt werden.

Kleine Pillen gibt es viele. Man stellt sie zu verschiedenen Zwecken her. Als Anṓdyna werden jene bezeichnet, die durch Schlaf den Schmerz lindern. Man sollte sie aber nur im äußersten Notfall gebrauchen. Denn sie bestehen aus stark wirksamen Bestandteilen, die für den Magen ungewohnt sind.

Hypnotikum bzw. Analgetikum (2)

Celsus *De medicina* VI 6.1M

Wenn das Leiden so schwer ist, dass es den Schlaf dauerhaft verhindert, so muss man eines von den Mitteln geben, die bei den Griechen Anṓdyna heißen. Für Kinder genügt ein Stück von der Größe einer Erbse, für erwachsene Männer eins von der Größe einer Bohne. In das Auge selbst bringt man das Mittel aber am ersten Tage nicht direkt ein, es sei denn die Entzündung ist nur mäßig ausgeprägt. Die Schleimsekretion wird dadurch nämlich oft eher stimuliert als supprimiert. Vom zweiten Tag an muss man aber auch bei einer schweren Entzündung der Augen mit lokal applizierten Medikamenten Hilfe leisten, und zwar nachdem der Patient entweder zur Ader gelassen oder abgeführt worden ist oder

recte succurritur, ubi vel iam sanguis missus vel alvus ducta est aut neutrum necessarium esse manifestum est.

Θ(εοῖς) κ(αταχθονίοις)
Στήλην ἔθηκαν Νικομήδει συγγενεῖς,
ὃς ἦν ἄριστος ἰητρός. ἐν ζωοῖς ὅτ' ἦν,
πολλούς τε σώσας φαρμάκοις ἀνωδύνοις,
ἀνώδυνον τὸ σῶμα νῦν ἔχει θανών –
εὐψυχῶ Νικομήδης...

Expellere autem ex vesica cum urina calculum videtur haec compositio: casiae, croci, murrae, costi, nardi, cinnamono, dulcis radicis, balsami, hyperici pares portiones conteruntur, deinde vinum lene instillatur et pastilli fiunt, qui singuli habeant P. *= hique singuli cotidie mane ieiuno dantur.

sich herausgestellt hat, dass keine der beiden Maßnahmen notwendig ist.

Hypnotikum bzw. Analgetikum (3)
Inscriptiones Graecae XIV 1879

Den Göttern der Unterwelt
Den Grabstein setzten Nikomedes die Verwandten,
dem besten Arzt. Solange er am Leben war,
half er unzähligen mit seinen Schmerzmitteln,
schmerzfrei ist jetzt sein Körper nach dem Tod.
Nur Mut, Nikomedes…

Archetypus des Beipackzettels
Celsus *De medicina* V 20.6

Zu den möglichen unerwünschten Wirkungen werden aber keine Angaben gemacht.

Mit folgender Zubereitung gelingt es offensichtlich, einen Stein mit dem Urin aus der Blase auszutreiben: Mutterzimt, Safran, Myrrhe, Kostwurz, Narde, Zimt, Süßholz, Balsam und Hartheu[1]. Diese Zutaten werden zu gleichen Teilen zerrieben, dann setzt man ihnen tropfenweise milden Wein zu und formt daraus Pillen von jeweils 0,7 Gramm Gewicht. Davon wird dem Patienten täglich morgens je eine auf nüchternen Magen gegeben.

Antidota raro, sed praecipue interdum necessaria sunt, quia gravissimis casibus opitulantur. Ea recte quidem dantur conlisis corporibus vel per ictus vel ubi ex alto deciderunt vel in viscerum, laterum, faucium interiorumque partium doloribus. Maxime autem desideranda sunt adversus venena vel per morsus vel per cibos aut potiones nostris corporibus inserta.

Nobilissimum autem est Mithridatis, quod cottidie sumendo rex ille dicitur adversus venenorum pericula tutum corpus suum redidisse. In quo haec sunt:

costi P. * ==–
acori P. * V
hyperici, cummi, sagapeni, acaciae suci, iridis Illyricae, cardamomi, singulorum P. * II
anesi P. * III
nardi Gallici, gentianae radicis, aridorum rosae foliorum, singulorum P. * IIII
papaveris lacrimae, petrosellini, singulorum P. * IIII=–

Antidota – nicht nur bei Vergiftungen

Celsus *De medicina* V 23.1A

Der Verfasser sieht Anwendungsmöglichkeiten für Gegengifte auch außerhalb der Toxikologie, erklärt aber nicht warum.

Gegengifte[1] sind selten notwendig, aber wirklich unentbehrlich, weil sie in den schwersten Fällen Hilfe leisten. Man gibt sie freilich auch durchaus berechtigt bei traumatischen Läsionen des Körpers, sei es durch einen Stoß oder durch einen Sturz aus großer Höhe, sowie bei Schmerzen der Eingeweide, der Flanken, des Rachens und der inneren Organe. Am dringendsten geboten sind sie für die Abwehr von Giften, die durch Bisse oder durch Speisen und Getränke in unseren Körper gelangt sind.

Wie sich König Mithradates geschützt hat

Celsus *De medicina* V 23.3

Mit diesem Mittel wurde man so unangreifbar, dass als letzte Alternative nur noch der Freitod übrig blieb.

Das berühmteste Gegengift aber ist das des Königs Mithradates[1]. Er soll es täglich genommen und auf diese Weise seinen Körper vor der Gefahr der Vergiftung bewahrt haben. Es ist folgendermaßen zusammengesetzt:

1,8 Gramm Kostwurz[2]
21,5 Gramm Kalmus[3]
Je 8,6 Gramm Hartheu[4], Gummi, Sagapen[5], Akaziensaft, illyrische Iriswurzel[6] und Kardamom[7]
12,9 Gramm Anis
Je 17,2 Gramm gallische Narde[8], Enzianwurzel und trockene Rosenblätter
Je 18,3 Gramm Mohnsafttränen und Petersilie

casiae, silis, lolii, piperis longi, singulorum P. * V=;

styracis P. * V =–
castorei, turis, hypocistidis suci, murrae, opapanacis, singulorum P. * VI
malabathri folii P. * VI
floris iunci rotundi, resinae terebenthinae, galbani, dauci Cretici seminis, singulorum P. * VI=
nardi, opobalsami, singulorum P. * VI=–
thlaspis P.* VI =–
radicis Ponticae P. * VII
croci, zingiberis, cinnamoni, singulorum P. * VII =–.

Haec contrita melle excipiuntur, et adversus venenum, quod magnitudinem nucis Graecae impleat, ex vino datur. In ceteris autem adfectibus corporis pro modo eorum vel quod Aegyptiae fabae vel quod ervi magnitudinem impleat, satis est.

In quibusdam etiam aliis serpentibus quaedam auxilia certa satis nota sunt. Nam scorpio sibi ipse pulcherrimum medicamentum est. Quidam contritum cum vino bibunt, quidam eodem modo contritum super volnus imponunt, quidam super prunam eo imposito volnus suffumigant, undique veste circumdata, ne is fumus dialabatur. Tum carbonem eius super volnus deligant.

Je 22,2 Gramm Mutterzimt[9], Sesel[10], Schwindelhafer[11] und langer Pfeffer
22,6 Gramm Styrax[12]
Je 25,8 Gramm Bibergeil[13], Weihrauch, Hypokystis-Saft[14], Myrrhe und Panaxsaft[15]
25,8 Gramm Mutterzimt[16]
Je 26,5 Gramm Blüten der runden Birne, Terpentinharz, Mutterharz und Samen des kretischen Möhrenkrümmels[17]
Je 26,9 Gramm Narde[18] und Balsam
26,9 Gramm Kresse
30,1 Gramm pontische Wurzel[19]
Je 31,2 Gramm Safran, Ingwer und Zimt.

Diese Zutaten werden zerrieben und mit Honig gemischt. Wenn es als Gegengift eingesetzt wird, nimmt man davon ein Stück von der Größe einer griechischen Mandel mit Wein. Bei den anderen Erkrankungen reicht je nach den individuellen Umständen ein Stück von der Größe einer ägyptischen Bohne oder einer Erve.

Skorpion- und Spinnenstiche: Folgen beherrschbar

Celsus *De medicina* V 27.5–6

Nach der Attacke werden die Tiere einem therapeutischen Zweck zugeführt.

Es gibt auch gegen manches andere Kriechtier bestimmte wirksame Heilmittel, die recht gut bekannt sind. Beispielsweise ist der Skorpion selbst das vortrefflichste Medikament, wenn man von ihm gestochen wurde. Einige zerreiben ihn und trinken ihn mit Wein, andere legen ihn in gleicher Zubereitung auf die Wunde auf, wieder andere legen ihn auf glühende Kohle und räuchern die Wunde von unten aus. Dabei verhüllen sie die Stelle ganz mit Kleidungsstücken, damit dieser Rauch nicht entweicht. Anschließend befestigen sie den verkohlten Kadaver an der Wunde. Zu-

Bibere autem oportet herbae solaris, quam heliotropion Graeci vocant, semen vel certe folia ex vino. Super volnus vero etiam furfures ex aceto vel ruta silvatica recte imponitur vel cum melle sal tostus. Cognovi tamen medicos, qui a scorpione ictis nihil aliud quam ex bracchio sanguinem miserunt.

Et ad scorpionis autem et aranei ictum alium cum ruta recte miscentur ex oleoque contritum superponitur.

At si cerastes aut dipsas aut haemorrhois percussit, poli quod Aegyptiae fabae magnitudinem aequet, arfactum ut in duas portiones dividendum est, sic ut ei rutae paulum adiciatur. Trifolium quoque et mentastrum et cum aceto panaces aeque proficiunt. Costumque et casia et cinnamonum recte per potionem adsumuntur.

Verum haec genera serpentium et peregrina et aliquanto magis pestifera sunt maximeque aestuosis locis gignuntur. Italia frigidioresque regiones hac quoque parte salubritatem habent, quod minus terribiles angues edunt. Adversus quos satis proficit herba Vettonica vel Cantabrica vel centaurios vel argimonia vel trixago vel personina vel marinae pastinacae vel singulae binaeve tritae et

sätzlich soll der Patient aber den Samen des Warzenkrauts, das die Griechen Hēliotrópion[1] nennen, oder wenigstens dessen Blätter mit Wein einnehmen. Es ist auch sinnvoll, auf die Wunde in Essig gelöste Kleie, wild wachsende Raute oder geröstetes Salz mit Honig aufzubringen. Dennoch habe ich Ärzte kennen gelernt, die die Patienten nach dem Stich eines Skorpions lediglich am Arm zur Ader lassen.

Wenn man aber von einem Skorpion und auch wenn man von einer Spinne gebissen wurde, legt man Knoblauch auf, der in geeigneter Weise mit Raute vermischt und in Öl zerrieben worden ist.

Niemals nüchtern ins Schlangenland

Celsus *De medicina* V 27.7,10

Der Zweibeiner kann sich vor der Fleischeslust des Reptils durch eine kräftige Mahlzeit wirksam schützen.

Aber wenn jemand von einer der unter den Namen Kerástēs[1], Dipsás[2] oder Haimorrhoís[3] bekannten Schlangen gebissen worden ist, muss er ein Stück getrockneten Polei-Gamanders[4] von der Größe einer ägyptischen Bohne auf zwei Getränke verteilen und etwas Raute dazugeben. Klee, wilde Minze und Heilwurz mit Essig sind ebenfalls nützlich. Kostwurz, wilder Mutterzimt und Gewürzzimt werden mit Aussicht auf Erfolg in trinkbarer Form eingenommen.

Aber die genannten Schlangenarten kommen in fremden Ländern vor, sind bedeutend gefährlicher und vor allem in heißen Regionen heimisch. Italien und die kühleren Regionen sind auch in dieser Beziehung ein Hort der Gesundheit, weil sie weniger schreckliche Schlangen hervorbringen. Gegen die heimischen Schlangen schützen ausreichend die Betonie[5], das kantabrische Kraut[6], Tausendgüldenkraut, Sandmohn[7], Gamander[8], Klette oder Meerespastinak[9], wenn man eine, zwei oder drei davon zer-

cum vino potui datae sunt et super vulnus impositae. Illud ignorari non oportet, omnis serpentis ictum et ieiuni et ieiuno magis nocere. Ideoque perniciosissimae sunt cum incubant, utilissimumque est, ubi ex anguibus metus est, non ante procedi quam quis aliquid adsumpsit.

Non tam ex facili is opitulari est, qui venenum vel in cibo vel in potione sumpserunt, primum quia non protinus sentiunt, ut ab angue icti – ita ne succurrere quidem statim sibi possunt – deinde quia noxa non a cute, sed ab interioribus partibus incipit. Commodissimum est tamen, ubi primum sensit aliquis, protinus oleo multo epoto vomere, deinde ubi praecordia exhausit, bibere antidotum. Si id non est, vel merum vinum.

Sunt tamen quaedam remedia propria adversus quaedam venena, maximeque leviora. Nam si cantharidas aliquis ebibit, panaces cum lacte contusa vel galbanum vino adiecto dari vel lac per se debet.

Si cicutam, vinum merum calidum cum ruta quam plurimum ingerendum est. Deinde is vomere cogendus. Posteaque laser ex vino dandum. Isque, si febre vacat, in calidum balneum mitten-

reibt und entweder mit Wein zu trinken gibt oder auf die Wunde legt. Man darf dabei nicht verkennen, dass jeder Biß einer Schlange mehr schadet, wenn sowohl das Tier als auch der Mensch nüchtern sind. Deshalb sind jene Schlangen die gefährlichsten, die auf der Lauer liegen, und es ist außerordentlich vorteilhaft, dort, wo man Angst vor Schlangen hat, erst dann ins Freie zu treten, wenn man etwas zu sich genommen hat.

Lebensmittelvergiftungen: Auch der Schierling gehört dazu
Celsus *De medicina* V 27.11–12

Bevor mit der gezielten Behandlung begonnen wird, muss man sich erst einmal sicher sein, dass Speisen oder Getränke die Intoxikation verursacht haben.

Nicht so leicht ist denen zu helfen, die Gift in Speisen oder Getränken zu sich genommen haben, zum einen weil sie es nicht so schnell bemerken, wie wenn sie von einer Schlange gebissen wurden, und sich auch deshalb nicht sofort Hilfe verschaffen können, ferner weil der giftige Stoff nicht von der Haut, sondern von den inneren Organen aus seine Wirkung entfaltet. Sobald jemand bemerkt, dass er sich vergiftet hat, ist es dennoch am günstigsten, unverzüglich viel Öl zu trinken und sich danach zu übergeben. Hierauf soll er, wenn der Magen leer ist, ein Gegengift nehmen oder, wenn es nicht verfügbar ist, reinen Wein trinken.

Es gibt aber doch einige Mittel gegen gewisse Gifte, vor allem die schwächeren. Denn wenn jemand spanische Fliegen[1] verschluckt hat, so gebe man ihm mit Milch zerstoßene Panákeia[2] oder Galbanumharz[3] mit Weinzusatz oder Milch allein.

Wenn jemand Schierling[4] zu sich genommen hat, so soll er möglichst viel warmen unvermischten Wein mit Raute[5] trinken. Danach muss er zum Erbrechen gezwungen werden. Nachher gebe man in Wein gelösten Asantsaft[6]. Wenn der Patient nicht fie-

dus, si non febre vacat, unguendus ex calfacientibus est. Post quae quies ei necessaria est.

Si hyoscyamum, fervens mulsum bibendum est aut quodlibet lac, maxime tamen asininum.

Si cerussam, ius malvae vel ius glandis ex vino contritae maxime prosunt.

Si sanguisuga epota est, acetum cum sale bibendum est. Si lac intus coiit, aut passum aut coagulum aut cum aceto laser.

Si fungos inutiles quis adsumpsit, radicula aut portulaca aut per se aut cum sale et aceto edenda est. Ipsi vero hi et specie quidem discerni possunt ab utilibus et cocturae genere idonei fieri. Nam sive ex oleo inferverunt, sive piri surculus cum his infervit, omni noxa vacant.

Quaecumque autem ratio curandi est, corpus puro ulcere exercendum atque alendum est, donec ad cicatricem perveniat. Quae cum medici doceant, quorundam rusticorum experimento cognitum, quem struma male habet, si anguem edit, liberari.

bert, stecke man ihn in ein warmes Bad. Hat er aber Fieber, so soll man ihn mit wärmenden Salben einreiben. Anschließend ist Ruhe angesagt.

Wenn jemand Bilsenkraut[7] genommen hat, soll er heißen Weinmet[8] trinken oder irgendeine Art von Milch, am besten jedoch Eselsmilch.

Wenn jemand Bleiweiß[9] zu sich genommen hat, nützen Malvenbrühe oder der Saft der in Wein zerriebenen Walnuss am meisten.

Wenn jemand einen Blutegel[10] verschluckt hat, muss er Essig mit Salz trinken. Wenn Milch im Magen geronnen ist, soll man entweder Rosinenwein, Lab oder Asantsaft trinken.

Wenn jemand schädliche Pilze zu sich genommen hat, muss er entweder Radikula[11] oder Portulak[12] allein oder zusammen mit Salz und Essig zu sich nehmen. Die krankmachenden Pilze kann man aber dem Aspekt nach von den genießbaren unterscheiden. Außerdem werden sie durch geeignete Zubereitung genießbar. Denn wenn man sie in Öl siedet oder ein Birnenspießchen mit ihnen aufkocht, verlieren sie alle Schädlichkeit.

Eine wahrhaft rustikale Behandlung

Celsus *De medicina* V 28.7B

Auch wenn drastische Therapiemaßnahmen in Einzelfällen zum Erfolg führen, werden sie gerne der alternativen Medizin überlassen.

Der Patient muss, welche Behandlungsmethode man aber auch immer gewählt hat, seinen Körper, nachdem das Geschwür gereinigt ist, gehörig trainieren und zweckmäßig ernähren, bis die Narbenbildung abgeschlossen ist. So ist die Meinung der Schulmediziner. Dagegen haben einige Leute vom Land in Versuchen bewiesen, dass jemand, der an einer üblen Schwellung der Halsdrüsen leidet, durch den Verzehr einer Schlange geheilt wird.

At ipsius Theodoti, quod a quibusdam acharistum nominatur, eiusmodi est:

castorei, nardi Indici, singulorum P.* I
Lyci P.* =
papaveris lacrimae tantundem
murrae P.* II
croci, cerussae elotae, aloes, singulorum P.* III
cadmiae botruitidis elotae, aeris conbusti, singulorum P.* VIII

cummis P.* XVIII
acaciae suci P.* XX
stibis tantundem.

Quibus aqua pluviatilis adicitur.

... In aurem vero infundere aliquod medicamentum oportet, quod semper ante tepefieri convenit, commodissimeque per strigilem instillatur. Ubi auris repleta est, super lana mollis addenda est, quae umorem intus contineat. Et haec quidem communia sunt medicamenta: Verum est et rosa et radicum harundinis sucus et

Dreizehn Zutaten plus Regenwasser

Celsus *De medicina* VI 6.6

Die berühmte Augensalbe des Theodotos wurde über Generationen hinweg in vielfach wechselnder Zusammensetzung verwendet.

Das Kollyrium des Theodotos[1], das von einigen Acháriston[2] genannt wird, ist folgendermaßen zusammengesetzt:

Je 4,3 Gramm Bibergeil und indische Narde
0,7 Gramm Lycium
Ebenfalls 0,7 Gramm Mohnsafttränen
8,6 Gramm Myrrhe
Je 12,9 Gramm Safran, gewaschenes Bleiweiß und Aloe
Je 34,4 Gramm gewaschener traubenförmiger Galmei und gebranntes Kupfer
77,4 Gramm Gummi
86 Gramm Akaziensaft
Ebenfalls 86 Gramm Spießglas[3].

Zu diesen Inhaltsstoffen gibt man Regenwasser.

Verstopftes Ohr: Würmer in Öl

Celsus *De medicina* VI 7.1C–D

Man muss die Medikamente nur tief genug einbringen, dann wird sich auch der hartnäckigste Zeruminalpropf auflösen.

… Man muss sämtliche Arzneien direkt ins Ohr geben, aber immer erst dann, wenn sie vorher in geeigneter Weise erwärmt worden sind. Am besten lässt man sie über eine Ohrspritze Tropfen für Tropfen einlaufen. Sobald das Ohr gefüllt ist, soll man weiche Wolle auflegen, um zu verhindern, dass die Flüssigkeit wieder austritt. Die Medikamente sind stets die allgemein üblichen. Außerdem bieten sich Rosenöl, der Saft von Rohrwurzeln, Öl, in

oleum, in quo lumbrici cocti sunt, et umor ex amaribus nucibus aut ex nucleo mali Persici expressus…

Sed agrestium experimento cognitum est, cum dens dolet, herbam mentastrum cum suis radicibus evelli debere, et in pelvem coici, supraque aquam infundi, collocarique iuxta sedentem hominem undique veste contectum. Tum in pelvem candentes silices demitti, sic ut aqua tegantur. Hominemque eum hiante ore vaporem excipere, ut supra dictum est, undique inclusum. Nam et sudor plurimus sequitur et per os continens pituita defluit. Idque saepe longiorem, semper annuam valetudinem bonam praestat.

Illud interrogari me posse ab aliquo scio. Si certa futurae mortis indicia sunt, quomodo interdum deserti a medicis convalescant?

dem Spulwürmer gekocht worden sind, und aus Bitternüssen oder Pfirsichkernen gepresster Saft an…

Der Landmann hilft sich selbst
Celsus *De medicina* VI 9.7

Die Behandlung ist zwar nur symptomatisch, ihr Effekt kann aber längere Zeit anhalten und vor allem findet sie zu Hause statt.

Landleute haben aber durch Versuche herausgefunden, dass gegen Zahnschmerzen folgende Maßnahme angezeigt ist. Man ziehe das Kraut der wilden Minze zusammen mit den Wurzeln aus dem Boden, stecke es in ein Becken, gieße Wasser darüber und stelle das Gefäß neben den sitzenden und vollständig bekleideten Patienten. Dann werfe man glühende Kieselsteine hinein, so dass sie vom Wasser bedeckt werden. Dann soll der, wie eben schon gesagt, allseits in Kleider gehüllte Patient die aufsteigenden Dämpfe mit offenem Mund einatmen. So kommt er mächtig ins Schwitzen und aus dem Mund fließt reichlich zäher Schleim ab. Diese Maßnahme sorgt für Schmerzfreiheit oftmals für längere Zeit, stets aber für mindestens ein Jahr.

2.1.8 Außergewöhnliche Krankheitsfälle

Begräbnis eines Scheintoten (1)
Celsus *De medicina* II 6.13–15

Möglicherweise haben Celsus und Plinius die denkwürdige Szene nicht so einprägsam dargestellt wie der Romancier Apuleius, weil sie ihnen medizinisch zu wenig bedeutsam erschien.

Ich weiß sehr wohl, dass mich jemand fragen könnte: »Wenn die Zeichen des bevorstehenden Todes sicher sind, wie kann es dann

Quosdamque fama prodiderit in ipsis funeribis revixisse. Quin etiam vir iure magni nominis Democritus ne finitae quidem vitae satis certas notas esse proposuit, quibus medici credidissent. Adeo illud non reliquit, ut certa aliqua signa futurae mortis essent. Adversus quos ne dicam illud quidem, quod in vicino saepe quaedam notae positae non bonos, sed imperitos medicos decipiunt, quod Asclepiades funeri obvius intellexit quendam vivere qui efferebatur. Nec protinus crimen artis esse, si quod professoris sit.

Summa autem Asclepiadi Prusieni condita nova secta, spretis legatis et pollicitationibus Mithridatis regis, reperta ratione, qua vinum aegris medetur, relato e funere homine et conservato. Sed maxime sponsione facta cum fortuna, ne medicus crederetur, si umquam invalidus ullo modo fuisset ipse. Et vicit suprema in senectu lapsu scalarum exanimatus.

sein, dass manche, die von den Ärzten aufgegeben worden sind, wieder gesund werden, ja einige wenige, wenn man den Gerüchten glauben kann, sogar beim Begräbnis wieder zum Leben gekommen sind?« Ja, auch der zu Recht berühmte Demokrit[1] vertrat die Ansicht, dass nicht einmal die Zeichen des Lebensendes, denen die Ärzte vertraut hätten, zuverlässig seien. Umso weniger hat er zu behaupten gewagt, dass es sichere Zeichen für den bevorstehenden Tod gebe. Hierauf will ich immerhin einwenden, dass manche Anzeichen einander oft täuschend ähnlich sein können, allerdings nur für unerfahrene Ärzte, nicht für die wirklich guten. Aus diesem Wissen heraus hat Asklepiades, als er einem Leichenzug begegnete, gefolgert, dass der noch lebte, der hinausgetragen wurde, und daraus gefolgert, dass man den Fehler eines ärztlichen Kollegen nicht der ganzen Disiziplin anlasten könne[2].

Begräbnis eines Scheintoten (2)
Plinius *Naturalis historia* VII 124

Höchste Anerkennung gebührt dem Asklepiades von Prusa. Er hat eine neue Schule gegründet, er hat die Gesandten und die Zusagen von König Mithridates zurückgewiesen, er hat ein Verfahren erfunden, mit dem man Kranke durch Wein heilen kann, und er hat einen Menschen aus dem Leichenzug herausgeholt und ihm so das Leben gerettet. Am meisten aber wurde er durch seine Wette mit dem Schicksal bekannt, dass man ihn nicht für einen Arzt halten werde, wenn er jemals selbst irgendwie krank werde. Und er gewann sie, indem er in höchstem Alter von einer Treppe stürzte und so den Tod fand.

… magna auctoritate nec minore fama, cum occurrisset ignoto funeri, relato homine ab rogo atque servato, ne quis levibus momentis tantam conversionem factam existimet.

Asclepiades ille, inter praecipuos medicorum, si unum Hippocratem excipias, ceteris princeps, primus etiam vino repperit aegris opitulari, sed dando scilicet in tempore. Cuius rei observationem probe callebat, ut qui diligentissime animadverteret venarum pulsus inconditos vel praevaros. Is igitur cum forte in civitatem sese reciperet et rure suo suburbano rediret, aspexit in pomoeriis civitatis funus ingens locatum plurimos homines ingenti multitudine, qui exequias venerant, circumstare, omnis tristissimos et obsoletissimos vestitu. Propius accessit, utine cognosceret more ingenii, quisnam esset, quoniam percontanti nemo responderat, an vero ut ipse aliquid in illo ex arte deprehenderet. Certe quidem iacenti homini ac prope deposito fatum abstulit. Iam miseri illius membra omnia aromatis perspersa, iam os ipsius unguine odoro delibutum, iam eum pollinctum, iam paene rogum paratum

Begräbnis eines Scheintoten (3)

Plinius *Naturalis historia* XXVI 14

... Asklepiades gelangte zu hohem Ansehen und erwarb sich einen ebenso guten Ruf, als er bei der Begegnung mit dem Leichenzug eines Unbekannten den Mann vom Scheiterhaufen holte und so rettete, damit niemand glaube, eine so große Umstellung in der Medizin[1] sei aus unbedeutenden Gründen erfolgt.

Begräbnis eines Scheintoten (4)

Apuleius *Florida* IV 19

Jener Asklepiades, der selbst unter den hervorragendsten Ärzten alle anderen – Hippokrates einmal ausgenommen – übertrifft, ist auch als erster auf den Gedanken gekommen, Kranke mit Wein zu behandeln. Dabei spielt natürlich der Zeitpunkt eine entscheidende Rolle. Asklepiades war darin ein meisterhafter Beobachter, weil er mit sehr großem Geschick an den Gefäßen Unregelmäßigkeiten oder Beschleunigungen des Pulses erkannte. Da begab es sich, dass er bei der Rückkehr von seinem Landhaus in der Vorstadt nach Rom am Maueranger einen gewaltigen Leichenzug sah. Sehr viele Menschen, die zu dem Begräbnis gekommen waren, umringten die Bahre, alle machten einen sehr traurigen Eindruck und trugen abgetragene Kleider. Er verlangte eine Erklärung, aber niemand antwortete ihm. Da trat er näher heran, um die ihm eigene Neugier zu befriedigen und zu erfahren, um wen es sich bei dem Toten handle oder wenigstens persönlich etwas mitzunehmen, was für seine berufliche Arbeit interessant sein könnte. Jedenfalls hat er den lang ausgestreckten und beinahe verlorenen Menschen den Klauen des Todes entrissen. Schon waren nämlich alle Glieder des armen Mannes mit Gewürzen bestreut und sein Mund mit stinkendem Fett benetzt, schon war der Leichnam gewaschen und gesalbt worden, schon war der Scheiterhaufen

contemplatus enim, diligentissime quibusdam signis animadversis, etiam atque etiam pertrectavit corpus hominis et invenit in illo vitam latentem. Confestim exclamavit vivere hominem. Procul igitur faces abicerent, procul ignes amolirentur, rogum demolirentur, cenam feralem a tumulo ad mensam referrent. Murmur interea exortum. Partim medico credendum dicere, partim etiam inridere medicinam. Postremo, propinquis etiam hominibus invitis, quodne iam ipsi haereditatem habebant, an quod adhuc illi fidem non habebant, aegre tamen ac difficulter Asclepiades impetravit brevem mortuo dilationem atque ita vispillonum manibus extortum velut ab inferis postliminio domum rettulit confestimque spiritum recreavit, confestim animam in corporis latibulis delitiscentem quibusdam medicamentis provocavit.

… Petro quidam, qui febricitantem hominem ubi acceperat, multis vestimentis operiebat, ut simul calorem ingentem sitimque excitaret. Deinde ubi paulum remitti coeperat febris, aquam frigidam potui dabat, ac si moverat sudorem, explicuisse se

beinahe aufgerichtet worden. Da nahm Asklepiades, durch sehr sorgfältige Beobachtung gewisser Zeichen aufmerksam geworden, den Körper näher in Augenschein, untersuchte ihn wieder und wieder und fand in ihm verborgenes Leben. Sofort rief er aus: »Der Mann lebt ja!« und forderte die Umstehenden auf, die Fackeln wegzuwerfen, die Feuer beiseite zu schaffen, den Scheiterhaufen abzutragen und den Leichenschmaus vom Grabhügel an den heimischen Esstisch zu verlegen. Inzwischen war ein leises Murmeln entstanden. Einige sagten, man solle dem Arzt glauben, andere meinten, die ganze Medizin sei lachhaft. Schließlich und trotz des Widerstands der Umstehenden, die sich bereits ihres Erbteils bemächtigt hatten oder ihm noch immer keinen Glauben schenkten, setzte Asklepiades dennoch und nur mit Mühe einen kurzen Aufschub bei der Fortsetzung des Begräbnisses durch, entwand den Mann den Händen der Leichenträger wie dem Vorhof der Unterwelt und brachte ihn in sein Haus zurück. Dort ging alles ganz schnell: Er brachte ihn nämlich nicht nur wieder zum Atmen, sondern gab ihm mit Hilfe bestimmter Arzneimittel auch wieder das Bewußtsein zurück, das sich in den Schlupfwinkeln des Körpers verkrochen hatte.

Schleichendes Fieber: Was Petronas verordnet hat (1)
Celsus *De medicina* III 9.2–4

Eine konsequente, allerdings nicht ungefährliche Stufentherapie rettet viele Fieberkranke, denen die Schulmedizin nicht hat helfen können.

… Da gab es auch einen gewissen Petron[1], der die Fieberkranken nach Übernahme der Behandlung sogleich in viele Kleider hüllte, um sowohl ungeheure Wärme als auch Durst zu erzeugen. Sobald das Fieber dann allmählich etwas zurückging, gab er kaltes Wasser zu trinken und erklärte den Patienten für geheilt, wenn er den Schweiß in Fluss gebracht hatte. War es ihm aber nicht gelungen,

aegrum iudicabat. Si non moverat, plus etiam aquae frigidae ingerebat et tum vomere cogebat. Si alterutro modo febre liberaverat, protinus suillam assam et vinum homini dabat. Si non liberaverat, decoquebat aquam sale adiecto eamque bibere cogebat, ut movendo ventrem purgaret. Et intra haec omnis eius medicina erat. Eaque non minus grata fuit is, quos Hippocratis successores non refecerant, quam nunc est is, quos Herophili vel Erasistrati aemuli diu tractos non adiuverunt. Neque ideo tamen non est temeraria ista medicina, quia, si plures protinus a principiis excepit, interemit. Sed, cum eadem omnibus convenire non possint, fere quos ratio non restituit, temeritas adiuvat; ideoque eiusmodi medici melius alienos aegros quam suos nutriunt. Sed est circumspecti quoque hominis et novare interdum et augere morbum et febres accendere, quia curationem ubi id quod est non recipit, potest recipere id quod futurum est.

Πετρονᾶς δὲ καὶ? κρέα ὕεια ὀπτὰ διδοῖ, καὶ οἶνον μέλανα ἀκρατέστερον ἐμεῖν ἠνάγκαζε, καὶ ὕδωρ ψυχρὸν ἐδίδου πίνειν, ὅσον ἤθελον.

den Patienten zum Schwitzen zu bringen, ließ er ihn noch mehr kaltes Wasser trinken und brachte ihn dann dazu, sich zu übergeben. Wenn er ihn mit einer der beiden Methoden vom Fieber befreit hatte, gab er unverzüglich Schweinebraten zu essen und Wein zu trinken. Andernfalls kochte er Wasser mit einer Prise Salz und ließ es den Patienten trinken, um den Darm in Bewegung zu bringen und zu reinigen. Auf diese Maßnahmen beschränkte sich die ganze Heilkunst dieses Mannes. Sie war den Patienten, deren Gesundheit die Nachfolger des Hippokrates nicht hatten wiederherstellen können, ebenso willkommen wie sie es jetzt jenen ist, denen die Schüler des Herophilos oder Erasistratos trotz langer Behandlung nicht geholfen haben. Dennoch ist diese Art von Medizin durchaus ein Wagnis, weil sie die Mehrheit derer, die von Anfang an so behandelt werden, umbringt. Weil aber die gleichen Mittel nicht allen gleich gut bekommen, so hilft doch häufig eine kühne Maßnahme denen, die die konservative Standardtherapie nicht wiederhergestellt hat. Deshalb behandeln auch Ärzte dieses Schlages fremde Patienten besser als die eigenen. Doch zeichnet es den umsichtigen Arzt auch aus, den Charakter einer Krankheit manchmal zu verändern, sie zu verstärken und die Fieber zu steigern. Denn wenn eine Krankheit in ihrem aktuellen Zustand nicht geheilt werden kann, bedeutet dies nicht, dass diese Situation auch nach einer künftigen Änderung fortbesteht.

Schleichendes Fieber: Was Petronas verordnet hat (2)

Galen *De optima secta* XIV K I 144

Petronas gibt auch gebratenes Schweinefleisch und schwarzen lauteren Wein, er brachte sie zum Brechen und gab ihnen kaltes Wasser zu trinken, so viel sie wollten.

Tertium genus insaniae est ex his longissimum, adeo ut vitam ipsam non impediat. Quod robusti corporis esse consuevit. Huius autem ipsius species duae sunt. Nam quidam imaginibus, non mente falluntur, quales insanientem Aiacem et Orestem percepisse poetae ferunt. Quidam animo desipiunt.

Quod si mali plus est et vera phthisis est, inter initia protinus occurrere necessarium est. Neque enim facile is morbus, cum inveteravit, evincitur. Opus est, si vires patiuntur, longa navigatione, caeli mutatione, sic ut densius quam id est, ex quo discedit aeger, petatur. Ideoque aptissime Alexandriam ex Italia itur.

Der Wahnsinn in der griechischen Mythologie

Celsus *De medicina* III 18.19

Die geistige Verwirrung antiker Helden taugt nur bedingt zur Charakterisierung von Psychopathen unserer Zeiten.

Die dritte Art des Irreseins in dieser Aufzählung ist die langwierigste. Das Leben selbst wird durch sie aber nicht verkürzt, zumindest wenn der Körper widerstandsfähig ist. Es gibt hiervon zwei Arten. Einige leiden unter Halluzinationen, nicht an geistiger Verwirrung, wie die Dichter den wahnsinnigen Ajax[1] und den Orestes[2] darstellen. Andere sind vollkommen verrückt.

Bei Schwindsucht ins Nildelta

Celsus *De medicina* III 22.8

Der einfache Ortswechsel genügt nicht. Am besten geht man in ein ägyptisches Sanatorium.

Wenn aber das Leiden weiter voranschreitet und tatsächlich Schwindsucht besteht, muss man sie gleich zu Anfang energisch bekämpfen. Hat sich diese Krankheit nämlich einmal festgesetzt, ist es nicht mehr leicht, sie zu besiegen. Wenn es die Kräfte erlauben, sollen die Patienten auf lange Seereisen gehen und nach Luftveränderung suchen, und zwar so, dass es dort, wo sie ankommen, wärmer ist als dort, wo sie aufbrechen. Deshalb ist eine Seefahrt von Italien nach Alexandria geradezu ideal.

… Quidam iugulati gladiatoris calido sanguine epoto tali morbo se liberarunt. Apud quos miserum auxilium tolerabile miserius malum fecit…

… Sanguinem quoque gladiatorum bibunt, ut viventibus poculis, comitiales, quod spectare facientes in eadem harena feras quoque horror est. At, Hercule, illi ex homine ipso sorbere efficacissimum putant calidum spirantemque et vivam ipsam animam ex osculo vulnerum, cum plagis omnino ne ferarum quidem admoveri ora mos sit humanus…

Nam sunt et qui sanguinem ex vena sua missum bibant aut de calvaria defuncti terna coclearia sumant per dies triginta item ex iecinore gladiatoris iugulati particulam aliquam novies datam

Epilepsie: Auch Gladiatorenblut ist keine Lösung (1)

Celsus *De medicina* III 23.7

Bei allem Mitgefühl für Schwerkranke werden Behandlungsmaßnahmen, die auf Kosten der Gesundheit und des Lebens anderer gehen, abgelehnt.

… Einige Epileptiker haben sich von ihrer Krankheit befreit, indem sie körperwarmes Blut eines Gladiators tranken, dem man gerade die Kehle durchtrennt hatte. Ein erbärmliches Mittel, das in ihrem Fall nur ein noch erbärmlicheres Leiden erträglich gemacht hat…

Epilepsie: Auch Gladiatorenblut ist keine Lösung (2)

Plinius *Naturalis historia* XXVIII 4

… Das Blut von Gladiatoren trinken sie, die Epileptiker, wie aus lebenden Bechern, was bereits ein schrecklicher Anblick ist, wenn es wilde Tiere auf dem gleichen Kampfplatz tun. Aber, bei Herkules, jene Leute halten es tatsächlich für die wirksamste Medizin, das warme und atemspendende Blut und damit gleichsam die lebendige Seele selbst zu schlürfen, indem sie ihre Lippen in die Wunden stecken, während doch kein Mensch auch nur im entferntesten daran dächte, seinen Mund in die Nähe offener Wunden von wilden Tieren zu bringen…

Epilepsie: Auch Gladiatorenblut ist keine Lösung (3)

Scribonius Largus *Compositiones* XVII

Manche trinken auch von dem Blut, das seinen Adern entströmt ist, oder schlucken 30 Tage lang aus der Hirnschale des Toten jeweils drei Löffel. Ebenso ist es schon vorgekommen, dass Patienten neunmal ein Stück Leber eines abgeschlachteten Gladiators,

consumant. Quaeque eiusdem generis sunt, extra medicinae professionem cadunt, quamvis profuisse quibusdam visa sunt.

Longe excurro. Hodie istic Bellonae secatos sanguis de femore proscisso palmula exceptus et usui datus signat. Item illi, qui munere in arena noxiorum iugulatorum sanguinem recentem de iugulo decurrentem avida siti comitiali morbo medentes hauserunt. Ubi sunt?

Potui vero ieiuno dari debet apsinthium incoctum. At post cibum aqua a ferrario fabro, in qua candens ferrum subinde tinctum sit. Haec enim vel praecipue lienem coercet. Quod animadversum est in iis animalibus, quae aput hos fabros educata exiguos lienes habent.

das ihnen gegeben wurde, zu sich genommen haben. Solche Eingriffe fallen aus dem Bereich der professionellen Medizin – auch wenn manche offenbar davon profitiert haben.

Epilepsie: Auch Gladiatorenblut ist keine Lösung (4)

Tertullian *Apologeticum* IX 10

Ich schweife vom Thema ab. Heute zeichnet es dort die Priester der Bellona[1] aus, dass sie sich in die Haut schneiden, das Blut, das aus dem aufgeschlitzten Oberschenkel hervorquillt, mit der flachen Hand auffangen und zum Gebrauch bereitstellen. Dazu gehören auch jene, die bei den Gladiatorenspielen in der Arena das Blut der abgeschlachteten Verbrecher, solange es noch frisch war und aus deren Kehle strömte, mit unstillbarem Verlangen getrunken haben, um damit die Epilepsie zu heilen. Wo sind sie wohl?

Wie der Schmied dem Arzt hilft

Celsus *De medicina* IV 16.2

Der Verfasser begründet eine scheinbar naive therapeutische Empfehlung mit einer Beobachtung aus der Veterinärpathologie.

Die Patienten sollen auf nüchternen Magen verkochten Wermut[1] zu sich nehmen, nach der Mahlzeit aber dann Wasser, in dem Schmiede von Zeit zu Zeit glühendes Eisen abgekühlt haben. Denn diese Art von Wasser führt vor allem zu einer Schrumpfung der Milz. Man hat nämlich beobachtet, dass Tiere, die von solchen Handwerkern gezüchtet worden sind, kleine Milzen haben.

Serpentium quoque morsus non nimium distantem curationem desiderant, quamvis in ea multum antiqui variarunt, ut in singula anguium genera singula medendi genera praeciperent aliique alia. Sed in omnibus eadem maxime proficiunt. – Igitur in primis super vulnus id membrum deligandum est, non tamen nimium vehementer, ne torpeat. Deinde venenum extrahendum est. Id cucurbitula optume facit. Neque alienum est ante scalpello circa vulnus incidere, quo plus vitiati iam sanguinis extrahatur. Si cucurbitula non est, quod tamen vix incidere potest, tum quodlibet simile vas, quod idem possit. Si ne id quidem est, homo adhibendus est, qui id vulnus exsugat. Neque Hercules scientiam praecipuam habent ii, qui Psylli nominantur, sed audaciam usu ipso confirmatam. Nam venenum serpentis, ut quaedam etiam venatoria venena, quibus Galli praecipue utuntur, non gustu, sed in vulnere nocent. Ideoque colubra ipsa tuto estur. Ictus eius occidit. Et si stupente ea, quod per quaedam medicamenta circulatores faciunt, in os digitum quis indidit neque percussus est, nulla in ea saliva noxa est. Ergo quisquis exemplum Psylli secutus id

Mut fassen und dem Beispiel der Psyllier folgen (1)

Celsus *De medicina* V 27.3A–C

Die – durchaus doppelsinnige – Beherztheit eines ausgestorbenen afrikanischen Wüstenvolkes fasziniert sowohl den Medizinschriftsteller als auch den Bürgerkriegsdichter.

Auch die Schlangenbisse erfordern keine davon allzu stark abweichende Behandlung, obwohl die alten Ärzte auf diesem Gebiet viele verschiedene Methoden pflegten und jeder ganz individuell jeweils ein spezielles Mittel gegen jede einzelne Schlangenart verschrieb. Dennoch tun bei jeder Art von Schlangenbiss stets die gleichen Mittel die besten Dienste. – Als erstes muss das betroffene Glied oberhalb der Wunde abgebunden werden, freilich nicht zu kräftig, damit es nicht gefühllos wird und erstarrt. Danach muss das Gift entfernt werden.[1] Dazu eignet sich am besten ein Schröpfkopf. Es bietet sich an, vorher mit dem Messer einen Schnitt um die Wunde zu machen, damit man möglichst viel des vergifteten Blutes aus der Tiefe herausholen kann. Wenn kein Schröpfkopf zur Hand ist, nimmt man ein Gefäß, das ähnlich aussieht und mit dem man das Gleiche machen kann. Ist auch ein solches nicht vorhanden, so lässt man die Wunde von einem Menschen aussaugen. Das Volk, das als Psyllier[2] bezeichnet wird, hat wirklich keine herausragenden wissenschaftlichen Kenntnisse, dafür aber einen in der Praxis bewiesenen besonderen Wagemut. Das Schlangengift schadet nämlich ebenso wie manche Jägergifte, die vor allem die Gallier verwenden, dann nicht, wenn es durch den Mund eindringt, sondern nur dann, wenn es über eine Verletzung in den Organismus gelangt. Deshalb kann man kleinere Schlangen gefahrlos essen. Ihr Biss wirkt dagegen tödlich. Wenn daher jemand einer betäubten Schlange – diesen Zustand führen die Gaukler durch bestimmte Mittel herbei – den Finger ins Maul steckt und nicht gebissen wird, so ist ihr Schleim harmlos. Wenn

vulnus exsuxerit, et ipse tutus erit et tutum hominem praestabit. Illud ne intereat ante debebit adtendere, ne quod in gingivis palatove aliave parte oris ulcus habeat.

… at siquis peste diurna
fata trahit, tunc sunt magicae miracula gentis
Psyllorumque ingens et rapti pugna veneni.
nam primum tacta designat membra saliva,
quae cohibet virus retinetque in volnere pestem.
plurima tunc volvit spumanti carmina lingua
murmure continuo nec dat suspiria cursus
volneris aut minimum patiuntur fata tacere.

saepe quidem pestis nigris inserta medullis

excantata fugit. sed siquod tardius audit
virus et elicitum iussumque exire repugnat,
tum super incumbens pallentia volnera lambit
ore venena trahens et siccat dentibus artus
extractamque potens gelido de corpore mortem
exspuit et, cuius morsus superaverit anguis,
iam promptum Psyllis vel gustu nosse veneni.

also einer dem Vorbild der Psyllier folgt und die Wunde aussaugt, wird er selbst unversehrt bleiben und der Verletzte gerettet werden. Er muss nur, damit er dabei nicht umkommt, darauf achten, dass er keine offenen Stellen am Zahnfleisch, am Gaumen oder an einer anderen Stelle des Mundes hat.

Mut fassen und dem Beispiel der Psyllier folgen (2)

Lukan *Bellum civile* IX 922–937

… droht aber jemand bei Tage von
bissigen Schlangen Gefahr, Wunder vollbringt dann der Psyller
zaubrisches Volk und ringt um die Bergung der giftigen Geißel.
Anfangs werden die wunden Stellen mit Speichel bezeichnet,
der den giftigen Schleim am Ort der Verletzung zügelt.
Und dann rollen Sie Spruch um Spruch von der schäumenden Zunge,
rastlos murmelnd und ohne belebendes Atmen. Mächtig
lodert die Wunde. Nur den Hauch von Schweigen duldet das Schicksal.
Freilich flieht oft die Vergiftung, auch wenn sie das Mark schon geschwärzt hat,
vor den Zaubergesängen. Aber wenn der Giftsaft
länger zögern und trotz des Aufrufs nicht abfließen sollte,
dann beugt sich der Psyller über die bläßlichen Wunden und
leckt mit dem Munde das Gift und trocknet mit Biss die Gelenke.
Hat er dem erkalteten Körper das tödliche Gift entzogen,
spuckt er es aus und über welcher Schlange Biss er obsiegt hat,
kann der Psyller schon beim Kosten des Giftes erkennen.

Haec adversus omnes ictus communia sunt. Usus tamen ipse docuit eum, quem aspis percussit, acetum potius bibere debere. Quod demonstrasse dicitur casus cuiusdam pueri, qui cum ab hac ictus esset et partim ob ipsum volnus partim ob immodicos aestus siti premeretur ac locis siccis alium umorem non reperiret, acetum, quod forte secum habebat, ebibit et liberatus est, credo, quoniam id, quamvis refrigerandi vim habet, tamen habet etiam dissupandi. Quo fit, ut terra respersa eo spumet. Eadem ergo vi verisimile est spissescentem quoque intus umorem hominis ab eo discuti et sic dari sanitatem.

Est etiam ulceris genus, quod a favi similitudine κήριον a Graecis nominatur idque duas species habet. Alterum est subalbidum, furunculo simile, sed maius et cum dolore maiore. Quod ubi maturescit, habet foramina, per quae fertur umor glutinosus et

Essig rettet das Leben eines Kindes

Celsus *De medicina* V 27.4

Der Verfasser versucht, die aus einem Einzelfall gewonnenen Erfahrungen durch eine pathophysiologische Erklärung zu einer generellen Empfehlung zu machen.

Soviel zur Behandlung von Bissen im Allgemeinen. Die Erfahrung hat jedoch gelehrt, dass der, den eine Natter[1] gebissen hat, eher Essig trinken muss. Dies soll der Fall eines Knaben gezeigt haben, der nach dem Biss durch die Giftschlange teils aufgrund der Wunde, teils wegen übermäßiger Hitze von Durst gequält wurde. Da die Gegend, in der er sich aufhielt, trocken war und er dort nichts anderes zu trinken fand, trank er den Essig, den er zufällig dabei hatte, aus und wurde fieberfrei und zwar, wie ich glaube, aus zwei Gründen, nämlich erstens weil der Essig kühlende Wirkung besitzt und weil er zusätzlich eine zerteilende Wirkung aufweist. Daher schäumt auch die Erde, wenn man sie mit Essig besprengt.[2] Es ist also wahrscheinlich, dass der Essig aufgrund dieser Eigenschaft auch die sich im Körperinneren verdichtende Flüssigkeit zerteilt und so die Gesundheit wiederherstellt.

Kerion Celsi: Griechisch-römische Nomenklatur

Celsus *De medicina* V 28.13

Bis vor nicht allzu langer Zeit wurde die tiefe Form der Tinea capitis auch als Kerion Celsi bezeichnet.

Es gibt aber auch eine Variante des Geschwürs, die wegen ihrer Ähnlichkeit mit einer Honigwabe von den Griechen als Kēríon[1] bezeichnet wird und in zwei Formen auftritt. Die eine ist weißlich, dem Furunkel ähnlich, jedoch größer und schmerzhafter. Wenn die Läsion reif geworden ist, bekommt sie Löcher, durch die eine klebrige und eitrige Flüssigkeit austritt. Zu voller Reife kommt

purulentus. Neque tamen ad iustam maturitatem pervenit. Si divisum est, multo plus intus corrupti quam in furunculo apparet altiusque descendit. Raro fit nisi in capillis. Alterum est minus super corpus eminens, durum, latum, subviride, subpallidum, magis exulceratum. Siquidem ad singulorum pilorum radices foramina sunt, per quae fertur umor glutinosus, subpallidus, crassitudinem mellis aut visci referens, interdum olei. Si inciditur, viridis intus caro apparet. Dolor autem et inflammatio ingens est, adeo ut acutam quoque febrem movere consuerint. – Super id, quod minus crebris foraminibus exasperatum est, recte inponitur et ficus arida et lini semen in mulso coctum et emplastra ac malagmata materiam educentia aut quae proprie huc pertinentia supra posui. Super alterum et eadem medicamenta et farina ex mulso cocta, sic ut ei dimidium resinae terebenthinae misceatur et ficus in mulso decocta, cui paulum hysopi contriti sit adiectum, et uvae taminiae pars quarta fico adiecta. Quod si parum in utrolibet genere medicamenta proficiunt, totum ulcus usque ad sanam carnem excidi oportebit. Ulcere ablato super plagam medicamenta danda sunt, primum quae pus citent, deinde quae purgent, tum quae impleant.

diese Form jedoch nicht. Schneidet man ein, so sieht man im Inneren viel mehr abgestorbenes Gewebe als bei einem Furunkel. Außerdem wird erkennbar, dass sie weit in die Tiefe reicht. Sie entsteht fast nur am behaarten Kopf. Die zweite Form ragt weniger stark über die Oberfläche des Körpers hinaus, sie ist hart, breit, grünlich, etwas blass und weniger vereitert. Wenn sich an den Wurzeln der einzelnen Haare Öffnungen bilden, tritt dort eine klebrige, etwas blasse Flüssigkeit aus, die die Konsistenz von Honig oder Mistelleim[2], manchmal auch jene von Öl hat. Wenn man einschneidet, wird in der Tiefe grünliches Gewebe sichtbar. Der Schmerz und die Entzündung sind so heftig, dass es dadurch häufig zu hohem Fieber kommt. – Auf jene Variante des Kēríon, die weniger Öffnungen aufweist, legt man mit guten Erfolgsaussichten trockene Feigen, in Honigwein gekochten Leinsamen sowie Pflaster und Umschläge auf, die die krankmachenden Stoffe herausholen, bzw. die vorhin erwähnten Präparate. Auf die andere Variante kommen die gleichen Medikamente oder als Alternative in Honigwein gekochtes Mehl, dem man zur Hälfte Terpentinharz beimischen kann, in Honigwein gekochte Feigen, unter die man etwa geriebenen Hysop gemischt hat, oder Feigen mit dem vierten Teil schwarzer Zaunrüben[3]. Wenn diese Mittel bei beiden Formen der Erkrankung nicht ausreichend wirksam sind, muss man das ganze Geschwür im Gesunden exstirpieren. Ist es entfernt, legt man auf die offene Stelle zuerst die Mittel, die die Eiterung fördern, dann jene, die den Wundgrund reinigen, und schließlich die, die den Gewebsdefekt auffüllen.

Arearum quoque duo genera sunt. Commune utrique est, quod emortua summa pellicula pili primum extenuantur, deinde excidunt. Ac si ictus is locus est, sanguis exit liquidus et mali odoris. Increscitque utrumque in aliis celeriter, in aliis tarde. Peius id quod densam cutem et subpinguem et ex tot glabram fecit. Sed ea, quae alopecia nominatur, sub qualibet figura dilatatur. Est et in capillo et in barba. Id vero, quod a similitudine ophis appellatur, incipit ab occipitio. Duorum digitorum latitudinem non excedit. Ad aures duobus capitibus serpit, quibusdam etiam ad frontem, donec se duo capita in priore parte committant. Illud vitium in qualibet aetate est, hoc fere in infantibus. – Illud vix umquam sine curatione, hoc per se saepe finitur. Quidam haec genera arearum scalpello exasperant, quidam inlinunt adurentia ex oleo, maximeque chartam combustam, quidam resinam terebenthinam cum thapsia inducunt. Sed nihil melius est quam novacula cottidie radere, quia, cum paulatim summa pellicula excisa est, adaperiuntur pilorum radiculae. Neque ante oportet desistere, quam frequentem pilum nasci apparuerit. Id autem, quod subinde raditur, inlini atramento scriptorio satis est.

Trotz Glatze rasieren

Celsus *De medicina* VI 4

Während der Haarausfall bei den Männern heute vielfach als nicht behandlungsbedürftiges Leiden angesehen wird, setzte man sich im alten Rom dagegen brachial zur Wehr.

Es gibt zwei Arten von Glatze. In beiden Fällen stirbt zunächst die oberste Schicht der Haut ab, danach werden die Haare dünner und anschließend fallen sie aus. Nach lokalen Verletzungen tritt dort flüssiges und übel riechendes Blut aus. Beide Arten schreiten voran, bei den einen schnell, bei anderen langsam. Schlimmer ist der Typ, bei dem die Kopfhaut sich verdichtet, etwas fettig wird und dann alle Haare verliert. Die so genannte Alōpekía[1] breitet sich aber in allen möglichen Formen aus. Sowohl das Haupt- wie das Barthaar sind betroffen. Die Form, welche wegen ihrer Ähnlichkeit mit einer Schlange Óphis[2] genannt wird, beginnt am Hinterhaupt. Sie wird nicht mehr als zwei Finger breit und kriecht mit zwei Ausläufern nach vorne bis zu den Ohren, bei manchen auch bis zur Stirn, bis sie sich dann vorne vereinigen. Die erste Form betrifft Menschen aller Altersstufen, die zweite gewöhnlich nur Kinder. – Die erste heilt auch fast nie ohne Behandlung, die zweite dagegen oft spontan. Einige Ärzte rauen diese haarlosen Partien mit einem kleinen Messer auf, andere bestreichen sie mit einer Lotion aus Ätzmitteln, vor allem verbranntem Papier, und Öl, wieder andere legen Terpentinharz[3] mit Thapsia[4] auf. Aber nichts ist besser, als täglich mit dem Schermesser zu rasieren, weil die kleinen Haarwurzeln freigelegt werden, wenn die oberste Hautschicht nach und nach abgetragen wird. Man darf damit erst aufhören, wenn zu sehen ist, dass die Haare wieder zahlreich sprießen. Es genügt, die immer wieder rasierten Stellen mit Schreibtinte zu bestreichen.

Aliud viti genus est, ubi aures intra se ipsas sonant. Atque hoc quoque fit, ne externum sonum accipiant. Levissimum est, ubi id ex gravidine est, peius, ubi ex morbis capitisve longis doloribus incidit, pessimum, ubi magnis morbis venientibus maximeque comitiali praevenit. Si ex gravidine est, purgare autem oportet et spiritum continere, donec inde umor aliquis exspumet.

Solet etiam interdum in aurem aliquid incidere, ut calculus aliquodve animal. Si pulex intus est, conpellendum eo lanae paulum est, quo ipse is subit et simul extrahitur. Si non est secutus aliudve animal est, specillum lana involutum in resina quam glutinosissima maximeque terebenthina demittendum idque in aurem coiciendum ibique vertendum est. Utique enim conprehendit eximet. Sin aliquid exanime est, specillo oriculario protrahen-

Erstbeschreibung eines Valsalva-Versuchs

Celsus *De medicina* VI 7.8A–B

Die Aufforderung zum Luftanhalten entspricht dem ersten Teil einer qualitativen Funktionsprüfung der Ohrtrompete.

Bei einer anderen Erkrankung entsteht im Inneren der Ohren ein klingendes Geräusch[1], das dazu führt, dass sie die von außen kommenden Laute nicht wahrnehmen. Am leichtesten zu ertragen ist dieser Zustand, wenn er von einem Stockschnupfen ausgeht, schlimmer wird er, wenn er durch Krankheiten oder langanhaltende Schmerzen des Kopfes hervorgerufen wird, und am schlimmsten ist er, wenn er schweren Erkrankungen, vor allem der Epilepisie vorausgeht. Wird das Ohrensausen durch einen Stockschnupfen hervorgerufen, so reinige man das Ohr und halte den Atem an, bis von dort etwas Flüssigkeit herausschäumt.

Floh im Ohr

Celsus *De medicina* VI 7.9

Die Aufzählung der Mittel und Instrumente, mit deren Hilfe Fremdkörper aus dem Ohr entfernt werden können, endet mit einem Brett und einem Hammer.

Es kommt auch vor, dass so ein Fremdkörper[1] ins Ohr gerät, z.B. ein kleiner Stein oder ein Tierchen. Ist es ein Floh, so soll man ein wenig Wolle einbringen, in der er sich verfängt. Mit ihr zusammen kann er dann herausgezogen werden. Hat dieses Manöver keinen Erfolg oder steckt ein anderes Tier drin, so taucht man eine in Wolle eingewickelte Sonde in möglichst klebriges Harz, am besten Terpentinharz, steckt sie in das Ohr und dreht sie dort mehrfach herum. Damit bekommt man das Tierchen auf jeden Fall zu fassen und zieht es dann heraus. Wenn es aber ein lebloser Fremdkörper ist, soll man ihn mit einer Ohrensonde oder einem

dum est aut hamulo retuso paulum recurvato. Si ista nihil proficiunt, potest eodem modo resina protrahi. Sternumenta quoque admota id commode elidunt aut oriculario clystere aqua vehementer intus conpulsa. Tabula quoque conlocatur, media inhaerens, capitibus utrimque pendentibus. Superque eam homo deligatur in id latus versus, cuius auris eo modo laborat, sic ut extra tabulam emineat. Tum malleo caput tabulae, quod a pedibus est, feritur. Atque ita concussa aure id quod inest excidit.

Efficacior tamen etiamnum est Afrorum curatio, qui verticem usque ad os adurunt sic, ut squamam remittat. Sed nihil melius est quam quod in Gallia est comata. Qui ibi venas in temporibus et in superiore capitis parte legunt.

Caput duobus processibus in duos sinus summae vertebrae demissis super cervicem contineri in prima parte proposui. Hi

stumpfen, etwas gekrümmten Häkchen herausziehen. Wenn dieser Versuch fehlschlägt, kann man den Fremdkörper auch mit Hilfe von Harz herausziehen. Niesmittel oder Wasser, das man mit einer Ohrenspritze unter Druck injiziert, tun den gleichen Zweck. Schießlich werden auch Bretter verwendet, deren Mitte abgestützt ist, während die beiden Enden frei schwingen. Darauf bindet man den Patienten in Seitenlage fest, und zwar so, dass das betroffene Ohr nach unten hängt und über das Brett hinausragt. Dann schlägt man mit einem Hammer auf das Fußende des Bretts. Dadurch wird das Ohr so in Schwingung versetzt, dass der Fremdkörper herausfällt.

Rabiate Exoten

Celsus *De medicina* VII 7.15I

Der Verfasser berichtet aus anderen Ländern über ungewöhnliche Interventionstechniken, empfiehlt sie aber nicht zur Nachahmung.

Noch wirksamer ist die bei den Afrikanern[1] übliche Behandlungsmethode. Sie brennen den Kopf am Scheitel bis auf den Knochen, so dass er in Schuppen abblättert. Aber nichts ist besser als das Verfahren, das man im transalpinen Gallien einsetzt. Dort sucht man sich nämlich die Venen an den Schläfen und an den oberen Partien des Schädels aus.

Hohe Querschnittslähmung

Celsus *De medicina* VIII 13

Sozusagen der Vollständigkeit halber erwähnt der Verfasser einen Krankheitszustand, der ausnahmslos schnell zum Tode führt.

Der Kopf ist mit dem Hals über zwei Fortsätze, die in entsprechende Vertiefungen des ersten Wirbels eingelassen sind, verbun-

processus interdum in posteriorem partem excidunt. Quo fit, ut, qui nervi sunt sub occipitio, extendantur, mentum pectori adglutinetur neque bibere is neque loqui possit, interdum sine voluntate semen emittat. Quibus celerrime mors supervenit. Ponendum autem hoc esse credidi, non quo curatio eius rei ulla sit, sed ut res indiciis cognosceretur et non putarent sibi medicum defuisse, si qui sic aliquem perdidissent.

Vulgo audio, si quis pullum hirundininum ederit, angina toto anno non periclitari. Servatumque eum ex sale, cum is morbus urget, comburi carbonemque eius contritum in aquam mulsam, quae potui datur, infriari et prodesse. Id cum idoneos auctores ex populo habeat, neque habere quicquam periculi possit, quamvis in monumentis medicorum non legerim, tamen inserendum huic operi meo credidi.

den, wie ich im ersten Abschnitt ausgeführt habe. Diese Fortsätze können sich nach hinten verschieben. Dadurch werden die unter dem Hinterhaupt verlaufenden Sehnen gedehnt und das Kinn an die Brust gepresst. Der Betroffene kann weder trinken noch sprechen und scheidet bisweilen unwillkürlich Samenflüssigkeit aus. In dieser Situation tritt sehr rasch der Tod ein. Ich glaubte, auf diesen Zustand hinweisen zu müssen[1], nicht weil es dafür irgendeine Art von Behandlung gibt, sondern damit man ihn an den Symptomen erkennt und jene, die auf diese Weise einen Verwandten oder Bekannten verloren haben, nicht glauben, der Arzt habe versagt.

2.2 *Die Quellen*

2.2.1 Die Arbeitsweise des Aulus Cornelius Celsus

Schwalbenküken: Vorbeugung und Heilung

Celsus *De medicina* IV 7.5

Der Verfasser vertraut der Volksmedizin und tradiert deren Rezepturen, auch wenn sie von der Fachliteratur nicht offiziell anerkannt sind.

Allgemein höre ich, dass der Verzehr eines Schwalbenkükens ein ganzes Jahr lang vor Halsentzündung schützen soll. Wenn die Krankheit aber bereits ausgebrochen ist, soll es nützlich sein, eine in Salz konservierte junge Schwalbe zu verbrennen, die verkohlten Rückstände zu verreiben und in Honigwasser[1] zu geben und diese Mischung trinken zu lassen. Weil dieses Mittel glaubwürdige Gewährsleute in der Bevölkerung hat und keine unerwünschten Wirkungen aufweist, habe ich mich dazu entschieden, es in diesem meinem Werk anzuführen, auch wenn ich davon in den urkundlichen Aufzeichnungen von Ärzten nichts gelesen habe.[2]

Frigidam autem adsidue potionem esse debere contra priores auctores Asclepiades affirmavit, et quidem quam frigidissimam. Ego experimentis quemque in se credere debere existimo, calida potius an frigida utatur. Interdum autem evenit, ut id pluribus diebus neglectum curari difficilius possit.

Ventri nullum os subest, sed ibi perniciosae admodum fistulae fiunt, adeo ut Sostratus insanabiles esse crediderit. Id non ex toto ita se habere usus ostendit. Et quidem, quod maxime mirum videri potest, tutior fistula est contra iecur et lienem et ventriculum quam contra intestina, non quo perniciosior ibi sit, sed quo alteri periculo locum faciat. Cuius experimento moti quidam auctores parum modum rei cognoverunt. Nam venter saepe etiam telo perforatur prolapsaque intestina conduntur et oras vulneris suturae conprehendunt. Quod quemadmodum fiat, mox indicabo.

Bei Durchfall warme, kalte oder ganz kalte Getränke?

Celsus *De medicina* IV 26.4

Der Maximalforderung eines Fachautors stellt der Verfasser die praktischen Schwierigkeiten bei der Umsetzung des Therapiekonzepts gegenüber.

Im Gegensatz zu älteren Autoren hat Asklepiades bekräftigt, dass das Getränk stets kalt gestellt werden muss, und zwar so kalt wie möglich. Ich glaube, dass ein jeder sich nur auf die Erfahrungen verlassen soll, die er selbst gemacht hat, um zu entscheiden, ob er eher wam oder kalt trinkt. Manchmal kommt es aber vor, dass die Behandlung des Durchfalls ziemliche Schwierigkeiten bereitet, wenn man sie einige Tage vernachlässigt hat.

Sostratos hat zu schwarz gesehen

Celsus *De medicina* VII 4.3A

Bei der chirurgischen Behandlung viszeraler Fisteln soll man nicht von vornherein kapitulieren.

Am Bauch gibt es zwar keine Knochen, aber dennoch sind die Fisteln, die dort entstehen, ziemlich gefährlich, so dass Sostratos sie für unheilbar gehalten hat. Die Erfahrung hat allerdings gezeigt, dass die Situation nicht ganz so aussichtslos ist. Tatsächlich, und darüber mag man sich außerordentlich wundern, sind Fisteln, die zur Leber, zur Milz oder zum Magen hin verlaufen, weniger gefährlich als Fisteln, die mit den Eingeweiden in Verbindung stehen. Letzere sind aber nicht durch ihre Lokalisation so gefährlich, sondern weil sie einer anderen Gefahr den Weg bereiten. Unter dem Eindruck dieser Erfahrung haben manche Autoren die wahren Umstände nicht ausreichend zur Kenntnis genommen. Denn wenn, was nicht selten vorkommt, der Bauch von einem Geschoss durchbohrt wird, reponiert man die vorgefallenen Ein-

Itaque etiam ubi tenuis fistula abdomen perrumpit, excidere eam licet suturaque oras coniungere. Si vero ea fistula intus patuit, excissa necesse est latius foramen relinquat, quod nisi magna vi, utique ab interiore parte, sui non potest, qua quasi membrana quaedam finit abdomen, quam peritonaeon Graeci vocant. Ergo ubi aliquis ingredi ac moveri coepit, rumpitur illa sutura atque intestina solvuntur. Quo fit, ut pereundum homini sit. Sed non omni modo res ea desperationem habet ideoque tenuioribus fistulis adhibenda curatio est.

Latum vero telum si conditum est, ab altera parte educi non expedit, ne ingenti vulnere ipsi quoque ingens vulnus adiciamus. Evellendum est ergo genere quodam ferramenti, quod Diocleum cyathiscum Graeci vocant, quoniam auctorem Dioclen habet, quem inter priscos maximosque medicos fuisse iam posui. Lammina vel ferrea vel aenea etiam ab altero capite duo utrimque deorsum conversos uncos habet. Ab altero duplicata lateribus leviterque extrema in eam partem inclinata, qua sinuata est, insuper ibi etiam perforata est. Haec iuxta telum transversa

geweide und näht die Wundränder zusammen. Über die Einzelheiten werde ich anschließend berichten. Daher soll man auch dünne Fisteln, die die Bauchwand durchbohren, herausschneiden und die Wundränder mit einer Naht vereinigen. Wenn man aber eine nach innen offene Fistel herausgeschnitten hat, bleibt unvermeidlich eine breitere Öffnung zurück. Diese kann nur unter großem Aufwand, und zwar besonders an der Innenseite, wo eine Art Haut, die die Griechen als Peritónaion bezeichnen, die Bauchhöhle verschließt, genäht werden. Wenn der Patient aber dann zu gehen und sich zu bewegen beginnt, reißt diese Naht und die Eingeweide fallen heraus. Der Tod ist die unabwendbare Folge. Jedoch ist die Situation nicht in allen Fällen so verzweifelt. Dünnere Fisteln sollte man deshalb auf jeden Fall behandeln.

Gebrauchsanweisung für ein griechisches Instrument

Celsus *De medicina* VII 5.3

Der Verfasser beschreibt die Funktion eines Instruments so plastisch, dass man den Text auch einem professionellen Kriegschirurgen zuschreiben würde.

Wenn aber ein breites Geschoß tief in den Weichteilen liegt, so ist es keine gute Lösung, die Bergung von der Gegenseite aus durchzuführen, weil man damit der einen großen Wunde eine zweite große Wunde hinzufügt. Man muss es daher mit einer Art von Instrument herausziehen, das die Griechen den Kyathískos[1] des Diokles nennen, weil es Diokles erfunden hat, den ich bereits als einen der größten unter den alten Ärzten bezeichnet habe. Es handelt sich dabei um eine Platte aus Eisen oder Bronze, die an dem einen Ende beidseits zwei nach unten gebogene Haken hat. Das andere Ende ist in zwei Blätter gespalten, an der Spitze leicht gegen die zentrale Vertiefung aufgeworfen und außerdem perforiert. Dieses Instrument wird seitlich neben dem Geschoß ein-

demittitur. Deinde ubi ad imum mucronem ventum est, paulum torquetur, ut telum foramine suo excipiat. Cum in cavo mucro est, ilico digiti subiecti partis alterius uncis simul et ferramentum id extrahunt et telum.

Est etiam genus aridae lippitudinis (xeropthalmian Graeci appellant). Neque tument neque fluunt oculi, sed rubent tamen et cum dolore quodam gravescunt et noctu praegravi pituita inhaerescunt. Quantoque minor generis huius impetus, tanto finis minus expeditus est…

… ad ultima vero iam ventum esse testantur nares acutae, conlapsa tempora, oculi concavi, frigidae languidaeque aures et imis partibus leviter aversae, cutis circa frontem dura et intenta, color aut niger aut perpallidus, multoque magis, si ita haec sunt, ut

geführt und, wenn es dessen tiefsten Punkt erreicht hat, leicht gedreht, so dass es das Projektil in die Perforation aufnehmen kann. Wenn dieser Vorgang abgeschlossen ist, legt man unmittelbar anschließend zwei Finger unter die Haken am anderen Ende und zieht dann Instrument und Projektil gemeinsam heraus.

2.2.2 Celsus und Hippokrates

Nur die trockene Form
Celsus *De medicina* VI 6.29

Die von Hippokrates mehrfach erwähnte feuchte Form der Augenentzündung fehlt im Opus Celsi.

Es gibt auch die Form der trockenen Augenentzündung, die bei den Griechen Xērophthalmía[1] heißt. Dabei sind die Augen weder geschwollen noch rinnen die Tränen, sie sind jedoch rot, schmerzhaft und schwer. Nachts lässt sehr dicker Schleim die Lider zusammenkleben. Je weniger heftig diese Art der Erkrankung verläuft, desto weniger schnell geht sie zurück…

Der Tod und seine Zeichen (1)
Celsus *De medicina* II 6.1–6

Beklemmender als mit diesem Porträt kann man das bevorstehende Ende eines Menschenlebens kaum beschreiben.

… Dass es aber bereits zum Äußersten gekommen ist, kann man erkennen, wenn die Nase spitz, die Schläfen eingesunken, die Augen hohl, die Ohren kalt und schlaff sind und ganz unten leicht abstehen, die Stirnhaut hart und gespannt und die Farbe der Haut schwarz oder ganz bleich ist. Diese Zeichen sind umso bedrohlicher, wenn ihnen weder Schlaflosigkeit noch Durchfall

neque vigilia praecesserit neque ventris resolutio neque inedia. Ex quibus causis interdum haec species oritur, sed uno die finitur. Itaque diutius durans mortis index est. Si vero in morbo vetere iam triduo talis est, in propinquo mors est, magisque, si praeter haec oculi quoque lumen refugiunt et inlacrimant, quaeque in iis alba esse debent, rubescunt atque in iisdem venulae pallent pituitaque in iis innatans novissime angulis inhaerescit, alterque ex his minor est iique aut vehementer subsederunt aut facti tumidiores sunt, perque somnum palpebrae non committuntur, sed inter has ex albo oculorum aliquid apparet, neque id fluens alvus expressit; eaedemque palpebrae pallent, et idem pallor labra et nares decolorat; eademque labra et nares oculique et palpebrae et supercilia aliquave ex his pervertuntur; isque propter inbecillitatem iam non audit aut non videt. Eadem mors denuntiatur, ubi aegri supini cubantis genua contracta sunt; ubi is deorsum ad pedes subinde delabitur; ubi brachia et crura nudat et inaequaliter dispergit, neque iis calor subest; ubi hiat, ubi adsidue dormit; ubi is, qui mentis suae non est, neque id facere sanus solet, dentibus stridet; ubi ulcus, quod aut ante aut in ipso morbo natum est, aridum et aut pallidum aut lividum factum est. Illa quoque mortis indicia sunt: ungues digitique pallidi, frigidus spiritus; aut si manibus quis in febre et acuto morbo vel insania pulmonisve dolore vel capitis in veste floccos legit fimbriasve deducit vel in adiuncto pariete, si qua minuta eminent, carpit…

noch mangelhafter Appetit vorausgegangen sind. Darauf sind nämlich manchmal derartige Erscheinungen zurückzuführen; doch weichen sie in diesen Fällen nach einem Tag wieder. Halten sie aber länger an, ist dies ein Zeichen des Todes. Wenn diese Symptome im Rahmen einer chronischen Krankheit bereits seit drei Tagen bestehen, ist der Tod nahe. Noch näher ist er herangerückt, wenn außerdem die Augen dem Licht ausweichen und tränen, wenn das Weiße in den Augen rot wird, die kleinen Adern in ihnen blass werden, der in den Augen schwimmende Schleim zuletzt in den Augenwinkeln kleben bleibt, wenn ein Auge kleiner ist als das andere oder beide entweder tief eingesunken oder angeschwollen sind, wenn sich die Augenlider im Schlaf nicht berühren, sondern zwischen ihnen etwas vom Weißen des Auges sichtbar bleibt, und all dies nicht von flüssigem Stuhlgang kommt[1]. Ferner wenn die Augenlider bleich sind, wenn Lippen und Nase entfärbt und gleich blass werden, wenn Lippen, Nase, Augen, Lider und Augenbrauen alle zusammen oder einzeln verzerrt werden und der Patient zu schwach ist, um zu hören und zu sehen[2]. Ebenso kündigt sich der Tod an, sobald der Patient auf dem Rücken liegend die Knie anzieht, sobald er danach ans Fußende des Bettes gleitet, sobald er Arme und Beine entblößt, sie ungeordnet in alle möglichen Richtungen bewegt und ihnen die Wärme entweicht, sobald er den Mund offen hält, sobald er immerzu schläft, sobald er das Bewußtein verliert und – als Gesunder macht er das nicht – mit den Zähnen knirscht[3], sobald ein Geschwür, das vor oder während der Krankheit entstanden ist, austrocknet und blass oder bläulich geworden ist[4]. Weitere Anzeichen des Todes sind blasse Nägel und Finger und kalter Atem, außerdem wenn der Kranke in der akuten fieberhaften Krankheit oder im Wahnsinn oder bei Schmerzen in der Lunge oder im Kopf an seiner Kleidung Flocken liest und Fäden zupft, oder von einer nahen Hauswand kleine Vorsprünge abreißt[5]...

Σκέπτεσθαι δὲ χρὴ ὧδε ἐν τοῖσιν ὀξέσι νοσήμασιν· πρῶτον μὲν τὸ πρόσωπον τοῦ νοσέοντος, εἰ ὁμοιόν ἐστι τοῖσι τῶν ὑγιαινόντων, μάλιστα δέ, εἰ αὐτὸ ἑωυτῷ· οὕτω γὰρ ἂν εἴη ἄριστον, τὸ δὲ ἐναντιώτατον τοῦ ὁμοίου δεινότατον. εἴη δ' ἂν τὸ τοιόνδε· ῥὶς ὀξεία, ὀφθαλμοὶ κοῖλοι, κρόταφοι συμπεπτωκότες, ὦτα ψυχρὰ καὶ συνεσταλμένα καὶ οἱ λοβοὶ τῶν ὤτων ἀνεστραμμένοι καὶ τὸ δέρμα τὸ περὶ τὸ πρόσωπον σκληρὸν καὶ περιτεταμένον καὶ καρφαλέον ἐόν· καὶ τὸ χρῶμα τοῦ σύμπαντος προσώπου χλωρὸν ἢ μέλαν ἐόν. ἢν μὲν ἐν ἀρχῇ τῆς νούσου τὸ πρόσωπον τοιοῦτον ᾖ καὶ μήπω οἷόν τε ᾖ τοῖσιν ἄλλοισι σημείοισι συντεκμαίρεσθαι, ἐπανερέσθαι χρή, μὴ ἠγρύπνηκεν ὁ ἄνθρωπος ἢ τὰ τῆς κοιλίης ἐξυγρασμένα ἦν ἰσχυρῶς, ἢ λιμῶδές τι ἔχει αὐτόν. καὶ ἢν μέν τι τούτων ὁμολογῇ, ἧσσον νομίζειν δεινὸν εἶναι· κρίνεται δὲ ταῦτα ἐν ἡμέρῃ καὶ νυκτὶ, ἢν διὰ ταύτας τὰς προφάσιας τὸ πρόσωπον τοιοῦτον ᾖ· ἢν δὲ μηδὲν τούτων φῇ μηδὲ ἐν τῷ χρόνῳ τῷ προειρημένῳ καταστῇ, εἰδέναι τοῦτο τὸ σημεῖον θανατῶδες ἐόν. ἢν δὲ καὶ παλαιοτέρου ἐόντος τοῦ νοσήματος ἢ τριταίου τὸ πρόσωπον τοιοῦτον ᾖ, περί τε τούτων ἐπανερέσθαι, περὶ ὧν καὶ πρότερον ἐκέλευσα καὶ τὰ ἄλλα σημεῖα σκέπτεσθαι, τά τε ἐν τῷ σύμπαντι σώματι καὶ τὰ ἐν τοῖσι ὀφθαλμοῖσιν. ἢν γὰρ τὴν αὐγὴν φεύγωσιν ἢ δακρύωσιν ἀπροαιρέτως ἢ διαστρέφωνται ἢ ὁ ἕτερος τοῦ ἑτέρου ἐλάσσων γίνηται ἢ τὰ λευκὰ ἐρυθρὰ ἴσχωσιν ἢ πελιδνὰ ἢ φλέβια μέλανα ἐν αὐτοῖσιν ἢ λῆμαι φαίνωνται περὶ τὰς ὄψιας ἢ καὶ ἐναιωρεύμενοι ἢ ἐξίσχοντες ἢ ἔγκοιλοι ἰσχυρῶς γινόμενοι ἢ τὸ χρῶμα τοῦ σύμπαντος προσ-

Der Tod und seine Zeichen (2)
Hippokrates *Prognosticon* II

Bei den akuten Erkrankungen muss der Arzt folgende Beobachtungen anstellen. Zuerst soll er dem Patienten ins Gesicht schauen und prüfen, ob es so aussieht wie die Gesichter der Gesunden, und vor allem, ob es so aussieht wie sonst auch. Wenn dies der Fall ist, wäre es das Beste. Das Gegenteil davon aber ist das größte Verhängnis. Das Gesicht sähe dann so aus: Die Nase spitz, die Augen tief liegend, die Schläfen eingefallen, die Ohren kalt und geschrumpft, die Ohrläppchen nach außen gekehrt, die Haut im Gesicht spröde, gespannt und trocken und die Farbe im Gesicht blass oder schwarz. Wenn aber das Gesicht bereits bei Beginn der Erkrankung so aussieht und es noch nicht möglich ist, anhand der anderen Zeichen die Prognose abzuschätzen, muss man den Patienten zusätzlich fragen, ob er schlaflos war, ob der Darminhalt flüssig war oder ob er Hunger hat. Wenn er auch nur eine dieser Fragen bejaht, kann man die Gefährdung als weniger bedrohlich einschätzen. Denn binnen 24 Stunden wird sich entscheiden, ob das Gesicht sich aus diesen Gründen so verändert hat. Wenn der Patient aber alle diese Fragen verneint und sich sein Befinden in der angegebenen Zeit nicht bessert, muss man sich klar machen, dass es ein Zeichen des bevorstehenden Todes ist. Wenn das Gesicht bei einer Krankheit, die schon länger als drei Tage besteht, so aussieht, muss man die gleichen Fragen stellen, zu denen ich vorhin schon aufgefordert hatte, und außerdem die anderen Zeichen beachten, und zwar sowohl am ganzen Körper als auch an den Augen. Wenn sie nämlich das Licht zu meiden suchen oder spontan tränen oder sich verdrehen oder das eine kleiner wird als das andere oder das Weiße in ihnen rot oder bläulich wird oder schwarze Äderchen in ihnen sichbar werden oder in den Augenwinkeln Eiter auftritt oder wenn sie ständig in Bewegung sind oder hervorstehen oder tief einfallen oder wenn sich die Farbe des

ώπου ἠλλοιώμενον, ταῦτα πάντα κακὰ νομίζειν εἶναι καὶ ὀλέθρια. σκοπεῖν δὲ χρὴ καὶ τὰς ὑποφάσιας τῶν ὀφθαλμῶν ἐν τοῖσιν ὕπνοισιν· ἢν γάρ τι ὑποφαίνηται συμβαλλομένων τῶν βλεφάρων τοῦ λευκοῦ, μὴ ἐκ διαρροίης ἢ φαρμακοποσίης ἐόντι ἢ μὴ εἰθισμένῳ οὕτω καθεύδειν, φαῦλον τὸ σημεῖον καὶ θανατῶδες σφόδρα. ἢν δὲ καμπύλον γένηται ἢ πελιδνὸν βλέφαρον ἢ χεῖλος ἢ ῥὶς μετά τινος τῶν ἄλλων σημείων, εἰδέναι χρὴ ἐγγὺς ἐόντα τοῦ θανάτου· θανατῶδες δὲ καὶ χείλεα ἀπολυόμενα καὶ κρεμαμένα καὶ ψυχρὰ καὶ ἔκλευκα γινόμενα.

Timere etiam ex somno mali morbi est.

Mulier quoque gravida acuto morbo facile consumitur, et is, cui somnus dolorem auget.

ganzen Gesichts verändert hat, so muss man alle diese Zeichen als schlecht und unheilvoll ansehen. Zu achten ist auch darauf, wieviel von den Augen im Schlaf zu sehen ist. Wenn nämlich bei geschlossenen Lidern etwas vom Weißen erscheint, ohne dass Durchfall besteht, ein Abführmittel eingenommen wurde oder der Patient gewohnheitsmäßig so schliefe, ist es ein unheilvolles, ja fatales Zeichen. Wenn aber zusätzlich zu den anderen Zeichen das Augenlid, die Lippe oder die Nase sich krümmen oder bläulich verfärben, muss man davon ausgehen, dass der Tod unmittelbar bevorsteht. Ein Todeszeichen ist es auch, wenn die Lippen sich voneinander lösen, herunterhängen und kalt und ganz weiß sind.

Schlaf und Schlaflosigkeit (1)

Celsus *De medicina* II 4.7

Der Autor hat in der Nachfolge des großen Koers versucht, eine Brücke zwischen der Pathophysiologie und der Psychopathologie des Schlafs zu bauen.

Angstzustände nach dem Aufwachen sind Zeichen einer schweren Krankheit.

Schlaf und Schlaflosigkeit (2)

Celsus *De medicina* II 6.8

Auch schwangere Frauen werden leicht von akuten Krankheiten dahingerafft. Ebenso Männer, deren Schmerzen sich im Schlaf verstärken.

Ἐν ᾧ νοσήματι ὕπνος πόνον ποιεῖ, θανάσιμον· ἢν δὲ ὕπνος ὠφελῇ, οὐ θανάσιμον.

Ὕπνος, ἀγρυπνίη, ἀμφότερα μᾶλλον τοῦ μετρίου γινόμενα, κακόν.

Ἐν τοῖσι πυρετοῖσιν οἱ ἐκ τῶν ὕπνων φόβοι ἢ σπασμοὶ κακόν.

Ergo protinus insania timenda est, ubi expeditior alicuius, quam sani fuit, sermo subitaque loquacitas orta est, et haec ipsa solito audacior.

Schlaf und Schlaflosigkeit (3)
Hippokrates *Aphorismi* II 1

Eine Krankheit, bei der der Schlaf Schmerzen verursacht, führt zum Tod. Wenn der Schlaf dem Kranken nützt, endet die Krankheit nicht tödlich.

Schlaf und Schlaflosigkeit (4)
Hippokrates *Aphorismi* II 3

Schlaf, Schlaflosigkeit, beides ist im Übermaß von Übel.

Schlaf und Schlaflosigkeit (5)
Hippokrates *Aphorismi* IV 67

Bei den Fieberkranken sind Furcht und Bangen nach dem Schlaf oder Krämpfe ein schlechtes Zeichen.

Verwirrt und vernehmlich (1)
Celsus *De medicina* II 7.24

Verbale Entgleisungen werden als Warnsymptom für schwere Erkrankungen gedeutet.

So ist baldiges Irresein zu befürchten, wenn jemand schneller spricht, als er es sonst tut, wenn der Redefluss plötzlich einsetzt und wenn seine Worte ungewöhnlich angriffslustig sind.

Ἐκ κοσμίου θρασεῖα ἀπόκρισις, φωνὴ ὀξεῖα, κακόν· ὑποχόνδρια τουτέοισιν εἴσω εἰρύαται.

Est autem alia etiam de diebus ipsis dubitatio, quoniam antiqui potissimum impares sequebantur, eosque, tamquam tum de aegris iudicaretur, κρισίμους nominabant. Hi erant dies tertius, quintus, septimus, nonus, undecimus, quartus decimus, unus et vicesimus, ita ut summa potentia septimo, deinde quarto decimo, deinde uni et vicensimo daretur. Igitur sic aegros nutriebant, ut dierum inparium accessiones expectarent, deinde postea cibum quasi levioribus accessionibus instantibus darent, adeo ut Hippocrates, si alio die febris desisset, recidivam timere sit solitus. Id Asclepiades iure ut vanum repudiavit, atque in nullo die, qua par inparve esset, iis vel maius vel minus periculum esse dixit. Interdum enim peiores dies pares fiunt et oportunius post eorum accessiones cibus datur. Nonnumquam etiam in ipso morbo dierum ratio mutatur

Verwirrt und vernehmlich (2)

Hippokrates *Coa praesagia* 51

Wenn ein Ehrenmann eine unverschämte Antwort gibt und dabei laut wird, hat dies nichts Gutes zu bedeuten; bei solchen Personen sind die oberen Eingeweide nach innen gekehrt.

Kritische Tage und pythagoräische Zahlen

Celsus *De medicina* III 4.11–15

Die strenge chronologische Klassifizierung der Fieber ist nur noch ein Thema für die Medizinhistorie.

Es gibt aber auch einen anderen Zweifel, nämlich den, der die Tage selbst betrifft, weil die Alten den ungeraden Tagen die meiste Aufmerksamkeit schenkten und sie als krísimoi[1] bezeichneten, als ob an ihnen die Entscheidung über die Kranken falle. Es handelte sich dabei um den dritten, den fünften, den siebten, den elften, den 14. und den 21. Tag.[2] Dabei schrieben sie die größte Bedeutung dem siebten, dem 14. und schließlich dem 21. Tag zu.[3] Die alten Ärzte gestalteten daher die Ernährungsplanung so, dass sie die Fieberanfälle an den ungeraden Tagen abwarteten und stets danach die Speisen reichten, so als ob nun nur noch mit leichteren Anfällen zu rechnen sei. Daher hat Hippokrates stets einen Rückfall gefürchtet, wenn das Fieber an einem anderen Tag als einem ungeraden aufgehört hatte. Diese Ansicht hat Asklepiades allerdings zu Recht als falsch zurückgewiesen und die Behauptung aufgestellt, an keinem Tag, gleichgültig ob gerade oder ungerade, sei die Gefahr größer oder kleiner. Manchmal verlaufen nämlich die geraden Tage schlechter für die Patienten. Dann ist es besser, die Speisen nach den Fieberanfällen, die sich eben dann ereignen, zu reichen. Es kommt auch vor, dass sich der Charakter der Tage während der Krankheit ändert, d. h. dass ein Tag, von dem man

fitque gravior, qui remissior esse consuerat. Atque ipse quartus decimus par est, in quo magnam vim esse antiqui fatebantur. Qui cum octavum primi die naturam habere contenderent, ut ab eo secundus septenarius numerus inciperet, ipsi sibi repugnabant non octavum neque decimum neque duodecimum diem sumendo quasi potentiorem. Plus enim tribuebant nono et undecimo. Quod cum fecissent sine ulla probabili ratione, ab undecimo non ad tertium decimum, sed ad quartum decimum transibant. Est etiam apud Hippocraten eis, quos septimus dies liberaturus sit, quartum esse gravissimum. Ita illo quoque auctore in die pari et gravior febris esse potest et certa futuri nota. Atque idem alio loco quartum quemque diem ut in utrumque efficacissimum adprehendit, id est quartum, septimum, undecimum, quartum decimum, septimum decimum. In quo et ab inparis ad paris numeri rationem transit et ne hoc quidem propositum conservavit, cum a septimo die undecimus non quartus, sed quintus sit. Adeo apparet, quaecumque ratione ad numerum respeximus, nihil rationis sub illo quidem auctore reperiri. Verum in his quidem antiquos tum celebres admodum Pythagorici numeri fefellerunt, cum hic quoque medicus non numerare dies debeat, sed ipsas accessiones intueri, et ex his coniectare, quando dandus cibus sit.

sich gewöhnlich Besserung erwartet hat, schlechter verläuft. Außerdem ist der 14. Tag, dem die alten Ärzte große Bedeutung beigemessen haben, selbst ein gerader Tag. Dadurch, dass sie mit Bestimmtheit versicherten, der achte Tag habe die Eigenschaften des ersten, so dass mit ihm die zweite Periode von sieben Tagen[4] beginne, widersprachen sie sich selbst, weil sie weder den achten noch den zehnten noch den zwölften Tag sozusagen als die wichtigeren betrachteten, sondern diese Bedeutung dem neunten und elften zuschrieben. So wie sie dafür keinen triftigen Grund gehabt hatten, so gingen sie auch vom elften nicht zum 13., sondern zum 14. Tag über. Man findet auch bei Hippokrates den Satz, dass für jene, die der siebte Tag vom Fieber befreien sollte, der vierte der schlimmste sein werde[5]. So kann also auch nach der Ansicht dieses Fachautors ein gerader Tag sowohl höheres Fieber bedeuten als auch ein zuverlässiges Urteil über den weiteren Verlauf bieten. Und an anderer Stelle bezeichnet Hippokrates dann den jeweils vierten Tag, mit anderen Worten den vierten, den siebten, den elften, den 14. und den 17. Tag, als den in doppelter Hinsicht am meisten aussagekräftigen. Und hierbei geht er von ungleichen zu gleichen Tagen über und bleibt nicht einmal dabei seinem Grundsatz treu. Denn vom siebten Tag aus gerechnet ist der elfte nicht der vierte, sondern der fünfte. So zeigt sich, dass unabhängig davon, nach welcher Methode man die Zahlenverhältnisse betrachtet hat, zumindest bei diesem Gewährsmann dafür keine plausible Erklärung zu finden ist. Aber in dieser Hinsicht haben sich die alten Ärzte durch die damals ziemlich berühmten pythagoräischen Zahlen[6] täuschen lassen. Auch der moderne Arzt soll nicht die Tage zählen, sondern sein Augenmerk vielmehr auf die Anfälle selbst richten und aus ihrem zeitlichen Auftreten ableiten, wann die Kranken zu essen bekommen sollen.

Curari vero oculos sanguinis detractione, medicamento, balneo, vino vetustissimus auctor Hippocrates memoriae prodidit. Sed eorum tempora et causas parum explicavit, in quibus medicina summa est. Neque minus in abstinentia et alvi ductione saepe auxilii est…

Ὀδύνας ὀφθαλμῶν ἀκρητοποσίη, ἢ λουτρόν, ἢ πυρίη, ἢ φλεβοτομίη, ἢ φαρμακοποσίη λύει.

Anus quoque multa taediique plena mala recipit neque inter se multum abhorrentes curationes habet. Ac primum in eo saepe, et quidem pluribus locis, cutis scinditur. Ragadia Graeci vocant. Id si recens est, quiescere homo debet et in aqua calida desidere.

Augenheilkunde: Therapie zu undifferenziert (1)

Celsus *De medicina* VI 6.1E

Der Verfasser ist mit den Empfehlungen des Koers zur Behandlung ophthalmologischer Erkrankungen, über die er selbst besonders detailliert referiert, nicht zufrieden.

Hippokrates, der älteste Fachautor, hat angegeben, dass Erkrankungen der Augen mit Aderlass, Arzneimitteln, Bädern und Wein behandelt werden. Allerdings hat er den jeweiligen Zeitpunkt und die einzelnen Indikationen nicht ausreichend genug erläutert, Dinge, auf die es doch in der Medizin ganz wesentlich ankommt. Oft sind ja auch Fasten und abführende Maßnahmen nicht minder hilfreich…

Augenheilkunde: Therapie zu undifferenziert (2)

Hippokrates *Aphorismi* VI 31

Gegen Schmerzen an den Augen helfen der Genuss unvermischten Weins oder ein Bad oder ein Dampfbad oder der Aderlass oder die Einnnahme eines flüssigen Arzneimittels.

Läsionen am After: Einzeln herausschneiden (1)

Celsus *De medicina* VI 18.7–8

Auch auf einem so heiklen Gebiet wie dem der Analchirurgie beherrscht der Verfasser sowohl das Thema als auch die Variationen.

Auch der After ist Sitz vieler ekliger Erkrankungen, deren Behandlung sich voneinander kaum unterscheidet. Zum ersten reißt dort die Haut oft und zwar an mehreren Stellen ein. Diese Läsionen nennen die Griechen Rhagádia[1]. Wenn so eine Rhagade frisch ist, muss der Patient ruhen und in warmes Wasser gebracht werden. Man sollte auch Taubeneier kochen und dann, wenn sie hart

Columbina quoque ova coquenda sunt et, ubi induruerunt, purganda; deinde alterum deponefacere in aque bene calida debet, alterum calidum loco subicere, sic ut invicem utroque aliquis utatur… Condyloma autem est tuberculum, quod ex quadam inflammatione nasci solet. Id ubi ortum est, quod ad quietem, cibos potionesque pertinet, eadem servari debent, quae proxime scripta sunt. Iisdem etiam ovis recte tuberculum id fovetur. Sed desidere ante homo in aqua debet, in qua verbenae decoctae sunt ex reprimentibus. Tum recte inponitur et lenticula cum exigua parte mellis et sertula Campana ex vino cocta et rubi folia contrita cum cerato ex rosa facto et cum eodem cerato contritum vel Cotonium malum vel malicori ex vino cocti pars inferior et chalcitis cocta atque contrita, deinde oesypo ac rosa excepta et ex ea compositione, quae habet:

turis P. * I
aluminis scissilis P. * II
cerussae P. * III
spumae argenti P. * V

quibus, dum teruntur, invicem rosa et vinum instillatur. Vinculum autem ei loco linteolum aut panniculus quadratus est, qui ad duo capita duas ansas, ad latera duo totidem fascias habet. Cumque subiectus est, ansis ad ventrem datis, posteriore parte in eas adductae fasciae coiciuntur, atque ubi artatae sunt, dexterior sinistra, sinisterior dextra procedit, circumdataeque circa alvum inter se novissime deligantur…

geworden sind, schälen. Anschließend wird das eine in ziemlich heißes Wasser gebracht, das andere aber, das bereits heiß ist, auf die kranke Stelle gelegt, so dass man sie im Wechsel verwenden kann… Das Kondylom ist aber ein kleiner Höcker, der gewöhnlich aus einer Entzündung hervorgeht. Sobald es sichtbar geworden ist, gelten die gleichen Ruhe- und Diätvorschriften wie sie oben für die Erkrankungen des Afters angegeben worden sind. Man tut auch gut daran, zur Behandlung die gleichen Eier zu verwenden. Vorher aber muss der Patient in ein Wasserbad gesetzt werden, in dem Zweige von Pflanzen mit konstringierender Wirkung abgekocht worden sind[2]. Zur Forsetzung der Behandlung eignen sich folgende Zubereitungen: Linsenbrei mit etwas Honig, in Wein gekochter Honigklee, mit Rosenwachs zerriebene Rosenblätter, Quitten[3] bzw. das Innere der mit Wein ausgekochten Granatapfelschale, beide gleichfalls mit Rosenwachs zerrieben, gekochter und zerriebener Kupferstein[4], der in Schafwollfett[5] und Rosenöl eingebracht worden ist, und eine Mischarznei, die folgendermaßen zusammengesetzt ist:

4,3 Gramm Weihrauch
8,6 Gramm Spaltalaun[6]
12,9 Gramm Bleiweiß[7]
21,5 Gramm Bleiglätte[8].

Diesen Bestandteilen werden, während man sie zerreibt, abwechselnd Rosenöl und Wein beigemischt. Als Verband für eine Region wie diese eignet sich ein Leinentüchlein oder ein viereckiger Lappen, der an zwei Ecken je eine Schlinge und an den beiden anderen Seiten ebenso viele Bänder hat. Man bringt das Läppchen so an, dass sich die Schlingen vorne am Bauch befinden. Dann führt man die Bänder von hinten durch die Schleifen, strafft sie, zieht das rechte Band nach links, das linke nach rechts um den Bauch herum und verknotet sie schließlich…

Tertium autem vitium ora venarum tamquam ex capitulis quibusdam surgentia, quae saepe sanguinem fundunt. Haemorroidas Graeci vocant. Idque etiam in ore volvae feminarum incidere consuevit. Atque in quibusdam parum toto supprimitur, qui sanguinis profluvio imbecilliores non fiunt. Habent enim purgationem hanc, non morbum. Ideoque curati quidam, cum sanguis exitum non haberet, inclinata ad praecordia et ad viscera materia, subitis et gravissimis morbis correpti sunt.

Ani quoque vitia, ubi medicamentis non vincuntur, manus auxilium desiderant. Ergo si qua scissa in eo vetustate induruerunt iamque callum habent, commodissimum est ducere alvum, tum spongiam calidam admovere, ut relaxentur illa et foras prodeant. Ubi in conspectu sunt, scalpello singula excidere et ulcera renovare… Si quando autem ex inflammatione puris quid in his oritur, ubi primum apparuit, incidendum est, ne anus ipse suppuret. Neque tamen properandum est. Nam si crudum incisum est, inflammationis multum accedit et puris aliquanto amplius

Läsionen am After: Einzeln herausschneiden (2)

Celsus *De medicina* VI 18.9

Eine dritte Art der Erkrankung kommt dadurch zustande, dass die Mündungen der Adern zu Köpfchen anschwellen und sich daraus oft Blut ergießt. Haimorrhoídes[1] sagen die Griechen dazu. Diese Krankheit pflegt auch am vorderen Muttermund aufzutreten. Bei manchen ist die Behandlung keineswegs eine sichere Sache, bei jenen nämlich, die durch den Blutfluss nicht geschwächt werden. Für diesen Personenkreis stellen sie eine Quelle der Reinigung und keine Krankheit dar. Deshalb sind manche primär davon geheilte Personen, sobald das Blut keinen Abfluss mehr finden konnte, mit der Ausbreitung des krankmachenden Stoffes auf den Bauch und die Eingeweide hochakut und äußerst schwer erkrankt.

Läsionen am After: Einzeln herausschneiden (3)

Celsus *De medicina* VII 30.1

Auch die Erkrankungen des Afters erfordern, wenn sie unter medikamentöser Behandlung nicht abheilen, einen chirurgischen Eingriff. Wenn dort also manche Fissuren schon so lange bestehen, dass sie hart geworden und verschwielt sind, ist es am zweckmäßigsten, zunächst abzuführen und dann einen warmen Schwamm aufzulegen, damit sie weich werden und nach außen treten. Sobald sie gut sichtbar geworden sind, soll man sie einzeln mit dem chirurgischen Messer ausschneiden und die Geschwüre anfrischen... Sollte dort aber zu irgendeinem Zeitpunkt aufgrund der Entzündung Eiter austreten, sollte man ohne Verzögerung inzidieren, um zu verhindern, dass der After selbst vereitert. Man darf diesen Eingriff jedoch nicht überstürzt ausführen. Denn wenn man eine solche Stelle eröffnet hat, bevor sie reif ist, so nimmt die Entzündung stark zu und es wird noch mehr Eiter gebildet. Auch

concitatur. In his quoque vulneribus lenibus cibis isdemque medicamentis opus est.

Ora etiam venarum fundentia sanguinem sic tolluntur. Ubi sanguis cui fluit, fames indicitur, alvus acrius ducitur, quo magis ora promoveantur. Eoque fit, ut omnia venarum quasi capitula conspicua sint. Tum si capitulum exiguum est basimque tenuem habet, adstringendum lino paulum supra est, quam ubi cum ano committitur. Imponenda aqua calida spongia est, donec id liveat. Deinde aut ungue aut scalpello supra nodum id exulcerandum est. Quod nisi factum est, magni dolores subsequuntur, interdum etiam urinae difficultas. Si id maius est et basis latior, hamulo uno aut altero excipiendum est paulumque supra basim incidendum. Neque relinquendum quicquam ex eo capitulo neque quicquam ex ano demendum est. Quod consequitur is, qui neque nimium neque parum hamos ducit. Qua incisum est, acus debet inmitti infraque eam lino id capitulum alligari. Si duo triave sunt, imum quodque primum curandum est, si plura, non omnia simul, ne tempore eodem undique tenerae cicatrices sint…

bei diesen offenen Wunden soll man leichte Speisen und die gleichen Medikamente geben.

Läsionen am After: Einzeln herausschneiden (4)
Celsus *De medicina* VII 30.3A–C

Die Öffnungen der Adern, aus denen das Blut herausfließt, werden folgendermaßen entfernt. Wenn der Patient Blut verliert, verordnet man ihm Fasten und führt ihn mit ziemlich scharfen Mitteln ab, damit die Öffnungen stärker hervortreten. Man erreicht dadurch, dass die so genannten Köpfchen der Adern sichtbar werden. Wenn so ein Köpfchen klein ist und eine schmale Basis hat, soll man es etwas oberhalb der Stelle, wo es mit dem After zusammenhängt, mit einem Faden abschnüren. Dann legt man so lange einen mit warmem Wasser getränkten Schwamm auf, bis die Farbe ins Bläuliche wechselt, und bringt das Köpfchen dann mit dem Nagel oder mit dem Messer oberhalb des Knotens zum Eitern. Wird dieser Eingriff nicht durchgeführt, so kommt es im Verlauf zu starken Schmerzen und manchmal auch zu Beschwerden beim Wasserlassen. Wenn das Köpfchen größer ist und eine breitere Basis hat, soll man es mit ein oder zwei Haken fassen und knapp oberhalb der Basis einschneiden. Dabei darf man weder etwas von dem Köpfchen zurücklassen noch etwas vom After wegnehmen. Dieses Ziel wird erreicht, wenn man weder zu stark noch zu schwach an den Haken zieht. In den Einschnitt wird eine Nadel eingebracht und unterhalb von ihr das Köpfchen mit einem Faden abgeschnürt. Sind zwei oder drei solche Köpfchen vorhanden, soll man immer zuerst das unterste behandeln, wenn es noch mehr sind, dann nicht alle gleichzeitig, damit sich nicht an allen Stellen zur selben Zeit empfindliche Narben bilden…

… Ἀρχὸν γὰρ καὶ τάμνων, καὶ ἀποτάμνων, καὶ ἀναρράπτων, καὶ δαίων, καὶ ἀποσήπων, ταῦτα γὰρ δοκέει δεινότατα εἶναι, οὐδὲν ἂν σίνοιο. Παρασκευάσασθαι δὲ κελεύω ἑπτὰ ἢ ὀκτὼ σιδήρια, σπιθαμιαῖα τὸ μέγεθος, πάχος δὲ ὡσεὶ μήλης παχείης· ἐξ ἄκρου δὲ κατακάμψαι· καὶ ἐπὶ τῷ ἄκρῳ πλατὺ ἔστω ὡς ἐπὶ ὀβολοῦ μικροῦ. Προκαθήρας δὴ φαρμάκῳ τῇ πρότερον, αὐτῇ δὲ ᾗ ἂν ἐπιχειρέῃς καῦσαι, ἀνακλίνας τὸν ἄνθρωπον ὕπτιον, καὶ προσκεφάλαιον ὑπὸ τὴν ὀσφὺν ὑποθείς, ἐξαναγκάζειν ὡς μάλιστα τοῖσι δακτύλοισι τὴν ἕδρην ἔξω, ποιέειν δὲ καὶ διαφανέα τὰ σιδήρια, καὶ καίειν ἕως ἂν ἀποξηράνῃς, καὶ ὅκως μὴ ὑπαλείψῃς· καίειν δὲ καὶ μηδεμίην ἐᾶσαι ἄκαυστον τῶν αἱμορροίδων, ἀλλὰ πάσας ἀποκαύσεις. Γνώσει δὲ οὐ χαλεπῶς τὰς αἱμορροίδας· ὑπερέχουσι γὰρ ἐς τὸ ἐντὸς τοῦ ἀρχοῦ, οἷον ῥᾶγες πελιδναί, καὶ ἅμα ἐξαναγκαζομένου τοῦ ἀρχοῦ ἐξακοντίζουσιν αἷμα. Κατεχόντων δ' αὐτῶν, ὅταν καίηται, τῆς κεφαλῆς καὶ τὰς χεῖρας, ὡς μὴ κινέηται, βοάτω καιόμενος· ὁ γὰρ ἀρχὸς μᾶλλον ἐξίσχει. Ἐπὴν δὲ καύσῃς, φακοὺς καὶ ὀρόβους ἑψήσας ἐν ὕδατι, τρίψας λείους, κατάπασσε πέντε ἢ ἓξ ἡμέρας· τῇ δὲ ἑβδόμῃ σπόγγον μαλθακὸν τάμνειν ὡς λεπτότατον, πλάτος δὲ εἶναι τοῦ σπόγγου ὅσον ἓξ δακτύλων πάντῃ· ἔπειτα ἐπιθεῖναι ἐπὶ τὸν σπόγγον ὀθόνιον ἴσον τῷ σπόγγῳ λεπτὸν καὶ λεῖον, ἀλείψας μέλιτι· ἔπειτα ὑποβαλὼν τῷ δακτύλῳ τῷ λιχανῷ τῆς ἀριστερῆς χειρὸς μέσον τὸν σπόγγον, ὦσαι κάτω τῆς ἕδρης ὡς προσωτάτω·

Läsionen am After: Einzeln herausschneiden (5)
Hippokrates *De haemorrhoidibus* II

... Den After einzuschneiden, dort etwas abzuschneiden, ihn durch Nähte anzuheben, ihn zu ätzen, von dort etwas durch Vereiterung zu entfernen, all dies scheinen ganz schreckliche Dinge zu sein. Dennoch dürfte man damit keinen Schaden anrichten. Ich fordere euch auf, sieben oder acht Instrumente aus Eisen anzuschaffen, die so groß sind wie der Abstand zwischen dem ausgestreckten Daumen und dem kleinen Finger und so stark wie eine dicke Sonde. Man muss sie an der Spitze biegen und dort wie zu einer kleinen Münze umformen. Am Vorabend wird der Patient mit einem Medikament gereinigt, am Tag des Eingriffs lagert man ihn dann auf dem Rücken, schiebt ein Kissen unter die Hüften und nimmt die Finger zu Hilfe, um das Gesäß möglichst weit hervortreten zu lassen. Dann bringt man die Instrumente zum Glühen und führt die Kauterisation durch, bis das Gewebe trocken wird. Salbe sollte nicht aufgetragen werden. Man darf bei der Verätzung keine einzige Hämorrhoide auslassen, sondern muss sie der Reihe nach alle brennen. Es ist nicht schwer, die Hämorrhoiden zu erkennen. Sie ragen in das Lumen des Enddarms hinein, sehen aus wie bläuliche Beeren und bluten, wenn der After angespannt wird. Während des Eingriffs halten Gehilfen den Patienten an Kopf und Händen fest, damit er sich nicht bewegt. Wenn er beim Gebrauch des Brenneisens schreit, so ist dies nicht weiter schlimm. Denn der Enddarm tritt dann nur weiter hervor. Nach dem Eingriff legt man für fünf bis sechs Tage Linsen und Kichererbsen auf, die in Wasser gekocht und glatt gerieben worden sind. Am siebten Tag schneidet man einen weichen Schwamm in möglichst kleine Stücke, so dass er etwa so breit ist wie sechs Finger. Dann legt man auf den Schwamm ein kleines Leinentuch, das ebenso zart und glatt ist wie der Schwamm und bestreicht es mit Honig. Anschließend steckt man den linken Zeigefinger mitten in den Schwamm

ἔπειτα ἐπὶ τὸν σπόγγον προσθεῖναι εἴριον, ὡς ἂν ἐν τῇ ἕδρῃ ἀτρεμίζῃ.

Διαζώσας δὲ ἐν τῇσι λαγόσι, καὶ ὑφεὶς ταινίην ἐκ τοῦ ὄπισθεν, ἀναλαβὼν ἐκ τῶν σκελέων τὸν ἐπίδεσμον, ἀναδῆσαι ἐς τὸ διάζωσμα παρὰ τὸν ὀμφαλόν. Τὸ δὲ φάρμακον, ὃ εἶπον, ἐπίδει τὸ πυκνὴν τὴν σάρκα ποιέον καὶ ἰσχυρὴν φῦναι. Ταῦτα δὲ δεῖ ἐπιδεῖν μὴ ἔλασσον ἡμερῶν εἴκοσι. Ῥοφέειν δὲ ἅπαξ τῆς ἡμέρης ἄλευρον, ἢ κέγχρον, ἢ τὸ ἀπὸ τῶν πιτύρων, καὶ πίνειν ὕδωρ· ἢν δὲ ἐς ἄφοδον ἵζηται, ὕδατι θερμῷ διανίζειν· λούεσθαι δὲ διὰ τρίτης ἡμέρης.

Iugulum vero si transversum fractum est, nonnumquam per se rursus recte coit et, nisi movetur, sanari sine vinctura potest. Nonnumqum vero, maximeque ubi motum est, elabitur. Fereque id, quod a pectore est, in priorem, id, quod ab umero est, in posteriorem partem inclinatur. Cuius ea ratio est, quod per se non movetur, sed cum umeri motu consentit itaque eo subsistente sub id umero agitatur. Raro vero admodum in priorem partem iugulum inclinatur, adeo ut magni professores numquam se vidisse memoriae mandarint. Sed locuples tamen eius rei auctor Hippo-

und stopft ihn so tief wie möglich in den After. Schließlich stülpt man über den Schwamm Wolle, damit er fest im Gesäß haftet.

Nun schlingt man ihm einen Gürtel um die Taille, legt hinten am Rücken eine Binde an, führt sie an den Schenkeln heraus und verknüpft sie mit dem Gürtel in Nabelhöhe. Dann trägt man das erwähnte Heilmittel auf, das das Gewebe kräftig und widerstandsfähig macht. Diesen medikamentengetränkten Verband muss man mindestens 20 Tage belassen. Der Patient schluckt dazu einmal am Tag Mehl, Hirse oder Kleie und trinkt Wasser. Wenn er auf seinen Exkrementen sitzt, wäscht man ihn gründlich mit warmem Wasser. Baden muss er alle drei Tage.

Schlüsselbeinbruch: Hippokrates hat alle Details gekannt
Celsus *De medicina* VIII 8.1A–B

Die exakte Quellenangabe bleibt der Verfasser aber schuldig.

Wenn aber das Schlüsselbein quer gebrochen ist, kommen die Fragmente bisweilen wieder in anatomisch korrekter Position miteinander in Kontakt und, wenn sie nicht gegeneinander verschoben sind, kann der Bruch ohne Verband heilen. Manchmal aber und zwar besonders dann, wenn sich der Knochen bewegt, verschieben sich die Fragmente. In der Regel disloziert das mediale Bruchstück nach vorn und das laterale nach hinten. Dieses Phänomen ist damit zu erklären, dass das Schlüsselbein keine eigenen Bewegungen ausführt, sondern jene der Schulter mitmacht und deshalb von ihr, die sich ja kaudal anschließt, in Bewegung versetzt wird. Nur ganz selten wird das schulternahe Fragment nach vorne verlagert, und zwar so selten, dass selbst die großen Lehrmeister über keine einzige eigene Beobachtung dieser Art berichtet haben. Nur Hippokrates hat diesen Sonderfall sorgfältig dokumentiert[1]. Aber so wie jeder der beiden Fälle seine besonde-

crates est. Verum ut dissimilis uterque casus est, sic quaedam dissimilia requirit.

Nam quod Hippocrates dixit, vertebra in exteriorem partem prolapsa pronum hominem collocandum esse et extendendum, tum calce aliquem super ipsum os debere consistere et id intus inpellere, in iis accipiendum, quae paulum excesserunt, non is, quae toto loco mota sunt. Nonnomquam enim nervorum inbecillitas efficit, ut, quamvis non exciderit vertebra, tantum parvum tamen aut in posteriorem aut in priorem partem promineat. Id non iugulat. Sed ab interiore parte ne contingit quidem propellere posse. Ab exteriore si propulsum est, plerumque iterum redit, nisi, quod admodum rarum est, vis nervis restituta est.

Magnum autem femori periculum est, ne vel difficulter reponatur vel repositum rursus excidat. Quidem iterum semper excidere

ren Eigenschaften hat, so verlangt er auch nach einer differenzierten Behandlung.

Wirbelkörperluxation: Wie stark ist die Verschiebung?

Celsus *De medicina* VIII 14.3

Leider führt die knöcherne Reposition vielfach nur zu einem temporären Erfolg.

Denn der Rat des Hippokrates[1], man solle, wenn ein Wirbel nach dorsal luxiert sei, den Betroffenen auf den Bauch legen und in Streckhaltung bringen und dann solle ein Helfer mit der Ferse gegen den Knochen treten und ihn nach innen drücken, eignet sich nur für jene mit partieller, jedoch nicht für die mit kompletter Luxation des Wirbelkörpers. Manchmal führt nämlich die Schwäche des Bandapparats dazu, dass ein Wirbel, auch wenn er nicht ganz herausgetreten ist, dennoch ein klein wenig mit dem hinteren oder dem vorderen Anteil übersteht. Dies ist kein fataler Zustand. Aber von ventral kann man einen Wirbel nicht reponieren. Wenn man aber von dorsal einen Wirbel in die anatomisch korrekte Position gebracht hat, so gleitet er meistens wieder zurück, außer wenn, was ziemlich selten der Fall ist, der Bandapparat seine Festigkeit zurückgewonnen hat.

Hippokrates und ein gewisser Schmied

Celsus *De medicina* VIII 20.4

Medizintechnik ist eine Gemeinschaftsleistung von Ärzten und spezialisierten Handwerksleuten.

Die Gefahr für den Oberschenkelknochen ist groß, dass entweder die Reposition Schwierigkeiten macht oder dass der Hüftkopf nach der Einrichtung reluxiert. Manche behaupten, dass der Hüft-

contendunt. Sed Hippocrates et Diocles et Phylotimus et Nileus et Heraclides Tarentinus, clari admodum auctores, ex toto se restituisse memoriae prodiderunt. Neque tot genera machinamentorum quoque ad extendendum in hoc casu femur Hippocrates, Andreas, Nileus, Nymphodorus, Protarchus, Heraclides, quidam quoque faber repperissent, si id frustra esset.

Reiectum esse ab Asclepiade vomitum in eo volumine, quod 'De tuenda sanitate' composuit, video neque reprehendo, si offensus eorum est consuetudine, qui cotidie eiciendo vorandi facultatem moliuntur. Paulo etiam longius processit. Idem purgationes quoque eodem volumine expulit. Et sunt eae perniciosae, si nimis valentibus medicamentis fiunt. Sed haec tamen summovenda esse non est perpetuum, quia corporum temporumque ratio potest ea facere necessaria, dum et modo et non nisi cum opus est adhibeantur.

kopf ausnahmslos ein zweites Mal herausspringt. Aber Hippokrates[1], Diokles[2], Phylotimos[3], Nileus[4] und Herakleides von Tarent[5], lauter bekannte Fachleute, haben mitgeteilt, sie hätten solche Fälle vollständig geheilt. Es würden wohl auch Hippokrates, Andreas[6], Nileus, Nymphodoros[7], Protarchos[8], Herakleides und ein gewisser Schmied[9] nicht so viele Arten von Maschinen zur Extension des Oberschenkelknochens erfunden haben, wenn das Unterfangen aussichtslos gewesen wäre.

2.2.3 Celsus und andere griechische Ärzte

2.2.3.1 Celsus und Asklepiades von Prusa

Keine drastischen Maßnahmen (1)
Celsus *De medicina* I 3.17

Dezenter kann man die Kritik an der schroffen Ablehnung einer alten prophylaktischen Tradition durch den berühmten griechischen Arzt kaum vortragen.

Wie ich sehe, hat Asklepiades in seinem Buch mit dem Titel »Über die Erhaltung der Gesundheit« das Erbrechen als therapeutische Option verworfen. Ich tadle ihn nicht dafür, wenn er an der Gewohnheit Anstoß genommen hat, sich jeden Tag zu übergeben, um danach möglichst viel in sich hinein stopfen zu können. Er ist aber noch ein wenig weiter gegangen und hat in der Schrift auch die abführenden Maßnahmen verworfen[1]. Die sind in der Tat gefährlich, wenn man dafür zu starke Mittel einnimmt. Doch darf man das Abführen nicht rundum verwerfen, weil es in Abhängigkeit von der körperlichen Konstitution und vom Zeitpunkt notwendig werden kann, entsprechende Maßnahmen zu ergreifen, aber stets mit dem rechten Maß und nur wenn wirklich erforderlich.

… Damnavit merito et vomitiones tunc supra modum frequentes, arguit et medicamentorum potus stomacho inimicos, quod est magna ex parte verum…

De frictione vero adeo multa Asclepiades tamquam inventor eius posuit in eo volumine, quod 'communium auxiliorum' inscripsit, ut, cum trium faceret tantum mentionem, huius et aquae et gestationis, tamen maximam partem in hac consumpserit. Oportet autem neque recentiores viros in iis fraudare, quae vel reppererunt vel recte secuti sunt, et tamen ea, quae apud antiquiores aliquos posita sunt, auctoribus suis reddere. Neque dubitari potest, quin latius quidem et dilucidius, ubi et quomodo frictione utendum esset, Asclepiades praeceperit, nihil tamen reppererit, quod non a vetustissimo auctore Hippocrate paucis verbis comprehensum sit, qui dixit frictione, si vehemens sit, durari corpus, si lenis, molliri, si multa, minui, si modica, impleri.

Keine drastischen Maßnahmen (2)

Plinius *Naturalis historia* XXVI 17

... Asklepiades verurteilte mit vollem Recht das damals überaus häufig vorsätzlich herbeigeführte Erbrechen und sprach sich ebenso gegen die für den Magen schädlichen flüssigen Arzneimittel aus, was zum großen Teil zutrifft...

Bitte korrekt zitieren!

Celsus *De medicina* II 14.1–2

Die Grenzen zwischer Erfindung und erfinderischer Anwendung sind fließend.

Über die Einreibungen[1] hat aber Asklepiades, so als ob er ihr Erfinder[2] sei, schon sehr viel in seinem Buch mit dem Titel »Allgemeine Heilmittel«[3] geschrieben. Zwar erwähnt er daneben noch zwei weitere Maßnahmen, die Wasserkur und die passiven Bewegungen, den Einreibungen hat er aber den meisten Raum gewidmet. Man darf auf der einen Seite den nachfolgenden Ärzten nicht die Fortschritte absprechen, die sie selbst oder in der Nachfolge ihrer Vorgänger gemacht haben, muss jedoch auf der anderen Seite die Erkenntnisse und Mitteilungen der Vorgänger den Erstbeschreibern als Verdienst anrechnen. Andererseits besteht kein Zweifel, dass niemand ausführlicher und einleuchtender dargestellt hat, wann und wie die Einreibungen anzuwenden sind, dass er aber dennoch nichts erfunden hat, was nicht vom ältesten Medizinautor Hippokrates in wenigen Worten mitgeteilt worden wäre. Er hat nämlich von den Einreibungen gesagt, dass der Körper durch sie gestärkt werde, wenn sie heftig, und dass er geschwächt werde, wenn sie sanft seien, und dass er an Gewicht verliere, wenn sie häufig, dass er aber an Gewicht zunehme, wenn sie selten stattfinden[4].

At balnei duplex usus est. Nam modo discussis febribus initium cibi plenioris vinique firmioris valetudinis facit, modo ipsam febrem tollit. Fereque adhibetur, ubi summam cutem relaxari evocarique corruptum umorem et habitu corporis mutari expedit. Antiqui timidius eo utebantur, Asclepiades audacius.

Asclepiades officium esse medici dicit, ut toto, ut celeriter, ut iucunde curet. Id votum est, sed fere periculosa esse nimia et festinatio et voluptas solet. Qua vero moderatione utendum sit, ut, quantum fieri potest, omnia ista contingant prima semper habita salute, in ipsis partibus curationum considerandum erit.

Nach dem Fieber in die Wanne

Celsus *De medicina* II 17.2–3

Baden hilft von innen und von außen.

Aber das Baden ist in doppeltem Sinne nützlich. Denn bald erleichtert es dem Rekonvaleszenten, nachdem das Fieber abgeklungen ist, wieder mehr zu essen und stärkeren Wein zu trinken[1], bald nimmt es selbst das Fieber weg. Im Allgemeinen ergreift man diese Maßnahme dann, wenn es förderlich ist, die äußerste Hautschicht zu erweichen, verdorbene Säfte abzuziehen und das körperliche Aussehen zu verändern. Die alten Ärzte haben sich dieses Mittels ziemlich zurückhaltend bedient, Asklepiades dafür umso mutiger.

Wider falsche Wunschvorstellungen

Celsus *De medicina* III 4.1

Der Verfasser will sich durch therapeutische Idealbilder nicht von der Liebe zum Detail abbringen lassen.

Asklepiades sagt, es sei die Pflicht des Arztes, sicher, schnell und verträglich zu behandeln. Das ist die Wunschvorstellung, aber in der Regel sind sowohl zu große Eile als auch zu großer Komfort gefährlich. Was man tun kann und was man lassen muss, damit alle diese Ansprüche so weit wie möglich erfüllt werden und dabei die Gesundung des Kranken immer die höchste Priorität hat, wird bei den Therapieempfehlungen im Detail erörtert werden.

Fere vero antiqui tales aegros in tenebris habebant, eo quod iis contrarium esset exterreri et ad quietem animi tenebras ipsas conferre aliquid iudicabant. At Asclepiades, tamquam tenebris ipsis terrentibus, in lumine habendos eos dixit. Neutrum autem perpetuum est. Alium enim lux, alium tenebrae magis turbant. Reperiunturque, in quibus nullum discrimen deprehendi vel hoc vel illo modo possit. Optimum itaque est utrumque experiri et habere eum, qui tenebras horret, in luce, eum qui lucem, in tenebris. At ubi nullum tale discrimen est, aeger, si vires habet, loco lucido, si non habet, obscuro continendus est.

… Asclepiades multarum rerum, quas ipsi quoque secuti sumus, auctor bonus, acetum ait quam acerrimum esse sorbendum. Hoc enim sine ulla noxa comprimi ulcera. Sed id supprimere sangui-

Helle oder dunkle Räume für die Geisteskranken?

Celsus *De medicina* III 18.5

Der Patient soll über die Lichtverhältnisse in seinen vier Wänden selbst entscheiden.

Die Alten brachten Geisteskranke aber gewöhnlich in dunkler Umgebung unter, und zwar deshalb, weil sie glaubten, es sei für sie nachteilig, erschreckt zu werden, und weil sie die Dunkelheit an sich als einen Faktor der Beruhigung betrachteten. Asklepiades aber sprach sich dafür aus, sie an einem von Tageslicht erhellten Ort unterzubringen, weil sie seiner Ansicht nach allein durch die Dunkelheit in Angst und Schrecken versetzt werden. Keine der beiden Lösungsmöglichkeiten ist dauerhaft gültig. Den einen stört nämlich mehr das Licht, den anderen die Dunkelheit. Bei manchen Patienten findet man auch keinen Unterschied zwischen den beiden Alternativen. Es ist daher am besten, beide Verfahren zu testen und den Patienten, der die Dunkelheit scheut, an einem hellen und umgekehrt den, der das Licht scheut, an einem dunklen Ort unterzubringen. Wenn aber kein solcher Unterschied besteht, soll man den Geisteskranken, wenn er bei Kräften ist, an einem hellen, und wenn nicht, an einem dunklen Ort einquartieren.

Einig und doch einen Schritt voraus

Celsus *De medicina* IV 9.2

Mit stiller Genugtuung registriert der Verfasser eine kleine Schwäche in der Arzneilehre des bithynischen Methodikers.

… Asklepiades, eine gute Quelle für viele Dinge, in denen wir ihm auch persönlich gefolgt sind, sagt, man solle möglichst scharfen Essig zu sich nehmen. So ließen sich nämlich Geschwüre ohne schädliche Nebenwirkung verschließen. Indes kann der Essig nur eine Blutung stillen, die Geschwüre selbst aber nicht heilen. Dafür

nem, ulcera ipsa sanare non potest. Melius huic rei lycium est, quod idem quoque aeque probat...

Si per talia auxilia venter non siccatur, sed umor nihilo minus abundat, celeriore via succurrere, ut is per ventrem ipsum emittatur. Neque ignoro displicuisse Erasistrato hanc curandi viam. Morbum enim hunc iocineris putavit. Ita illud esse sanandum, frustraque aquam emitti, quae vitiato illo subinde nascatur. Sed primum non huius visceris unius hoc vitium est. Nam et liene adfecto et in totius corporis malo habitu fit. Deinde ut inde coeperit, tamen aqua, nisi emittitur, quae contra naturam ibi substitit, et iocineri et ceteris partibus interioris nocet. Convenitque corpus nihilo minus esse curandum. Neque enim sanat emissus umor, sed medicinae locum facit, quam totus inclusus impedit... Cibus autem, quo die primum umor emissus est, supervacuus est, nisi vires desunt.

ist Lycium[1] besser geeignet, über das sich auch Asklepiades in gleicher Weise positiv äußert…

2.2.3.2 Celsus und Erasistratos von Keos

Aszites: Kausal oder symptomatisch behandeln?
Celsus *De medicina* III 21.15–16

Der Punktion gebührt der Vorrang, weil dadurch sowohl das Wasser entfernt als auch Wirkungsraum für Medikamente geschaffen wird.

Wenn der Bauch durch diese Maßnahmen nicht trocken wird, sondern das Wasser trotz allem in großer Fülle zurückbleibt, muss man einen schnelleren Weg der Hilfe wählen und es durch die Bauchwand selbst ablassen. Ich weiß sehr wohl, dass Erasistratos diese Form der Behandlung missbilligt hat[1]. Er hielt die Wassersucht nämlich für eine Erkrankung der Leber. Deshalb müsse man dieses Organ heilen. Es sei sinnlos, das Wasser auszutreiben, weil es durch das Leberleiden immer wieder nachlaufe. Aber erstens geht dieses Leiden nicht von diesem Organ allein aus. Denn man beobachtet es auch bei Erkrankungen der Milz und körperlich schlechtem Allgemeinzustand. Zweitens, selbst wenn es von dort seinen Ausgang nimmt, schädigt das Wasser, das sich dort widernatürlich angesammelt hat, sowohl die Leber als auch andere innere Organe, wenn es nicht abgelassen wird. Man ist sich einig, dass der Körper trotzdem behandelt werden muss. Denn die Entfernung der Flüssigkeit führt nicht zur Heilung, sondern schafft Platz für die Arzneimittel, die durch die im Inneren eingeschlossene Flüssigkeit daran gehindert werden, ihre Wirkung zu entfalten… An dem Tage, an dem zum ersten Mal die Flüssigkeit abgelassen worden ist, sind Speisen unnütz, außer wenn die Kranken schwach sind.

At si ex faucibus interioribusve partibus processit, et metus maior est et cura maior adhibenda. Sanguis mittendus est, et si nihilo minus ex ore processit, iterum tertioque et cotidie paulum aliquid. Protinus autem debet sorbere vel acetum vel cum ture plantaginis aut porri sucum imponendaque extrinsecus supra id, quod dolet, lana sucida ex aceto est et id spongia subinde refrigerandum. Erasistatus horum crura quoque et femora brachiaque pluribus locis deligebat. Id Asclepiades adeo non prodesse, etiam inimicum esse proposuit. Sed id saepe commode respondere experimenta testantur. Neque tamen pluribus locis deligari necesse est, sed satis est infra inguina et super talos, summosque umeros, etiam brachia.

At cum discussa cruditas est, tum magis verendum est, ne anima deficiat. Ergo tum confugiendum est ad vinum… Erasistratus primo tribus vini guttis aut quinis aspergendam potionem esse

Zur Behandlung von Hämoptysen

Celsus *De medicina* IV 11.6–7

Der Verfasser entscheidet den Streit zwischen zwei Autoritäten der griechischen Medizin mit einem lapidaren Erfahrungshinweis.

Wenn aber das Blut aus dem Schlund oder von weiter innen kommt, so ist die Lage bedrohlicher und entsprechend intensiver hat die Behandlung zu sein. Man muss dann den Kranken zur Ader lassen und, falls weiter Blut aus dem Mund strömt, den Eingriff zwei oder drei Mal wiederholen und danach täglich nur noch ein wenig entziehen. Der Patient muss dann unverzüglich entweder Essig oder den Saft von Wegerich oder Lauch mit Weihrauch trinken, äußerlich auf die schmerzhaften Stellen frisch geschorene und mit Essig getränkte Wolle legen und sie nachher wiederholt mit einem Schwamm abkühlen. Erasistratos[1] hat bei diesen Kranken auch die Unter-und Oberschenkel und die Arme an mehreren Stellen abgeschnürt. Diese Maßnahme hielt Asklepiades nicht nur für nutzlos, sondern sogar für schädlich. Doch die Erfahrungen zeigen, dass man damit oft guten Erfolg hat. Dabei muss nicht einmal an mehreren Stellen abgebunden werden, sondern es genügt, dies unterhalb der Leistenregion, oberhalb der Knöchel, hoch an den Oberarmen und auch an den Unterarmen zu tun.

Wein auf verdorbenen Magen?

Celsus *De medicina* IV 18.4

Im Prinzip ja, aber von ein paar Tropfen wird keiner gesund.

Wenn aber die Überfüllung des Magens beseitigt ist, dann ist mehr zu fürchten, dass der Kranke ohnmächtig wird. Und dann muss man Zuflucht zum Wein nehmen… Erasistratos sagte, man solle dem Getränk zunächst jeweils drei oder fünf Tropfen Wein

dixit, deinde paulatim merum adiciendum. Is si et ab initio vinum dedit et metum cruditatis secutus est, non sine causa fecit. Si vehementem infirmitatem adiuvari posse tribus guttis putavit, erravit.

… de potione vero ingens pugna est, eoque magis, quo maior febris est. Haec enim sitim accendit et tum maxime aquam exigit, cum illa periculosissima est. Sed docendus aeger est, ubi febris quierit, protinus sitim quoque quieturam, longioremque accessionem fore, si quod ei datum fuerit alimentum. Ita celerius eum desinere sitire, qui non bibit. Necesse est tamen, quanto facilius etiam sani famem quam sitim sustinent, tanto magis aegris in potione quam in cibo indulgere. Sed primo quidem die nullus umor dari debet, nisi subito sic venae ceciderunt, ut cibus quoque dari debeat, secundo vero ceterisque etiam, quibus cibus non dabitur, tamen si magna sitis urgebit, potio dari debet. Ac ne illud quidem ab Heraclida Tarentino dictum ratione caret. Ubi aut bilis aegrum aut cruditas male habet, expedire quoque per modicas

beimischen und dann allmählich reinen Wein dazugeben. Wenn er gleich von Beginn an Wein gegeben hat, und zwar aus Furcht vor dem verdorbenen Magen, dann war seine Weisung wohl begründet; wenn er aber geglaubt hat, dass sich ein schwerer Krankheitszustand mit drei Tropfen Wein beheben lasse, hat er sich geirrt[1].

2.2.3.3 Celsus und Herakleides von Tarent

Trinken ist wichtiger als Essen
Celsus *De medicina* III 6.1–4

Flüssige Nahrung stillt nicht nur den Durst, sondern verdünnt auch die kranken Säfte des Körpers.

… Um das Trinken gibt es ein Ringen, das hart und umso härter ist, je höher das Fieber steigt. Denn das Fieber erregt Durst und erzeugt beim Patienten dann das stärkste Verlangen nach Wasser, wenn es am gefährlichsten ist. In dieser Situation muss man ihn darüber aufklären, dass erstens der Durst, unmittelbar nachdem das Fieber abgeklungen ist, ebenfalls nachlassen wird, zweitens der Fieberanfall länger anhalten wird, wenn er etwas zu essen bekommen hat, und deshalb drittens der, der nichts trinkt, schneller das Durstgefühl verliert. Da indessen auch Gesunde den Hunger leichter ertragen als den Durst, soll man auch bei den Kranken mit Getränken großzügiger sein als mit Speisen. Am ersten Tag des Fiebers freilich darf man nicht einen Tropfen Flüssigkeit geben, es sei denn der Puls ist plötzlich so schwach geworden, dass man auch etwas zu essen geben muss. Am zweiten Tag aber und auch an den folgenden, an denen sonst nichts zu essen gereicht wird, darf man aber durchaus zu trinken geben, wenn der Durst allzu quälend wird. Und auch folgende Anweisung des Herakleides von Tarent entbehrt nicht der Vernunft. Wenn entweder die Galle oder ein überfüllter Magen dem Patienten zusetzen, so sagt

potiones misceri novam materiam corruptae. Illud videndum est, ut qualia tempora cibo leguntur, talia potioni quoque, ubi sine illo datur, deligantur… aut cum aegrum dormire cupiemus, quod fere sitis prohibet. Satis autem convenit, cum omnibus febricitantibus nimius umor alienus sit, tum praecipue esse feminis, quae ex partu in febres inciderunt.

… Ac proximum est tot dierum ut abstinentia cum ceteris, quae praecipiuntur, febrem tollant. Si vero nihilo minus remanet, aliud ex toto sequendum est curationis genus, idque agendum, ut id, quod diu sustinendum est, corpus facile sustineat. Quo minus etiam probari curatio Heraclidis Tarentini debet, qui primis diebus ducendam alvum, deinde abstinendum in septimum diem dixit. Quod ut sustinere aliquis possit, tamen etiam febre liberatus vix refectioni valebit. Adeo, si febris saepius accesserit, concidet.

er, sei es auch zweckdienlich, den verdorbenen Stoffen durch mäßige Flüssigkeitsaufnahme neue und unverdorbene beizumischen. Man muss darauf achten, dass man dem Kranken sowohl Zeiten für die Kombination aus Essen und Trinken als auch Zeiten für das Trinken allein gibt, bzw. ihm wenigstens dann etwas zu trinken geben, wenn wir möchten, dass er schläft, was der Durst ja in der Regel verhindert. Es ist aber allgemein anerkannt, dass allen Fieberkranken ein Übermaß an Flüssigkeit zum Nachteil gereicht, ganz besonders aber Frauen mit Wochenbettfieber.

Kein Verständnis für radikales Fastengebot

Celsus *De medicina* III 15.2–3

Was nützt es, wenn das Fieber abklingt, der Körper aber durch tagelange Abstinenz entkräftet ist?.

... Und es ist wahrscheinlich, dass die an so vielen Tagen geübte Enthaltsamkeit zusammen mit den anderen Verordnungen das Fieber beenden wird. Wenn es aber trotzdem anhält, sollte man ein ganz anderes Behandlungsverfahren wählen, und zwar muss man dafür sorgen, dass der Körper das, was er lange zu ertragen hat, wenigstens leicht erträgt. Umso weniger kann man dem Kurplan des Herakleides von Tarent beipflichten, der gesagt hat, man müsse in den ersten Tagen den Darm durch Klistiere reinigen und der Patient dürfe dann bis zum siebten Tag nichts essen. Wenn jemand das überhaupt aushält, so wird er damit zwar vom Fieber befreit, aber gesundheitlich kaum wiederhergestellt sein. Und er wird vollends zusammenbrechen, wenn das Fieber wieder häufiger rezidiviert.

… In hoc genere valetudinis quidam crassas durasque palpebras et ficulneo folio et asperato specillo et interdum scalpello eradunt versasque cotidie medicamentis suffricant. Quae neque nisi in magna vetustaque aspritudine neque saepe facienda sunt. Nam melius eodem ratione victus et idoneis medicamentis pervenitur.

Experiri tamen oportet, quia bene res saepius cedit. Igitur aversum specillum inserendum diducendaeque eo palpebrae sunt. Deinde exigua penicilla interponenda, donec exulceratio eius loci finiatur. At ubi albo ipsius oculi palpebra inhaesit, Heraclides Tarentinus auctor est adverso scalpellae subsecare cum magna moderatione, ut neque ex oculo neque ex palpebra quicquam abscidatur. Ac si necesse est, ex palpebra potius. Post haec inunguatur oculus medicamentis, quibus aspritudo curatur. Cottidieque palpebra vertatur, non solum ut ulceri medicamentum inducatur, sed etiam

Wie man verwachsene Augenlider trennt (1)

Celsus *De medicina* VI 6.27A

Auch wenn die chirurgische Intervention gut ausgeht, droht unvermeidlich das Rezidiv.

... Bei dieser Krankheit kratzen manche die verdickten und verhärteten Stellen an den Lidern mit einem Feigenblatt, einer Sonde mit aufgerauter Oberfläche oder manchmal auch mit dem chirurgischen Messer ab und tragen jeden Tag auf die Unterseite der Lider Medikamente auf. Freilich darf man diese Behandlung nur bei einer ausgeprägten und bereits sehr lange bestehenden Rauigkeit[1] anwenden und soll sie nicht oft wiederholen. Denn denselben therapeutischen Zweck erreicht man besser durch geeignete Ernährung und die passenden Medikamente.

Wie man verwachsene Augenlider trennt (2)

Celsus *De medicina* VII 7.6B–C

Man muss es wagen, weil die Operation ziemlich oft gut ausgeht. Man bringe also die Sonde mit dem Stiel nach vorne ein und trenne damit die Augenlider voneinander. Dann setze man kleine Bäuschchen zwischen die Lidränder ein, bis die Vereiterung an dieser Stelle sich zurückgebildet hat. Wenn aber ein Lid mit dem Weißen des Augapfels verwachsen ist, muss man nach einer Empfehlung des Herakleides von Tarent die Adhäsionen mit der Vorderseite des Messers trennen, dabei jedoch sehr darauf achten, dass weder vom Augapfel noch vom Augenlid etwas abgeschnitten wird. Und wenn unvermeidbar, dann nehme man eher etwas vom Lid weg. Anschließend soll man das Auge mit Medikamenten salben, die die Rauigkeit beseitigen. Außerdem soll das Lid jeden Tag umgestülpt werden, und zwar aus zwei Gründen, nämlich nicht nur um das Mittel mit dem Geschwür in Kontakt zu

ne rursus inhaereat. Ipsique etiam praecipiatur, ut saepe eam digitis duobus attollat. Ego sic restitutum esse neminem memini. Meges se quoque multa temptasse neque umquam profuisse, quia semper iterum oculo palpebra inhaeserit, memoriae prodidit.

Struma quoque est tumor, in quo subter concreta quaedam ex pure et sanguine quasi glandulae oriuntur. Quae vel praecipue fatigare medicos solent, quoniam et febres movent nec unquam facile maturescunt. Et sive ferro sive medicamentis curantur, plerumque iterum iuxta cicatrices ipsas resurgunt multoque post medicamenta saepius. Quibus id quoque adcedit, quod longo spatio detinent. Nascuntur maxime in cervice, sed etiam in alis et inguinibus...lateribus. In mammis quoque feminarum se reperisse chirurgicus Meges auctor est.

bringen, sondern auch um zu verhindern, dass es wieder verwächst. Man muss auch den Patienten selbst dazu anhalten, das Augenlid immer wieder mit zwei Fingern anzuheben. Ich kann mich nicht erinnern, dass je einer auf diese Weise geheilt worden ist. Meges hat berichtet, dass auch er selbst viel versucht habe, jedoch niemals erfolgreich gewesen sei, weil das Augenlid immer wieder von neuem mit dem Augapfel verwachsen sei.

2.2.3.4 Celsus und Meges von Sidon

Frühe Beschreibung mammärer Lymphknoten
Celsus *De medicina* V 28.7A

Meges hat eine für klinische Untersuchungen wichtige Entdeckung gemacht.

Auch die Struma ist eine Schwellung, bei der sich in der Tiefe Klumpen von Eiter und Blut bilden, die wie Drüsen aussehen. Diese Beulen stellen die Ärzte gewöhnlich auf eine besonders schwere Geduldsprobe, weil sie Fieber hervorrufen und niemals leicht zur Reife kommen. Und wenn es gelingt, sie mit dem Glüheisen oder mit Medikamenten zu heilen, schießen meistens unmittelbar neben den Narben neue Läsionen auf, und zwar viel häufiger nach der medikamentösen Behandlung. Hinzu kommt ihre Neigung zur Chronizität. Diese Geschwulstbeulen entstehen meistens am Hals, manchmal aber auch in den Achselhöhlen und Leistengruben. Der Chirurg Meges berichtet, sie auch an den weiblichen Brüsten gefunden zu haben.

Sunt autem circa umbilicum plura vitia, de quibus propter raritatem inter auctores parum constet. Verisimile est autem id a quoque praetermissum, quod ipse non cognoverat; a nullo id, quod non viderat, fictum. Commune omnibus est umbilicum indecore prominere. Causae requiruntur.

Meges tres has posuit: modo intestinum eo inrumpere, modo omentum, modo umorem.

Sostratus nihil de omento dixit. Duobus iisdem adiecit carnem ibi interdum increscere eamque modo integram esse, modo carcinomati similem.

Gorgias ipse quoque omenti mentionem omisit, Sed eadem tria causatus, spiritus quoque interdum eo dixit inrumpere.

Heron omnibus his quattuor positis et omenti mentionem habuit et eius quod… simul et omentum et intestinum habuerit…

Multi hic quoque scalpello usi sunt. Meges quoniam is infirmior est potestque in aliqua prominentia incidere, incisoque super illa

Warum sich der Nabel wölbt

Celsus *De medicina* VII 14.1–2

Weil das Leiden so selten ist, werden Erklärungsversuche von vier verschiedenen griechischen Autoren referiert.

Es gibt rund um den Nabel mehrere Erkrankungen, über die wegen ihrer Seltenheit von den Autoren kaum berichtet wird. Es ist aber wahrscheinlich, dass jeder das nicht erwähnt, was er nicht selbst beobachtet hat, und folglich keiner etwas dazugedichtet hat, was ihm nicht selbst zu Augen kam. Alle Mitteilungen aber stimmen darin überein, dass der Nabel in unschöner Weise nach vorne ragt. Nach den Gründen wird gesucht.

Meges hat drei Ursachen postuliert: Mal fielen dort die Därme[1] hinein, mal sei es das Netz[2] und mal sammle sich dort Flüssigkeit[3].

Sostratos hat nichts vom Netz gesagt und nennt dafür an dessen Stelle fleischige Wucherungen[4], die dort manchmal entstehen können, und zwar solche ohne Entartung ebenso wie solche, die einem Krebsgeschwür ähneln.

Auch Gorgias hat das Netz nicht erwähnt. Er hat sich für die selben drei Ursachen ausgesprochen wie Sostratos und hinzugefügt, dass der Bruchsack manchmal auch Luftansammlungen[5] enthalte.

Heron plädiert für die gleichen vier Ursachen, außerdem hat er das Netz und eine Kombinationsform erwähnt, bei der der Bruchsack sowohl Netz als auch Darm enthält.

Ein neues Instrument für die Lithotomie

Celsus *De medicina* VII 26.2N

Damit bekommt man auch kantige Konkremente rasch in den Griff.

Viele benutzen hierzu auch ein gewöhnliches chirurgisches Messer. Es ist aber im Allgemeinen zu schwach und kann nur dort, wo der

corpore qua cavum subest, non secare, sed relinquere quod iterum incidi necesse est, ferramentum fecit rectum, in summa parte labrosum, in ima semicirculatum acutumque. Id receptum inter duos digitos, indicem ac medium, super pollice inposito, sic deprimebat, ut simul cum carne, si quid ex calculo prominebat, incideret. Quo consequebatur, ut semel quantum satis esset, aperiret. Quocumque autem modo cervix patefacta est, leniter extrahi quod asperum est debet, nulla propter festinationem vi admota.

Optimum vero medicamentum eius est oportune cibus datus; qui quando primum dari debeat, quaeritur. Plerique ex antiquis tarde dabant, saepe quinto die, saepe sexto; et id fortasse vel in Asia vel in Aegypto caeli ratio patitur. Asclepiades ubi aegrum triduo per omnia fatigarat, quartum diem cibo destinabat. At Themison nuper, non quando coepisset febris, sed quando desisset, aut certe levata esset, considerabat. Et ab illo tempore expectato die tertio,

Stein hervorsteht, die Weichteile spalten. Wenn man das Gewebe aber über einer Hohlstelle des Konkrements inzidiert hat, wird es nicht zerteilt, sondern es bleibt etwas übrig, was nochmals durchschnitten werden muss. Deshalb hat Meges ein gerades Instrument eingeführt, dessen Oberrand lippenförmig ist, dessen Schneide hingegen einen Halbkreis bildet und scharf geschliffen ist. Dieses Messer hat er zwischen zwei Finger, den Zeige- und den Mittelfinger genommen, dann den Daumen aufgesetzt und so tief eingedrückt, dass gleichzeitig mit den Weichteilen mögliche Vorsprünge des Steins angeschnitten wurden. Damit wurde erreicht, dass er mit einer einzigen Inzision eine ausreichend große Öffnung schuf. Unabhängig davon, auf welche Weise der Blasenhals geöffnet worden ist, muss man raue Steine immer auf sanfte Weise entfernen und darf nie Gewalt anwenden, um den Eingriff abzukürzen.

2.2.3.5 Celsus und Themison von Laodikeia

Fieberdiät: Auch Themisons Vorschläge haben Schwächen (1)
Celsus *De medicina* III 4.6

Dennoch hat er grundsätzlich Recht, wenn er fordert, die Essenszeiten dem Verlauf der Körpertemperatur präzise anzupassen.

Das beste Heilmittel ist aber die Nahrung, falls man sie zum geeigneten Zeitpunkt gibt. Die Frage ist nur, wann man sie zum ersten Mal geben soll. Die meisten alten Ärzte gaben sie spät, oft erst am fünften oder sechsten Tag. Vielleicht ist diese Praxis in Asien oder Ägypten in Anbetracht des Klimas vertretbar. Asklepiades ließ die Kranken ab dem vierten Tag essen, nachdem er ihnen bis dahin auf alle mögliche Weise zugesetzt hatte. In neuerer Zeit hat aber Themison nicht nur darauf Rücksicht genommen, wann das Fieber begonnen, sondern auch wann es aufgehört oder zumindest nachgelassen hat. Von jenem Zeitpunkt an wartete er bis

si non accesserit febris, statim. Si accesserat, ubi ea vel desierat, vel si adsidue inhaerebat, certe si se inclinaverat, cibum dabat. Nihil autem horum utique perpetuum est.

Neque tamen verum est, quod Themisoni videbatur, si duabus horis integer futurus esset aeger, satius esse tum dare, ut ab integro potissimum corpore diduceretur. Nam si diduci tam celeriter posset, id esset optimum. Sed cum id breve tempus non praestet, satius est principia cibi a decendente febre quam reliquias ab incipiente excipi. Ita si longius tempus secundum est, quam integerrimo dandum est, si breve, etiam antequam ex toto integer fiat. Quo loco vero integritas est, eodem est remissio, quae maxime in febre continua potest esse.

zum dritten Tag und gab dann sofort die Speisen, wenn das Fieber nicht zurückkehrte. War es aber zurückgekehrt, so wartete er nochmals und zwar so lange, bis es entweder aufhörte oder, wenn es hartnäckig anhielt, wenigstens etwas nachgelassen hatte. Aber keine dieser Empfehlungen gilt immer und uneingeschränkt.

Fieberdiät: Auch Themisons Vorschläge haben Schwächen (2)

Celsus *De medicina* III 4.17

Es stimmt auch nicht, was Themison glaubte, nämlich dass es besser sei, die Speisen dann zu geben, wenn der Patient voraussichtlich zwei Stunden lang fieberfrei sein werde, damit sie von einem möglichst fieberfreien Körper verdaut werden. Denn wenn die Nahrung so schnell verdaut werden könnte, wäre dies wohl das Beste. Da aber diese kurze Zeit dazu nicht ausreicht, so ist es besser, die Patienten essen zu lassen, wenn das Fieber nachlässt, als damit aufzuhören, wenn es wieder ansteigt. Wenn die fieberfreie Periode also länger ist, sollte man Nahrung geben, solange sich der Patient in einem möglichst guten Zustand befindet, wenn sie kurz ist, so gebe man sie, bevor das Fieber ganz gewichen ist. Was aber für die fieberfreie Zeit gilt, gilt auch für die Remission, die selbst bei anhaltendem Fieber eintreten kann.

… frictione uti diutissime in scapulis, proxime ab his in brachiis et pedibus et cruribus, leviter contra pulmonem, idque bis cottidie facere…

Item Titus huius (sc. Asclepiadis) sectator bis in die adhibendum inquit defricationem, quam quidem veluti quassantem in acutis passionibus reprobamus…

Is autem morbus, qui in intestino pleniore est, in ea maxime parte est, quam caecam esse proposui. Vehemens fit inflatio, vehementes dolores, dextra magis parte. Intestinum, quod verti videtur, prope spiritum elidit. In plerisque post frigora cruditatesque oritur,

2.2.4 Celsus und römische Quellen

Alles andere als ein überzeugender Beweis (1)
Celsus *De medicina* IV 14.2

Bei der Beurteilung der Quellenlage darf die Übereinstimmung zweier Texte in ein paar sinnstiftenden Wörtern nicht überbewertet werden.

… Man soll die Patienten einreiben lassen, und zwar am längsten an den Schultern, etwas weniger lang an den Armen, Füßen und Unterschenkeln und nur leicht über der Lunge, und zwar zwei Mal täglich…

Alles andere als ein überzeugender Beweis (2)
Caelius Aurelianus *Celerum sive acutarum passionum* II 29

Ebenso fordert Titus, Anhänger des Asklepiades, man solle den Körper zwei Mal am Tag einreiben lassen, eine Maßnahme, die wir freilich bei akuten Erkrankungen als schädlich betrachten und daher ablehnen…

Darmverschlingung: Vertrauen auf Cassius (1)
Celsus *De medicina* IV 21

Das Mittel, das so genial ist wie sein Erfinder, wirkt sowohl oral als auch lokal.

Die im Folgenden beschriebene Erkrankung tritt vor allem im blinden Abschnitt des Dickdarms auf. Es bestehen dabei ausgeprägte Blähungen und heftige Schmerzen, vor allem auf der rechten Seite[1]. Der Darm, der sich zu verdrehen scheint, nimmt dem Patienten fast den Atem. In den meisten Fällen entsteht diese Krankheit als Folge einer Erkältung und von gestörter Verdauung. Dann hört sie wieder auf. Sie kann aber im Laufe des Lebens

deinde quiescit, et per aetatem saepe repetens sic cruciat, ut vitae spatio nihil demat. – Ubi is dolor coepit, admovere sicca et calida fomenta oportet, sed primo lenia, deinde validiora simulque frictione ad extremas partes, id est crura brachiaque, materiam evocare. Si discussus non est, qua dolet, cucurbitulas sine ferro defigere. Est etiam medicamentum eius rei causa comparatum, quod colicon nominatur. Id se repperisse Cassius gloriabatur. Magis prodest potui datum, sed impositum quoque extrinsecus digerendo spiritum dolorem levat. Nisi finito vero tormento recte neque cibus neque potio adsumitur…

Nam Cassi medici colice bona, multis nota propter effectus, vera haec est, ut ab eius servo Atimeto accepi, legato Tiberio Caesari, quia is eam solitus erat ei conponere… In ipsis doloribus statim prodest.

Naturae remediorum atque multitudo instantium ac praeteritorum plura de ipsa medendi arte cogunt dicere, quamquam non

häufig rezidivieren und so zu einer echten Pein werden, allerdings ohne das Leben zu verkürzen. – Wenn solche Schmerzen eingesetzt haben, muss man trockene und warme Umschläge machen, und zwar zunächst milde und danach kräftigere und gleichzeitig durch Massagen den Auslöser der Krankheit in die Extremitäten, d. h. die Unterarme und Unterschenkel verlagern. Wenn sich dadurch der Schmerz nicht beseitigen lässt, soll man, ohne vorher einen Schnitt zu machen, Schröpfköpfe aufsetzen. Es ist auch speziell gegen diese Krankheit ein Medikament entwickelt worden, das Kōlikós[2] heißt. Cassius rühmte sich dieser Erfindung. Es ist effektiver, wenn man davon zu trinken gibt, es lindert jedoch den Schmerz auch, wenn man es auf die Haut legt und die Blähungen von außen vertreibt. Erst wenn die quälenden Schmerzen aufgehört haben, darf der Patient wieder essen und trinken…

Darmverschlingung: Vertrauen auf Cassius (2)

Scribonius Largus *Compositiones* CXX

Denn das Darmpräparat des Arztes Cassius ist gut und vielen wegen seiner günstigen Wirkungen bekannt. Seine wahre Zusammensetzung ist jene, die ich von seinem Sklaven Atimetos übernommen habe, der Kaiser Tiberius überstellt worden war, weil er ihm das Mittel zuzubereiten pflegte… Bei Schmerzen hilft es sofort.

Historischer Irrtum

Plinius *Naturalis historia* XXIX 1

Wie konnte Plinius behaupten, dass vor ihm noch niemand in lateinischer Sprache ausführlich über die Heilkunde geschrieben habe?

Die Eigenschaften und die Vielzahl der gegenwärtig gebräuchlichen und früher angewandten Arzneimittel sind der Anlass, mehr über

ignarus sim, nulli ante haec Latino sermone condita ancepsque, lubricum esse rerum omnium novarum initium et talium, utique tam sterilis gratiae tantaeque difficultatis in promendo.

Neque ignoro inter haec praecipi quietem, quae non semper contingere potest agendi necessitatem habentibus, nec in omnibus idem facit. Itaque istud luxuriae causa fieri non oportere confiteor. Interdum valetudinis causa recte fieri experimentis credo cum eo tamen, ne quis, qui valere et senescere volet, hoc cottidianum habeat.

Neque ignoro quosdam dicere quam longissime sanguinem inde, ubi laedit, esse mittendum. Sic enim averti materiae cursum. At illo modo in id ipsum, quod gravat, evocari. Sed id falsum est.

die Heilkunde an sich zu sagen, obwohl ich durchaus weiß, dass diesen Versuch bisher noch niemand in lateinischer Sprache unternommen hat und dass aller neuen Dinge Anfang ungewiss und gefährlich ist, und zwar vor allem dann, wenn der Gegenstand so wenig Interesse genießt und so schwierig zu vermitteln ist.

2.2.5 Celsus ipse

Ich weiß sehr wohl (1)
Celsus *De medicina* I 3.21

Die Erfahrung lehrt, dass sich manche Ratschläge, so gut sie auch gemeint sind, kaum in die Praxis umsetzen lassen.

Ich weiß sehr wohl, dass unter solchen Umständen Ruhe verordnet wird. Wer aber notwendige Besorgungen zu erledigen hat, kann sie dann nicht immer einhalten. Die Ruhe entfaltet auch nicht bei allen die gleiche gute Wirkung. Deshalb plädiere ich dafür, dass man nicht erbrechen soll, um danach zügellos bei Tische zu schwelgen. Aus meinen Erfahrungen glaube ich schließen zu können, dass Erbrechen aus Gründen der Gesundheit manchmal sehr wohl indiziert ist. Dennoch rate ich jedem, der gesund bleiben und alt werden will, davon ab, es täglich zu praktizieren.

Ich weiß sehr wohl (2)
Celsus *De medicina* II 10.13–14

Ich weiß sehr wohl, dass manche[1] behaupten, man müsse das Blut von der erkrankten Region möglichst weit entfernt ablassen. Auf diese Art und Weise werde nämlich der Strom der krankmachenden Stoffe abgeleitet, im anderen Fall hingegen gerade dorthin gelenkt, wo die Krankheit lokalisiert ist. Aber das stimmt nicht.

Proximum enim locum primum exhaurit. Ex ulterioribus autem eatenus sanguis sequitur, quatenus emittitur. Ubi is suppressus est, quia non trahitur, ne venit quidem. Videtur tamen usus ipse docuisse, si caput fractum est, ex brachio potius sanguinem esse mittendum. Si quod in umero vitium est, ex altero brachio. Credo quia, si quid parum cesserit, opportuniores hic eae partes iniuriae sunt, quae iam male habent. Avertitur quoque interdum sanguis, ubi alia parte prorumpens alia emittitur. Desinit enim fluere qua nolumus, inde obiectis quae prohibeant, alia dato itinere.

Illa tamen moderatius subiciam, coniecturalem artem esse medicinam, rationemque coniecturae talem esse, ut, cum saepius aliquando responderit, interdum tamen fallat. Non si quid itaque vix in millensimo corpore aliquando decipit, id notam non habet, cum per innumerabiles homines respondeat. Idque non in iis tantum, quae pestifera sunt, dico, sed in iis quoque, quae salutaria. Siquidem etiam spes interdum frustratur, et moritur aliquis, de

Zuerst wird die Region entleert, die der Punktionsstelle am nächsten liegt. Blut aus den weiter entfernten Gebieten folgt solange nach, wie der Aderlass anhält. Sobald er beendet ist, kommt auch aus entfernten Regionen nichts mehr nach, weil der Sog fehlt. Die klinische Praxis scheint aber gezeigt zu haben, dass man den Patienten bei einer Fraktur des knöchernen Schädels am besten am Unterarm, wenn der Krankheitsherd aber am Oberarm lokalisiert ist, vorzugsweise am gegenseitigen Unterarm zur Ader lässt, und zwar, so glaube ich, deswegen, weil, wenn etwas schief geht, die gesunden Regionen gegenüber einer Komplikation widerstandsfähiger sind als die, die bereits angegriffen sind. Manchmal kommt das Blut aber auch zum Stehen, wenn man es an anderer Stelle ablässt als dort, wo es hervorquillt. Es hört nämlich dort auf zu fließen, wo wir es nicht wollen, wenn wir an dieser Stelle ein Hindernis errichtet und dafür an anderer Stelle einen Weg geöffnet haben.

Relativitätstheorie der Medizin

Celsus *De medicina* II 6.16–18

Die Heilkunde kann nur so zuverlässig sein wie die Hypothesen, auf denen sie beruht.

Folgendes möchte ich aber doch zur Beruhigung hinzufügen: Die Heilkunde ist eine Wissenschaft, die auf Vermutungen gründet, und Vermutungen haben es nun so an sich, dass sie mitunter täuschen, auch wenn sie sich öfter bewahrheitet haben. Wenn deshalb irgendeine Regel vielleicht einmal unter tausend Fällen versagt, so bedeutet dies nicht, dass ihr Wert dadurch geschmälert wird, wenn sie sich bei unzähligen Menschen bewährt hat. Dies gilt, so behaupte ich, nicht nur für unheilvolle Phänomene, sondern auch für Faktoren, die der Gesundheit zuträglich sind. Freilich kommt es immer wieder vor, dass eine Hoffnung enttäuscht

quo medicus securus primo fuit, quaeque medendi causa reperta sunt, nonnumquam in peius aliquid convertunt. Neque id evitare humana inbecillitas in tanta varietate corporum potest. Sed tamen medicinae fides est, quae multo saepius perque multo pluros aegros prodest. Neque tamen ignorare oportet in acutis morbis fallaces magis notas esse et salutis et mortis.

Plerumque vero alvus potius ducenda est. Quod ab Asclepiade quoque sic temperatum, ut tamen servatum sit, video plerumque saeculo nostro praeteriri. Est autem ea moderatio, quam is secutus videtur, aptissima, ut neque saepe ea medicina temptetur, et tamen semel, summum vel bis non omittatur.

Et ante omnia quaeritur, primis diebus aeger qua ratione continendus sit. Antiqui medicamentis quibusdam datis concoc-

wird und einer stirbt, von dessen Genesung der Arzt anfangs überzeugt war. Es ist auch nicht abzustreiten, dass Mittel, die sonst Heilung bringen, manchmal den Zustand verschlechtern. Dies ist bei der menchlichen Schwäche und der außerordentlichen Vielfalt der Körperbautypen nicht zu vermeiden. Trotzdem kann man der Medizin vertrauen, die viel öfter und weit mehr Kranken nützt als ihnen schadet. Doch muss man wissen, dass bei akuten Krankheiten die Zeichen sowohl der Heilung als auch des Todes weniger zuverlässig sind.[1]

Kaum noch Einläufe in unserem Jahrhundert

Celsus *De medicina* II 12.2A

Der Verfasser begrüßt eine Entwicklung auf dem therapeutischen Sektor, für die Askepiades bereits Jahrzehnte vorher geworben hat.

Aber in den meisten Fällen muss man den Darm mit Hilfe eines Einlaufs reinigen. Asklepiades hat diese Praxis zwar eingeschränkt, jedoch grundsätzlich beibehalten. Ich beobachte freilich, dass sie in unserem Jahrhundert weitgehend verlassen wird. Doch gerade in dieser Zurückhaltung, die Asklepiades anscheinend geübt hat, steckt die beste Lösung. Man sollte dieses Mittel nicht oft einsetzen, aber auch nicht darauf verzichten, es ein oder maximal zwei Mal anzuwenden.

Im Brustton der Überzeugung

Celsus *De medicina* III 4.2–3

Eine Behandlung darf in keinem Fall dazu führen, dass die verbliebenen Widerstandskräfte des Patienten geschwächt werden.

Vor allem stellt sich die Frage, an welche Vorschriften sich der Patient in den ersten Tagen halten soll. Die alten Ärzte versuchten

tionem moliebantur, eo quod cruditatem maxime horrebant, deinde eam materiem, quae laedere videbatur, ducendo saepius alvum subtrahebant. Asclepiades medicamenta sustulit. Alvum non totiens sed fere tamen in omni morbo subduxit. Febre vero ipsa praecipue se ad remedium eius uti professus est. Convellendas enim vires aegri putavit luce, vigilia, siti ingenti, sic ut ne os quidem primis diebus elui sineret. Quo magis falluntur, qui per omnia iucundam eius disciplinam esse concipiunt. Is enim ulterioribus quidem diebus cubantis etiam luxuriae subscripsit, primis vero tortoris vicem exhibuit. Ego autem medicamentorum dari potiones et alvum duci non nisi raro debere concedo. Non ideo tamen id agendum, ut aegri vires convellantur, existimo, quoniam ex imbecillitate summum periculum est.

At ubi id genus tertianae est, quod emitritaeon medici appellant, magna cura opus est, ne id fallat. Habet enim plerumque frequentes accessiones decessionesque, ut aliud genus morbi videri possit porrigique febris inter horas XXIIII et XXXVI, ut quod idem est,

mit bestimmten Medikamenten die Verdauung in Gang zu bringen, und zwar vor allem deshalb, weil sie die Überfüllung des Darms außerordentlich fürchteten. Dann entzogen sie dem Körper den Stoff, der für die Krankheit verantwortlich zu sein schien, durch wiederholte Einläufe. Asklepiades verzichtete auf Medikamente und ließ nicht so oft, dafür aber bei fast jeder Krankheit abführen. Fieber aber bekämpfe er ausschließlich ebenfalls mit Fieber, so lautete seine These. Er plädiert auch dafür, die Kräfte des Kranken durch helles Licht, langes Wachsein und starken Durst zu schwächen, und gestattete deshalb in den ersten Tagen nicht einmal das Ausspülen des Mundes. Wer meint, die Behandlungsweise des Asklepiades sei in jeder Hinsicht angenehm, täuscht sich daher außerordentlich. Denn er hat dem Patienten später zwar manches an Ausschweifung genehmigt, in den ersten Tagen aber wirkte er wie ein Folterknecht. Ich will aber gerne einräumen, dass man nur selten flüssige Arzneimittel verabreichen und einen Einlauf durchführen sollte. Man darf es nicht so weit kommen lasssen, dass die Abwehrkräfte des Patienten vermindert werden. Davon bin ich fest überzeugt. Denn von einer solchen Schwächung geht höchste Gefahr aus.

Warnung vor diagnostischer Gutgläubigkeit
Celsus *De medicina* III 8

Der Rhythmus, in dem Fieberattacken wiederkehren, sollte beim behandelnden Arzt keine Reflexhandlungen auslösen.

Wenn aber jene Art des Dreitagefiebers besteht, die die Ärzte als Hēmitritaîon[1] bezeichnen, muss man sehr darauf achten, dass man sich mit dieser Diagnose nicht täuscht. Denn meistens steigt das Fieber immer wieder an und geht dann zurück, so dass man es für eine andere Art von Krankheit halten und die Körpertemperatur 24 bis 36 Stunden erhöht sein kann. Auch wenn es nicht so er-

non idem esse videatur. Et magnopere necessarium est neque dari cibum nisi in ea remissione, quae vera est, et ubi ea venit, protinus dari. Plurimique sub alterutro curantis errore subito moriuntur. Ac nisi magnopere res aliqua prohibet, inter initia sanguis mitti debet, tum dari cibus, qui neque incitet febrem, et tamen longum eius spatium sustineat.

Solet etiam ante febres esse frigus idque vel molestissimum morbi genus est. Ubi id expectatur, omni potione prohibendus est aeger. Haec enim paulo ante data multum malo adicit. Item maturius veste multa tegendus est. Admovenda partibus iis, pro quibus metuimus, sicca et calida fomenta sic, ne statim vehementissimi calores incipiant, sed paulatim increscant. Perfricandae quoque eae partes manibus unctis ex vetere oleo sunt eique adiciendum aliquid ex calefacientibus. Contentique medici quidam una frictione etiam ex quolibet oleo sunt. In harum febrium remissionibus nonnulli tres aut quattuor cyathos sorbitionis etiamnum manente febre dant, deinde ea bene finita reficiunt stomachum

scheint, liegt dann doch der gleiche Fiebertyp vor. Es ist dringend notwendig, Nahrung nur dann zu reichen, wenn eine echte Remission vorliegt, und zwar sofort, nachdem sie eingetreten ist. Jedoch sterben die meisten plötzlich, weil der Arzt einen der beiden beschriebenen Fehler gemacht hat. Wenn kein triftiger Hinderungsgrund besteht, muss man den Patienten zuerst zur Ader lassen und ihm dann die Kost geben, die einerseits das Fieber nicht erhöht und andererseits auch dann noch zur Stärkung beiträgt, wenn das Fieber lange anhält.

Fieber und Kälte: Taktischer Versuch
Celsus *De medicina* III 11

Der Verfasser warnt davor, bei der Behandlung des Schüttelfrosts den Verlauf der Grunderkrankung nicht ausreichend zu beachten.

Häufig geht den Fiebern auch ein Anfall von Kälte und Schüttelfrost voraus. Dabei handelt es sich um ein höchst lästiges Symptom. Rechnet man damit, so darf der Patient auf keinen Fall etwas trinken. Wenn man ihm nämlich kurz vorher Flüssigkeit gegeben hat, so wird das Leiden nur noch viel schlimmer. Außerdem muss der Patient einigermaßen rasch in viele Kleider gehüllt werden. Auf die Körperteile, um die wir besorgt sind, legt man zusätzlich trockene und warme Umschläge. Dabei sorge man dafür, dass es nicht zu einer plötzlichen Erwärmung kommt, sondern dass die Temperatur allmählich ansteigt. Dann werden die Hände in altes, mit einem wärmenden Mittel versetztes Öl getaucht und die Körperteile mit ihnen kräftig eingerieben. Manche Ärzte begnügen sich mit einer einzigen Einreibung, gleich welches Öl dazu verwendet wird. In den Remissionsphasen geben einige drei oder vier Becher Brühe, auch wenn das Fieber noch besteht. Wenn der Patient dann endgültig fieberfrei ist, so stärken sie den Magen durch kalte und leichte Speisen. Ich halte diese Taktik dann für

cibo frigido et levi. Tum hoc ego puto temptandum, quom parum cibus semel et post febrem datus prodest. Sed curiose prospiciendum, ne tempus remissionis decipiat. Saepe enim in hoc quoque genere valetudinis iam minui febris videtur et rursus intenditur. Aliqua ei remissioni credendum est, quae etiam moratur et iactationem foetoremque quendam oris, quem ozenam Graeci vocant, minuit. Illud satis convenit, si cottidie pares accessiones sunt, cotidie parvum cibum dandum. Si inpares, post graviorem, cibum, post leviorem, aquam mulsam.

Asclepiades aquam quoque salsam, et quidem per biduum, purgationis causa bibere cogebat, iis quae urinam movent reiectis. Quidam superioribus omissis per haec et per eos cibos, qui extenuant, idem se consequi dicunt. Ego ubique, si satis virium est, validiora, si parum, imbecilliora auxilia praefero. Si purgatio fit, post eam triduo primo modice cibum oportet adsumere ex media materia et vinum bibere Graecum salsum, ut resolutio ventris maneat.

eine Alternative, wenn die einmalige Nahrungsaufnahme nach dem Fieber zu wenig nützt. Es ist aber sorgfältig darauf zu achten, dass man den Zeitpunkt der Remission nicht verpasst. Denn oft scheint auch in dieser Phase der Gesundung das Fieber bereits zurückzugehen, später kehrt es aber dann doch wieder. Man vertraue am ehesten jener Art der Remission, die eine Zeitlang anhält und die Schüttelbewegungen des Patienten und seinen üblen Mundgeruch, den die Griechen Ózaina[1] nennen, reduziert. Es ist allgemein anerkannt, dass man, wenn sich die täglichen Anfälle ähneln, jeden Tag ein wenig zu essen geben soll, wenn sie sich aber voneinander unterscheiden, nach einem schweren Anfall feste Speisen und nach einem leichten Wassermet[2] reichen soll.

Gelbsucht: Salzwasser oder gesalzener Wein

Celsus *De medicina* III 24.3

Der Autor vermag den Eindruck zu vermitteln, als ob seine Diätvorschläge einer langjährigen klinischen Praxis entstammen.

Asklepiades gab auch Salzwasser zu trinken, sogar zwei Tage lang, um den Darm zu reinigen, nachdem er die harntreibenden Mittel verworfen hatte. Manche Ärzte behaupten, auf Abführmittel verzichten zu können und mit harntreibenden Mitteln und Magerkost dieselbe Wirkung zu erzielen. Ich persönlich ziehe, wenn der Patient kräftig genug ist, die stärkeren, andernfalls die schwächeren Mittel vor. Wenn die Reinigung des Darms abgeschlossen ist, sollte der Kranke drei Tage lang mäßig reichlich Speisen von mittlerem Nährwert zu sich nehmen und dazu gesalzenen griechischen Wein trinken, damit der Leib entspannt bleibt.

Expositis simplicibus facultatibus dicendum est, quemadmodum misceantur, quaeque ex his fiant. Miscentur autem varie neque huius ullus modus est, cum ex simplicibus alia demantur, alia adiciantur iisdemque servatis ponderum ratio mutetur. Itaque cum facultatium materia non ita multiplex sit, innumerabilia mixturarum genera sunt. Quae conprehendi si possent, tamen esset supervacuum. Nam et idem effectus intra paucas compositiones sunt et mutare eas cuilibet cognitis facultatibus facile est.

Itaque contentus iis ero, quas accepi velut nobilissimas. In hoc autem volumine eas explicabo, quae vel desiderari in prioribus potuerunt vel ad eas curationes pertinent, quas protinus hic comprehendam, sic ut tamen, quae magis communia sunt, simul iungam. Si qua singulis vel etiam parvis adcommodata sunt, in ipsorum locum differam. Sed et ante sciri volo, in uncia pondus denarium septem esse, unius deinde denarii pondus dividi a me in sex partes, id est sextantes, ut idem in sextante denarii habeam,

Stolze Ankündigungen (1)
Celsus *De medicina* V 17.1

Der Verfasser charakterisiert die Intention und Systematik seiner Texte präzise und selbstbewusst.

Nachdem nun die Wirkungen der einfachen Arzneimittel beschrieben sind, ist es meine Aufgabe darzustellen, wie sie miteinander gemischt werden und was für Mittel daraus entstehen. Man mischt die einfachen Mittel aber auf mannigfache Weise und es gibt dafür keine feste Vorschrift. Bald lässt man die einen weg, bald tut man andere dazu und wenn man dieselben Mittel nimmt, wird das Mischungsverhältnis verändert. Mag auch die Auswahl unter den medizinisch wirksamen Stoffen nicht so gewaltig sein, so gibt es doch unzählige Arten von Mischungen. Sie alle aufzuzählen wäre, selbst wenn man dazu in der Lage wäre, dennoch überflüssig. Denn einerseits können die gleichen Wirkungen mit wenigen Zusammensetzungen erzielt werden, andererseits kann ein jeder sie leicht verändern, wenn die Eigenschaften bekannt sind.

Ich werde mich deshalb darauf beschränken jene anzuführen, die ich gleichsam als die Spitzenpräparate kenne. In diesem Bande werde ich aber Erläuterungen zu den Mitteln geben, die eigentlich schon bei früherer Gelegenheit hätten besprochen werden sollen oder sich auf die Behandlungsverfahren beziehen, die ich gleich anschließend beschreiben werde, um auf diese Weise dennoch einige mehr allgemeine Angaben einfließen zu lassen. Mittel, die nur bei einzelnen oder auch ein paar wenigen Krankheiten indiziert sind, werde ich jeweils erst an der geeigneten Stelle anführen. Vorher möchte ich aber noch folgenden Hinweis geben: Die römische Unze hat das Gewicht von sieben Denaren. Das Gewicht des Denars zerlege ich in sechs Teile (Sextanten), so dass der sechste Teil eines Denars so viel wiegt wie ein griechischer Obolus.

quod Graeci habent in eo, quem obolon appellant. Id ad nostra pondera relatum paulo plus dimidio scripulo facit.

Multa autem multorumque auctorum collyria ad id apta sunt novisque etiam nunc mixturis temperari possunt, cum lenia medicamenta et modice reprimentia facile et varie misceantur. Ego nobilissima exequar.

… Quotienscumque non adicio, quod genus umoris adiciendum sit, aquam intellegi volo.

Ad strumam multa malagmata invenio. Credo autem, quo peius id malum est minusque facile discutitur, eo plura esse temptata, quae in personis varie responderunt.

Nach unserem Maß- und Gewichtssystem macht der Obolus also etwas mehr als die Hälfte eines Skrupels[1] aus.

Stolze Ankündigungen (2)
Celsus *De medicina* VI 6.2

Aber hierfür sind viele und von vielen Gewährsleuten beschriebene Kollyrien geeignet. Von ihnen können auch jetzt noch neuartige Mischungen hergestellt werden, weil sich die milden und die nur mäßig hemmend wirksamen Medikamente leicht und auf verschiedene Art mischen lassen. Ich werde die berühmtesten beschreiben.

Stolze Ankündigungen (3)
Celsus *De medicina* VI 6.16C

… Jedesmal wenn ich nicht dazu sage, welche Art von Flüssigkeit man zugeben soll, meine ich Wasser.

Therapeutische Skepsis
Celsus *De medicina* V 18.13

Meine Erfahrung lehrt, dass die Zweifel mit der Zahl der Behandlungsoptionen wachsen.

Zur Behandlung von geschwollenen Drüsen gibt es nach meinen Recherchen viele erweichende Umschläge. Ich glaube aber, dass, je schwerer das Leiden ist und je weniger leicht es sich vertreiben lässt, um so mehr therapeutische Optionen erprobt worden sind, die bei den Betroffenen zu unterschiedlichen Reaktionen geführt haben.

… Quotiens autem bacam aut nucem aut simile aliquid posuero, scire oportebit, antequam expendatur, ei summam pelliculam esse demendam.

Neque ignoro multis placuisse linamentum in modum collyrii compositum tinctum melle demitti. Sed celerius id glutinat quam impletur. Neque verendum est, ne purum corpus puro corpori iunctum non coeat, adiectis quoque medicamentis ad id efficacibus… cum saepe exulceratio digitorum, nisi magna cura prospeximus, sanescendo in unum eos iungat.

Schälen nicht vergessen!

Celsus *De medicina* V 19.12

Der Verfasser richtet einen Hinweis an die Apotheker, der keineswegs so banal ist wie er im ersten Augenblick wirkt.

… Immer wenn ich Beeren, Nüsse oder etwas Ähnliches im Rezept anführe, gilt, dass man ihnen die Haut bzw. Schale abziehen muss, bevor sie gewogen werden.

Subtile Beobachtungen bei der Wundheilung

Celsus *De medicina* V 28.12N

Die Darstellung erweckt beim Leser den Eindruck, als ob der Verfasser viele Jahre lang als Wundarzt gearbeitet hat.

Ich weiß sehr wohl, dass viele es vorgezogen haben, gezupfte Leinwand, die man zu einem Zäpfchen geformt und in Honig getaucht hatte, einzulegen. Aber dadurch wird mehr die Verklebung als die Füllung des Defekts beschleunigt. Man muss auch nicht fürchten, dass gereinigtes Gewebe, wenn man es mit anderem gereinigten Gewebe in Verbindung bringt, nicht zusammenwächst, zumal wenn zusätzlich zweckdienliche Medikamente aufgetragen werden… Oftmals aber führt, wenn wir nicht sehr aufpassen, die Vereiterung der Finger dazu, dass sie bei der Heilung miteinander verwachsen.

Proxima sunt ea, quae ad partes obscenas pertinent, quarum apud Graecos vocabula et tolerabilius se habent et accepta iam usu sunt, cum in omni fere medicorum volumine atque sermone iactentur. Apud nos foediora verba ne consuetudine quidem aliqua verecundius loquentium commendata sunt, ut difficilior haec explanatio sit simul et pudorem et artis praecepta servantibus. Neque tamen ea res a scribendo me deterrere debuit, primum, ut omnia, quae salutaria accepi, conprehenderem, dein, quia in volgus eorum curatio etiam praecipue cognoscenda est, quae invitissimus quisque alteri ostendit.

Lingua vero quibusdam cum subiecta parte a primo natali die vincta est, qui ob id ne loqui quidem possunt. – Horum extrema lingua volsella prehendenda est sub eaque membrana incidenda,

Keine Scheu vor Sexualmedizin

Celsus *De medicina* VI 18.1

Offenbar waren persönliche Gespräche über Geschlechtskrankheiten im alten Rom nicht gerade an der Tagesordnung.

Nun folgt die Beschreibung der Schamteile und ihrer Krankheiten. Die griechischen Bezeichnungen dafür sind eher akzeptabel und bereits allgemein gebräuchlich, da sie von den Ärzten in nahezu allen Schriften und Gesprächen verwendet werden. Bei uns sind die weniger anständigen Ausdrücke nicht einmal dadurch salonfähig gemacht worden, dass sie von Leuten gebraucht werden, die sonst eine einigermaßen zurückhaltende Redeweise pflegen. Die Darstellung des Themas ist daher ziemlich schwierig, wenn man sowohl den Anstand wahren als auch die wissenschaftlichen Regeln einhalten will. Diese Umstände konnten uns aber nicht davon abbringen, darüber zu schreiben. Ich verfolge damit zwei Ziele: Erstens nichts auszulassen, was nach meiner Erfahrung in dieser Hinsicht der Gesundheit förderlich ist, und zweitens zu erreichen, dass auch und besonders Kenntnisse der Behandlung dieser Organe, die ein jeder dem anderen nur höchst widerwillig zeigt, der Allgemeinheit vermittelt werden.

Sprachlos trotz erfolgreicher Operation

Celsus *De medicina* VII 12.4

Das objektive Resultat eines chirurgischen Eingriffs garantiert nicht den funktionellen Erfolg.

Bei manchen Menschen ist aber die Zunge vom ersten Lebenstag an mit dem darunter gelegenen Gewebe verwachsen.[1] Deshalb können sie nicht einmal sprechen. – In solchen Fällen soll man die Spitze der Zunge mit einer Wundzange fassen und das sublinguale Häutchen durchtrennen. Dabei muss man sehr sorgfältig vor-

magna cura habita, ne venae, quae iuxta sunt, violentur et profusio sanguinis noceat. Reliqua curatio vulneris in prioribus posita est. Et plerique quidem, ubi consanuerunt, locuntur. Ego autem cognovi, qui succisa lingua cum abunde super dentes eam promeret, non tamen loquendi facultatem consecutus est. Adeo in medicina, etiam ubi perpetuum est, quod fieri debet, non tamen perpetuum est id, quod sequi convenit.

gehen, um die in der Nachbarschaft verlaufenden Adern nicht zu verletzen und schädlichen Blutverlust zu vermeiden. Die weitere Wundversorgung wurde schon früher beschrieben. Und die meisten können tatsächlich sprechen, wenn ihre Wunden ausgeheilt sind. Ich kenne aber einen Patienten, der seine Zunge nach der operativen Lösung zwar weit über die Zähne hervortreten lassen konnte, aber dennoch die Fähigkeit zu sprechen nicht erlangt hat. Aber so ist es eben in der Medizin: Auch wenn die notwendigen Maßnahmen unumstritten feststehen, sind die Folgen doch nicht immer dieselben.

Ac si nihil aliud est, amurca ad tertiam partem decocta vel sulpur pici liquidae mixtum, sicut in pecoribus proposui, hominibus quoque scabie laborantibus opitulantur.

Non minorem tamen laudem meruerunt nostrorum temporum viri, Cornelius Celsus et Iulius Atticus. Quippe Cornelius totum corpus disciplinae quinque libris complexus est.

3 DIE ANDEREN KÜNSTE

3.1 Landwirtschaft

Beiläufiger Hinweis auf eigene Empfehlung

Celsus *De medicina* V 28.16C

Die kleine Notiz beweist, dass der Verfasser über Veterinärmedizin geschrieben hat, bevor er sich der Humanmedizin zuwandte.

Hat man aber nichts anderes zur Hand, so hilft, wie ich in meinem Werk über das Vieh geschrieben habe, auch beim Menschen, wenn er an der Krätze leidet, der auf ein Drittel eingekochte Bodensatz aus der Olivenpresse[1] oder eine Mischung aus Schwefel und flüssigem Pech.

Zeitgenosse Cornelius

Columella *De re rustica* I 1.14

Der Respekt vor dem der Landwirtschaft gewidmeten Teil des Opus Celsi ist augenfällig. Man weiß aber nicht so recht, ob trotz oder wegen seines Umfangs.

Kein geringeres Lob haben aber unsere Zeitgenossen Cornelius Celsus und Julius Atticus verdient. Hat doch Cornelius eine Zusammenfassung des gesamten Fachgebiets in fünf Büchern verfasst.

Plurimos antiquorum, qui de rusticis rebus scripserunt, memoria repeto quasi confessa nec dubia signa pinguis ac frumentorum fertilis agri prodidisse dulcedinem soli propriam, herbarum et arborum proventum, colorem nigrum vel cinereum. Nihil de ceteris ambigo. De colore satis admirari non possum cum alios tum etiam Cornelium Celsum, non solum agricolationi, sed universae naturae prudentem virum, sic et sententia et visu deerrasse, ut oculis eius tot paludes, tot etiam campi salinarum non occurrerent, quibus fere contribuuntur praedicti colores.

Illud deinceps praecipiendum habeo, ut demessis segetibus iam in area futuro semini consulamus. Nam quod ait Celsus: 'Ubi mediocris est fructus, optimam quamque spicam legere oportet separatimque ex ea semen reponere. Cum rursus amplior messis provenerit, quicquid exteretur, scaphisterio expurgandum erit, et

In den Farben geirrt?

Columella *De re rustica* II 2.14–15

Aber in Sümpfen und auf Salzfeldern baut der Landmann ja auch nichts an.

Ich erinnnere mich, dass die meisten älteren Autoren, die über die Landwirtschaft geschrieben haben, als gleichsam ausgemachte und unzweifelhafte Kennzeichen eines fetten und für den Anbau von Getreide geeigneten Bodens die ihm eigene Süße, das Gedeihen von Kräutern und Bäumen und eine schwarze oder graue Farbe angegeben haben. An allen anderen Punkten habe ich keinen Zweifel. Was aber den letzten, nämlich die Farbe, angeht, so kann ich kaum mein Staunen darüber verbergen, dass neben anderen auch Cornelius Celsus, ein wahrer Experte nicht nur der Landwirtschaft, sondern der gesamten Kunde von der Natur sich so in seinem Urteil und in der Beobachtung geirrt haben soll, dass ihm all die vielen Sümpfe und Salzfelder nicht zu Augen gekommen sein sollen, die annähernd die gleichen eben genannten Farben haben.

Wie man die Spreu vom Weizen trennt

Columella *De re rustica* II 9.10–11

Der Autor zitiert seinen Zeitgenossen für eine nicht gerade besonders originelle Empfehlung.

Ich muss zunächst vorwegnehmen, dass wir bereits nach der Einfuhr der Ernte auf der Tenne für das künftige Saatgut sorgen müssen. Es gilt nämlich, was Celsus sagt: »Wenn die Früchte mittelmäßige Qualität haben, sollte man die jeweis besten Ähren aussuchen und die aus ihnen gewonnenen Samenkörner gesondert lagern. Ist dann die Ernte wieder umfangreicher ausgefallen, wird man das gedroschene Getreide, das gemahlen werden soll, mit der

semper, quod propter magnitudinem ac pondus in imo subsederit, ad semen reservandum. Nam id plurimum prodest, quia, quamvis celerius locis umidis, tamen etiam siccis frumenta degenerant, nisi cura talis adhibetur.'

Ac si voto est eligendus vineis locis et status caeli, sicut censet verissime Celsus, optimum est solum nec densum nimis nec resolutum, soluto tamen propius, nec exile nec laetissimum, proximum tamen uberi, nec campestre nec praeceps, simile tamen edito campo, nec siccum nec viliginosum, modice tamen roscidum. Quod fontibus non in summo, non in profundo terrae scaturiat, sed ut vicinum radicibus umorem subministret eumque nec amarum nec salsum, ne saporem vini corrumpat et incrementa virentium velut quadam scabra rubigine coerceat, si modo credimus Vergilio dicenti:

salsa autem tellus et quae perhibetur amara,
frugibus infelix; ea nec mansuescit arando
nec Baccho genus aut pomis sua nomina servat.

Caelum porro neque nivale vinea, sicut praedixi, nec rursus aestuosum desiderat, calido tamen potius quam frigido laetatur; imbribus magis quam serenitatibus offenditur et solo sicco quam nimis pluvioso est amicior; perflatu modico lenique gaudet, procellis obnoxia est.

Wurfschaufel[1] reinigen. Dabei ist immer das, was sich wegen seiner Größe und seines Gewichts ganz unten absetzt und dort liegen bleibt, als Saatgut aufzubewahren. Dieses Verfahren ist äußerst nützlich, weil Getreide ohne eine solche Schutzmaßnahme aus der Art schlägt, und zwar sowohl auf feuchten wie auf trockenen Böden, auf ersteren allerdings schneller.«

Bevorzugt auf der schiefen Ebene

Columella *De re rustica* III 1.8–10

Bei der Suche nach geeigneten Anbaugebieten darf der Winzer durchaus Kompromisse machen.

Wenn man sich den Standort und das Klima für den Weinanbau nach Wunsch auswählen könnte, dann ist, wie es Celsus absolut zutreffend ausdrückt, der beste Boden weder zu fest noch zu locker, aber doch eher locker, weder mager noch ausgesprochen üppig, aber doch ziemlich fruchtbar, weder flach noch abschüssig, eher so wie eine schiefe Ebene, weder trocken noch nass, vielmehr mäßig feucht, ein Boden, auf dem weder an der Oberfläche noch in der Tiefe Quellen sprudeln, sondern der in der Nähe der Wurzeln Feuchtigkeit bereithält, und der weder bitter noch salzig ist, damit er den Geschmack des Weins nicht verdirbt und wie durch Fäulnis und Fraß die Ausbreitung des Grüns verhindert – falls wir Vergil glauben, wenn er sagt[1]:

Salzige Erde jedoch, gleich wie die bitter genannte,
bringt den Früchten kein Glück, sie erweicht nicht unter dem Pfluge
noch erhält sie dem Wein seine Art noch dem Obst seinen Namen.

Das Klima wünscht sich der Weinstock, wie vorhin gesagt, dann weder eiskalt noch glutheiß, doch hat er es lieber warm als kalt. Regenfälle setzen ihm mehr zu als heiterer Himmel, der trockene Boden freut ihn mehr als der allzu regenfeuchte, sanften mäßigen Wind hat er gern, gegen Stürme ist er wehrlos.

Quare prudentis magistri est eiusmodi nomenclationis aucupio, quo potiri nequeant, studiosos non demorari, sed illud in totum praecipere, quod et Celsus ait et ante eum Marcus Cato, nullum genus vitium conserendum esse nisi fama, nullum diutius conservandum nisi experiendo probatum.

Mox Iulius Atticus et Cornelius Celsus, aetatis nostrae celeberrimi auctores, patrem atque filium Sasernam secuti, quicquid residui fuit ex vetere palma per ipsam commissuram, qua nascitur materia nova, resecuerunt atque ita cum suo capitulo sarmentum depresserunt.

Cum de vineis conserendis librum a me scriptum, Publi Silvine, conpluribus agricolationis studiosis relegisses, quosdam scio

Ganz der Praktiker

Columella *De re rustica* III 2.31

Weinberge sollen keine Experimentierfelder sein.

Deshalb sollte ein Lehrer, wenn er klug ist, seine Schüler nicht mit der Jagd nach Fachausdrücken für die verschiedenen Rebsorten, die sie sich ohnehin nicht merken können, aufhalten, sondern lieber verallgemeinerungsfähige Anweisungen geben, so wie Celsus und vor ihm Marcus Cato, nämlich dass man keine Rebsorte anpflanzen soll, die nicht schon länger bekannt ist, und keine länger behalten soll, die sich nicht in Versuchen bewährt hat.

Wie man Schösslinge setzt

Columella *De re rustica* III 17.4

Vier Koryphäen werden für einen Handgriff beim Wort genommen.

Bald danach haben Julius Atticus und Cornelius Celsus, die berühmtesten Lehrschriftsteller unserer Epoche, nach dem Vorbild von Vater und Sohn Saserna[1] die Reste des alten Zweigs unmittelbar an der Ansatzstelle des neuen Triebs abgeschnitten und anschließend den Schössling mit dem Köpfchen nach unten in den Boden versenkt.

Tiefer gepflanzt als Celsus

Columella *De re rustica* IV 1.1

Auch Empfehlungen von Spezialisten können nicht mehr als Richtwerte sein.

Nachdem du, mein lieber Publius Silvinus[1], mein Buch über die Anlage von Weingärten wieder mehreren Landwirtschaftsexperten vorgelesen hattest, befanden sich unter ihnen, wie ich weiß, einige,

repertos esse, qui cetera quidem nostra praecepta laudassent, unum tamen atque alterum reprehendissent: quippe seminibis vineaticis nimium me profundos censuisse fieri scrobes adiecto dodrante super altitudinem bipedaneam, quam Celsus et Atticus prodiderant, singulasque viviradices singulis adminiculis parum prudenter contribuisse, cum permiserint idem illi auctores minore sumptu geminis materiis unius seminis diductis duo continua per ordinem vestire pedamenta. Quae utraque reprehensio avaram magis habet aestimationem quam veram.

Sequens deinde tempus, ut prodidit Celsus et Atticus, quos iure maxime nostra aetas probavit, ampliorem curam deposcit.

Ovem pulmonariam similiter ut suem curare convenit inserta per auriculam radicula, quam veterinarii consiliginem vocant. De ea iam diximus, cum maioris pecoris medicinam traderemus. Sed is

die meine Darstellung zwar im Großen und Ganzen gut fanden, aber doch die eine oder andere Kritik äußerten. Beispielsweise rügten sie, dass ich für das Einpflanzen der Weinschösslinge zu tiefe Setzgruben verlangt habe, weil ich zu den zwei Fuß, die bei Celsus und Atticus angegeben sind, noch drei Viertel Fuß[2] hinzufügte. Außerdem haben sie beanstandet, dass ich jedem Wurzelsetzling einen eigenen Rebpfahl zuteilte, während die eben genannten Fachleute es, um den Aufwand zu reduzieren, zugelassen hätten, die in entgegengesetzte Richtung strebenden Triebe ein- und desselben Schösslings an zwei benachbarten Stützpfählen emporranken zu lassen. Diese beiden Beanstandungen erwecken mehr den Eindruck von Geiz als von Wahrheit.

Berechtigter Beifall der Zeitgenossen
Columella *De re rustica* IV 8.1

Gerne hätte man aber auch erfahren, wer die abgeschlagenen Konkurrenten waren.

Die folgende Jahreszeit[1] verlangt nach den Feststellungen des Celsus und des Atticus[2], denen die Gegenwart mit Recht den meisten Beifall geschenkt hat, umfangreichere Arbeiten.

Über die Schwindsucht bei Schafen
Columella *De re rustica* VII 5.14–15

Menschliche Ausscheidungen können in der Tiermedizin eine sinnvolle Verwendung finden.

Ein Schaf mit Lungenschwindsucht behandelt man so wie ein Schwein mit der gleichen Krankheit, und zwar dadurch, dass man eine kleine Wurzel, die die Tierärzte Lungenkraut[1] nennen, durch das äußere Ohr einführt. Davon haben wir bereits in den Kapi-

morbus aestate plerumque concipitur, si defuit aqua, propter quod vaporibus omni quadripedi largius bibendi potestas danda est. Celso placet, si est in pulmonibus vitium, acris aceti tantum dare, quantum ovis sustinere possit, vel humanae veteris urinae tepefactae trium heminarum instar per sinistram narem corniculo infundere atque axungiae sestantem faucibus inserere.

Is autem non ubique haberi possit, ut existimat verissime Celsus, qui sic ait: 'anser neque sine aqua neque sine multa herba facile sustinetur, neque utilis est locis consitis, quia quicquid tenerum contingere potest, carpit. Sicubi vero flumen aut lacus est herbaeque copia neque nimis iuxta satae fruges, id quoque genus nutriendum est.' Quod etiam nos facere censemus, non quia magni sit fructus, sed quia minimi oneris.

teln, die sich mit der Heilkunde bei größeren Tieren befassen, gesprochen. Aber diese Krankheit ziehen sich die Tiere meistens im Sommer zu, wenn zu wenig Wasser da ist. Deswegen soll man bei Dunsthitze dem Vieh mehr Möglichkeiten zum Trinken geben. Celsus hält es für richtig, dem lungenkranken Schaf so viel scharfen Essig zu geben, wie es vertragen kann, oder etwa drei Viertelchen erwärmten alten menschlichen Urins mit einem Röhrchen durch das linke Nasenloch einzuflößen und ein sechstel Pfund Schweinefett[2] in den Rachen zu stecken.

Wo man die Gänse halten sollte

Columella *De re rustica* VIII 13.2

Sonderfall: In einem Kapitel über die Geflügelmast wird Celsus mit mehreren Sätzen wörtlich zitiert.

Man kann die Gans aber nicht überall halten, wie Celsus völlig zu Recht erklärt, wenn er sagt: »Die Gans lässt sich weder ohne Wasser noch ohne viele Kräuter mühelos halten, sie bringt auch keinen Nutzen in intensiv kultivierten Regionen, weil sie jedes Pflänzchen abreißt, an das sie herankommt. Wo aber ein Fluss oder ein See ist und die Kräuter üppig sprießen und wo die Saat von Ackerfrüchten nicht allzu nahe ist, soll man auch diese Art mästen.« Diese Meinung teilen auch wir, nicht weil der Ertrag besonders groß wäre, sondern weil damit sehr wenig Aufwand verbunden ist.

Venio nunc ad alvorum curam, de quibus neque diligentius quicquam praecipi potest, quam ab Hygino iam dictum est, nec ornatius quam Vergilio nec elegantius quam Celso. Hyginus veterum auctorum placita secretis dispersa monimentis industrie colligit, Vergilius poeticis floribus inluminavit, Celsus utriusque memorati adhibuit modum.

… Reliqua sunt alvorum genera duo, ut ex fimo fingantur vel lateribus extruantur. Quorum alterum iure damnavit Celsus, quoniam maxime est ignibus obnoxium; alterum probavit, quamvis incommodum eius non dissimulaverit, quod, si res postulet, transferri non possit. Itaque non adsentior ei, qui putat nihilo minus eius generis habendos esse alvos, neque enim solum id repugnat rationibus domini, quod immobiles sint, cum vendere aut alios agros instruere velit – hoc enim commodum pertinet ad utilitatem solius patris familiae – , sed – quod ipsarum apium

Sammler und Sänger im Dienste der Bienen

Columella *De re rustica* IX 2.1

Die Apikultur hat Celsus zu einer Steigerung ins Dichterische animiert.

Ich komme nun auf die Pflege der Bienenstöcke zu sprechen. Über sie kann man nicht gründlicher berichten, als es bereits Hyginus[1] getan hat, nicht geschmackvoller als im Stile Vergils und nicht gebildeter als im Werke des Celsus. Hyginus hat die auf schwer greifbare Dokumente verstreuten Lehren der alten Fachautoren mit viel Fleiß gesammelt, Vergil hat sie mit dichterischen Blüten geschmückt und Celsus hat beide Komponenten im rechten Maß miteinander verbunden.

Bei aller Verehrung für den Gelehrten

Columella *De re rustica* IX 6.2–4, 7.1–2

Beim Thema Bienenschutz legt der Autor seine Zurückhaltung ab und übt Kritik im Detail.

... Es gibt noch zwei weitere Varianten für den Bau von Bienenstöcken: Man kann sie aus Mist bilden oder aus Ziegeln errichten. Die erste Art hat Celsus zu Recht verworfen, weil diese Gebilde sehr feuergefährdet sind, die zweite hat er gutgeheißen, freilich dabei durchaus auf den Nachteil hingewiesen, dass man sie bei Bedarf nicht versetzen kann. Deshalb kann ich seiner Ansicht nicht zustimmen, man solle trotzdem Stöcke dieser Bauart benutzen. Denn ihre Unbeweglichkeit steht nicht nur im Widerspruch zu den Interessen des Eigners, wenn er verkaufen oder anderswo anbauen will – denn daraus zieht allein der Hausbesitzer Vorteil – , sondern sie können auch – diese Forderung ist um der Bienen selbst willen unverzichtbar – , wenn es sich als erforderlich erweisen sollte, sie in eine andere Gegend zu transportieren, weil

causa fieri debet –, cum aut morbo aut sterilitate aut penuria locorum vexatas conveniet in aliam regionem mitti, nec propter praedictam causam moveri poterint. Hoc maxime vitandum est. Itaque quamvis doctissimi viri auctoritatem reverebar, tamen ambitione summota quid ipse censerem non omisi. Nam quod maxime movet Celsum, ne sint stabula vel igni vel furibus obnoxia, potest vitari latericio circumstructis alvis, ut inpediatur rapina praedonis et contra flammarum violentiam protegantur; easdemque, cum fuerint movendae, resolutis stucturae compagibus licebit transferre. Sed quoniam plerisque videtur istud operosum, qualiacumque vasa placuerint conlocari debebunt.

Suggestus lapideus extenditur per totum apiarium in tres pedes altitudinis totidemque crassitudinis extructus, isque diligenter opere tectorio levigatur, ita ne ascensus lacertis aut anguibus aliisve noxiis animalibus praebeatur. Superponuntur deinde, sive, ut Celso placet, lateribus facta domicilia, sive, ut nobis, alvaria praeterquam tergo et frontibus circumstructa…

Haec observanda per anni tempora diligentissime Hyginus praecepit. Ceterum illa Celsus adicit, paucis locis eam felicitatem

sie von einer Krankheit befallen sind oder der Standort unfruchtbar wird oder andere Mängel aufweist, aus dem genannten Grund nicht verlegt werden. Dies muss unbedingt vermieden werden. Deshalb habe ich, ohne die Autorität des großen Gelehrten in Zweifel ziehen zu wollen, nicht verschwiegen, was ich dazu persönlich meine, und dafür die Zurückhaltung aufgegeben. Denn die in den Augen des Celsus größte Gefahr, nämlich dass die Aufenthaltsorte der Bienen dem Feuer oder Dieben preisgegeben sind, kann auch dadurch vermieden werden, dass man sie mit Ziegelwerk umgibt, um so den räuberischen Einbruch zu verhindern und für Schutz vor der Gewalt der Flammen zu sorgen. Sollten sie eines Tages doch verlegt werden müssen, kann man das Baugefüge abtragen und dann den Umzug an einen anderen Ort durchführen. Doch weil dies den meisten zu mühsam erscheint, müssen sie eben Behälter aufstellen, die ihnen geeignet erscheinen.

Man errichtet ein Fundament aus Steinen für den ganzen Bienenstand, drei Fuß hoch und ebenso tief, das sorgfältig übertüncht und geglättet wird, so dass Eidechsen, Schlangen oder andere schädliche Tiere daran nicht hochklettern können. Darauf setzt man dann entweder, wie Celsus vorschlägt, aus Ziegeln gefertigte Gehäuse oder, wenn man meinem Vorschlag folgt, Bienenkörbe, die mit Ausnahme der Vorder- und Rückseite geschlossene Bauelemente sind…

Über die Wanderungen der Bienenvölker

Columella *De re rustica* IX 14.18–19

Celsus hat die Traditionen der Imker im gesamten Mittelmeerraum gekannt.

All dies ist, so wie es Hyginus gefordert hat, im Jahresablauf sehr sorgfältig zu beachten. Celsus fügt noch hinzu, dass nur an wenigen Orten die Lage so vorteilhaft sei, dass die Bienen dort

suppetere, ut apibus alia pabula hiberna atque alia preabeantur aestiva. Itaque quibus locis post veris tempora flores idonei deficiunt, negat oportere inmota examina relinqui, sed vernis pastionibus adsumptis in ea loca transferri, quae serotinis floribus thymi et origani thymbraeque benignius apes alere possint. Quod fieri ait et Achaiae regionibus, ubi transferuntur in Atticas pastiones, et Euboea et rursus in insulis Cycladibus, cum ex aliis transportantur Scyrum, nec minus in Sicilia, cum ex reliquis eius partibus in Hyblaeam conferuntur. Idemque ait ex floribus ceras fieri, ex matutino rore mella, quae tanto meliorem qualitatem capiant, quanto iucundiore sit materia cera confecta.

Graecinus, qui alioqui Cornelium Celsum transcripsit, arbitratur non naturam eius repugnare Italiae, sed culturam avide palmites evocantium.

sowohl winters als auch sommers Futter finden. Deshalb dürfe man die Bienenschwärme an den Plätzen, wo am Ende des Frühlings die geeigneten Blüten fehlten, nicht einfach so zurücklassen, sondern man müsse sie, wenn die Frühjahrsfelder aufgebraucht seien, an andere Orte versetzen, wo sich die Tiere mit spätblühendem Thymian, Oregano und Saturei[1] reichlicher ernähren könnten. So werde es in einigen Gebieten Achaias gemacht, wo man die Bienen auf Futterplätze in Attika verlegt, auf Euböa und den Kykladen, wo man sie von anderen Inseln nach Skyros[2] bringt, und auch auf Sizilien, wo man sie aus den anderen Regionen abtransportiert und in Hybla[3] sammelt. Außerdem teilt Celsus mit, dass das Wachs aus den Blüten, aus dem Morgentau dagegen all der Honig entstehe, der wiederum umso bessere Qualität erhalte, je wertvoller der Grundstoff sei, aus dem das Wachs besteht…

Sonst von Celsus abgeschrieben

Plinius *Naturalis historia* XIV 33

Wie man mit einer einzelnen originellen Anmerkung auf sich aufmerksam macht.

Graecinus[1], der sonst bei Cornelius Celsus abgeschrieben hat, glaubt, dass nicht ihre besondere Natur[2] mit Italien unvereinbar sei, sondern die Anbauweise. Man wolle sie nämlich mit aller Macht zum Austreiben bringen.

Mago breviter, ut Poenus et cui peregrinae eiusmodi arboris minus nota cultura sit: 'castaneam in umido, sicut Graecam nucem, serito.' Cornelium tamen Celsum, italicae disciplinae peritissimum, decuit aliquatenus edocere quidquid Magonis ignorantiam fugerat, sed et ipse castaneas *amygdalorum* exemplo *nisi satas in umido* reiectat.

De caeli qualitate nonnulla inter auctores varietas opinionis exoritur. Celsus ante oculos habens quid pomis expediret, calidas apricas regiones castaneae aptissimas credit. Id illo argumento probat, quod Neapolis Campaniae civitas eo fructu maxime glorietur. Prudentissime tamen postea adiunxit, quod et frigidis locis conseri possit, quae fere omnes anteponenda senserunt.

Ein Maximum an Erfahrung

Gargilius Martialis *De hortis* IV.1

Trotz oder gerade wegen des Superlativs ist ein ironischer Unterton bei dieser Bewertung kaum zu überhören.

Mago[1] äußerte sich als gebürtiger Karthager und einer, dem die Kultivierung eines derart fremdartigen Baums weniger bekannt ist, dazu nur kurz und sagte: »Die Kastanie sollst Du im Feuchten pflanzen, so wie die griechische Nuß.« Cornelius Celsus jedoch, der die meiste Erfahrung in der italischen Bildung hat, hielt es für angemessen, einigermaßen gründlich darzustellen, was Mago in seiner Unkenntnis entgangen war. Aber auch er selbst spricht sich sehr wohl für die Pflanzung von Kastanien im feuchten Milieu nach dem Beispiel der Mandeln aus.

Wo die Kastanien gedeihen

Gargilius Martialis *De hortis* IV.6

Auch ein Fachautor muss gelegentlich diplomatische Zugeständnisse machen.

Über die klimatischen Verhältnisse bestehen unter den Fachleuten gewisse Meinungsunterschiede. Unter dem Gesichtspunkt der Förderung des Obstanbaus hielt Celsus die heißen, von der Sonne verwöhnten Gegenden für die Kastanie bestens geeignet. Er versucht seine Empfehlung mit dem Argument zu belegen, dass Neapel, die Stadt in Kampanien[1], besonders stolz auf diese Frucht ist. Klug wie er ist, hat er aber nicht vergessen hinzuzufügen, dass man sie auch an kalten Orten anpflanzen kann, also an Plätzen, denen fast alle Autoren den Vorzug gegeben haben.

Rerum rusticarum scribendi sollertiam apud Graecos primus Hesiodus Boeotius humanis studiis contulit, deinde Democritus. Mago quoque Carthaginiensis in viginti octo voluminibus studium agricolationis conscripsit. Apud Romanos autem de agricultura primus Cato instituit, quam deinde Marcus Terentius expolivit, mox Vergilius laude carminum extulit. Nec minus studium habuerunt postmodum Cornelius Celsus et Iulius Atticus, Aemilianus, sive Columella insignis orator, qui totum corpus disciplinae eiusdem conplexus est.

Haec necessitas conpulit evolutis auctoribus ea me in hoc opusculo fidelissime dicere quae Cato ille Censorius de disciplina militari scripsit, quae Cornelius Celsus, quae Frontinus perstringenda duxerunt, quae Paternus, diligentissimus iuris militaris

Eine lange Ahnengalerie

Isidor von Sevilla[1] *Etymologiae sive Origines* XVII 1:
De auctoribus rerum rusticarum

Celsus hat einen Stammplatz in der Geschichte der landwirtschaftlichen Fachliteratur.

Bei den Griechen war der Böotier Hesiod[2] der erste, der die literarische Darstellung landwirtschaftlicher Themen zur Wissenschaft gemacht hat. Ihm ist Demokrit[3] gefolgt. Auch der Karthager Mago[4] hat eine Abhandlung über die Landwirtschaft in 28 Bänden verfasst. Bei den Römern aber hat Cato[5] die wissenschaftliche Beschäftigung mit der Landwirtschaft begründet, Marcus Terentius[6] hat sie später verfeinert und danach hat sie Vergil[7] zu dichterischem Ruhm erhoben. Ähnlich große Bemühungen haben später Cornelius Celsus, Julius Atticus[8], Aemilianus[9] oder der begnadete Redner Columella[10], der eine umfassende Darstellung dieser Disziplin vorgelegt hat, unternommen.

3.2 Militärwesen

Auch in militärischen Fragen eine Autorität

Flavius Vegetius Renatus *Epitoma rei militaris* 1.8,9–11

Wie hat es Celsus fertiggebracht, auch noch Jahrhunderte später als Kompetenzautor für Fragen der Heeresführung zu gelten?

Dieser Mangel hat mich[1] nach dem Studium der Gewährsleute dazu veranlasst, all das in diesem kleinen Werk wortgetreu mitzuteilen, was der große Cato Censorius[2] über das Kriegswesen geschrieben hat, was Cornelius Celsus, was Frontinus[3] für erwähnenswert gehalten hat, was Paternus[4], der zuverlässigste Anwalt in militärrechtlichen Fragen, in Buchform gebracht hat, und was in den

assertor, in libro redegit, quae Augusti et Traiani Adrianique constitutionibus cauta sunt.

Ἀδωράτορας οἱ Ῥωμαῖοι τοὺς ἀπομάχους καλοῦσιν (ἀδωρέα γὰρ κατ' αὐτοὺς ἡ τοῦ πολέμου λέγεται δόξα ἀπὸ τῆς ζειᾶς καὶ τῆς τιμῆς τῶν ποτε τιμηθέντων αὐτοῖς), βετερανοὺς δὲ τοὺς ἐγγεγηρακότας τοῖς ὅπλοις (μάρτυρες Κέλσος τε καὶ Πάτερνος καὶ Κατιλίνας, οὐχ ὁ συνωμότης ἀλλ' ἕτερος, Κάτων ‹τε› πρὸ αὐτῶν ὁ πρῶτος καὶ Φροντῖνος, μεθ' οὓς καὶ Ῥενᾶτος, Ῥωμαῖοι πάντες...)

Ἠπίστατο γὰρ Κωνσταντῖνος, πολὺς ὢν ἔν τε παιδεύσει λόγων καὶ συνασκήσει ὅπλων (οὐδὲ γὰρ, εἰ μὴ καθ' ἑκατέραν παίδευσιν ἔτυχέ τις διαπρέπων, βασιλεὺς Ῥωμαίων προεχειρίζετο) μὴ εἶναι ῥᾴδιον ἄλλως καταπολεμηθῆναι Πέρσας, μὴ ἐξαπίνης αὐτοῖς ἐπιχεομένης ἐφόδου. Καὶ συγγραφὴν περὶ τούτου μονήρη Κέλσος ὁ Ῥωμαῖος τακτικὸς ἀπολέλοιπεν, σαφῶς ἀναδιδάσκων ὡς οὐκ ἄλλως Πέρσαι Ῥωμαίοις παραστήσονται, μὴ αἰφνιδίως εἰς τὴν ἐκείνων χώραν Ῥωμαῖοι γνόφου δίκην ἐνσκήψουσιν...

Verordnungen der Kaiser Augustus, Trajan und Hadrian verborgen ist.

Wie definiert man den Veteranen?

Johannes Lydos[1] *De magistratibus* I 47.1

Zu alt, aber nicht unfähig zu kämpfen.

»Adoratoren« nennen die Römer ihre kampfunfähigen Soldaten (»adorea« bedeutet nämlich in ihrer Sprache so viel wie Kriegsruhm, der Terminus leitet sich von »Spelt«[2] und den Ehrenzeichen[3] ab, die jene ehemals erhalten haben), »Veteranen« dagegen jene, die im Waffendienst alt geworden sind (Zeugen dafür sind Celsus, Paternus, Catilina, nicht der Verschwörer, sondern ein anderer[4], und vor jenen als erster Cato und danach Frontinus, nach ihnen auch Renatus, lauter Römer…).

War Celsus auch ein Taktiker?

Johannes Lydos *De magistratibus* III 33.3–4

Jedenfalls hat er die militärischen Strategien der antiken Großmächte bis ins Detail gekannt und analysiert.

Ebenso meisterlich in der Beherrschung der Worte wie im Umgang mit den Waffen – er wäre ja auch nicht in Rom an die Herrschaft gekommen, wenn er sich nicht in beiden Disziplinen ausgezeichnet hätte – wusste Konstantin[1] sehr wohl, dass es nur durch eine Überraschungsoffensive gelingen werde, die Perser niederzuwerfen. Zu diesem Thema hat der römische Taktiker Celsus eine Monographie hinterlassen, in der er klar zum Ausdruck bringt, dass die Perser sich den Römern nur unterwerfen werden, wenn jene plötzlich – wie eine Gewitterwolke – auf ihr Staatsgebiet einstürmen…

Δῆλον γὰρ ὡς οὐχ ὡρισμένα οὐδὲ εὐτρεπῆ στρατεύματα τρέφουσιν οἱ Πέρσαι, ὡς ἑτοίμους εἶναι πρὸς τὰς μάχας, ὥσπερ οἱ Ῥωμαῖοι. Χρόνου δεῖ τοίνυν αὐτοῖς εἰς παρασκευὴν στρατοῦ καὶ δαπάνης ἀποχρώσης τῷ πολέμῳ· ὥστε ἁρμόδιόν φησιν ὁ Κέλσος ἀδοκήτως αὐτοῖς ἐπελθεῖν, καὶ μάλιστα διὰ τῆς Κολχίδος τὰ προοίμια τῆς ἐφόδου λαμβανούσης... ἡ γὰρ δυσχωρία Πέρσαις ἱππηλατοῦσι δυσέμβατος· ὅθεν ἀφόρητος αὐτοῖς ὁ Κορβουλὼν ἐπὶ Νέρωνος ἐφάνη...

Cestrum erat teli genus bello Persico inventum. Celsus libros suos a varietate rerum cestos vocavit.

Gute Ortskenntnisse am Schwarzen Meer

Johannes Lydos *De magistratibus* III 34.3–5

Celsus analysiert die organisatorischen Schwächen des persischen Heeres.

Denn es ist offensichtlich, dass die Perser im Gegensatz zu den Römern weder gut organisierte noch schlagkräftige Streitkräfte unterhalten, die rasch in den Kampf ziehen können. Sie brauchen daher einige Zeit, um ein Heer aufzustellen und die Kriegskasse ausreichend zu füllen. Deshalb bezeichnet es Celsus als klug, gegen sie einen Überraschungsangriff zu unternehmen, vor allem wenn man für den Anmarsch einen Weg durch die Kolchis[1] wählt… Denn das schwierige Gelände war für die Reitertruppen der Perser unzugänglich. Deshalb erschien ihnen Corbulo[2] in der Regierungszeit Neros unbezwingbar…

Irrtum oder Lüge?

Scholion cod. Laurent. XXXVI 36 ad Plaut. Bacch. 69

Die Mitteilung des Scholiasten wirkt ebenso isoliert wie beiläufig und ist nahezu ausnahmslos negativ kommentiert worden.

Kestron diente als eine Art Wurfgeschoß, das im Krieg mit den Persern erfunden worden ist. Celsus hat seine Werke aufgrund der Themenvielfalt als Stickereien[1] bezeichnet.

Quam si quis ediscere voluerit, adeat Catonem Censorium, legat et illa, quae Cornelius Celsus, quae Julius Hyginus, quae Vegetius Renatus, cuius eo quod elegantissimae rei militaris artem tradidit, licet exempla perstrinxerit, plura inserui, legat inquam, quae isti posteris praescribenda duxerunt.

Cautius Theodorus Gadareus ut iam ad eos veniamus, qui artem quidem esse eam, sed non virtutem putaverunt. Ita enim dicit, ut ipsis eorum verbis utar, qui haec ex Graeco transtulerunt: 'ars inventrix et iudicatrix et enuntiatrix decente ornatu secundum mensionem eius quod in quoque potest sumi persuasibile, in materia civili.' Itemque Cornelius Celsus, qui finem rhetorices ait dicere persuasibiliter in dubia civili materia.

Bis ins Mittelalter ungebrochenes Vertrauen

Johannes Saresberiensis[1] *Policraticus* 6.19: De honore militibus exhibendo, et modestia indicenda: et qui militiae artem tradiderint, et generalia quaedam praecepta eorum

Auch nach mehr als einem Jahrtausend hat Celsus den Kriegern noch etwas zu sagen.

Wenn jemand etwas über die Kriegskunst erfahren will, soll er zu Cato Censorius greifen, er lese auch bei Cornelius Celsus, Julius Hyginus[2] und Vegetius Renatus, nach, der in seiner Darstellung der hohen Kriegskunst nur zu wenig Beispiele gegeben hat, und er lese auch und besonders, was diese Männer der Nachwelt einschärfen wollten.

3.3 Rhetorik

Rhetorik und Staatsführung

Quintilian *De institutione oratoria* II 15.21–22

Aber gute Reden kann man auch über unpolitische Themen halten.

Vorsichtiger verfährt Theodoros von Gadara[1], um nun auf jene zu kommen, die die Rhetorik wenigstens für eine Kunst, aber nicht für eine Tugend gehalten haben. Er sagt nämlich, wenn ich den Text derer zitiere, die seine Worte aus dem Griechischen übersetzt haben: »Eine erfinderische und scharf urteilende Kunst, die mit einer der jeweiligen Situation angepassten Zierde in den politischen Angelegenheiten das zum Ausdruck bringt, was als überzeugend akzeptiert werden kann«. Ebenso argumentiert Cornelius Celsus, wenn er sagt, der Zweck der Rhetorik sei es, in überzeugender Weise über strittige politische Themen zu sprechen.

Doctores quoque eius artis parum idonei Platoni videbantur, qui rhetoricen a iustitia separarent et veris credibilia praeferrent. Nam id quoque dicit in Phedro. Consensisse autem illis superioribus videri potest etiam Cornelius Celsus, cuius haec verba sunt: 'Orator simile tantum veri petit'. Deinde paulo post: 'Non enim bona conscientia, sed victoria litigantis est praemium'. Quae si vera essent, pessimorum hominum foret haec tam perniciosa nocentissimis moribus dare instrumenta et nequitiam praeceptis adiuvare. Sed illi rationem opinionis suae viderint.

In ceteris fere studiis verum quaeritur. Finis autem oratoriae virtutis est verisimilia dixisse vel tantum contendisse, quantum res passa sit ad victoriam.

Für den Redner zählt der Sieg (1)
Quintilian *De institutione oratoria* II 15.31–32

Wenn er es aber deshalb mit der Wahrheitssuche nicht so ernst nimmt, soll er selbst entscheiden, ob er noch in den Spiegel schauen kann.

Auch die Gelehrten dieser Disziplin schienen für Platon nicht tauglich genug zu sein, da sie die Redekunst von der Gerechtigkeit loslösten und die Glaubwürdigkeit der Wahrheit vorzogen. Denn genau das sagt er auch im Phaidros[1]. Mit den eben genannten Autoren scheint aber auch Cornelius Celsus übereinstimmen zu können, wenn er meint: »Der Redner sucht nur das, was der Wahrheit ähnlich ist«. Und etwas später: »Denn nicht das gute Gewissen, sondern der Sieg ist die Belohnung für die streitende Partei«. Wenn es so wäre, würden nur die schlechtesten Menschen diese so gefährlichen Instrumente den verbrecherischsten Gewohnheiten zur Verfügung stellen und mit ihren Losungen die Liederlichkeit unterstützen. Aber sollen sie doch selbst die Begründung für ihre Ansichten kritisch unter die Lupe nehmen.

Für den Redner zählt der Sieg (2)
Iulius Severianus *Praecepta artis rhetoricae*[1]

In fast allen anderen Disziplinen wird nach der Wahrheit gesucht. Das Ziel der Redekunst aber ist es, das Wahrscheinliche gesagt oder sich so sehr bemüht zu haben, dass das Verfahren mit einem Sieg endet.

Scripsit de eadem materia non pauca Cornificius, aliqua Stertinius, non nihil pater Gallio, accuratius vero priores Gallione Celsus et Laenas et aetatis nostrae Verginius Plinius Tutilius…

Praestantissimis auctoribus placet alia in rhetorice esse, quae probationem desiderent, alia quae non desiderent; cum quibus ipse consentio. Quidem vero, ut Celsus, de nulla re dicturum oratorem, nisi de qua quaeratur, existimant. Cui cum maxima pars scriptorum repugnat, tum etiam ipsa partitio, nisi forte laudare, quae constet esse honesta, et vituperare, quae ex confesso sint turpia, non est oratoris officium.

Celsus – ins Detail verliebt

Quintilian *De institutione oratoria* III 1.21

Auf jeden Fall hat er sich alle Mühe gegeben.

Über die Redekunst hat Cornificius[1] nicht wenig geschrieben, einiges auch Stertinius[2], manches Vater Gallio[3], aber mit mehr Sorgfalt und Detailtreue in der Zeit noch vor Gallio Celsus und Laenas[4] und in der Gegenwart Verginius[5], Plinius[6] und Tutilius[7]…

Die ganze Wahrheit soll ausgesprochen werden

Quintilian *De institutione oratoria* III 5.3

Unabhängig davon, ob man es als Zeichen von Bescheidenheit oder Pragmatismus betrachtet, wird das Plädoyer des Celsus für die Orientierung an der Sache von der Mehrheit seiner Kollegen nicht geteilt.

Die hervorragendsten Fachleute sind der Ansicht, dass es in der Redekunst sowohl Argumente gebe, die der Überprüfung bedürfen, als auch andere, bei denen dies nicht notwendig sei. Darin stimme ich mit ihnen überein. Manch anderer wie etwa Celsus glaubt aber, der Redner werde über nichts anderes sprechen als über das Thema der Verhandlung. Ihm widerspricht freilich nicht nur die überwiegende Mehrheit der Schriftsteller, sondern schon die Verteilung des Stoffs an sich, es sei denn, man sähe es nicht als Pflicht des Redners an, zu loben, was sich als ehrenhaft erwiesen hat, und zu tadeln, was unzweifelhaft verwerflich ist.

Alii statum crediderunt primam eius, cum quo ageretur, deprecationem. Quam sententiam his verbis Cicero complectitur: 'In quo primum insistit quasi ad repugnandum congressa defensio.' Unde rursus alia quaestio, an eum semper is faciat, qui respondet. Cui rei praecipue repugnat Cornelius Celsus, dicens non a depulsione sumi, sed ab eo, qui propositionem suam confirmet, ut si hominem occisum reus negat, status ab accusatore nascatur, quia is velit probare. Si iure occisum reus dicit, translata probationis necessitate idem a reo fiat et sit eius intentio. Cui non accedo equidem. Nam est vero propius quod contra dicitur, nullam esse litem, si is cum quo agatur nihil respondeat, ideoque fieri statum a respondente.

Celsus Cornelius duos et ipse fecit status generales: an sit? quale sit? Priori subiecit finitionem, quia aeque quaeratur an sit sacrile-

Wer trägt die Beweislast?

Quintilian *De institutione oratoria* III 6.13–14

Wenn der Angeklagte die ihm vorgeworfene Tat moralisch bewertet, wird er für die Aufklärung des Sachverhalts mitverantwortlich.

Andere haben als Sachstand die erste Erwiderung dessen betrachtet, mit dem verhandelt werde. Cicero[1] fasst diese Ansicht in folgenden Worten zusammen: »Der Punkt, auf den sich die Verteidigung zuerst stützt, gleichsam um konzentriert Widerstand zu leisten«. Daraus ergibt sich die andere Frage, ob den Sachstand immer der schafft, der die Antwort gibt. Dieser Auffassung widerspricht entschieden Cornelius Celsus, wenn er sagt, dass sich der Sachstand nicht von der Abwehr der Schuld ableitet, sondern von dem, der seine Darstellung beweist, so dass, um ein Beispiel zu geben, wenn der Angeklagte leugnet, einen Menschen getötet zu haben, der Sachstand vom Ankläger geschaffen wird, weil er ihn beweisen will. Wenn aber der Angeklagte sagt, der Mensch sei zu Recht getötet worden, so werde der Sachstand mit der Übertragung der Beweislast auch eine Sache des Angeklagten und so zu seinem Anliegen. Dem kann ich aber nicht beipflichten. Denn es kommt der Wirklichkeit näher, was dagegen spricht, dass es nämlich gar nicht zum Streit kommt, wenn der Angeklagte nicht antwortet, und deshalb der Sachstand von dem ausgeht, der die Antwort gibt.

Ob und wenn ja, wie?

Quintilian *De institutione oratoria* III 6.38

Celsus hat versucht, am Beispiel des Tempelräubers Licht in eine Grundfrage der Existenzlehre zu bringen.

Auch Celsus Cornelius selbst hat zwei allgemeine Sachverhalte postuliert, indem er die Frage stellte, ob etwas sei und wie beschaf-

gus, qui nihil se sustulisse de templo dicit et qui privatam pecuniam confitetur sustulisse. Qualitatem in rem et scriptum dividit. Scripto quattuor partes legales exclusa translatione, quantitatem et mentis quaestionem coniecturae subiecit.

Interesse tamen Aristoteles putat, ubi quidque laudetur aut vituperetur… Idem praecipit illud quoque, quod mox Cornelius Celsus prope supra modum invasit, quia sit quaedam virtutibus ac vitiis vicinitas, utendum proxima derivatione verborum, ut pro temerario fortem, prodigo liberalem, avaro parcum vocemus. Quae eadem etiam contra valent. Quod quidem orator is est vir bonus numquam faciet, nisi forte communi utilitate ducetur.

fen es sei. Dem ersteren hat er die Definition untergeordnet, weil man sich ja unterschiedslos frage, ob jemand ein Tempelräuber sei, der sagt, er habe nichts aus dem Tempel weggetragen, und gesteht, privates Geldvermögen entwendet zu haben. Er verteilt also die Beschaffenheit auf Tatsachen und Texte. Dem geschriebenen Wort hat er die vier gesetzlichen Bestimmungen mit Ausnahme der Abweisung der Zuständigkeit, den Umfang und die inneren Beweggründe hat er der Vermutung untergeordnet.

In einem Zug mit Aristoteles

Quintilian *De institutione oratoria* III 7.23,25

Celsus will den Redner verpflichten, die Wahl seiner Worte nicht von den äußeren Umständen abhängig zu machen.

Dennoch glaubt Aristoteles[1], es mache einen Unterschied, wo eine Lobrede gehalten bzw. ein Tadel ausgesprochen werde… Er hat auch den Vorschlag gemacht, gegen den dann vor einiger Zeit Cornelius Celsus in fast übertriebener Weise angegangen ist, dass man, weil es eine gewisse Nähe von Tugenden und Lastern gebe, die Wörter gebrauchen solle, die sich ihrer Herkunft nach am nächsten stehen, so dass wir jemand statt als waghalsig als mutig, statt als verschwenderisch als großzügig und statt als geizig als sparsam bezeichnen sollten. Dies alles gilt auch umgekehrt. Freilich wird ein Redner, der doch ein Ehrenmann ist, so etwas niemals machen, es sei denn, er ließe sich dazu durch das öffentliche Interesse hinreißen.

Benevolentiam aut a personis duci aut a causis accipimus. Sed personarum non est, ut plerique crediderunt, triplex ratio, ex litigatore et adversario et iudice. Nam exordium duci nonnumquam etiam ab actore causae solet... Etiam partis adversae patronus dabit exordio materiam, interim cum honore, si eloquentiam eius et gratiam nos timere fingendo, ut ea suspecta sint iudici, fecerimus, interim per contumeliam, sed hoc perquam raro, ut Asinius pro Urbiniae heredibus Labienum adversarii patronum inter argumenta causae malae posuit. Negat haec prooemia esse Cornelius Celsus, quia sint extra litem. Sed ego cum auctoritate summorum oratorum magis ducor, tum pertinere ad causam puto quidquid ad dicentem pertinet, cum sit naturale ut iudices iis, quos libentius audiunt, etiam facilius credant.

Wie wichtig sind die Eröffnungsworte?

Quintilian *De institutione oratoria* IV 1.6,11–12

Wenn sie den Richtern gefallen, können sie den Verlauf des Prozesses beeinflussen.

Wir haben verstanden, dass sich Wohlwollen entweder von Personen oder von Rechtsfällen herleitet. Aber die Zahl der Personen beschränkt sich nicht, wie die meisten geglaubt haben, auf drei, nämlich den Prozessführer, den Angeklagten und den Richter. Denn manchmal kann die Initiative auch vom Urheber der Streitsache ausgehen... Auch der Führer der Gegenpartei wird Material für die Einleitung liefern, manchmal in ehrenvoller Form, wenn wir so tun, als ob wir seine Beredsamkeit und seine Beliebtheit fürchten, und so erreichen, dass sein Verhalten dem Richter verdächtig erscheint, bisweilen auch in der Form einer Beleidigung, dies aber nur selten, beispielsweise als Asinius[1] in seinem Plädoyer für die Erben der Urbinia den Anwalt des Gegners, Labienus[2], für die ganze Sache mitverantwortlich gemacht hat.[3] Cornelius Celsus meint, dabei handele es sich nicht um Eröffnungsworte, sondern um außergerichtliche Äußerungen. Ich aber lasse mich mehr von den Ansichten der berühmtesten Redner beeinflussen und glaube, dass dann etwas zur Verhandlung gehört, wenn es mit dem Sprecher zu tun hat, weil es natürlich ist, dass die Richter denen, denen sie lieber zuhören, auch leichter Glauben schenken.

Plerique semper narrandum putaverunt, quod falsum esse pluribus coarguitur. Sunt enim ante omnia quaedam tam breves causae, ut propositionem potius habeant quam narrationem... Sed ut has aliquando non narrandi causas puto, sic ab aliis dissentio, qui non esse existiment, cum reus, quod obicitur, tantum negat. In qua est opinione Cornelius Celsus, qui conditionis huius esse arbitratur plerasque caedis causas et omnis ambitus ac repetundarum. Non enim putat esse narrationem, nisi quae summam criminis, de quo iudicium est, contineat. Deinde fatetur ipse pro Rabirio Postumo narrasse Ciceronem. Atqui ille et negavit pervenisse ad Rabirium pecuniam, qua de re erat quaestio constituta, et in hac narratione nihil de crimine exposuit. Ego autem magnos alioqui secutus auctores duas esse in iudiciis narrationum species existimo, alteram ipsius causae, alteram in rerum ad causam pertinentium expositione.

Die Streitsache und ihre Umstände

Quintilian *De institutione oratoria* IV 2.4,9–10

Einmal mehr setzt sich der große Stilkritiker bei der Antwort auf eine Frage zur Gerichtsrhetorik von Celsus ab.

Die meisten Fachleute waren der Meinung, man müsse immer etwas erzählen. Aber diese Auffassung hat sich aus mehreren Gründen als falsch erwiesen. Vor allem sind nämlich manche Rechtsangelegenheiten so kurz, dass sie mehr eine Ankündigung des Sachverhalts als die erzählerische Ausgestaltung beinhalten... Aber so wie ich diese Fälle manchmal nicht für ausreichende Erzählgründe halte, so bin ich anderer Meinung als jene, die glauben, es handele sich ja gar nicht um eine Erzählung, wenn der Angeklagte das, was ihm vorgeworfen wird, nur abstreitet. Diese Ansicht vertritt Cornelius Celsus, wenn er glaubt, dass in diese Kategorie die meisten Fälle von Mord und alle Arten von Amtserschleichung und Erpressung gehören. Er glaubt nämlich, dass es sich nicht um eine Erzählung handele, wenn die Schilderung den Hauptgegenstand der Beschuldigung, die zur Gerichtsentscheidung ansteht, nicht enthalte. Anschließend gibt er aber selbst zu, dass Cicero bei der Verteidigung[1] des Rabirius Postumus eine Erzählung geboten habe. Aber der hat sowohl geleugnet, dass Geld an Rabirius gegangen sei, was überhaupt der Grund für den Prozess war, als auch in seiner Erzählung nichts über die Beschuldigung ausgesagt. Ich aber, der ich mich auch sonst den großen Fachschriftstellern verpflichtet fühle, glaube, dass es in Gerichtsverhandlungen zwei Formen der Erzählung gibt, eine, die sich nur mit der Streitsache an sich befasst, und die andere, die der Darstellung der Umstände dient, die zur Sache gehören.

Quod pertinet ad actorem, non plane dissentio a Celso, qui sine dubio Ciceronem secutus instat tamen huic parti vehementius, ut putet primo firmum aliquid esse ponendum, summo firmissimum, imbecilliora medio, quia et initio movendus sit iudex et summo impellendus. At pro reo plerumque gravissimum quidque primum movendum est, ne illud spectans iudex reliquorum defensioni sit aversior.

... Superest tertium, in quo factum esse constat aliquid, a quo sit factum quaeritur... Ex hoc nascitur ἀντικατηγορία. Utique enim factum esse convenit, quod duo invicem obiciunt. In quo quidem genere causarum admonet Celsus, fieri id in foro non posse. Quod neminem ignorare arbitror. De uno enim reo consilium cogitur, et si qui sunt, qui invicem accusent, alterum iudicium praeferre necesse est... Apollodorus quoque ἀντικατηγορίαν duas esse

Die starken Argumente zuerst

Quintilian *De institutione oratoria* VII 1.10

Mit diesem Kunstgriff können beide Parteien die Aufmerksamkeit und das Wohlwollen des Richters für sich gewinnen.

Was den Kläger angeht, so weiche ich nicht wirklich von Celsus ab, der ohne Zweifel in Ciceros Nachfolge ziemlich hartnäckig auf diesem Punkt besteht. Er glaubt nämlich, dass die starken Argumente anfangs vorgetragen werden sollten, am Ende die stärksten, zwischendurch die weniger überzeugenden, weil der Richter bei Beginn gerührt und am Ende zur Entscheidung bewegt werden soll. Im Plädoyer für den Angeklagten muss das gewichtigste Argument gewöhnlich an erster Stelle genannt werden, damit der Richter unter diesem Eindruck nicht eine negative Haltung gegenüber den weiteren Argumenten der Verteidigung einnimmt.

Klage und Gegenklage

Quintilian *De institutione oratoria* VII 2.18–20

Auch wenn es um den gleichen Fall geht, darf das Gericht nur jeweils über einen Beschuldigten verhandeln.

… Übrig bleibt eine dritte Form der Vermutung, nämlich jene, bei der unumstritten ist, dass etwas geschehen ist, aber danach gefragt wird, wer es getan hat… Daraus entsteht die Gegenklage, d. h. man ist sich einig über das, was geschehen ist, aber zwei Parteien werfen sich gegenseitig vor, dafür verantwortlich zu sein. Bei allen Fällen dieser Art, so belehrt uns Celsus, könne die Auseinandersetzung nicht vor Gericht ausgetragen werden. Dies kann, glaube ich, jeder nur zu gut bestätigen. Bei der Verhandlung geht es nämlich um einen einzigen Angeklagten, und auch wenn gegenseitig Anklage erhoben wird, muss man einer der beiden gerichtlichen Auseinandersetzungen zeitlich den Vorzug geben… Auch Apollo-

controversias dixit et sunt re vera secundum forense ius duae lites. Potest tamen hoc genus in cognitionem venire senatus aut principis.

… 'Cervicem' videtur Hortensius primus dixisse. Nam veteres pluraliter appellabant. Audendum itaque. Neque enim accedo Celso, qui ab oratore verba fingi vetat…

Sed quoniam vitia prius demonstrare aggressi sumus, ab hoc initium sit quod κακέμφατον vocatur, sive mala consuetudine in obscenum intellectum sermo detortus est… sive iunctura deformiter sonat… Nec scripto modo id accidit, sed etiam sensu plerique obscene intellegere, nisi caveris, cupiunt… et ex verbis, quae longissime ab obscenitate absunt, occasionem turpitudinis rapere.

doros[1] hat gesagt, dass eine Gegenklage gleichbedeutend mit zwei Auseinandersetzungen ist. Und nach dem Prozessrecht sind es faktisch zwei Streitsachen. Trotzdem kann diese Art von Fällen vor dem Senat oder beim ersten Mann des Staates zur gerichtlichen Entscheidung gelangen.

Bitte keine neuen Wörter!

Quintilian *De institutione oratoria* VIII 3.35

Mit dieser Forderung hat sich Celsus wohl kaum Freunde gemacht.

… Das Wort »Der Hals« scheint Hortensius[1] als erster ausgesprochen zu haben. Früher hat man es nämlich nur in der Mehrzahl verwendet. Deshalb soll man das Wagnis sehr wohl eingehen. Denn ich schließe mich dem Celsus nicht an, der dem Redner verbieten möchte, neue Wörter zu bilden…

Unschön ist nicht gleich unsittlich

Quintilian *De institutione oratoria* VIII 3.44–45,47

Man sollte nicht hinter jeder feinsinnigen Anspielung gleich eine Obszönität vermuten.

Doch weil wir uns die Aufgabe gesetzt haben, die Fehler vorher aufzuzeigen, wollen wir mit dem Terminus Kakémphaton[1] beginnen, sei es dass das Wort aufgrund schlechter Gewohnheit eine abwertende Bedeutung bekommen hat, sei es dass die Wortverbindung hässlich klingt… Und das passiert nicht nur beim geschriebenen Wort. Wenn man nicht aufpasst, haben sehr viele auch in Gedanken das Verlangen nach einer unsittlichen Interpretation… und sie tendieren dazu, auch aus Wörtern, die mit Unzucht gar nichts zu tun haben, die Gelegenheit zur Entstellung zu ergreifen. Immerhin sieht Celsus im folgenden Vers[2] Vergils ein Kakémpha-

Siquidem Celsus κακέμφατον apud Vergilium putat: 'incipiunt agitata tumescere.' Quod si recipias, nihil loqui tutum est.

Inter plurimos enim, quod sciam, consensum est, duas eius esse partes, διανοίας, id est mentis vel sensus vel sententiarum… et λέξεως, id est verborum vel dictionis vel elocutionis vel sermonis vel orationis… Cornelius tamen Celsus adicit verbis et sententiis figuras colorum, nimia profecto novitatis cupiditate ductus. Nam quis ignorasse eruditum alioqui virum credat colores et sententias sensus esse?

Sed nonnumquam communicantes aliquid inexpectatum subiungimus, quod et per se schema est ut in Verrem Cicero 'Quid deinde? Quid censetis? Furtum fortasse aut praedam aliquam?'

ton: »Es beginnen in Erregung zu schwellen«. Wenn man diese Interpretation übernimmt, kann man nichts mehr sorglos aussprechen.

Das Gebilde der Farben

Quintilian *De institutione oratoria* IX 1.17–18

Soll man Celsus wirklich einen Vorwurf daraus machen, dass er die Sprache bunter machen wollte?.

Bei den meisten herrscht nämlich, soweit ich weiß, Übereinstimmung darin, dass es zwei Arten von Redefiguren gibt, nämlich die Figuren der Diánoia, also des Denkens, der Empfindung oder der Ideen… und die Figuren der Léxis, also der Worte, der Vortragsweise, des Stils, der Sprache oder der Rede… Doch Cornelius Celsus fügt den Wörtern und Sätzen die Gebilde der Sprachfärbungen hinzu, sicherlich geleitet von allzu großem Streben nach Neuerungen. Wer soll denn glauben, ein sonst so gebildeter Mann habe nicht gewusst, dass das Kolorit der Sprache und die Gedanken Gefühlsäußerungen seien?

Ringen um die rhetorische Figur

Quintilian *De institutione oratoria* IX 2.22

Ciceros Reden haben Celsus immer wieder Stoff für kühne Interpretationen geliefert.

Aber manchmal streuen wir bei der Kommunikation mit den Zuhörern etwas Unerwartetes ein. Dies allein stellt eine rhetorische Figur dar. Beispielsweise sagt Cicero in einer Rede[1] gegen Verres: »Und danach? Was meint ihr? Diebstahl vielleicht? Oder doch eine Art von Beutezug?« Als er dann die Stimmung der Richter lange auf die Folter gespannt hatte, fügte er etwas hinzu,

Deinde cum diu suspendisset iudicum animos, subiecit quod multo esset improbius. Hoc Celsus sustentationem vocat.

Itaque componemus prooemium varie atque ut sensus eius postulabit. Neque enim accesserim Celso, qui unam quandam huic parti formam dedit et optimam compositionem esse prooemii, ut est apud Asinium dixit: 'Si, Caesar, ex omnibus mortalibus, qui sunt ac fuerunt, posset huic causae disceptator legi, non quisquam te potius optandus nobis fuit.' Non quia negem hoc bene esse compositum, sed quia legem hanc esse componendi in omnibus principiis recusem. Nam iudicis animus varie praeparatur. Tum miserabiles esse volumus, tum modesti, tum acres, tum graves, tum blandi, tum flectere, tum ad diligentiam hortari. Haec ut sunt diversa natura, ita dissimilem componendi quoque rationem desiderant. An similibus Cicero usus est numeris in exordio pro Milone, pro Cluentio, pro Ligario?

was noch viel dreister war[2]. Dies bezeichnet Celsus als Hinhalten der Zuhörer.

Das Für und Wider der Proömientheorie

Quintilian *De institutione oratoria* IX 4.132–133

Formal einheitliche Vorreden haben sich für den gerichtlichen Alltag als nicht tauglich erwiesen.

Deshalb gestalten wir das Vorwort auf verschiedene Weise und so wie es der Sinn gebieten wird. Deshalb würde ich auch Celsus nicht beipflichten, der diesem Teil der Rede eine bestimmte einheitliche Form gegeben hat und als beste Lösung dafür die bezeichnet hat, die man bei Asinius[1] findet: »Wenn, o Cäsar, unter allen Sterblichen, die heute leben und jemals gelebt haben, für diesen Fall ein Schiedsrichter ausgewählt werden könnte, wäre uns niemand lieber als du«. Nicht weil ich leugnen möchte, dass diese Einleitung gut gelungen sei, sondern weil ich nicht dafür bin, dass diese Gestaltungsweise für alle Einleitungen gültig sein soll. Denn die innere Einstellung des Richters wird auf vielfältige Weise geprägt. Bald wollen wir Mitleid erregen, bald bescheiden wirken, bald eher angriffslustig, bald ernst, bald ihm schmeicheln, bald ihn rühren und erweichen und ihn dann wieder zu Umsicht auffordern. So wie diese Haltungen verschiedener Natur sind, so verlangen sie auch verschiedene Formen der Gestaltung. Hat etwa Cicero ähnliche Töne angeschlagen in den Einleitungen zu seinen Reden für Milo[2], Cluentius[3] und Ligarius[4]?

… Vult esse Celsus aliquam et superiorem compositionem. Quam equidem si scirem, non docerem. Sed sit necesse est tarda et supina. Verum nisi ex verbis atque sententiis, per se si id quaeritur, satis odiosa esse non poterit.

… Quin etiam easdem causas ut quisque egerit, utile erit scire. Nam de domo Ciceronis dixit Calidius et pro Milone orationem Brutus exercitationis gratia scripsit, etiamsi egisse eum Cornelius Celsus falso existimat. Et Pollio et Messalla defenderunt eosdem, et nobis pueris insignes pro Voluseno Catulo Domiti Afri, Crispi Passieni, Decimi Laeli orationes ferebantur.

Über die Gestaltung der Rede uneins

Quintilian *De institutione oratoria* IX 4.137

Die Meinungsverschiedenheiten werden offen angesprochen. Trotzdem sind Sympathie und Neugier nicht zu überhören.

… Celsus wünscht sich noch eine andere, überlegene Form der Gestaltung. Doch selbst wenn ich sie beherrschte, würde ich sie nicht lehren. Es muss sich ja zwangsläufig um eine langsame und lässige Form handeln. Dennoch, wenn man danach nicht aus Wörtern und Sätzen, sondern aus sich heraus sucht, braucht sie nicht allzu widrig zu sein.

Verzeihlicher historischer Irrtum

Quintilian *De institutione oratoria* X 1.23

Nicht jedes Redemanuskript eignet sich für den öffentlichen Vortrag.

… Vielmehr wird es ja von Nutzen sein zu wissen, wie jeder Redner dieselben Sujets behandelt hat. Denn auch Calidius[1] hat über das Haus Ciceros gesprochen und für Milo[2] hat auch Brutus[3] eine Rede zu Übungszwecken verfasst, auch wenn Cornelius Celsus der irrigen Meinung ist, er habe sie tatsächlich gehalten. Pollio und Messalla[4] haben die gleichen Angeklagten verteidigt und in meiner Jugend erfreuten sich die Reden von Domitius Afer[5], Crispus Passienus[6] und Decimus Laelius[7] zur Verteidigung des Volusenus Catulus[8] großer Beliebtheit.

Quam multa, paene omnia tradidit Varro! Quod instrumentum dicendi M. Tullio defuit? Quid plura? Cum etiam Cornelius Celsus, mediocri vir ingenio, non solum de his omnibus conscripserit artibus, sed amplius rei militaris et rusticae et medicinae praecepta reliquerit, dignus vel ipso proposito ut eum scisse omnia illa credamus.

»Conponunt ipsae per se formantque libellos, principium atque locos Celso dictare paratae«: oratori illius temporis, qui septem libros institutionum scriptos reliquit.

Celsus: Ein mittelmäßiger Enzyklopädist

Quintilian *Institutio oratoria* XII 11.24

Das herablassende Urteil des großen Lehrers der Beredsamkeit über Celsus hat die Forschung nicht gerade beflügelt.

Wie viel hat Varro[1] geschrieben! Er hat ja über fast alles geschrieben. Welches Instrument der Redekunst hat Marcus Tullius[2] gefehlt? Welche Steigerungsmöglichkeit gibt es da noch? Da auch Cornelius Celsus, ein Mann von mittlerer Intelligenz, nicht nur über alle diese Wissenschaften geschrieben hat, sondern sogar noch umfangreichere Lehrbücher des Kriegswesens, der Landwirtschaft und der Medizin hinterlassen hat, so rechtfertigt doch allein die Art des Projekts die Annahme, er habe sich in all diesen Dingen ausgekannt.

Sieben Bücher Rhetorik

Juvenal *Saturae* VI 245 Scholion

An dieser Stelle hätte man eine unabhängige Bestätigung für die Karriere des Aulus Cornelius Celsus als Redner und Redelehrer nicht erwartet.

»Sie selbst[1] verfassen und gestalten höchstpersönlich die Klageschriften, gerne bereit, einem Mann wie Celsus[2] das Vorwort und die einzelnen Punkte vorzutragen«: Einem Redner jener Zeit, von dem sieben Bücher, die er über den Unterricht geschrieben hat, erhalten sind.

Supersunt qui de philosophia scripserint; quo in genere paucissimos adhuc eloquentes litterae Romanae tulerunt. Idem igitur M. Tullius, qui ubique, etiam in hoc opere Platonis aemulus extitit. Egregius vero multoque quam in orationibus praestantior Brutus suffecit ponderi rerum: scias eum sentire quae dicit. Scripsit non parum multa Cornelius Celsus, Sextios secutus, non sine cultu ac nitore. Plautus in Stoicis rerum cognitioni utilis; in Epicuriis levis quidem sed non iniucundus tamen acutor est Catius.

… Sed etsi nihil maius aliquando pertuli, tamen saepe cogitans, quanto graviores possint accidere, cogor interdum Cornelio Celso assentiri, qui ait summum bonum esse sapientiam, summum autem malum dolorem corporis. Nec eius ratio mihi videtur

3.4 Philosophie

Eine ziemlich gute Note in Philosophie

Quintilian *De institutione oratoria* X 1.123–124

Celsus ist frühaugusteischen Tugendlehrern gefolgt. Aber wieviel hat er von ihnen tatsächlich übernommen?.

Übrig sind jene, die über Philosophie geschrieben haben. Auf diesem Gebiet hat die römische Literatur bisher noch sehr wenige Vertreter hervorgebracht. Daher ist es wieder Marcus Tullius[1], der wie überall auch in diesem Segment seines literarischen Werks als Anhänger Platons hervorgetreten ist. Hervorragend aber und viel trefflicher als in seinen Reden hat sich Brutus[2] geschlagen. Er war den Anforderungen des Sujets wirklich gewachsen. Man erkennt sehr schnell, dass er versteht, was er sagt. Ähnlich viel hat Cornelius Celsus geschrieben, ein Anhänger der Sextier, und es dabei nicht an Gelehrsamkeit und Glanz fehlen lassen. Unter den Stoikern ist Plautus[3] als Wissensvermittler geeignet, unter den Epikureern Catius[4], ein zwar nicht ganz ernsthafter, aber doch recht unterhaltsamer Gewährsmann.

Weisheit und Schmerzen

Augustinus *Soliloquia* I 12.21

Seelenruhe und körperlicher Verfall sind die Extreme des menschlichen Daseins.

... Aber wenn ich auch niemals größere Schmerzen zu erdulden hatte, zwingen mich doch die Gedanken an mögliche noch heftigere Beschwerden bisweilen dazu, dem Cornelius Celsus beizupflichten, der glaubt, das höchste Gut sei die Weisheit, das größte Übel aber der körperliche Schmerz. Seine Begründung erscheint mir auch nicht abwegig. Denn da wir, wie er sagt, aus zwei Teilen

absurda. Nam quoniam duabus, inquit, partibus compositi simus, ex animo scilicet et corpore, quarum prior pars est animus melior, deterius corpus est, summum bonum est melioris partis optimum, summum autem malum pessimum deterioris. Est autem optimum in animo sapientia, est in corpore pessimum dolor. Summum igitur bonum hominis sapere, summum malum dolere sine ulla, ut opinor, falsitate concluditur.

Opiniones omnium philosophorum, qui sectas varias condiderunt usque ad tempora sua – neque enim plus poterat – sex non parvis voluminibus quidam Celsus absolvit. Nec redarguit aliquem, sed tantum quid sentirent, aperuit, ea brevitate sermonis, ut tantum adhiberet eloquii, quantum rei nec laudandae nec vituperandae nec affirmandae aut defendendae, sed aperiendae iudicandaeque sufficeret, cum ferme centum philosophos nominasset. Quorum non omnes instituerunt haereses proprias, quoniam nec illos tacendos putavit, qui suos magistros sine ulla dissensione secuti sunt.

bestehen, nämlich der Seele und dem Körper, wobei der erste Teil, also die Seele, den besseren und der Körper den minderwertigen bildet, ist das höchste Gut der beste Zustand des besseren Teils und das größte Übel der schlechteste Zustand des schlechteren Teils. Nun ist aber das höchste Gut für die Seele die Weisheit und das größte Übel für den Körper der Schmerz. Das höchste Gut für den Menschen ist also, weise zu sein, das größte Übel dagegen, Schmerzen zu empfinden. Diese Schlussfolgerung ist meiner Meinung nach über jeden Zweifel erhaben.

Ein gewisser Celsus

Augustinus *De haeresibus* praefatio 5

Der christliche Philosoph zollt Hochachtung für die Zurückhaltung des Verfassers und sein Bemühen um Vollständigkeit, vermisst aber das intellektuelle Feuer.

Die Meinungen der Philosophen, die verschiedene Schulen gegründet haben, hat bis auf seine Zeit – weiter konnte er ja nicht kommen – ein gewisser[1] Celsus in sechs nicht gerade kleinen Bänden abgehandelt. Nicht einen einzigen hat er widerlegt, sondern er hat nur ihre Ansichten wiedergegeben, und zwar in jener Kürze der Sprache, in jener rednerischen Zurückhaltung, die dazu geeignet war, ein Sujet weder zu tadeln noch zu loben, weder zu bestätigen noch zu verteidigen, sondern es zu öffnen und bekannt zu machen, und dies bei annähernd hundert Philosophen. Nicht alle von ihnen haben eigene Schulen gegründet. Die große Zahl kam deshalb zustande, weil er der Meinung war, man solle jene nicht verschweigen, die ihren Lehrmeistern ohne jeden Widerspruch gefolgt sind.

At simul et reprimunt et refrigerant…solanum (quam strychnon Graeci vocant)…

Solanum Graeci στρύχνον vocant, ut tradit Cornelius Celsus. Huic vis reprimendi et refrigerandi.

Ex auctoribus
M. Varrone. L. Pisone. Flacco Verrio. Antiate. Nigidio. Cassio Hemina. Cicerone. Plauto. Celso. Sextio Nigro qui Graece scripsit. Caecilio medico. Metello Scipione. Ovidio poeta. Licinio Macro.

Externis
Palaephato. Homero. Aristotele. Orpheo. Democrito. Anaxilao.

4 AULUS CORNELIUS CELSUS, SEINE LESER UND SEIN VERMÄCHTNIS

4.1 Rezeption in der Antike

Beiläufiger Hinweis mit prominenter Gewähr (1)
Celsus *De medicina* II 33.2

Sowohl hemmende als auch kühlende Wirkung haben… der Nachtschatten (den die Griechen Strýchnos nennen)…

Beiläufiger Hinweis mit prominenter Gewähr (2)
Plinius *Naturalis historia* XXVII 132

Den Nachtschatten nennen die Griechen Strýchnos, wie Cornelius Celsus berichtet. Er hat sowohl hemmende als auch kühlende Wirkung.

In einem Zug mit Plautus und Ovid
Plinius *Naturalis historia* Libro XXIX continentur

In den Inhaltsverzeichnissen zu den Büchern der Naturgeschichte, für die das Opus Celsi exzerpiert worden ist, nennt Plinius seinen Vorgänger stets nur unter den Autoren, jedoch nicht unter den Ärzten.

Römische Schriftsteller
M. Varro. L. Piso. Verrius Flaccus. Antias. Nigidius. Cassius Hemina. Cicero. Plautus. Celsus. Sextius Niger, der in griechischer Sprache geschrieben hat. Der Arzt Caecilius. Metellus Scipio. Der Dichter Ovid. Licinius Macer.

Autoren aus anderen Ländern
Palaiphatos. Homer. Aristoteles. Orpheus. Demokrit. Anaxilaos.

Medicis
Botrye. Apollodoro. Archedemo. Aristogene. Xenocrate. Democrate. Diodoro. Chrysippo philosopho. Oro. Nicandro. Apollonio Pitanaeo.

Antidotus autem Celsi haec recipit: Nardi Syriaci, croci, murrae, costi, casiae, cinnami, schoeni, piperis albi, piperis longi, castorei, galbani, resinae terebinthinae, opii, singulorum P.* III, alterci albi P.* II, anesi P.*I, apii seminis, tragacanthi, singulorum P.* VI, mellis Attici sextarium unum, vini Falerni unciam...

[Πρὸς δυσεντερικούς, κοιλιακούς, αἱμοπτυϊκούς, παρὰ Κορνηλίου ἰατροῦ] Σμύρνης, λιβάνου, ἀλόης, κρόκου, ὀπίου, ῥοῦ Συριακοῦ καὶ τοῦ βυρσοδεψικοῦ, λυκίου Ἰνδικοῦ, ἀκακίας, σιδίων, ὑποκυ-

Ärzte
Botrys. Apollodoros. Archedemos. Aristogenes. Xenokrates. Demokrates. Diodor. Der Philosoph Chrysipp. Nikander. Apollonios von Pitane.

Kein Treffer

Scribonius Largus *Compositiones* CLXXIII

Das Celsus zugeschriebene Medikament findet sich in De medicina *nicht. Naheliegende Erklärung: Der Verfasser, Leibarzt von Kaiser Claudius, hat nicht Aulus Cornelius Celsus, sondern seinen Lehrer Apuleius Celsus gemeint.*

Das Gegengift des Celsus enthält folgende Bestandteile: Je 12,9 Gramm syrische Narde, Safran, Myrrhe, Kostwurz, Mutterzimt, Zimt, Binse, weißen Pfeffer, langen Pfeffer, Bibergeil, Mutterharz, Terpentinharz und Opium, 8,6 Gramm weißes Bilsenkraut, 4,3 Gramm Anis, je 25,8 Gramm Selleriesamen und Tragant, einen halben Liter attischen Honigs und ein wenig Falernerwein…

Nur Cornelius, aber nicht Celsus

Galen *De compositione medicamentorum secundum locos* IX 5 K XIII 292

Galen erwähnt den innovativen Gentilnamensvetter des Celsus nur an dieser einen Stelle seines riesigen Opus.

[Mittel für Patienten mit Verdauungsstörungen, Unterleibsbeschwerden und Bluthusten, von dem Arzt Cornelius[1]]: Von Myrrhe, Weihrauch, Aloe, Krokus, Mohnsaft, syrischen Eumachbeeren und Gerberstrauch, indischem Kreuzdorn, ägyptischem Schotendorn, Granatapfelschale, dem Saft der Schmarotzerpflanze,

στίδος χυλοῦ, κηκίδος, βαλαυστίων, ἑκάστου τὸ ἴσον. ποίει τροχίσκους τριωβολιαίους εἰς νύκτα, ἀπυρέτοις ἐν οἴνῳ, πυρέσσουσιν ἐν ψυχρῷ.

G. salutem dicit R. sibi dilecto

Grandia quidem poscis, dulcissime frater, sed tuis meritis non indebita. Nam quid est tam optabile, quod benivolentia tua non promereatur, quid tam humile, quod conferri amicis hec tempora sinant? Itaque cum tibi desit artifex medendi, nobis remediorum materia, supersedimus describere ea, quae medicorum peritissimi utilia iudicaverint vitiato iecori. Quem morbum tu corrupte postuma, nostri apostema, Celsus Cornelius a Graecis ΥΠΑΤΙΚΟΝ dicit appellari.

Galleapfel, den Blüten des wilden Granatbaums, von alledem nimm gleich viel, mach Kügelchen daraus, die drei Oboli schwer sind, und gib sie den Kranken zur Nacht, wenn sie nicht fiebern, in Wein, wenn sie Fieber haben, in kaltem Wasser.

4.2 Rezeption in Mittelalter und Neuzeit

Ringen um den richtigen Terminus
Gerbert von Reims *Epistulae* Nr. 169

Aber eigentlich hat die gelehrte Bemerkung in einem Brief an den Bruder nichts verloren.

Gerbert[1] grüßt den von ihm geschätzten Remigius[2]

Große Forderungen[3] stellst Du, mein geschätzter Bruder, doch sind sie nicht unangemessen, wenn man an Deine Verdienste denkt. Nicht wahr, deine Opferbereitschaft ist ja so groß, dass es keinen Wunsch geben sollte, den man Dir nicht erfüllt. Gleichzeitig erlauben mir diese Zeiten aber nur, den Freunden ganz bescheidene Dienste zu erweisen. Wenn Dir deshalb der kundige Arzt und uns die Heilmittel und Medikamente fehlen, ersparen wir uns das zu beschreiben, was die erfahrensten Ärzte bei einem Leberleiden für nützlich befunden haben. Diese Krankheit nennst Du irrig »Spätling«, wir nennen sie »Abszess«, Celsus Cornelius aber sagt, sie werde von den Griechen »Hypatikón«[4] genannt.

Ex auctoribus vero latinis antiquis primo ex Plinii Secundi libro *de naturali ystoria* qui continet XXXVI libris fere omnium rerum quae in orbe sunt narrationem. Item ex libro Cornelii Celsi *de medicina* in VIII particulas diviso: hic Cornelius a dicto Plinio commendatur. Deinde ex Cassio Felice qui et ipse a Cornelio multum extollitur…

Purissimus Scriptor Cornelius Celsus

Medicorum Deus

Lob und Gegenlob

Simon von Genua[1] *Clavis sanationis* II 3

Sonderbarerweise erwähnt der mittelalterliche Autor nur die Medizin, aber nicht das Gesamtwerk des Celsus im gleichen Atemzug mit der Naturgeschichte des Plinius.

Von den alten lateinischen Schriftstellern aber an erster Stelle aus dem Werk des Plinius Secundus mit dem Titel »Naturgeschichte«, das 36 Bücher enthält und von nahezu allen Dingen auf dem Erdkreis berichtet. Ebenso aus dem achtteiligen Werk des Cornelius Celsus mit dem Titel »Über die Medizin«; dieser Cornelius wird von dem erwähnten Plinius empfohlen. Und schließlich aus Cassius Felix, der auch selbst von Cornelius sehr gepriesen wird[2]…

Nur Superlative (1)

Gerhard Johannes Voss[1] *De vitiis sermonis et glossematis latino-barbaris* I 16

Für so manchen frühneuzeitlichen Sprachwissenschaftler scheint Celsus sowohl als Arzt wie als Autor eine unumstrittene Autorität gewesen zu sein.

Der reinste Schriftsteller Cornelius Celsus

Nur Superlative (2)

Isaac Casaubonus[1] *Epistolae* Nr. 29

Gott der Ärzte

Sisto, tibi, amice Lector, A. CORN. CELSUM, authorem latinissimum, medicum sapientissimum, prudentissimumque.

Flosculi medicinales extracti ex libris Cornelii Celsi medicorum omnium ornatissimi

Ex quo antiquos Artis nostrae scriptores lectitare coepi, (coepi autem, ut primum nomen meum inter medicinae studiosos professus sum) praeter HIPPOCRATEM & ARETAEUM, maxime in deliciis habui A. CORNELIUM CELSUM, idque non magis propter stili elegantiam, quam quod permulta utilia ex eo didici.

Quum vero ex octo illis libris, quos de medicina composuit, nullus non bonae frugis plenus sit: tum praecipue primum, quo

Nur Superlative (3)

Theodorus Janssonius van Almeloveen[1] *AUR. CORN. CELSI DE MEDICINA LIBRI OCTO.* Dedicatio

Ich überreiche Dir, lieber Leser, A. CORNELIUS CELSUS, den lateinischsten Autor, den weisesten Arzt und den klügsten.

Redeblümchen eines Genies

Salvatore De Renzi[1] *Collectio Salernitana* I 39

Manche Sentenzen im Opus Celsi sind so originell, dass sie Sprichwortreife erreicht haben.

Medizinische Sentenzen[2] aus den Büchern des Cornelius Celsus, des berühmtesten aller Ärzte

Celsus memorieren – aber in Versen (1)

Johann Friedrich Clossius *A. Cornelii Celsi de tuenda sanitate volumen, elegis latinis expressum: subiicitur ipse Celsi contextus, partim e libris, partim ex ingenio emendatus* A 2

Ein begeisterter Leser widmet winterliche Mußestunden der Nachdichtung des Opus Celsi und möchte damit dem wissenschaftlichen Nachwuchs Gedächtnishilfe leisten.

Seitdem ich die antiken Autoren unserer Disziplin zu lesen begonnen habe – und das war, nachdem ich mich zum ersten Mal für das Studium der Medizin eingeschrieben hatte – , habe ich außer Hippokrates und Aretaios am meisten den A. Cornelius Celsus geschätzt, und zwar ebenso wegen seines gepflegten Schreibstils wie weil ich sehr viel Nützliches von ihm gelernt habe.

Alle seine acht Bücher, die er über die Medizin geschrieben hat, sind voll aufschlussreicher Informationen. Doch glaube ich, dass vor allem das erste, in dem ausgezeichnet erklärt wird, was

tuendae sanitatis ratio luculenter explicatur, ab insigni sua utilitate commendandam esse censeo.

Equidem praecepta illa per amplius viginti annos, quibus artifex sum, omnibus, quorum valetudinem curabam, diligenter inculcavi, nec quemquam iis auscultasse umquam poenituit, etsi non deerant, qui non nulla auxilia, ut aquam frigidam, infirmo capiti & stomacho, neruisque & articulis dolentibus, infusam, temeraria & periculosa, alia, ut claram lectionem & pilam, cum similibus exercitationis generibus, futilia, & histrione, quam Medico, digniora esse clamitarent. Quae conuicia tamen eo magis contemsi, quod boni effectus, qui ex usu illorum consequebantur, homunciones istos mox pudore conficiebant.

Praeceptorum autem Celsianorum praestantiam quum plane exploratam atque perspectam haberem, non paucis adolescentibus, qui artis salutaris studio se dediderant, auctor fui, ut volumen illud non modo legerent, sed etiam ediscerent. Fuerantque, qui, uberrimos fructus ex hoc consilio se percepisse, postea grati agnoscerent & testarentur. Ipse vero, quum otio nuper abundarem, neque valetudo, quae per hiemem fere paullo imbecillior mihi esse solet, pati videretur, ut maius aliquid molirer, nihil, quod operae non foret, me facturum existimaui, si totum libellum numeris poëticis adstringerem, siquidem inter omnes constat, quaecumque praecipiuntur, si carmini sint intexta, & plus ponderis habere, & memoriae promtius mandari, tenaciusque in ea haerere.

Operam dedi, ut CELSI mentem ubique quam adcuratissime exprimerem...

man tun muss, um seine Gesundheit zu erhalten, wegen seines großen Nutzens zur Lektüre zu empfehlen ist.

Ich jedenfalls habe jene Vorschriften in den mehr als zwanzig Jahren meiner praktischen Tätigkeit allen meinen Patienten eindringlich ans Herz gelegt. Und keiner hat es je bereut, ihnen gefolgt zu sein. Freilich gab es einige, die manche Ratschläge wie die zu Kaltwasserduschen bei Kopf- und Magenschwäche und Nerven- und Gliederschmerzen als waghalsig und gefährlich, und andere wie die zu lautem Lesen, Ballspiel und ähnlichen körperlichen Übungen als unsicher bezeichneten und davon sprachen, sie passten mehr zu einem Scharlatan als zu einem Arzt. Diese Schelte habe ich umso mehr zurückgewiesen, als die günstigen Wirkungen der Maßnahmen diese Geschöpfe sehr rasch mit Scham erfüllt haben.

Nachdem ich aber den Nutzen der Lebensregeln des Celsus gründlich erforscht und klar erkannt hatte, habe ich nicht wenige Studenten der Medizin dazu gebracht, dieses Buch nicht nur zu lesen, sondern sogar auswendig zu lernen. Manche von ihnen haben später dankbar anerkannt und bestätigt, dass sie aus diesen Ratschlägen außerordentlich großen Gewinn gezogen hätten. Ich selbst bin aber kürzlich, als ich reichlich freie Zeit hatte und meine Gesundheit, die im Winter gewöhnlich immer besonders angegriffen ist, mich kein größeres Projekt in Angriff nehmen ließ, zu der Überzeugung gekommen, ich könnte etwas Sinnvolles leisten, wenn ich das ganze erste Buch mit einem dichterischen Gewand überziehe, da doch allgemein anerkannt ist, dass die Gedichtform jede Art von Lehrstoff sowohl inhaltsschwerer als auch leichter und länger einprägsam macht.

Dabei habe ich mich bemüht, die Meinung des Celsus an allen Stellen so genau wie möglich zum Ausdruck zu bringen…

... Concubitus vero neque nimis concupiscendus, neque nimis pertimescendus est. Rarus corpus excitat, frequens solvit. Cum autem frequens non numero sit, sed natura... ratione aetatis et corporis, scire licet eum non inutilem esse, quem corporis neque languor neque dolor sequitur. Idem interdiu peior est, noctu tutior, ita tamen, si neque illum cibus neque hunc cum vigilia labor statim sequitur. Haec firmis servanda sunt cavendumque, ne in secunda valetudine adversae praesidia consumantur.

Concubitus sicut nocet immoderata cupido:
  Sic haud pernimium convenit esse metum.
Adspicis, ut corpus moderatior excitet usus,
  Et contra soluat non moderatus idem.
Nec vero, Veneris quae iussit iusta vocari
  Mensura, e numero constituisse licet.
Natura illius potius pro corpore, quoque
  Aetate, est animo dispicienda tuo.
Numquam autem coitus, nisi si dolor inde movetur,
  Aut languor sequitur, noxius esse potest.
At, dum Phoebus adhuc lucet, cohibenda libido est:

Celsus memorieren – aber in Versen (2)

Celsus *De medicina* I 1.4

… Den Beischlaf sollte man weder allzu begehren noch allzu fürchten. Selten ausgeübt, erregt er den Körper, häufig praktiziert lässt er ihn erschlaffen. Wird die Häufigkeit aber nicht allein an der Zahl, sondern an der Natur, dem Alter und der körperlichen Konstitution gemessen, dann ist er ganz und gar harmlos, wenn sich danach weder Erschlaffung noch Schmerzen einstellen. Bei Tage vollzogen, richtet er mehr Schaden an als bei Nacht. Da ist er sicherer. Diese Regel gilt jedoch nur, wenn man nach ersterem nicht gleich eine Mahlzeit zu sich nimmt und nach letzterem nicht wach bleibt und sofort zu arbeiten beginnt. Darauf müssen die Gesunden und Starken achten und sich hüten, in den Zeiten guter Gesundheit Abwehrkräfte gegen die Krankheiten zu verbrauchen.

Celsus memorieren – aber in Versen (3)

Johann Friedrich Clossius *A. Cornelii Celsi de tuenda sanitate volumen, elegis latinis expressum: subiicitur ipse Celsi contextus, partim e libris, partim ex ingenio emendatus* I 1[1]

Beischlaf kann schaden wie jede ungezähmte Begierde.
  Allzu viel Ängste sind aber nicht angebracht.
Sieh Dir nur an, wie die maßvolle Übung den Körper beflügelt
  Und wie er umgekehrt nach der Orgie erschlafft.
Nicht aber darf man alleine nach Zahlen und Rhythmen entscheiden,
  Was das rechte Maß in der Liebe besagt.
Ihre Natur ist mehr nach dem Fleische zu wägen, zu prüfen,
  Auch dem Alter durchaus, denk doch darüber nach.
Niemals jedoch vermag der Beischlaf Leid zu erzeugen,
  Außer es folgen ihm Schmerz oder auch Mattigkeit nach.
Aber solange Phöbus noch leuchtet, soll man sich zügeln,

Tutior esse solet, nocte silente, Venus.
Sed si clinopalas poscet tentigo diurnas,
Mox ab iis veniat nullus in ora cibus.
Atque a nocturnis etiam vitesque laborem,
Et placido refici membra sopore sinas.
Praecepta haec memori servent sub mente reposta,
Quorum sunt firmis corpora texta fibris.
Ac, sani dum sunt, vires consumere parcant,
Quae morbis valeant tristibus esse pares.

Facta urbana tu res rustica munere scriptis,
Nec minus illustris est medicina tuis.
Hinc quoque militiae tractasti commoda rhetor,
Hoc Martem Musis iungere, Celse, fuit.

Hippocrati quantum debet Cos insula parva,
Pergama tantundem docte Galene Tibi.
Sed tamen ambobus quantum sua patria debet,
Tantum, Corneli, maxime Roma Tibi!

Sicher ist Venus erst spät, in der Stille der Nacht.
Wen aber täglich die Brunst ins Liebesbett dränget und hetzet.
Besser ist's, wenn er danach keine Speisen zum Mund führt.
Und nach nächtlichem Beischlaf soll man die Anstrengung meiden
Und die Glieder sanft schlummernd entspannen und ruh'n.
Diese Belehrung sollen all jene im Gedächtnis bewahren,
Deren Leiber stark, unzerreißlich sind.
In gesunden Tagen darf man die Kraft nicht vergeuden,
Anders könnte sie fehlen in Krankheit und Leid.

Mars und Musen

Jan Van der Does[1] *Epigram. Acad. Leid. Praef. Ad Cornelium Celsum*

Man fragt sich allerdings, ob die Medizin mehr zu Mars oder mehr zu den Musen gehört.

Geistreiche Dinge hast du beschrieben, schmucklose auch,
Hast es geschafft, die Medizin zu loben, zu adeln.
Hast auch als Redner den Kriegsdienst gerühmt und verklärt,
Mars und Musen, Celsus, miteinander vermählt.

Hippokrates + Galen = Cornelius

Balduinus Ronsseus[1] *Aurelii Cornelii Celsi de re medica libri octo* p. 2

Auch so kann man ein Inselchen respektive die Provinz mit einer Weltstadt vergleichen.

Eben so viel wie das Inselchen Kos dem Hippokrates
Schuldet Dir, Meister Galen, Pergamon, wo Du gebor'n.
Aber genau so viel wie den beiden ihr Vaterland schuldet,
Schuldet Dir, Cornelius, weitaus am meisten Dein Rom!

Mirabilis Celsus in omnibus – quem nocturna versare manu, versare diurna consulo.

… Ergo si nimium alicui fatigato paene febris est, huic abunde est loco tepido demittere se inguinibus tenus in aquam calidam, cui paulum olei sit adiectum…

… Si mulieri inguen et febricula orta est neque causa apparet, ulcus in vulva est.

Grenzenlose Bewunderung

Hieronymus Fabricius ab Aquapendente[1] *De chirurgicis* cap. XXXIII

Für einen medizinischen Grundlagenwissenschaftler ist der enthusiastische Lobpreis des Celsus zumindest ungewöhnlich.

Wunderbar ist dieser Celsus in jeder Hinsicht – in ihm blättere ich bei Tag und bei Nacht und suche händeringend um Rat.

4.3 Celsus und die medizinische Terminologie

Doppelte Bedeutung (1)

Celsus *De medicina* I 3.5

Die anatomische Bezeichnung für die Leiste wird auch für die Beschreibung des Krankheitszustands der Region verwendet.

... Wenn also einer sehr müde und dem Fieber nahe ist, hat er viel davon, wenn er an einem milden Ort bis zu den Leisten in warmes Wasser, dem etwas Öl beigemengt worden ist, eintaucht...

Doppelte Bedeutung (2)

Celsus *De medicina* II 7.10

... Wenn sich bei einer Frau ohne erkennbare Ursache eine Geschwulst in der Leistenrregion und Fieber entwickeln, dann hat sie ein Geschwür an der Gebärmutter.

Morbus intestini tenuioris nisi resolutus est, intra septimum diem occidit…

Intra ipsa vero intestina consistunt duo morbi, quorum alter in tenuiore, alter in pleniore est. Prior acutus est, insequens esse longus potest. Diocles Carystios tenuioris intestini morbum χορδαψόν, plenioris εἰλεόν nominavit. A plerisque video nunc illum priorem εἰλεόν, hunc κωλικόν nominari…

Aeque notus est morbus, quem interdum arquatum, interdum regium nominant. Quem Hippocrates ait, si post septimum diem febricitante aegro supervenit, tutum esse, mollibus tantummodo praecordiis substantibus. Diocles ex toto, si post febrem oritur, etiam prodesse, si post hunc febris, occidere. Color autem eum morbum detegit, maxime oculorum, in quibus quod album esse debet, fit luteum. Soletque accedere et sitis et dolor capitis et

Nachgebessert (1)
Celsus *De medicina* II 8.35

Nicht immer wird die griechische Bezeichnung einer Erkrankung von Beginn an ausführlich erläutert.

Die Erkrankung des Dünndarms führt ohne erfolgreiche Behandlung binnen sieben Tagen zum Tod…

Nachgebessert (2)
Celsus *De medicina* IV 20.1

An den Därmen sind zwei Krankheiten lokalisiert, die eine am Dünn-, die andere am Dickdarm. Die eine ist akut, die andere kann chronisch verlaufen. Diokles von Karystos nannte die Erkrankung des Dünndarms Chordapsós und die des Dickdarms Eileós. Jetzt wird von den meisten Ärzten erstere als Eileós und letztere als Kōlikós bezeichnet…[1]

Gelbsucht: Zwei Namen für eine Krankheit
Celsus *De medicina* III 24.1–2,5

Eine schlüssige Erklärung für die beiden Bezeichnungen bleibt der Verfasser aber schuldig.

Ebenso bekannt ist die Krankheit, die teils als regenbogenfarbig[1], teils als königlich bezeichnet wird. Hippokrates[2] sagt von ihr, wenn sie bei einem fiebernden Patienten nach dem siebten Tag auftrete, dann gehe von ihr kein Risiko aus, solange nur die Lebergegend weich bleibe. Diokles[3] behauptete sogar, wenn sie nach dem Fieber entstehe, sei sie förderlich, nur wenn ihr das Fieber nachfolge, führe sie zum Tode. Die Farbe der Organe aber verrät diese Krankheit, vor allem die der Augen, in denen das, was sonst weiß ist, gelb wird. Gewöhnlich kommen Durst, Kopf-

frequens singultus et praecordiorum dextra parte durities et, ubi corporis vehemens motus est, spiritus difficultas membrorumque resolutio. Atque ubi diutius manet morbus, totum corpus cum pallore quodam inalbescit... Per omne vero tempus utendum est exercitatione, fricatione, si hiemps est, balneo, si aestas, frigidis natationibus, lecto etiam et conclavi cultiore, lusu, ioco, ludis, lascivia, per quae mens exhilaretur. Ob quae regius morbus dictus videtur. Malagma quoque, quod digerat, super praecordia datum, prodest vel arida ibi ficus superimposita, si iecur aut lienis est adfectus.

Ut hoc autem morbi genus circa totam cervicem, sic alterum aeque pestiferum acutumque in faucibus esse consuevit. Nostri anginam vocant. Apud Graecos nomen, prout species est. Interdum enim neque rubor neque tumor ullus apparet, sed corpus aridum est, vox spiritus trahitur, membra solvuntur. Id συνάγχην vocant. Interdum lingua faucesque cum rubore intumescunt, vox nihil significat, oculi vertuntur, facies pallet, singultus est. Id κυνάγχην

schmerz, häufiges Aufstoßen und eine Verhärtung des rechten Oberbauchs sowie Atembeschwerden und Schwächegefühl in den Extremitäten nach heftigen Bewegungen des Körpers dazu. Und wenn die Krankheit länger anhält, erblasst der ganze Körper und nimmt eine weißliche Farbe an... Die ganze Zeit soll man körperlich aktiv sein, sich einreiben lassen, im Winter warm baden und im Sommer in kaltem Wasser schwimmen. Der Kranke soll sich auch ein bequemes weiches Bett in einem geschmackvoll ausgestatteten Zimmer einrichten, Spiel und Scherz nicht verachten, öffentliche Schauveranstaltungen besuchen und sich ausgelassen geben, kurz die Dinge machen, die Geist und Seele erfreuen. Auch ein verdauungsfördernder Umschlag, der auf den Oberbauch gelegt wird, tut gut, ebenso eine Schicht aus getrockneten Feigen, die an gleicher Stelle aufgebracht wird, wenn Leber oder Milz betroffen sind.

Angina: Verzicht auf terminologische Feinheiten

Celsus *De medicina* IV 7.1–2

Der Verfasser wählt mutmaßlich mit voller Absicht die Wir-Form für die Verteidigung eines einfachen und einheitlichen lateinischen Krankheitsbegriffs.

Anders als die eben beschriebene Krankheit, die den ganzen Hals befällt, erfasst ein zweites ähnlich unheilvolles akutes Leiden den Schlund und den Rachen. Wir Römer sprechen dabei einheitlich von Angina[1]. Die Griechen haben aber für die verschiedenen Formen unterschiedliche Namen. Manchmal ist nämlich weder eine Rötung noch irgendeine Schwellung zu sehen. Vielmehr ist der Körper trocken, das Atmen fällt schwer und die Glieder werden gelähmt. Diese Form nennen die Griechen Synánchē[2]. In anderen Fällen sind Zunge und Rachen gerötet und geschwollen, die Stimme versagt, die Augen verdrehen sich, das Gesicht wird blass und

vocant. Illa communia sunt. Aeger non cibum devorare, non potionem potest, spiritus eis intercluditur. Levius est, ubi tumor tantummodo ruborque est, cetera non secuntur. Id παρασυνάγχην appellant.

Est etiam circa fauces malum, quod apud Graecos aliud aliudque nomen habet, prout se intendit. Omne in difficultate spirandi consistit. Sed haec dum modica est neque ex toto strangulat δύσπνοια appellatur. Cum vehementior est, ut spirare aeger sine sono et anhelatione non possit, ἄσθμα. At cum accessit id quoque, quod aegre nisi recta cervice spiritus trahitur, ὀρθόπνοια. Ex quibus id, quod primum est, potest diu trahi. Duo insequentia acuta esse consuerunt. His communia sunt, quod propter angustias, per quas spiritus evadit, sibilum exit. Dolor in pectore praecordiisque est, interdum etiam scapulis, isque modo decedit, modo revertitur. Ad haec tussicula accedit…

der Patient röchelt. Dann sprechen die Griechen von Kynánchē[3]. Gemeinsam sind diesen beiden Formen, dass der Patient weder Speisen noch Getränke schlucken kann und dass ihm der Atem genommen wird. Leichter ist die Form, bei der nur Schwellung und Rötung vorhanden sind, die übrigen Symptome aber nicht hinzutreten. Dazu sagen die Griechen dann Parasynánchē[4].

Atemnot: Differenzialdiagnose auf Griechisch

Celsus *De medicina* IV 8.1–2

Der Verfasser nennt und erläutert zwar die von Hippokrates und dessen Nachfolgern geprägten Fachbegriffe, verzichtet aber auf prägnante Übersetzungen.

Es gibt auch in der Region des Rachens ein Leiden, das bei den Griechen je nach seinem Schweregrad verschiedene Namen trägt. In jedem Fall manifestiert es sich durch Schwierigkeiten beim Atmen[1]. Wenn die Atemnot mäßig ausgeprägt ist und den Patienten nicht ganz erstickt, so spricht man von Dýspnoia[2]. Wenn sie heftiger, ja so heftig ist, dass der Patient nicht atmen kann, ohne zu schnauben und zu keuchen, so spricht man von Ásthma[3]. Wenn es aber so weit gekommen ist, dass der Patient nur mit Mühe und nur noch mit gestrecktem Hals Luft holen kann, so spricht man von Orthópnoia[4]. Die erste Form der Krankheit kann sich lange hinziehen. Die beiden anderen verlaufen gewöhnlich akut. Allen drei Formen ist gemeinsam, dass wegen der Verengung des Weges, auf dem die Luft ausgeatmet wird, ein pfeifendes Geräusch entsteht. Außerdem besteht Schmerz in der Brust und im Oberbauch, bisweilen auch an den Schulterblättern, der typischerweise ebenso rasch vergeht wie er wiederkehrt. Dazu kommt noch leichter Husten…

… Sub ipsis vero auribus oriri parotides solent, modo in secunda valetudine ibi inflammatione orta, modo post longas febres illuc impetu morbi converso. Id abscessus genus est…

In eadem palpebra supra pilorum locum tuberculum parvulum nascitur, quod a similitudine hordei a Graecis crithe nominatur. Tunica quiddam, quod difficulter maturescit, conprehensum est… Alia quoque quaedam in palpebris huic non dissimilia oriuntur. Sed neque utique figurae eiusdem et mobilia simul atque digito vel huc vel illuc inpelluntur. Ideoque ea chalazia Graeci vocant…

Eine Art Eitergeschwür

Celsus *De medicina* VI 16

Mit Parotis wird nicht ein Organ, sondern eine Krankheit bezeichnet.

… Unmittelbar unter den Ohren entwickeln sich vielfach so genannte Parōtídes[1], und zwar bald als örtliche Entzündung bei voller Gesundheit, bald als lokale Manifestation einer langen fieberhaften Krankheit. Hierbei handelt es sich um eine Variante des Eitergeschwürs…

Vom Gersten- und vom Hagelkorn

Celsus *De medicina* VII 7.2

Der Verfasser weist anhand der griechischen Krankheitsnamen auf ein bis heute für die Differenzialdiagnose zwischen Gersten- und Hagelkorn wichtiges Kriterium hin.

Am Oberlid direkt über der Wimpernlinie wächst ein kleines Höckerchen, das wegen seiner Ähnlichkeit mit einem Gerstenkorn von den Griechen Krithḗ[1] genannt wird. Sein Inhalt wird nur langsam reif und ist von einer Kapsel umschlossen… Es entstehen an den Augenlidern auch noch andere, dem Gerstenkorn nicht unähnliche Geschwülste. Doch ist ihre Form nicht ganz die gleiche. Außerdem sind sie beweglich und lassen sich mit dem Finger hierhin und dorthin stoßen. Deshalb nennen sie die Griechen Chalázia[2]…

… Tum pondere eo devolvitur aut omentum aut etiam intestinum. Idque ibi reperta via paulatim ab inguinibus in inferiores quoque partes nissum subinde nervosas tunicas et ob id eius rei patientes diducit. Enterocelen aut epiplocelen Graeci vocant. Apud nos indecorum, sed commune his hirneae nomen est.

Fieri tamen potest, ut morbus quidem id desideret, corpus autem vix pati posse videatur. Sed si nullum tamen appareat aliud auxilium periturusque sit, qui laborat, nisi temeraria quoque via fuerit adiutus, in hoc statu boni medici est ostendere, quam nulla spes sit sine sanguinis detractione faterique, quantus in hac ipsa metus sit, et tum demum, si exigetur, sanguinem mittere. De quo

Die Hernie hat einen hässlichen Namen
Celsus *De medicina* VII 18.3

Der Verfasser kritisiert eine weit verbreitete Krankheitsbezeichnung, bietet aber keinen gefälligeren Terminus als Alternative an.

… Dann sinken das Netz oder auch der Darm durch ihr Eigengewicht nach unten. Wenn sie dort erst ihren Weg gefunden haben, dringen sie von den Leisten aus in die weiter kaudal gelegenen Regionen vor und dehnen dort die sehnigen Häute, deren Elastizität diese Reaktion erlaubt. Enterokḗlē[1] und Epiplokḗlē[2] nennen die Griechen diesen Zustand. Bei uns verwendet man für beide Situationen die gleiche unschöne Bezeichnung Hernie[3].

4.4 *Celsus und die medizinische Ethik*

Letzte Alternative: Aderlass
Celsus *De medicina* II 10.7–8

An der Aufrichtigkeit des Verfassers besteht nicht der geringste Zweifel, auch wenn er seine therapeutische Empfehlung vielleicht etwas zu leidenschaftlich formuliert.

Es kann jedoch der Fall eintreten, dass zwar die Krankheit an sich den Aderlass erforderlich macht, der Körper ihn aber offensichtlich nicht überstehen kann. Wenn sich aber keine andere Behandlungsmaßnahme anbietet und man fürchten muss, dass der Patient stirbt, wenn ihm nicht auf eine gewagte Art und Weise geholfen wird, dann ist es Pflicht eines guten Arztes, ihn darüber aufzuklären, dass ohne den Aderlass keine Hoffnung mehr besteht, dabei durchaus auch einzuräumen, wie groß die mit dem Eingriff verbundenen Befürchtungen sind, und erst dann zur Ader zu lassen, wenn der Patient danach verlangt. In einer solchen Situation

dubitari in eiusmodi re non oportet. Satius est enim anceps auxilium experiri quam nullum…

Neque Hercules satis est ipsas tantum febres medicum intueri, sed etiam totius corporis habitum et ad eum derigere curationem, sive supersunt vires seu desunt seu quidam alii affectus interveniunt. Cum vero semper aegros securos agere conveniat, ut corpore tantum, non etiam animo laborent, tum praecipue, ubi cibum sumpserunt. Itaque si qua sunt, quae exasperatura eorum animos sunt, optimum est ea, dum aegrotant, eorum notitiae subtrahere. Si id fieri non potest, sustinere tamen post cibum usque somni tempus, et cum experrecti sunt, tum exponere.

Facilius in servis quam in liberis tollitur, quia, cum desideret famem, sitim, mille alia taedia longamque patientiam, promptius

sollte man auch die eigenen Zweifel hintanstellen. Denn es ist dann doch besser, ein Mittel einzusetzen, an dem man Zweifel hat, als gar keines…

Aufklärung nach dem Aufwachen

Celsus *De medicina* III 5.11

Gespräche, die den Patienten seelisch belasten könnten, sollen nur zu ausgewählten Zeiten geführt werden.

Bei Herkules, es genügt nicht, dass der Arzt nur die Fieberzustände beobachtet. Vielmehr muss er den gesamten körperlichen Zustand des Patienten im Auge haben und die Behandlung daran orientieren, sei es dass Kräfte übrig sind oder fehlen oder sich andere Zwischenfälle ereignen. Wie es aber immer geboten ist, den Patienten Sicherheit zu vermitteln, damit sie nur körperlich, nicht aber auch seelisch leiden, gehört sich dies vor allem nach den Mahlzeiten. Sollten sich deshalb Aspekte ergeben, die die Patienten seelisch belasten könnten, ist es am besten, sie ihnen zu verheimlichen, solange sie körperlich leiden. Wenn das nicht möglich ist, sollte man damit warten, bis sie gegessen und geschlafen haben, und sie dann, wenn sie erwacht sind, aufklären.

Eine kluge sozialmedizinische Beobachtung

Celsus *De medicina* III 21.2–3

Wer in Abhängigkeit lebt, kann sich den Zumutungen der Medizin nicht entziehen.

Die Wassersucht lässt sich leichter bei Sklaven als bei freien Leuten heilen. Der Grund ist einfach: Da die Behandlung Hungern und Dürsten, tausend andere Unannehmlichkeiten und Geduld und Ausdauer erfordert, ist denen besser zu helfen, die man ohne Um-

iis succurritur, qui facile coguntur, quam quibus inutilis lilbertas est. Sed ne ii quidem, qui sub alio sunt, si ex toto sibi temperare non possunt, ad salutem perducuntur…

… Ex his autem intellegi potest ab uno medico multos non posse curari, eumque, si artifex sit, idoneum esse, qui non multum ab aegro recedit. Sed qui quaestui serviunt, quoniam is maior ex populo est, libenter amplectuntur ea praecepta, quae sedulitatem non exigunt, ut in hac ipsa re. Facile est enim dies vel accessiones numerare is quoque, qui aegrum raro vident. Ille adsideat necesse est, qui quod solum opus est visurus est, quando nimis imbecillus futurus sit, nisi cibum acceperit.

… Solam hanc artium Graecarum nondum exercet Romana gravitas, in tanto fructu paucissimi Quiritium attigere, et ipsi statim ad Graecos transfugae, immo vero auctoritas aliter quam Graece eam tractantibus etiam apud inperitos expertesque linguae

stände zu etwas zwingen kann, als jenen, die über die in dieser Hinsicht nutzlose Freiheit des Handelns verfügen. Aber nicht einmal jene, die einem anderen untergeben sind, werden davon geheilt, wenn sie sich nicht vollständig beherrschen können…

Betreuung nach Bezahlung (1)
Celsus *De medicina* III 4.9–10

Den Konflikt zwischen Fürsorgepflicht und Profitstreben muss jeder Arzt für sich selbst lösen.

… Daher kann man aber verstehen, dass ein einzelner Arzt nicht viele Kranke behandeln kann, und dass er, selbst wenn er ein Fachmann ist, sich nur dann eignet, wenn er den Kranken nicht lange allein lässt. Jene aber, die nach dem Profit streben[1], dessen Höhe ja mit der Zahl der Kranken steigt, befolgen lieber die Handlungsanweisungen, die wie im oben geschilderten Fall keinen besonderen Eifer erfordern. Denn die Tage oder Besuche zu zählen fällt auch denen leicht, die den Kranken nur selten aufsuchen. Jedenfalls muss der Arzt beim Kranken verweilen, wenn er – und nur darauf kommt es an – feststellen will, wann der zu schwach wird, nachdem er nichts zu sich genommen hat.

Betreuung nach Bezahlung (2)
Plinius *Naturalis historia* XXIX 17

… Die Medizin ist die einzige unter den griechischen Künsten, die die Majestät des Römers noch nicht ausübt. Trotz der glänzenden Verdienstaussichten haben sich ihr nur sehr wenige Staatsbürger zugewandt. Und auch die sind sofort zu den Griechen übergelaufen. Man kommt in diesem Fach nicht anders zur Geltung, als wenn man es griechisch betreibt – selbst aus der Sicht derer, die keine Erfahrungen haben und die Sprache nicht beherrschen. In

non est, ac minus credunt, quae ad salutem suam pertinent, si intellegant…

Nonnumquam autem venter ictu aliquo perforatur sequiturque ut intestina evolvantur. Quod ubi incidit, protinus considerandum est, an ea integra sint, deinde an is color suus maneat. Si tenuius intestinum perforatum est, nihil profici posse iam rettuli. Latius intestinum sui potest, non quo certa fiducia sit, sed quod dubia spes certa desperatione sit potior. Interdum enim glutinatur. Tum si utrumlibet intestinum lividum aut pallidum aut nigrum est, quibus illud quoque necessario accedit, ut sensu careat, medicina omnis inanis est. Si vero adhuc ea sui coloris sunt, cum magna festinatione succurrendum est. Momento enim alienantur, externo et insueto spiritu circumdato. Resupinandus autem homo est coxis erectioribus. Et si angustius vulnus est, quam ut intestina commode refundantur, incidendum est, donec satis pateat. Ac si iam sicciora sunt intestina, perluenda aqua sunt, cui paulum admodum olei sit adiectum. Tum minister oras ulceris leviter diducere manibus suis vel etiam duobus hamis interiori membra-

Fragen der Gesundheit schenken sie nämlich den Antworten, die sie verstehen, weniger Vertrauen…

Zweifelhafte Hoffnung ist besser als Verzicht auf Hoffnung

Celsus *De medicina* VII 16.1–3

Offene Bauchverletzungen: Die Farbe des Darms offenbart die Prognose.

Es kann der Fall eintreten, dass der Bauch durch einen Stoß oder einen Hieb eröffnet wird, so dass die Eingeweide vorfallen. In dieser Situation muss man zuerst sein Augenmerk darauf richten, ob sie unverletzt sind bzw. ob sie ihre natürliche Farbe haben. Wenn der dünnere Teil des Darms perforiert ist, gibt es wie schon gesagt keine Behandlungschancen. Den dickeren Abschnitt des Darms kann man hingegen nähen, zwar ohne sichere Aussicht auf einen Heilerfolg, aber versuchen sollte man es trotzdem, weil eine zweifelhafte Hoffnung immer noch besser ist als echte Verzweiflung. Manchmal wachsen nämlich solche Wunden zusammen. Wenn also der Darm, sei es der Dünn- oder der Dickdarm, bläulich oder blass oder schwarz ist, ein Zustand, der unausweichlich mit einem Sensibilitätsverlust verbunden ist, versagt jede Form der medizinischen Behandlung. Haben die Därme aber noch die ihnen eigene Farbe, so muss man sehr schnell Hilfe leisten. Denn sie sterben sofort ab, wenn sie an die für sie ungewohnte Außenluft gelangen[1]. Der Patient muss dann auf den Rücken gelegt und seine Hüften sollen angehoben werden. Falls die Wunde zu eng ist, um die Därme ohne Mühe zurückverlagern zu können, soll man einschneiden, bis die Öffnung weit genug ist. Und wenn die Därme schon ziemlich trocken sind, benetzt man sie mit Wasser, in das etwas Öl geschüttet wurde. Dann muss ein Gehilfe die Wundränder vorsichtig mit seinen Händen oder auch mit zwei Haken, die an der inneren Bauchwand angesetzt werden, spreizen.

nae iniectis debet. Medicus priora semper intestina, quae posteriora prolapsa sunt, condere sic, ut orbium singulorum locum servet. Repositis omnibus, leviter homo concutiendus est. Quo fit, ut per se singula intestina in suas sedes deducantur et in his considant. His conditis, omentum quoque considerandum est, ex quo, si quid iam nigri emortui est, forfice excidi debet. Si quid integrum est, leviter supra intestina deduci…

Cum vesicae vero calculique facta mentio sit, locus ipse exigere videtur, ut subiciam, quae curatio calculosis, cum aliter succurri non potest, adhibeatur. Ad quam festinare cum praeceps sit, nullo modo convenit. Ac neque omni tempore neque in omni aetate neque in omni vitio id experiundum est, sed solo vere, in eo corpore, quod iam novem annos, nondum quattuordecim excessit, et si tantum mali est, ut neque medicamentis vinci possit neque iam trahi posse videatur, quo minus interposito aliquo spatio interemat. Non quo non interdum etiam temeraria medicina proficiat, sed quo saepius utique in hoc fallat, in quo plura et

Der Arzt verlagert die Därme zurück, und zwar stets jene als erste, die zuletzt vorgefallen sind, und zwar so, dass er die einzelnen Windungen an ihren alten Platz bringt. Wenn alle Darmabschnitte reponiert sind, wird der Patient sanft geschüttelt. Dadurch kehrt jede einzelne Schlinge von selbst an ihren ursprünglichen Platz zurück und verbleibt dort auch. Nach der Rückverlagerung des Darms soll man auch noch das Netz betrachten. Wenn ein Teil bereits schwarz und abgestorben ist, muss man ihn mit der Schere ausschneiden. Die gut erhaltenen Anteile lege man behutsam über die Därme...

Wenn man sich zum Äußersten entschlossen hat

Celsus *De medicina* VII 26.2A–B

Nur wenn das Steinleiden die Prognose quoad vitam beeinträchtigt, soll man das Wagnis einer Operation eingehen.

Nachdem nun schon von der Blase und den Blasenkonkrementen die Rede war, erscheint es geboten, auch darauf zu sprechen zu kommen, wie die Steinträger zu behandeln sind, falls man ihnen auf keine andere Weise mehr helfen kann. Da der Eingriff gefährlich ist, darf man ihn auf keinen Fall überstürzt durchführen. Man soll ihn auch nicht zu jeder Jahreszeit, in jedem Lebensalter und in jedem derartigen Fall vornehmen, sondern ausschließlich im Frühjahr, bei Patienten im Alter zwischen neun und 14 Jahren und nur, wenn das Leiden so schwer ist, dass es medikamentös nicht erfolgreich behandelt werden kann, und man zu der Überzeugung gelangt, nicht mehr länger warten zu können, weil der Patient sonst nach kurzer Zeit stirbt. Damit soll keineswegs behauptet werden, dass nicht zuweilen auch eine riskante Behandlung zum Erfolg führen kann. Aber bei dieser Indikation, wo die Gefahren vielfältig sind und zu den verschiedensten Zeitpunkten drohen, droht doch häufiger der Misserfolg. Darauf werde ich im Zusam-

genera et tempora periculi sunt. Quae simul cum ipsa curatione proponam. Igitur, ubi ultima experiri statutum est…

Ubi specillum ad os venit, si nihil nisi leve et lubricum occurrit, integrum id videri potest; si quid asperi est utique qua suturae non sunt, fractum os esse testatur. A suturis se deceptum esse Hippocrates memoriae prodidit, more scilicet magnorum virorum et fiduciam magnarum rerum habentium. Nam levia ingenia, quia nihil habent, nihil sibi detrahunt. Magno ingenio, multaque nihilo minus habituro, convenit etiam simplex veri erroris confessio praecipueque in eo ministerio, quod utilitatis causa posteris traditur, ne qui decipiantur eadem ratione, qua quis ante deceptus est. Sed haec quidem alioqui memoria magni professoris ut interponeremus effecit.

Αὐτόνομος ἐν Ὀμίλῳ ἐν κεφαλῆς τρώματι ἔθανεν ἑκκαιδεκάτῃ ἡμέρῃ θέρεος μέσου λίθῳ ἐκ χειρὸς βληθεὶς κατὰ τὰς ῥαφὰς μέσῳ

menhang mit der Beschreibung der Operation zu sprechen kommen. Hat man also einmal beschlossen, das Äußerste zu wagen…

Große Geister, kleine Geister und der ärztliche Kunstfehler (1)

Celsus *De medicina* VIII 4.3–4

Der Verfasser verwendet das Eingeständnis des Hippokrates, einen folgenschweren Fehler gemacht zu haben, zu einem eindrucksvollen Plädoyer für wissenschafliche Integrität.

Dringt man mit der Sonde bis auf den Knochen vor und wirkt dort alles vollkommen glatt, so darf man davon ausgehen, dass er intakt ist. Findet man aber eine raue Stelle, und zwar vor allem da, wo es keine Nähte gibt, so weist dies auf einen Bruch des Knochens hin. Hippokrates hat berichtet, dass er sich von den Schädelnähten habe täuschen lassen, ganz nach der Art der großen Männer, die sich auf ihre großen Leistungen berufen können. Kleingeister können sich ja nichts von ihrem Ansehen entziehen, da sie ohnehin keines haben. Großen und bedeutenden Menschen geziemt auch das offene Eingeständnis eines tatsächlichen Irrtums, weil sie trotzdem einen hohen Grad an Berühmtheit behalten, und zwar besonders in der Wissenschaft, welche wegen ihrer Nützlichkeit an die Nachkommen weitergegeben wird, damit niemand der gleichen Täuschung erliegt, von der vorher schon ein anderer betroffen war. Übrigens hat mich zu dieser Bemerkung gerade die Erinnerung an den großen Lehrer veranlasst.

Große Geister, kleine Geister und der ärztliche Kunstfehler (2)

Hippokrates *Epidemien* V 27

Autonomos in Omilos[1] starb an einer Kopfwunde am 16. Tag mitten im Sommer. Der Stein wurde von Hand geworfen und traf ihn an den Nähten mitten auf der Stirn. Ich erkannte nicht, dass

τῷ βρέγματι. τοῦτο παρέλαθέ με δεόμενον πρισθῆναι· ἔκλεψαν δέ μευ τὴν γνώμην αἱ ῥαφαὶ ἔχουσαι ἐν σφίσιν ἑωυτῇσι τοῦ βέλεος τὸ σῖνος· ὕστερον γὰρ καταφανὲς γίγνεται. πρῶτον μὲν ἐς τὴν κληῖδα, ὕστερον δέ ἐς τὴν πλευρήν, ὀδύνη ἰσχυρὴ πάνυ, καὶ σπασμὸς ἐς ἄμφω τὼ χεῖρε ἦλθεν, ἐν μέσῳ γὰρ εἶχε τῆς κεφαλῆς καὶ τοῦ βρέγματος τὸ ἕλκος. ἐπρίσθη δὲ πεντεκαιδεκάτη, καὶ πύον ὑπῆλθεν οὐ πολύ· ἡ δὲ μῆνιγξ ἀσαπὴς ἐφαίνετο.

Ὁπόταν δὲ τύχῃ ψιλωθὲν τὸ ὀστέον τῆς σαρκὸς ὑπὸ τοῦ βέλεος, καὶ τύχῃ κατ' αὐτὰς τὰς ῥαφὰς γενόμενον τὸ ἕλκος, χαλεπὸν γίνεται καὶ τὴν ἕδρην τοῦ βέλεος φράσασθαι, τὴν ἐν τῷ ἄλλῳ ὀστέῳ φανερὴν γενομένην, εἶτ' ἔνεστιν ἐν τῷ ὀστέῳ εἴτε μὴ ἔνεστιν, καὶ ἣν τύχῃ γενομένη ἡ ἕδρη ἐν αὐτῇσι τῇσι ῥαφῇσιν. συγκλέπτει γὰρ αὐτὴ ἡ ῥαφὴ τρηχυτέρη ἐοῦσα τοῦ ἄλλου ὀστέου, καὶ οὐ διάδηλον ὅ τι τε αὐτοῦ ῥαφή ἐστι καὶ ὅ τι τοῦ βέλεος ἕδρη, ἢν μὴ κάρτα μεγάλη γένηται ἡ ἕδρη. προσγίνεται δὲ καὶ ῥῆξις τῇ ἕδρῃ ὡς ἐπὶ τὸ πολὺ τῇ ἐν τῇσι ῥαφῇσι γινομένῃ, καὶ γίνεται καὶ αὐτὴ ἡ ῥῆξις χαλεπωτέρη φράσασθαι, ἐρρωγότος τοῦ ὀστέου, διὰ τοῦτο ὅτι κατ' αὐτὴν τὴν ῥαφὴν ἡ ῥῆξις γίνεται, ἢν ῥήγνυται, ὡς ἐπὶ τὸ πολύ· ἕτοιμον γὰρ ταύτῃ ῥήγνυσθαι τὸ ὀστέον καὶ διαχαλᾶν διὰ τὴν ἀσθενείην τῆς φύσιος τοῦ ὀστέου ταύτῃ καὶ διὰ τὴν ἀραιότητα, καὶ δὴ ἅτε τῆς ῥαφῆς ἑτοίμης ἐούσης ῥήγνυσθαι καὶ διαχαλᾶν. τὰ δὲ ἄλλα ὀστέα τὰ περιέχοντα τὴν ῥαφὴν μένει ἀρραγέα, ὅτι ἰσχυρότερά ἐστι τῆς ῥαφῆς. ἡ δὲ ῥῆξις ἡ κατὰ τὴν

man ihn sofort hätte trepanieren müssen. In die Irre geführt hatten mich die Nähte, in deren Verlauf sich die durch das Wurfgeschoß bedingte Verletzung befand. Dies nämlich stellte sich erst später heraus. Anfangs traten am Schlüsselbein und danach an den Rippen sehr starke Schmerzen auf. Danach kamen Krämpfe in beiden Händen dazu. Denn die Wunde befand sich mitten auf dem Kopf in Höhe der Stirn. Der Patient wurde schließlich am 15. Tag trepaniert. Und es kam nicht viel Eiter heraus. Die Hirnhaut erschien intakt.

Große Geister, kleine Geister und der ärztliche Kunstfehler (3)
Hippokrates *De capitis vulneribus* XII

Wenn der Schädel bei einem Unfall von einem Geschoss getroffen und die Schwarte vom Knochen abgelöst wird, und wenn die Wunde zufällig an den Schädelnähten liegt, wird es schwierig zu erkennen, ob das Geschoss im Knochen steckt oder nicht – eine Differenzierung, die an anderen Knochen leicht fällt – und zwar vor allem dann, wenn sich die getroffene Stelle zufällig im Verlauf der Nähte befindet. Denn die Naht, die rauer ist als der übrige Knochen, täuscht und es ist nicht ganz klar, was die Naht und was die getroffene Stelle ist, wenn die knöcherne Läsion nicht wirklich ausgedehnt ist. Meistens bricht der Knochen, wenn sich die getroffene Stelle im Verlauf der Nähte befindet. Diese Fraktur ist, obwohl der Knochen gebrochen ist, ziemlich schwer zu erkennen, und zwar deshalb, weil sie, wenn denn der Knochen bricht, meistens entlang der Naht verläuft. Denn die Kalotte bricht bzw. klafft an dieser Stelle wegen der physiologischen Schwäche der knöchernen Substanz und ihrer Porosität leicht. Außerdem ist die Naht per se ein Locus minoris resistentiae. Die Knochen, die die Naht umgeben, bleiben hingegen intakt, weil sie widerstandsfähiger sind. Der Bruch, der entlang einer Naht entsteht, ist gleichbe-

ῥαφὴν γινομένη καὶ διαχάλασίς ἐστι τῆς ῥαφῆς, καὶ φράσασθαι οὐκ εὐμαρής, οὔτε εἰ ἀπὸ ἕδρης τοῦ βέλεος γενομένης ἐν τῇ ῥαφῇ, ἐπειδὰν ῥαγῇ καὶ διαχαλάσῃ, οὔτε ἢν φλασθέντος τοῦ ὀστέου κατὰ τὰς σάρκας, ῥαγῇ καὶ διαχαλάσῃ· ἀλλ᾽ ἔστι χαλεπώτερον φράσασθαι τὴν ἀπὸ τῆς φλάσιος ῥωγμήν. συγκλέπτουσι γὰρ τὴν γνώμην καὶ τὴν ὄψιν τοῦ ἰητροῦ αὐταὶ αἱ ῥαφαὶ ῥωγμοειδέες φαινόμεναι καὶ τρηχύτεραι ἐοῦσαι τοῦ ἄλλου ὀστέου, ὅτι μὴ ἰσχυρῶς διεκόπη καὶ διεχάλασεν· διακοπὴ δὲ καὶ ἕδρη τὠυτόν ἐστιν. ἀλλὰ χρή, εἰ κατὰ τὰς ῥαφὰς τὸ τρῶμα γένοιτο καὶ πρός γε τὸ ὀστέον καὶ ἐς τὸ ὀστέον στηρίξειε τὸ βέλος, προσέχοντα τὸν νόον ἀνευρίσκειν ὅ τι ἂν πεπόνθῃ τὸ ὀστέον. ἀπὸ γὰρ ἴσων τε βέλεων τὸ μέγεθος καὶ ὁμοίων καὶ πολλῷ τε ἐλασσόνων, καὶ ὁμοίως τε τρωθεὶς καὶ πολλῷ ἧσσον, πολλῷ μέζον ἐκτήσατο τὸ κακὸν ἐν τῷ ὀστέῳ ὁ ἐς τὰς ῥαφὰς δεξάμενος τὸ βέλος ἢ ὁ μὴ ἐς τὰς ῥαφὰς δεξάμενος. καὶ τούτων τὰ πολλὰ πρίεσθαι δεῖ· ἀλλ᾽ οὐ χρὴ αὐτὰς τὰς ῥαφὰς πρίειν, ἀλλ᾽ ἀποχωρήσαντα ἐν τῷ πλησίον ὀστέῳ τὴν πρῖσιν ποιεῖσθαι, ἢν πρίῃς.

deutend mit dem Klaffen der Naht. Es ist daher nicht leicht abzuschätzen, ob die Fraktur und die Verschiebung vom Ort der Verletzung stammen, die das Geschoss im Verlauf der Naht hervorgerufen hat, oder von der Quetschung des Knochens unter dem Weichgewebe. Es ist und bleibt schwieriger, die Fraktur zu erkennen, die auf eine Quetschung folgt. Denn die Nähte, die so wie Bruchlinien aussehen und rauer sind als die übrige Kalotte, täuschen den Verstand und den Blick des Arztes, wenn die Fraktur und die Verschiebung nicht ausgeprägt sind. In diesem Fall sind nämlich der Frakturspalt und die getroffene Stelle identisch. Dies bedeutet, dass man, wenn die Verletzung entlang der Nähte lokalisiert ist und das Geschoss sowohl gegen als auch in den Knochen eingedrungen ist, herausfinden muss, wie stark der Knochen in Mitleidenschaft gezogen worden ist. Denn ungeachtet der Größe der Geschosse und des Ausmaßes der Verletzungen nimmt der knöcherne Schädel viel mehr Schaden, wenn das Geschoß die Nähte trifft, als wenn es an anderer Stelle aufschlägt. In der Mehrzahl der Fälle muss man dann auch trepanieren. Man darf aber nicht die Nähte selbst aufsägen, sondern soll, wenn man überhaupt operiert, erst nach einer gewissen Wartezeit und an einem benachbarten Knochen das Instrument ansetzen.

ZUR WIRKUNGSGESCHICHTE

Rezeption in der Antike

Wichtige Fundstellen
Celsus *De medicina* II 33
Galen *De compositione medicamentorum secundum locos* IX 5 K XIII 292
Plinius maior *Naturalis historia* XXVII 32, libro XXIX continentur
Scribonius Largus *Compositiones* CLXXIII

Das medizinische Opus des Celsus blieb in der Antike nahezu unbeachtet. Über die Gründe für die spärliche Rezeption und die Ruhmlosigkeit kann man nur Mutmaßungen anstellen. Vielleicht hat man ihn deshalb so wenig beachtet, weil man wusste, dass er ein literarischer Sammler war, und es deshalb vorgezogen, auf die Quellen direkt zuzugreifen. Vielleicht hat man ihm aber auch mehr Anleihen entnommen, als man kenntlich machen wollte. Celsus war eine Fundgrube; meinungsbildend hat er dennoch nicht gewirkt. Plinius der Ältere erwähnt ihn in den Quellenverzeichnissen zu 20 Büchern (7, 8, 10, 11, 14, 15, 17–29, 31) der *Naturalis historia*, aber nie unter den *medici*, sondern stets unter den *auctores*. Man hat manche inhaltliche Übereinstimmungen zwischen den medizingeschichtlichen Kapiteln der *Naturalis historia* (XXVI 10–12, XXIX 2–6) und dem großen Proömium des Celsus festgestellt. Die Parallelen erklären sich aber unschwer mit der langen Tradition des Sujets. Galen von Pergamon erwähnt das medizinische Werk des Celsus an keiner Stelle seines gewaltigen Opus. Dass er es gekannt hat, darf man freilich annehmen. In der lateinischen Übersetzung der Schriften *Synopsis* und *Ad Eunapium* des Oreibasios von Pergamon (4. Jh. n. Chr.) hat Mörland (1926) einige wenige Sätze entdeckt, die in ähnlicher Form bei Celsus zu finden sind. Vergleichbare Trouvaillen sind Fischer (1998) in den

spätantiken pseudo-soranischen *Quaestiones medicinales* gelungen. Bei dem Celsus, den Scribonius Largus (*Compositiones* CLXXIII) und Marcellus Empiricus (*De medicamentis* praef.) erwähnen, handelt es sich nicht um Aulus Cornelius, sondern den Arzt Apuleius. Von den beiden spätantiken so genannten Celsusbriefen ist der erste nichts anderes als das Vorwort des Scribonius Largus zu seinem Werk und der zweite als Fälschung identifiziert worden. Der Ruhm, den Celsus im späten Mittelalter und in der frühen Neuzeit erlangen sollte, hat seinen Ursprung jedenfalls nicht in der Antike.

Rezeption in Mittelalter und Neuzeit

Wichtige Fundstellen

Casaubonus, Isaac *Epistolae* Nr. 29

Clossius, Johann Friedrich *A. Cornelii Celsi de tuenda sanitate volumen, elegis latinis expressum* A 2, I 1

De Renzi, Salvatore *Collectio Salernitana* I 39

Fabricius ab Aquapendente, Hieronymus *Opera chirurgica* p.35

Ronsseus, Balduinus *Aurelii Cornelii Celsi de re medica libri octo* p.2

Simon von Genua *Synonyma medicinae sive Clavis sanationis* II 3

Van Almeloveen, Theodorus Janssonius *AUR. CORN. CELSI DE MEDICINA LIBRI OCTO*. Dedicatio

Van der Does, Jan *Epigram. Acad. Leid. Praef. ad Cornelium Celsum*

von Reims, Gerbert *Epistulae* Nr. 169

Voss, Gerhard Johannes *De vitiis sermonis et glossematis latino-barbaris* I 16

Celsus hat nicht zu den wissenschaftlichen Autoritäten der Medizin des Mittelalters gehört. Seine Schrift wird im Gegensatz zu den Werken des Hippokrates, der als Urvater der Heilkunde in unerschütterlich hohem Ansehen steht, und Galens, der bei den Arabern ab dem 9. und im Westen vom 11. Jahrhundert an dominiert, nicht in andere Sprachen übersetzt. Wenn man ihn dennoch erwähnte und aus *De medicina* zitierte, handelte es sich selten um mehr als Fußnoten.

Simon von Genua (13. Jh.), Kaplan und Leibarzt von Papst Nikolaus IV., hat ein großes Lexikon der medizinischen und botanischen Fachsprache (*Synonyma medicinae sive Clavis sanationis*, Ferrara 1471/72) verfasst und dafür aus Plinius und auf dessen virtuelle Aufforderung hin (Titelunterschrift:... *hic Cornelius a dicto Plinio commendatur* [dieser Cornelius wird von dem erwähnten Plinius empfohlen]) auch aus Celsus geschöpft. Es ging dabei aber um rein terminologische Details und nicht um inhaltliche Fragen.

Pietro di Abano (um 1250–1315/18) war Naturwissenschaftler, Mediziner und Philosoph und ein weitgereister Mann. Die Absicht, zwischen seinen vielseitigen Interessen und Verpflichtungen einen Ausgleich zu schaffen, spiegelt sich im Titel seines Hauptwerks wider: *Conciliator differentiarum quae inter philosophos et medicos versantur*. Er versucht darin in 210 Kapiteln (*differentiae, questiones*) die Unterschiede in den Ansichten der antiken und der arabischen Gelehrten zu den prinzipiellen theoretischen und praktischen Problemen der Medizin darzustellen. Dazu tut er sich auch bei Celsus um und findet immerhin so viel, dass er ihn in vier Kapiteln (Nrn. 1, 7, 133–134) zitiert, und zwar teils wörtlich, teils in gekürzter Form. Das meiste Material liefert ihm – neben dem dritten Buch (III 4, III 10) – das Prooemium. Er referiert daraus u. a. die Notizen zur homerischen Medizin und zu den Philosophenärzten, allerdings ohne den Hinweis darauf, dass Hippokrates die Medizin von der Philosophie losgelöst habe. Diese dogmatische Aussage passte auch nicht zum Ethos der Ärzte seiner Zeit, die sich, ihre Arbeit und ihre Disziplin in die Ergründung der hinter den Erscheinungen verborgenen Zusammenhänge eingebunden wissen wollten. Pietro di Abano nutzte das Opus Celsi also nur als Quelle für die historische Information und außerdem als Bestätigung für die Doktrinen Galens, den er übersetzt hatte, vernachlässigte aber bewusst die Bemühungen seines Gewährsmanns um eine schlüssige Interpretation.

Ähnlich ist Jacopo Berengaro da Carpi (1460–1530) vorgegan-

gen, für den Celsus auch nach 1500 Jahren noch eine Autorität war (*Expositio anatomiae Mundini* fol. 31r: *pater inter latinos medicos* [Vater unter den Ärzten lateinischer Sprache], *De fractura calvae sive cranei* II.2: *Et primo dico magnam esse Celsi autoritatem et illi satis credendum, quia antiquissimus est auctor et magni ponderis. Hic post Hippocratem ex primis est* [Und gleich zu Anfang sage ich, dass das Ansehen des Celsus hoch war und man ihm volles Vertrauen schenken muss, weil er der älteste Gewährsmann ist und großen Einfluss hat. Er gehört der ersten Reihe der Nachhippokratiker an]). Der Anatom und Chirurg war – wohl zu Unrecht – der Vivisektion angeklagt worden. Zu seiner Verteidigung zitiert er an zwei Stellen der *Expositio anatomiae Mundini* (Bologna 1521) die themenbezogenen deskriptiven Passagen des großen Prooemiums. Die von Celsus mehrfach artikulierte Ablehnung des grausamen Akts aber verschweigt er.

Wichtige Handschriften

Vaticanus 5951 (10. Jh.)
Laurentianus 73.1 (11. Jh.)
Parisinus 7928 (11. Jh.)
Laurentianus 73.7 (15. Jh.)
Toletanus 97–12 (15. Jh.)

Die mittelalterliche Überlieferung des Opus Celsi ist weitgehend einheitlich: Die wichtigen Handschriften gehen auf ein- und denselben Archetypus zurück. Man kann sich dessen so sicher sein, weil alle in Buch IV 27 die gleiche Lakune aufweisen. Seit der lange vernachlässigten Auswertung des Codex Toletanus 97–12 in den siebziger Jahren des 20. Jahrhunderts, der den Lückentext enthält, wird die Trouvaille aber allgemein als authentisch anerkannt und der Eingriff eines Philologen ausgeschlossen.

Der Buchdruck hat die Edition und kritische Bearbeitung des Werkes außerordentlich gefördert. *De medicina* ging noch vor den *Aphorismi* des Hippokrates und der *Ars parva* Galens erstmals in

Druck. Nur wenige andere medizinische Schriften des Altertums – zumal dieses Umfangs – sind zwischen 1500 und 1800 öfter in Buchform erschienen als das Opus Celsi. Freilich waren auch einige Auswahlsammlungen – z. B. Andreas Ellinger: *Aphorismorum id est selectarum maximeque veterum sententiarum paraphrasis poetica*, Frankfurt 1579 – darunter.

Die frühen Kommentare beschränken sich entweder auf ein oder einige wenige Bücher, z. B. Jodocus Lommius Buranus: *Commentarii de sanitate tuenda in primum librum de re medicina A. C. Celsi*. 1558, Ndr. Leiden 1724, oder sind wenigstens zum Teil recht knapp gefasst, z. B. Gulielmus Pantinus: *Aurelii Cornelii Celsi de arte medica libri octo. Gul. Pantini in duos quidem priores libros Commentarii, et in reliquos Annotationes breviores*, Basel 1552. Erst Balduinus Ronsseus (*Aurelii Cornelii Celsi De re medica libri octo*, Leiden 1592) erarbeitet einen zu allen Büchern gleichermaßen ausführlichen erläuternden Anhang. Gleichzeitig sprießt die wissenschaftliche Kontroverse über die Balance zwischen fachlicher Abhängigkeit und professioneller Selbstständigkeit des Verfassers und seiner Schrift. Als vehemente Verteidiger agieren z. B. Giovanni Battista Morgagni in seiner Briefsammlung (*Opuscula miscellanea*, Venezia 1763) und Albrecht von Haller in der von ihm betreuten Edition (*Aur. Cornelii de Medicina Libri Octo*, Lausanne 1772). Den Vorwurf der Oberflächlichkeit und einer partiellen Inkompetenz erspart ihm hingegen Giovanni Lodovico Bianconi – ebenfalls in einer Briefsammlung (*Lettere sopra A. Cornelio Celso al abbate Girolamo Tiraboschi*, Roma 1779 – nicht. Und während Daniel Wilhelm Triller (*Diss. inaug. de morbo coeliaco singolari a Celso descripto*, Wittenberg 1765) seine Kritik an Celsus auf die Beschreibung einer bestimmten Krankheit fokussiert, spricht Michael Christian Justus Eschenbach (*Epist... De Celso non medico practico disseritur*, Leipzig 1772) Celsus Erfahrungen in der ärztlichen Praxis gänzlich ab. Diese Diskussionen werden in mehr oder weniger heftiger und direkter Art und Weise bis heute geführt.

Wichtige Editionen und Übersetzungen (15.–19. Jh.)

Della Fonte [alias Fontius], Bartolomeo: Cornelii Celsi De medicina liber. Firenze 1478 (Entdeckung des Texts zwischen 1425 und 1428 durch Guarino da Verona)

Egnazio, Giovanni Battista: Medicinae Libri VIII. Venezia 1528 (im Anhang u. a. Quintus Serenus: Liber medicinalis)

Khüffner, Johannes: Die acht Bücher des hochberühmten Aurelij Cornelij Celsi. Mainz 1531 (erste, noch unbeholfene Übersetzung ins Deutsche)

Collectio Aldina. Medici antiqui omnes qui latinis litteris diversorum morborum genera et remedia persecuti sunt. Venezia 1547

Collectio Stephaniana. Medicae artis principes post Hippocratem et Galenum. Graeci latinitate donati. Paris 1567

Aur. Corn. Celsi De medicina: libri octo, cum notis integris Ioannis Caesarii, Roberti Constantini, Josephi Scaligeri, Isaaci Casauboni, Joannis Baptistae Morgagni ac locis parallelis. Leiden 1746

Editio Patavina. Vulpius, Johann Baptist (ed.): A. Cornel. Celsus. De medicina libri octo. Padua 1750 (mit acht Briefen Morgagnis an Vulpius)

Halleri Collectio. Artis medicae principes. Lausanne 1769

Targa, Leonardo: A. Cornelii Celsi Medicinae libri octo. Padua 1769, Leiden 1785 (mit *Lexicon Celsianum* von Georg Matthiä)

Daremberg, Charles: A. Cornelii Celsi De medicina libri octo. Leipzig 1859

Védrènes, Alix: Traité de médecine de A.C.Celse. Paris 1876 (mit einem Vorwort von Paul Broca und Zeichnungen von medizinischen Instrumenten)

Johann Friedrich Closs/Clossius (1735–1787) war Leibarzt von Prinz Willem IV. von Oranien und begeisterter Neulateiner, seine Idee, Celsus' *De medicina* zu versifizieren, dadurch einprägsamer zu machen und so die Verbreitung des darin enthaltenen Fachwissens zu fördern, originell und verlockend. Doch der Erfolg blieb ihm versagt. Celsus hatte auch in Gedichtform (*A. Cornelii Celsi de tuenda sanitate volumen, elegis latinis expressum*. Tübingen 1785) weder gegen die überlegenen Konkurrenten griechischer Zunge noch und erst recht nicht gegen die immer stärker zu den Naturwissenschaften tendierende Medizin seiner Epoche Aussicht auf Erfolg. Clossius ließ sich von dem Fehlschlag jedoch nicht entmutigen und machte sich anschließend daran, die während des Studiums

begonnene poetische Paraphrase der Aphorismen des Hippokrates fortzusetzen.

Celsus und die medizinische Terminologie

Wichtige Fundstellen
Celsus *De medicina* I 3; II 7,8; III 24; IV 7,8,20; VI 16; VII 7,18

Celsus hat mit dem medizinischen Teil seiner Enzyklopädie nicht nur thematisches, sondern auch sprachliches Neuland betreten. Noch zu Beginn des 1. nachchristlichen Jahrhunderts gab es in Rom nicht einmal Ansätze einer geschlossenen medizinischen Fachsprache. Im älteren Schrifttum, und zwar sowohl in der spärlich erhaltenen Fachliteratur als auch in der Bellettristik, sind nur wenige genuin medizinische Termini zu finden. Immerhin hat gerade der große Patriot Cato der Ältere einen Absatz in *De agricultura*, nämlich Kapitel CXXXVI, mit der Überschrift *Ad dyspepsiam et stranguriam* [Was gegen Verdauungsstörungen und Harnzwang hilft] versehen. Und Plautus lässt in *Menaechmi* 891 den Arzt einen alten Mann fragen: *num eum veternus aut aqua intercus tenet?* [Hat ihn die Schlafsucht oder die Wassersucht im Griff?]. Man kannte also Fachbegriffe für einzelne häufige und wichtige Erkrankungen und setzte sie auch gezielt ein. Von ihrer systematischen Verwendung aber war man weit entfernt. Offenbar pflegten auch die in Rom tätigen ausländischen Ärzte überwiegend ihren landessprachlichen Fachjargon. Sicher haben viele Patienten auf diese Weise den einen oder anderen medizinischen Terminus kennen gelernt und später auch selbst verwendet. Von einer gezielten sprachlichen Annäherung, die eine bilaterale Aufgabe für mehr als eine Generation gewesen wäre, kann jedoch keine Rede sein. Sowohl die Medizin als auch ihre Sprache wurden vom importierten griechischen Erbe beherrscht.

Wer wie Celsus in diesem Umfeld ein Lehrbuch der Medizin für interessierte Zeitgenossen schreiben wollte, sah sich vor zwei verschiedene, miteinander jedoch eng verbundene Aufgaben gestellt, nämlich weitgehend unbekanntes Wissen zu vermitteln und dies in Worten und mit Begriffen zu tun, die einerseits beruhigende Nähe zum Original zu wahren und andererseits den innovativen Charakter des Projekts zu unterstreichen hatten. Um glaubhaft zu sein, hatte der Verfasser möglichst viel von der Sprache seiner Quellen zu bewahren, um verständlich zu werden, dagegen möglichst viele Anleihen und Anpassungen zu wagen. Celsus wollte eine andernorts seit langem blühende, im weitesten Sinne technische Disziplin in Italien literarisch ansiedeln, ohne auf wenigstens grundsätzliche Vorarbeiten im Schrifttum zurückgreifen zu können. Die Wahl des Lateinischen war also ein großes Risiko. Galen, zwar kleinasiatischer Grieche, aber langjährig und sehr erfolgreich in Italien tätig, hat noch mehr als ein Jahrhundert später für seine römische Klientel griechisch geschrieben und keine Anstalten gezeigt, den Lesern – auch im eigenen Interesse – auf sprachlicher Ebene in irgendeiner Weise entgegenzukommen.

Viele hundert medizinische und paramedizinische Termini sind bei Celsus in der überlieferten lateinischen Literatur erstmals nachweisbar; die Frage, ob er auch ihr Urheber war, ist nicht zu beantworten. Nur etwa jeder vierte kommt aus dem Griechischen. Celsus hat der Sprache der Väter der Medizin also keineswegs absoluten Vorrang gegeben, sondern ihr nur gezielt Proben entnommen und seiner Muttersprache immer dann den Vorzug gegeben, wenn passende oder anpassungsfähige Begriffe zur Verfügung standen. Wenn er immer wieder Wendungen wie *Graeci vocant* (z. B. II 33.2) oder *quod a Graecis nominatur* (z. B. V 5) einsetzt, bedeutet dies nicht, dass er den lateinischen Ausdruck durch den griechischen Terminus dauerhaft ersetzen möchte. Vielmehr dienen diese Formeln nur als Hinweis auf die griechische Parallele bzw. Alternative, also als eine Art Illustration, und nicht als Aufforderung zur Über-

nahme. Für diese Interpretation der celsianischen Wortanleihepolitik spricht einerseits die vergleichsweise selektive Nennung von Begriffspaaren, andererseits die Tatsache, dass die griechische Parallele durchaus nicht immer bereits bei der ersten Erwähnung des lateinischen Terminus verwendet wird und ihn auch keineswegs dauerhaft ersetzt. Celsus wollte den Fachwortschatz der Medizin nicht umfassend gräzisieren, sondern er adaptiert lediglich die ihm als besonders geeignet erscheinenden Termini der medizinischen Über-Sprache. Sozusagen nebenbei hat er damit potenziellen Interessenten die Lektüre der griechischen Originale erleichtert.

Die griechischen Termini, die Celsus gewählt hat, sind nahezu ausnahmslos kürzer und konkreter als ihre lateinischen Synonyma. Sie bringen die im Lateinischen beschriebene Mitteilung auf einen urteilskräftigen Nenner. Manche griechischen Begriffe (z. B. *ὄζαινα*, III 11.3) führen zur fachbezogenen Präzisierung auch außerhalb der Medizin bekannter Phänomene, heften ihnen also ein neues Bedeutungskonzept an. Die entsprechenden Passagen sind dadurch als wissenschaftlich besonders wertvoll bzw. innovativ gekennzeichnet. Ausnahmsweise geht der griechische Terminus auch dem lateinischen voran (z. B. *φύγεθρον/panus*, V 28.10). Diese Inversion ist wohl am ehesten damit zu erklären, dass die griechische Alternative schon weit verbreitet und besser bekannt war als das – überholte – lateinische Wort. Umgekehrt liegt es nahe, aus dem Verzicht des Verfassers auf die Erwähnung bedeutungsgleicher Termini darauf zu schließen, dass die lateinischen Bezeichnungen unmissverständlich und allgemein bekannt waren, dass man sie also nicht mit Hilfe von Vokabeln aus einer anderen Sprache präzisieren musste. Jedenfalls findet sich im Opus Celsi weder zu *profusio alvi* noch zu *detractio sanguinis* die griechische Parallele. Die entsprechenden Termini erscheinen erst 400 Jahre später, nämlich bei Caelius Aurelianus (*Morb. acut.* II 19: *διάρροια, Morb. acut.* II 18: *φλεβοτομία*), erstmals in der lateinischen medizinischen Fachliteratur.

Der Beitrag des Opus Celsi zur medizinischen Terminologie beschränkt sich nicht auf die Anleihen aus dem Griechischen. Der Verfasser hat auch in seiner Muttersprache viele Wörter, die der Beschreibung medizinischer Sachverhalte dienten, geprägt (z. B. II 14.3: *frictio*) bzw. in origineller Weise (z. B. V 26.19: *singultire*) verwendet und damit den Wortschatz normativ beeinflusst. Der Umfang der Pionierleistungen des Opus Celsi auf dem Gebiet der medizinischen Terminologie und der sprachlichen Gestaltung der Medizin lässt sich bei der Lückenhaftigkeit der Überlieferung der älteren Fachliteratur nicht quantifizieren. Die mittel- und spätlateinischen Medizinautoren haben aber reichlich auf seinen Fachwortschatz zurückgegriffen.

Celsus und die medizinische Ethik

Wichtige Fundstellen

Celsus *De medicina* Prooem; I 8; II 4,10,11; III 3,4,5,6,21; V 26,27; VI 6; VII 5,7,16,26; VIII 4,13

Medizin ist Krankheitslehre, Schauplatz der Interaktion von Körper und Seele und eine lukrative Profession und deshalb nicht nur gedankliche und angewandte Wissenschaft, sondern auch ein Sujet für Deontologie und Soziologie.

Celsus hat die Widersprüche, Ergänzungsmöglichkeiten und Folgerungen, die sich aus diesem Arrangement ergeben, sehr genau erkannt und an vielen Stellen beschrieben. Dabei ist zwar keine dezidierte Pflichtenlehre für den Arzt, jedoch ein aus Beispielen konstriertes Manual für das ihm in einer großen Zahl denkbarer Situationen angemessene Verhalten entstanden. Zum Zwecke der adäquaten Betreuung der Kranken wird vom Mediziner zeitlich und emotional nahezu unbegrenzte Einsatzbereitschaft gefordert, und zwar unabhängig von gesellschaftlich (z. B. bei Sklaven), mo-

ralisch (z. B. bei der Behandlung von Frauen) oder durch den individuellen Lebensstil (z. B. bei intellektuellen Städtern) bedingten Erschwernissen. Der Arzt, wie ihn Celsus schildert, tut alles, was in der Macht der von ihm beherrschten Sparten der medizinischen Kunst steht, um den Hilfesuchenden Beistand zu leisten, aber er überschätzt sich und deren Leidensfähigkeit bzw. Widerstandskraft nicht. Daher ist zwangsläufig die Hoffnung manchmal bereits im Vorfeld einer Intervention der Verzweiflung unterlegen. Celsus beschreibt Krankheiten und Symptome ohne Emotionen, jene aber, die daran leiden und ihm begegnen – einschließlich ihrer anonymen Nachfolger in der gleichen oder einer ähnlichen Situation – mit tiefem Mit- und, wenn es zum Äußersten gekommen ist, Beileid. Zu dieser Art von professioneller Philanthropie gehören auch das elektive Verschweigen schwerwiegender Befunde und das Eingeständnis von Irrtümern. Die Prognostik ist im Opus Celsi zwar nicht so glänzend und geschlossen wie die des Corpus Hippocraticum, aber zumindest abschnittsweise suggestiver. Die dunklen Seiten der praktizierten Medizin, vor allem die Scharlatanerie in allen ihren Variationen und die monetären Aspekte, konnten bei dieser ausgeprägt selbstkritischen Haltung des Autors in seinem Werk nicht verschwiegen werden. Schließlich zeigt sich Celsus aber zufrieden, wenn Habgier für die Unterschiede bei der Behandlung reicher und weniger reicher Patienten wenigstens nicht hauptverantwortlich ist.

NACHWORT

Bei aller Anerkennung für seine schriftstellerische Leistung ist Aulus Cornelius Celsus keine Leitfigur der lateinischen Literatur. Er gehört keinem Kanon an, er hat keine Tradition begründet. Auch in der Blütezeit der Klassischen Philologie hat man ihn an den Schulen nicht gelesen. Selbst in akademischen Veranstaltungen ist er nur selten thematisiert worden. In den Darstellungen der Geschichte der Literatur des alten Rom wird ihm zwar der als geboten empfundene Respekt gezollt. Allerdings drängt sich nach der Lektüre der der Medizin des Celsus gewidmeten Seiten hartnäckig der Eindruck auf, dass ihre Verfasser das Werk – vielleicht mit Ausnahme des großen Prooemium – nicht selbst studiert haben und überwiegend aus zweiter oder dritter Hand kennen. Zugegeben, sich in die Medizin des Aulus Cornelius Celsus zu vertiefen, fällt schwer, und zwar sowohl Philologen wie Medizinern – ersteren, weil der Stoff weit abseits der vertrauten Sujets liegt, letzteren, weil Celsus als großer Kompilator gilt, der nicht viel Neues zu sagen hatte. Die einzige wahre Chance, Celsus selbst zu entdecken bzw. künftigen Liebhabern nahezubringen, ist die Auswahllektüre. So gelangt man am schnellsten an die vielen kleinen literarischen Juwelen und medizinhistorischen Fundstücke heran, die in dem Werk verborgen sind. Die Annäherung über den Weg der Anthologie ist auch nicht neu: Auswahlbände zu Celsus sind bereits im 19. und 20. Jahrhundert veröffentlicht worden.

Die vorliegende Neubearbeitung greift diese Tradition auf und versucht sie zugleich tendenziell zu überwinden. Zum einen werden den Texten aus der Medizin des Celsus vergleichbare Ausschnitte aus der griechischen und römischen Prosa und Fachliteratur gegenübergestellt, soweit es zum Verständnis der Texte und ihrer Tradition sinnvoll erscheint. Dabei nimmt Hippokrates die

führende Position ein. Zum anderen werden auch die nicht-medizinischen Abschnitte der Enzyklopädie des Celsus dokumentiert, und zwar anhand einer umfangreichen Sammlung der relevanten Zeugnisse. Gleichsam in der Verlängerung der Tradition der Reihe Tusculum wurde sämtlichen Originaltexten, also auch jenen innerhalb der Anmerkungen, die deutsche Übersetzung beigefügt. Bei der Kommentierung ist versucht worden, die Balance zwischen philologischer Genauigkeit und medizinischer Aktualität zu finden, ohne die Texte mit nackten Verweisen zu überfrachten oder die retrospektive Interpretation von Krankheitsbeschreibungen auszureizen. Die an den modernen Disziplinen orientierte Anordnung der Fundstellen in Abschnitt 2.1.5 (Spezielle Pathologie und Nosologie) soll auschließlich der Erleichterung ihrer Auffindbarkeit dienen. Es ist damit nicht beabsichtigt, die klinische Medizin des Celsus in das akademische Fächerkorsett der modernen Medizin zu zwängen.

In der Einführung wird zunächst versucht, Celsus in die Medizin der frühen römischen Kaiserzeit und die griechische und römische Medizingeschichtsschreibung einzuordnen. Die anschließende Darstellung folgt thematisch der Auswahl und Anordnung der Quellenstücke. Es ist nicht beabsichtigt, damit in Wettbewerb zu Monographien und Forschungsberichten über den Autor und seine Werke zu treten. Die Angaben zu wichtigen Fundstellen sind der Übersichtlichkeit halber auf die einzelnen Kapitel verteilt worden. Die Literaturhinweise wurden thematisch untergliedert. Bei der Auswahl der Schriften spielten Aktualität und Verfügbarkeit die entscheidende Rolle; ältere Werke, vor allem solche aus dem 19. Jahrhundert, wurden nur aufgenommen, wenn moderne Darstellungen des Sujets fehlen. Alle Übersetzungen stammen vom Verfasser. An den nicht wenigen Stellen, wo es der Verständlichkeit und Klarheit zu dienen schien, wurden Begriffe der modernen medizinischen Fachsprache verwendet. Der tabellarische Anhang enthält das Verzeichnis der für den Band ausgewählten Stellen, das

Gesamtverzeichnis der Parallelstellen zwischen dem Corpus Celsi und dem Corpus Hippocraticum, eine in drei Abschnitte (Anatomie, Pathologie, Therapie) gegliederte Liste griechisch-lateinischer Begriffspaare sowie ein Namens- und Sachregister.

Der lateinische Text ist als Lesetext konzipiert und nicht als kritische Neuausgabe und folgt weitgehend der Edition von Marx (1915); zu einer Reihe von Stellen wurden die Ausgaben von Spencer (1935–1938) und Serbat (1995) vergleichend geprüft. Orthographie und Zeichensetzung sind den zeitgenössischen Gepflogenheiten angepasst worden. Die Werke des Hippokrates und die Galens werden aus editionsgeschichtlichen Gründen auch mit ihren lateinischen Titeln zitiert.

Das Buch ist meinem Vater, Karl Golder, gewidmet, der die alten Griechen und Römer geachtet und mir die Liebe zur und Beschäftigung mit der Antike ans Herz gelegt hat.

Mein Dank geht an Torben Behm, Kerstin Haensch, Elisabeth Horz, Katharina Legutke, Dr. Serena Pirrotta und Florian Ruppenstein, Verlag De Gruyter, Berlin, für die aufmerksame Betreuung bei der Begründung und Organisation des Projekts sowie bei der Schlussredaktion und meine Frau, Dr. med. Waltraud Golder, Avignon, für ihre ebenso uneigennützige wie beharrliche Ermunterung und Hilfe bei der Ausführung und Fertigstellung.

ANMERKUNGEN

Der römische Hausarzt (2) • Plinius *Naturalis historia* XX 33

1 Dogmatiker (3. Jh. v. Chr.), auf Diätlehre und Pharmakotherapie spezialisiert

2 Acetabulum ≈ 110 ml

Vertrauliche Fortbildung • Ovid *Tristia* IV 10.43–44

1 Aus Verona, gestorben 16 v. Chr.

2 Titel: *Ornithogonia* [Entstehung der Vögel]

3 Titel: *Theriaca* [Giftschlangen]

4 Titel: *Carmen de herbis* [Über die Kräuter]

Antonius Musa: Mit Auszeichnungen überhäuft (1) • Horaz *Epistulae* I 15.1–5

1 Alte Siedlung an der tyrrhenischen Küste, südlich von Paestum

2 194 v. Chr. gegründete, stategisch wichtige Kolonie in Kampanien

3 Großer Badeort am Golf von Puteoli mit zahlreichen Villen

4 Numonius Vala, Mitglied einer in Kampanien ansässigen reichen Familie

Antonius Musa: Mit Auszeichnungen überhäuft (4) • Cassius Dio *Ῥωμαϊκὴ ἱστορία* LIII 30.1–3

1 23 v. Chr.

2 Der goldene Ring war bei den Einheimischen das Symbol des Ritterstands.

Wundversorgung im Punischen Krieg • Silius Italicus *Punica* VI 89–100

1 Partner von Atilius Regulus

Diät, Philosophie und Politik • Seneca *Epistulae morales* 108.20–22

1 Lehrer Senecas, Vertreter pythagoräischen Gedankenguts, darunter der Seelenwanderung

Wie manche Ärzte mit dem Leben ihrer Patienten Geschäfte machten (1) • Plinius *Naturalis Historia* XXIX 5.10–11

1 Nämlich prominente Mediziner wie Vettius Valens, Thessalos und ein gewisser Krinas aus Massilia

Wie die Ärzte mit dem Leben ihrer Patienten Geschäfte machten (2) • Plinius *Naturalis Historia* XXIX 8.22–23, 27

1 Auch von Martial (XI 84.5–6: *mitior inplicitas Alcon secat enterocelas / fractaque fabrili dedolat ossa manu* [sanfter schneidet da Alkon in die verwickelten Därme, glättet mit geschickter Hand die gebrochenen Knochen]) erwähnt

Fünflinge am Nil und am Tiber • Gellius *Noctes Atticae* X 2

1 *De hist. anim.* 584[b]

Agrippa: Der Name verrät ein Geburtshindernis • Gellius *Noctes Atticae* XVI 16

1 Carmenta/Carmentis: Altitalische Gottheit griechischen Ursprungs und Erfinderin des lateinischen Alphabets, in der arkadischen Heimat als Themis oder Nikostrate bezeichnet, in Rom wegen ihrer seherischen Gaben verehrt. Die Beinamen wurden wechselweise auf sie selbst oder ihre Schwestern bezogen.

Medizinhistorie in nuce • Celsus *De medicina* I Prooemium 1–75

1 D. h. primitiv im Vergleich zu den Griechen und Römern. So auch Hippokrates *VM* III: *τὰ δὲ νῦν διαιτήματα εὑρημένα καὶ τετεχνημένα ἐν πολλῷ χρόνῳ γεγενῆσθαί μοι δοκεῖ* [Unsere jetzigen Lebensverhältnisse sind meiner Meinung nach während einer langen Zeitspanne erfunden und gestaltet worden]

2 Asklepios war ursprünglich ein in Thessalien beheimateter lokaler Held, der als Krankenheiler wirkte. Erst später wurde er zum Gott erhoben. Homer und Hesiod verlieren kein Wort über seine göttliche Natur.

3 Die Asklepiossöhne Podaleirios und Machaon werden im Schiffskatalog der Ilias (B 731–732) als gute Ärzte (*ἰητῆρ' ἀγαθώ*) bezeichnet und nochmals in Λ 833, zu jenem Zeitpunkt der eine selbst krank, der andere hingegen kampfbereit, erwähnt. Machaon versorgt den blutenden Menelaos (Δ 213–219) und wird selbst von Paris an der Schulter verwundet (Λ 507).

4 Apollon bestraft die Griechen mit der Pest (A 10: *νοῦσον… ὦρσε κακήν* [sandte eine schreckliche Krankheit]). Deshalb helfen gegen die nichttraumatischen Krankheiten in erster Linie Gebet, Opfer und Reinigung.

5 Ähnliche verzweifelt aggressive Zivilisationsklagen führen später Seneca *Epist.* 95.18: *Immunes erant ab istis malis qui nondum se delicis solverant, qui sibi imperabant, sibi ministrabant* [Sie waren noch frei von all diesen Zivilisationskrankheiten, die Männer, die sich noch nicht durch Schwelgereien selbst geschwächt hatten, die sich noch beherrschten, die noch selbst die Speisen und Getränke auftrugen]), Plutarch *Quaest.conv.* 732 DE: *πλησμονὰς δὲ καὶ θρύψεις καὶ ἡδυπαθείας ὕστερον ἐπελθεῖν μετ' ἀργίας καὶ σχολῆς δι' ἀφθονίαν τῶν ἀναγκαίων* [Die Völlereien und Verweichlichungen und das ganze Wohlleben seien später

hinzugekommen als Folge der Trägheit und des Müßiggangs bei dem allgemeinen Überfluss]) und Maximos von Tyros *Vierte Rede* IIc–e: *ἀλλὰ τότε μὲν ἡ τέχνη σώμασιν ὁμιλοῦσα οὐ θρεπτικοῖς, οὐδὲ ποικίλοις, οὐδὲ ἐκλελυμένοις παντάπασιν, ῥᾳδίως αὐτὰ μετεχειρίζετο,... τελευτῶσα δὲ νῦν* [Aber früher hatte es die Heilkunst auch mit Körpern zu tun, die nicht ganz auf die Ernährung fixiert, die nicht tückisch und unberechenbar und die nicht vollkommen schlaff waren, und die sie deshalb leicht in den Griff bringen konnte...So einfach ist es jetzt nicht mehr])

6 Plinius *Nat. hist.* XXIX 2 notiert, dass die Heilkunst zwischen dem Feldzug gegen Troja und dem Peloponnesischen Krieg *in nocte densissima* [in dichtester Nacht] verborgen war.

7 So auch z. B. Columella *Re rust.* praef. I 17: *itaque istam vitam socordem persequitur valetudo* [Deshalb lässt die Gesundheit ein so sorgloses Leben nicht ungestraft]

8 Pythagoras beeinflusste die theoretische Medizin indirekt durch die Zahlenlehre. Als Praktiker hatte er mit Diätempfehlungen und durch seine Kenntnisse der heilenden Wirkung von Pflanzen Erfolg.

9 Empedokles beschäftigte sich in der kosmologisch-ontologischen Schrift *Περὶ φύσεως* [Über die Natur] auch mit der Physiologie des Menschen.

10 Von Demokrit sind keine medizinischen Schiften überliefert.

11 Hippokrates wurde von Demokrit in Rhetorik und Philosophie unterrichtet.

12 Von da an waren die beiden Disziplinen nur über die Naturwissenschaften miteinander verbunden.

13 Berühmter Empiriker (um 360 v. Chr.), als »zweiter Hippokrates« bezeichnet.

14 Lehrer des Herophilos (um 325 v. Chr.). Seine Werke zur Anatomie und Nosologie sind bis auf Fragmente verloren.

15 Lehrer des Erasistratos (4. Jh. v. Chr.)

16 Begründer der wissenschaftlichen Anatomie und der Pulslehre (um 290 v. Chr.)

17 Physiologe und Begründer der pathologischen Anatomie (kurz vor 300 v. Chr.)

18 Philon von Alexandria *De congressu eruditionis gratia* § 10: *φαρμάκοις γὰρ καὶ χειρουργίαις καὶ διαίταις, ἀλλ' οὐ λόγοις αἱ νόσοι θεραπεύονται* [Mit Arzneimitteln, Operationen und der richtigen Diät, aber nicht durch Worte werden die Krankheiten geheilt]

19 Empiriker (um 200 v. Chr.)

20 Vater und Sohn des gleichen Namens (aus Antiocheia, um 180 v. Chr.), beide Empiriker

21 Empiriker (aus Tarent, um 200 v. Chr.), einer der ersten Kommentatoren hippokratischer Schriften

22 Bedeutender Empiriker (2./1. Jh. v. Chr.). Seine Hippokrateskommentare wurden von Galen benutzt.

23 Angesehener, in Rom praktizierender pharmakologisch orientierter Arzt (1. Jh. v. Chr.). Mit Cicero (*De orat.* I 62: *Asclepiades, is, quo nos medico amicoque usi sumus* [Asklepiades, er, den ich zum Arzt und Freunde nahm]) bekannt

24 Schüler des Asklepiades. Begründer der methodischen Schule

25 D.h. die Dogmatiker bzw. Logiker (so später bezeichnet von Caelius Aurelianus *Morb.acut.* III 216: *rationali Logicorum…curationi* [der vernunftorientierten Behandlung der Logiker])

26 z. B. Kälte, Wärme und Sättigungszustand

27 Anspielung auf die vorsokratische Doktrin von den vier Elementen und deren Ungleichgewicht als Krankheitsursache

28 Platon *Tim.* 82 a–b: *τούτων ἡ παρὰ φύσιν πλεονεξία καὶ ἔνδεια* [der widernatürliche Überfluss bzw. Mangel der Elemente]

29 Herophilos hat an der Viersäftelehre festgehalten, sie aber nicht entscheidend weiterentwickelt

30 Anders als Celsus nahe legt, wird die Luft im Corpus Hippocraticum nicht als fundamentale Ursache von Krankheiten beschrieben. Unabhängig davon unterscheidet Hippokrates streng zwischen der Luft außerhalb des Köpers, d. h. der Atemluft, und der im Körper entstehenden Luft (z. B. *VM* 22: *ὅσα δὲ φῦσάν τε καὶ ἀνειλήματα ἀπεργάζεται ἐν τῷ σώματι* [Wenn sich Winde und Blähungen im Körper bilden]).

31 Die antiken Ärzte unterschieden Arterien und Venen sowie Blut- und Gastransport nicht scharf und reproduzierbar voneinander.

32 Nach Soran (Caelius Aurelianus *Morb.acut.* I 107: *statione corpusculorum* [durch den Stillstand der Körperchen]) hielt Asklepiades die Blockade der Poren durch die Atome für die Ursache von Phrenitis, Lethargie, Rippenfellentzündung und Fieber, nach Galen (*Int.* XIII K XIV 728: *ὡς ἐπίπαν μίαν αἰτίαν ἐπὶ πάσης νόσου* [überhaupt nur eine einzige Ursache für jede Krankheit) sah er darin den Grund für sämtliche Krankheiten.

33 Anschließend (Prooem. 36) präzisiert Celsus diesen Satz und stellt unmissverständlich fest, dass die Dogmatiker den Eintritt bisher unbekannter Krankheiten nicht nur für möglich, sondern sogar für ein häufiges Ereignis gehalten haben, während die Empiriker ein derartiges Phänomen grundsätzlich ablehnten.

34 Ob die Verdauung im Magen oder Darm stattfindet, war den Ärzten der Antike nicht bekannt. Die von Celsus genannten Theorien werden später von Galen (*Def. med.* XCVIII–XCIX K XIX 372: *Πέψις ἐστὶ μίξις καὶ χύλωσις* [Verdauung ist Mischung und Verflüssigung]) aufgegriffen. Hippokrates hat die Theorie aufgestellt, dass Verdauung etwas mit Schlaf zu tun habe (*Vict.* 60: *Ὕπνοι…*

κενοῦντες τοῦ ὑπάρχοντος ὑγροῦ [Der Schlaf reinigt den Körper von der vorhandenen Flüssigkeit]).

35 1. Drittel 3. Jh. v. Chr.

36 Plinius (*Nat. hist.* XXIX 5: *Alia factio...se cognominans empiricen...coepit in Sicilia, Acrone Agragantino...* [Eine andere Gruppierung, die sich als empirisch bezeichnete, blühte in Sizilien unter Akron von Akragas auf]) erhebt den Agrigentiner zum Begründer der empirischen Sekte.

37 Als Beispiel erwähnt Plinius (*Nat. hist.* XXIX 3: *Horum placita Chrysippus ingenti garrulitate mutavit* [Die Lehrsätze dieser Männer hat Chrysippus mit ungeheurer Geschwätzigkeit geändert]) den Chrysippos.

38 Die große Nähe der ärztlichen Tätigkeit zu der Arbeit von Handwerkern hat schon Hippokrates (*VM* 1: *τιμῶσι μάλιστα τοὺς ἀγαθοὺς χειροτέχνας καὶ δημιουργούς* [am höchsten ehren sie die guten Handwerker und Fachleute]) betont.

39 Also ohne göttlichen Einfluss (vgl. Hippokrates *VM* 3: *νῦν δὲ αὐτὴ ἡ ἀνάγκη ἰητρικὴν ἐποίησεν ζητηθῆναί τε καὶ εὑρεθῆναι ἀνθρώποισι* [Aber die schiere Notwendigkeit zwang die Menschen dazu, die Medizin zu suchen und zu finden])

40 Auch der hippokratische Autor hält die Medizin für eine abgeschlossene Kunst (*Loc. Hom.* 46: *Ἰητρικὴ δή μοι δοκέει ἤδη ἀνευρῆσθαι ὅλη* [Die Heilkunde scheint mir bereits zur Gänze erfunden worden zu sein]).

40 Bei der Besprechung der offenen Bauchverletzungen (VII 16) erwähnt Celsus vor allem die Farbveränderungen, denen die Eingeweide bei der Exposition gegenüber der freien Luft unterliegen.

42 Der letale Charakter von Zwerchfellverletzungen ist schon von Hippokrates (*Aph.* VI 18: *διακοπέντι... φρένας... θανατῶδες* [Eine Verletzung des Zwerchfells führt zum Tode]) beschrieben worden und wird von Celsus bei der Schilderung der Folgen schwerer Traumata (V 26) aufgegriffen.

43 Als *latrocinium* [Raubzug] bezeichnet Tertullian (*De anima* 25) die Tötung des Kindes im Leib der Mutter.

44 Cicero *Acad.* II 122: *Corpora nostra non novimus, qui sint situs partium, quam vim quaeque pars habeat ignoramus. Itaque medici ipsi, quorum intererat ea nosse, aperuerunt ut viderentur, nec eo tamen aiunt empirici notiora esse illa, quia possit fieri, ut patefacta et detecta mutentur* [Unsere Körper kennen wir nicht. Wo die verschiedenen Teile liegen, welche Bedeutung jeder einzelne hat, wissen wir nicht. Deshalb haben die Ärzte, deren ureigenstes Interesse es war, die anatomischen Verhältnisse kennenzulernen, menschliche Körper geöffnet, um Einblick zu erhalten. Und dennoch sagen die Empiriker nicht, dass uns die Anatomie des Menschen jetzt besser bekannt ist, weil sich die Verhältnisse nach der Öffnung und Freilegung verändern können]

45 Die Unsicherheit bzw. fehlende Beweisbarkeit des Wissens hat schon Hippokrates beklagt (*VM* 1: *Ὁπόσοι μὲν ἐπεχείρησαν περὶ ἰητρικῆς λέγειν ἢ γράφειν, ὑπόθεσιν αὐτοὶ αὐτοῖς ὑποθέμενοι τῷ λόγῳ* [Jeder einzelne, der in Gesprächen und Schriften über die Heilkunde seinen Worten eine Hypothese zugrunde gelegt hat]).

46 Über die Bedeutung des Grundlagenwissens haben für die Architektur Vitruv (*Arch.* I 1: *Architecti est scientia pluribus disciplinis et variis eruditionibus ornata* [Die Architektur ist eine mit mehreren Wissenschaftszweigen und verschiedenen elementaren Kenntnissen geschmückte Disziplin]) und für die Landwirtschaft Columella (*Re rust.* I praef. 22–28: *Nam qui se in hac scientia perfectum volet profiteri, sit oportet rerum naturae sagacissimus, declinationium mundi non ignarus*… [Denn wer von sich sagen will, in diesem Fach vollkommen zu sein, der muss sich in den Wissenschaften von der Natur bestens auskennen, von den Himmelsgegenden viel verstehen…]) räsonniert.

47 Celsus verschweigt den Namen der Frau.

48 Nach der alten in *Epid.* I–III vielfach exemplifizierten hippokratischen Tradition

49 Die Schilderung und Zurückweisung (cap. 54, 61) der Lehre des Erasistratos wird von der Charakterisierung (cap. 57, 73) der Lehre der Methodiker klar getrennt.

50 Erasistratos hat ein Traktat mit dem Titel *Περὶ πυρετῶν* [Über die Fieberkrankheiten] geschrieben, auf dessen erstes Buch sich Galen (*De causis procatarcticis libellus* CMG suppl. II 103: *εἰ γὰρ ἦν τὸ ψῦχος αἴτιον τοῦ πυρέττειν, οἱ μᾶλλον καταψυχόμενοι μᾶλλον ἂν ἐπύρεττον. οὐ γίγνεται δὲ τοῦτο, ἀλλά τινες εἰς ἔσχατον κίνδυνον ἐλθόντες ἐκ τοῦ κρύους καὶ σωθέντες ἐκ τούτου ἀπύρεκτοι διαμένουσιν* [Wenn Kälte die Ursache des Fiebers wäre, müssten die stärker Erkälteten höheres Fieber haben. So ist es aber nicht. Vielmehr sind manche, die infolge der Kälte in größte Gefahr gekommen und daraus gerettet worden sind, dauerhaft fieberfrei]) bezieht.

51 Also die Ärzte der Generation vor Celsus

52 Nach Galen (*Meth. med.* I K X 4–5) war nicht Themison, sondern Thessalos von Tralles Gründer der Methodikerschule.

53 Die Methodiker unterschieden zwischen *στένωσις* (Sténosis: Spannungszustand, der zur Hemmung der Absonderungen führt), *ῥύσις* (Rhýsis: Entspannung, die zum Abfließen der Absonderungen führt) und dem zwischen den beiden Grundkategorien gelegenen Mischzustand.

54 Gemeint sind in erster Linie Eudemus und Proculus (Caelius Aurelianus *Morb. chron.* III 8)

55 Wohl mehr Ambulanz bzw. Lazarett als Klinikbetrieb, vgl. Columella *Re rust.*

XI 1.18: *sive aliter languidior est, in valetudinarium confestim deducat et convenientem ei ceteram curationem adhiberi iubeat* [Wenn sich jemand sonst nicht wohl fühlt, soll er ihn sofort in die Krankenabteilung bringen und veranlassen, dass er weitere angemessene Behandlung erhält]

56 Z.B. Hippokrates *Epid.* I 23: *μαθόντες ἐκ τῆς κοινῆς φύσιος ἁπάντων καὶ τῆς ἰδίης ἑκάστου,...* [indem wir sowohl von der gemeisamen Natur aller als auch der spezifischen Natur jedes einzelnen gelernt haben]

57 Arzt der empirischen Schule und skeptischer Philosoph in der Regierungszeit von Kaiser Tiberius, berühmt geworden durch die als *colicon* (IV 21.2) bzw. *colice* (V 25.12) bezeichnete Arznei

58 Hippokrates *Aph.* I 13: *Γέροντες εὐφορώτερα νηστείην φέρουσι, ... ἥκιστα μειράκια* [Die alten Leute ertragen das Fasten am leichtesten,... am meisten leiden darunter die Jugendlichen]

59 Platon bezeichnet im 7. Brief (326b) zwei komplette Mahlzeiten pro Tag (*δίς τε τῆς ἡμέρας ἐμπιμπλάμενον ζῆν*) als Völlerei und verurteilt sie ebenso wie den allnächtlichen Liebesgenuss als Zeichen der Verweichlichung.

60 Diese Forderung war zumindest vom griechischen Wanderarzt (*περιοδευτής*, Galen *De comp. med. sec. loc.* V 3 K XII 844; der Terminus fehlt bei Hippokrates) nicht zu erfüllen.

Einführung in die medizinische Epidemiologie • Celsus *De medicina* II Prooemium 1–2

1 Hipp. *Progn.* 1: *Τὸν ἰητρὸν δοκεῖ μοι ἄριστον εἶναι πρόνοιαν ἐπιτηδεύειν* [Es scheint mir, dass die Prognostik die vornehmste Aufgabe des Arztes ist]

2 Hipp. *Aph.* III 19: *Νοσήματα δὲ πάντα μὲν ἐν πάσῃσι τῇσιν ὥρῃσι γίνεται, μᾶλλον δ' ἔνια κατ' ἐνίας αὐτέων καὶ γίνεται καὶ παροξύνεται.* [Alle Krankheiten kommen zu allen Jahreszeiten vor, manche aber entstehen und verschlimmern sich zu bestimmten Jahreszeiten].

Auf den Verlauf kommt es an • Celsus *De medicina* III Prooemium 1.1–6

1 Cicero *De nat. deor.* II 12: *At fortasse non omnia eveniunt quae praedicta sunt. Ne aegri quidem quia non omnes convalescent idcirco ars nulla medicina est* [Nicht alles, denke ich, tritt so ein, wie es vorhergesagt worden ist. Und auch weil nicht alle Kranken gesund werden, ist die Medizin keine Kunst]

2 Hipp. *Lex* II: *φύσιος γὰρ ἀντιπρησσούσης κενεὰ πάντα* [Wenn die Natur sich widersetzt, ist alle Bemühung leer und nichtig]

3 In *Morb. chron.* IV 3 sagt Caelius Aurelianus über die Behandlung der Elephantiasis mit weißer Nieswurz: *non semel adhibenda, sed etiam saepissime* [nicht nur einmal, sondern immer wieder anzuwenden].

Chirurgie – Medizin mit zwei rechten Händen • Celsus *De medicina* VII Prooemium 1–5

1 In I *Prooem.* 9

2 Alexandrinischer Chirurg (um 100 v. Chr.)

3 Alexandrinischer Chirurg (2. Jh. v. Chr.), der sich besonders mit der Behandlung von Nabelbrüchen befasst hat

4 Alexandrinischer Arzt und Zoologe (um 30 v. Chr.)

5 Operativ tätiger Augenarzt. Er hat eine schmerzstillende Augensalbe erfunden (Galen *Comp.med.sec.loc.* IV 7 K XII 745).

6 Empiriker (Vater und Sohn) aus Antiochia (wohl 2. Jh. v. Chr.). Sie verfassten eine Invektive gegen Zenons Schrift über die Signaturen (»Charaktere«) in Hippokrates *Epid.* III.

7 Alexandrinischer Chirurg (2. Hälfte 1. Jh. v. Chr.)

8 Wohl Sammelbezeichnung für weniger bekannte alexandrinische Ärzte

9 Chirurg und Lehrer des Scribonius Largus (2. Hälfte 1. Jh. v. Chr.)

10 Berühmter römischer Chirurg (zur Regierungszeit von Kaiser Tiberius)

11 Chirurg aus Sidon (1. Jh. n. Chr.), Schüler des Themison, Steinschneider und Pharmakologe

12 Dazu Galen *In Hipp. Off. Med. comment.* I 23 K XVIIIB 716: *Πάντα κελεύει δι' ἀμφοτέρων ἀσκεῖσθαι τῶν χειρῶν· συμφορώτατον γὰρ τοῦτο πρὸς τοῦ ταχέως τε καὶ καλῶς ἐργάζεσθαι* [Er fordert dazu auf, alle Operationen mit beiden Händen durchzuführen. Denn dies ist ein ganz wichtiger Beitrag zu ihrem ebenso raschen wie erfolgreichen Abschluss]

13 *De med.* V 26–28

Wo sich die Wege trennen: Luft- und Speiseröhre • Celsus *De medicina* IV 1.3

1 Epiglottis (Hippokrates *Cord.* 2: *πῶμα γὰρ ἀτρεκὲς ἡ ἐπιγλωσσίς, κἂν διήσει μεῖζον ποτοῦ οὐδὲν* [Denn die Epiglottis, eigentlich ein Deckel, wird keine weitere Flüssigkeit mehr passieren lassen]) Platon (*Timaios* 70c) glaubte, dass die Lungen sowohl Atemluft als auch Flüssigkeiten aufnehmen (*ἵνα τό τε πνεῦμα καὶ τὸ πῶμα δεχομένη*).

Lageverhältnisse im Thorax: Herz und Lungen • Celsus *De medicina* IV 1.4

1 Galen *Introduct.* XI K XIV 714: *ἔοικε... τῷ δὲ σχήματι βοὸς ὁπλῇ* [sie gleicht dem Aussehen nach einem Rinderhuf]

2 Hippokrates setzt die Kenntnis von der Festigkeit des Zwerchfells voraus, wenn er in *Epid.* VII 121 berichtet: *ἐδόκει δέ μοι ὁ ἰητρὸς ἐξαιρῶν τὸ ξύλον ἐγκαταλιπεῖν τὸ σίδηρον κατὰ τὸ διάφραγμα* [Der Arzt, der das Holz entfernte, hatte anscheinend das Eisen im Zwerchfell belassen].

Lageverhältnisse im Abdomen: Von der Leber bis zum Netz • Celsus *De medicina* IV 1.5–10

1 *Lobus* war als Terminus technicus in der antiken Anatomie nicht gebräuchlich.
2 Ligamenta hepatogastricum (Anteil des Omentum maius), gastrophrenicum, gastrolienale, phrenicolienale, falciforme hepatis, coronarium hepatis, triangularia dextrum et sinistrum (Anteile des Omentum maius)
3 Galen *Introduct.* XI K XIV 714: *πυλωρός…, ἵνα μὴ ἀθρόως διεκπίπτῃ αὐτῆς ἡ τροφή* [der Vorsteher des Magens…, der verhindern soll, dass die Nahrung ihn auf einmal verlässt]
4 Während bei Hippokrates ein vergleichbarer Begriff fehlt, spricht Galen (z. B. *De anat. admin.* VI 9 K II 573) von *τὸ ἀπευθυσμένον ὀνομαζόμενον ἔντερον* [der sogenannte gerade gerichtete Darm].

Anatomie des Urogenitaltrakts: Unter Berufung auf die Griechen • Celsus *De medicina* IV 1.10–13

1 D.h. eine Röhre, die kein Blut führt
2 Hippokrates (z. B. *Aër.* 9) verwendet *οὐρητήρ* [Harnleiter] gleichbedeutend mit *οὐρήθρα* [Harnröhre]
3 Gemeint sind wohl das – gefäßreiche – Peritoneum parietale und das Ligamentum puboprostaticum/pubovesicale.
4 Griechisch *καυλός*, z. B. Hippokrates *Int.* 14: *ὁκόταν δὲ οὐρέῃ, καὶ τὸν καυλὸν ὑπὸ τῆς ὀδύνης τρίβει* [wenn er Wasser lässt, reibt er vor Schmerz den Penis]
5 Galen *Meth. med.* VI 4 K X 412: *περιτόναιον… σύγκειται γὰρ ἐκ δυοῖν σωμάτων* [Das Bauchfell besteht nämlich aus zwei Komponenten]

Der wahre Durchblick • Celsus *De medicina* VII 7.13

1 Cornea
2 Sklera
3 Foramen opticum
4 Kaum mit der vorderen Augenkammer gleichzusetzen
5 Retina
6 Corpus vitreum
7 Entspricht wohl der Linse

Angewandte griechische Anatomie • Celsus *De medicina* VII 18.1–2

1 Galen *De musc. dissect.* K XVIII B 998: *τὸ δὲ ἔργον αὐτῶν ἀνατείνειν τὸν ὄρχιν, ὅθεν ἔνιοι κρεμαστῆρας αὐτοὺς ὀνομάζουσι* [Ihre Aufgabe ist es, den Hoden anzuheben; deshalb werden sie von einigen auch kremastéres genannt]

2 Galen *De praesag. ex puls.* IV 10 K IX 416: *καὶ ὁ ἐλυτροειδὴς δὲ χιτὼν ἀπ᾽ αὐτοῦ τοῦ περιτοναίου πέφυκεν* [die seröse Hülle ist eine Ausstülpung des Bauchfells]

3 Galen *De uteri dissect IX* K II 899: *περιέχει δὲ τούτων ἑκάτερον ὑμὴν ἴδιος λεπτὸς, οἷος ἐπὶ τῶν ἀρρένων, ὁ δαρτός* [Es umgibt sie beidseits eine zarte eigene Haut, wie bei den Männern, die Tunica dartos]

4 Hippokrates *Epid.* VII 20: *σφόδρα ξυνεπληρώθη καὶ ὄσχέον* [auch der Hodensack füllte sich kräftig]

Von der Hirnschale und ihren Nähten • Celsus *De medicina* VIII 1.1–4

1 Tatsächlich hat das Schädeldach drei Knochenschichten.

2 Herodot (*Hist.* IX 83) berichtet, dass man auf dem Schlachtfeld von Plataiai einen Schädel fand, der gar keine Naht hatte, sondern aus einem einzigen Knochen bestand (*εὑρέθη κεφαλὴ οὐκ ἔχουσα ῥαφὴν οὐδεμίαν ἀλλ᾽ ἐξ ἑνὸς ἐοῦσα ὀστέου*)

3 Sutura squamosa

4 Sutura lambdoidea

5 Sutura sagittalis

6 Sutura frontalis, die im frühen Kindesalter verwachsende Verlängerung der Pfeilnaht nach ventral

7 Os petrosum

8 Os sphenoidale

9 Kombination aus Suturae sphenosquamosa, sphenozygomatica, ethmoidomaxillaris, frontomaxillaris und frontonasalis

10 Sutura nasomaxillaris

11 Sutura palatina mediana

12 Sutura palatina transversa

Weicher Kiefer und harte Zähne • Celsus *De medicina* VIII 1.7–9

1 Der Terminus *mandibula* kommt bei Celsus nicht vor, wird aber später u.a. von Macrobius *Somnium Scipionis* I 69: *Post septem vero menses dentes incipiunt mandibulis emergere…* [Nach sieben Monaten aber beginnen die Zähne durchzubrechen] verwendet.

2 Processus coronoideus

3 Processus condylaris

4 Nicht bei Hippokrates. Galen *De ossibus* V K II 754: *οἱ δὲ τομεῖς ἀπὸ τοῦ τέμνειν αὐτοὺς, ὥσπερ σμίλη, ὅσα δύναται τέμνεσθαι σιτία* [Die Schneidezähne werden so genannt, weil sie wie ein Messer alle möglichen Nahrungsmittel zerteilen]

5 Griechisch *κυνόδους*, z. B. Hippokrates *Aph.* III 25: *ὅταν ἀνάγωσι τοὺς κυνόδοντας* [wenn sie die Eckzähne durchbrechen lassen]
6 Der Lückentext muss sich auf die Weisheitszähne bezogen haben.

Funktionelle Anatomie der Halswirbelsäule (1) • Celsus *De medicina* VIII 1.11–14

1 Die jeweils fünf Kreuz- und Steißbeinwirbel bleiben, wohl weil ihre tragende Funktion nicht so offensichtlich ist, unerwähnt.
2 Processus transversus
3 Foramen intervertebrale
4 Dura mater spinalis
5 Processus articularis superior (entspringt am Wirbelbogen)
6 Processus articularis inferior (entspringt ebenfalls am Wirbelbogen)
7 Fovea articularis superior
8 Die Hebung und Senkung des Kopfes findet nicht nur im Atlantookzipitalgelenk statt, sondern auch in den Gelenken der mittleren und unteren Halswirbelsäule.
9 Dens axis
10 Diese Mitteilung des Celsus ist irrig. Die gelenkige Verbindung zwischen dem 2. und dem 3. Halswirbel unterscheidet sich beträchtlich von der des Atlantoaxialgelenks.
11 Ligamenta longitudinalia anterius et posterius
12 Gemeint ist der Knorpelbelag der Processus articulares superiores
13 Faserknorpelige Bandscheibe (Discus intervertebralis)

Funktionelle Anatomie der Halswirbelsäule (2) • Galen *De ossibus ad tirones* VIII K II 756–759

1 Wohl Ligamenta alaria
2 Hippokrates *Epid.* II 2.24: *τοῦ ὀδόντος καλεομένου* [des sogenannten Zahns]
3 Hippokrates *Artic.* 46: *τὴν ἄκανθαν τὴν ἐξέχουσαν κατὰ τὴν ῥάχιν* [der Dornfortsatz, der entlang der Wirbelsäule hervorsteht]
4 Tuberculum anterius

Wie man am Knochen das Geschlecht erkennen kann • Celsus *De medicina* VIII 1.23

1 = Acetabula (vgl. Plinius *Nat. hist.* XXVIII 179: *item ossa ex acetabulis pernarum, circa quae coxendices vertuntur* [ebenso die Knochen aus den Pfannen der Hinterkeulen, um die sich die Hüftbeine drehen]

2 Celsus verwendet den Begriff *pecten* (oberer Schambeinkamm) als Pars pro toto für das Skelettelement.

Kein großer Unterschied zwischen Händen und Füßen • Celsus *De medicina* VIII 1.25–27

1 Als anatomischer Terminus fehlt *fibula* in *De medicina*. Auch die griechischen Korrelate (*κνήμη, περόνη*) werden von Celsus nicht erwähnt.

Sportlich, aber nicht athletisch • Celsus *De medicina* I 1.1–3

1 Griech. *Ἰατραλείπτης*. Ursprünglich Helfer des Arztes bei äußeren Anwendungen (Petronius *Satyr.* 28,3 spöttisch über dreiste Masseure: *Tres interim iatraliptae in conspectu eius Falernum potabant* [Unterdessen tranken drei Masseure vor seinen Augen Falernerwein]), später auch Bezeichnung für den auf physikalische Therapie spezialisierten Arzt

2 Hippokrates *Vict.* II 60: *ῥᾳθυμίη ὑγραίνει καὶ ἀσθενὲς τὸ σῶμα ποιεῖ* [Trägheit macht den Körper schwammig und schlapp]

3 Hippokrates beschreibt Lebensweise und Training von Wettkämpfern ausführlich in *Salubr.* VII: *Τοὺς γυμναζομένους χρὴ τοῦ χειμῶνος καὶ τρέχειν καὶ παλαίειν* [Die Wettkämpfer müssen im Winter beides tun, d.h. laufen und ringen].

Gute Ratschläge für die Privilegierten (1) • Celsus *De medicina* I 2.1–3

1 Hippokrates *Aër.* II: *πρὸς τὰ πνεύματα καὶ πρὸς τὰς ἀνατολὰς τοῦ ἡλίου* [in Beziehung zu den Winden und den Sonnenaufgängen]

2 Hippokrates *Aër.* VII: *θερμὰ καὶ παχέα καὶ ὀδμὴν ἔχοντα* [heiße, brackige und übelriechende Gewässer]. So auch später Plinius *Nat. hist.* XXXI 31: *stagnantes pigrasque (aquas) merito damnant (medici)* [Vor langsam fließenden und über die Ufer tretenden Gewässern warnen die Ärzte zu Recht]

3 Hippokrates *Aph.* III 1:*αἱ μεγάλαι μεταλλαγαὶ ἢ ψύξιος ἢ θάλψιος* [die großen Veränderungen, sei es der Kälte oder der Wärme]

Unter perfekten Trainingsbedingungen • Celsus *De medicina* I 2.4–7

1 So auch Galen *In Hipp. alim. comment.* II, 4 K XV 239: *ἴσμεν γὰρ ὅτι ὥσπερ ἀγαθὸν μέγιστόν ἐστιν εἰς τὴν ὑγιείαν, τὸ πρὸ τῶν σιτίων προγυμνάσιον* [Denn wir wissen, dass es das Allerbeste für die Gesundheit ist, sich vor den Mahlzeiten körperlich zu betätigen]

2 Hipp. *Vict.* II 61: `*ὁκόσοι δὲ πόνοι φωνῆς, ἢ λέξεις ἢ ἀναγνώσιες ἢ ᾠδαί, πάντες οὗτοι κινέουσι τὴν ψυχήν* [Was es auch an Übungen für die Stimme gibt, sei es Sprechen, Lesen oder Singen, sie alle erregen die Seele]

3 Galen *De parv. pil.* 2 K V 901: *οὐ γὰρ δικτύων, οὐδ' ὅπλων, οὐδ' ἵππων, οὐδὲ κυνῶν θηρευτικῶν, ἀλλὰ σφαίρας μόνης δεῖται, καὶ ταύτης μικρᾶς* [Man braucht keine Netze, keine Waffen, auch keine Jagdhunde, sondern nur einen Ball, und der muss gar nicht groß sein]. Horaz *Sat.* I, 6, 126: *fugio campum lusumque trigonem* [ich wende mich ab vom Sportplatz und Ballspiel]

Exkurs über Vor- und Nachspeisen • Celsus *De medicina* I 2.8–9

1 Hippokrates *Aph.* II 4: *Οὐ πλησμονή, οὐ λιμός, οὐδ' ἄλλο οὐδὲν ἀγαθόν, ὅ τι ἂν μᾶλλον τῆς φύσιος ᾖ* [Weder Sättigung noch Hunger noch sonst etwas tut gut, wenn es mehr als natürlich ist]

2 Hippokrates *Aph.* II 11: *Ῥᾶον πληροῦσθαι ποτοῦ ἢ σιτίου* [Leichter ist es sich mit Getränken zu füllen als sich mit Speisen zu stopfen]

3 Patienten, die an *cancer* [Geschwür, Krebs] leiden, rät Celsus vom Genuss von Gemüse und gesalzenen Fischen grundsätzlich ab (VII 27.5: *holera et salsamenta semper aliena sunt*)

4 Über hausgemachte Süßspeisen und Dickmilch (*dulcia domestica et melcae*) berichtet ausführlich Apicius (*De re coquinaria* [Über das Kochen] VII 13).

Wie man das Vegetativum in Hochform bringt • Celsus *De medicina* I 3.13–16

1 Hipp. *Salubr.* III: *δεῖ δὲ τοὺς μὲν σαρκώδεας θᾶσσον ὁδοιπορεῖν, τοὺς δὲ ἰσχνοὺς ἡσυχαίτερον* [Die Fettleibigen sollen schneller, die Schlanken langsamer marschieren]

Regelmäßig, aber nicht täglich brechen • Celsus *De medicina* I 3.19–20,22–24

1 Ähnlich Hippokrates *Aph.* IV 4: *Φαρμακεύειν θέρεος μὲν μᾶλλον τὰς ἄνω, χειμῶνος δὲ τὰς κάτω* [Die innere Reinigung vollzieht man im Sommer vorzugsweise nach oben und im Winter vorzugsweise nach unten] und *Salubr.* V: *ἓξ μῆνας τοὺς χειμερινοὺς ἐμεῖν* [Brechmittel nimmt man in den sechs Wintermonaten]

2 Entschiedener warnt Hippokrates *Aph.* IV 6: *Τοὺς ἰσχνοὺς καὶ εὐημέας ἄνω φαρμακεύειν, ὑποστελλομένους χειμῶνα* [Den Schmächtigen und denen, die leicht erbrechen, soll man ein Brechmittel geben, aber dabei im Winter zurückhaltend sein]

3 So auch Hippokrates *Aph.* IV 17: *στόμα ἐκπικρούμενον, ἄνω φαρμακείης δεῖσθαι σημαίνει* [Wenn der Geschmack im Mund bitter ist, bedeutet dies, dass man ein Brechmittel geben soll]

4 Essigkraut, von Hippokrates u. a. bei Erkrankungen der Atemwege empfohlen (z. B. *Vict.* II 54: *θερμαίνει καὶ ὑπάγει φλεγματώδεα* [wärmt und löst den Schleim])

5 Hippokrates *Salubr.* V teilt zusätzlich die sozialmedizinisch interessante Beobachtung mit, dass es trotz der subjektiven Nachteile allgemein üblich war, im Abstand von jeweils 14 und nicht an zwei aufeinander folgenden Tagen ein Brechmittel einzunehmen (*οἱ δὲ πᾶν τοὐναντίον ποιέουσιν* [Genau das Gegenteil ist der Fall]).

Wie man die Verdauung steuert • Celsus *De medicina* I 3.30–31

1 Dem Töpferton schreibt Celsus auch hämostyptische Wirkung (V1: *sanguinem supprimunt… creta vel Cimolia vel figularis* [Blutungen stillen…Siegelerde aus Kimolos oder Töpferton] zu. Columella erwähnt ihn als Mittel zum Schutz der Rinder vor Mäusebissen (*Re rust.* VI 17.6: *ea res innoxium pecus a morsu muris aranei praebet* [Töpferton macht das Vieh unverletzlich für den Biss der Spitzmaus]).

Saisonale Ernährungstipps • Celsus *De medicina* I 3.34–39

1 Hippokrates *Aph.* I 18: *Θέρεος καὶ φθινοπώρου σιτία δυσφορώτατα φέρουσι, χειμῶνος ῥήιστα, ἦρος δεύτερον* [Im Sommer und im Winter ist das Essen am schwersten verdaulich, im Winter verdaut man am leichtesten und das Frühjahr folgt an zweiter Stelle]

2 Hippokrates *Salubr.* I: *τοῦ μὲν χειμῶνος ἐσθίειν ὡς πλεῖστα, πίνειν ὡς ἐλάχιστα, εἶναι δὲ τὸ πόμα οἶνον ὡς ἀκρητέστατον* [im Winter soll man möglichst viel essen, möglichst wenig trinken, und wenn, dann möglichst unverdünnten Wein]

Kein Mittagsschlaf bei Seuchengefahr • Celsus *De medicina* I 10

1 Gemeint ist der aus Südwesten wehende Schirokko (griech. *λίψ* oder *νότος*, lat. auch *Africus*, Plin. *Nat. hist.* II 119).

Jahreszeiten und Lebensalter • Celsus *De medicina* II 1.1–11,13–16

1 Hippokrates *Aph.* III 10: *Τὸ φθινόπωρον τοῖσι φθίνουσι κακόν* [Der Herbst ist schlecht für die Schwindsüchtigen]

2 Hippokrates *Aph.* III 9: *Ἐν φθινοπώρῳ ὀξύταται αἱ νοῦσοι, καὶ θανατωδέσταται τοὐπίπαν* [Im Herbst verlaufen die Krankheiten hochakut und führen gewöhnlich zum Tode]

3 Hippokrates *Aph.* III 8: *Ἐν τοῖσι καθεστεῶσι καιροῖσι,… εὐσταθέες καὶ εὐκρινέες αἱ νοῦσοι γίνονται* [Bei üblicher Prägung der Jahreszeiten verlaufen die Krankheiten einschließlich der Krisen regelhaft]

4 Hippokrates *Aph.* II 54: *Μεγέθει δὲ σώματος… ἐγγηρᾶσαι δὲ, δύσχρηστον* [Hoher Wuchs ist für das Altern untauglich]

5 Hippokrates *Aph.* III 21: *τοῦ δὲ θέρεος… καὶ ἵδρωα* [im Sommer gibt es auch Hitzebläschen]

6 Hippokrates *Aph.* III 31: *Τοῖσι δὲ πρεσβύτῃσι… στραγγουρίαι* [Alte Männer leiden unter schmerzhaftem Harndrang]

7 Hippokrates *Aph.* III 5: *ἢν δὲ βόρειον ᾖ, βῆχες* [Nordwind verursacht Husten]

8 Hippokrates *Aph.* III 17: *Αἱ δὲ καθ' ἡμέραν καταστάσιες, αἱ μὲν βόρειοι τά τε σώματα συνιστᾶσι* [Nördliche Witterungsverhältnisse kräftigen den Körper]

9 Hippokrates *Aph.* III 17: *αἱ δὲ νότιοι διαλύουσι τὰ σώματα* [Südliche Witterungsverhältnisse entspannen den Körper]

10 Hippokrates *Aph.* III 6: *Ὁκόταν θέρος γένηται ἦρι ὅμοιον* [Wenn das Sommerwetter dem des Frühjahrs ähnelt]

An der Schnittstelle von Diagnose und Prognose • Celsus *De medicina* II 2

1 Die Prognose, die Celsus hier für die allgemeine Population stellt, hat Hippokrates in *Aph.* I 3 (*οὐκέτι δύνανται ἐπὶ τὸ βελτίον ἐπιδιδόναι· λείπεται οὖν ἐπὶ τὸ χεῖρον* [sie können sich nicht mehr weiter verbessern, sondern es bleibt ihnen nur der Abstieg]) noch auf die Athleten beschränkt.

2 Hippokrates *Progn.* V: *μέγα δὲ ἀναπνεόμενον καὶ διὰ πολλοῦ χρόνου παραφροσύνην σημαίνει* [Tiefe und langsame Atmung kündigt Irresein an]

Akut, chronisch oder uneinheitlich (1) • Celsus *De medicina* II 5

1 Nahezu wörtlich aus Hippokrates *Progn.* 6: *κάκιστοι δὲ οἱ ψυχροὶ καὶ μοῦνον περὶ τὴν κεφαλὴν γινόμενοι καὶ τὸν αὐχένα* [Am schlimmsten ist der kalte Schweiß, der ausschließlich am Kopf und am Hals ausbricht]

2 Ähnlich Hippokrates *Aph.* IV 40: *ἢ χρῶμα ἕτερον ἐξ ἑτέρου γίνηται* [wenn eine Farbe die andere ablöst]. Anders hingegen Hippokrates *Coac.* 122: *Τὸ μεταβάλλειν πολλάκις χρῶμα καὶ θερμασίην, χρήσιμον* [Der häufige Wechsel von Farbe und Temperatur ist ein günstiges Zeichen]

3 Prägnanter bei Hippokrates *Aph.* IV 51: *ἀποστήματα μὴ λυόμενα πρὸς τὰς πρώτας κρίσιας* [Abszesse, die sich bei der ersten Krise nicht auflösen]

4 Bei Hippokrates *Aph.* II 28 wird der Gewichtsverlust mit dem Fieber korreliert: *Τῶν πυρεσσόντων… συντήκεσθαι μᾶλλον τοῦ κατὰ λόγον* [Wenn die Fiebernden mehr als üblich dahinschmachten]

5 Hippokrates *Aph.* VII 31: *κριμνώδεες αἱ ὑποστάσιες* [gerstenkrumenartige Bestandteile]

6 Hippokrates *Aph.* VII 34: *Ὁκόσοισι δὲ ἐν τοῖσιν οὔροισι πομφόλυγες ὑφίστανται* [In wessen Urin Blasen vorhanden sind]

Fasten: Eine wohl überlegte Entscheidung • Celsus *De medicina* II 16

1 Hippokrates *Aph.* II 51: *Τὸ κατὰ πολὺ καὶ ἐξαπίνης... πληροῦν... σφαλερόν* [Sich plötzlich und übermäßig den Bauch zu füllen ist gefährlich]

2 Hippokrates betont in *VM* 11 (*τὸν χρόνον τὸν ἱκανόν* [ausreichend Zeit]), wie wichtig der ausreichende Abstand zwischen zwei Mahlzeiten ist.

3 Ähnlich Plinius *Nat. hist.* XXVIII 14: *Abstinere se cibo omni aut potu, alias vino tantum aut carne, alias balneis, cum quid eorum postulet valetudo, in praesentissimis remediis habetur* [Verzicht auf jede Speise und jedes Getränk, manchmal auch nur der Verzicht auf Wein oder Fleisch oder Bäder, je nachdem wie es der Gesundheitszustand fordert, gilt als eine der besten therapeutischen Maßnahmen]

Leben spendend und lebensbedrohlich zugleich (1) • Celsus *De medicina* IV 5.3

1 Nämlich die Symptome des Stockschnupfens. Eine ähnliche Forderung erhebt Celsus im Rahmen der Empfehlungen zur Behandlung der Auszehrung (III 22.14), von Blutungen (IV 11.8) und der Hand- und Fußgicht (IV 31.2).

Leben spendend und lebensbedrohlich zugleich (3) • Anthologia Graeca X 112

1 Autor anonym

Wie man wieder auf die Beine kommt • Celsus *De medicina* IV 32

1 Hippokrates verlangt in *Aff.* I vom Patienten ausdrücklich, dass er sowohl zu verstehen versucht, was ihm die Ärzte sagen und verordnen (*ἐπίστασθαι δὲ τὰ ὑπὸ τῶν ἰητρῶν καὶ λεγόμενα καὶ προσφερόμενα πρὸς τὸ σῶμα τὸ ἑωυτοῦ*), als auch selbst darüber nachdenkt, was ihm gut tun könnte (*ἐπίστασθαι ἀπὸ τῆς ἑωυτοῦ γνώμης ἐν τῇσι νούσοισιν ὠφελέεσθαι*).

Die Geißeln der Jugend • Celsus *De medicina* II 1.17–21

1 Hippokrates *Aph.* III 18: *Κατὰ δὲ τὰς ὥρας, τοῦ μὲν ἦρος καὶ ἄκρου τοῦ θέρεος, οἱ παῖδες καὶ οἱ τούτων ἐχόμενοι τῇσιν ἡλικίῃσιν ἄριστά τε διάγουσι καὶ ὑγιαίνουσι μάλιστα· τοῦ δὲ θέρεος καὶ τοῦ φθινοπώρου, μέχρι μέν τινος οἱ γέροντες· τὸ δὲ λοιπόν, καὶ τοῦ χειμῶνος, οἱ μέσοι τῇσιν ἡλικίῃσιν* [Nun zu den Jahreszeiten: Im Frühjahr und bei Beginn des Sommers fühlen sich die Kinder und jungen Leute am wohlsten und sind bei guter Gesundheit, im Sommer und Frühherbst die Älteren und im Spätherbst und Winter die Menschen mittleren Alters]

2 Hippokrates *Aph.* III 24: *ὀμφαλοῦ φλεγμοναί* [Flächenhafte Nabelentzündungen]

3 Hippokrates *Aph.* III 25: *καὶ τοῖσι παχυτάτοισι τῶν παίδων, καὶ τοῖσι τὰς κοι-*

λίας σκληρὰς ἔχουσιν [sowohl bei den ganz dicken Kindern als auch bei denen, die einen harten Unterleib haben]

4 Hippokrates *Aph.* III 26: *παρίσθμια* [Mandelentzündung]

5 Hippokrates *Aph.* III 26: *ἀκροχορδόνες* [Warzen mit dünnem Hals]

6 Nahezu wörtlich nach Hippokrates *Aph.* III 28: *Τὰ δὲ πλεῖστα τοῖσι παιδίοισι πάθεα κρίνεται, τὰ μὲν ἐν τεσσαράκοντα ἡμέρῃσι, τὰ δὲ ἐν ἑπτὰ μησὶ, τὰ δὲ ἐν ἑπτὰ ἔτεσι, τὰ δὲ πρὸς τὴν ἥβην προσάγουσιν· ὁκόσα δ' ἂν διαμείνῃ τοῖσι παιδίοισι, καὶ μὴ ἀπολυθῇ περὶ τὸ ἡβάσκειν, ἢ τοῖσι θήλεσι περὶ τὰς τῶν καταμηνίων ῥήξιας, χρονίζειν εἴωθεν* [Bei Kindern entscheidet sich der Verlauf der meisten Krankheiten binnen 40 Tagen, sieben Wochen, sieben Monten oder auch erst während der Pubertät. Alle Krankheiten, die danach weiter anhalten und durch die Mannresreife bzw. die Menarche nicht beendet werden, bleiben gewöhnlich lange Zeit bestehen]

7 Hippokrates *Aph.* III 29: *Τοῖσι δὲ νεηνίσκοισιν, αἵματος πτύσιες* [Junge Leute leiden im typischen Fall unter Blutspucken]

Alterskrankheiten • Celsus *De medicina* II 1.22–23

1 Hippokrates *Aph.* III 31: *Τοῖσι δὲ πρεσβύτῃσι δύσπνοιαι* [Den Greisen drohen Atembeschwerden]

2 Hippokrates *Aph.* II 44: *Οἱ παχέες σφόδρα κατὰ φύσιν ταχυθάνατοι γίνονται μᾶλλον τῶν ἰσχνῶν* [Die Dicken neigen von Natur aus mehr zu einem schnellen Tod als die Dünnen]

Das ganze Elend am Krankenbett • Celsus *De medicina* II 4.1–5

1 D.h. 10:00 Uhr

2 Hippokrates *Aph.* IV 29: *Ὁκόσοισιν ἐν τοῖσι πυρετοῖσιν ἑκταίοισιν ἐοῦσι ῥίγεα γίγνεται, δύσκριτα* [Wenn am sechsten Tag des Fiebers Schüttelfrost einsetzt, ist die Lage zweifelhaft]

3 Hippokrates *Aph.* IV 53: *Ὁκόσοισιν ἐπὶ τῶν ὀδόντων… περίγλισχρα γίνεται* [An wessen Zähnen sich eine klebrige Masse bildet]

4 Hippokrates *Progn.* VII: *Ὑποχόνδριον… ἀνωμάλως διακείμενον τὰ δεξιὰ πρὸς τὰ ἀριστερά* [Wenn sich am Bauch Unterschiede zwischen der rechten und der linken Seite zeigen]

5 Hippokrates *Aph.* VII 3: *Ἐπὶ ἐμέτῳ λὺγξ καὶ ὀφθαλμοὶ ἐρυθροί, κακόν* [Schluckauf und rote Augen nach dem Erbrechen sind ein schlechtes Zeichen]

6 Hippokrates *Progn.* VI: *κάκιστοι δὲ οἱ ψυχροὶ καὶ μοῦνον περὶ τὴν κεφαλὴν γινόμενοι καὶ τὸν αὐχένα* [Am bedrohlichsten ist der kalte Schweiß, der nur am Kopf und am Hals ausbricht]

Fieber: Das Kardinalsymptom • Celsus *De medicina* III 3

1 Hippokrates (*Int.* 50) bezeichnet den Befall des ganzen Körpers durch langanhaltende Fieber (*ὅταν πυρετοὶ πολυχρόνιοι κατάσχωσι τὸ σῶμα*) als frühes Symptom einer ödematösen Erkrankung.

2 Hippokrates *Judic.* 11: *κρίνονται δὲ οἱ πυρετοὶ τεταρταῖοι, ἑβδομαῖοι, ἑνδεκαταῖοι, τεσσαρεσκαιδεκαταῖοι, ἑπτακαιδεκαταῖοι, εἰκοστῇ πρὸς τῇ μιᾷ* [Man unterscheidet die Fieber danach, ob sie am 4., 7., 11., 14., 17 oder 21. Tag rezidivieren]

3 Hippokrates *Epid.* I 24: *ἀλλὰ καὶ νοσημάτων ἑτέρων μεγάλων ῥύεται* [Es rettet auch vor anderen schweren Krankheiten]

4 Z.B. Galen *Def. med. CCIII* K XIX 402: *Ἡμιτριταῖός ἐστιν… πυρετὸν συνεχῆ ὀξύν, τὸ μὲν ὅλον οὐ διαλείποντα, μίαν δὲ κουφοτέραν καὶ μίαν βαρυτέραν ἐπιφέροντα* [Halbdreitagetyp bedeutet anhaltend hohes Fieber, das sich zum einen nie ganz zurückbildet, zum anderen einen Tag schwerer und einen anderen leichter zu ertragen ist]

Über den körperlichen Verfall (1) • Celsus *De medicina* III 22.1–3

1 Der Terminus fehlt bei Hippokrates.

2 Der Begriff wird von Hippokrates nur an einer Stelle (*Aph.* III 31) und dort im Rahmen einer Aufzählung im Plural erwähnt und nicht weiter erläutert.

3 Hippokrates *VM* VI: *τὸ προσενεχθὲν τῇ μὲν νούσῳ τροφή τε καὶ αὔξησις γενόμενον, τῷ δὲ σώματι φθίσις τε καὶ ἀρρωστίη* [bei denen die zugeführte Nahrung für die Krankheit Förderung und Wachstum, für den Körper aber Verfall und Schwäche bedeuten]

4 Hippokrates verbindet mit dem Symptom auch eine ungünstige Prognose (*Coac.* 426: *Τῶν φθισικῶν οἷσιν ἐπὶ τοῦ πυρὸς ὄζει τὸ πτύαλον κνίσης βαρύ… ἀπόλλυνται* [Die Schwindsüchtigen, deren Auswurf im Feuer nach fettigem Fleisch riecht, sterben].

Über den körperlichen Verfall (2) • Plautus *Captivi* 133–136

1 Die Worte stammen aus dem Mund des Schmarotzers Ergasilus.

Blutungen und ihre Quellen • Celsus *De medicina* IV 11.1–4

1 Galen *De loc. aff.* IV 8 K VIII 261: *χαλεπωτάτην εἶναι τὴν τοιαύτην αἱμορραγίαν* [diese Form der Blutung sei die schlimmste]

2 Nicht bei Hippokrates. Galen (*De loc. aff.* IV 8 K VIII 262) bezeichnet mit dem Begriff *διάβρωσις* bzw. *ἀνάβρωσις* die umschriebene Läsion einer Gefäßwand.

3 Hippokrates bezieht den Begriff *ῥῆξις* allerdings auf die Ruptur eines Gefäßes (z. B. *Aph.* IV 78: *φλεβίου ῥῆξιν* [Riss einer kleinen Vene]). Der Terminus *σχασ-*

μός findet sich im Corpus Hippocraticum nicht. Als *σχάσμα* (z. B. *Ulc.* 27: *καταχρῖσαι τὰ σχάσματα* [die Einschnitte bestreichen]) wird die chirurgische Inzision bezeichnet.

4 Nicht bei Hippokrates. Galen (*Meth. med.* IV 1 K X 233: *κατὰ ἀναστόμωσιν ἀγγείων* [in Bezug auf die Eröffnung von Gefäßen])

5 Hippokrates *Aph.* VII 15: *Ἐπὶ αἵματος πτύσει, πύου πτύσις* [Auf das Spucken von Blut folgt das Spucken von Eiter]

6 Hippokrates *Aph.* VII 37: *Ὁκόσοι αἷμα ἐμέουσιν, ἢν μὲν ἄνευ πυρετοῦ, σωτήριον* [Wer Blut spuckt, ohne gleichzeitig Eiter zu spucken, hat eine gute Prognose])

In diesen Situationen war man im alten Rom als Arzt machtlos • Celsus *De medicina* V 26.1C–2

1 Hippokrates *De arte* VIII: *ὅταν οὖν τι πάθῃ ὤνθρωπος κακὸν ὃ κρέσσον ἐστὶ τῶν ἐν ἰατρικῇ ὀργάνων, οὐδὲ προσδοκᾶσθαι τοῦτό που δεῖ ὑπὸ ἰατρικῆς κρατηθῆναι ἄν* [Wenn einer an einer Krankheit leidet, die stärker ist als die Werkzeuge, die in der Medizin verwendet werden, darf er nicht erwarten, dass ihn die Medizin davon heilen wird]

2 Hippokrates *Aph.* VI 18: *Κύστιν διακοπέντι, ἢ ἐγκέφαλον, ἢ καρδίην, ἢ φρένας, ἢ τῶν ἐντέρων τι τῶν λεπτῶν, ἢ κοιλίην, ἢ ἧπαρ, θανατῶδες* [Rupturen der Harnblase, des Gehirns, des Herzens, des Zwerchfells, eines Abschnitts des Dünndarms, der Bauchhöhle oder der Leber führen zum Tode]

Blut, Wundjauche und Eiter • Celsus *De medicina* V 26.20

1 Wahrscheinlich ist *ἰχώρ* [ichór] gemeint, z. B. Hippokrates *Epid.* V 65: *γλίσχρος ἰχὼρ ἐκθλίβεται* [klebrige Flüssigkeit wird ausgepresst] und *Mul.* I 64: *καὶ αἷμα καὶ πῦον ῥέει καὶ ἰχώρ* [und Blut und Eiter und Wundsekret fließen]

2 Galen *Puero epileptico consil.* VI K XI 377: *τῶν μελιτηρῶν ἀγγείων, οὕτως δὲ ὀνομάζουσιν οἱ Ἕλληνες ἐξ ὧν ἐκενώθη μέλι, παρασκευάσας* [Ich besorgte mir eines von den Gefäßen, aus denen der Honig entleert wurde und die bei den Griechen Melitērá heißen]

3 Vgl. Hippokrates *Epid.* VII 107: *παχέα καὶ ὠχρὰ πῦα* [dicke gelbe eitrige Absonderungen]

Geschwüre, Geschwülste und ihre Aussaat • Celsus *De medicina* V 26.31A–C

1 Hippokrates *Ulc.* 11: *Ὅκου δὲ ἐρυσίπελας κίνδυνος ἐφ' ἕλκεσι γενέσθαι* [Wenn sich auf den Geschwüren eine Zone starker Rötung zu entwickeln droht] Galen *Meth. med.* XIV 2 K X 949: *εἰ δὲ… πρὸς τὸ βάθος ἐξικνεῖται τοῦ δέρματος*

ἡ ἕλκωσις... ἐρυσίπελας ὀνομαζέσθω [Wenn das Geschwür in der Tiefe der Haut ankommt, ... sollte man von Erysípelas sprechen]

2 Hippokrates *Aph.* VII 19: *Ἐπὶ ὀστέου ψιλώσει ἐρυσίπελας κακόν* [Wenn das Erysipelas dem nackten Knochen aufliegt, steht es schlecht]

3 Hippokrates *Mochl.* 33: *πους δ᾽ ἐκβὰς, σπασμός, γάγγραινα* [Wenn der Fuß frei liegt, stellen sich Krämpfe und kalter Brand ein]

Jeder Biss hat ein gewisses Gift • Celsus *De medicina* V 27.1

1 Plinius *Nat. hist.* XXVIII 40: *Morsus hominis inter asperrimos quosque numeratur* [Der Biss eines Menschen gilt als sehr unangenehm]

2 Galen *De comp.med. per gen.* VI 2 K XIII 878 berichtet unter Berufung auf Kriton von einem Pflaster mit dem Prädikat *ἀνίκητον* [das Unbesiegte], das sowohl gegen Menschen- als auch Hunde- und Tierbisse (*πρὸς ἀνθρωπόδηκτα καὶ κυνόδηκτα καὶ θηριόδηκτα*) wirksam war.

Tumor: Wachstum und Rezidiv • Celsus *De medicina* V 28.2A–D

1 Vielleicht in Anspielung auf Hippokrates' zwar knappe, aber nicht uneitle Mitteilung in *Epid.* VII 111: *Ὁ τὸ καρκίνωμα τὸ ἐν τῇ φάρυγγι καυθεὶς ὑγιὴς ἐγένετο ὑφ᾽ ἡμῶν* [Der Mann, der wegen eines Karzinoms im Rachen mit dem Brenneisen behandelt wurde, ist durch mich geheilt worden]

2 Hippokrates *Haem.* 4: *Ἐπὴν δὲ ἀφέλῃς τὸ κονδύλωμα, ἀνάγκη ῥέεσθαι δρόμους αἵματος ἀπὸ πάσης τῆς ἀφαιρέσεως* [Wenn man das Kondylom entfernt, wird unweigerlich viel Blut von jeder Schnittstelle strömen]

3 Hippokrates *Coac.* 316: *Ὀσφύος ἄλγημα... κακοήθεος ἀρρωστίης σημεῖον* [Hüft- und Lendenschmerzen sind Zeichen einer schwerwiegenden Erkrankung]

Blutiges Sputum sofort abhusten • Celsus *De medicina* II 8.2

1 Hippokrates *Prog.* 15: *εὐπετέως φέρειν τὸ νόσημα* [die Krankheit mit einer gewissen Leichtigkeit ertragen]

2 Hippokrates *Prog.* 14: *Πτύελον χρὴ... ταχέως τε ἀναπτύεσθαι* [Das Sputum muss man rasch abhusten]

Tiefer Einblick in die Auszehrung der Lungen (1) • Celsus *De medicina* II 8.6–7

1 Nahezu wörtlich aus Hippokrates *Prorrh.* II 7: *Χρὴ γὰρ τὸ πτύελον... εἶναι λευκὸν καὶ ὁμαλὸν καὶ ὁμόχροον καὶ ἀφλέγματον* [Der Auswurf soll nämlich weiß und gleichartig und gleichfarbig und schleimlos sein]

2 Ähnlich Hippokrates *Progn.* 17: *καὶ σιτίων ταχέως ἐπιθυμέωσιν καὶ δίψης*

ἀπηλλαγμένοι ἔωσιν [jene, die rasch wieder Appetit verspüren und vom Durst befreit werden]

3 Bei Hippokrates *Prorrh.* II 7 in imperativischer Form: *καὶ ὁ χόνδρος αὐτοῦ μικρὸς ἔστω καὶ σεσαρκωμένος ἰσχυρῶς* [Und sein Knorpel soll klein und von kräftigem Fleisch bedeckt sein]

Tiefer Einblick in die Auszehrung der Lungen (2) • Celsus *De medicina* II 8.24–25

1 Hippokrates *Aph.* V 12: *Ὁκόσοισι φθισιῶσιν αἱ τρίχες ἀπὸ τῆς κεφαλῆς ῥέουσιν* [Wenn den Schwindsüchtigen die Haare vom Kopfe fallen]

2 Hipp. *Progn.* 12: *τὰς λιπαρότητας τὰς ἄνω ἐφισταμένας ἀραχνοειδέας… αἱ νεφέλαι, ἤν τε κάτω ἔωσιν ἤν τε ἄνω* [die oben befindlichen spinnwebenartigen Fettanteile… die oben und unten befindlichen Wolken]

3 Hippokrates *Epid.* VI 7.9: *Τοῖσι φθίνουσι τὸ φθινόπωρον κακόν* [Der Herbst ist für die Schwindsüchtigen eine Gefahr]

4 Hippokrates *Aph.* VII 16: *ἐπὴν δὲ τὸ σίελον ἴσχηται, ἀποθνήσκουσιν* [Wenn der Speichel austrocknet, sterben sie]

5 Hippokrates *Prorrh.* II 7: *ἐξ ἀποσκήψιος, ἢ σύριγγος* [aus einer Verlagerung oder einer Fistel]

6 Hippokrates *Aph.* VI 51: *Ὁκόσοισιν ὑγιαίνουσιν ἐξαίφνης ὀδύναι γίνονται ἐν τῇ κεφαλῇ…, ἀπόλλυνται ἐν ἑπτὰ ἡμέρῃσιν* [Jene, die aus voller Gesundheit heraus plötzlich Kopfschmerzen bekommen, sterben nach sieben Tagen]

7 Hippokrates *Progn.* 2: *ἢν γάρ τι ὑποφαίνηται συμβαλλομένων τῶν βλεφάρων τοῦ λευκοῦ* [Wenn das Weiße bei der Annäherung der Lider zum Vorschein kommt]

Tiefer Einblick in die Auszehrung der Lungen (3) • Celsus *De medicina* IV 14.1

1 Auf das mit Lungenentzündungen verbundene hohe Risiko weist eindringlich Hippokrates *Aph.* VII 11 hin: *Ἐπὶ πλευρίτιδι περιπλευμονίη, κακόν* [Wenn der Rippenfell- eine Lungenentzündung folgt, wird es ernst].

2 Die Schmerzlosigkeit (*ἀπονίη*) der Lungenentzündung hebt auch Aretaios von Kappadokien (*Περὶ αἰτιῶν καὶ σημείων ὀξέων παθῶν* II 1: *ἄπονος γὰρ ἡ φύσις αὐτέου* [schmerzlos ist nämlich ihre Natur]) hervor.

Eine Kardiopathie, die nicht vom Herzen ausgeht • Celsus *De medicina* III 19.1

1 Mit *cardiacum* (auch in III 18,16) bezeichnet Celsus eine Erkrankung, die er auf den Magen (*stomachus*) zurückführt, obwohl die geschilderten Symptome eine

kardiale Ursache nahelegen. Der griechische Terminus *καρδία* (in der Bedeutung von »Herz« z. B. Homer N 282, in der Bedeutung von »Mageneingang« z. B. Thukydides *Hist.* II 49) ist nicht latinisiert worden.

2 Die Mitteilung, dass der Morbus cardiacus häufig vom Irresein ausgehe, lässt an eine psychosomatische Erkrankung denken.

Elephantiasis: Unverwechselbare Vergangenheit (1) • Celsus *De medicina* III 25.1–2

1 Caelius Aurelianus *Morb. chron.* IV 1: *item alii aegrotum in ea civitate quae numquam fuerit isto morbo vexata, si fuerit peregrinus, cludendum probant, civem vero longius exulare* [Andere plädieren dafür, in einer Stadt, die bisher von diesem Leiden noch nicht heimgesucht worden ist, an Elephantiasis Erkrankte einzusperren, wenn sie Fremde, oder aber für längere Zeit in die Verbannung zu schicken, wenn sie Einheimische sind]

2 Galen *Meth. med. ad Glauc.* II 12 K XI 142: *κατὰ γοῦν τὴν Ἀλεξάνδρείαν ἐλεφαντιῶσι πάμπολλοι διά τε τὴν δίαιταν καὶ τὴν θερμότητα τοῦ χωρίου* [In Alexandria also leiden sehr viele teils wegen der Ernährungsgewohnheiten, teils wegen des heißen Klimas, das dort herrscht, an Elephantiasis]

3 Nicht bei Hippokrates

Elephantiasis: Unverwechselbare Vergangenheit (2) • Plinius *Naturalis historia* XXVI 7–8

1 In *Nat. hist.* XX 144 berichtet Plinius, dass man die Wirksamkeit der wilden Minze bei Elephantiasis durch den Selbstversuch eines Kranken (*fortuito cuiusdam experimento*), der sich damit aus Scham das Gesicht einrieb, kennen gelernt habe.

2 D.h. vor dem 1. vorchristlichen Jahrhundert. Pompejus der Große lebte von 106 bis 48 v. Chr.

Elephantiasis: Unverwechselbare Vergangenheit (3) • Galen *De causis morborum* VII K VII 29–30,33

1 Auch Sokrates ist aufgrund seiner äußeren Erscheinung mit einem Satyr (Marsyas) verglichen worden (Platon *Symposion* 215 a–b).

Stockschnupfen: Der Speichel schmeckt salzig • Celsus *De medicina* IV 5.2,8–9

1 In Abgrenzung zum feuchten Schnupfen (*destillatio*, z. B. II 4.6)

2 Z.B. Hippokrates *Aph.* II 40: *Βράγχοι καὶ κόρυζαι τοῖσι σφόδρα πρεσβυτέροισι οὐ πεπαίνονται* [Heiserkeit und Stockschnupfen klingen bei den ganz Alten

nicht ab]. In gleicher Bedeutung verwendet das Corpus Hippocraticum *βλέννα* (z. B. *Prorrh.* II 30) und *μύξα* (z. B. *Morb.* II 19).

3 Nicht bei Hippokrates. Galen bezeichnet Entzündungen der Luftröhre als *κατασταγμοὺς ἀρτηρίας* (*De comp. med. sec. loc.* VII 5 K XIII 92).

Zwischen Seitenstechen und Rippenfellentzündung • Celsus *De medicina* IV 13.1–2

1 Galen *De cris.* I 5 K IX 563: *συνεισβάλλει μὲν οὖν τῇ πλευρίτιδι πάντως ὅ τ' ὀξὺς πυρετὸς καὶ τὸ τῆς πλευρᾶς ἄλγημα τὸ νυγματῶδες, ἥ τε δύσπνοια καὶ ἡ βήξ* [Im Rahmen der Rippenfellentzündung kommt es zu akutem Fieber, umschriebenem Flankenschmerz, Atemnot und Husten]

2 Noch weiter differenziert Hippokrates *Aph.* I 12: *ἐν πλευριτικοῖσι πτύαλον ἢν αὐτίκα ἐπιφαίνηται ἀρχομένου, βραχύνει, ἢν δ' ὕστερον ἐπιφαίνηται, μηκύνει* [Bei Rippenfellentzündungen zeigt frühzeitige Expektoration einen kurzen, später auftretende Expektoration hingegen einen protrahierten Verlauf an].

Cholera: Durchfall, galliges Erbrechen und Blähungen • Celsus *De medicina* IV 18.1–2

1 Hippokrates beschreibt den Verlauf der Cholera in *Epid. V* 10: *Ἀθήνησιν ἄνδρα χολέρη ἔλαβεν* [In Athen erkrankte ein Mann an der Cholera] und *Epid.* V 79: *Εὐτυχίδης ἐκ χολερικῶν ἐπὶ τῶν σκέλεων τετανώδεα* [Bei Eutychides ging die Cholera in Beinkrämpfe über]

2 Aretaios von Kappadokien *Περὶ αἰτιῶν καὶ σημείων ὀξέων παθῶν* II 5: *Ἡ χολέρη παλίνορσός ἐστι φορὴ τῆς ὕλης τῆς ἐν τῷ παντὶ ἐς στόμαχον καὶ τὴν κοιλίην καὶ τὰ ἔντερα* [Cholera ist rückwärts gerichteter Transport der Nahrung im ganzen Organismus zum Magen, zur Bauchhöhle und zu den Eingeweiden]

Morbus coeliacus: Aber die Symptome passen nicht zur Zöliakie • Celsus *De medicina* IV 19.1

1 Aretaios von Kappadokien *Περὶ αἰτιῶν καὶ σημείων ὀξέων παθῶν* II 7: *ἰσχνὸς δὲ καὶ ἄτροφος ἄνθρωπος, ὠχρός, ἀδρανής· οὐδέν τι πρῆξαι τῶν συνήθων εὔτονος* [Dünn und ausgemergelt wird der Mensch, bleich, kraftlos; nicht einmal für die gewohnten Tätigkeiten hat er genug Kraft]

Der Karbunkel: Mehr als eine Hautkrankheit (3) • Galen *De methodo medendi* XIV 10 K X 979–980

1 Hippokrates *VM* 16: *καὶ ἔστιν οἷσι φλύκταιναι ἀνίστανται ὥσπερ τοῖς ἀπὸ πυρὸς κατκεκαυμένοις* [Bei manchen bilden sich Brandblasen aus wie bei Feueropfern]

2 Der Terminus fehlt bei Hippokrates.

3 Nach Hippokrates wurde mit Phlegmone eher ein Symptom der Enzündung als die entzündliche Krankheit an sich bezeichnet, z. B. *Epid.* III 4: *πολλοῖσι δὲ καὶ ἐν θεραπείῃ ἐοῦσι μεγάλαι φλεγμοναὶ ἐγένοντο, καὶ τὸ ἐρυσίπελας πολὺ ταχὺ πάντοθεν ἐπενέμετο* [Bei vielen entwickelten sich unter der Behandlung große Entzündungsherde, und der Rotlauf breitete sich ganz schnell nach allen Seiten aus].

4 Damit hat Hippokrates sowohl die krankhafte Rötung der Haut (z. B. *Coac.* 196: *σημεῖον μὲν ἐρυσιπελάτος ἐπὶ προσώπου ἐσομένου* [Zeichen der krankhaften Rötung der Gesichtshaut]) als auch die innerer Organe bezeichnet (z. B. *Morb.* II 55: *ἐρυσίπελας ἐν πλεύμονι* [Rotlauf in der Lunge]).

Das Geschwür, das sich wie eine Schlange ausbreitet (1) • Celsus *De medicina* V 28.3A–B

1 Der Terminus ist in der vorcelsianischen griechischen Medizinliteratur nicht nachgewiesen. Später u. a. bei Dioskurides *Περὶ ὕλης ἰατρικῆς* II 109: *ἐπάντλημά τε γαγγραίνης, θηριωμάτων, ψώρας ἀρχομένης* [Auslöser des kalten Brands, des bösartigen Geschwürs, der beginnenden Krätze].

2 Hippokrates *Aër.* X: *φαγεδαίνας κίνδυνος ἐγγίγνεσθαι ἀπὸ πάσης προφάσιος, ἢν ἕλκος ἐγγένηται* [besteht ausnahmslos die Gefahr der Vereiterung, wenn eine Wunde entsteht]. Der Begriff ist auch in die tragische Dichtung eingegangen, z. B. Euripides *Frag.* 792: *φαγέδαιν' ἀεί μου σάρκα θοινᾶται ποδός* [Das Geschwür nagt ständig am Fleisch meines Fußes].

Das Geschwür, das sich wie eine Schlange ausbreitet (2) • Galen *In Hippocratis epidemiarum librum sextum commentarii* II 27 K XVII A 948

1 An anderer Stelle (*De tumor. praeter nat.* XIII K VII 727) bezeichnet Galen den Begriff als *περιττόν* [überflüssig].

Heiliges Feuer: Hohe Rezidivrate • Celsus: *De medicina* V 28.4A–C

1 Krankheit nicht identifiziert. Am ehesten Wundrose, weniger wahrscheinlich Gürtelrose, sehr unwahrscheinlich Ergotismus

Unsterblich und doch unheilbar • Celsus *De medicina* V 28.5

1 Folge der Verletzung des Kentauren Chiron durch einen in das Blut der Hydra getauchten Pfeil des Herakles. Da die Wunde nicht heilt, macht der weise und gerechte Lehrer der Musik und Medizin dem Göttervater das Angebot, seine Unsterblichkeit zugunsten des Prometheus aufzugeben, um so von dem Leiden befreit zu werden (Apollodoros *Βιβλιοθήκη* 2.5.4, 2.5.11). Anders erklärt den

Terminus Paulus von Ägina *Πραγματεία* IV 46: *οἷα τοῦ Χειρῶνος αὐτοῦ δεόμενα πρὸς ἴασιν* [Geschwüre, die nur heilen, wenn Chiron selbst eingreift].

Sieht aus wie eine Warze, aber… • Celsus *De medicina* V 28.14A–C

1 Plutarch *Fabius Maximus* 1: *εἶχε γὰρ ἀκροχορδόνα μικρὰν ἐπάνω τοῦ χείλους ἐπιπεφυκυῖαν* [Auf seiner Oberlippe trug er eine Warze]

2 Hippokrates *Ulc.* 14: *τὸ μικρόφυλλον… τὰ θύμια τὰ ἀπὸ τοῦ ποσθίου ἀφαιρεῖ…* [Das Kraut mit den kleinen Blättern… entfernt die Warzen vom Glied des Mannes…]

3 Sonst bei Celsus (z. B. V 23.2: *utendum est, id quod Aegyptiae fabae magnitudinem impleat* [man nahme so viel, wie in eine ägyptische Bohne passt]) Maß für die Zubereitung gemischter Arzneimittel

4 Paulus von Ägina *Πραγματεία* IV 15: *πλατεῖαν ἔχει τὴν βάσιν* [hat einen breiten Sockel]

5 Griech. *ἧλος*, z. B. Galen *De comp.med. per gen.* III 9 K XIII 647: *τὰς ἐπὶ τῶν ποδῶν μαὶ χειρῶν τυλώδεις ἐπαναστάσεις, ἃς ἥλους καλοῦμεν* [die schwieligen Erhebungen an Händen und Füßen, die wir Warzen nennen]

Juckreiz und Pusteln • Celsus *De medicina* V 28.15A–C

1 In Hippokrates *Epid.* VII 9 werden auch Eruptionen nach Mückenstichen (*οἷα ἀπὸ κωνώπων*) als Exantheme bezeichnet.

2 In *Epid.* I 9 berichtet Hippokrates von dem foudroyanten Verlauf einer Schwellung des rechten Fußes, die u. a. zu *φλυκταινίδια μέλανα* [schwarze Blasen] führte.

3 Diminutivform von *φλύκταινα*, z. B. Hippokrates *Coac.* 112: *φλυζάκια κατὰ πᾶν τὸ σῶμα* [Blasen am ganzen Körper]

4 In *Epid.* VII 114 vergleicht Hippokrates das Frühstadium einer ödematösen Milzerkrankung mit der Epinyktís (*οἷον ἐπινυκτὶς ἐξ ἀρχῆς* [wie die Epinyktís zu Beginn]).

Die milde und die wilde Krätze • Celsus *De medicina* V 28.16A

1 In dieser Bedeutung nicht bei Hippokrates, hingegen in der griechischen Tragödie, z. B. Sophokles *Philoktet* 173: *νοσεῖ μὲν νόσον ἀγρίαν* [leidet an bösartiger Krankheit]. In übertragenem Sinn z. B. bei Horaz *De arte poetica* 417: *occupet extremum scabies* [den Letzten soll der Henker holen]

Drei Arten von Flechten • Celsus *De medicina* V 28.19

1 Dem Zusammenhang nach ist hier nicht die Weißfleckenkrankheit, sondern

wohl die Schuppenflechte gemeint. Hesiod *Frg. 29*: *ἀλφὸς γὰρ χρόα πάντα κατέσχεθεν* [denn die mehlige Flechte umfasst alle Farben]

2 Hippokrates *Aph.* III 20 differenziert *ἀλφοί* von *λέπραι* und *λειχῆνες*, ohne indes die Unterschiede exakt zu benennen.

3 Die Unterformen der hier besprochenen Hautkrankheit werden nomenklatorisch ausschließlich nach ihrer Farbe voneinander abgegrenzt.

4 In der antiken Literatur sonst nicht erwähnter Arzt

5 In der antiken Literatur sonst nicht erwähnter Arzt

Im Grenzbereich zwischen Kosmetik und Dermatologie • Celsus *De medicina* VI 5

1 Den Griechen als *ἴονθοι* bekannte akne-ähnliche Läsionen bei Heranwachsenden (Hippokrates *Epid.* I 26 β΄: *ἐξανθήματα… σμικρὰ οἷον ἴονθοι* [Flecken, so klein wie Akneknöspchen]

2 Hippokrates *Alim.* XX: *ἔφηλις, ὁτὲ μὲν βλάπτει, ὁτὲ δὲ ὠφελέει, ὁτὲ δὲ οὔτε βλάπτει οὔτε ὠφελέει* [manchmal schadet die Sommersprosse, manchmal nützt sie, manchmal schadet sie weder noch nützt sie]

3 In der Bedeutung von Muttermal. Alternativ verwenden Hippokrates *Epist.* 16 und Galen *De simpl. med. temp. ac fac.* VIII 16.28 K XII 106 den Begriff *σπίλος*.

4 Vielfach bei Hippokrates, z. B. *Mul.* I 75: *στυπτηρίην σχιστήν* [gespaltenen Alaun]

5 Von Hippokrates nicht erwähnt

6 Plinius *Nat. hist.* XXXI 122: *sicut adversus lepras, lentigines* [So wie gegen Krätze und Sommersprossen]

7 Hippokrates erwähnt diese nicht sicher von den Sommersprossen zu trennende banale Hauterkrankung im Zusammenhang mit der Leienterie (*Prorrh.* II 23: *ἐφηλίδας παντοῖα χρώματα ἐχούσας* [die Epheliden, die verschiedene Farben haben].

8 Galen nennt ihn *Τρύφων ἀρχαῖος* und erwähnt weitere Rezepte, z. B. in *De comp. med. sec. loc.* V 3 K XII 843 ein Pflaster von besonders schöner Farbe (*εὔχρους*).

9 Plinius *Nat. hist.* XII 100: *Myrobalanum Troglodytis et Theabidi et Arabiae, quae Iudaeam ab Aegypto disterminat, commune est* [Myrobalanon ist den Troglodyten, der Thebais und dem Teil Arabiens, der Judäa von Ägypten trennt, gemeinsam zu eigen] und *Nat. hist.* XII 102: *Arabicam viridem ac tenuiorem* [das arabische ist grün und zarter]

10 Kimolos war bekannt für weiße Siegelerde, die man sowohl zur Reinigung von Kleidern als auch für die Zubereitung von Kosmetika benutzte (Ovid *Met.* VII 463: *cretosaque rura Cimoli* [kreidige Fluren von Kimolos].

11 Mehl einer wickeähnlichen Hülsenfrucht (griech. *ὄροβος*). Horaz *Sat.* II 6.116–117: *tenui... ervo* [bei zarter Ervenkost]

12 Nelkengewächs, auch als Niesmittel verwendet (V 22.8: *Sternutamenta...vel struthio coiecto in nares excitantur* [Niesen wird auch durch Seifenkraut, das man in die Nase einbringt, ausgelöst])

13 Griech. *μελίλωτος*. Plinius *Nat. hist.* XXI 53: *melilotum, quod sertulam Campanam vocamus* [Melilotenklee, den wir kampanisches Blumengewinde nennen]

Mundfäule kann kleine Kinder das Leben kosten (1) • Celsus *De medicina* VI 11.3–4

1 Rotrandige Defekte der Mundschleimhaut, z. B. Hippokrates *Aph.* III 24: *τοῖσι μὲν μικροῖσι καὶ νεογνοῖσι παιδίοισιν ἄφθαι* [die kleinen Kinder und die Neugeborenen bekommen Aphthen] und Galen *Def. med.* CCCLXXXI K IX 441: *Ἄφθα ἐστὶν ἕλκωσις ἐπιπόλαιος ἐν στόματι γενομένη* [Die Aphthe ist ein oberflächliches Geschwür, das im Mund entsteht]

Mundfäule kann Kinder das Leben kosten (2) • Martial *Epigrammata* XI 91.1–8

1 Mutmaßlich mit Noma (Stomatitis ulcero-gangraenosa) identisch

Geschwülste der Kopfschwarte: Differenzialdiagnostische Erwägungen • Celsus *De medicina* VII 6.1–3

1 Paulus von Ägina *Πραγματεία* 6.39: *Συστροφὴ νεύρου τὸ γαγγλίον ἐστίν* [Ein Ganglion ist die Verflechtung einer Sehne]

2 In V 18.18 zu den *tubcercula* [Höckerchen] gerechnet

3 Galen (*De tumor. praeter nat.* V K VII 718) weist mit einfachen Worten auf die Etymologie hin: *ἀθέρᾳ μὲν γάρ τι παραπλήσιον ἐν τοῖς ἀθερώμασιν εὑρίσκεται* [Etwas ähnliches wie Hafergrütze wird in den Atheromen gefunden]

4 Nicht bei Hippokrates. Galen *Def. med.* CCCLXXVI K XIX 440: *Στεάτωμά ἐστι παρὰ φύσιν πιμελῆς συναύξησις* [Das Steatom ist eine unnatürliche Ansammlung von Fett]

Aszitespunktion: Methodische Feinheiten • Celsus *De medicina* VII 15.1–2

1 Paulus von Ägina *Πραγματεία* VI 50: *κατὰ κάθετον τοῦ ὀμφαλοῦ... διαιροῦμεν τὸ ἐπιγάστριον ἄχρι περιτοναίου* [Senkrecht zum Nabel schneiden wir den Oberbauch bis zum Bauchfell ein]

2 Auch für feste Stoffe verwendete Maßeinheit, z. B. Galen *De comp. med. sec. loc.* IX 4 K XIII 280: *κέρατος ἐλαφείου ἁπαλοῦ κεκαυμένου τῆς σποδοῦ ἡμίναν* [Etwa 240 Gramm Asche von feinem verbranntem Hirschhorn]

Innere und äußere Eiterungen • Celsus *De medicina* II 8.3–4

1 Hippokrates *Aph.* VII 45: *ἐν χιτῶνι γὰρ τὸ πῦον τούτοισίν ἐστίν* [denn in diesen Fällen befindet sich der Eiter in einer Hülle]

2 Hippokrates *Progn.* VII: *τὸ δὲ πῦον ἄριστόν ἐστιν λευκόν τε καὶ λεῖον καὶ ὁμαλόν καὶ ὡς ἥκιστα δυσῶδες* [Der Eiter ist am besten, der weiß und glatt und einheitlich ist und am wenigsten übel riecht]

3 Hippokrates *Progn.* XVII: *σιτίων ταχέως ἐπιθυμέωσιν καὶ δίψης ἀπηλλαγμένοι ἔωσιν* [die rasch Appetit bekommen und ihren Durst verlieren]

4 Hippokrates *Progn.* XVIII: *Αἱ δὲ ἀποστάσιες αἱ ἐς τὰ σκέλεα... λυσιτελέες* [Die Abszesse in den Beinen sind förderlich]

Wenn sich das Gefäß verbirgt... • Celsus *De medicina* II 10.15–19

1 Auch Hippokrates bezeichnet den Ort der Inzision exakt, z. B. *Acut. spur.* 6: *φλεβοτομέειν οὖν τὸν βραχίον τὸν δεξιὸν τὴν ἔσω φλέβα* [man inzidiert die innere Vene des rechten Arms]. Galen (*De rat. cur. per ven. sect.* XVI K XI 298) bietet sogar eine Alternative an: *τέμνειν... τὴν ἔνδον· εἰ δὲ μή, τὴν ἀπ' αὐτῆς ἀποσχιζομένην εἰς τὴν καμπὴν τῆς διαρθρώσεως* [die innere Vene einschneiden, und wenn nicht die, dann jene, die von ihr abzweigt und in die Gelenkbeuge zieht]

Akute und chronische Blasenleiden • Celsus *De medicina* IV 27.1D

1 Dieser Abschnitt (CVI: *De vesica*) ist ebenso wie der unmittelbar folgende (CVII: *De calculis in vesica*) nur im Codex Toletanus 97–12 (15. Jh.) erhalten.

Propädeutik der Fistelchirurgie • Celsus *De medicina* VII 4.1

1 *Κολλύριον*, eigentlich Zäpfchen, später auch Pulver oder Salbe (vorwiegend in der Augenheilkunde, z. B. Galen *De comp. med. sec. loc.* IV 2 K XII 709: *τραχωματικὸν κολλύριον* [die Salbe, die man zur Behandlung der ägyptischen Körnerkrankheit verwendet])

Chirurgische Werkzeugkunde für Fortgeschrittene (3) • Celsus *De medicina* VII 12.1F

1 Nicht bei Hippokrates und Galen

Chirurgische Werkzeugkunde für Fortgeschrittene (4) • Celsus *De medicina* VII 19.6–7

1 Wahrscheinlich Fascia cremasterica

Chirurgische Werkzeugkunde für Fortgeschrittene (5) • Celsus *De medicina* VII 28.2

1 Kreuzförmige Inzision (*κατὰ χιασμόν*, Antyllos apud Oribasium 44.20.32)

2 *Λημνίσκος*, z. B. Galen *Ling. s. dict. exolet. expl.* E K XIX 97: *ἐμπύους μοτούς: τοὺς στρεπτοὺς ἢ τοὺς λημνίσκους* [eitriger Wundverband, Zwirn oder Tupfer]

Chirurgische Werkzeugkunde für Fortgeschrittene (6) • Celsus *De medicina* VIII 3.1–2

1 Korrekt *Χοινικίς*. Nicht bei Hippokrates. Von Galen (z. B. *Meth. med.* VI 6 K X 448: *ἔνιοι… ταῖς καλουμέναις χοινικίσιν ἐχρήσαντο* [manche benutzten die sogenannten chirurgischen Trepane]) wird das Instrument nur erwähnt, jedoch nicht näher beschrieben.

Chirurgische Werkzeugkunde für Fortgeschrittene (7) • Celsus *De medicina* VIII 3.8–9

1 Nicht bei Hippokrates. Galen (*De anat. admin.* VIII 7 K II 686: *ὑπόβαλλε μηνιγγοφύλακα λεπτόν* [man legt den zarten Hirnhautschirm darunter]) verwendet das Gerät alternativ zu einer spatelförmigen Sonde (*σπαθομήλη*) bei Eingriffen am Rippenthorax.

Struma: Ein Schnitt und eine Naht • Celsus *De medicina* VII 13

1 Nicht bei Hippokrates. Galen erläutert den Begriff nur unscharf (*Def. med.* CCCXCVIII K XIX 443: *Βρογχοκήλη ἐστὶν ὄγκος παρὰ τῷ βρόγχῳ* [Die Bronchokēlē ist eine Schwellung in der Nachbarschaft des Rachens]). Dagegen hat Juvenal mit *tumidum guttur* (*Sat.* XIII 162) eine treffende Bezeichnung für den Kropf gewählt und mit dem Hinweis darauf, dass die Krankheit *in Alpibus* [in den Alpen] häufig vorkomme, zusätzlich korrekt auf ihren dort endemischen Charakter hingewiesen.

2 Einige Kommentatoren (z. B. Franz Merke: Geschichte und Ikonographie des endemischen Kropfes und Kretinismus. Bern, Stuttgart, Wien. 1971, S. 98) glauben, dass Celsus an dieser Stelle nicht die Strumektomie, sondern die Resektion von Dermoidzysten oder Atheromen am Hals beschreibt.

Blasenkatheter: Form unterschiedlich, Material einheitlich • Celsus *De medicina* VII 26.1

1 Der Terminus wird von Hippokrates (*Mul.* II 157: *μοτοῦν ὠμολίνῳ καθετῆρι* [Wundverschluss mit einem Stöpsel aus rohem Leinen]) und Galen (z. B. *Ling. s. dict. exolet. expl.* K. K XIX 107: *καθετῆρι: τῷ στρεπτῷ μοταρίῳ ἀπὸ τοῦ καθίεσθαι, ἐν δευτέρῳ γυναικείων, μοτοῦν ὠμολίνων καθετῆρι* [Katheter: Ge-

drehter Wattebausch, verwendet erstens bei der Wundbehandlung, außerdem in der Frauenheilkunde, d.h. Wundverschluss mit Leinenstöpsel]) primär in anderer Bedeutung gebraucht. Galen bezeichnet damit jedoch auch das chirurgische Instrument, z. B. *De opt. secta* IX K I 125: *ἐὰν δὲ πλῆθος οὔρου, καθετῆρι* [wenn die Blase voll ist, gebraucht man den Katheter].

Große urologische Operationslehre • Celsus *De medicina* VII 26.2C–F, G–L

1 Nicht bei Hippokrates. Begriff von Galen im ophthalmologischen Bereich (*De differ. morb.* IX K VI 870: *τῶν κανθῶν… ἡ μείωσις δὲ ῥυάς* [die Verkleinerung der Augenwinkel heißt Rhyás]) verwendet

Details der Wundversorgung • Celsus *De medicina* V 26.23

1 Nicht bei Hippokrates. Galen (*Ars med.* XXIX K I 385) unterscheidet ebenfalls zwischen Knopfnähten (*ἀγκτῆρες*) und fortlaufenden Nähten (*ῥαφαί*).

2 So genanntes schwarzes, nach Galen (*De comp. med. per gen.* II 21 K XIII 555) mit Erdpech (*δι'ἀσφάλτου*) zubereitetes Pflaster

3 Pastille, die Polyeides (nach Galen *Introduct.* I K XIV 675 frühgriechischer Pharmazeut) zum Verkleben frischer Wunden und zur Behandlung von Sehnenverletzungen (Galen *De comp. med. per gen.* III 3 K XIII 612: *ἐπί γε τῶν γεγυμνωμένων νεύρων* [wenn die Sehnen frei liegen]) verwendet hat

4 Zur Extraktion der krankmachenden Stoffe verwendetes grünes Pflaster (*emplastrum viride,* V 19.17)

5 Zur Wundverklebung (*a glutinando,* V 19.6) geeignetes Pflaster

6 Der Name rührt von der Ähnlichkeit mit abgeschabtem Schmutz (*a similitudine sordium,* V 19.15) her.

Manchmal die letzte und einzige therapeutische Alternative (1) • Celsus *De medicina* V 26.34A,E

1 Galen *Ad Glauc. de meth. med.* II 11 K XI 135: *ὀνομάζουσι… γαγγραίνας τὰς διὰ μέγεθος φλεγμονῆς νεκρώσεις οὐκ ἤδη γεγενημένας, ἀλλὰ γινομένας ἔτι* [Als Gangrän bezeichnet man nicht nur den durch die Ausdehnung der Entzündung bereits entstandenen, sondern auch den noch bevorstehenden Gewebstod]

Kräftige Männer und jede Menge Binden • Celsus *De medicina* VIII 10.1A–H

1 Hippokrates *Fract.* XXXI: *σπασμὸν μέντοι ἐμβάλλοντι πολὺ ἂν μᾶλλον ποιήσειεν ἢ ἀπορήσαντι ἐμβάλλειν* [Eine erfolgreiche Reposition dürfte viel häufiger zu Krämpfen führen als ein misslungener Versuch]

2 Hippokrates *Fract.* XIII: *ἰσχυροτέρης δὲ δεῖται τῆς κατατάσιος, ὅσῳ καὶ ἰσχυ-*

ρότερον τὸ σῶμα ταύτῃ [Man muss stärker strecken, weil der Körper in dieser Region auch stärker ist]

Schlingen und Schienen • Celsus *De medicina* VIII 10.2

1 Hippokrates *Fract.* VIII: *κσθίσαντα δὲ τὸν ἄνθρωπον ἐπὶ ὑφηλοῦ τινός,...* [Man bringt den Patienten in eine erhöhte Sitzposition...]

2 Hippokrates *Fract.* XLVII: *φιλεῖ τὰ νεῦρα σύντασιν ποιεῖσθαι* [die Sehnen haben die Tendenz sich anzuspannen]

Verrenkungen auf der Hühnerleiter • Celsus *De medicina* VIII 15

1 Hippokrates kannte nur eine Richtung der Schulterluxation (*Artic.* I: *ὀλίσθανον, τὸν ἐς τὴν μασχάλην* [die Verlagerung in die Achselhöhle]. Der Verfasser von P. RYL. 3.529 (=PACK 2 2376) bezeichnet dagegen gerade diese Form der Verrenkung als eine Rarität (38–39: *σπ]ανίως δὲ εἴσ[ω τ]ὴ[ν μασ]χάλην* [selten in die Achselhöhle]

2 Hippokrates *Artic.* X: *ἄνω τὴν χεῖρα ἆραι εὐθεῖαν παρὰ τὸ οὖς... οὐ μάλα δύνανται* [die Hand nach oben bis in Höhe der Ohren zu heben...das schaffen sie nicht so recht]

3 Hippokrates *Artic.* VI: *διὰ τοῦ κλιμακίου* [mittels einer kleinen Leiter]

Die Behandlung der Hüftluxation ist ein hartes Stück Arbeit • Celsus *De medicina* VIII 20.2–3,5–8

1 Hippokrates *Fract.* XIII: *ἐσκευασμένον ξύλον, ἐν ᾧ πᾶσαι αἱ ἄναγκαι ἔσονται πάντων μὲν κατηγμάτων* [ein Apparat aus Holz, mit dem alle technischen Voraussetzungen für die Behandlung sämtlicher Frakturen zur Verfügung stehen] *Artic.* LXXII: *ξύλον... τετράγωνον ὡς ἑξάπηχυ ἢ ὀλίγῳ μέζον, εὖρος δὲ ὡς δίπηχυ, πάχος δὲ ἀρκεῖ σπιθαμιαῖον* [ein viereckiges Brett von 2,7 Metern Länge, wahlweise auch etwas mehr, und 0,9 Metern Breite; für die Dicke sind 20 cm ausreichend]

Wenn Milch fließt, ist der Fötus krank • Celsus *De medicina* II 7.16

1 Hippokrates *Aph.* V 34: *Γυναικὶ ἐν γαστρὶ ἐχούσῃ, ἢν ἡ κοιλίη ῥυῇ πολλάκις, κίνδυνος ἐκτρῶσαι* [Wenn eine Schwangere häufigen Durchfall hat, besteht die Gefahr, dass sie eine Fehlgeburg erleidet]

2 Hippokrates *Epid.* II 6,18: *Ἢν πολλὸν ῥέῃ γάλα, ἀνάγκη ἀσθενεῖν τὸ ἐν γαστρί. ἢν στερεώτεροι ἔωσιν οἱ τιτθοί ὑγιηρότερον τὸ ἔμβρυον* [Wenn viel Milch fließt, muss der Fötus schwach sein. Wenn die Brüste straffer sind, ist der Embryo gesünder]

Mutterringe aus Wolle (1) • Celsus *De medicina* V 21.1A

1 Galen *De comp. med. per gen.* V 2 K XIII 785: *πεσσὸς μαλακτικός* [erweichendes Pessar]

Herausforderungen im Entbindungsraum (1) • Celsus *De medicina* VII 29.1–10

1 Galen *De sem.* VII K IV 538: *ὀνομάζεται δὲ χόριον ὑμὴν οὗτος ὁ ἔξωθεν, ὃν διοδεύουσιν αἱ ἀρτηρίαι τε καὶ αἱ φλέβες, ὕλας ἐκ τῆς μήτρας εἰς τὸ κυούμενον ἄγουσαι* [Als Chorion bezeichnet man die äußere Haut, die von den Arterien und Venen durchzogen wird, die die Baustoffe von der Mutter zum Ungeborenen transportieren], Paulus von Ägina *Πραγματεία* VI 75: *χόριον, ὃ δὴ καὶ δεύτερον καλεῖται* [das Chorion, das auch als zweite Geburt bezeichnet wird]

Leitsymptome in der Augenheilkunde • Celsus *De medicina* VI 6.1.A–D

1 Griech. *λήμη*, z. B. Hippokrates *Progn.* II: *ἢν… λῆμαι φαίνωνται περὶ τάς ὄψιας* [wenn Schleim rund um die Augen sichtbar wird] bzw. *ὀφθαλμία*, z. B. Galen *De comp. med. sec. loc.* IV 3 K XII 711: *Ἄρξομαι δὲ ἀπὸ τοῦ συνεχεστάτου γινομένου πάθους ἐν τοῖς ὀφθαλμοῖς, ὃ καλοῦσιν ἰδίως ὀφθαλμίαν* [Ich werde mit der häufigsten Erkrankung an den Augen beginnen, die ausdrücklich als Ophthalmie bezeichnet wird]

2 Hippokrates *Prorrh.* II 18: *ἐν τῇσιν ἑξήκοντα κρίνεται* [entscheidet sich binnen 60 Tagen]

3 Plinius *Nat. hist.* XI 148: *Media eorum cornua fenestravit pupilla, cuius angustiae non sinunt vagari incertam aciem ac velut canali dirigunt* [In der Mitte der Hornhaut hat die Natur mit der Pupille eine Art Fenster geschaffen, deren Enge den Blick nicht unsicher schweifen lässt und wie durch eine Röhre lenkt]

4 Galen *Introduct.* X K XIV 702: *τὸ λευκὸν τοῦ ὀφθαλμοῦ, οὗ ἐν μέσῳ ἡ ἶρις κύκλος ποικίλος τοῖς χρώμασι* [das Weiße des Auges, in dessen Mitte sich der farbig bunte Ring der Iris befindet]

Der berühmte Euelpides und sein halbes Dutzend Kollyrien (1) • Celsus *De medicina* VI 6.8A

1 Horaz *Sat.* I 5.30–31: *hic oculis ego nigra meis collyria lippus illinere* [Hier legte ich schwarze Salbe auf meine triefenden Augen]

2 Färberkreuzdorn, z. B. Plinius *Nat. hist.* XII 30: *fert et spina piperis similitudinem praecipua amaritudine… hac in aqua cum semine excocta in aereo vase medicamentum fit, quod vocatur lycion* [Es trägt auch ein Dornstrauch eine pfefferähnliche Frucht von außergewöhnlicher Bitterkeit… Man kocht sie in einem

ehernen Gefäß mit dem Samen in Wasser aus und gewinnt so ein Arzneimittel, das Lykion genannt wird]

3 Dem Most ähnliche Flüssigkeit, vgl. Hippokrates *Coac.* 542: *πτύσις αἱμάλωπος οὐ τρυγώδης* [Bluthusten, der nicht gerinnt]

Der berühmte Euelpides und sein halbes Dutzend Kollyrien (2) • Celsus *De medicina* VI 6.17

1 Mischarznei. In dieser Bedeutung ist das Wort bei Hippokrates nicht nachweisbar.

2 Römisches Pfund (etwa 327 g)

Der berühmte Euelpides und sein halbes Dutzend Kollyrien (3) • Celsus *De medicina* VI 6.20

1 Platon *Tim.* 68c: *πυρρὸν ξανθοῦ τε καὶ φαιοῦ κράσει γίγνεται* [Pyrrhon entsteht aus der Mischung von gelb und gräulich]

2 V 18.1: *eloti, quod πεπλυμένον Graeci vocant* [gewaschen, wozu die Griechen peplyménon sagen]. Auch gewaschenes Blei (*plumbum*, z. B. VI 18.27), Bleiglätte (*spuma argenti*, z. B. VI 16A), Bleiweiß (*cerussa*, z. B. VI 6.3), Hirschhorn (*cervinum cornu*, z. B. VI 6.16C), Hüttenrauch (*spodium*, z. B. VI 6.12) und Kupfer (*aes*, z. B. VI 6.5B) wurden häufig für die Herstellung von Medikamenten verwendet.

Der berühmte Euelpides und sein halbes Dutzend Kollyrien (4) • Celsus *De medicina* VI 6.21

1 Der Terminus wird im Corpus Hippocraticum nicht verwendet. Galen *De comp. med. sec. loc.* IX 7 K XIII 314: *κυπαρίσσου σφαιρίων ξηρῶν* [trockene Kügelchen aus dem Holz der Zypresse]

2 Plinius *Nat. hist.* XIV 21: *Principatus datur Aminneis firmitatem propter senioque proficientem vini eius utique vitam* [Der erste Platz wird den aminäischen Stöcken gegeben wegen ihrer guten Haltbarkeit und der mit dem Alter jedenfalls zunehmenden Kraft des Weines]. Zur Etymologie bemerkt Isidor von Sevilla *Orig.* XVII 518: *sine mineo, id est sine rubore* [Ohne Zinnober, das heißt ohne Röte].

Der berühmte Euelpides und sein halbes Dutzend Kollyrien (5) • Celsus *De medicina* VI 6.25C

1 Salbe, die in einer Büchse aus Buchsbaumholz (z. B. Galen *De anat. admin.* IX 1 K II 711 über ein bei der Trepanation verwendetes Werkzeug: *τὴν δ᾽ ὕλην ἐχέτω*

ξύλον πύξινον [Es soll aus Buchsbaumholz hergestellt werden]) aufbewahrt wurde und der Behandlung von Narben diente.

Der berühmte Euelpides und sein halbes Dutzend Kollyrien (6) • Celsus *De medicina* VI 6.31A

1 Galen *De comp. med. sec. loc.* III 1 K XII 601: *μετὰ βραχυτάτου βασιλικοῦ καλουμένου φαρμάκου* [mit einer sehr geringen Menge des Arzneimittels, das Basilikón genannt wird] Als Basilikón wurde auch ein Pflaster bezeichnet, das gegen alle Arten von Sehnenerkrankungen (*πρὸς… πᾶσαν νευρικὴν συμπάθειαν*, Galen *De comp.med. sec. loc.* VIII 5 K XIII 184]) verwendet wurde.

2 Mittel gegen Krätze (*ψώρα*). Galen nennt die Namen mehrerer Fabrikanten, z. B. Euhémeros (*De comp. med. sec. loc.* IV 8 K XII 788].

Wie man Alterssehschwäche behandeln kann (1) • Celsus *De medicina* VI 6.32

1 Von Celsus VI 6.25A auch zur Behandlung tiefer Geschwürsnarben (*Si eae cavae sunt, potest eas implere id…, quod Asclepios nominatur* [Wenn sie tief liegen, kann man sie mit dem Mittel auffüllen, das Asklēpiós heißt] empfohlen

Grauer Star: Konservative und operative Behandlung (1) • Celsus *De medicina* VI 6.35

1 Nicht bei Hippokrates. Galen *Introduct.* XVI K XIV 775: *ὑποκεχύσθαι δὲ λέγουσί τινες, ὅταν συμβῇ παρέγχυσιν ὑγροῦ τινος γενέσθαι κατὰ τὴν κόρην καὶ πῆξιν πολλάκις, ὥστε κωλῦσαι τὸ ὁρᾶν* [Von grauem Star sprechen manche, wenn etwas Flüssigkeit seitlich in die Pupille eindringt und oft verhärtet, so dass das Sehen behindert ist]

Grauer Star: Konservative und operative Behandlung (3) • Galen *Introduct.* XIX K XIV 784

1 Paulus von Ägina beruft sich bei seiner Darstellung der Katarakt und der Möglichkeiten zu deren Behandlung ausdrücklich auf Galen und nicht auf Celsus (*Πραγματεία* VI 22: *ἐπεὶ οὖν ταῦτα μεμαθήκαμεν ἀπὸ τοῦ Γαληνοῦ* [Nachdem wir also dies von Galen gelernt haben])

Äußere Gewalt: Blut gegen Blutungen • Celsus *De medicina* VI 6.39A–B

1 Plinius (*Nat. hist.* XXV 50) berichtet, Schwalben könnten die Sehkraft ihrer Jungen sogar dann wieder herstellen, wenn deren Augen ausgestochen worden seien (*restituuntque visum…etiam erutis oculis*).

Abtragung des Flügelfells: Ein elektiver Eingriff • Celsus *De medicina* VII 7.4

1 Nicht bei Hippokrates. Galen *Meth. med.* XIV K X 1002: *αἱ κατὰ τὸν μέγαν κανθὸν ῥυάδες, ἢ μειωθέντος ἐπὶ πλέον ἢ τελέως ἀπολλυμένου τοῦ κανθοῦ* [Die Tränensekretion im großen Augenwinkel, die dadurch zustande kommt, dass der Augenwinkel stark geschrumpft oder ganz verschwunden ist]. Paulus von Ägina *Πραγματεία* III 20: *Ἡ ἐγκανθὶς ὑπεραύξησίς ἐστι τοῦ φυσικοῦ κατὰ τὸν μέγαν κανθὸν σαρκίου, ἡ δὲ ῥυὰς αὖ τούτου μείωσις* [Die Enkanthís stellt eine Vermehrung, die Rhyás dagegen eine Verminderung des Fleisches dar, das sich im Normalfall im großen Augenwinkel befindet]

Lästige Wimpern • Celsus VII 7.8A–D

1 Der Eingriff wird von Galen *In Hipp.acut.comment.* IV 105 K XV 918 als *ἀναβρογχισμός*, von Paulus von Ägina *Πραγματεία* VI 13 als *ἀναβροχισμός* bezeichnet.

Staphylom: Der Trick mit dem doppelten Faden • Celsus *De medicina* VII 7.11

1 Nicht bei Hippokrates. Galen *Def. med.* CCCXLV K XIX 435: *Σταφύλωμά ἐστιν ἔπαρμα κατὰ τὸν τῆς κόρης τόπον ἐμφερὲς ῥαγὶ σταφυλῆς* [Das Staphylom ist eine Erhebung am Augapfel in Form einer Weinbeere]

2 Plinius *Nat. hist.* XXXIV 172: *Fit et spodium ex plumbo eodem modo quo ex Cyprio aere. Lavatur in linteis raris aqua caelesti separaturque terrenum transfusione, cribratum teritur* [Und auch die Metallasche wird in derselben Weise aus Blei hergestellt wie das zyprische Kupfer. Man wäscht sie mit Regenwasser in dünnen Leinentüchern, trennt den erdhaltigen Anteil beim Übergießen ab und siebt und zerreibt ihn dann]

3 Plinius *Nat. hist.* XXXIV 100: *lapis, ex quo fit aes, cadmea vocatur* [Der Stein, aus dem Kupfer gewonnen wird, heißt Cadmea]

Ohrwürmer: Mechanisch und chemisch entfernen • Celsus *De medicina* VI 7.5

1 Wohl Marrubium album (*πράσιον*), von Hippokrates z. B. für entzündungshemmende Pflaster verwendet (*Ulc.* 11: *Καταπλάσματα οἰδημάτων καὶ φλεγμασίης τῆς ἐν τοῖσι περιέχουσιν… καὶ τὸ πράσιον* [Umschläge zur Behandlung von Schwellungen und einer unter derartigen Umständen auftetenden Entzündung enthalten auch weißen Andorn])

Brustwarzen im Gesicht • Celsus *De medicina* VI 8.2

1 Hippokrates *Aff.* 5: *Ἢν δὲ ἐν τῇ ῥινὶ πόλυπος γένηται, οἷον πρῆγμα πνέεται, καὶ ἀπογκέει ἐκ τοῦ μυκτῆρος ἐς τὸ πλάγιον·* [Wenn in der Nase ein Polyp wächst,

bedeutet dies, dass sich eine Schwellung ausbildet und aus dem Nasenloch seitlich herauswächst]

2 Plinius äußert sich zur medizinischen Verwendung von Zinnober sehr zurückhaltend (*Nat. hist.* XXXIII 124: *omnia, quae de minio in medicinae usu traduntur, temeraria arbitror* [Alles, was zum Gebrauch von Zinnober in der Heilkunde überliefert wird, halte ich für gewagt]).

3 Roter Farbstoff, von Plinius (*Nat. hist.* XXXIV 177: *valet purgare, sistere, excalfacere, erodere, summa eius dote septica* [Es eignet sich gut zur Reinigung, zur Blutstillung, zur Erwärmung, zum Ätzen, seine beste Eigenschaft aber ist die beizende Wirkung]) wegen seiner vielfältigen Verwendbarkeit gelobt

Nicht jeder hohle Zahn muss fallen • Celsus *De medicina* VI 9.5–6

1 Von Galen (z. B. *De comp. med. per gen.* I 16 K XIII 441: *Ἥρας μὲν ἓν ἔγραψε βιβλίον τῶν δυνάμεων* [Heras hat ein Buch über die Wirkeigenschaften geschrieben]) vielfach erwähnter pharmakologisch orientierter Empiriker (um Christi Geburt)

2 Methodiker aus Aphrodisias. Galen (*De comp. med. sec. loc.* III 1 K XII 625) berichtet davon, dass Menemachos außerdem ein für die Behandlung von Ohrenleiden geeignetes Mittel (*ὠτική*) beschrieben hat.

3 Stachelrochen, in V 27.10 als *marina(e) pastinaca(e) bezeichnet*

4 Z.B. Galen *De comp. med. per gen.* V 2 K XIII 786: *ἐπί τινος ἀπὸ τρυγόνος θαλασσίας πεπληγότος* [bei jemand, der von einem Meeresrochen gestochen worden war]

Die Stinknase ist von den Chirurgen vernachlässigt worden • Celsus *De medicina* VII 11

1 Nicht bei Hippokrates. Galen *De comp. med. sec. loc.* III 3 K XII 678: *τῶν ὀζαινῶν… τὸν λόγον, ἐξ ἐπιρροῆς ὑγρῶν δριμέων καὶ σηπεδονοδῶν γινομένων* [ein Wort zur Ozaena, die aus dem Zufluss beißender und eitriger Flüssigkeiten entsteht]

2 Galen *De comp. med. sec. loc.* III 3 K XII 679: *ξηρᾶναι τὸ πεπονθὸς μόριον διὰ φαρμάκων μικτῆς δυνάμεως, ἀποκρουομένων τε καὶ διαφορούντων* [die erkrankte Stelle mit Hilfe verschieden wirksamer, d.h. sowohl abweisender als auch zerteilender Medikamente austrocknen]

3 Galen *De simpl. med. temp. ac fac.* VII 11 K XII 63: *λύκιον… ἔστι γὰρ ξηραντικῆς δυνάμεως ἐξ ἑτερογενῶν οὐσιῶν συγκείμενον* [Lykion ist nämlich aus verschiedenen Substanzen zusammengesetzt und hat eine trocknende Wirkung]

Zähne, Zahnfleisch, Knochen und – Gold • Celsus *De medicina* VII 12.1A–E

1 Griechisch *ὀδοντάγρα*, wird von Hippokrates *Medic.* 9 zu den in einer Arztpraxis unverzichtbaren Instrumenten (*τὰ μὲν οὖν κατ' ἰητρεῖον ἀναγκαῖα ὄργανα*) gerechnet.

2 Vergil *Aeneis III 467*: *loricam consertam hamis auroque* [ein Panzerhemd, zusammengeheftet mit Haken und Golddraht]

Auf die Pinzette kommt es an • Celsus *De medicina* VII 12.3

1 In VI 14 schlägt Celsus dafür u.a. das nach dem gleichnamigen Arzt Andron benannte Medikament vor.

2 Hippokrates *Progn.* XXIII: *ὁκόταν… γένηται τὸ μὲν ἄκρον τοῦ γαργαρεῶνος μέζον καὶ πελιδνόν, τὸ δὲ ἀνωτέρω λεπτότερον, ἐν τούτῳ τῷ καιρῷ ἀσφαλὲς διαχειρίζειν* [Wenn der herabhängende Teil des Zäpfchens angeschwollen und livide, der obere hingegen schlanker ist, dann sollte man Hand anlegen]

Wie man den Unterkiefer wieder einrenkt • Celsus *De medicina* VIII 12

1 Etwas zurückhaltender Hippokrates *Mochl.* IV: *τὰ ὅρια τῶν ὀδόντων τὰ ἄνω τοῖσι κάτω κατ' ἴξιν* [beide Zahnreihen, die obere und die untere, korrespondieren miteinander]

2 Hippokrates *Artic.* XXX: *ὕπτιον κατακλίναντα τὸν ἄνθρωπον, ἐρείσαντα τὴν κεφαλὴν αὐτοῦ ἐπὶ σκυτίνου ὑποκεφαλαίου ὡς πληρεστάτου, ἵνα ὡς ἥκιστα ὑπείκῃ* [den Patienten in Rückenlage bringen und seinen Kopf mit einem Lederkissen möglichst umfassend stützen, so dass er so gut wie nicht mehr ausweichen kann]

3 Hippokrates *Mochl.* IV: *τρία ἅμα ποιῆσαι* [drei Manipulationen auf einmal]

4 Hippokrates mahnt zusätzlich zu besonderer Eile bei der Reposition des beidseitig luxierten Unterkiefers (*Artic.* XXXI: *τούτοισι συμφέρει ὡς τάχιστα ἐμβάλλειν* [bei diesen Patienten ist es vorteilhaft, den Knochen so rasch wie möglich einzurenken]

Starrkrampf (1) • Celsus *De medicina* II 1.12

1 Z.B. Hippokrates *Epid.* VII 120: *σπασμὸς ἐγένετο ἐν τοῖσι δακτύλοισι τῶν ποδῶν καὶ τῶν χειρῶν* [Da verkrampften sich die Zehen und Finger]

2 Der Terminus fehlt bei Hippokrates.

Starrkrampf (2) • Celsus *De medicina* IV 6.1–2

1 Z.B. Hippokrates *Coac.* 355: *ἀνεμεῖν ὀπισθοτόνῳ διὰ ῥινῶν* [sich in rückwärtsgerichteter Haltung durch die Nase übergeben]

2 Der Terminus fehlt bei Hippokrates. Später z. B. bei Galen *De trem.* VIII K VII

641: *ὅταν μὲν εἰς τὸ πρόσω τείνηται τὰ μόρια τοῦ σώματος, ἐμπροσθότονος* [wenn die Glieder des Körpers nach vorne gerichtet sind, spricht man von Emprosthótonos]

Wahn und Delir (1) • Celsus *De medicina* II 1.15

1 Der Terminus *φρένησις* ist in der griechischen Literatur nicht belegt.

2 Hippokrates *Aph.* III 6: *Ὁκόταν θέρος γένηται ἦρι ὅμοιον, ἱδρῶτας ἐν τοῖσι πυρετοῖσι πολλοὺς προσδέχεσθαι χρή* [Wenn Sommer und Frühjahr ähnlich heiß sind, muss man bei Fieber mit reichlich Schweiß rechnen]

3 Hippokrates *Aph.* III 13: *Ἢν δὲ τὸ θέρος αὐχμηρὸν καὶ βόρειον γένηται, τὸ δὲ φθινόπωρον ἔπομβρον καὶ νότιον, κεφαλαλγίαι ἐς τὸν χειμῶνα καὶ βῆχες, καὶ βράγχοι, καὶ κόρυζαι, ἐνίοισι δὲ καὶ φθίσιες* [Wenn der Sommer trocken und vom Nordsturm durchbraust ist und der Herbst regnerisch und feucht, sind gegen den Winter hin Kopfschmerzen, Husten, Heiserkeit, Schnupfen und bei einigen auch Auszehrung zu fürchten]

Wahn und Delir (2) • Celsus *De medicina* III 18.1–4,17

1 Hippokrates *Prog.* 20: *οἱ δὲ ἀπολλύμενοι δύσπνοοι γίνονται, ἀγρυπνέοντες, ἀλλοφάσσοντες τά τε ἄλλα σημεῖα ἔχοντες κάκιστα* [Die dem Tode Geweihten bekommen Atemnot, finden keinen Schlaf, reden wirres Zeug und auch die anderen Symptome sind bei ihnen am stärksten ausgeprägt]

2 Hippokrates *Aff.* 36: *ὅσοι δὲ μελαγχολῶσι, τὰ ὑφ' ὧν μέλαινα χολή* [Den Melancholikern soll man geben, was die schwarze Galle austreibt]

Brust und Hirn (2) • Hippokrates *Aphorismen* V 40

1 Galen (*In Hipp. Aph. comment.* V 40 K XVII B 832–833) versucht, eine pathophysiologische Erklärung für das Phänomen zu geben, teilt aber gleichzeitig skeptisch mit: *ἐγὼ μὲν οὖν οὔπω τοῦτο γινόμενον ἐθεασάμην* [ich habe niemals so einen Fall beobachtet]

Anfallsleiden: Im Alter ist die Schulmedizin machtlos (2) • Celsus *De medicina* II 8.29

1 Noch etwas kritischer Hippokrates *Aph.* V 7: *ὁκόσοισι δὲ πέντε καὶ εἴκοσιν ἐτέων γίνεται, τὰ πολλὰ συναποθνήσκει* [Wenn die Anfälle ab dem 25. Lebensjahr auftreten, bleiben sie meistens bis zum Tod bestehen]

Anfallsleiden: Im Alter ist die Schulmedizin machtlos (3) • Celsus *De medicina* III 23.1–2

1 Die Störung der Volksversammlung (*comitia*) durch einen symptomatischen

Epileptiker galt als unheilvolles Zeichen und führte regelhaft zum Abbruch der Veranstaltung.

2 Die Bezeichnung findet sich auch in nicht-medizinischen Werken (z. B. Apuleius *Apologia* 50,7). Hippokrates verwendet ebenfalls einen überhöhenden Terminus (*ἱερὴ νοῦσος* [Heilige Krankheit]), kommentiert die Bezeichnung aber kritisch (*Morb. Sacr.* 1: *οὐδέν τι μοι δοκεῖ τῶν ἄλλων θειοτέρη εἶναι νούσων οὐδὲ ἱερωτέρη* [Um nichts scheint mir die Epilepsie göttlicher oder heiliger zu sein als die anderen Krankheiten]).

Schonungslos gegen die Schlafsucht • Celsus *De medicina* III 20.1–3

1 Der Terminus *λήθαργος* wird von Hippokrates v.a. im Zusammenhang mit Erkrankungen der Lungen genannt (z. B. *Aph.* III 23: *τοῦ δὲ χειμῶνος πλευρίτιδες, περιπλευμονίαι, λήθαργοι* [Im Winter treten Rippenfellentzündungen, Lungenentzündungen und Schlafsucht auf]). Plinius (*Nat. hist.* XXIII 10) verwendet die Langform *morbus lethargus*. Horaz schildert in *Sat.* II 3 142–160 die unorthodoxe Behandlung des an *lethargo grandi* [ausgeprägter Schlafsucht] leidenden Opimius durch einen pfiffigen Arzt.

2 Der sonst nicht näher bekannte Arzt wird in *De med.* III 21.14 als Urheber einer wenig invasiven Methode zur Behandlung der Bauchwassersucht nochmals erwähnt.

Apoplexie: Notfalls mit dem Bett herumtragen (1) • Celsus *De medicina* III 26–27.1A–C

1 Hippokrates *Aph.* II 42: *Λύειν ἀποπληξίην ἰσχυρὴν μὲν ἀδύνατον* [Eine schwere Apoplexie zu heilen ist unmöglich]

Apoplexie: Notfalls mit dem Bett herumtragen (2) • Hippokrates *De morbis* II 25

1 In *Morb.* II 8 vertieft Hippokrates die Darstellung der Bedeutung der Gefäße (*φλέβες παχύταται* [außerordentliche Anschwellung der Venen]) und der Säfte (*μὴ κινεομένου δὲ τοῦ αἵματος* [weil sich das Blut nicht bewegt]) für die pathophysiologische Erklärung der Krankheit.

Differenzialdiagnose des Kopfschmerzes • Celsus *De medicina* IV 2.2–4

1 Während die Krankheitsbezeichnung *κεφαλαία* im Corpus Hippocraticum fehlt, ist sie von Galen mehrfach (z .B. *Meth. med.* VII 11 K X 513) benützt worden. Hippokrates hat dafür an einer Reihe von Stellen (z. B. *Aph.* III 13) *κεφαλαλγία* verwendet. Caelius Aurelianus *Morb. chron.* I 1 spricht von *De capitis passione, quam Graeci cephalaean nominant* [Über das Kopfleiden, das die

Griechen Cephalaea nennen], Paulus von Ägina *Πραγματεία* III 5,7 grenzt ausdrücklich *κεφαλαία* von *ἡμικρανία* [halbseitiger Kopfschmerz] ab.

2 Galen unterscheidet vier Typen von Hydrokephalon (*Introduct.* 19 K XIV 782: *ὑδροκεφάλων δὲ εἴδη τέσσαρα. τὸ μὲν μεταξὺ ἐγκεφάλου καὶ μήνιγγος, τὸ δὲ μεταξὺ μήνιγγος καὶ ὀστοῦ, τὸ δὲ μεταξὺ ὀστοῦ καὶ περικρανίου, τὸ δὲ μεταξὺ ὀστοῦ καὶ δέρματος* [Es gibt vier Arten von Wasserkopf: Bei der ersten befindet sich die Flüssigkeit zwischen Gehirn und Hirnhaut, bei der zweiten zwischen Hirnhaut und Knochen, bei der dritten zwischen Knochen und Kopfschwarte und bei der vierten zwischen Knochen und Haut]. Nur die erstgenannte Form entspricht dem Hydrocephalus externus der modernen Medizin.

Einseitige Gesichtslähmung: Kynisch, aber nicht zynisch • Celsus *De medicina* IV 3

1 Nach Galen (*De musc. sect.* 1 K XVIII B 930) das Platysma (*μυῶδες πλάτυσμα*)

2 Der Terminus wird von Hippokrates nicht verwendet.

Tollwut: Trotz Wasserscheu in den Weiher • Celsus *De medicina* V 27.2B–D

1 Der Terminus *ὑδροφοβία* wird von Hippokrates nicht verwendet. Caelius Aurelianus *Morb. acut.* III 15 referiert ihn unter Hinweis auf einen weinseligen alten Mann, dem der Komiker Menander dieses Leiden zugeschrieben habe (*istius passionis…imaginem…adscripsit*).

2 Celsus verweist bei der Beschreibung von drei Antidota in V 23.1A u.a. auf deren Wirksamkeit bei Bissverletzungen (*adversus venena… per morsus*].

Was man bei Durchfall essen soll (1) • Celsus *De medicina* I 6

1 Plinius *Nat. hist.* XIV 77 berichtet, dass die Koer dem Wein reichlich Meerwasser (*marinam aquam largiorem*) beimischten, um ihn zu salzen.

Was man bei Durchfall essen soll (2) • Celsus *De medicina* IV 26.1–3

1 Hippokrates setzt die Kenntnis des Terminus *διάρροια* [Durchfluss] bei seinen Lesern voraus (z. B. *Aph.* VI 16). Auch das Synonym *ῥύσις κοιλίης* [Abstrom aus der Bauchhöhle] wird nicht näher charakterisiert (*Coac.* 352).

2 Vergil *Georg.* II 97: *sunt et Aminneae vites, firmissima vina* [aus den aminäischen Reben kommen die stärksten Weine]. Die genaue Lage des zugehörigen Anbaugebiets in Mittel-/Süditalien war schon in der Antike umstritten.

Flatulenz: Laut lesen und warm baden • Celsus *De medicina* I 7

1 Hippokrates *Anat.* I: *κῶλον, δι᾽ οὗ ἡ παραφορὰ τῆς τροφῆς γίνεται* [das Kolon, durch das die Nahrung transportiert wird]

2 Ähnlich Hippokrates *Vict.* II 61: *λέξιες... κινέουσιν τὴν ψυχήν· κινεομένη δὲ θερμαίνεται καὶ ξηραίνεται καὶ τὸ ὑγρὸν καταναλίσκει* [Lesungen bewegen die Seele. Und indem sie sich bewegt, wird sie warm und trocken und verbraucht die Feuchtigkeit]

Hydrotherapie nach Maß • Celsus *De medicina* I 9.3–6

1 Hipp. *Aph.* V 18: *Τὸ ψυχρὸν πολέμιον ὀστέοισιν, ὀδοῦσι, νεύροισιν, ἐγκεφάλῳ, νωτιαίῳ μυελῷ* [Kälte ist schädlich für die Knochen, die Zähne, die Sehnen, das Gehirn und das Rückenmark]

2 Hipp. *Aph.* V 20: *Ἕλκεσι τὸ μὲν ψυχρὸν δακνῶδες, δέρμα περισκληρύνει, ὀδύνην ἀνεκπύητον ποιεῖ, μελαίνει, ῥίγεα πυρετώδεα, σπασμούς, τετάνους* [Kälte greift offene Wunden an, verhärtet die Haut, macht Schmerzen, ohne dass es eitert, färbt schwarz und verursacht Fieberschauer, Krämpfe und Starre]

Erbrechen – ja, aber erst nach Vorbereitung • Celsus *De medicina* II 13

1 Hippokrates *Aph.* IV 13: *Πρὸς τοὺς ἐλλεβόρους... πρὸ τῆς πόσιος προυγραίνειν τὰ σώματα* [Bevor man die Nieswurz trinkt, die Körper innerlich anfeuchten]

2 Hippokrates *Aph.* V 16: *Ἐλλέβορος ἐπικίνδυνος τοῖσι τὰς σάρκας ὑγιέας ἔχουσι, σπασμὸν γὰρ ἐμποιεῖ* [Die Nieswurz ist gefährlich für die, die gesundes Fleisch haben. Denn sie löst Krämpfe aus]

Ordentlich schwitzen in Kampanien • Celsus *De medicina* II 17.1

1 Lakonische Halle, Teil des Warmbads (Vitruv *De architectura* V 10.5: *Laconicum sudationesque sunt coniungendae tepidario* [Die lakonische Halle und die Schwitzbäder müssen mit dem Warmbad verbunden werden])

2 Eigentlich Backpfanne. Apicius *De re coquinaria* VIII 9: *glires... farsos in clibano coques* [Haselnüsse soll man gefüllt in der Backpfanne kochen]

3 Den guten, allerdings nicht unumstrittenen Ruf der Bäder von Baja (und Cumae) erwähnt auch Horaz *Epist.* I 14.5–7: *sane murteta relinqui/dictaque cessantem nervis elidere morbum/sulpura contemni vicus gemit* [Ganz verlassen seien die Myrtenhaine und die Schwefelquellen, die im Ruf standen, auch hartnäckige Krankheiten aus dem Körper zu vertreiben, würden verschmäht, so beklagt sich das Dorf]

Stichwort: Mittlerer Nährwert • Celsus *De medicina* II 18.1–10

1 Martial *Sat.* XIII 71: *sed lingua gulosis / nostra sapit* [doch meine Zunge mundet den Feinschmeckern]

2 Vollweizen. Galen *In Hipp. Acut. comment.* II 34 K XV 577: *τὸν τοιοῦτον ἄρ-*

τον αὐτόπυρον ὀνομάζουσιν, οὐ διακρινομένου τοῦ πιτυρώδους ἀλεύρου κατ' αὐτόν, συναναφερομένου δὲ τῷ καθαρῷ [Brot wird dann als autópyros bezeichnet, wenn die Kleie nicht abgetrennt, sondern dem reinen Mehl untergemischt wird]

Wasser ist nicht gleich Wasser • Celsus *De medicina* II 18.12

1 Hippokrates *Aph.* V 26: *Ὕδωρ τὸ ταχέως θερμαινόμενον καὶ ταχέως ψυχόμενον, κουφότατον* [Wasser, das sich schnell erwärmt und schnell abkühlt, ist das leichteste]

Gut für den Magen • Celsus *De medicina* II 24

1 Städtchen nördlich von Rom. Plinius *Nat. Hist.* XV 53: *cunctis autem Crustumia gratissima* [alle mögen die Birnen aus Crustumerium am liebsten]

2 Columella *Re rust.* V 18: *curandum est autem, ut quam generosissimis piris pomaria conseramus. Ea sunt... Naeviana* [Es ist aber zu beachten, dass in die Obstgärten nur die edelsten Birnbäume gepflanzt werden, als da sind... die Nävianer]. Der Name geht wohl auf ein Mitglied der gens Naevia zurück.

3 Plinius *Nat. hist.* XV 51: *orbiculata a figura orbis in rotunditatem circumacti, haec in Epiro primum provenisse argumento sunt Graeci, qui Epirotica vocant* [Rundäpfel aufgrund ihrer kreisähnlich runden Gestalt. Epirotica, ihre griechische Bezeichnung, beweist, dass sie in Epirus zuerst aufgekommen sind]

4 Benannt nach dem erfinderischen Züchter Scantius/Scaudius (Plinius *Nat. hist.* XV 49–50)

5 Plinius *Nat. hist.* XV 50: *patrias nobilitavere Amerina et Graecula* [Ihre Heimat berühmt gemacht haben die amerinischen und die griechischen Äpfel]

Durchfall: Arzneimittel aus dem Früchtekorb • Celsus *De medicina* IV 26.5–8

1 Columella *Re rust.* V 10.18: *generosissimis piris... ea sunt... Tarentina, quae Syria dicuntur* [mit den edelsten Birnen, darunter denen aus Tarent, die auch syrische genannt werden]

2 Aus Ameria, einer Stadt in Umbrien, die auch für ihre Weidenbäume bekannt war (z. B. Columella *Re rust.* IV 30.4: *Amerina salix gracilem virgam et rutilam gerit* [die amerinische Weide hat schlanke rötliche Zweige])

3 Früchte des Sperberbaums. Columella *Re rust.* XII 16.1: *Eodem tempore sorba manu lecta curiose in urceolos picatos adicito* [Um dieselbe Zeit liest man Arlesbeeren von Hand mit großer Sorgfalt aus und steckt sie in kleine Krüge, die innen eine Schicht aus Pech haben]

Therapie der Gicht: Eselsmilch, Meerwasser und Schweinefett (1) • Celsus *De medicina* IV 31

1 Hippokrates *Prorrh.* II 42: *χρόνιος δὲ κάρτα* [ziemlich langwierig]

2 Hippokrates *Aph.* VI 28: *Εὐνοῦχοι οὐ ποδαγριῶσιν* [Eunuchen bekommen keine Fußgicht]

3 Hippokrates *Aph.* VI 30: *Παῖς οὐ ποδαγριᾷ πρὸ τοῦ ἀφροδισιασμοῦ* [Ein junger Mann erkrankt vor dem ersten Beischlaf nicht an Fußgicht]

4 Hippokrates *Aph.* VI 29: *Γυνὴ οὐ ποδαγριᾷ, εἰ μὴ τὰ καταμήνια ἐκλέλοιπεν αὐτῇ* [Eine Frau erkrankt nicht an Fußgicht, außer wenn die Menstruation ausgeblieben ist]

5 Hippokrates *Aph.* VI 55: *Τὰ ποδαγρικὰ τοῦ ἦρος καὶ τοῦ φθινοπώρου κινεῖται* [Gichterkrankungen manifestieren sich klinisch im Frühjahr und Herbst]

6 Cicero *Ad Quintum fratrem* III 1.1: *praeter balnearia et ambulationem et aviarium* [außer den Bädern, der Wandelhalle und dem Vogelhaus]

7 Hippokrates *Aph.* V 25: *οἰδήματα καὶ ἀλγήματα… ποδαγρικά,… ψυχρὸν καταχεόμενον πολὺ ῥηίζει* [Schwellungen und Schmerzen bei der Gicht lassen deutlich nach, wenn man kaltes Wasser darüberschüttet]

8 Plinius *Nat. hist.* XX 4: *radix autem ex aceto cocta podagris inlinitur* [Die mit Essig ausgekochte Wurzel legt man den Gichtkranken auf]

9 Plinius *Nat. hist.* II 210: *lapis…, quo consumuntur omnia corpora: sarcophagus vocatur.* [ein Stein, der alle Körper verzehrt: Fleischfresser wird er genannt]

10 Stadt an der Südküste der Troas. Plinius *Nat. hist.* XXXVI 132: *Assius gustatu salsus podagras lenit, pedibus in vas ex eo cavatum inditis.* [Der Stein von Assos hat einen salzigen Geschmack und lindert die Fussgicht, wenn man die Füße in ein aus ihm gehöhltes Gefäß steckt]

11 Hippokrates *Aph.* VI 49: *Ὁκόσα ποδαγρικὰ νοσήματα γίνεται, ταῦτα ἀποφλεγμήναντα ἐν τεσσεράκοντα ἡμέρῃσιν ἀποκαθίσταται.* [Bei allen Formen der Fußgicht klingen die Entzündungen binnen 40 Tagen ab]

12 Plinius *Nat. hist.* XIII 5: *cyprinum in Cypro* [wohlriechendes Öl aus Zypern] Caelius Aurelianus *Morb. acut.* 3,3,24: *oleum cyprinum* [zyprisches Öl]

Nieswurz: Wirksam, aber nicht konkurrenzlos – und gefährlich (1) • Celsus *De medicina* II 6.7

1 Hippokrates *Aph.* V 1: *Σπασμὸς ἐξ ἐλλεβόρου θανάσιμον* [Durch Nieswurz ausgelöste Krämpfe führen zum Tod]

Nieswurz: Wirksam, aber nicht konkurrenzlos – und gefährlich (2) • Celsus *De medicina* II 12.1A–B

1 Griech. *Πολυπόδιον*, z. B. Galen *De meth. med.* XIII 15 K X 913: *ἐγὼ γοῦν καὶ*

πολυποδίου τι ποτὲ συνέψησα τῇ πτισάνῃ καὶ μέλανος ἐλλεβόρου φλοιόν [Also habe ich dem Gerstentrank etwas Engelfüß beigekocht sowie die Rinde der scharzen Nieswurz]

2 Hippokrates *Mul.* I 93: *ἐλλέβορος μέλας, σανδαράκη, λεπὶς χαλκοῦ, ἴσον ἑκάστου τρίβειν χωρίς* [schwarze Nieswurz, rote Arsenblende, Kupferschlag, von jeder Zutat die gleiche Menge getrennt zerreiben]

3 Hippokrates nennt in *Superfet.* 32 *ὀπὸν τιθυμάλλου* [den Saft der Wolfsmilch] unter den Mitteln, die den verhärteten Muttermund erweichen.

Das therapeutische Axiom • Celsus *De medicina* II 9.2

1 Hippokrates *Flat.* 1: *ἰητρικὴ γάρ ἐστι πρόσθεσις καὶ ἀφαίρεσις, ἀφαίρεσις μὲν τῶν ὑπερβαλλόντων, πρόσθεσις δὲ τῶν ἐλλειπόντων* [Medizin ist nämlich nichts anderes als Vermehrung und Verminderung, Verminderung dessen, was im Überfluss vorhanden ist, und Vermehrung dessen, was fehlt]

Umschläge, Pflaster und Pillen • Celsus *De medicina* V 17.2

1 Galen *De comp. med. per gen.* VII 1 K XIII 946: *Μαλάγματα καλοῦσιν οἱ ἰατροὶ τὰ τῶν ἐσκληρυσμένων σωμάτων παρὰ φύσιν μαλακτικά* [Als Malagmata bezeichnen die Ärzte jene Mittel, die widernatürlich verhärtete Teile des Körpers erweichen]

2 Hippokrates (*Hum.* V) unterscheidet terminologisch zwischen *ἐπίπλαστα* und *ἔμπλαστα*, obwohl damit jeweils sowohl Pflaster als auch Salben gemeint sein können.

3 Nicht bei Hippkrates. Galen verknüpft den Begriff an zahlreichen Stellen mit den Namen der Erfinder, z. B. *De comp. med. per gen.* III 3 K XIII 612: *ἔνδοξοι δ᾽ αὐτῶν εἰσὶν ὅ τε τοῦ Ἄνδρωνος καὶ ὁ τοῦ Πολυείδους καὶ ὁ τοῦ Πασίωνος* [Berühmt sind u. a. die Pastillen des Andron, des Polyeides und des Pasion]

Barbarische Pflaster (1) • Celsus *De medicina* V 19.1A–B

1 Hämostyptika. Hippokrates *Ulc.* 24: *καταχρίσας τῷ ἐναίμῳ φαρμάκῳ* [nachdem man das blutstillende Mittel aufgetragen hat]

2 Fettfreie Substanzen. Galen *De comp. med. per gen.* II 2 K XIII 475: *αὗται μὲν οὖν ἀλιπεῖς εἰσι ξηρανθεῖσαι, διὸ καὶ τὰς εὐαφεῖς ἐμπλάστρους οὐ δύνανται κατασκευάζειν, ὥσπερ αἱ γλίσχραι τε καὶ ὑγραί* [Diese Materialien sind in getrocknetem Zustand fettfrei. Deshalb kann man aus ihnen – im Gegensatz zu den klebrigen und feuchten Stoffen – auch keine weichen Pflaster herstellen]

Vier oder neun Zutaten • Celsus *De medicina* V 19.9–10

1 Die exakt gleiche Zusammensetzung beschreibt Galen *De simpl. med. temp. ac*

fac. XI 2 K XII 328: *ἐκ κηροῦ καὶ ῥητίνης καὶ πίττης καὶ στέατος* [aus Wachs, Harz, Pech und Fett]

2 Galen (*Antid.* II 14 K XIV 186) schreibt das Mittel mit dieser Bezeichnung dem Herakleides von Tarent zu.

Archetypus des Beipackzettels • Celsus *De medicina* V 20.6

1 Plinius *Nat. hist.* XXVI 85: *Eadem praestat hypericon – alii chamaepityn, alii corissum appellant – oleraceo frutice, tenui, cubitali, rubente, folio rutae, odore acri, semine in siliqua nigro, maturescente cum hordeo. Natura semini spissandi, alvum sistit, urinam ciet, vesicae cum vino bibitur* [Die gleiche Wirkung zeigt das Hypéreikon – manche bezeichnen es auch als Chamaípitys oder Corissum – , sein Strauchwerk ist krautartig, zart, eine Elle hoch und rötlich, die Blätter ähneln einer Raute, der Geruch ist scharf, der Samen ist schwarz und steckt in einer Schote. Reif wird es zusammen mit der Gerste. Dem Samen ist eine zusammenziehende Kraft zueigen. Er stopft den Darm, treibt den Harn und wird zusammen mit Wein für die Blase getrunken], Galen *De simpl. med. temp. ac fac.* VIII 20 K XII 148: *Ὑπερικὸν… οὖρα προκαλεῖσθαι* [Hyperikon kann harntreibend wirken]

Antidota – nicht nur bei Vergiftungen • Celsus *De medicina* V 23.1A

1 Nicht bei Hippokrates. Galen (*Antid.* II 6 K XIV 135) gibt folgende Definition: *Καλεῖν μὲν οὖν ἔθος ἐστὶ τοῖς νεωτέροις ἰατροῖς ἀντιδότους οὐ μόνον ὅσα πρὸς τὰ θανάσιμα φάρμακα διδόασιν, ἀλλὰ καὶ πρὸς τὰ τῶν ἰοβόλων θηρίων δήγματα, καὶ προσέτι πάθη, καὶ μάλιστα χρόνια, κατά τι τῶν σπλαγχνῶν, ἢ ἀποστήματα* [Als Antidota bezeichnen die jüngeren Ärzte üblicherweise nicht nur jene Arzneimittel, die sie gegen todbringende Gifte einsetzen, sondern auch solche, die gegen Bisse giftiger Tiere und gegen vornehmlich chronische Erkrankungen der Eingeweide oder Abszesse verwendet werden]

Wie sich König Mithradates geschützt hat • Celsus *De medicina* V 23.3

1 Mithradates (Mithridates) VI. Eupator (132–64 v. Chr.), grausamer und hartnäckiger Widersacher der Römer in Kleinasien. Als sich sein Sohn Pharnakes gegen ihn erhob, ließ er sich, da Gift nicht wirkte, von seinem Freund Bistokos (Galen *De ther. ad Pis.* XVI K XIV 284) erstechen.

2 Indischer Strauch. Plinius kannte die antitoxische Wirkung offenbar nicht (*Nat. hist.* XX 41: *radix costi gustu fervens, odore eximia, frutice alias inutili* [Die Kostwurz hat einen brennenden Geschmack und einen außergewöhnlichen Geruch, sonst ist die Staude aber zu nichts von Nutzen])

3 Von Celsus (III 21.7) auch als Diuretikum empfohlen

4 Plinius hebt die harntreibende Wirkung hervor (*Nat hist.* XXVI 85: *urinam ciet, vesicae cum vino bibitur* [treibt den Harn und wird zusammen mit Wein für die Blase getrunken])

5 Schon von Hippokrates als Mittel zur Behandlung von Lochialblutungen erwähnt (*Mul.* I 78: *σαγαπήνου ὀβολόν* [0.7 Gramm Milchsaft]

6 Nach Plinius wurde aus dem Saft der illyrischen Iriswurzel (Schwertlilie) eine bekannte Salbe (*Nat. hist.* XIII 14: *nobilia unguenta*) hergestellt

7 Plinius *Nat. hist.* XII 50: *cardamomum, semine oblongo. metitur eodem modo in Arabia* [Kardamom, von länglichem Samen. Man erntet sie in Arabien auf die gleiche Weise]

8 Plinius *Nat. hist.* XII 45: *in nostro orbe proxime laudatur Syriacum, mox Gallicum, tertio loco Creticum* [In unseren Breiten wird die syrische Narde am meisten geschätzt, gefolgt von der gallischen und der kretischen]

9 Baum mit würziger Rinde. Vergil *Georg.* II 4: *nec casia liquidi corrumpitur usus olivi* [wenn nicht durch Narde die Gebrauchsfähigkeit des reinen Öls verdorben wird]

10 Auch zum Würzen von Wein verwendet. Plinius *Nat. hist.* XX 36: *prodest homini ad tussim veterem, rupta, convulsa in vino albo potum* [Dem Menschen nützt er, zerrieben und in Weißwein getrunken, bei chronischem Husten]

11 Trespe, galt als für die Augen schädlich, z. B. Ovid *Fasti* I 691: *et careant loliis oculos vitiantibus agri* [frei mögen die Felder bleiben vom Lolch, der die Augen so verdirbt]

12 Strauch, aus dem ein aromatisches Harz gewonnen wurde. Plinius *Nat. hist.* XII 124: *lacrimae ex austero iucundi odoris* [die Harztränen haben zunächst einen scharfen, dann einen angenehmen Geruch]

13 Sekret der bei beiden Geschlechtern des Bibers vorhandenen Paraurethraldrüsen. Vergil *Georg.* I 58–59: *virosaque… castorea* [stark riechendes Bibergeil]

14 Saft einer an den Wurzeln des Kiströschens schmarotzenden Pflanze. Plinius *Nat. hist.* XXVI 49: *hypocisthis, orobethron quibusdam dicta, malo granato inmaturo similis, nascitur… sub cistho* [Die Hypokisthis, von manchen als Kicherkraut bezeichnet, ähnelt einem unreifen Granatapfel und wächst unter dem Kisthosstrauch]

15 Strauch aus der Familie der Doldenblütler. Zur Herstellung des Arzneistoffs äußert sich Galen *De simpl. med. temp. ac fac.* XVI K XII 94: *Πάνακες Ἡράκλειον· ἐκ τούτου καὶ ὁ καλούμενος ὀποπάναξ γίνεται τῶν ῥιζῶν αὐτοῦ καὶ τῶν καυλῶν ἐκτεμνομένων* [Herakleisches Allheilkraut. Aus ihm wird auch der sogenannte Panaxsaft gewonnen, indem man seine Wurzeln und Stengel herausschneidet]

16 Zimtsorte aus Indien und Syrien. Plinius *Nat. hist.* XII 129: *arborem folio convo-*

luto, colore aridi folii, ex quo premitur oleum ad unguenta [Baum mit eingerollten Blättern, der Farbe nach wie welke Blätter, aus dem man Öl für die Zubereitung von Salben gewinnt]

17 Griech. *δαῦκος*, z. B. Hippokrates *Mul.* I 34: *δαύκου ῥίζην αἰθιοπικοῦ* [die Wurzel des äthiopischen Möhrenkrümmels]

18 Wohlriechende Pflanze, deren Arten nach ihrer Herkunft (Gallien, Kreta, Arabien, Indien) unterschieden wurden

19 Griech. *ῥῆον/ῥᾶ*, z. B. Galen *De simpl. med. temp. ac fac.* VIII 17 K XII 112: *Ῥῆον... μικτῆς ἐστι κράσεως τε καὶ δυνάμεως* [Die pontische Wurzel ist von gemischter Zusammensetzung und Wirksamkeit]

Skorpion- und Spinnenstiche: Folgen beherrschbar • Celsus *De medicina* V 27.5–6

1 Im Corpus Hippocraticum nicht bekannt. Plinius (*Nat. hist.* XXII 58–59) unterscheidet zwei Arten (*tricoccum et helioscopium* [Dreikorn und Sonnenblick]) und erwähnt unter Hinweis auf Apollophanes (aus Seleukeia, Leibarzt Antiochos des Großen, Pharmakologe, 3. Jh. v. Chr.) und Apollodoros (Arzt und Toxikologe aus Alexandria, 3. Jh. v. Chr.) die Wirksamkeit bei Verletzungen durch Schlangen und Skorpione (*et serpentibus et scorpionibus resistit*).

Niemals nüchtern ins Schlangenland • Celsus *De medicina* V 27.7,10

1 Hornschlange (*κεράστης*, z. B. Aelian *Περὶ ζῴων ἰδιότητος* I 57: *ὑπὲρ τοῦ μετώπου κέρατα ἔχει δύο* [sie hat an der Stirn zwei Hörner])

2 Vipernart (z. B. Lukan *Bellum civile* IX 610: *in mediis sitiebant dipsades undis* [mitten im Teich lechzten Durstschlangen nach Wasser]

3 Wohl Sandotter (z. B. Plinius *Nat. hist.* XX 50: *Alio magna vis... privatim contra haemorrhoidas* [Knoblauch ist sehr wirksam gegen das Gift der Sandottern]

4 Auch Plinius *Nat. hist.* XXI 145 empfiehlt *polium* als Antidot gegen Schlangengifte.

5 Nach Plinius *Nat. hist.* XXV 46 von den Vettonen in Spanien entdeckte und als Glücksbringer verehrte Pflanze

6 Nach Plinius *Nat. hist.* XXV 47 zur Regierungszeit des Augustus von den Kantabrern entdeckte Pflanze

7 Galen *De simpl. med. temp. ac fac.* VI 54 K XI 835: *Ἀργεμόνη. καὶ ταύτης τῆς πόας ἡ δύναμις ῥυπτική τέ ἐστι καὶ διαφορητική* [Argemone. Dieses Kraut wirkt reinigend und zerteilend]

8 Plinius *Nat. hist.* XXIV 80 bestätigt die Wirksamkeit der purpurfarbigen Blume gegen Schlangengift.

9 Nur an dieser Stelle erwähnte, trotz des suggestiven Namens vielleicht mit der

Mohrrübe identische Pflanze, z. B. Hippokrates *Steril.* 30: *σταφυλῖνον τρίβων ὡς λειότατον, ἐν οἴνῳ διεὶς κεκρημένῳ, πίνειν διδόναι* [Karotten möglichst fein zerreiben, in verdünntem Wein auflösen und zu trinken geben]

Lebensmittelvergiftungen: Auch der Schierling gehört dazu • Celsus *De medicina* V 27.11–12

1 Cantharis vesicatoria (*κανθαρίς*) wurde von Hippokrates vielfach (z. B. *Nat. mul.* 32) als Medikament in der Frauenheilkunde empfohlen

2 In der Dichtung (z. B. Vergil *Aeneis* XII 418–419: *salubris / ambrosiae sucos et odoriferam panaceam* [heilsame Säfte der Ambrosia und duftende Panazee]) Allheilkraut, in der Fachliteratur (z. B. Plinius *Nat. hist.* XXV 30: *ipso nomine omnium morborum remedium* [wie der Name sagt, ein bei allen Krankheiten wirksames Heilmittel] schwach wirksamer Reizstoff

3 Mutterharz (*χαλβάνη*), von Hippokrates (z. B. *Nat. mul.* 34) zusammen mit Honig verabreicht

4 Schierling (*κώνειον*) wurde von Hippokrates (z. B. *Steril.* 224) in der Frauenheilkunde therapeutisch eingesetzt. Seine toxische Wirkung wird im Corpus Hippocraticum nicht gesondert beschrieben. Dagegen Plinius *Nat. hist.* XXV 151: *sic et necat: incipiunt algere ab extremitatibus corporis* [so führt er auch zum Tode: Die Schmerzen setzen an den Extremitäten ein]

5 Weinraute (*πήγανον*). Hippokrates (*Vict.* II 54) hebt die diuretische Wirkung hervor.

6 Harziger Saft (*σίλφιον*) der Pflanze Laserpitium, von Hippokrates (z. B. *Int.* 30, *Nat. mul.* 64) vor allem zur Behandlung innerer und gynäkologischer Leiden empfohlen

7 Nach Hippokrates (*Mul.* I 78, *Steril.* 224) wurden sowohl die Wurzeln als auch die Blätter und die Früchte des Bilsenkrauts zu Behandlungszwecken verwendet. Dagegen warnt Plinius *Nat. hist.* XXV 36: *temeraria medicina* [gewagtes Arzneimittel] vor dem Gebrauch.

8 Hippokrates empfiehlt Weinmet (*οἶνον μειχρόν*) u. a. zur Behandlung von Erkrankungen, die vom Kopf ausgehen (*Morb.* II 12)

9 Nur in hoher Dosis giftig. Von Celsus vielfach (z. B. V 18.36) als Bestandteil von Pflastern erwähnt

10 Bei der Beschreibung der Behandlung des Blutegelbefalls von Rindern und anderen Haustieren führt Columella (*Re rust.* VI 18) auch den warmen Essig (*calido aceto*) an.

11 In II 21 zu den schlechten Säften (*mali suci*) gerechnet

12 Pluripotentes Suppenkraut. Hippokrates hebt den Effekt der Konservierung auf die Wirkung hervor (*Vict.* II 54: *ἀνδράχνη ψύχει ἡ ποταινίη, τεταριχευμένη*

δὲ θερμαίνει [Frischer Portulak entfaltet kühlende Wirkung, in getrocknetem Zustand wärmt er]).

Dreizehn Zutaten plus Regenwasser • Celsus *De medicina* VI 6.6

1 Mutmaßlich späthellenistischer Arzt

2 Nicht bei Hippokrates. Galen verleiht zwei Arzneien (*De comp. med. sec. loc.* IV 7 K XII 731: *ἐκ τῶν Φιλοξένου ξηρὸν ἀχάριστον* [Aus den Büchern des Philoxenos ist das trockene unangenehm] und *De comp. med.sec.loc* IV 8 K XII 749: *Τὸ ἀχάριστον ἐπιγραφόμενον, πρὸς τὰς μεγίστας ἐπιφοράς* [Das Mittel mit der Aufschrift »unangenehm« wird zur Behandlung der schwersten Krisen eingesetzt]) das wenig werbewirksame Attribut. Eine ganz andere Bedeutung gibt Marcellus Empiricus dem Wort, wenn er unter dem Titel *Antidotum acharistum multiplex mirum* (*De medicamentis* 20,92) zu einem besonders schnell wirksamen Mittel schreibt: *multi enim,qui cito curati sunt, ingrati extiterunt, propter quod ipsum antidotum acharistum appellatur, id est sine gratia* [viele nämlich, die schnell geheilt wurden, zeigten sich undankbar. Daher wird dieses Antidot ›acháriston‹, d.h. unentgeltlich genannt]

3 Antimonpräparat, z.B. Plinius *Nat. hist.* XXXIII 101: *In iisdem argenti metallis invenitur, ut proprie dicatur, spumae lapis candidae nitentisque, non tamen translucentis; stimi appellant, alii stibi, alii alabastrum, aliqui larbasim* [In den gleichen Silbergruben findet man einen Stein, der aussieht wie, um es mal so zu sagen, glänzend heller, jedoch nicht durchsichtiger Schaum. Man nennt ihn Stimmi, Stibi, Albaster oder auch Larbasis]

Begräbnis eines Scheintoten (1) • Celsus *De medicina* II 6.13–15

1 Der Neuplatoniker Proklos (410–485 n.Chr.) weist in seinem Kommentar zu Platons *Πολιτεία* (II 113,6) darauf hin, dass Demokrit in der Schrift *Περὶ τοῦ Ἅιδου* über die Wiederbelebung von Scheintoten (*τὴν μὲν περὶ τῶν ἀποθανεῖν δοξάντων ἔπειτα ἀναβιούντων ἱστορίαν*) berichtet hat.

2 Hippokrates *De Arte* 8: *μὴ κατατυχόντα τὸν ἰητρὸν τὴν δύναμιν αἰτιᾶσθαι τοῦ πάθεος, μὴ τὴν τέχνην* [Wenn der Arzt keinen Erfolg hat, soll man der Heftigkeit der Erkrankung und nicht seiner Kunst die Schuld dafür geben]

Begräbnis eines Scheintoten (3) • Plinius *Naturalis historia* XXVI 14

1 Plinius flicht die Anekdote in die Beschreibung der zahlreichen von Asklepiades in die Krankenbehandlung eingeführten Kunstgriffe und Neuerungen ein.

Schleichendes Fieber: Was Petronas verordnet hat (1) • Celsus *De medicina* III 9.2–4

1 Petronas von Ägina (5. Jh. v. Chr.). Dogmatiker und Vertreter einer modifizierten Lehre von den vier Elementen (zwei Grundelemente, nämlich das Kalte und das Warme, und zwei ergänzende Elemente, nämlich das Feuchte und das Trockene)

Der Wahnsinn in der griechischen Mythologie • Celsus *De medicina* III 18.19

1 Sophokles *Aias* 447–448: *φρένες διάστοφοι / γνώμης ἀπῇξαν τῆς ἐμῆς* [Meine Sinne im Wahn, von der Vernunft kehrten sie sich ab]

2 Euripides *Orestes* 254: *ταχὺς δὲ μετέθου λύσσαν, ἄρτι σωφρονῶν* [kaum bei Sinnen, fielst du rasch in deinen Wahn zurück], 327–328: *ὅταν ἀνῇ νόσος / μανίας, ἄναρθρός εἰμι κἀσθενῶ μέλη* [Wenn der krankhafte Wahn los ist, bin ich kraftlos und meine Glieder sind schwach]. Caelius Aurelianus *Morb.Acut.* I 122: *Orestes etiam Electrae furiales vultus expavit* [Orest ist beim Anblick Elektras wie vor einer Furie zurückgeschreckt]

Epilepsie: Auch Gladiatorenblut ist keine Lösung (4) • Tertullian *Apologeticum* IX 10

1 Blutrünstige Begleiterin des Mars (Vergil *Aeneis* VIII 703: *quam cum sanguineo sequitur Bellona flagello* [ihr aber folgt mit blutiger Geißel die Göttin des Krieges]

Wie der Schmied dem Arzt hilft • Celsus *De medicina* IV 16.2

1 Wermut (*ἀψίνθιον*) wurde von Hippokrates für die Behandlung gynäkologischer Erkrankungen (z. B. *Nat.mul.* 8) und des Tetanos (*Int.* 52) empfohlen.

Mut fassen und dem Beispiel der Psyllier folgen (1) • Celsus *De medicina* V 27.3A–C

1 Griech. *ἐκμύζησις*. Nicht bei Hippokrates und Galen, dagegen z. B. Philumenos *De venenatis animalibus* 7.3: *ἐὰν δέ ἄρα συμβῇ πληγῆναι ὑπό τινος θηρίου,… καταντλήσεις διὰ θερμοῦ ὕδατος ἤ ὀξυκράτου ἤ ἐκμυζήσεις* [Wenn man von einem Tier verletzt worden ist, schüttet man heißes Wasser oder sauren Wein über die Wunde oder saugt sie aus]

2 Ehemals im heutigen Libyen ansässiger Volksstamm, der im 5. Jahrhundert v. Chr. durch eine große Dürre dazu gezwungen wurde, die Heimat zu verlassen, und in der Folge von den benachbarten Nasamonen aufgerieben wurde (Herodot *Hist.* IV 173)

Essig rettet das Leben eines Kindes • Celsus *De medicina* V 27.4

1 Galen (*De ther. ad Pis.* VIII K XIV 235) unterscheidet drei Arten (*πτυάς, χερσαία, χελιδονία*) der ägyptischen Kobra. Mit dem Gift der ersteren tötete Kleopatra sich selbst, nachdem sie ihre Dienerschaft hatte abtreten lassen (*τὴν βασιλίδα Κλεοπάτραν… ταχέως τε καὶ ἀνυπόπτως ἀποθανεῖν* [soll Königin Kleopatra rasch und ohne Verzögerung gestorben sein].

2 Plinius *Nat. hist.* XXIII 27: *summa vis ei in refrigerando, non tamen minor in discutiendo; ita fit ut infuso terra spumet* [Essig hat eine sehr starke kühlende und eine nicht minder ausgeprägte zerteilende Wirkung; daher schäumt auch die Erde, wenn man Essig ausgießt]

Kerion Celsi: Griechisch-römische Nomenklatur • Celsus *De medicina* V 28.13

1 Ähnlich Galen *Def. med.* CCCXCI K XIX 443: *Κήριόν ἐστιν ἕλκος συνεχεῖς ἔχον κατατρήσεις ἐξ ὧν μελιτῶδες ὑγρὸν ἐκκρίνεται* [Das Kerion ist ein Geschwür, das zahlreiche Öffnungen hat, aus denen sich honigartige Flüssigkeit entleert]. Paulus von Ägina *Πραγματεία* IV 35 bezeichnet das *κηρίον* nicht als vertiefte (*ἕλκος*), sondern als erhabene (*ὄγκος*) Läsion

2 Auch Vogelleim. Griech. *ἰξός/ἰξία*, z. B. Galen *De simpl. med. temp.ac fac.* VI 9 K XI 888: *Ἰξὸς ἐκ πλείστης μὲν ἀερώδους τε καὶ ὑδατώδους οὐσίας θερμῆς, ἐλαχίστης δὲ γεώδους σύγκειται* [Vogelleim besteht zum größten Teil aus Luft und warmem Wasser, zum geringsten Teil hingegen aus erdartiger Substanz]

3 Griech. *ἄμπελος λευκή*, z. B. Galen *De simpl. med. temp.ac fac.* VI 1 K XI 826–827: *ἔξωθεν ἐπιτιθεμένη μετὰ σύκων καὶ ψώραν καὶ λέπραν ἰᾶται* [Außen zusammen mit Feigen aufgelegt heilt sie Krätze und Aussatz]

Trotz Glatze rasieren • Celsus *De medicina* VI 4

1 Eigentlich Fuchsräude (Galen *De comp. med. sec. loc.* I 2 K XII 382: *αἱ ἀλωπεκίαι… οὕτως ὠνομάσθησαν, ὅτι συνεχῶς γίγνονται ταῖς ἀλώπεξιν* [Die Alopezie ist deshalb so genannt worden, weil sie häufig bei den Füchsen auftritt]

2 Der Terminus *ὀφίασις / ὄφις* wird auch von Galen (*Introduct.* XIII K XIV 757: *ὀφίασιν δὲ τὴν ἐκδέρουσαν τοὺς ἁλόντας ὡς ὄφεις* [Ophiasis nennt man die Krankheit, die den Betroffenen die Haut in Schlangenform abzieht]) für die Beschreibung der serpiginösen Variante des Haarausfalls verwendet.

3 Wohlriechendes Harz mit breitem Wirkungsspektrum (Plinius *Nat. hist.* XIII 54: *lentoremque resinosum* [und ein zähes Harz])

4 Nicht sicher identifizierte Pflanze. Plinius *Nat. hist.* XIII 124: *omnia ea venena: quippe etiam fodientibus nocet, si minima aspiret aura. Intumescunt corpora faciemque invadunt ignes sacri* [Alles an ihr ist Gift. Sogar denen, die sie aus-

graben, schadet sie, selbst wenn nur ein Hauch von Wind geht. Der Körper schwillt an und hochrote Wangen fallen ins Gesicht]

Erstbeschreibung eines Valsalva-Versuchs • Celsus *De medicina* VI 7.8A–B

1 Griech. *ἠχή*, z. B. Hippokrates *Morb.* III 1: *τὰ δὲ οὔατα ἠχῆς πλέα γίνεται, καὶ ἀμβλὺ ἀκούει* [Die Ohren sind voll von Lärm und man hört schlecht]

Floh im Ohr • Celsus *De medicina* VI 7.9

1 Paulus von Ägina *Πραγματεία* VI 24: *Ἐμπίπτει τοῖς ὠσὶν οὐ μόνον λιθίδια, ἀλλὰ καὶ ὕαλος καὶ κύαμοι καὶ τὰ τῶν κερατίων ὀστάρια* [In die Ohren können nicht nur Steinchen, sondern auch Glas, Bohnen und Johannisbrotkerne eindringen]

Rabiate Exoten • Celsus *De medicina* VII 7.15I

1 Die römische Provinz *Africa* umfasste im wesentlichen Karthago und Umgebung.

Hohe Querschnittslähmung • Celsus *De medicina* VIII 13

1 Weniger diplomatisch Hippokrates *Artic.* XLIII: *ἀηδὲς μὴν καὶ μακρολογεῖν περὶ τούτων* [Es ist wirklich unerfreulich, sich über diese Dinge weiter auszulassen]

Schwalbenküken: Vorbeugung und Heilung • Celsus *De medicina* IV 7.5

1 Verdünnter Honigwein (z. B. Columella *Re rust.* V 10.12: *in aqua mulsea nec nimis dulci* [in nicht allzu süßem Honigwasser])

2 Später berichtet darüber u. a. Plinius *Nat. hist.* XXX 12 (*cinere hirundinis ex aqua calida poto, huius medicinae auctor est Ovidius poeta* [mit der Asche einer Schwalbe, die man in warmem Wasser trinkt. Für dieses Heilmittel bürgt der Dichter Ovid]). Die erhaltenen Werke Ovids sind jedoch diesbezüglich leer.

Gebrauchsanweisung für ein griechisches Instrument • Celsus *De medicina* VII 5.3

1 Galen *Ling.s.dict.exolet.expl.* M K XIX 122: *τῷ κυαθίσκῳ τῆς ὀφθαλμικῆς μήλης* [dem löffenartigen Ende der Augensonde]

Nur die trockene Form • Celsus *De medicina* VI 6.29

1 Hippokrates *Aph.* III 12: *ὀφθαλμίαι ξηραί* [trockene Augenentzündungen], *Epid.* III 7: *ὀφθαλμίαι ὑγραί, μακροχρόνιοι μετὰ πόνων* [feuchte Augenentzündungen, langwierig und schmerzhaft]

Der Tod und seine Zeichen (1) • Celsus *De medicina* II 6.1–6

1 Hippokrates *Aph.* VI 52: *μὴ ἐκ διαρροίης ἐόντι* [wenn es nicht vom Durchfall kommt]

2 Hippokrates *Aph.* IV 49: *ἢν μὴ βλέπῃ, ἢν μὴ ἀκούῃ,... ἐγγὺς ὁ θάνατος* [wenn du nicht mehr siehst, wenn du nicht mehr hörst, ist der Tod nahe] *Coac.* 72: *τὸ μὴ βλέπειν, ἢ μὴ ἀκούειν,... θανάσιμον* [nicht mehr sehen, nicht mehr hören zu können, das sind Zeichen des Todes]

3 Hippokrates *Progn.* III: *ὀδόντας δὲ πρίειν ἐν πυρετῷ... μανικὸν καὶ θανατῶδες* [Wenn Fiebernde mit den Zähnen knirschen, stehen der Wahnsinn oder der Tod bevor]

4 Hippokrates *Progn.* III: *Ἕλκος... πρὸ τοῦ θανάτου ἢ πελιδνὸν καὶ ξηρὸν ἔσται ἢ ὠχρὸν καὶ σκληρόν* [Das Geschwür wird kurz vor dem Tod entweder bleifarbig und trocken oder blassgelb und hart werden]

5 Hippokrates *Progn.* IV: *κροκύδας ἀπὸ τῶν ἱματίων ἀποτιλλούσας καὶ καρφολογεούσας καὶ ἀπὸ τῶν τοίχων ἄχυρα ἀποσπώσας, πάσας εἶναι κακὰς καὶ θανατώδεας* [Wenn die Hände Wolllfocken von den Decken ziehen, jedes Fäserchen ablesen und von den Wänden Bröckel losreißen, sind dies schlechte Zeichen, Zeichen des bevorstehenden Todes]

Kritische Tage und pythagoräische Zahlen • Celsus *De medicina* III 4.11–15

1 Hippokrates *Coac.* 561: *ἐν ἡμέρῃ κρισίμῳ* [an einem kritischen Tag]

2 Hippokrates *Aph.* IV 36: *Ἱδρῶτες πυρεταίνοντι ἢν ἄρξωνται, ἀγαθοὶ τριταῖοι, καὶ πεμπταῖοι, καὶ ἑβδομαῖοι, καὶ ἐναταῖοι, καὶ ἑνδεκαταῖοι, καὶ τεσσαρεσκαιδεκαταῖοι, καὶ ἑπτακαιδεκαταῖοι, καὶ μιῇ καὶ εἰκοστῇ, καὶ ἑβδόμῃ καὶ εἰκοστῇ, καὶ τριηκοστῇ πρώτῃ, καὶ τριηκοστῇ τετάρτῃ· οὗτοι γὰρ οἱ ἱδρῶτες νούσους κρίνουσιν* [Schweißausbrüche bei fiebernden Patienten sind günstig, wenn sie am dritten, am fünften, am siebten, am neunten, am elften, am 14., am 17., am 21., am 27., am 31. und am 33. Tag beginnen; denn diese Schweißausbrüche sind entscheidend für die Krankheiten]

3 Hippokrates *Aph.* II 23: *Τὰ ὀξέα τῶν νοσημάτων κρίνεται ἐν τεσσαρεσκαίδεκα ἡμέρῃσιν* [Bei akuten Erkrankungen fällt die Entscheidung innerhalb von vierzehn Tagen]

4 Hippokrates *Aph.* II 24: *ἑτέρης ἑβδομάδος ἡ ὀγδόη ἀρχή* [der achte Tag ist der Beginn einer anderen Woche]

5 Hippokrates *Aph.* II 24: *Τῶν ἑπτὰ ἡ τετάρτη ἐπίδηλος* [Von sieben Tagen ist der vierte prognostisch entscheidend]

6 Iamblichos *Vit. Pyth.* 162: *ἀριθμῷ δέ τε πάντ᾽ ἐπέοικεν* [Alles steht im Einklang mit der Zahl]. Dazu äußert sich wissenschaftskritisch Aristoteles *Metaph.* A5, 985b 23: *καὶ εἴ τί που διέλειπε προσεγλίχοντο τοῦ συνειρομένην πᾶσαν αὐτοῖς*

εἶναι τὴν πραγματείαν [Wenn irgendwo etwas fehlte, fügten sie es eifrig hinzu, damit ihre Theorie ganz mit sich in Einklang sei].

Läsionen am After: Einzeln herausschneiden (1) • Celsus *De medicina* VI 18.7–8

1 Galen (*De comp. med. per gen.* II 11 K XIII 516): *τὰς ἐν τῷ δακτυλίῳ ῥαγάδας* [die Risse am After]

2 Die Gruppe der *verbenae* [Heilkräuter] besteht nach *De med.* II 33.3–4 aus *olea, cupressus, myrtus, lentiscus, tamarix, ligustrum, rosa, rubus, laurus, hedera, Punicum malum* [Ölbaum, Zypresse, Myrte, Mastixbaum, Tamariske, Liguster, Rose, Brombeerstaude, Lorbeerbaum, Efeu und Granatapfel]. *Verbenae* werden im allgemeinen Sprachgebrauch nicht immer streng von *Verbenaca* (Eisenkraut, z. B. Plinius *Nat. hist.* XXV 105) unterschieden.

3 *Cotonia* (*Cytonia*), Stadt an der Nordküste Kretas, bekannt für ihre Quitten (Stesichoros 29: *Κυδώνια μᾶλα*)

4 Griech. *χαλκῖτις*, von Hippokrates als wirksame Alternative zur chirurgischen Behandlung verwendet (*Hemorrh.* 7: *Καὶ χαλκίτιδος ἥμισυ κεκαυμένον τωὐτὸ ἀπεργάζεται* [Die halbe Dosis gebrannten Kupfersteins hat dieselbe Wirkung]

5 Griech. *οἰσύπη* / *οἴσυπος*. Plinius *Nat. hist.* XXIX 35: *Quin ipsae sordes pecudum sudorque feminum et alarum adhaerentes lanis – oesypum vocant – innumeros prope usus habent* [Sogar für den Schmutz der Schafe und den Schweiß, der an der Wolle der Oberschenkel und Achseln hängt – Oesypum genannt – gibt es beinahe zahllose Anwendungsmöglichkeiten]

6 Hippokrates (*Mul.* I 75) erwähnt *στυπτηρίην σχιστήν* [gespaltenen Alaun] als Bestandteil eines empfängnisfördernden Mittels.

7 Griech. *ψιμύθιον*, von Hippokrates mehrfach (z. B. *Nat.Mul.* 29: *Ὕστερον ὕδατι ψιμύθιον τρίβων* [Zum Schluss zerreibt man das Bleiweiß in Wasser]) erwähnt

8 Griech. *λιθάργυρος*, von Hippokrates (*Hemorrh.* 9: *λιθάργυρον ὀπτήν* [erhitzte Bleiglätte]) zur Behandlung von Hämorrhoiden bei Frauen empfohlen

Läsionen am After: Einzeln herausschneiden (2) • Celsus *De medicina* VI 18.9

1 Z.B. Galen *Def. med.* CDXIX K XIX 446: *Αἱμοῤῥοΐς ἐστιν ἀνεύρυσμα τῶν καταπλεκόντων τὴν ἕδραν ἀγγείων* [Hämorrhoiden sind Erweiterungen der in das Gesäß mündenden Gefäße]

Schlüsselbeinbruch: Hippokrates hat alle Details gekannt • Celsus *De medicina* VIII 8.1A–B

1 Hippokrates *Artic.* XV: *Εἰ μέντοι… ἡ κληὶς κατεαγείη, ὃ οὐ μάλα γίνεται, ὥστε*

τὸ μὲν ἀπὸ τοῦ στήθεος ὀστέον ὑποδεδυκέναι, τὸ δὲ ἀπὸ τῆς ἀκρωμίης ὀστέον ὑπερέχειν καὶ ἐποχεῖσθαι ἐπὶ τοῦ ἑτέρου [Wenn freilich das Schlüsselbein, was nicht oft vorkommt, so bricht, dass das mediale Fragment nach unten sinkt und das laterale Fragment das andere überragt und überlagert]. Spezielle therapeutische Konsequenzen verlangt dieser Sonderfall nach Ansicht des Autors allerdings nicht.

Wirbelkörperluxation: Wie stark ist die Verschiebung? • Celsus *De medicina* VIII 14.3

1 Hippokrates *Artic.* XLVII: *ἀτὰρ καὶ ἐπιβῆναι τῷ ποδὶ καὶ ὀχηθῆναι ἐπὶ τὸ κύφωμα· ἡσύχως τε ἐπενσεῖσαι οὐδὲν κωλύει· τὸ τοιοῦτον δὲ ποιῆσαι μετρίως ἐπιτήδειος ἄν τις εἴη τῶν ἀμφὶ παλαίστρην εἰθισμένων* [Aber es ist auch nichts dagegen einzuweden, wenn man den Fuß aufsetzt, auf dem vorspringenden Teil des Wirbels hin- und herbewegt und so in aller Ruhe durch wiederholte Stoßbewegungen in die ursprüngliche Position bringt. Für die Lösung dieser Aufgabe wäre ein Mann geeignet, der sich häufig in der Ringschule aufhält]

Hippokrates und ein gewisser Schmied • Celsus *De medicina* VIII 20.4

1 Hippokrates *Artic.* LXX: *ἀγαθὴ μὲν ἥδε καὶ δικαίη καὶ κατὰ φύσιν ἡ ἐμβολή, καὶ δή τι καὶ ἀγωνιστικὸν ἔχουσα, ὅστις γε τοῖσι τοιούτοισιν ἥδεται κομψευόμενος* [Dieses Repositionsverfahren ist gut, leistungsfähig, steht im Einklang mit der Natur und es hat das gewisse Etwas. Darüber freut sich jeder, der gerne solche Entdeckungen macht]

2 Diokles von Karystos (4. Jh. v. Chr.), vielleicht in seiner *Ἀνατομή* (Galen *De anat. admin.* II 1 K II 282)

3 Phylotimos (Philotimos) (4./3. Jh. v. Chr.), Schüler des Praxagoras, verfasste eine Ernährungslehre (Galen *De alim. facult.* I 11 K VI 508: *ἐν τῷ πρώτῳ περὶ τροφῶν* [im ersten Buch seines Werks über die Lebensmittel])

4 Nileus erfand eine Maschine (πλίνθιον) zur Einrenkung von Luxationen (Oreibasios *Collectiones medicae* XLIX 4)

5 Galen (*In Hipp. Artic. comment.* IV 40 K XVIII A 735) nennt Herakleides von Tarent als Gewährsmann (*μάρτυς ἀξιοπιστότατος* [höchst verläßlicher Zeuge]) für die stabile Reposition der luxierten Hüfte

6 Andreas von Karystos (3. Jh. v. Chr.), eigentlich Pharmakologe, hat nach Galen (*In Hipp. Artic. comment.* IV 47 K XVIII A 747) auch eine Apparatur für die Reposition der oberen Extremität entwickelt

7 Nymphodoros beschrieb eine als *γλωσσόκομος* bezeichnete Streckbank für das Femur (Oreibasios *Collectiones medicae* XLIX 20)

8 Bereits in V 18.18 als Erfinder eines Mittels gegen Geschwüre (mala ulcera) erwähnt

9 Der Werkzeugmacher bleibt auch bei Galen (*In Hipp. Artic. comment.* I 17 K XVIII A 338: *τοῦ τέκτονος* [des Handwerkers]) anonym.

Keine drastischen Maßnahmen (1) • Celsus *De medicina* I 3.17

1 Celsus übt vorsichtig, aber doch mit Bestimmtheit Kritik an dem seiner Meinung nach zu zögerlichen Einsatz abführender Maßnahmen, zu dem Asklepiades rät. In einem anderen Zusammenhang (III 4.16) wird der Bithynier dafür getadelt (*in quo vanam rationem secutus est* [dabei hat er sich eine Fehleinschätzung geleistet]), dass er den Kranken bereits dann zu essen gibt, wenn die Körpertemperatur zu fallen beginnt, und nicht erst dann, wenn sie fieberfrei sind.

Bitte korrekt zitieren! • Celsus *De medicina* II 14.1–2

1 Paulus von Ägina *Πραγματεία* I 18 beschreibt die Häufigkeit (*ποσότης*) und Qualität (*ποιότης*) der Einreibungen in einem dreiteiligen Schema.

2 Ironisierend Plinius *Nat.Hist.* XXVI 13: *quam si caelo demissus advenisset* [als ob er vom Himmel geschickt und hier angekommen sei]

3 Plinius *Nat.Hist.* XXVI 13: *quinque res maxume communium auxiliorum professus* [fünf Grundsätze allgemein wirksamer Hilfsmittel gab er bekannt]

4 Hippokrates *Off.* 17: *Ἀνάτριψις δύναται… ἡ σκληρή, δῆσαι· ἡ μαλακή, λῦσαι· ἡ πολλή, μινυθῆσαι· ἡ μετρίη, παχῦναι* [Die Einreibung kann, wenn sie kräftig ist, straffen, wenn sie weich ist, lösen, wenn sie häufig stattfindet, dünner und wenn sie nicht so häufig stattfindet, dicker machen]

Nach dem Fieber in die Wanne • Celsus *De medicina* II 17.2–3

1 An anderer Stelle (I 3.7) überliefert Celsus die Empfehlung des Asklepiades, nach dem Bade kalte Getränke zu meiden (*a balineo quoque venientibus… inutilem*).

Einig und doch einen Schritt voraus • Celsus *De medicina* IV 9.2

1 Galen *De simpl. med. temp. ac fac.* VII 20 K XII 63: *Λύκιον… ὑγρὸν φάρμακον, ᾧ… χρῶνται… πρὸς τὰς ἐν ἕδρᾳ καὶ στόματι φλεγμονὰς καὶ ἑλκώσεις* [Lykion, eine Flüssigarznei, die man gegen Entzündungen und Geschwüre am Gesäß und im Mund verwendet]

Aszites: Kausal oder symptomatisch behandeln? • Celsus *De medicina* III 21.15–16

1 In seiner Darstellung der Therapie des Hydrops und des Empyems nimmt Cel-

sus auf Hippokrates Bezug, ohne die Quelle zu nennen. In *Aph.* VI 27 wird sowohl die Parazentese als auch die Kauterisation abgelehnt, weil das Ergebnis immer fatal (*πάντως ἀπόλλυνται* [allen ist der tödliche Ausgang sicher]) sei. Dieser Ansicht hat sich Erasistratos angeschlossen und auf Grund ätiopathogenetischer Erkenntnisse empfohlen, die therapeutischen Bemühungen auf die Leber zu konzentrieren. Caelius Aurelianus (*Morb. chron.* III 111) berichtet, dass Erasistratos bei Ödempatienten immer eine steinharte (*saxeum*) Leber fand. Celsus gibt die therapeutische Argumentation des Erasistratos im Detail richtig, aber unvollständig wider und versäumt so die Gelegenheit zu einer seriösen wissenschaftlichen Auseinandersetzung.

Zur Behandlung von Hämoptysen • Celsus *De medicina* IV 11.6–7

1 Erasistratos lehnte den Aderlass nicht nur bei Plethora und Gicht, sondern auch bei Hämoptysen ab; er wurde deshalb von Galen (*Meth. med.* I 5 K X 627) zu den *αἱμοφόβοι* [Blutfeiglingen] gerechnet. Die von Erasistratos propagierte unblutige Alternative hat sich dagegen nach Ansicht des Verfassers in der Praxis bewährt.

Wein auf verdorbenen Magen? • Celsus *De medicina* IV 18.4

1 Es hätte nicht eines Gewährsmanns wie Erasistratos bedurft, um Wein als Mittel gegen Erkrankungen des Darmes zu empfehlen. Dass Celsus sich doch auf ihn beruft, gibt ihm Gelegenenheit, berechtigte Kritik an einem nicht unwichtigen Detail, nämlich der Wahl der Dosis anzubringen.

Wie man verwachsene Augenlider trennt (1) • Celsus *De medicina* VI 6.27A

1 Wohl Trachom (Conjunctivitis granulomatosa)

Warum sich der Nabel wölbt • Celsus *De medicina* VII 14.1–2

1 Galen *Def. med.* CDVI K XIX 444: *Ἐντερόμφαλόν ἐστιν ὑποδρομὴ ἐντέρου κατὰ τὸν ὀμφαλόν* [Enterómphalon bedeutet Senkung des Darms unter den Nabel]

2 Galen *Def. med.* CDV K XIX 444: *Ἐπιπλοόμφαλόν ἐστιν ὑποδρομὴ ἐπιπλόου κατὰ τὸν ὀμφαλόν* [Epiploómphalon bedeutet Senkung des Netzes unter den Nabel]

3 Galen *Def. med.* CDVII K XIX 444: *Ὑδρόμφαλόν ἐστιν ἀργοῦ ὑγροῦ σύστασις κατὰ τὸν ὀμφαλόν, ποτὲ δὲ καὶ ὑπὸ χιτῶνος συνεχόμενον* [Hydrómphalon bedeutet eine Ansammlung von träger Flüssigkeit unter dem Nabel, die manchmal von einer Hülle umgeben ist]

4 Galen *Def. med.* CDIX K XIX 445: *Σαρκόμφαλόν ἐστι σαρκὸς παρὰ φύσιν*

αὔξησις κατ᾽ ὀμφαλὸν ἤτοι ἡμέρου ἤτοι κακοήθους [Sarkómphalon ist eine unnatürliche Gewebsvermehrung unter dem Nabel, die sowohl benigne als auch maligne sein kann]

5 Galen *Def. med.* CDX K XIX 445: *Πνευμόμφαλόν ἐστι τὸ ἀνεύρυσμα τοῦ ὀμφαλοῦ* [Pneumómphalon bedeutet eine Erweiterung des Nabels]

Darmverschlingung: Vertrauen auf Cassius (1) • Celsus *De medicina* IV 21

1 Paulus von Ägina *Πραγματεία* III 43: *τρυπανώδους γινομένης τῆς συναισθήσεως* [wobei die Missempfindungen schneidenden Charakter annehmen]

2 Die Arznei des Cassius (in *De med.* V 25.12 mit geringfügig veränderter Zusammensetzung beschrieben) wird neben anderen darmwirksamen Zubereitungen auch von Galen (*De comp. med. sec. loc.* IX 4 K XIII 276: *κωλικὴ Κασσίου* [das Darmmittel des Kassios]) erwähnt.

Ich weiß sehr wohl (2) • Celsus *De medicina* II 10.13–14

1 Hippokrates *Nat.hom.* XI: *χρὴ τὰς τομὰς ὡς προσοτάτω τάμνειν ἀπὸ τῶν χωρίων* [man muss die Schnitte möglichst fern von den schmerzhaften Stellen setzen]

Relativitätstheorie der Medizin • Celsus *De medicina* II 6.16–18

1 Hippokrates *Aph.* II 19: *Τῶν ὀξέων νοσημάτων οὐ πάμπαν ἀσφαλέες αἱ προαγορεύσιες, οὔτε τοῦ θανάτου, οὔτε τῆς ὑγιείης* [Bei akuten Erkrankungen sind die Vorhersagen keineswegs zuverlässig, weder im Hinblick auf den Tod noch im Hinblick auf die Genesung]

Warnung vor diagnostischer Gutgläubigkeit • Celsus *De medicina* III 8

1 Hippokrates *Epid.* I 2: *ὁ δὲ τρόπος ἡμιτριταῖος· μίαν κουφότεροι, τῇ ἑτέρῃ παροξυνόμενοι, καὶ τὸ ὅλον ἐπὶ τὸ ὀξύτερον διδόντες* [einen Tag leichter, am folgenden stärker und insgesamt immer rascher verlaufend]

Fieber und Kälte: Taktischer Versuch • Celsus *De medicina* III 11

1 Nicht bei Hippokrates

2 Griech. *μελίκρατον*, z. B. Hippokrates *Epid.* VII 102: *μελίκρητον θερμὸν πίνειν καὶ ἐμεῖν ξυνήνεγκε* [Warmen Honigwein zu trinken und dann zu brechen war hilfreich]

Stolze Ankündigungen (1) • Celsus *De medicina* V 17.1

1 24. Teil einer Unze (1,16 Gramm)

Sprachlos trotz erfolgreicher Operation • Celsus *De medicina* VII 12.4

1 Griech. *ἀγκυλόγλωσσον*. Nicht bei Hippokrates und Galen. Paulus von Ägina *Πραγματεία* VI 29: *οἱ μὲν οὖν ἐκ φύσεως τὸ πάθος ἔχοντες τῷ τε βραδέως ἄρξασθαι τῆς διαλέκτου … διαγινώσκονται* [Jene, denen die Krankheit angeboren ist, erkennt man daran, dass sie spät zu sprechen beginnen]

Beiläufiger Hinweis auf eigene Empfehlung • Celsus *De medicina* V 28.16C

1 Griech. *ἀμόργη* (z. B. Hipp. *Ulc. 12*: *μῖξαι ἀμόργην ἐλαιέων καὶ ὀρρὸν πίσσης* [das Wasser aus der Olivenpresse mit dem wässrigen Teil des Holzteers mischen])

Wie man die Spreu vom Weizen trennt • Columella *De re rustica* II 9.10–11

1 Wortschöpfung des Verfassers (Corpus Glossariorum Latinorum, Leipzig 1888–1924, II, 432,50)

Bevorzugt auf der schiefen Ebene • Columella *De re rustica* III 1.8–10

1 Vergil *Georg.* II 238–240

Wie man Schösslinge setzt • Columella *De re rustica* III 17.4

1 Verfasser (1. Jh. v. Chr.) eines Lehrbuchs mit dem Titel *De agricultura*, das nach Inhalt und Stil dem Werke Catos des Älteren verpflichtet war (Plin. *Nat. hist.* XVII 199)

Tiefer gepflanzt als Celsus • Columella *De re rustica* IV 1.1

1 Adeliger Gutsbesitzer und Nachbar Columellas in Caere, dem das Werk gewidmet ist

2 *dodrans*, aus *de* und *quadrans* = das As, dem ein Viertel fehlt = neun Unzen

Berechtigter Beifall der Zeitgenossen (Columella *De re rustica* IV 8.1)

1 Nämlich der Herbst

2 Die Formulierung *Celsus et Atticus* kehrt u. a. in *Re rust.* IV 10.1 im Zusammenhang mit der Bestimmung der Termine für die Beschneidung der Weinstöcke wieder.

Über die Schwindsucht bei Schafen • Columella *De re rustica* VII 5.14–15

1 Nach Plinius *Nat. hist.* XXVI 38 *nuper inventam* [kürzlich entdeckt]

2 Plinius *Nat. hist.* XXVIII 138: *Vetus etiam phthisis pilulis sumpta sanat, quae sine sale inveterata est* [Altes Fett, das ohne Salz eingelagert worden ist, heilt auch die Schwindsucht, wenn man es in Pillenform einnimmt]

Sammler und Sänger im Dienste der Bienen • Columella *De re rustica* IX 2.1

1 Gaius Iulius Hyginus (um 64 v. Chr. – 17 n. Chr.), Leiter der Palatinischen Bibliothek, verfasste neben einer landwirtschaftlichen Schrift (*De agricultura*) auch ein Werk über Bienen (*De apibus*).

Über die Wanderungen der Bienenvölker • Columella *De re rustica* IX 14.18–19

1 Sommerbohnenkraut (griech. *θύμβρα*). Vergil *Georg.* IV 31: *graviter spirantis copia thymbrae* [Reichlich stark duftender Saturei]

2 Südlichste und größte Sporadeninsel. Noch heute gehört Honig zu ihren typischen landwirtschaftlichen Erzeugnissen.

3 Name von drei Städten auf Sizilien. Das »große« Hybla war bekannt für seinen guten Honig (Martial *Epigr.* VII 88: *pascat et Hybla meas, pascat Hymettos apes* [als wenn Hybla, als wenn Hymettos meine Bienen nährten])

Sonst von Celsus abgeschrieben • Plinius *Naturalis historia* XIV 33

1 Iulius Graecinus (hingerichtet 38/39 n. Chr.), Senator, verfasste eine Schrift über den Weinbau.

2 Nämlich die der in mehreren Arten kultivierten *helvennaca vitis* [blassrote Rebe]

Ein Maximum an Erfahrung • Gargilius Martialis *De hortis* IV.1

1 Der Karthager Mago hat nach dem Ersten Punischen Krieg, d.h. nach 241 v. Chr., ein 28bändiges Lehrbuch der Landwirtschaft geschrieben, das auf Senatsbeschluss ins Lateinische übersetzt worden ist (Columella *Re rust.* I 1.13).

Wo die Kastanien gedeihen • Gargilius Martialis *De hortis* IV.6

1 Plin. *Nat. hist.* XV 94: *patria laudatissimis (sc. castaneis) Tarentum et in Campania Neapolis* [Die Heimat der berühmtesten Kastanien sind Tarent und in Kampanien Neapel]

Eine lange Ahnengalerie • Isidor von Sevilla *Etymologiae sive Origines* XVII 1: De auctoribus rerum rusticarum

1 Isidor von Sevilla (560–636 v. Chr.). Bischof, Historiker und Enzyklopädist

2 Anspielung auf Hesiod *Erga* 382–616

3 Für Demokrit von Abdera (5. Jh. v. Chr.) bezeugt Columella (*Re rust.* XI 3.2) eine Schrift mit dem Titel *Georgica*.

4 Magos Werk ist sowohl ins Lateinische (aufgrund eines Senatsbeschlusses) als auch ins Griechische übersetzt worden (Columella *Re rust.* I 1.13).

5 Mit *De agricultura*
6 Mit *De re rustica*
7 Mit *Georgica*, auch wenn die Einordnung des Werkes an dieser Stelle selbst unter dem Hinweis auf seine überragende dichterische Bedeutung kaum gerechtfertigt ist.
8 Zeitgenosse des Celsus. Von ihm stammt *De vitium cultura* (Columella *Re rust.* I 1.14)
9 Voller Name: Rutilius Taurus Aemilianus Palladius (1. Hälfte 5. Jh. n. Chr.). Verfasste ein *Opus agriculturae* in 13 Büchern
10 Der Ruf der großen Beredsamkeit wird von Cassiodor (*Inst.div.litt.* 28: *eloquens et facundus... disertis quam imperitis accommodus* [überaus redegewandt...für Laien wie für Fachleute der richtige Mann] bestätigt.

Auch in militärischen Fragen eine Autorität • Flavius Vegetius Renatus *Epitoma rei militaris* 1.8,9–11

1 Flavius Vegetius Renatus (um 400 n. Chr.) verfasste eine Schrift mit dem Titel *Epitoma rei militaris* in vier Büchern (Themen: Rekrutierung, Organisation des Heeres, Kriegskunst, Festungs- und Seekrieg)
2 Cato der Ältere (234–149 v. Chr.) konnte dabei auf eigene große Erfolge (z. B. in Spanien, 194) zurückgreifen.
3 Frontinus (ca. 40–103 n. Chr.) machte Karriere als Beamter und schrieb über griechische und römische Kriegskunst (*De re militari, Strategemata*).
4 Tarruntenus Paternus, römischer Jurist des 2. nachchristlichen Jahrhunderts, verfasste eine Schrift mit dem Titel *De re militari.*

Wie definiert man den Veteranen? • Johannes Lydos *Περὶ ἀρχῶν τῆς Ῥωμαίων πολιτείας* I 47.1

1 Rhetoriklehrer in Konstantinopel (6.Jhr. n. Chr.)
2 *ador*, z. B. Horaz, *Sat.* II 6.89: *ador loliumque* [Dinkel und Lolch], griech. *ἀθήρ*, z. B. Hesiod *Frg.* 117: *πυραμίνους ἀθέρας* [Weizengrannen]
3 Plautus *Amphitruo* 193: *praedaque agroque adoriaque adfecit popularis suos* [Er hat seine Mitbürger mit Beute, Ackerland und Ehrengeschenken versehen]
4 Sonst nicht näher bekannter Militärschriftsteller

War Celsus auch ein Taktiker? • Johannes Lydos *Περὶ ἀρχῶν τῆς Ῥωμαίων πολιτείας* III 33.3–4

1 Kaiser Konstantin der Große (ca. 280–337 n. Chr.) zog in seinem Todesjahr gegen den Perserkönig Sapor II. in den Krieg.

Gute Ortskenntnisse am Schwarzen Meer • Johannes Lydos *Περὶ ἀρχῶν τῆς Ῥωμαίων πολιτείας* III 34.3–5

1 Landschaft östlich des Schwarzen Meeres, an den Kaukasus und Armenien grenzend. Heute Teil Georgiens

2 Cn. Domitius Corbulo, bedeutendster römischer Feldherr seiner Zeit, eroberte in den Jahren 58–59 n. Chr. ganz Armenien.

Irrtum oder Lüge? • *Scholion cod. Laurent. XXXVI 36 ad Plaut. Bacch. 69* • [Ritschl, Friedrich Wilhelm. Ad Plauti Bacchides. Bonn 1849[2] praef. p. VI]

1 Den Titel *Kestoí* trug eine nur in wenigen Fragmenten erhaltene 24bändige naturwissenschaftlich orientierte Enzyklopädie des Sextus Julius Africanus (gest. um 240 n. Chr.).

Bis ins Mittelalter ungebrochenes Vertrauen • Johannes Saresberiensis *Policraticus* 6.19: De honore militibus exhibendo, et modestia indicenda: et qui militiae artem tradiderint, et generalia quaedam praecepta eorum

1 John of Salisbury (um 1115–1180), Bischof und Gelehrter. Sein Hauptwerk (*Policraticus sive De nugis curialium et vestigiis philosophorum*) bewertet das politische Handeln der Elite unter dem Gesichtspunkt von Verantwortung und Gerechtigkeit.

2 Gaius Julius Hyginus (um 64 v. Chr. bis 17 n. Chr.), Philologe und Geschichtsschreiber. Im Gegensatz zu den landwirtschaftlichen und astronomischen sind von seinen militärkundlichen Schriften keine Fragmente erhalten.

Rhetorik und Staatsführung • Quintilian *De institutione oratoria* II 15.21–22

1 Berühmter, auf Rhodos aktiver Redner und Schriftsteller des 1. Jhts. v. Chr. Das ins Lateinische übersetzte Werk trug den Titel *Τέχνη ῥητορική*.

Für den Redner zählt der Sieg (1) • Quintilian *De institutione oratoria* II 15.31–32

1 Dort (267a) sagt Sokrates über Protagoras: *διαβάλλειν τε καὶ ἀπολύσασθαι διαβολὰς ὁθενδὴ κράτιστος* [Im Verleumden und in der Widerlegung von Verleumdungen, woher sie auch stammten, war er ein Meister]

Für den Redner zählt der Sieg (2) • Iulius Severianus *Praecepta artis rhetoricae*

1 Unter dem Namen des sonst unbekannten Iulius Severianus überliefertes spätlateinisches Lehrbuch der Redekunst für Gerichtsverteidiger.

Celsus – ins Detail verliebt • Quintilian *De institutione oratoria* III 1.21

1 Redner (Cic. *Fam.* XII 18.1: *Cornificio conlegae* [dem Kollegen Cornificius]) und Dichter (Ovid *Trist.* II 436: *et leve Cornifici parque Catonis opus* [und das Werk des Cornificius, ebenso locker wie das Catos]), unter Caesar auch politisch und als Feldherr tätig

2 Nicht näher bekannt

3 L. Iunius Gallio Annaeanus, ältester Sohn des Redners Seneca. An ihn richtet sich Ovid (*Ex ponto* IV 11: *Gallio, crimen erit vix excusabile nobis* [Gallio, das wird ein Vorwurf sein, den Du mir kaum verzeihen wirst])

4 P. Popillius Laenas. Zunächst Praetor in Sizilien, später Konsul und Förderer des Straßenbaus. Cicero (*Brut.* 25, 95) bezeichnet ihn als *non indisertus* [nicht um Worte verlegen]

5 Verginius Flavus (1. Jh. n. Chr.). Lehrer des Persius, Verfasser eines Lehrbuchs der Rhetorik

6 Plinius der Ältere verfasste auch eine Anleitung (Titel: *Studiosi libri tres*) zum Studium der Rhetorik.

7 Sonst nicht näher bekannter Rhetor. Mutmaßlich mit dem von Martial *Epigr.* V 56.6 (*famae Tutilium suae relinquat* [überlasse er Tutilius seinem eigenen Ruhm]) in einem Zuge mit Cicero und Vergil erwähnten Autor identisch

Wer trägt die Beweislast ? • Quintilian *De institutione oratoria* III 6.13–14

1 Cicero *Top. ad Herenn.* XXV 93: *Refutatio autem accusationis, in qua est depulsio criminis, quoniam Graece στάσις dicitur, appelletur Latine 'status'; in quo primum insistit quasi ad repugnandum congressa defensio* [Die Zurückweisung einer Anklage, d.h. die Abwehr der Beschuldigung, sollte man in Anlehnung an den griechischen Terminus Stásis im Lateinischen als »Status« bezeichnen. Darin bezieht die gleichsam zur Abwehrschlacht versammelte Verteidigung erstmals Stellung.]

In einem Zug mit Aristoteles • Quintilian *De institutione oratoria* III 7.23,25

1 Aristoteles *Rhet.* I 9 1367 b7: *Σκοπεῖν δὲ καὶ παρ' οἷς ὁ ἔπαινος· ὥσπερ γὰρ ὁ Σωκράτης ἔλεγεν, οὐ χαλεπὸν Ἀθηναίους ἐν Ἀθηναίοις ἐπαινεῖν* [Man muss auch darauf achten, bei wem das Lob stattfindet; denn wie Sokrates sagte, ist es nicht schwer, Athener vor athenischen Zuhörern zu loben]

Wie wichtig sind die Eröffnungsworte? • Quintilian *De institutione oratoria* IV 1.6,11–12

1 Gaius Asinius Pollio (76/75 v. Chr. – 5 n. Chr.) war nicht nur als Redner, sondern auch als Kritiker gefürchtet.

2 Tullius Labienus wurde wegen seiner boshaften Ausdrucksweise lautmalerisch auch Rabienus genannt.
3 Der Prozess, in dem es um den Vorwurf der Erbschleicherei gegen Clusinius Figulus, einen angeblichen Sohn der Urbinia geht, wird von Quintilian *Inst. orat.* VII 2.4–5,26 geschildert.

Die Streitsache und ihre Umstände • Quintilian *De institutione oratoria* IV 2.4,9–10

1 Prozess (Cicero *Pro C. Rabirio Postumo,* 54–53 v. Chr.), in dem Rabirius der Behilfe zu Erpressungen in Ägypten beschuldigt wird und der Verteidiger sowohl das Verfahren an sich als auch die Zeugen heftig kritisiert. Das Verfahren endete mit einem Freispruch für den Angeklagten.

Klage und Gegenklage • Quintilian *De institutione oratoria* VII 2.18–20

1 Apollodoros von Pergamon (etwa 104–22 v. Chr.). Vertrat im Gegensatz zur Schule des Theodoros von Gadara eine dogmatische Theorie der Rhetorik, die keine Ausnahmen zuließ.

Bitte keine neuen Wörter! • Quintilian *De institutione oratoria* VIII 3.35

1 Quintus Hortensius Hortalus (114–50 v. Chr.), zunächst Rivale, später Kollege Ciceros vor Gericht. Verfasste u. a. eine rhetorische Schrift mit dem Titel *Communes loci* (Quint. *Inst.orat.* II 1.11).

Unschön ist nicht gleich unsittlich • Quintilian *De institutione oratoria* VIII 3.44–45,47

1 Anstößige Wortbildung, z. B. Priscianus *Institutiones grammaticae* XII 28:… *cacemphati causa solebant per anastrophen dicere 'nobiscum' pro 'cum nobis'* [Sie wählten regelmäßig den falschen Ausdruck, wenn sie die Wörter umdrehten und ›nobiscum‹ anstelle von ›cum nobis‹ sagten]
2 Vergil *Georg.* I 357. Die von Celsus kritisierte Formulierung bezieht sich im Originaltext auf die Brandung des Meeres (*freta ponti*).

Ringen um die rhetorische Figur • Quintilian *De institutione oratoria* IX 2.22

1 Cicero *In Verrem* V 10
2 Nämlich: *Vincam tamen expectationem omnium* [ich werde dennoch die Erwartungen aller übertreffen]

Das Für und Wider der Proömientheorie • Quintilian *De institutione oratoria* IX 4.132–133

1 Gaius Asinius Pollio (76 v. Chr. bis 5 n. Chr.). Konsul 40 v. Chr., nach dem Rückzug aus der Politik Förderer von Literatur und Kunst
2 Verteidigung gegen Mordanklage (52 v. Chr.)
3 Verteidigung gegen Vorwurf der Bestechung des Gerichts (66 v. Chr.)
4 Petition für Rückkehr aus dem Exil (46 v. Chr.)

Verzeihlicher historischer Irrtum • Quintilian *De institutione oratoria* X 1.23

1 Marcus Calidius, Politiker und Anhänger der attizistischen Rhetorik, hielt wahrscheinlich 57 v. Chr. eine Rede mit dem Titel *De domo Ciceronis*, mit der er sich für die Rückkehr Ciceros engagierte.
2 Von Cicero 52 v. Chr. im Prozess um den Mord an Clodius verteidigt
3 Marcus Iunius Brutus betätigte sich 52 v. Chr. als Anwalt u. a. für Milo und gegen Pompeius.
4 Nämlich Liburnia (Quintilian *Inst.orat.* IX 2.34)
5 Lehrer Quintilians. Berühmter Verteidiger in der Regierungszeit des Claudius
6 Gerichtsredner unter Tiberius
7 Als besonders angriffslustig bekannter Redner unter Tiberius
8 Für die Stadtverwaltung in Rom tätiger Beamter. Das Motiv der Anklage ist nicht bekannt.

Celsus: Ein mittelmäßiger Enzyklopädist • Quintilian *Institutio oratoria* XII 11.24

1 Quintilian *Inst. or.* X 1.95: *Terentius Varro, vir Romanorum eruditissimus. Plurimos hic libros et doctissimos composuit, peritissimus linguae Latinae et omnis antiquitatis et rerum Graecarum nostrarumque, plus tamen scientiae conlaturus quam eloquentiae* [Terentius Varro, der gebildetste Mann unter den Römern. Als höchst erfahrener Kenner der lateinischen Sprache, des Altertums und der griechischen und unserer Geschichte hat er sehr viele und sehr gelehrte Bücher geschrieben, die dennoch mehr zum Fortschritt der Wissenschaft als der Redekunst beitragen sollten]
2 Quintilian *Inst. or.* X 1.108: *Nam mihi videtur M. Tullius, cum se totum ad imitationem Graecorum contulisset, effinxisse vim Demosthenis, copiam Platonis, iucunditatem Isocratis* [Denn mir scheint Marcus Tullius, nachdem er sich ganz der Nachahmung der Griechen verschrieben hatte, die Kraft des Demosthenes, die Wissensfülle Platons und die Liebenswürdigkeit des Isokrates erreicht zu haben]

Sieben Bücher Rhetorik • Juvenal *Saturae* 6.245 Scholion

1 Nämlich die vielen Frauen, die zu Rechtsstreitigkeiten Anlass geben
2 Die Identifikation mit dem Juristen P. Iuventius Celsus ist aufgrund des Hinweises in der Kommentarzeile weniger wahrscheinlich.

Eine ziemlich gute Note in Philosophie • Quintilian *De institutione oratoria* X 1.123–124

1 Cicero hat Platon in seinen philosophischen Schriften sowohl direkt als auch indirekt, d.h. über dessen Nachfolger nachgeahmt.
2 Von M. Iunius Brutus (85–42 v. Chr.), dem Mörder Cäsars, ist u. a. eine Schrift über die Tüchtigkeit der Männer (Cicero *De fin.* I 8: *provocatus... libro, quem ad me de virtute misisti* [ermuntert durch das Buch, das du mir zum Thema Tugend geschickt hast]) bekannt.
3 Bei Quintilian *Inst.or.* II 14.2 und III 6.23 nochmals erwähnter, sonst jedoch unbekannter Autor
4 Zeitgenosse Ciceros. Er verfasste *De rerum natura* (in vier Büchern) und *De summo bono.*

Ein gewisser Celsus • Augustinus *De haeresibus* praefatio 5

1 Vgl. allerdings auch die Wortwahl in Augustinus *Confess.* III 4: *perveneram in librum cuiusdam Ciceronis, cuius linguam fere omnes mirantur* [ich war auf das Buch eines gewissen Cicero gestoßen, dessen Sprache fast alle bewundern] Möglicherweise ist die mit *quidam* angestrebte Charakterisierung also gar nicht so abwertend gemeint.

Nur Cornelius, aber nicht Celsus • Galen *De compositione medicamentorum secundum locos* IX 5 K XIII 292

1 Der Namenshinweis ist nicht auf Celsus zu beziehen, da ein vergleichbares Rezept in *De medicina* fehlt.

Ringen um den richtigen Terminus • Gerbert von Reims *Epistulae* Nr. 169

1 Mathematiker, Abt und Erzbischof (etwa 950–1003), später Papst Sylvester II.
2 Wahrscheinlich Mönch Remigius von Trier
3 In der Anfrage zu einer Lebererkrankung aus dem Frühjahr 990
4 *De med.* IV 15: *ἡπατικόν* [Hepatikon]. Offensichtlich liegt ein Schreibfehler Gerberts vor.

Lob und Gegenlob • Simon von Genua *Clavis sanationis* II 3

1 Reisefreudiger Arzt und Botaniker (2. Hälfte 13. Jh.), zusammen mit Guglielmo di Brescia Leibarzt von Papst Bonifatius VIII.

2 Die Angabe kann nur zutreffen, wenn ein anderer als der Cassius Felix gemeint ist, der 447 n. Chr. für seinen Sohn ein Büchlein über Medizin geschrieben hat.

Nur Superlative (1) • Voss Gerhard Johannes *De vitiis sermonis et glossematis latino-barbaris* I 16

1 Holländischer Theologe und Philologe (1577–1649)

Nur Superlative (2) • Casaubonus Isaac *Epistolae* Nr. 29

1 In Genf geborenener französischer Humanist, Philologe und Religionshistoriker (1559–1614)

Nur Superlative (3) • Theodorus Janssonius van Almeloveen *AUR. CORN. CELSI DE MEDICINA LIBRI OCTO.* Dedicatio

1 Niederländischer Arzt und Philologe (1657–1712). Die Academia Naturae Curiosiorum, Schweinfurt, verlieh ihm für seine Arbeiten den Ehrentitel *Celsus secundus*.

2 Die Edition Almeloveens enthält u. a. eine *Vita Celsi* von Johannes Rhodius.

Redeblümchen eines Genies • De Renzi Salvatore *Collectio Salernitana* I 39

1 Arzt und Historiker aus Neapel (1800–1872)

2 Titel eines Artikels über Celsus, der sich neben der Articella und arabischen Texten in einer Handschrift aus Montecassino befand.

Celsus memorieren – aber in Versen (3) • Clossius Johann Friedrich *A. Cornelii Celsi de tuenda sanitate volumen, elegis latinis expressum: subiicitur ipse Celsi contextus, partim e libris, partim ex ingenio emendatus* I 1[1]

1 Versifizierte Fassung von *De medicina* I 1.4

Mars und Musen • Van der Does Jan *Epigram. Acad. Leid. Praef. Ad Cornelium Celsum*

1 Holländischer Dichter, Gelehrter und Staatsmann (1545–1604)

Hippokrates + Galen = Cornelius • Ronsseus Balduinus *Aurelii Cornelii Celsi de re medica libri octo* p. 2

1 Niederländischer Arzt (1525?–1597), der in vielen Ländern Europas praktizierte

Grenzenlose Bewunderung • Hieronymus Fabricius ab Aquapendente *De chirurgicis* cap. XXXIII

1 Anatom und Embryologe in Padua (1537–1619). Lehrer William Harveys. Seine *Opera chirurgica* sind posthum erschienen.

Nachgebessert (2) • Celsus *De medicina* IV 20.1

1 Aretaios von Kappadokien trifft zumindest dem Wortlaut nach diese strenge Unterscheidung nicht (*Περὶ αἰτιῶν καὶ σημείων χρονίων παθῶν* II 8: *Κωλικοὶ δὴ κτείνονται εἰλεῷ καὶ στρόφῳ ὀξέως* [Patienten, die am Dickdarm erkrankt sind, sterben schnell an Verschluss und Verschlingung]).

Gelbsucht: Zwei Namen für eine Krankheit • Celsus *De medicina* III 24.1–2,5

1 Das Adjektiv wurde auch für die von dem Leiden betroffenen Menschen (Plinius *Nat. hist.* XX 115) und Tiere (Columella *Re. rust.* VII 5,18) verwendet. Später wurde die Krankheit wegen der Ähnlichkeit der Farbe der Haut mit der des Goldes auch als *aurigo/aurugo* bezeichnet (z. B. Apuleius *De orthographia* § 41: *Aurigo et auriginosus, cui color et oculi virent, sine aspiratione. Regius etiam is morbus appellatur* [Die Gelbsucht und der Gelbsüchtige, dessen Haut und Augen grünlich schimmern, wohlgemerkt ohne Aspiration. Königlich wird diese Krankheit auch genannt])

2 Hippokrates *Acut.(Sp.)* 36: *Ἐν πυρετῷ χολώδει πρὸ τῆς ἑβδόμης μετὰ ῥίγεος ἴκτερος ἐπιγενόμενος λύει τὸ πυρετόν* [Beim Gallefieber löst Gelbsucht mit Frösteln vor dem siebten Tag das Fieber]

3 Diokles von Karystos hat den Transport der Galle und seine mechanische Behinderung als Ursache der Gelbsucht beschrieben (Anonymus Parisinus *De morbis acutis et chronicis* 3: *Διοκλῆς δὲ καὶ φλεγμονὴν τῶν ἀπὸ τοῦ ἥπατος εἰς τὴν χοληδόχον κύστιν τείνοντων πόρων, δι᾽ ὧν ἀποφράττεσθαι τὸ χολῶδες ἔφη* [Diokles sprach auch von einer Entzündung der Wege, die von der Leber zur Gallenblase führen, und dem nachfolgenden Gallestau]).

Angina: Verzicht auf terminologische Feinheiten • Celsus *De medicina* IV 7.1–2

1 Auch in der Dichtung, z. B. Plautus *Mostellaria* 218: *in anginam ego nunc me velim vorti, ut veneficae illi / fauces prehendam atque enicem scelestam stimulatricem* [In eine Angina möchte ich mich jetzt verwandeln, um jener Giftmischerin an die Gurgel zu gehen und die frevelhafte Hetzerin bis zum Tode erschöpfen] und Lucilius *Sat.* 1093: *insperato abiit, quem una angina sustulit hora* [Unvermutet ist der von uns gegangen, den die Halsentzündung innerhalb einer Stunde dahingerafft hat]

2 Z.B. Hippokrates *VM* 19: *ὅσα ἐς τὴν φάρυγγα, ἀφ' ὧν βράγχοι γίνονται καὶ συνάγχαι* [Die Absonderungen in den Rachen, aus denen Heiserkeit und Angina entstehen]

3 Z.B. Hippokrates *Coac.* II 371: *Τὰ ἐκ κυνάγχης πτύαλα γλίσχρα* [Bei der Kynanche ist der Auswurf zäh]

4 Nicht bei Hippokrates. Galen (*In Hipp. Aph. comment.* 34 K XVII B 706) grenzt von der Parasynánchē (*ὅταν τῶν ἐπικειμένων τῇ φάρυγγι μυῶν γένηται φλεγμονή* [wenn die dem Schlund benachbarten Muskeln sich entzünden]) zusätzlich die Parakynánchē (*ὅταν ἔξωθεν τοῦ λάρυγγος* [wenn die außerhalb des Kehlkopfs gelegenen Muskeln sich entzünden]) ab.

Atemnot: Differenzialdiagnose auf Griechisch • Celsus *De medicina* IV 8.1–2

1 Galen *Def. med.* CCLXII K XIX 420: *ἡ δύσπνοια βλάβη τις ἀναπνοῆς ἐστιν* [D.h. Atemnot ist eine Beeinträchtigung des Luftholens]

2 Hippokrates *Coac.* 471: *δύσπνοια περὶ τὰς κινήσιας* [Atemnot im Zusammenhang mit den Bewegungen]

3 Hippokrates *Aph.* VI 46: *ὑβοὶ ἐξ ἄσθματος* [bucklig vom Keuchen]

4 Hippokrates *Acut.* 17: *οἱ δ' ὑπὸ τῆς ὀρθοπνοίης τε καὶ τοῦ ῥέγχεος ἀποπνιγέντες* [Die vom Atmen in aufrechter Position und vom Schnarchen Erstickten]

Eine Art Eitergeschwür • Celsus *De medicina* VI 16

1 Galen *Def. med.* CCCLXXII K XIX 440: *Παρωτίδες εἰσὶ παρὰ τοῖς ὠσὶν ἀποστήματα... ἐπὶ πυρετοῖς γινόμεναι τὰ πολλὰ τῶν πυρετῶν ἀπαλλάσσουσαι* [Parōtídes sind ohrnahe Eiterungen, die in der Mehrzahl sowohl die Folge von Fieber sind als auch den Patienten von Fieber befreien]

Vom Gersten- und vom Hagelkorn • Celsus *De medicina* VII 7.2

1 Hippokrates *Epid.* II 2.5: *Μόσχῳ λιθῶντι ἰσχυρῶς ἐπὶ τῷ βλεφάρῳ τῷ ἄνω κριθὴ ἐγένετο πρὸς τοῦ ὠτὸς μᾶλλον* [Moschus, der ein schweres Steinleiden hatte, bekam am Oberlid ein Gerstenkorn, das sich bis zum Ohr ausdehnte]

2 Nicht bei Hippokrates. Galen *Def. med.* CCCLIV K XIX 437: *Χάλαζά ἐστι κεχρώδης συστροφὴ κατὰ τὸ βλέφαρον καὶ λιθίασίς ἐστι τὸ αὐτό* [Das Hagelkorn ist sowohl ein hirsekorngroßes Depot unter dem Lid als auch ein Steinleiden]

Die Hernie hat einen häßlichen Namen • Celsus *De medicina* VII 18.3

1 Nicht bei Hippokrates. Galen *Def. med.* CDXXV K XIX 447: *Ἐντεροκήλη ἐστὶν ἐντέρου κατολίσθησις εἰς τὸ ὄσχεον κατὰ βραχὺ ἢ ἀθρόως* [Als Enterozele wird eine Verlagerung des Darms in den Hodensack bezeichnet; der Vorgang kann sich sowohl allmählich als auch auf einmal vollziehen]

2 Nicht bei Hippokrates. Galen *Def. med.* CDXXX K XIX 448: *Ἐπιπλοκήλη ἐστὶν ὀλίσθησις ἐπίπλου κατὰ τὸ μέρος τοῦ ὀσχέου* [Als Epiplozele wird die Verlagerung des Netzes in einen Teil des Hodensacks bezeichnet]

3 Dieselbe Einschätzung vermittelt auch Martial *Epigr.* III 24.9: *ingens iratis apparuit hirnea sacris* [bekam die zornige Opfergemeinschaft den riesigen Bruchsack zu sehen].

Betreuung nach Bezahlung (1) • Celsus *De medicina* III 4.9–10

1 Galen *Quod opt. med.* K I 61: *καὶ χρῶνται τῇ τέχνῃ πρὸς τοὐναντίον, ᾗ πέφυκεν, οἱ φιλοχρήματοι* [und sie benützen die ärztliche Kunst, um das Gegenteil dessen zu erreichen, wozu sie bestimmt ist, die Geldgierigen]

Zweifelhafte Hoffnung ist besser als Verzicht auf Hoffnung • Celsus *De medicina* VII 16.1–3

1 Celsus bezieht sich an dieser Stelle zweifellos vor allem auf die offenen Verletzungen von Gladiatoren.

Große Geister, kleine Geister und der ärztliche Kunstfehler (2) • Hippokrates *Epidemien* V 27

1 Der Ort wird von Hippokrates drei Mal, aber sonst in der antiken Literatur nicht erwähnt.

LITERATUR

L 1 Aulus Cornelius Celsus und die römische Wissenschaft

Barwick, Karl: Die Enzyklopädie des Cornelius Celsus. In: Philologus 1960;104:236–249

Baudraz-Rosselet, Florence; Grigoriu, Dode: Kérion de Celse (teigne suppurée). In: Therapeutische Umschau 1984;41:392–396

Capitani, Umberto: La produzione letteraria di Aulo Cornelio Celso alle luce di un discusso passo dell'Institutio Oratoria. In: Maia 1966;18:138–155

Colella, Dante: La figura del medico in A. Cornelio Celso. In: Pagine di storia della medicina 1971;15:65–69

Conde Parrado, Pedro; Martín Ferreira, Ana Isabel: Estudios sobre Cornelio Celso, Problemas metodológicos y estado de la cuestión. Tempus 1998;20:5–80

Contino, Salvatore: Aulo Cornelio Celso. Vita e opere. Palermo 1980

Kappelmacher, Alfred: Untersuchungen zur Enzyklopädie des A. Cornelius Celsus. Wien/Leipzig 1918

Kissel, Carl: Cornelius Celsus. Eine historische Monographie. Erste Abtheilung. Leben und Wirken des Celsus im Allgemeinen. Gießen 1844

Krenkel, Werner: Celsus. In: Altertum 1958;4:111–122

Krenkel, Werner A.: Zu den Artes des Celsus. In: Philologus 1959;103:114–129

Kühnholtz, Henri-Marcel: Éloge de Celse. Montpellier / Paris 1838

Meinecke, Bruno: Aulus Cornelius Celsus – Plagiarist or Artifex medicinae? Bulletin of the History of Medicine 1941;10:288–298

Meyer-Steineg, Theodor: Cornelius Celsus über Grundfragen der Medizin. Voigtländers Quellenbücher Band 3. Leipzig 1912

Sabbah, Guy; Mudry, Philippe (éd.): La médecine de Celse: Aspects historiques, scientifiques et litteraires. Saint-Étienne 1994 (Mémoires XIII)

Schanz, Martin: Über die Schriften des Cornelius Celsus. In: Rheinisches Museum 1881:36:362–379

Schulze, Christian: Aulus Cornelius Celsus – Arzt oder Laie: Autor, Konzept und Adressaten der De medicina libri octo (BAC – Bochumer Altertumswissenschaftiches Colloquium, Band 42). Trier 1999

Schulze, Christian: Celsus. Studienbücher Antike, Band 6. Hildesheim/Zürich/New York 2001

Staden, Heinrich von: Author and Authority. Celsus and the Construction of a Scientific Self. In: Tradición e innovación de la medicina latina de la antiguëdad y de la alta edad media (**Vázquez Buján; Manuel Enrique**, ed). Actos del IV coloquio internacional sobre los textos médicos latinos antiguos. Santiago de Compostela 1994:103–117

Staden, Heinrich von: Celsus as historian? In: Ancient Histories of Medicine: Essays in Medical Doxography and Historiography in Classical Antiquity (**Van der Eijk, Philip Jan**, ed.). Studies in ancient medicine 20. Leiden 1999:251–294

L 2 Texte, Ausgaben und Übersetzungen

Capitani, Umberto: Note critiche al testo del »De medicina« di Celso. Studi italiani di filologia classica 1970;42:5–93

Capitani, Umberto: Il recupero di un passo di Celso in un codice del »De medicina« conservato a Toledo. Maia 1974;26:161–205

Ciulla, Rita Maria: Aulo Cornelio Celso. De medicina libro IV. Palermo 1990

Contino, Salvatore: Auli Cornelii Celsi, De medicina liber VIII. Bologna 1988

Donaldson, Iain M.L.: Celsus: De medicina, Florence 1478. Part 1 / Part 2. Journal of the Royal College of Physicians, Edinburgh 2014;44:252–254 / 344–346

Fischer, Klaus-Dietrich: Der neuentdeckte Text des Celsus über Blasenleiden. Gesnerus 1984;41:243–248

Krenkel, Werner: Celsus. Ein lateinisches Leseheft. Leipzig 1955, 1963[3]

Lederer, Thomas: Celsus, Aulus Cornelius. De Medicina / Die medizinische Wissenschaft. Darmstadt 2015/2016

Marx, Fridericus: A. Cornelii Celsi quae supersunt. Leipzig/Berlin 1915 (Corpus Medicorum Latinorum Vol. I)

Mazzini, Innocenzo A.: A. Cornelio Celso, La chirurgia (libri VII e VIII del ‚De medicina‹). Testo, traduzione, commento (Università degli studi di Macerata. Facoltà di lettere e filosofia. Testi e documenti 5). Macerata/Pisa/Roma 1999

Ollero Granados, Dionisio: Nuevos materiales sobre el De Medicina de Celso. In: Asclepio 1974–1975;26–27:233–255

Ollero Granados, Dionisio: New Light on Celsus' »De medicina«. In: Sudhoffs Archiv: Zeitschrift für Wissenschaftsgeschichte 1978;62:359–377

Pfeiffer, Erwin: De medicina. Celsus. In Auswahl. Bielefeld, Leipzig 1937

Pool, Gerhard Jacob: Chrestomathia Celsiana. Leiden/Amsterdam 1832 (Nachdruck Whitefish/MT 2010)

Richardson, William Frank: A Word Index to Celsus: De medicina. Auckland 1982

Rizzo, Silvia: Due capitoli die Celso recentemente scoperti. In: Rivista di filologia e di istruzione classica 1976;104:117–120

Scheller, Eduard; **Frieboes, Walter**: Aulus Cornelius Celsus. Über die Arzneiwissenschaft. In acht Büchern. Braunschweig, 19062 (Nachdruck Hildesheim 1967)

Serbat, Guy: Celse. De la médecine. Tome I. Livres I–II. Paris 1995

Serra, Fabricius (curavit): AULI CORNELII CELSI DE MEDICINA. Vol. I Prooemium Libri I–II (Pisa 1976), Vol. II Libri III–IV (Pisa 1977), Vol. III Libri V–VIII (Pisa 1975) = SCRIPTORUM ROMANORUM QUAE EXTANT OMNIA Vol. I: CCLXIV–CCLXV, Vol. II: CCLXVI–CCLXVII, Vol. III: CCLXVIII–CCLXIX–CCLXX–CCLXXI

Spencer, Walter George: Celsus. De Medicina. Vol. I–III. Cambridge, Masschusetts/London 1935–1938

Venables, Robert: A Literal Interlinear Translation of the First and Third Books of Celsus; with »ordo«, and the text of Targa. By **Gerard, Charles**. Revised and amended, with an introduction…by **Venables, Robert**. London 1834

L 3 Die Proömien

Mudry, Philippe: La préface du DE MEDICINA de Celse. Texte, traduction et commentaire. Bibliotheca Helvetica Romana XIX. Rome 1982

Pigeaud, Jackie: Un médecin humaniste: Celse. Notes sur le ›prooemium‹ du ›De Medicina‹. In: Les études classiques 1972;40:302–210

Romano, Elisa: Il proemio di Celso fra sapere tecnico e cultura umanistica. In: I testi di medicina latini antichi. Problemi filologici e storici (**Mazzini, Innocenzo**; **Fusco, Franca**, a cura di). Atti del 1° Convegno internazionale, Pubblicazioni della Facoltà di lettere e filosofia 28. Università di Macerata 1985:131–140

Scarborough, John: Celsus on Human Vivisection at Ptolemaic Alexandria. In: Clio Medica 1976;11:25–38

Zurli, Loriano: Le ›praefationes‹ nei ›libri VIII de medicina‹ di A. Cornelio Celso. In: Prefazioni, prologhi, poemi di opere tecnico-scientifiche latine (**Santini, Carlo**; **Scivoletto, Nicola**, a cura di). Roma 1990: I/295–337

L 4 Anatomie

André, Jacques: Le vocabulaire latin de l'anatomie. Collection d'études anciennes 59: Série latine. Paris 1991

Deuse, Werner: Celsus im Proömium von ›De medicina‹: Römische Aneignung griechischer Wissenschaft. In: Aufstieg und Niedergang der Römischen Welt. Geschichte und Kultur Roms im Spiegel der neueren Forschung II. 37,1 (**Temporini, Hildegard**; **Haase, Wolfgang**, Hrsg.) Berlin New York 1993:819–841

Kudlien, Fridolf: Antike Anatomie und menschlicher Leichnam. In: Hermes 1969;97:78–94

L 5 Gesunde Lebensführung

Capitani, Umberto: Celso, Scribonio Largo, Plinio il Vecchio e il loro atteggiamento nei confronti della medicina popolare. In: Maia 1972;24:120–140

Del Chiappa, Giuseppe Antonio: Intorno alle opere e alla condizione personale di Aulo Cornelio Celso. Discorsi medico-filologici. Milano 1819

Jones, William Henry Samuel: Ancient documents and contemporary life, with special reference to the Hippocratic Corpus, Celsus and Pliny. In: Science, Medicine and History (**Ashworth Underwood, Edgar**, ed.). London 1953:100–110

Richardson, William Frank: Celsus on Medicine. In: Prudentia 1979;11:69–93

L 6 Innere Medizin

Brunner, Felix Georg: Pathologie und Therapie der Geschwülste in der antiken Medizin bei Celsus und Galen. Zürcher medizingeschichtliche Abhandlungen Neue Reihe 118. Zürich 1977

Fabre, André-Julien: Le cancer dans l'Antiquité. In: Histoire des Sciences Médicales 2008;XLII:63–70

Jarcho, Saul: Historical Milestones. Ascites as Described by Aulus Cornelius Celsus (ca. A.D.30). In: The American Journal of Cardiology 1958: 2:507–508

Luthi, François: Le cancer est-il une maladie nouvelle? A propos du diagnostic des maladies tumorales dans le De Medicina de Celse. In: Gesnerus 1996;53:175–182

Reiche, Paul: Der Umfang der intern-medizinischen Kenntnisse des Celsus. Halle 1934

Tracy, Russell P.: The five cardinal signs of inflammation: Calor, Dolor, Rubor, Tumor...and Penuria (Apologies to Aulus Cornelius Celsus, De medicina, c.A.D.25). In: The Journal of Gerontology. Series A: Biological Sciences, Medical Sciences. 2006;61:1051–1052

L 7 Chirurgie, Urologie, Frauenheilkunde und Geburtshilfe

Androutsos, Georges: L'urologie dans l'œuvre De re medica d'Aulus Cornelius Celsus (1er siècle après J.C.). In: Progrès en Urologie 2005;15:344–352

Fischer, Klaus-Dietrich: Celsus über Blasenleiden. Ein neuentdeckter Text. In: Urologe (B) 1986;26:210–212

Jackson, Ralph: Circumcision, de-circumcision and self-image: Celsus's ›operations on the penis‹. In: Roman bodies: antiquity to the eighteenth century (**Hopkins, Andrew**; **Wyke, Maria**, ed.) London 2005:23–32

Marganne, Marie-Helène: La réduction des luxations de l'épaule dans le ›De medicina‹ de Celse. In: La médecine de Celse. Aspects historiques, scientifiques et littéraires (**Sabbah, Guy**; **Mudry, Philippe**, éd). Saint-Étienne 1994:103–121

Marmelzat, Willard Lee: Medicine and History. The Contributions to Dermatologic Surgery of Aulus Cornelius Celsus (circa 30 B.C. – A.D. 50). In: Journal of Dermatology, Surgery and Oncology 1977;3:161–162, 166

Mitaritonna, Onofrio: Spunti di ostetrica e di ginecologia nel De medicina di Celso. In: Pagine di Storia della Medicina 1969;13:71–85

Papavramidou, Niki S.; **Christopoulou-Aletras, Helen**: Treatment of »hernia« in the writings of Celsus (first century AD). In: World Journal of Surgery 2005;29:1343–1347

Schneider, Max: Ueber den Zusammenhang der Chirurgie mit der Anatomie bei A. Cornelius Celsus. München 1852

L 8 Augenheilkunde

Dollfu Marc-Adrien: L'exercice de l'ophtalmologie à l'époque gallo-romaine. In: Bulletin de la Societé nationale des Antiquaires de France 1963 (1965) 107–124

Franke, Franz: Über die Augenheilkunde des Celsus. Dissertation Berlin 1898

Lazzeri, Davide; Agostini, Tommaso; Figus, Michele; Nardi, Marco; Spinelli, Giuseppe; Pantaloni, Marcello; Lazzeri, Stefano: The contribution of Aulus Cornelius Celsus (25 B.C. – 50 A.D.) to eyelid surgery. In: Orbit 2012;31:162–167

Mäder, Helga: Die römische Augenheilkunde um die Zeitenwende nach den Darstellungen des Celsus. In: Altertum 1966;12:103–107

Marganne, Marie-Helène: Therapies et médecins d'origine ›égyptienne‹ dans le De medicina de Celse. In: Maladie et maladies dans les textes latins antiques et médiévaux (**Deroux, Carl**, éd). Actes du Ve colloque international ›Textes médicaux latins‹. Bruxelles, 4–6 septembre 1995. Collection Latomus 242. Brüssel 1998:137–150

Snyder, Charles: Aurelius Cornelius Celsus on Cataracts. In: Archives of Ophthalmology 1964;71: 144–146

L 9 Hals-Nasen-Ohren- und Zahnheilkunde

Braungart, Otto Max: Zahn- und Mundkrankheiten bei Celsus. Dissertation Jena 1922

Iftner, Hermann: Die Zahlheilkunde bei A. Cornelius Celsus. Dissertation Würzburg 1925

Maltby, Maryanne Tate: Ancient voices on tinnitus: the pathology and treatment of tinnitus in Celsus and the Hippocratic Corpus compared and contrasted. In: The International Tinnitus Journal 2012;17:140–145

Prager, Otto: Die chirurgische Behandlung der Mundkrankheiten bei den römischen Ärzten (unt. Zugrundelegung insbes. d. Werkes »de medicina« des Cornelius Celsus). Dissertation Jena 1922

Silberstein, Georg: Die zahnärztlichen Lehren des Celsus. Dissertation Berlin 1920

L 10 Nervenheilkunde

Blümel, Hubertus: Analyse der klinischen Symptomatologie von Geisteskrankheiten in Aulus Cornelius Celsus' Werk ›De medicina‹ – Zur Konzeption von Geisteskrankheit in der römischen Medizin. München 1995

Caturegli, Giuseppe: La psichiatria di A.C. Celso. Pisa 1966

L 11 Diätetik, physikalische Therapie und Pharmakotherapie

Caturegli, Giuseppe: La farmacologia celsiana. Scientia veterum 102. Pisa 1966

LeVerne Crum, Earl: Diet in Ancient Medical Practice as shown by Celsus in his De Medicina. In: The Classical Weekly 1932;XXV: 153–159, 161–165, 169–173

Mulert, Friederike: Die altrömische Hydrotherapie nach dem Werke des A.C.Celsus. Diss. Jena 1923

Pifferi, Ermanno: Dietetica e medicamenti marini nell'opera di Celso. In: Pagine di storia della medicina 1963;7:25–29

Schmeer, Ernst H.: Die Pharmakologie in Celsus' ›medicina‹. München 1948

L 12 Celsus und Hippokrates

Malato, Marco T.: Gli Aforismi Ippocratici. In: Fonti Celsiane (**Pazzini, Adalberto**; **Malato, Marco T.**; **Trifogli, Roberto**; **Tavone Passalacqua, Vera**, a cura di). Roma 1959:30–65

Mazzini, Innocenzo: Ippocrate in Celso. In: Actas del VIIe colloque international Hippocratique (**López Férez, Juan Antonio**, ed). Madrid 1992:571–583

Pardon, Muriel: Celsus and the Hippocratic Corpus: the originality of a ›plagiarist‹. In: Studies in Ancient Medicine 2005;31:403–411

Trifogli, Roberto: Saggio comparativo fra l'opera di Celso ed il prognostico d'Ippocrate. In: Fonti Celsiane (**Pazzini, Adalberto**; **Malato Marco T.**; **Trifogli, Roberto**; **Tavone Passalacqua, Vera**, a cura di). Roma 1959:66–78

L 13 Celsus und andere griechische Ärzte

Mudry, Philippe: L'orientation doctrinale du ›De Medicina‹ de Celse. In: Aufstieg und Niedergang der Römischen Welt II 37.1 (**Temporini, Hildegard**; **Haase, Wolfgang**, Hrsg.) Berlin New York 1993: 800–818

Rippinger, León: Les hellenismes chez Celse. Diss. Paris-Sorbonne 1980

Staden, Heinrich von: ›Media quodammodo diversas inter sententias‹: Celsus, the ›Rationalists‹, and Erasistratus. In: La médecine de Celse. Aspects historiques, scientifiques et littéraires (**Sabbah, Guy**; **Mudry, Philippe**, éd). Mémoires XIII. Saint-Étienne 1994: 77–101

Stok, Fabio: Celso e gli Empirici. In: La médecine de Celse. Aspects historiques, scientifiques et littéraires (**Sabbah, Guy**; **Mudry, Philippe**, éd.). Mémoires XIII. Saint-Étienne 1994: 63–75

L 14 Celsus und römische Quellen

Barwick, Karl: Zu den Schriften des Cornelius Celsus und des alten Cato. In: Würzburger Jahrbücher für die Altertumswissenschaft 1948;3:117–132

Capitani, Umberto: Cornelius Celsus, ›mediocri vir ingenio‹…In margine a recenti interpretazioni di un giudizio di Quintiliano. In: Prometheus 1980;6:67–79

Ilberg, Johannes: A. Cornelius Celsus und die Medizin in Rom. In: Neue Jahrbücher 1907;19:377–412 (Nachdruck in: **Flashar, Helmut**: Antike Medizin. Wege der Forschung 221. Darmstadt 1971:308–360)

Meinecke, Bruno: Aulus Cornelius Celsus – Plagiarist or Artifex medicinae? In: Bulletin of the History of Medicine 1941;10:288–298

Pazzini, Adalberto; **Malato, Marco T.**; **Trifogli, Roberto**; **Tavone Passalacqua, Vera**: Fonti Celsiane. Roma 1958

Probst, Otto: Celsus und Plinius in ihrem Verhältnis zum achten Buch der Enyzklopädie Varros. Dissertation München 1905

Wellmann, Max: A. Cornelius Celsus. Eine Quellenuntersuchung (Philologische Untersuchungen 23). Berlin 1913

Wellmann, Max: Die Aufidiushypothese des neuesten Celsus-Herausgebers. In: Mitteilungen zur Geschichte der Medizin und Naturwissenschaften 1917;16:269–290

Wellmann, Max: A. Cornelius Celsus. In: Archiv für Geschichte der Medizin 1925;16.209–213

L 15 Celsus und die anderen Künste: Landwirtschaft

Reitzenstein, Richard: De scriptorum rei rusticae, qui intercedunt inter Catonem et Columellam, libris deperditis. Berlin 1884

Stadler, Hermann: Die Quellen des Plinius im 19. Buch der Naturalis Historia. München 1891, Nachdruck Whitefish/MT 2013

L 16 Celsus und die anderen Künste: Militärwesen

Schenk, Dankfried: Flavius Vegetius Renatus. Die Quellen der epitoma rei militaris. Klio-Beiheft 22. Leipzig 1930

Schulze, Christian: Zum Autor der Schrift « Über die Kriegsführung gegen die Parther». In: Philologus 2011;155:386–394

L 17 Celsus und die anderen Künste: Rhetorik

Woehrer, Justin: De A. Cornelii Celsi rhetorica. Dissertationes philologae Vindobonenses 7/2. Wien/Leipzig 1903

L 18 Celsus und die anderen Künste: Philosophie

Dryoff, Adolf: Der philosophische Teil der Encyclopädie des Cornelius Celsus. In: Rheinisches Museum 1939;88:7–16 (dazu: **Bickel, Ernst**: Nachwort des Herausgebers. In: Rheinisches Museum 1939;88:16–18)

Schwabe, Ludwig von: Die opiniones philosophorum des Celsus, In: Hermes 1884;19:385–392

Sepp, Simon: Die philosophische Richtung des Cornelius Celsus. Ein Kapitel aus der Geschichte der pyrrhonischen Skepsis. Dissertation Erlangen 1893

L 19 Rezeption in der Antike

Bernays, Jacob: Gesammelte Abhandlungen. Hrsg. von Hermann Usener. Berlin 1885;35 Th. II

Daube, David: The Mediocrity of Celsus. In: The Classical Journal 1974;70:41–42

Fischer, Klaus-Dietrich: Beiträge zu den pseudosoranischen ›Quaestiones medicinales‹. In: Text and Tradition. Studies in Ancient Medicine and its Transmission, presented to Jutta Kollesch (**Fischer, Klaus-Dietrich**; **Nickel, Diethard**; **Potter, Paul**, hrsg.). Studies in Ancient Medicine. 18. Leiden 1998:1–54

Fischer, Klaus-Dietrich: Unbekannnter und seltener Wortschatz in den Pseudosoranischen *Quaestiones medicinales*. In: Voces 2012–2013;23–24:29–74

Mörland, Henning: Celsus und die lateinischen Oribasiusübersetzungen. In: Symbolae Osloenses 1926;4:68–71

Ritschl, Friedrich Wilhelm: Ad Plauti Bacchides, Bonn 1849[2]

Spencer, Walter George: Celsus' De Medicina – A Learned and Experienced Practitioner upon what the Art of Medicine could then accomplish. In: Proceedings of the Royal Society of Medicine 1926;19:129–139

Temkin, Owsei: Celsus' »on Medicine« and the Ancient Medical Sects. In: Bulletin of the History of Medicine 1935;3:249–264

L 20 Rezeption in Mittelalter und Neuzeit

Capitani, Umberto: Il recupero di un passo di Celso in un codice del ›De Medicina‹ conservato a Toledo. In: Maia 1974;26:161–205

Conde Parrado, Pedro Pablo; **Pérez Ibáñez, María Jesús**: Aspects of the presence of Celsus »De medicina« in Renaissance lexicography: the »Thesaurus« of Robert Estienne (1531). In: Body, Disease and Treatment in a changing world. Latin Texts and Contexts in Ancient and Medieval Medicine (**Langslow, David**; **Langslow, Brigitte Maire**, ed.). Lausanne 2010: 237–248

Costa, Antonio: Echi Celsiani e spiriti novi in un libro quattrocentesco d'igiene dell'età senile (il De vita producenda, sive longa di Marsilio Ficino). In: Archivio »de Vecchi« per l'anatomia patologica e la medicina clinica 1977;62:223–236

Jacquart, Danielle: Du Moyen Age à la Renaissance: Pietro d'Abano et Berengario da Carpi lecteurs de la Préface de Celse. In: La médecine de Celse. Aspects

historiques, scientifiques et littéraires (**Sabbah**, **Guy**; **Mudry**, **Philippe**, ed.). Mémoires XIII. Saint-Étienne 1994:343–358

Maire, **Brigitte**: Proposition pour un nouveau stemma codicum du De medicina de Celse. In: Tradición e Innovación de la medicina latina de la antiguëdad y de la alta edad media (Actas del 4 coloquio international sobre los »textos médicos antiguos«, 17–19 sept. 1992, **Vázquez Buján**; **Manuel Enrique**, ed.). Cursos e congressos da Universidade de Santiago de Compostela 83. Santiago de Compostela 1994:87–99

Ollero Granados, **Dionisio**: Dos nuevos capitulos de A. Cornelio Celso ›De medicina‹ IV 27 1 D. In: Emerita 1973;41:99–110

Rojouan, **Jean**: Huit lettres »in Celsum«. Morgagni Médecin et Philologue. Thèse de doctorat. Nantes 1997

Rojouan, **Jean**: Morgagni, lecteur de Celse. In: Les textes médicaux latins comme literature. Actes du VIe colloque international sur les textes médicaux latins du 1er au 3 septembre 1998 à Nantes (**Pigeaud**, **Alfrieda**; **Pigeaud**, **Jackie**, éd.). Nantes 2000: 251–256

Sabbah, **Guy**; **Corsetti**, **Pierre-Paul**; **Fischer**, **Klaus-Dietrich** (sous la direction de): Bibliographie des textes médicaux latins. Antiquité et haut moyen age. Centre Jean-Palerne Mémoires VI. Saint-Étienne 1987: 53–56 (sub voce CELSUS)

Santamaría Hernández, **Maria Teresa**: El lexico de Celso en una traduccion de hipocrates del siglo XVI: el libro II de las Epidemias de Pedro Jaime Esteve. In: Lingue tecniche del greco e del latino. 4, Testi medici latini antichi: le parole della medicina, lessico e storia (**Sconocchia**, **Sergio**; **Cavalli**, **Fabio**, direzione e coordinamento, **Balin**, **Maurizio**; **Cecere**, **Marialuisa**; **Crismani**, **Daria**…, a cura di). Atti del VII Convegno Internazionale, Trieste, 11–13 ottobre 2001. Bologna 2004: 353–373

L 21 Celsus und die medizinische Terminologie

Brolén, **Carl Axel**: De elocutione A. Cornelii Celsi. Dissertation Uppsala 1872

Capitani, **Umberto**: A.C. Celso e la terminologia tecnica greca. In: Annali della scuola normale superiore di Pisa. Classe di lettere e filosofia, serie III, 5/2 (1975) 449–518

Debru, **Armelle**: Consomption et corruption: L'origine et le sens de *tabes*. In: Études de médecine romaine (**Sabbah**, **Guy**, éd.). Mémoires VIII. Saint-Étienne 1988: 19–31

Dirckx, John H.: Dermatologic terms in the De Medicina of Celsus. In: American Journal of Dermatopathology 1983;5:363–369

Fuhrmann, Manfred: Das systematische Lehrbuch. Göttingen 1960: 86–98, 173–181

Grmek, Mirko: La dénomination latine des maladies considérées comme nouvelles par les auteurs antiques. In: Le latin médical. La constitution d'un langage scientifique. Réalités et langage de la médecine dans le monde romain (**Sabbah, Guy**, éd.). Mémoires X. Saint-Étienne 1991: 195–214

Langslow, David: Celsus and the Makings of a Latin, Medical Terminology. In: La médecine de Celse. Aspects historiques, scientifiques et littéraires (**Sabbah, Guy**; **Mudry, Philippe**, éd). Mémoires XIII. Saint-Étienne 1994:297–318

Marini, Emanuela: L'emploi de »seco« chez Celse entre technicité, vulgarisation et expressionisme. In: Galenos 2010: 25–38

Mazzini, Innocenzo: Caratteri della lingua del »De medicina« di A. Cornelio Celso. In: Rivista di cultura classica e medioevale 1992;34:17–46

Mudry, Philippe: Pour une rhétorique de la description des maladies. L'exemple de *La Médecine* de Celse. In: Pallas 2005;69:321–330

Pinkster, Harm: Notes on the syntax of Celsus. In: Clio Medica 1995;28:555–566

Staden, Heinrich von: How Greek was the Latin body? The parts and the whole in Celsus' Medicina. In: Body, Disease and Treatment in a Changing World: Latin Texts and Contexts in Ancient and Medieval Medicine (**Langslow, David**; **Langslow, Brigitte Maire**, éd.). Lausanne 2010: 3–23

L 22 Celsus und die medizinische Ethik

Colella, Dante: La figura del medico in A. Cornelio Celso. In: Pagine di storia della medicina 1971;15:65–69

Gautherie, Aurélien: Physical pain in Celsus' On Medicine. In: Studies in Ancient Medicine 2014;42:137–154

Trancas, Bruno; **Borja Santos, Nuno**: Ética, Conhecimento e Psiquiatria. In: *De Medicina* de Aulo Cornelio Celso. Acta Médica Portuguesa 2007;20:431–437

REGISTER

R 1 Stellenverzeichnis

R 1.1 Aulus Cornelius Celsus *De medicina*

R 1.2 Andere lateinische Autoren

R 1.3 Griechische Autoren / Quellen

Galen **Werke**

[Claudii Galeni Opera Omnia. I–XX. Kühn, Carolus G. Leipzig 1821–1833]

R 1.4 Autoren des Mittelalters und der frühen Neuzeit

R 2 Parallelstellen: Celsus ← Hippokrates

De medicina ← Corpus Hippocraticum
Prooem. 6 ← Epid. I 23
Prooem. 15 ← Flat. 4
Prooem. 20 ← Aph. I 14 Hum 11
Prooem. 72 ← Aph. I 13
I 1.1 ← Vict. II 60
I 2.8 ← Aph. II 11
I 2.10 ← Aph. II 16
I 3.2 ← Aph. II 49 Acut. 9 (28)
I 3.9 ← Acut. 12 (45)
I 3.16 ← Salubr. 4
I 3.19 ← Aph. IV 4
I 3.20 ← Aph. IV 17
I 3.24 ← Salubr. 5
I 3.32 ← Aph. I 13, 14
I 3.33 ← Aph. II 20, 53
I 3.34 ← Vict. II 68
I 9.4 ← Aph. V 17, 20
I 9.5 ← Aph. V 22, 25
I 9.6 ← Aph. V 16

II Prooem. 2 ← Aph. III 19
II 1.2 ← Aph. III 1, 9
II 1.4 ← Aph. III 8
II 1.5 ← Aph. II 54
II 1.6 ← Aph. III 20
II 1.7 ← Aph. III 21
II 1.8 ← Aph. III 22
II 1.9,10,11 ← Aph. III 5, 17
II 1.9,13,17 ← Aph. III 23
II 1.10–12 ← Aph. III 17
II 1.12 ← Aph. III 7,16 V 17,23,25
II 1.13 ← Aph. III 11
II 1.14 ← Aph. III 12
II 1.15 ← Aph. III 6, 13
II 1.16 ← Aph. III 14
II 1.17 ← Aph. III 18
II 1.18 ← Aph. III 24,25
II 1.19 ← Aph. III 26,27
II 1.20 ← Aph. III 28
II 1.21 ← Aph. III 29,30
II 1.22 ← Aph. III 31
II 1.23 ← Aph. II 44
II 2.1 ← Aph. I 3
II 3.1 ← Aph. II 35 Progn. III, V, VII, IX, X
II 3.2 ← Aph. IV 38,39 Progn. VI
II 3.3 ← Aph. II 32 Progn. VII, XIV
II 3.4 ← Progn. XII, XIII
II 3.4,5,6 ← Progn. XI
II 4.1 ← Progn. III, X
II 4.2 ← Aph. II 1, 3
II 4.3 ← Aph. II 35, IV 52,53
II 4.4 ← Aph. VII 1,3,4
II 4.5 ← Aph. IV 43 VI 43 Progn. VI
II 4.7 ← Progn. XIII Prorrh. II 14
II 4.8 ← Aph. IV 72 Progn. XII
II 4.9 ← Aph. VII 6 Progn. XI
II 5.2 ← Aph. II 28 IV 40,51,56 Progn. VI
II 5.3 ← Aph. VII 31,34 Progn. XII
II 6.1 ← Progn. II
II 6.4 ← Aph. IV 49
II 6.5 ← Progn. III
II 6.6 ← Progn. IV, V, IX, XIX
II 6.7 ← Aph. IV 34, 35, 46, 48,60 V 1,5
II 6.8 ← Aph. II 1, V 30
II 6.9 ← Progn. XV
II 6.10 ← Aph. VII 37 Progn. VI, XIII
II 6.11 ← Progn. XII

R 3 Griechisch-lateinische Begriffspaare im Opus Celsi

R 3.1 Anatomie (Auswahl)

ἀραχνοειδής → tenuissima tunica (VII 7.13B)
δαρτός → valentior tunica, quae interiori vehementer ima parte adhaeret (VII 18.2)
διάφραγμα → transversum s(a)eptum, membrana, quae superiores partes ab inferioribus diducit (I Pro 42, II 7.32)
ἐλυτροειδής → tunica tenuis, nervosa, sine sanguine, alba (VII 18.1)
ζυγοειδές → os, quod transversum a genis tendens ab inferioribus ossibus sustinetur,os iugale (VIII 1.7)
καρωτίς → arteria...sursum procedens ultra aurem (IV 2)
κερατοειδής → superior ex duobus tunicis (VII 7.13A)
κερκίς → radius (VIII 1.19)
κρεμαστήρ → singulus nervus ab inguine dependens (VII 18.1)
κρυσταλλοειδής → gutta umoris, ovi albo similis, a qua videndi facultas proficiscitur (VII 7.13C)
κῶλον → laxius intestinum (I 7.1), maius intestinum (II 12.2B)
νόθα → costa brevis tenuior (VIII 1.15)
ὄσχεον → scrotum (VII 18.2)
οὐρητήρ → a rene singula vena, colore alba, ad vesicam feritur (IV 1.10)
περιτόναιος/περιτόναιον → levis membrana...quae omento iungitur (IV 1.13, VII 4.3B)
πυλωρός → iunctura...inde ima ventriculi pars paulum in dexteriorem partem conversa in summum intestinum coartatur (IV 1.7)
σφαγῖτις → circa guttur venae grandes (IV 1.2)
τένων → recti valentesque nervi (VIII 1.13)
τομεῖς → dentes quaterni primi, quia secant (VIII 1.9)
ὑαλοειδές → neque liquidum neque aridum...,sed quasi concretus umor (VII 7.13C)
χοριοειδής → tunica...media parte, qua pupilla est, modico foramine concava, circa tenuis, ulterioribus partibus ipsa quoque plenior (VII 7.13B)
ὠμοπλάτη → imum os scapulae (III 22.12) scutulum opertum (VIII 1.15)

R 3.2 Pathologie (Auswahl)

ἀγκύλη → contractus articulus (V 18.28)
ἀγκυλοβλέφαρον → inter se palpebrae coalescunt/ut palpebrae cum albo oculi cohaerescant (VII 7.6A)

αἰγίλωψ → parva fistula, per quam pituita adsidue destillat (VII 7.7A)
αἱμοῤῥοίς → os venae (II 1.21 V 27.7 VI 18.9A)
ἀκροχορδών → ubi sub cute coit aliquid durius (II 1.19 V 28.14AD)
ἀλφός → vitiligo, ubi color albus est, fere subasper et non continuus (V 28.19ABD)
ἀλωπεκία → sub qualibet figura dilatatur... et in capillo et in barba (VI 4.2)
ἀναστόμωσις→ os alicuius venae patefactum (IV 11.3)
ἀντιάδες → tonsillae, quae post inflammationem induruerunt (VII 12.2)
ἀποπληξία → attonitos..., quorum et corpus et mens stupet (III 26), resolutio nervorum (III 27.1A)
ἀπόστημα → abscessus corporis (II 1.6)
ἄσθμα → difficultas spirandi...vehementior, ut spirare aeger sine sono et anhelatione non possit (IV 8.1)
ἀσκίτης → intus in unum aqua contrahitur et moto corpore id movetur, ut impetus eius conspici possit (III 21.2)
ἀτροφία → summa macies (III 22.1)
ἄφθαι → serpentia ulcera oris (II 1.18, VI 11.3)
βουβωνοκήλη → varix (VIII 18.11)
βρογχοκήλη → inter cutem et asperam arteriam tumor (VII 13.1)
γαγγλίον → tuberculum (VII 6.1,3)
διάβρωσις → exesa pars alicuius venae (IV 11.3)
δυσεντερία → tormina (IV 22.1)
δύσπνοια → difficultas spirandi modica (IV 8.1)
ἐγκανθίς → tuberculum, quod palpebras parum deduci patitur (VII 7.5)
εἰλέος → tenuioris (Diocles Carystius: plenioris) intestini morbus (IV 20.1)
ἐκτρόπιον → superioris palpebrae vitium, quo parum descendit ideoque oculum non contegit... inferioris, quo parum susum attollitur, sed pendet et hiat neque potest cum superiore committi (VII 7.10)
ἐλαιώδης → pus (V 26.20BCF)
ἐλεφαντίασις → morbus...quo totum corporis adficitur (III 25.1)
ἐμπροσθότονος → morbus...,qui quodam rigore nervorum...caput scapulis adnectit (IV 6.1)
ἐντεροκήλη → rumpitur tunica, quae diducere ab inferioribus partibus intestina debuit...devolvitur...etiam intestinum (VII 18.3)
ἐξάνθημα → circa totum corpus partemve aspritudo (V 28.15A)
ἐπινυκτίς → pusula...colore vel sublivida vel nigra vel alba (V 28.15C)
ἐπιπλοκήλη → rumpitur tunica, quae diducere ab inferioribus partibus intestina debuit...devolvitur...etiam omentum (VII 18.3)
ἐρυσίπελας → super inflammationem rubor ulcus ambit isque cum dolore procedit (V 26.31B)

ἡμιτριταῖον → genus febris, quod tertio quidem die revertitur, ex quadraginta autem et octo horis fere triginta et sex per accessionem occupat...neque ex toto in remissione desistit, sed tantum levius est (III 3.2), genus tertianae (III 8.1)
ἡπατικός → morbus iocineris (IV 15.1)
θηρίωμα → ulcus...color est vel lividus vel niger, odor foedus, multus et muccis similis umor (V 28.3A)
ἰδρώς → quaedam sanies...peior est multus, crassus, sublividus aut subpallidus, glutinosus, ater, calidus, mali odoris (V 26.20BE)
κακοήθης → primum...ex eo id carcinoma (V 28.2CD)
καρδιακόν → nimia imbecillitas corporis (III 19.1)
κατασταγμός → destillatio (IV 5.2)
καυσώδης → febris ardens (II 8.19)
καχεξία → malus corporis habitus (II 1.22, III 22.2)
κεφαλαία → acutus et pestifer morbus (IV 2.2)
κηρίον → genus ulceris...favo simile (V 28.13A)
κιρσοκήλη → ramex (VII 18.9)
κοιλιακός → morbus acutus...inter intestina stomachumque versatur (IV 19.1)
κονδύλωμα → tuberculum, quod ex inflammatione nasci solet (VI 18.8A)
κόρυζα → gravedo (IV 5.2)
κριθή → tuberculum parvum hordeo simile (VII 7.2)
κρίσιμος → dies impar (III 4.11)
κυνάγχη → angina...lingua faucesque cum rubore intumescunt, vox nihil significat, oculi vertuntur, facies pallet, singultus est (IV 7.1)
κυνικὸς σπασμός → morbus circa faciem...distentio oris (IV 3.1)
κωλικόν → morbus plenioris intestini (IV 20.1)
λαγοφθαλμός → oculus non tegitur (VII 7.9A)
λειεντερία → levitas intestinorum (II 1.8)
λεπίς → squama (VIII 3.10)
λευκή → species vitiliginis (V 28.19B)
λευκοφλεγματία → species hydropos: corpus inaequale...tumoribus aliter aliterque per totum id orientibus (III 21.2,11)
λήθαργος → morbus...in eo difficilior somnus, prompta ad omnem audaciam mens...marcor et inexpugnabilis paene dormiendi necessitas (III 20.1)
μελαγχολία → bilis atra (II 1.6)
μέλας → species vitiliginis...niger...et umbrae similis (V 19B)
μελικηρίς → tuberculum...subest liquidior umor (VII 6.1,3)
μελιτηρά → sanies...mala...multa et percrassa (V 26.20BE)
μυδρίασις → pupilla funditur et dilatatur (VI 6.37A)
ξηροφθαλμία → genus aridae lippitudinis (VI 6.29)

ὄζαινα → foetor quidam oris (III 11.3), odor foedus (VI 8.1A)
ὀπισθότονος → morbus…qui quodam rigore nervorum…caput…pectori adnectit (IV 6.1)
ὀρθόπνοια → difficultas spirandi…nisi recta cervice spiritus trahitur (IV 8.1)
ὄφις → area incipiens ab occipitio (VI 4.2)
παράλυσις → resolutio nervorum (II 1.12, III 27.1A), resolutio oculorum (VI 6.36)
παρασυνάγχη → angina levior…ubi tumor tantummodo ruborque est (IV 7.2)
παρουλίς → tuberculum…iuxta dentes in gingivis…dolens (VI 13.1)
περιπλευμονιακός → vehemens et acutus morbus…pulmo totus adficitur (IV 14.1)
πλευριτικός → ad perniciem quoque procedit oriturque acutus morbus (IV 13.1)
πρόπτωσις → oculi procidunt (VI 6.8G)
πτερύγιον → caruncula recedens ab ungue cum magno dolore (VI 19.1) unguis… membranula nervosa oriens ab angulo (VII 7.4A)
ῥαγάδιον → in ano… et quidem pluribus locis...cutis scinditur (VI 18.7A)
ῥῆξις → rupta pars alicuius venae (IV 11.3)
ῥυάς → foramen, per quod postea semper umor descendit (VIII 7.4C), fistula (VIII 26.2I)
σαρκοκήλη → caro inter tunicas increscit (VII 18.10)
σημεῖον → lenticula rubicundior et inaequalior (VII 5.1)
σπασμός → nervorum distentio (II 1.12)
σταφύλωμα → in…oculo…summa attollitur tunica…et similis figura acino fit (VII 7.11)
στεάτωμα → pingue quiddam (VII 6.3)
στραγγουρία → urinae difficultas (II 1.8)
στρόφος → ubi circa umbilicum intestina torquentur (II 7.6)
σύκωσις → ulcus…a fici similitudine…caro excrescit (VI 3.1)
συνάγχη → corpus aridum... vix spiritus trahitur, membra solvuntur (IV 7.1)
σχασμός → rupta pars alicuius venae (IV 11.3)
τεινεσμός → frequens desidendi cupiditas…dolor, ubi aliquid excernitur (IV 25.1)
τέτανος → rigor nervorum (II 1.12), morbus…qui quodam rigore…rectam et inmobilem cervicem intendit (IV 6.1)
τυμπανίτης → ventre vehementer intento creber intus ex motu spiritus sonus (III 21.2)
ὑδροκέφαλον → genus…ubi umor cutem inflat eaque intumescit et prementi digito cedit (IV 2.4)
ὑδροκήλη → in scroto…hernia (VIII 18.7)
ὑδροφόβας → aquae timor (V 27.2C)
ὕδρωψ → morbus…longus…eorum, quos aqua inter cutem male habet (III 21.1)
ὑπὸ σάρκα → species hydropos: corpus inaequale…tumoribus aliter aliterque per totum id orientibus (III 21.2)

ὑπόχυσις → suffusio (VI 6.35)
φαγέδαινα → ulcus...celeriter serpendo penetrandoque usque ossa corpus vorat (V 28.3B), genus cancri (VI 18.4)
φθειρίασις → genus...viti...quom inter pilos palpebrarum peduculi nascuntur (VI 6.15A)
φθίσις → tabes (II 1.8)
φίμωσις → si glans ita contecta est, ut nudari non possit (VII 25.2)
φλεγμονή → si sanguis in eas venas, quae spiritui accommodatae sunt, transfunditur...inflammatio (I Prooemium 15)
φλυζάκιον → paulo durior pusula...subalbida, acuta, ex qua ipsa quod exprimitur umidum est (V 28.15B)
φλύκταινα → quasi exulcerata caro (V 28.15B)
φρενῖτις [φρένησις] → insania febricitantis (II 1.15) insania et acuta et in febre (III 18.1) continua dementia (III 18.3)
φύγεθρον → panus oriens (V 18.19) tumor non altus, latus, in quo quiddam pusulae simile est (V 28.10)
φῦμα → minutior abscessus (II 8.20) oriens tuberculum (V 18.16) tuberculum furunculo simile, sed rotundius et planius, saepe etiam maius (V 28.9)
χαλάζιον → tuberculum mobile simul atque digito vel huc vel illuc inpellitur (VII 7.3)
χολέρα → commune vitium stomachi atque intestinorum...simul et deiectio et vomitus est (IV 18.1)
χορδαψός → tenuioris (Diocles Carystius) intestini morbus (IV 20.1)

R 3.3 Therapie (Auswahl)

ἀγκτήρ → inponenda...fibula (V 26.23B)
ἀναστομωτικά → malagmata...quoniam aperiendi vim habent (V 18.25)
ἀνώδυνα → catapotia..., quae somno dolorem levant (V 25.1, VI 6.1M)
ἀρσενικόν → auripigmentum (V 5.1)
διαιτητική → pars medicinae, quae victu mederetur (I Pro 9)
ἔγχριστα → liquida, quae inlinuntur (V 24.3)
ἐλεφαντίνη → percandida compositio (V 19.24)
ἔναιμον → emplastrum, quod cruentis protinus vulneribus inicitur (V19.1A)
ἐπισπαστικόν → emplastrum ad extrahendum (V 18.1, V 19.12)
ἐσχάρα → quod crustas a vivo resolvat (V 26.33D)
ἡλιοτρόπιον → herba solaris (V 27.5B)
κεφαλικά → emplastra, quae capitibus fractis maxime conveniunt (V 19.7)
κυαθίσκος Διοκλέους → genus quiddam ferramenti (VII 5.3A)

κύκνον → frequentissimum collyrium (VI 6.7)
κύπερος → iuncus rotundus (III 21.7)
κωλικόν/κωλική → medicamentum...et devorari potest et ex aqua calida sumi (IV 21.2, V 25.12)
λευκόν → emplastrum album lene (V 19.23)
ληµνίσκος → intus implicitum in longitudinem linamentum (VII 28.2)
λίβανος (διὰ λιβάνου) → medicamentum...habet...turis (VI 6.13)
λιπαραί [ἔμπλαστροι] → lenia emplastra (V 19.25)
μηνιγγοφύλαξ → membranae custos (VIII 3.8)
μυροβάλανον → ex unguento et palmulis (IV 16.4)
παρθένιον → herba muralis (II 33.2)
πεπλυμένον [κήρωμα] → ceratum elotum (V 18.1)
περδίκιον → herba muralis (II 33.2)
πεσσός → id quod feminis subicitur (V 21.1A)
πολύγονον → herba sanguinalis (II 33.2)
ῥάπτουσα → compositio...a glutinando (V 19.6)
ῥιζάγρα → forfex...facta ad radicem relictam (VII 12.1F)
ῥυπώδης → emplastrum ad extrahendum...a similitudine sordium (V 19.15)
σαρκοφάγος → lapis, qui carnem edit (IV 31.7)
σηπτόν/σηπτά → emplastrum exedens (V 19.18) medicamenta, quae sic exedunt, ne erodant (VII 21.1B)
σκωρία μολύβδου → plumbi recrementum (V 15.19,26)
σμιλίον → eo sordida purgantur (VI 6.18)
στακτή → murra (V 23.2, VI 7.2A)
στομοῦν → medicamentum aperiens os in corpore (V 4)
στόμωμα → squama aeris (VI 6.5A)
στρύχνον → solanum (II 33.2)
συκάμινος → morum (III 18.13)
συκόμορος → lacrima arboris in Aegypto nascentis (III 18.13)
σχιστόν → alumen scissile (V 2)
σχοῖνος → iuncus quadratus (III 21.7)
τεφρόν → frequentissimum collyrium cinerei coloris (VI 6.7)
τιθύμαλλος → lactuca marina (V 7)
τροχίσκος → pastillus (V 17.2A)
φαρμακευτική → pars medicinae, quae medicamentis mederetur (I Pro 9)
χάλκανθον → atramentum sutorium (V 1)
χειρουργία → pars medicinae, quae manu mederetur (I Pro 9)
χοινικίς → modiolus (VIII 3.1)

R 4 Namenverzeichnis

Personen

Geographie

R 5 Sachverzeichnis

www.ingramcontent.com/pod-product-compliance
Lightning Source LLC
Chambersburg PA
CBHW060755310726
48980CB00002B/102

* 9 7 8 3 1 1 0 4 4 1 6 5 9 *